DELIUS KLASING

MIX
Papier aus verantwortungsvollen Quellen
Paper from responsible sources
FSC® C105338

Dr. Etzold
Diplom-Ingenieur für Fahrzeugtechnik

So wird's gemacht

pflegen – warten – reparieren

Band 152

VW Tiguan I

Benziner
1,4 l/ 90 kW (122 PS) 7/10 – 5/15
1,4 l/ 92 kW (125 PS) 5/15 – 12/15
1,4 l/110 kW (150 PS) 10/07 – 1/11
1,4 l/110 kW (150 PS) 5/15 – 12/15
1,4 l/118 kW (160 PS) 7/11 – 5/15
2,0 l/125 kW (170 PS) 2/08 – 1/11
2,0 l/132 kW (180 PS) 5/11 – 5/15
2,0 l/147 kW (200 PS) 2/08 – 1/11
2,0 l/155 kW (211 PS) 7/11 – 5/15

Diesel
2,0 l/ 81 kW (110 PS) 11/09 – 12/15
2,0 l/103 kW (140 PS) 10/07 – 5/15
2,0 l/110 kW (150 PS) 5/15 – 12/15
2,0 l/125 kW (170 PS) 1/08 – 10/12
2,0 l/130 kW (177 PS) 11/12 – 5/15
2,0 l/135 kW (184 PS) 5/15 – 12/15

Delius Klasing Verlag

Redaktion: Günter Skrobanek (Text)
Christine Etzold (Bild)

Bibliografische Information der Deutschen Nationalbibliothek
Die Deutsche Nationalbibliothek verzeichnet diese Publikation in der Deutschen Natianalbibliografie; detaillierte bibliografische Daten sind im Internet über http://dnb.dnb.de abrufbar.

5. Auflage
ISBN 978-3-667-12582-8

Alle Angaben ohne Gewähr
Druck: Books on Demand, Norderstedt
Printed in Germany

Alle in diesem Buch enthaltenen Angaben und Daten wurden von dem Autor nach bestem Wissen erstellt und von ihm sowie vom Verlag mit der gebotenen Sorgfalt überprüft. Gleichwohl können wir keinerlei Gewähr oder Haftung für die Richtigkeit, Vollständigkeit und Aktualität der bereitgestellten Informationen übernehmen.

Delius Klasing Verlag, Siekerwall 21, D-33602 Bielefeld
Tel.: 0521/559-0, Fax: 0521/559-115
E-Mail: info@delius-klasing.de
www.delius-klasing.de
http://sowirdsgemacht.com

Lieber Leser,

die Automobile werden von Modellgeneration zu Modellgeneration technisch immer aufwändiger und komplizierter. Ohne eine Anleitung kann man mitunter nicht einmal mehr die Glühlampe eines Scheinwerfers auswechseln. Und so wird verständlich, dass von Jahr zu Jahr immer mehr Heimwerker zum »So wird´s gemacht«-Handbuch greifen.

Doch auch der kundige Hobbymonteur sollte bedenken, dass der Fachmann viel Erfahrung hat und durch die Weiterschulung und den ständigen Erfahrungsaustausch über den neuesten Technikstand verfügt. Mithin kann es für die Überwachung und Erhaltung der Betriebs- und Verkehrssicherheit des eigenen Fahrzeugs sinnvoll sein, in regelmäßigen Abständen eine Fachwerkstatt aufzusuchen.

Grundsätzlich muss sich der Heimwerker natürlich darüber im Klaren sein, dass man mithilfe eines Handbuches nicht automatisch zum Kfz-Mechaniker wird. Auch deshalb sollten Sie nur solche Arbeiten durchführen, die Sie sich zutrauen. Das gilt insbesondere für jene Arbeiten, die die Verkehrssicherheit des Fahrzeugs beeinträchtigen können. Gerade in diesem Punkt sorgt das »So wird´s gemacht«-Handbuch jedoch für praktizierte Verkehrssicherheit. Durch die Beschreibung der Arbeitsschritte und den Hinweis, die Sicherheitsaspekte nicht außer Acht zu lassen, wird der Heimwerker vor der Arbeit entsprechend sensibilisiert und informiert. Auch wird darauf hingewiesen, im Zweifelsfall die Arbeit lieber von einem Fachmann ausführen zu lassen.

Sicherheitshinweis
Auf verschiedenen Seiten dieses Buches stehen »Sicherheitshinweise«. Bevor Sie mit der Arbeit anfangen, lesen Sie bitte diese Sicherheitshinweise aufmerksam durch und halten Sie sich strikt an die dort gegebenen Anweisungen.

Vor jedem Arbeitsgang empfiehlt sich ein Blick in das vorliegende Buch. Dadurch werden Umfang und Schwierigkeitsgrad der Reparatur offenbar. Außerdem wird deutlich, welche Ersatz- oder Verschleißteile eingekauft werden müssen und ob unter Umständen die Arbeit nur mithilfe von Spezialwerkzeug durchgeführt werden kann. **Besonders empfehlenswert: Wenn Sie eine elektronische Kamera zur Hand haben, dann sollten Sie komplizierte Arbeitsschritte für den Wiedereinbau fotografisch dokumentieren.**

Für die meisten Schraubverbindungen ist das Anzugsdrehmoment angegeben. Bei Schraubverbindungen, die in jedem Fall mit einem Drehmomentschlüssel angezogen werden müssen (Zylinderkopf, Achsverbindungen usw.), ist der Wert **fett** gedruckt. Nach Möglichkeit sollte man generell jede Schraubverbindung mit einem Drehmomentschlüssel anziehen. Übrigens: Für viele Schraubverbindungen sind Innen- oder Außen-Torxschlüssel erforderlich.

Als ich Anfang der siebziger Jahre den ersten Band der »So wird´s gemacht«-Buchreihe auf den Markt brachte wurden im Automobilbau nur ganz wenige elektronische Bauteile eingesetzt. Inzwischen ist das elektronische Management allgegenwärtig; ob bei der Steuerung der Zündung, des Fahrwerks oder der Gemischaufbereitung. Die Elektronik sorgt auch dafür, dass es in verschiedenen Bereichen keine Verschleißteile mehr gibt. Das Überprüfen elektronischer Bauteile ist wiederum nur noch mit teuren und speziell auf das Fahrzeugmodell abgestimmten Prüfgeräten möglich, die dem Heimwerker in der Regel nicht zur Verfügung stehen. Wenn also verschiedene Reparaturschritte nicht mehr beschrieben werden, so liegt das ganz einfach am vermehrten Einsatz von elektronischen Bauteilen.

Das vorliegende Buch kann nicht auf jedes technische Fahrzeug-Problem eingehen. Dennoch hoffe ich, dass Sie mithilfe der Beschreibungen viele Arbeiten am Fahrzeug durchführen können. Eines sollten Sie jedoch bei Ihren Arbeiten am eigenen Auto beachten: Ständig werden am aktuellen Modell Änderungen in der Produktion durchgeführt, so dass sich die im Buch veröffentlichten Arbeitsanweisungen und Einstelldaten für Ihr spezielles Modell geändert haben könnten. Sollten Zweifel auftreten, erfragen Sie bitte den aktuellen Stand beim Kundendienst des Automobilherstellers.

Rüdiger Etzold

Inhaltsverzeichnis

VW TIGUAN

Aus dem Inhalt:

- **Modellvarianten**
- **Fahrzeugidentifizierung**
- **Motordaten**

Im Oktober 2007 wurde der VW TIGUAN der Öffentlichkeit präsentiert. Zunächst nur mit Allradantrieb ausgestattet ist der TIGUAN seit November 2008 auch mit Frontantrieb erhältlich.

Front- und Heckpartie ähneln im Aussehen dem GOLF PLUS mit dem VW-typischen, verchromten Wappengrill. Allerdings überragt der TIGUAN mit 4,43 Meter Länge den GOLF PLUS um mehr als zwanzig Zentimeter.

Die Rücksitzbank ist um 16 Zentimeter längs verschiebbar. Dadurch lässt sich das Kofferraumvolumen des TIGUAN zwischen 470 und 600 Litern variieren.

Den TIGUAN gibt es in 2 Karosserievarianten. Für die Straße weist die Frontschürze einen Böschungswinkel von 18° auf. Bei der Variante fürs Gelände beträgt der Böschungswinkel 28° und zusätzlich wird der Motorbereich durch einen serienmäßigen Unterbodenschutz geschützt.

Der Böschungswinkel gibt bei einem Geländefahrzeug die maximale Steigung an, die aus der Ebene angefahren werden kann, ohne dass überhängende Karosserieteile den Boden berühren.

Im Juni 2011 wurden Front- und Heckpartie des TIGUAN an das aktuelle VW-Design entsprechend dem GOLF VI angepasst.

TIGUAN, Modell 2008

TIGUAN, Modell 2012

Fahrzeug- und Motoridentifizierung

Die **Fahrgestellnummer** oder **Fahrzeug-Identifizierungs-Nummer** (VIN = Vehicle Identification Number) befindet sich an folgenden Positionen:

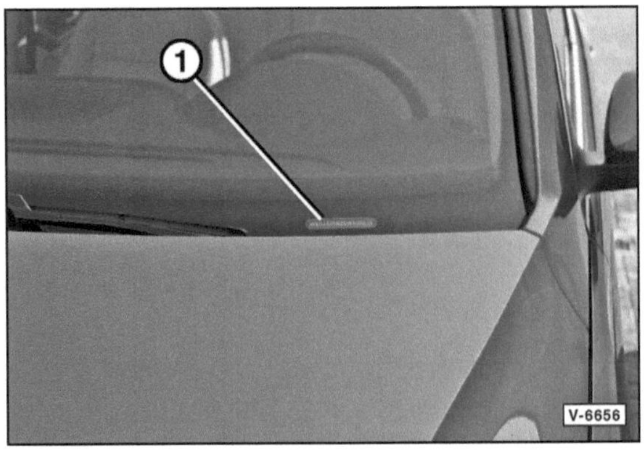

- Die Fahrzeug-Identifizierungsnummer (Fahrgestellnummer) –1– ist von außen durch ein Sichtfenster in der Frontscheibe lesbar.

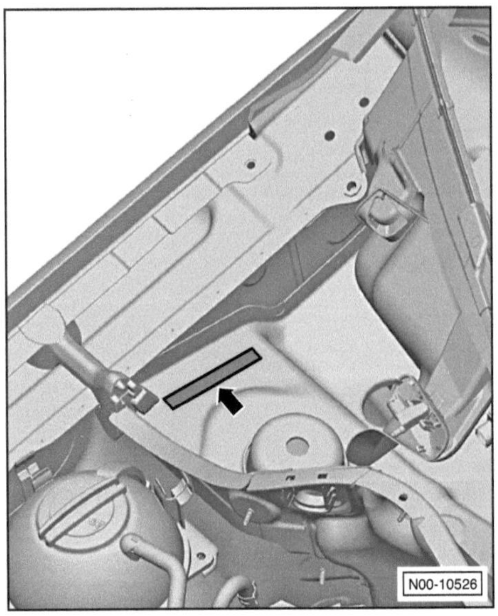

- Die Fahrgestellnummer ist auch auf der rechten Fahrzeugseite im Wasserkasten eingeschlagen.

Aufschlüsselung der Fahrgestellnummer:

WVW	ZZZ	5N	Z	B	W	121 321
①	②	③	④	⑤	⑥	⑦

① Herstellerzeichen: WVW = Volkswagen AG
② Füllzeichen
③ 2stellige Typenkurzbezeichnung aus den ersten beiden Stellen der offiziellen Typenbezeichnung. 5N = TIGUAN.
④ Weiteres Füllzeichen
⑤ Angabe des Modelljahres: 8 = 2008, 9 = 2009, A = 2010, B = 2011, C = 2012, D = 2013 usw.
⑥ Produktionsstätte, zum Beispiel: W – Wolfsburg, E – Emden, H – Hannover, S – Salzgitter
⑦ Laufende Nummerierung

Motornummer

Die Motornummer besteht aus 4 Motor-Kennbuchstaben und einer fortlaufenden, sechsstelligen Nummer. Die ersten 3 Stellen der Motor-Kennbuchstaben beschreiben den mechanischen Aufbau des Motors, die 4. Stelle steht für die Motorleistung.

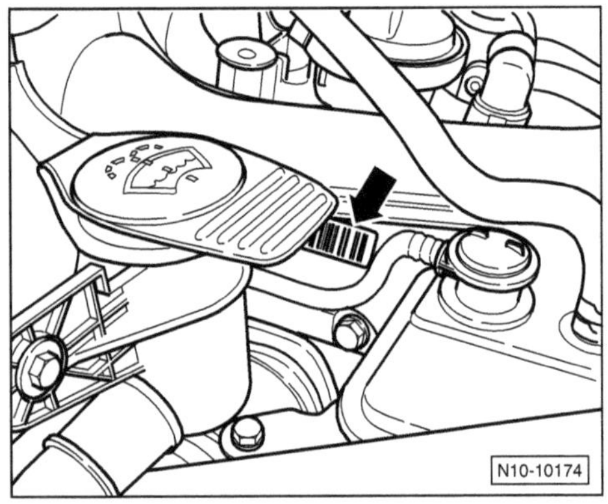

- Motorkennbuchstaben und Motornummer befinden sich auf einem Aufkleber –Pfeil– am Steuergehäuse. Damit sie zugänglich werden muss der Schlauch vom Aktivkohlebehälter am Befestigungsclip ausgehängt werden.

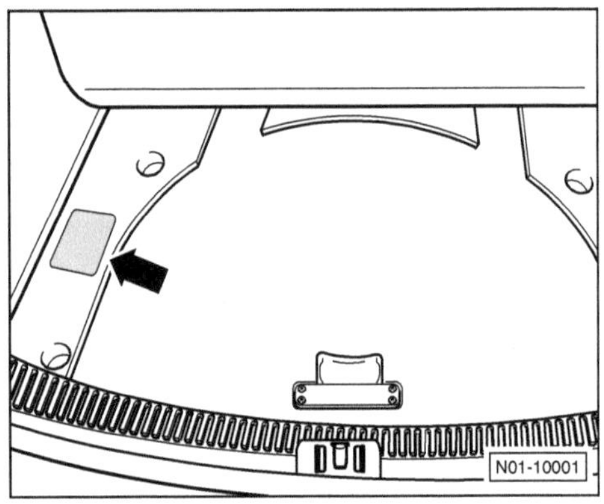

- Motorkennbuchstaben und Motornummer sowie die Fahrgestellnummer stehen ebenfalls auf dem Fahrzeugdatenträger –Pfeil– unter der Kofferraumabdeckung links oder im Serviceplan des Fahrzeugs.

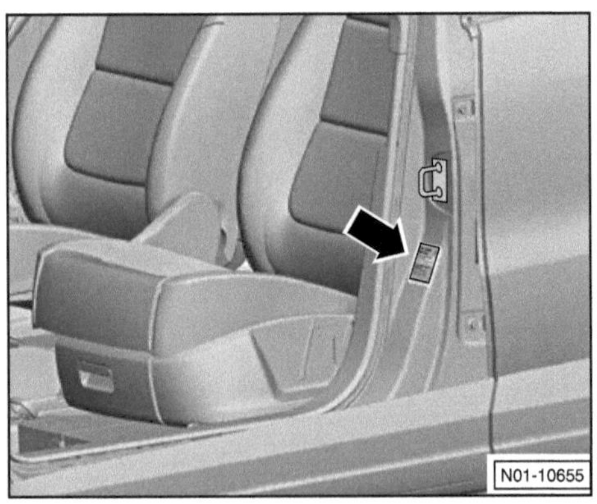

- Außerdem stehen diese Informationen auch auf dem Typschild –Pfeil– im unteren Bereich der linken B-Säule.

Motordaten

Motor/Modell	1.4 TSI	1.4 TSI	1.4 TSI	1.4 TSI	1.4 TSI	2.0 TSI
Motorbezeichnung	CAXA	CZDB	BWK/CAVA/ CTHA	CZDA	CAVD/CTHD	CAWA/CCTB/ CCZC
Fertigung von – bis	7/10 – 5/15	5/15 – 12/15	10/07 – 1/11	5/15 – 12/15	7/11 – 5/15	2/08 – 1/11
Hubraum cm³	1390	1395	1390	1395	1390	1984
Leistung kW bei 1/min PS bei 1/min	90/5000 122/5000	92/5000 125/5000	110/5800 150/5800	110/5000 150/5000	118/5800 160/5800	125/5500 170/5500
Drehmoment Nm bei 1/min	200/1500	250/1500	240/1500	250/1500	240/1500	280/1700
Bohrung ∅ mm	76,5	74,5	76,5	74,5	76,5	82,5
Hub mm	75,6	80,0	75,6	80,0	75,6	92,8
Verdichtung	10,0	10,0	10,0 (CTHA: 9,7)	10,0	10,0 (CTHD: 9,7)	9,6
Zylinder/Ventile pro Zylinder	4/4	4/4	4/4	4/4	4/4	4/4
Motormanagement	MED 17	MED 17.5.21	MED 17.5	MED 17.5.21	MED 17.5	MED 17.5
Kraftstoff (ROZ)	Super 95	Super 95	Super 95	Super 95	Super 95	Super 95
Wechselmengen Motoröl Liter Kühlflüssigkeit Liter	 4,0 5,6	 4,0 8,0	 4,0 5,6	 4,0 8,0	 4,0 5,6	 4,7 8,0

Motor/Modell	2.0 TSI	2.0 TSI	2.0 TSI	2.0 CR-TDI	2.0 CR-TDI
Motorbezeichnung	CCZD	CCTA/CAWB/ CCZA	CCZB	CFFD	CUVE
Fertigung von – bis	5/11 – 5/15	2/08 – 1/11	7/11 – 5/15	11/09 – 12/15	11/09 – 12/15
Hubraum cm³	1984	1984	1984	1968	1968
Leistung kW bei 1/min PS bei 1/min	132/4500 180/4500	147/5100 200/5100	155/6200 211/6200	81/4200 110/4200	81/3500 110/3500
Drehmoment Nm bei 1/min	280/1700	280/1700	280/1700	280/1750	280/1750
Bohrung ∅ mm	82,5	82,5	82,5	81,0	81,0
Hub mm	92,8	92,8	92,8	95,5	95,5
Verdichtung	9,8	9,6/10,5/9,8	9,8	16,0	16,2
Zylinder/Ventile pro Zylinder	4/4	4/4	4/4	4/4	4/4
Motormanagement	MED 17.5	MED 17.5	MED 17.5	CR	CR
Kraftstoff (ROZ)	Super 95	Super 95	Super 95	Diesel	Diesel
Wechselmengen Motoröl Liter Kühlflüssigkeit Liter	 4,7 8,0	 4,7 8,0	 4,7 8,0	 4,3 8,0	 4,7 8,0

Abkürzungen:

TSI – Ausführung 1: **T**urbocharger **S**tratified **I**njection = Benzin-Direkteinspritzer mit Turbolader .
– Ausführung 2: **T**wincharger **S**tratified **I**njection = Benzin-Direkteinspritzer mit Turbolader und Kompressor (Doppelaufladung).
CR-TDI = **C**ommon **R**ail - **T**urbo **D**irect **I**njection = Diesel-Direkteinspritzer mit Abgasturbolader und Common-Rail-System.
Motormanagement **MED** = BOSCH-**M**otronic mit **E**lektrischer Gasbetätigung und Benzin-**D**irekteinspritzung.

Achtung: Die Füllmengen sind ungefähre Angaben. Flüssigkeitsstände auf jeden Fall mit dem Ölmessstab beziehungsweise anhand der Markierungen auf dem Kühlmittel-Ausgleichbehälter überprüfen.

Motor/Modell	2.0 CR-TDI	2.0 CR-TDI	2.0 CR-TDI	2.0 CR-TDI	2.0 CR-TDI
Motorbezeichnung	CBAB/CFFB/ CLJA	CUVC	CFGB/CBBB	CFGC	CUWA
Fertigung von – bis	10/07 – 5/15	5/15 – 12/15	1/08 – 10/12	11/12 – 5/15	5/15 – 12/15
Hubraum cm^3	1968	1968	1968	1968	1968
Leistung kW bei 1/min PS bei 1/min	103/4200 140/4200	110/3500 150/3500	125/4200 170/4200	130/4200 177/4200	135/3500 184/3500
Drehmoment Nm bei 1/min	320/1750	340/1750	350/1750	380/1750	380/1750
Bohrung ∅ mm	81,0	81,0	81,0	81,0	81,0
Hub mm	95,5	95,5	95,5	95,5	95,5
Verdichtung	16,5	16,2	16,0 (CBBB: 16,5)	16,0	15,8
Zylinder/Ventile pro Zylinder	4/4	4/4	4/4	4/4	4/4
Motormanagement	CR	CR	CR	CR	CR
Kraftstoff (ROZ)	Diesel	Diesel	Diesel	Diesel	Diesel
Wechselmengen Motoröl Liter Kühlflüssigkeit Liter	 4,3 (CBAB: 4,0) 8,0	 4,7 8,0	 4,3 (CBBB: 4,0) 8,0	 4,3 8,0	 4,7 8,0

Abkürzungen:
CR-TDI = **C**ommon **R**ail - **T**urbo **D**irect **I**njection = Diesel-Direkteinspritzer mit Abgasturbolader und Common-Rail-System.

Achtung: Die Füllmengen sind ungefähre Angaben. Flüssigkeitsstände auf jeden Fall mit dem Ölmessstab beziehungsweise anhand der Markierungen auf dem Kühlmittel-Ausgleichbehälter überprüfen.

1,4-l-TSI-Benzinmotor
90 kW (122 PS)

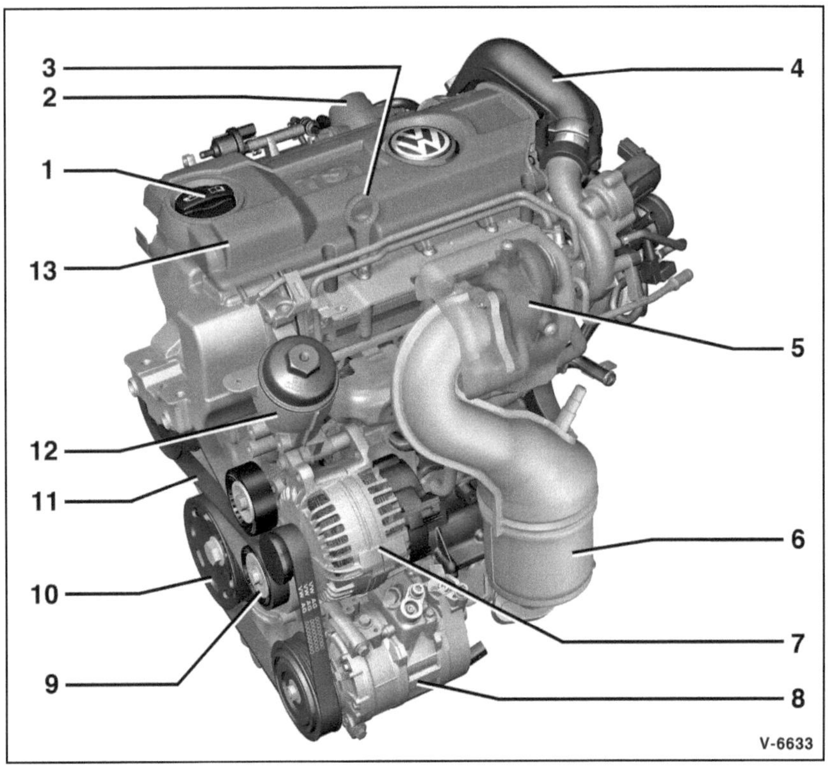

1 – Öleinfülldeckel
2 – Hochdruckpumpe
Für Kraftstoffversorgung.
3 – Ölmessstab
4 – Ladeluftschlauch
5 – Abgasturbolader
6 – Katalysator
7 – Drehstromgenerator
8 – Klimakompressor
9 – Keilrippenriemen-Spannrolle
10 – Kurbelwellen-Riemenscheibe
11 – Keilrippenriemen
12 – Ölfiltergehäuse
13 – Zylinderkopfdeckel

Wartung

Aus dem Inhalt:

- **Wartungsplan**
- **Wartungsarbeiten**
- **Wartungs-Zusatzarbeiten**
- **Serviceanzeige nach der Wartung zurückstellen**
- **Werkzeugausrüstung**
- **Motorstarthilfe**
- **Fahrzeug aufbocken**

Der **TIGUAN** kann nach unterschiedlichen Wartungssystemen gewartet werden.

Fahrzeuge mit der PR-Nummer »QG1« werden nach dem Longlife-Service-System mit flexiblen Wartungsintervallen gewartet.

Fahrzeuge mit der PR-Nummer »QG0« und »QG2« werden nach festen Wartungsintervallen gewartet.

Die PR-Nummer steht auf dem Fahrzeugdatenträger, siehe Seite 12.

Erläuterung der Begriffe:

PR-Nummer = Produktions-Steuerungs-Nummer. Damit werden während der Produktion Ausstattungen, Mehrausstattungen oder länderspezifische Abweichungen gekennzeichnet.

QG0 = Fahrzeuge sind werksseitig **nicht** mit Komponenten für den Longlife-Service ausgestattet.

QG1 = Fahrzeuge sind werksseitig mit Komponenten für den Longlife-Service ausgestattet. Motorölstandssensor und Bremsverschleißanzeige sind vorhanden. Die flexible Service-Intervall-Anzeige ist aktiviert.

QG2 = Ausstattung wie QG1, aber die Service-Intervall-Anzeige ist **nicht** auf »flexible«, sondern auf »feste« Service-Intervalle eingestellt.

Hinweis: Seit Modelljahr 2013 (seit ca. 10/2012) wurden die neuen PR-Nummern **QI1** bis **QI6** eingeführt. Sie stehen für folgende Wartungssysteme:

QI1 - Serviceanzeige 5.000 km oder 1 Jahr (fest);

QI2 - Serviceanzeige 7.500 km oder 1 Jahr (fest);

QI3 - Serviceanzeige 10.000 km oder 1 Jahr (fest);

QI4 - Serviceanzeige 15.000 km oder 1 Jahr (fest);

QI6 - Serviceanzeige 30.000 km oder 2 Jahre (flexibel).

Die neue PR-Nummer QI6 entspricht also der bisherigen PR-Nummer QG1.

Longlife-Service

Normalerweise wird der **TIGUAN** nach dem »Longlife-Service«-System gewartet. Die Motoren sind ab Werk mit einem alterungsbeständigen Longlifeöl befüllt. Dadurch sind je nach Motorbelastung lange Wartungsintervalle möglich.

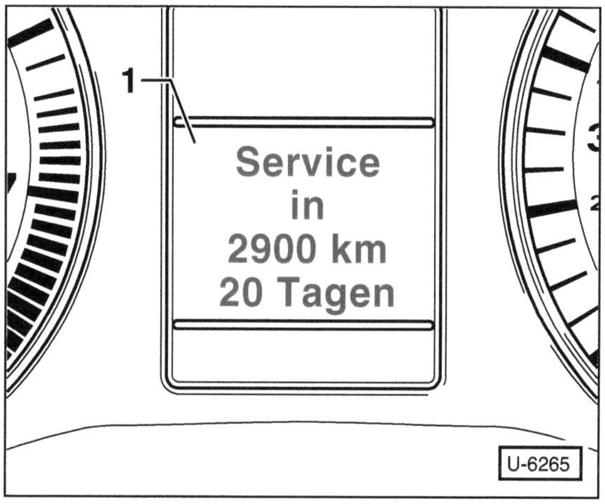

Der Zeitpunkt für die Wartung wird dem Fahrer über die »**Flexible Service-Intervall-Anzeige**« nach dem Einschalten der Zündung im Display des Kombiinstruments angezeigt.

Steht eine Wartung an, erscheint nach dem Einschalten der Zündung beispielsweise der in Abbildung U-6265 dargestellte Wartungs-Ankündigungstext. Bei Fahrzeugen ohne Textmeldung erscheint zusammen mit einem Schraubenschlüsselsymbol die Anzeige der Fahrstrecke bis zum nächsten fälligen Service in km.

Bei Erreichen der vom Steuergerät berechneten Intervalldauer erscheint im Display die Meldung »**Service jetzt**«. Bei Fahrzeugen ohne Textmeldung ertönt ein Gongsignal und ein blinkendes Schraubenschlüsselsymbol. Die Wartung sollte dann umgehend durchgeführt werden.

Nach einigen Sekunden oder nachdem der Motor gestartet wurde erlischt die Serviceanzeige. Sie kann auch durch Drücken des »OK«-Tasters für die Multifunktionsanzeige im Scheibenwischerhebel abgeschaltet werden.

Hinweis: Eine überfällige Wartung wird durch ein Minuszeichen vor der Kilometer- oder Tagesangabe angezeigt.

Nach einer durchgeführten Wartung muss die Service-Intervallanzeige zurückgesetzt werden. Die Fachwerkstatt verwendet dazu das VW-Diagnosegerät. Die Service-Intervall-Anzeige kann auch über die Schalter am Scheibenwischerhebel, am Multifunktionslenkrad oder am Kombiinstrument zurückgesetzt werden. **Allerdings wird dadurch das Wartungs-System von »flexiblen« auf »feste« Service-Intervalle umgestellt.** Service-Intervall-Anzeige manuell zurücksetzen, siehe Seite 55.

Wird im Rahmen einer Wartung oder Reparatur **kein** Longlife-Motoröl nach VW-Norm eingefüllt, dann muss das System von »flexiblen« auf »feste« Service-Intervalle umgestellt werden. In diesem Fall ist alle 15.000 km oder alle 12 Monate ein Ölwechsel-Service erforderlich.

Hinweis: Die Fachwerkstätten fragen bei jeder Inspektion mit Hilfe des Fehlerauslesegerätes die Fehlerspeicher der elektronischen Steuergeräte von Motor, ABS, Airbag und Wegfahrsicherung ab. Es kann daher sinnvoll sein, in regelmäßigen Abständen eine Fachwerkstatt aufzusuchen, auch wenn die Wartung in Eigenregie durchgeführt wird. Die Abfrage der Fehlerspeicher wird am Diagnoseanschluss vorgenommen. Bei dieser Gelegenheit kann auf Wunsch auch die Intervallanzeige zurückgestellt werden.

Feste Wartungsintervalle

Die Service-Intervall-Anzeige kann, falls kein Longlife-Öl verwendet wird, von den »flexiblen« Service-Intervallen (Longlife-Service) auf »feste« Service-Intervalle umgestellt werden. Dazu muss die Service-Intervall-Anzeige nach einer durchgeführten Wartung entweder mit dem Fahrzeug-Diagnosegerät umgestellt oder manuell zurückgesetzt werden. Als Maßstab für die Anzeige der Wartungszyklen in der Service-Intervall-Anzeige werden die Zeit seit dem letzten Zurücksetzen der Anzeige beziehungsweise die gefahrenen Kilometer berechnet. Bei abgeklemmter Fahrzeugbatterie bleiben die Werte der Service-Anzeige erhalten.

Ölwechsel-Service

Der Ölwechsel-Service ist entsprechend der Service-Intervall-Anzeige in folgenden Intervallen durchzuführen:

Bei **festen** **Service-Intervallen** oder wenn **kein Longlife-Öl** eingefüllt ist, ist der Ölwechsel **alle 15.000 km** oder **nach 1 Jahr** durchzuführen, je nachdem was zuerst eintritt.

Achtung: Bei erschwerten Betriebsbedingungen, wie überwiegend Stadt- und Kurzstreckenverkehr, häufigen Gebirgsfahrten, Anhängerbetrieb und staubigen Straßenverhältnissen, Ölwechsel-Service öfters durchführen.

● Motor: Öl wechseln, Ölfilter ersetzen.

● Scheibenbremsbeläge vorn und hinten: Dicke prüfen.

● Service-Intervallanzeige zurücksetzen (Werkstattarbeit).

Wartungsplan

Die Wartung ist in folgenden Abständen durchzuführen:

Bei Fahrzeugen mit **Longlife-Service** beziehungsweise mit **flexiblen** **Service-Intervallen:** Entsprechend der Service-Intervallanzeige sind die mit ● und ■ gekennzeichneten Wartungsarbeiten durchzuführen.

Bei festen Service-Intervallen: Entsprechend der Service-Intervallanzeige. Auf jeden Fall **alle 2 Jahre** oder 30.000 km nach der letzten Wartung die mit ● gekennzeichneten Wartungsarbeiten durchführen.

Erstmalig nach 3 Jahren und 60.000 km, dann alle 2 Jahre und 60.000 km, sind die mit ■ gekennzeichneten Wartungsarbeiten durchzuführen (VW-Vorschrift). Es empfiehlt sich allerdings im Rahmen jeder Wartung sowohl die mit ● wie auch die mit ■ gekennzeichneten Wartungsarbeiten durchzuführen.

Flexible und feste Service-Intervalle: Im Rahmen der Wartung sind ebenfalls die zusätzlichen, mit ◆ gekennzeichneten, Wartungsarbeiten entsprechend den angegebenen Intervallen durchzuführen.

Achtung: Bei häufigen Fahrten in staubiger Umgebung Wechselintervall für Motor-Luftfilter und Pollenfilter halbieren.

Motor

● Motor: Öl wechseln, Ölfilter erneuern.

● Motor/Motorraum: Sichtprüfung auf Undichtigkeiten.

● Kühl- und Heizsystem: Flüssigkeitsstand prüfen, Konzentration des Frostschutzmittels prüfen. Sichtprüfung auf Undichtigkeiten und äußere Verschmutzung des Kühlers.

■ Motor: Ölstand prüfen.

■ Abgasanlage: Auf Beschädigungen, Undichtigkeiten und lockere Befestigung sichtprüfen.

■ Keilrippenriemen: Zustand prüfen, bei Verschleißspuren wechseln.

Getriebe/Achsantrieb

■ Getriebe/Achsantrieb: Auf Undichtigkeiten und Beschädigungen sichtprüfen.

■ Automatikgetriebe: Ölstand prüfen, gegebenenfalls ATF auffüllen (Werkstattarbeit).

Vorderachse/Lenkung

■ Stoßdämpfer: Sichtprüfung auf Undichtigkeiten.

■ Schraubenfedern und Anschlagpuffer: Sichtprüfung auf Beschädigungen.

■ Spurstangenköpfe: Spiel und Befestigung prüfen, Staubkappen prüfen.

■ Achsgelenke: Staubkappen prüfen.

■ Manschetten der Antriebswellen: Auf Undichtigkeiten und Beschädigungen sichtprüfen.

Bremsen/Reifen/Räder

- Bremsen: Belagstärke der vorderen und hinteren Bremsbeläge prüfen.
- Bremsflüssigkeitsstand: Prüfen.
- Bremsanlage: Leitungen, Schläuche, Bremszylinder und Anschlüsse auf Undichtigkeiten und Beschädigungen prüfen.
- Bereifung: Profiltiefe und Reifenfülldruck (einschließlich Reserverad) prüfen; Reifen auf Verschleiß und Beschädigungen prüfen.
- Reifenreparatur-Set, falls vorhanden: Haltbarkeitsdatum überprüfen, gegebenenfalls Dichtmittelflasche ersetzen.

Karosserie/Innenausstattung

- Frontscheibe: Auf Beschädigungen prüfen.
- ■ Verbandkasten: Haltbarkeitsdatum überprüfen, gegebenenfalls Verbandkasten ersetzen.
- ■ Türfeststeller: Schmieren.
- ■ Schiebedach/Panorama-Schiebedach: Funktion prüfen, gegebenenfalls Führungsschienen und Windabweiser reinigen und fetten.
- ■ Wasserkasten und Wasserablauföffnungen sichtprüfen und reinigen.
- ■ Unterbodenschutz: Auf Beschädigungen sichtprüfen.
- ■ Karosserie: Auf sichtbare Korossion prüfen.

Elektrische Anlage

- Batterie: Prüfen.
- Front- und Heckbeleuchtung, Blinkanlage, Warnblinkanlage, automatische Fahrlichtsteuerung, Kurvenlicht: Funktion prüfen.
- Scheibenwischerblätter: Wischergummis auf Verschleiß prüfen.
- Scheibenwaschanlage: Funktion prüfen, Düsenstellung kontrollieren, Flüssigkeit nachfüllen, Scheinwerfer-Waschanlage prüfen.
- Scheinwerfer: Einstellung prüfen (Werkstattarbeit).
- Eigendiagnose: Fehlerspeicher auslesen (Werkstattarbeit).
- Service-Intervallanzeige: Zurücksetzen.
- ■ Sämtliche Stromverbraucher/Bedienelemente/Anzeigen/Innenbeleuchtung/Hupe: Funktion prüfen.

Folgende Arbeiten zusätzlich durchführen:

Alle 60.000 km oder 2 Jahre

- ◆ Lüftung/Heizung: Staub-/Pollenfilter-Einsatz erneuern, Gehäuse reinigen.

Erstmalig nach 3 Jahren, dann alle 2 Jahre

- ◆ Bremsflüssigkeit: Erneuern.
- ◆ Abgasuntersuchung (AU): Leerlaufdrehzahl, CO-Gehalt, Zündzeitpunkt prüfen; Fehlerspeicher abfragen (Werkstattarbeit).

Alle 3 Jahre

- ◆ Allradantrieb 4MOTION ab Modelljahr 2010: Öl für Haldexkupplung wechseln.

Alle 60.000 km

- ◆ Allradantrieb 4MOTION bis Modelljahr 2009: Öl der Haldexkupplung wechseln.

Alle 4 Jahre, bei einer Fahrleistung unter 15.000 km

- ◆ Dieselmotor mit SCR-Katalysator: Reduktionsmittel (AdBlue®/DEF) wechseln (Werkstattarbeit).

Alle 60.000 km oder 4 Jahre

- ◆ 1,4-l-Benzinmotor: Zündkerzen erneuern.
- ◆ Doppelkupplungsgetriebe (DSG) 0DD, 0DL und 0BH: Getriebeöl ersetzen (Werkstattarbeit).
- ◆ Doppelkupplungsgetriebe (DSG) 02E und 0D9: Getriebeöl und Filter ersetzen (Werkstattarbeit).

Alle 90.000 km oder 6 Jahre

- ◆ 2,0-l-Benzinmotor: Zündkerzen erneuern.
- ◆ Motor-Luftfilter: Filtereinsatz erneuern, Filtergehäuse reinigen.

Alle 90.000 km

- ◆ Dieselmotor: Kraftstofffilter erneuern.

Alle 120.000 km

- ◆ Doppelkupplungsgetriebe (DSG) 0GC: Getriebeöl ersetzen (Werkstattarbeit).

Erstmalig nach 150.000 km, dann alle 30.000 km

- ◆ Dieselmotor **bis Modelljahr 2009:** Diesel-Partikelfilter prüfen (Werkstattarbeit).

Erstmalig nach 180.000 km, dann alle 30.000 km

- ◆ Dieselmotor **seit Modelljahr 2010:** Diesel-Partikelfilter prüfen (Werkstattarbeit).

Alle 180.000 km

- ◆ Dieselmotor **bis Modelljahr 2009:** Zahnriemen ersetzen.

Alle 210.000 km

- ◆ Dieselmotor **seit Modelljahr 2010:** Zahnriemen und Zahnriemen-Spannrolle ersetzen.

Alle 360.000 km

- ◆ Dieselmotor **bis Modelljahr 2009:** Zahnriemen-Spannrolle ersetzen.

Hinweis: Bei den Benzinmotoren erfolgt der Antrieb der Nockenwellen durch eine **wartungsfreie Steuerkette**.

Wartungsarbeiten

Hier werden, nach den verschiedenen Baugruppen des Fahrzeugs aufgeteilt, alle Wartungsarbeiten beschrieben, die gemäß dem Wartungsplan durchgeführt werden müssen. Auf die erforderlichen Verschleißteile sowie das möglicherweise benötigte Sonderwerkzeug wird jeweils hingewiesen.

Es empfiehlt sich Reifendruck, Motorölstand und Flüssigkeitsstände für Kühlung, Wisch-/Waschanlage etc. mindestens alle 4 bis 6 Wochen zu prüfen und gegebenenfalls zu ergänzen.

Achtung: Beim **Einkauf von Ersatzteilen** ist zur Identifizierung des Fahrzeuges unbedingt die **Fahrzeug-Ident-Nummer** (Fahrgestellnummer) beziehungsweise der **KFZ-Schein** mitzunehmen. Sonst ist eine genaue Zuordnung der Ersatzteile oftmals nicht möglich.

Um ganz sicher zu sein, dass man die richtigen Ersatzteile erhalten hat, empfiehlt es sich nach Möglichkeit, das Altteil auszubauen und zum Ersatzteilhändler mitzunehmen. Dort kann man es mit dem Neuteil vergleichen.

Motor und Abgasanlage

Folgende Wartungsarbeiten müssen nach dem Wartungsplan in unterschiedlichen Intervallen durchgeführt werden:

- Motor/Motorraum: Sichtprüfung auf Undichtigkeiten.
- Motor: Ölstand prüfen.
- Motor: Öl wechseln, Ölfilter erneuern.
- Kühl- und Heizsystem: Flüssigkeitsstand prüfen, Konzentration des Frostschutzmittels prüfen. Sichtprüfung auf Undichtigkeiten und äußere Verschmutzung des Kühlers.
- Dieselmotor: Kraftstofffilter ersetzen.
- Motor-Luftfilter: Filtereinsatz erneuern, Filtergehäuse reinigen.
- Keilrippenriemen: Zustand prüfen, bei Verschleißspuren wechseln.
- Abgasanlage: Auf Beschädigungen, Undichtigkeiten und lockere Befestigung sichtprüfen.
- Zündkerzen: Erneuern.
- CR-Dieselmotor: Zahnriemen erneuern (Werkstattarbeit).
- Abgasuntersuchung (AU) durchführen; Fehlerspeicher abfragen (Werkstattarbeit).
- Dieselmotor: Diesel-Partikelfilter prüfen (Werkstattarbeit).

Motor/Motorraum: Sichtprüfung auf Undichtigkeiten

Spezialwerkzeug: nicht erforderlich.

- Obere Motorabdeckung ausbauen, siehe Seite 56.
- Untere Motorraumabdeckung ausbauen, siehe Seite 57.
- Leitungen, Schläuche und Anschlüsse der
  - ◆ Kraftstoffanlage,
  - ◆ des Kühl- und Heizungssystems,
  - ◆ der Bremsanlage

  auf Undichtigkeiten, Scheuerstellen, Porosität und Brüchigkeit sichtprüfen.

Ölundichtigkeit suchen

Bei ölverschmiertem Motor und hohem Ölverbrauch überprüfen wo das Öl austritt. Dazu folgende Stellen überprüfen:

- Öleinfülldeckel öffnen und Dichtung auf Porosität oder Beschädigung prüfen.
- Kurbelgehäuse-Entlüftung: Zum Beispiel Belüftungsschlauch vom Zylinderkopfdeckel zum Luftansaugschlauch.
- Zylinderkopfdeckel-Dichtung.
- Zylinderkopf-Dichtung.
- Ölablassschraube (Dichtring).
- Ölfilterdichtung: Ölfilter am Ölfilterflansch.
- Ölwannendichtung.
- Wellendichtringe links und rechts für Nockenwellen und Kurbelwelle.

Da sich bei Undichtigkeiten das Öl meistens über eine größere Motorfläche verteilt, ist der Austritt des Öls nicht auf den ersten Blick zu erkennen. Bei der Suche geht man zweckmäßigerweise wie folgt vor:

- Motorwäsche durchführen: Generator mit Plastiktüte abdecken. Motor mit handelsüblichem Kaltreiniger einsprühen und nach einer kurzen Einwirkungszeit an einer Autowaschanlage mit Wasser abspritzen.
- Trennstellen und Dichtungen am Motor von außen mit Kalk oder Talkumpuder bestäuben.
- Ölstand kontrollieren, gegebenenfalls auffüllen.
- Probefahrt durchführen. Da das Öl bei heißem Motor dünnflüssig wird und dadurch schneller an den Leckstellen austreten kann, sollte die Probefahrt über eine Strecke von ca. 30 km auf einer Schnellstraße durchgeführt werden.
- Anschließend Motor mit Lampe anstrahlen, undichte Stelle lokalisieren und Fehler beheben.

Kühlsystem prüfen

- Kühlmittelschläuche durch Zusammendrücken und Verbiegen auf poröse Stellen untersuchen, hart gewordene und aufgequollene Schläuche erneuern.
- Die Schläuche dürfen nicht zu kurz auf den Anschlussstutzen sitzen.
- Festen Sitz der Schlauchschellen kontrollieren, gegebenenfalls Schellen erneuern.
- Dichtung des Verschlussdeckels für den Ausgleichbehälter auf Beschädigungen überprüfen.

Achtung: Zu niedriger Kühlmittelstand kann auch von einem nicht richtig aufgeschraubten Verschlussdeckel herrühren.

- Deutlicher Kühlmittelverlust und/oder Öl in der Kühlflüssigkeit sowie weiße Abgaswolken bei warmem Motor deuten auf eine defekte Zylinderkopfdichtung hin.

Achtung: Mitunter ist es schwierig, die Leckstelle ausfindig zu machen. Dann empfiehlt sich eine Druckprüfung durch die Werkstatt (Spezialgerät erforderlich). Hierbei kann ebenfalls das Überdruckventil des Verschlussdeckels geprüft werden.

- Obere Motorabdeckung einbauen, siehe Seite 56
- Motorraumabdeckung unten einbauen, siehe Seite 57.

Motor-Schmierung

Zur Motor-Schmierung sind **Mehrbereichsöle** vorgeschrieben. Dabei wird der Viskositätsbereich durch die SAE-Bezeichnung bestimmt. **SAE** = **S**ociety of **A**utomotive **E**ngineers.

Beispiel: SAE 10 W 40:

10 – Viskosität des Öls in kaltem Zustand. Je kleiner die Zahl, desto dünnflüssiger ist das kalte Motoröl.

W – Das Motoröl ist wintertauglich.

40 – Viskosität des Öls in heißem Zustand. Je größer die Zahl, desto dickflüssiger ist das heiße Motoröl.

Longlife-Motoröl

Die VW-Motoren sind werksseitig mit Longlife-Motoröl befüllt. Das Longlife-Motoröl ist ein Mehrbereichsöl, das durch spezielle Zusätze auf hohe Alterungsbeständigkeit und daher für lange Motoröl-Wechselintervalle ausgelegt ist. Beim Nachfüllen von Motoröl und beim Ölwechsel darf nur Longlife-Motoröl nach VW-Norm verwendet werden, damit die 2-Jahres-Wartungsintervalle eingehalten werden können.

Für den Benzinmotor kann auch handelsübliches Motoröl nach VW-Norm verwendet werden. Allerdings müssen dann die Wartungsintervalle auf 12 Monate/15.000 km umgestellt werden (Werkstattarbeit).

Ölspezifikation bei Longlife-Service:

Benzinmotor: VW-504 00
Dieselmotor: VW-507 00

Achtung: Ein Motoröl der neuen VW-/AUDI-Spezifikation 508 00/509 00 (ab Modelljahr 2018) ist für die Motoren in diesem Band nicht geeignet. Wird dieses Motoröl bei älteren Motorengenerationen verwendet, können Motorschäden auftreten.

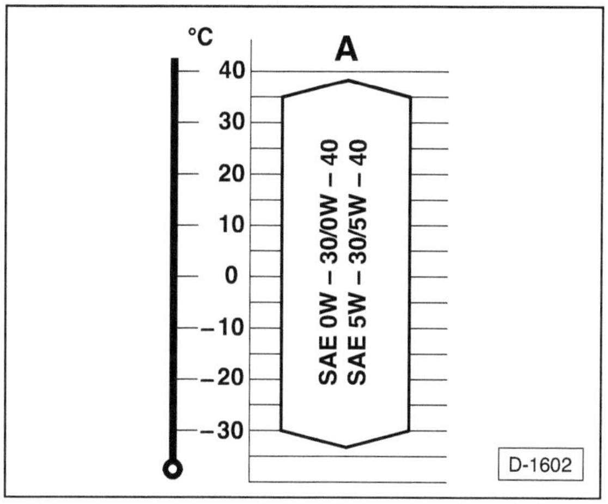

A – Longlifeöle gemäß VW-Norm.

Hinweis: Bei Fahrzeugen **mit** Longlife-Service empfiehlt es sich, für längere Fahrten oder Fahrten ins Ausland das vorgeschriebene Motoröl mitzuführen.

Handelsübliches Mehrbereichs-Motoröl

Dieses Öl ist nur für Benzinmotoren zulässig, wenn auf »feste« Wartungsintervalle von 12 Monaten oder 15.000 km umgestellt wurde (Werkstattarbeit).

Bei Dieselmotoren darf nur das Longlife-Motoröl verwendet werden, sonst kann es zu Beeinträchtigungen des Diesel-Partikelfilters kommen.

Ölspezifikation:

Benzinmotor mit festen Wartungsintervallen: . . VW-502 00

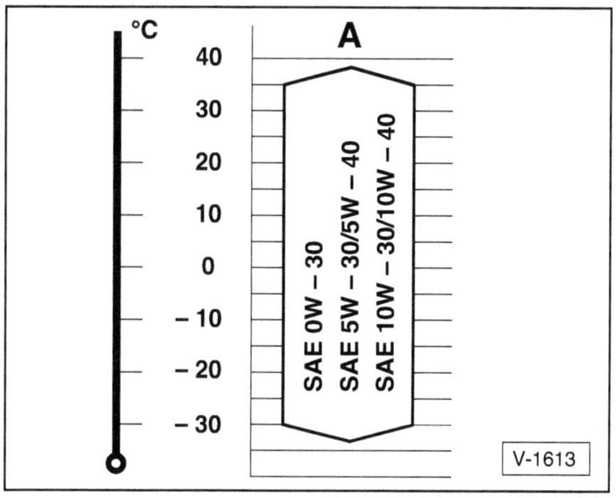

Benzinmotoren:

A – Mehrbereichsöle gemäß VW-Norm.

Motorölstand prüfen/Motoröl auffüllen

Der Motor soll auf einer Fahrstrecke von ca. 1.000 km nicht mehr als 1,0 Liter Öl verbrauchen. Mehrverbrauch ist ein Anzeichen für verschlissene Ventilschaftabdichtungen und/oder Kolbenringe beziehungsweise Öldichtungen.

Spezialwerkzeug: nicht erforderlich.

Erforderliche Betriebsmittel/Verschleißteile:

- Nur ein von VW freigegebenes Motoröl verwenden.
  Ölspezifikation:
  Benzinmotor mit Longlife-Service: VW-504 00
  Benzinmotor mit festen Wartungs-intervallen: VW-502 00
  Dieselmotor: VW-507 00

Prüfen

- Motor warm fahren und auf einer ebenen, waagerechten Fläche abstellen.
- Nach Abstellen des Motors mindestens 3 Minuten lang warten, damit sich das Öl in der Ölwanne sammelt.

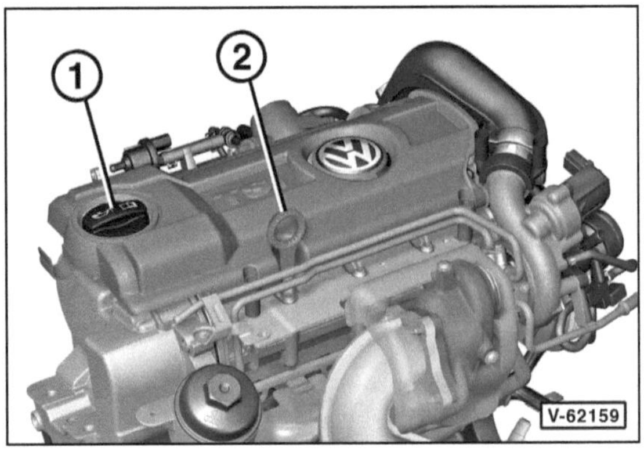

- Ölmessstab –2– herausziehen und mit einem sauberen Lappen abwischen. 1 – Öleinfülldeckel.
- Anschließend Messstab bis zum Anschlag einführen und wieder herausziehen.

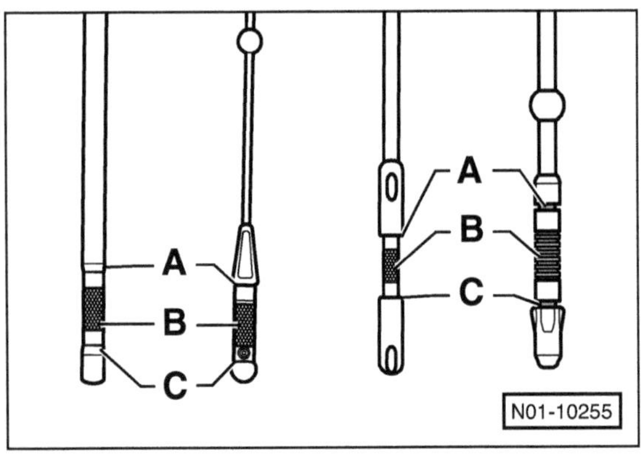

- Der Ölstand muss im geriffelten Messfeld –B– liegen, andernfalls ist er folgendermaßen zu korrigieren:

Ölstand	Abhilfe
bei –A–	Kein Motoröl nachfüllen.
über –A–	Motoröl absaugen, bis Ölstand –A– erreicht ist.
bei –C–	Motoröl bis in den Bereich –B– auffüllen.
unter –C–	Motoröl bis –A– auffüllen.

Achtung: Zu viel eingefülltes Motoröl (oberhalb von Bereich –A–) muss wieder abgesaugt werden, da sonst die Motordichtungen beziehungsweise der Katalysator beschädigt werden können.

- Bei hoher Motorbeanspruchung wie zum Beispiel längeren Autobahnfahrten im Sommer und bei Anhängerbetrieb oder Gebirgsfahrten sollte der Ölstand im oberen Teil von Bereich –B– liegen.
- Nachgefüllt wird am Verschluss des Zylinderkopfdeckels. Beim Nachfüllen vorgeschriebene Ölsorte verwenden, keine Ölzusätze verwenden.
- Ölmessstab einsetzen, Einfülldeckel festschrauben.

Motoröl wechseln/Ölfilter ersetzen

Erforderliches Spezialwerkzeug:

- 1,4-l-TSI-Motor (110 kW), 2,0-l-TSI-Motor: Handelsüblichen Spannbandschlüssel oder HAZET 2169 zum Lösen der Filterpatrone.
- 1,4-l-Benzinmotor (90/118 kW), Dieselmotor: Stecknuss SW 32 oder HAZET 2169-32 zum Lösen des Ölfilterdeckels.

Wenn das Motoröl abgesaugt wird:

- Ölabsauggerät. **Hinweis:** Darauf achten, dass die Sonde in das Führungsrohr des Ölmessstabes passt.
- Ölauffangbehälter.

Wenn das Motoröl abgelassen wird:

- Grube oder Wagenheber mit Unterstellböcken.
- Ölauffangwanne, die je nach Motor bis zu 5 Liter Öl fasst.

Erforderliche Betriebsmittel/Verschleißteile:

- Je nach Motor 3,6 bis 4,7 Liter Motoröl. Dabei nur ein von VW freigegebenes Motoröl verwenden.
  Ölspezifikation:
  Benzinmotor mit Longlife-Service: VW-504 00
  Benzinmotor mit festen Wartungsintervallen: VW-502 00
  Dieselmotor: VW-507 00
- Je nach Motor Ölfiltereinsatz oder Ölfilterpatrone.
- **Neue(n)** Dichtring(e) für Ölfilterdeckel.
- Nur wenn Öl abgelassen wird: **Neue** Ölablassschraube mit **neuem** Dichtring.

Hinweis: Die Öl-Verkaufsstellen nehmen die entsprechende Menge Altöl kostenlos entgegen, daher beim Ölkauf Quittung und Ölkanister für spätere Altölrückgabe aufbewahren! **Um Umweltschäden zu vermeiden, keinesfalls Altöl einfach wegschütten oder dem Hausmüll mitgeben.**

Die Werte für die **Ölwechselmenge** mit Filterwechsel stehen in der Tabelle »Motordaten« auf Seite 13.

Hinweis: Die dort angegebenen Ölwechselmengen sind ungefähre Mengenangaben. Auf jeden Fall nach dem Ölwechsel den Ölstand mit dem Ölmessstab prüfen und gegebenenfalls korrigieren.

Das Motoröl kann entweder durch das Ölmessstab-Führungsrohr abgesaugt oder aus der Ölwanne abgelassen werden. Zum Absaugen ist eine geeignete Absaugpumpe erforderlich, dabei darauf achten, dass der Absaugschlauch in das Ölmessstab-Führungsrohr passt.

Motoröl ablassen

- Motor warm fahren.
- Obere Motorabdeckung ausbauen, siehe Seite 56.
- Deckel am Filtergehäuse abschrauben beziehungsweise Filterpatrone lösen, damit das Öl aus dem Filter in den Motor zurücklaufen kann, siehe Abschnitt »Ölfilter wechseln«.
- Steht das Ölabsauggerät nicht zur Verfügung, Motoröl ablassen. Dazu Fahrzeug waagerecht aufbocken oder über eine Montagegrube fahren.

Sicherheitshinweis
Beim Aufbocken des Fahrzeugs besteht Unfallgefahr! Deshalb vorher das Kapitel »Fahrzeug aufbocken« durchlesen.

- Untere Motorraumabdeckung ausbauen, siehe Seite 57.
- Altöl-Auffangwanne unter die Ölablassschraube stellen.

Sicherheitshinweis
Darauf achten, dass beim Herausdrehen der Ölablassschraube das heiße Motoröl nicht über die Hand läuft. Deshalb beim Abschrauben mit den Fingern den Arm waagerecht halten.

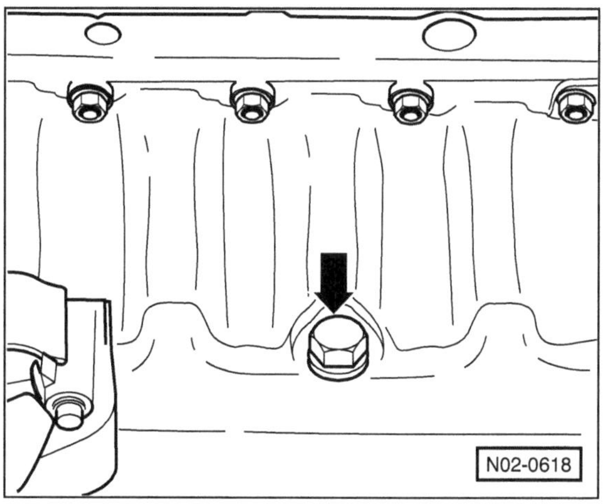

- Ölablassschraube –Pfeil– aus der Ölwanne herausdrehen und Altöl ganz ablassen.

Achtung: Werden im Motoröl Metallspäne und Abrieb in größeren Mengen festgestellt, deutet dies auf Fressschäden hin, zum Beispiel Kurbelwellen- oder Pleuellagerschäden. Um Folgeschäden nach erfolgter Reparatur zu vermeiden, ist die sorgfältige Reinigung von Ölkanälen und Ölschläuchen und das Erneuern des Ölkühlers unerlässlich.

- Anschließend **neue** Ölablassschraube mit **neuem** Dichtring einschrauben und mit **30 Nm** festziehen. **Achtung:** Das zulässige Anzugsdrehmoment darf nicht überschritten werden, sonst kann es zu Undichtigkeiten oder Schäden kommen.
- Fahrzeug ablassen.

Ölfilter wechseln

Achtung: Benutzte Ölfilter oder Filtereinsätze müssen als Sondermüll entsorgt werden.

1,4-l-TSI-Benzinmotor 90/118 kW bis 9/2009

- Bauteile im Bereich des Ölfilters mit einem Lappen abdecken, damit eventuell heruntertropfendes Öl aufgefangen wird.

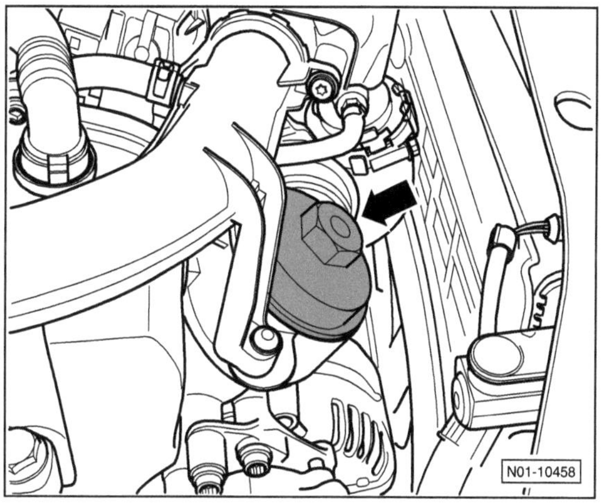

- Ölfilterdeckel –Pfeil– mit einer Stecknuss SW-32 oder HAZET 2169-32 abschrauben.

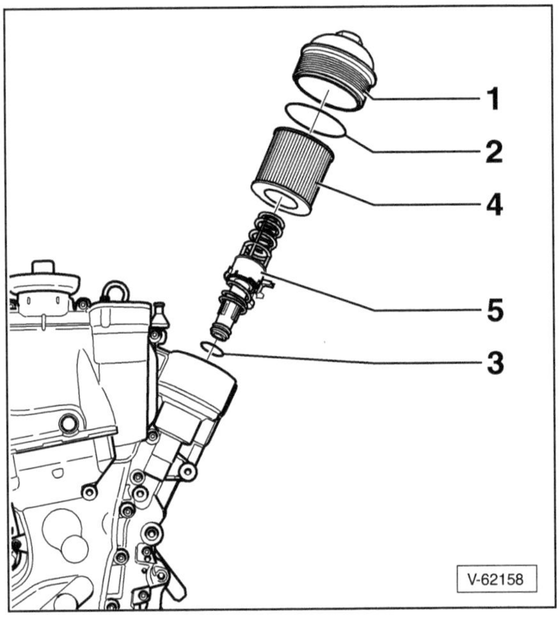

● Ölfilterdeckel –1– mit Filtereinsatz –4– und Ventil –5– herausnehmen.

Einbau

● Dichtfläche an Deckel –1– und Filtergehäuse mit Kaltreiniger und Lappen reinigen.

● O-Ring –3– am Ventil –5– ersetzen und Ventil in das Filtergehäuse einsetzen.

● Dichtring –2– ersetzen und mit neuem Motoröl leicht einölen.

● **Neuen** Filtereinsatz –4– in den Deckel einsetzen.

● Verschlussdeckel –1– mit Filtereinsatz –4– einsetzen und mit **25 Nm** festschrauben.

1,4-l-TSI-Benzinmotor (90 kW ab 10/2009 und 110 kW)
2,0-l-TSI-Benzinmotor (125 kW/132 kW/147 kW/155 kW)

● Vor dem Ausbau der Filterpatrone insbesondere Drehstromgenerator und Keilrippenriemen mit einem dicken Lappen abdecken.

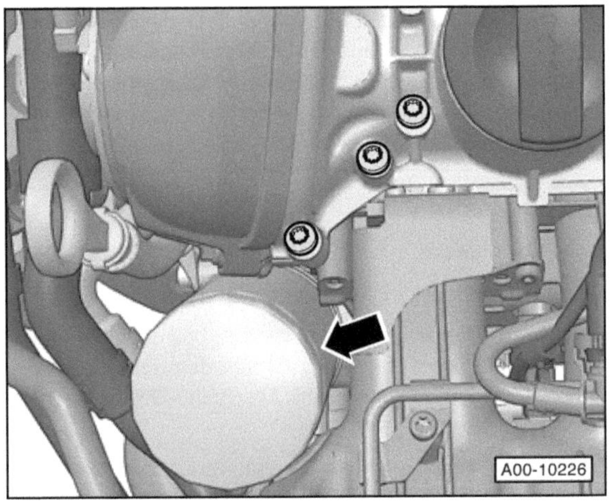

● Ölfilterpatrone –Pfeil– mit handelsüblichem Spannbandschlüssel oder HAZET-2169 lösen und ein paar Minuten warten, damit das Motoröl aus dem Filter in den Motor zurückfließen kann.

● Filterpatrone abschrauben. **Achtung:** Dabei darf kein Motoröl auf den Keilrippenriemen oder Drehstromgenerator tropfen.

● Dichtfläche am Steuergehäuse reinigen.

● Gummidichtung am neuen Filter dünn mit sauberem Motoröl einölen, dadurch wird eine bessere Abdichtung beim Anziehen des Filters erzielt.

● **Neuen** Ölfilter nur mit der Hand festschrauben, bis die Filterdichtung am Motorblock anliegt. Anschließend Filter noch um ½ Umdrehung weiterdrehen. Falls vorhanden, Hinweise auf dem Ölfilter beachten. Falls der HAZET-Schlüssel 2169 verwendet wird, Ölfilter mit **20 Nm** festziehen.

1,4-l-TSI-Benzinmotor 92/110 kW ab 5/2015

- Altöl-Auffangwanne unter den Ölfilter stellen.

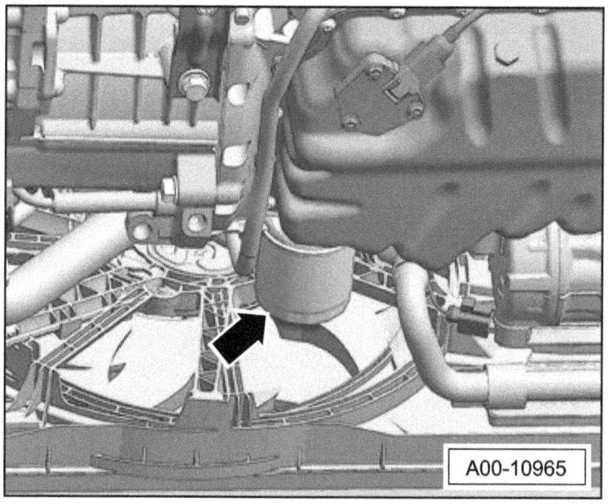

- Ölfilterpatrone –Pfeil– mit handelsüblichem Spannbandschlüssel, zum Beispiel HAZET 2171-1 oder HAZET-2169, lösen.
- Filterpatrone abschrauben.
- Dichtfläche des Ölfilters an Ölwanne beziehungsweise Ölwannenoberteil reinigen.
- Gummidichtung am neuen Filter dünn mit sauberem Motoröl einölen, dadurch wird eine bessere Abdichtung beim Anziehen des Filters erzielt.
- **Neuen** Ölfilter nur mit der Hand festschrauben, bis die Filterdichtung am Motorblock anliegt. Anschließend Filter noch um ½ Umdrehung weiterdrehen. Falls vorhanden, Hinweise auf dem Ölfilter beachten. Falls der HAZET-Schlüssel 2169 verwendet wird, Ölfilter mit **20 Nm** festziehen.

Dieselmotor, alle außer CUVC/CUVE

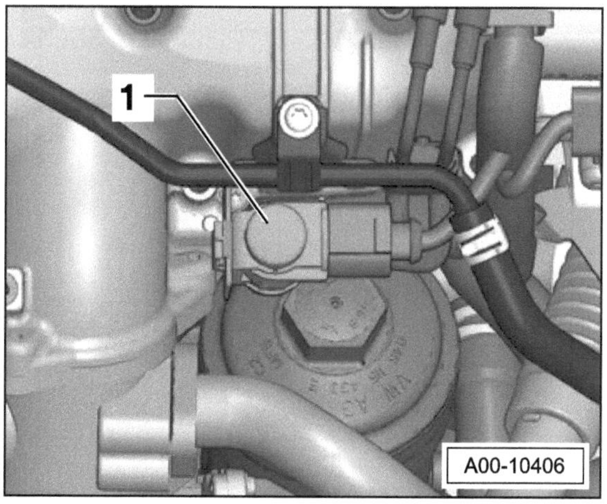

- Magnetumschaltventil –1– ausclipsen oder mit Halter abschrauben und zur Seite legen.

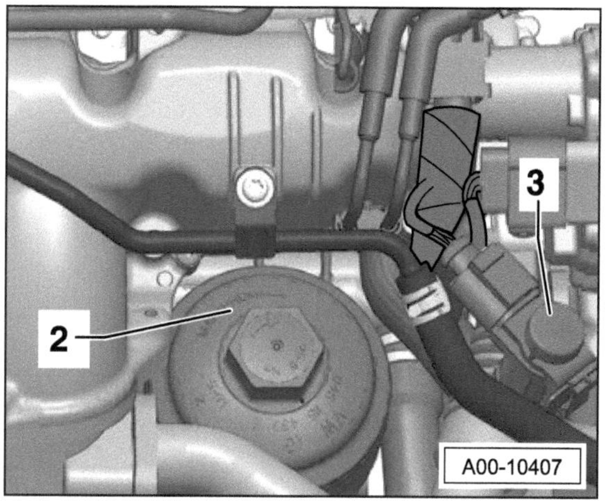

- Ölfilterdeckel –2– mit einer Stecknuss SW-32 oder HAZET 2169-32 abschrauben. 3 – Magnetumschaltventil.
- Dichtflächen am Filterdeckel und am Ölfiltergehäuse mit Kaltreiniger oder Kraftstoff und einem Lappen reinigen.

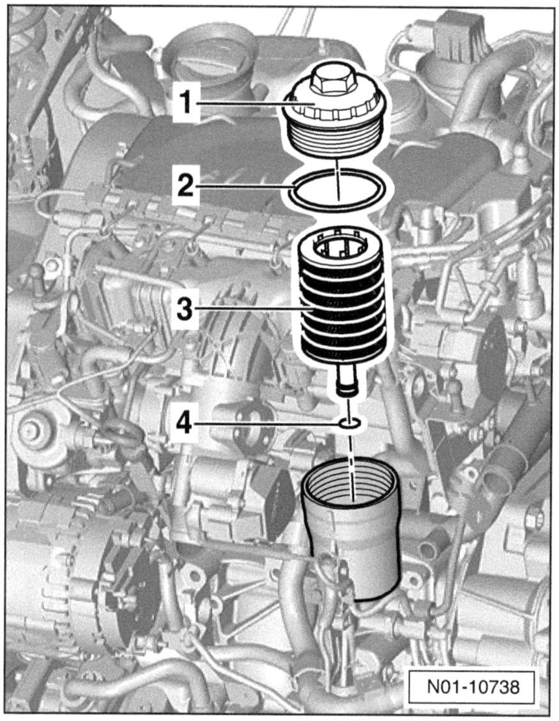

- O-Ringe –2– und –4– sowie Filtereinsatz –3– ersetzen.
- Filterdeckel –1– aufschrauben und mit **25 Nm** festziehen.
- Magnetumschaltventil ansetzen und hörbar einrasten beziehungsweise mit Halter anschrauben.

Dieselmotor CUVC/CUVE

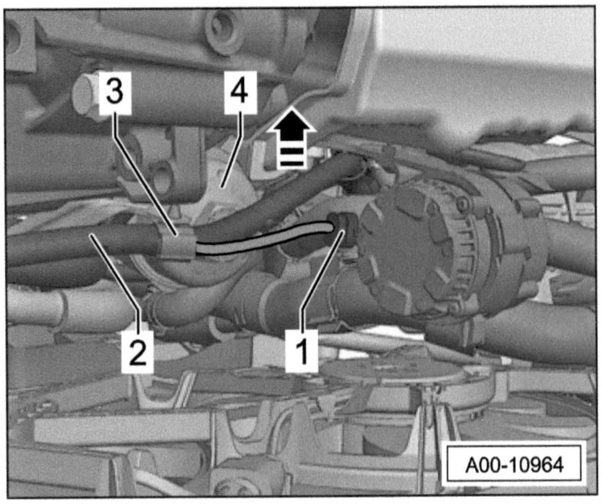

- Stecker –1– für Nachlaufpumpe abziehen.
- Generatorleitung –2– am Clip –3– ausclipsen und in Pfeilrichtung schwenken. 4 – Ölfilterdeckel.

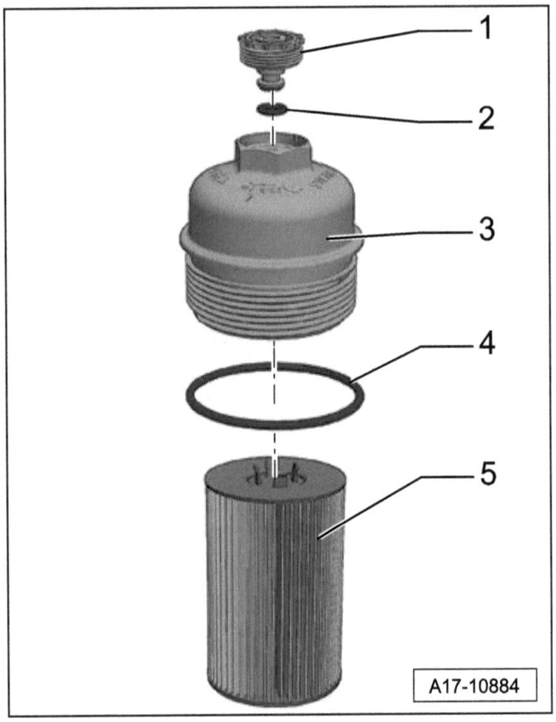

- Ölablassschraube –1– am Filterdeckel herausdrehen. Dadurch kann das Öl aus dem Filter in den Motor zurücklaufen.
- Filterdeckel –3– mit einer Stecknuss SW 32 oder HAZET 2169-32 abschrauben.
- Filtereinsatz –5– herausziehen. Abtropfendes Öl mit einem dicken Lappen auffangen.
- Dichtflächen am Filterdeckel und am Ölfiltergehäuse mit Kaltreiniger oder Kraftstoff und einem Lappen reinigen.
- O-Ring –2– in die Nut der Ölablassschraube –1– einsetzen. Ablassschraube mit **5 Nm** anziehen.
- Neuen Filtereinsatz einsetzen.
- Neuen O-Ring –4– mit sauberem Motoröl bestreichen und einsetzen.
- Filterdeckel –1– aufschrauben und mit **25 Nm** festziehen.
- Generatorleitungen einclipsen und Stecker der Nachlaufpumpe verbinden.
- Mit Motoröl verschmutzte Leitungen mit einem Ölsaugtuch reinigen.

Motoröl auffüllen

- Verschlussdeckel –1– öffnen und neues Öl am Einfüllstutzen des Zylinderkopfdeckels einfüllen. 2 – Ölmessstab. Richtige Ölfüllmenge siehe Seite 13.

Achtung: Grundsätzlich empfiehlt es sich, zunächst ½ Liter Motoröl weniger einzufüllen als vorgeschrieben. Anschließend Motor warm laufen lassen und nach einigen Minuten Ölstand mit dem Messstab kontrollieren. Gegebenenfalls Ölmenge ergänzen. Zu viel eingefülltes Motoröl muss wieder abgesaugt werden, da sonst die Motordichtungen beziehungsweise der Katalysator beschädigt werden können.

- Nach ca. 5 Minuten den Ölstand mit dem Ölmessstab kontrollieren.

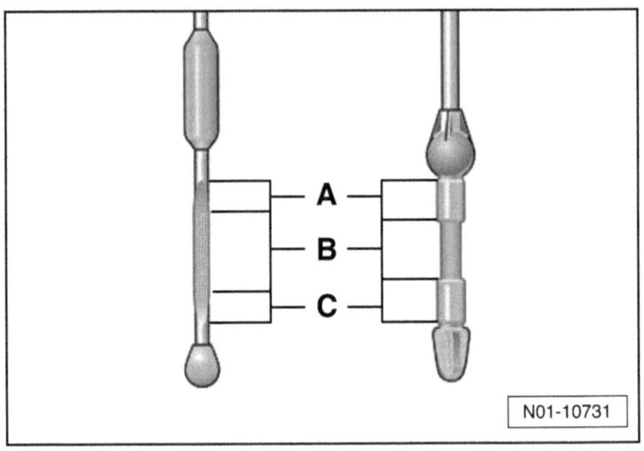

- Der Ölstand ist in Ordnung, wenn er im Bereich –B– liegt. Liegt er im Bereich –C–, muss Öl bis zum Bereich –B– nachgefüllt werden. Bei einem Ölstand im Bereich –A– darf kein Motoröl nachgefüllt werden.

Achtung: Zu viel eingefülltes Motoröl (oberhalb von Bereich –A–) muss wieder abgesaugt werden, da sonst die Motordichtungen beziehungsweise der Katalysator beschädigt werden können.

- Nach der Probefahrt Dichtigkeit der Ablassschraube und des Ölfilters überprüfen, gegebenenfalls vorsichtig nachziehen.
- Ölstand ca. 3 Minuten nach Abstellen des Motors nochmals prüfen, gegebenenfalls korrigieren.
- Obere Motorabdeckung einbauen, siehe Seite 56.
- Motorraumabdeckung unten einbauen, siehe Seite 57.

Kühlmittelstand prüfen/auffüllen

Ein zu niedriger Kühlmittelstand wird im Display des Kombiinstruments angezeigt. Vor jeder größeren Fahrt sollte dennoch grundsätzlich der Kühlmittelstand geprüft werden.

Spezialwerkzeug ist nicht erforderlich.

Erforderliche Betriebsmittel zum Nachfüllen:

- VW-Kühlerfrost- und Korrosionsschutzmittel »**G13**«, Farbe lila, oder ein anderes Kühlkonzentrat mit dem Vermerk »gemäß VW/AUDI-TL-774-**J**«, zum Beispiel »Glysantin GG 40« oder »MAINTAIN FRICOFIN V«.
  Hinweis: G13 ist mischbar mit dem älteren, ebenfalls lilafarbenen G12++ oder G12+.
- Destilliertes Wasser. **Achtung:** Kein Leitungs- oder Brunnenwasser verwenden.

Prüfen/Nachfüllen

Sicherheitshinweis
Verschlussdeckel bei heißem Motor vorsichtig öffnen. **Verbrühungsgefahr!** Beim Öffnen Lappen über den Verschlussdeckel legen. Verschlussdeckel nur bei einer Kühlmitteltemperatur unter +90° C öffnen.

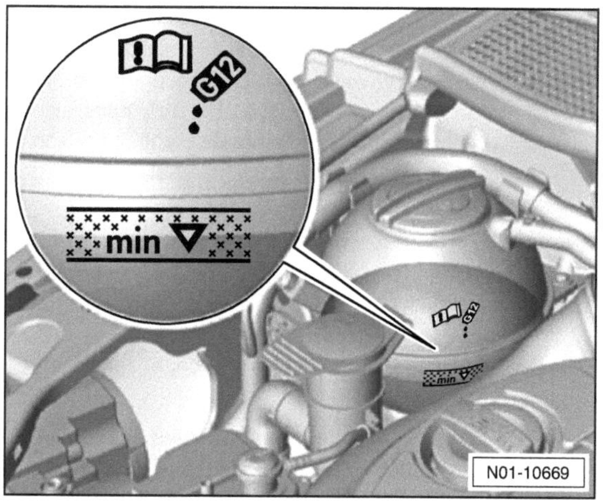

- Der Kühlmittelstand soll bei kaltem Motor (Kühlmitteltemperatur ca. +20° C) zwischen der MAX- und der MIN-Markierung (gerasterter Bereich) am Ausgleichbehälter liegen. Bei warmem Motor darf der Kühlmittelstand etwas über der MAX-Markierung stehen.
- Größere Mengen **kaltes** Kühlmittel nur bei **kaltem Motor** nachfüllen, um Motorschäden zu vermeiden.
- Verschlussdeckel beim Öffnen zuerst etwas aufdrehen und Überdruck entweichen lassen. Danach Deckel weiterdrehen und abnehmen.
- Sichtprüfung auf Dichtheit durchführen, wenn der Kühlmittelstand in kurzer Zeit absinkt.

Frostschutz prüfen/korrigieren

Regelmäßig vor Winterbeginn sollte sicherheitshalber die Konzentration des Frostschutzmittels geprüft werden, insbesondere wenn zwischendurch reines Wasser nachgefüllt wurde.

Erforderliches Spezialwerkzeug:

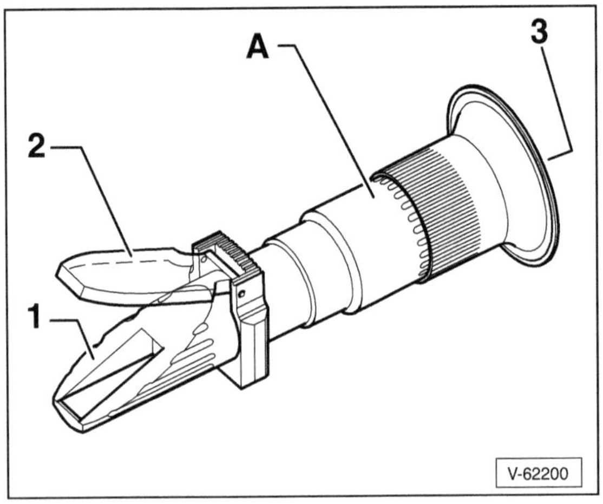

- Prüfspindel zum Messen des Frostschutzanteils beziehungsweise ein Refraktometer –A–, zum Beispiel HAZET 4810-C oder VW-T10007A. Mit dem Refraktometer können Kühlmittel- oder Scheibenwasch-Frostschutzanteil gemessen werden. **Hinweis:** Für die Messung mit einem Refraktometer wird der Umstand ausgenutzt, dass sich der Lichtbrechungsindex der Flüssigkeit abhängig von der Konzentration des gelösten Stoffes ändert.
  1 – Messprisma, 2 – Deckel, 3 – Einblick-Okular.
- VW-Kühlerfrost- und Korrosionsschutzmittel **»G13«,** Farbe lila, oder ein anderes Kühlkonzentrat mit dem Vermerk »gemäß VW/AUDI-TL-774-**J**«, zum Beispiel »Glysantin GG 40« oder »MAINTAIN FRICOFIN V«.
  Hinweis: G13 ist mischbar mit dem älteren, ebenfalls lilafarbenen G12++ oder G12+.
- Destilliertes Wasser. **Achtung:** Kein Leitungs- oder Brunnenwasser verwenden.

Prüfen

- Motor warm fahren bis der obere Kühlmittelschlauch zum Kühler etwa handwarm ist. Bei der Frostschutzmessung soll die Kühlflüssigkeitstemperatur ca. +20° C betragen.

Sicherheitshinweis
Verschlussdeckel bei heißem Motor vorsichtig öffnen. **Verbrühungsgefahr!** Beim Öffnen Lappen über den Verschlussdeckel legen. Verschlussdeckel nur bei einer Kühlmitteltemperatur unter +90° C öffnen.

- Verschlussdeckel am Ausgleichbehälter vorsichtig öffnen.

Prüfung mit einer Prüfspindel:

Hinweis: Eventuell ist es erforderlich, die **Prüfspindel zu eichen**. Dabei ist folgendermaßen vorzugehen: 50 ml Kühlkonzentrat mit 50 ml destilliertem Wasser mischen. Diese Mischung hat einen Frostschutz von –35° C. Frostschutz mit der Prüfspindel messen und eventuelle Abweichung zum Sollwert von –35° C notieren. **Beispiel:** Die Prüfspindel zeigt –31° C an. Die Abweichung beträgt also –4° C. Wird dann am Fahrzeug ein Wert von –16° C gemessen, dann beträgt der tatsächliche Frostschutz (–16°) + (–4°) = –20° C.

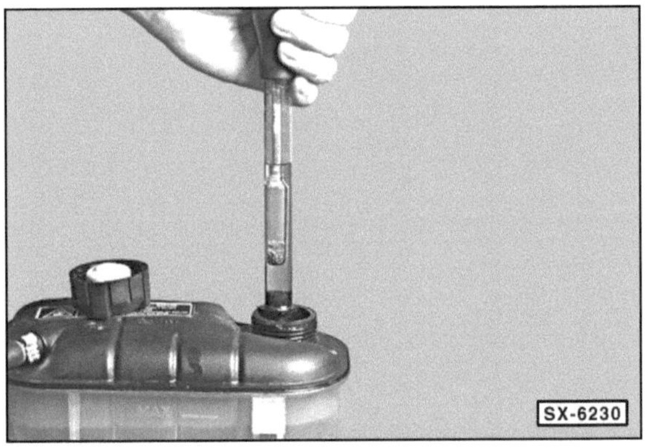

- Mit der Prüfspindel Kühlflüssigkeit aus dem Ausgleichbehälter ansaugen und am Schwimmer die Kühlmitteldichte ablesen.
- Der Frostschutz soll in unseren Breiten bis –25° C reichen, bei extrem kaltem Klima bis –35° C.

Prüfung mit einem Refraktometer

- Mit einer Pipette ein wenig Kühlflüssigkeit auf das Messprisma –1– des Refraktometers –A– auftragen und Deckel –2– zuklappen, siehe Abbildung V-62118.

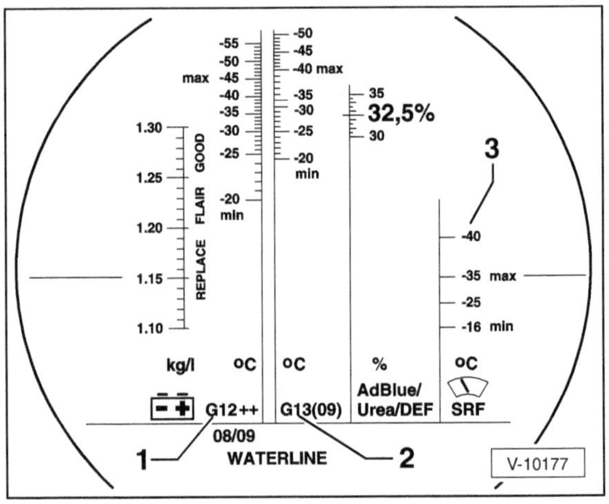

- Durch das Einblick-Okular schauen und an der Skala –2– den Frostschutzanteil ablesen. **Hinweis:** Die Skala –1– bezieht sich auf die Kühlmittelzusätze G12, G12Plus, G12PlusPlus.
  2 – Skala für das Frostschutzmittel G13.
  3 – Skala zur Kontrolle des VW-Scheibenreinigungskonzentrats G 052 164.

Kühlkonzentrat ergänzen

Bei einem Frostschutz bis –25° C muss der Anteil an Frostschutzmittel in der Kühlflüssigkeit 40 % betragen. Soll der Frostschutz bis –35° C reichen, müssen Wasser und Kühlkonzentrat im Verhältnis 1:1 gemischt werden.

Achtung: Ist ein stärkerer Frostschutz erforderlich, kann bis auf maximal 55% Frostschutzmittelanteil erhöht werden, dann reicht der Frostschutz bis –48° C. Wird mehr Frostschutzmittel zugegeben, verringert sich der Frostschutz wieder, außerdem verschlechtert sich die Kühlwirkung.

Die folgende Tabelle zeigt wie viel Frostschutzmittel zugegeben werden muss, damit die gewünschte Konzentration erreicht wird. Es handelt sich nur um Richtwerte, da die Füllmengen der Kühlflüssigkeit je nach Motor unterschiedlich sind.

Frostschutz bis		Differenzmenge	
Istwert	**Sollwert**	**1,4-l-Motor (5,6)**	**2,0-l-Motor (8,0)**
0°	– 25°	2,2 l	3,2 l
	– 35°	2,8 l	4,0 l
– 5°	– 25°	1,9 l	2,8 l
	– 35°	2,4 l	3,4 l
– 10°	– 25°	1,6 l	2,3 l
	– 35°	2,0 l	2,9 l
– 15°	– 25°	1,3 l	1,9 l
	– 35°	1,7 l	2,4 l
– 20°	– 25°	1,0 l	1,5 l
	– 35°	1,3 l	1,8 l
– 25°	– 35°	0,9 l	1,3 l
– 30°	– 35°	0,5 l	0,8 l
– 35°	– 40°	0,4 l	0,6 l

Beispiel: Die Frostschutz-Messung mit der Spindel ergibt beim Dieselmotor einen Frostschutz bis –10° C. In diesem Fall aus dem Kühlsystem 2,3 l Kühlflüssigkeit ablassen und dafür 2,3 l reines VW/AUDI-Frostschutzkonzentrat auffüllen. Der Frostschutz reicht dann bis –25° C.

- Verschlussdeckel am Kühler verschließen und nach Probefahrt Frostschutz erneut überprüfen.

Kraftstofffilter ersetzen

Dieselmotor

Achtung: Auslaufender Dieselkraftstoff muss besonders von Gummiteilen, wie beispielsweise Kühlmittelschläuchen, sofort abgewischt werden, sonst werden die Gummiteile im Lauf der Zeit zerstört.

Achtung: Dieselkraftstoff ist ein Problemstoff und darf auf keinen Fall einfach weggeschüttet oder dem Hausmüll mitgegeben werden. Gemeinde- und Stadtverwaltungen informieren darüber, wo sich die nächste Problemstoff-Sammelstelle befindet.

Erforderliches Werkzeug:

- Winkel-Schlitzschraubendreher für das Kraftstofffilter-Oberteil, zum Beispiel VAS-6543.
- Dieselsauger, zum Beispiel VAS-5226.

Erforderliche Verschleißteile:

- O-Ring.
- Filtereinsatz.

Ausbau

- Obere Motorabdeckung ausbauen, siehe Seite 56.

Achtung: Kraftstoffschläuche **nicht** vom Filter-Oberteil abziehen und **nicht** an den Anschlussstutzen hebeln. Dies führt zu Undichtigkeiten am Kraftstofffilter-Oberteil.

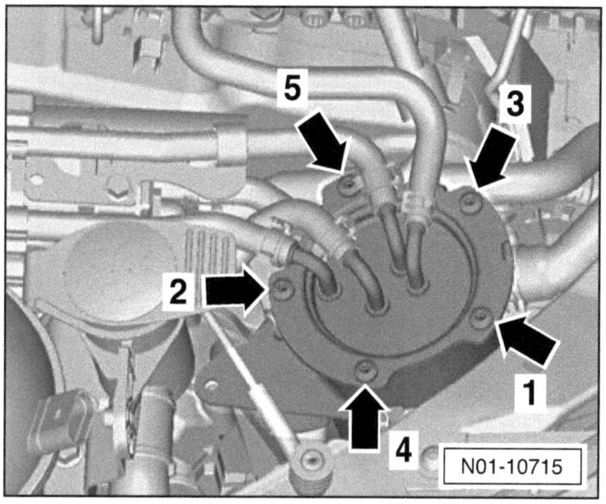

- Alle Schrauben am Kraftstofffilter in der Reihenfolge von –1– bis –5– um ca. 1½ bis 2 Umdrehungen lockern.
- Anschließend Schrauben ganz herausdrehen und Kraftstofffilter-Oberteil abnehmen.

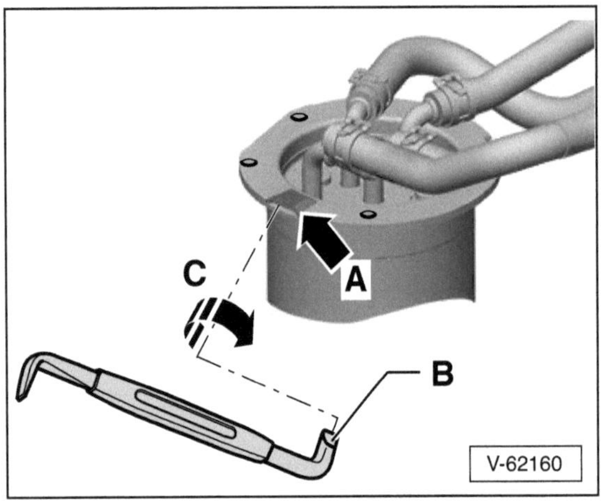

Achtung: Falls das Kraftstofffilter-Oberteil festsitzt, einen Winkelschrauber –B– in die Montagenut –Pfeil A– einsetzen. Schraubendreher in Pfeilrichtung –C– drehen und dadurch Kraftstofffilter-Oberteil anheben. **Hinweis:** Die Montagenut kann je nach Ausführung des Filters unterschiedlich groß sein.

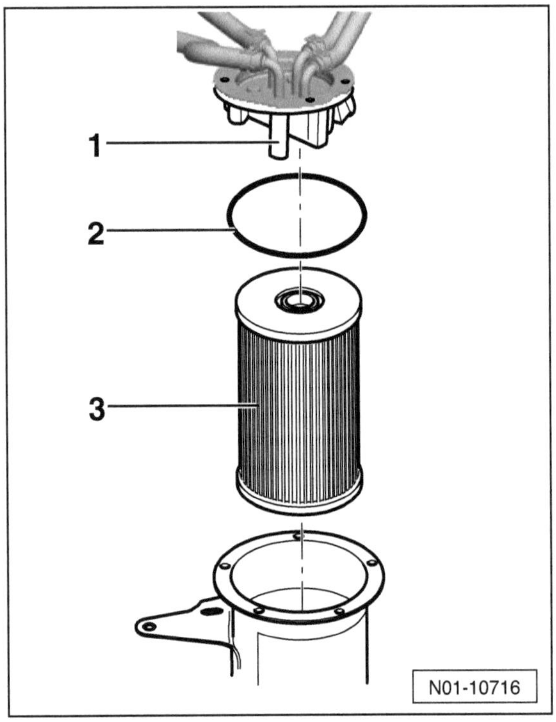

- Filtereinsatz –3– aus dem Kraftstofffilter-Unterteil herausnehmen. **Achtung:** Abtropfenden Dieselkraftstoff mit einem dicken, saugfähigen Lappen auffangen. 1 – Kraftstofffilter-Oberteil, 2 – Dichtring.

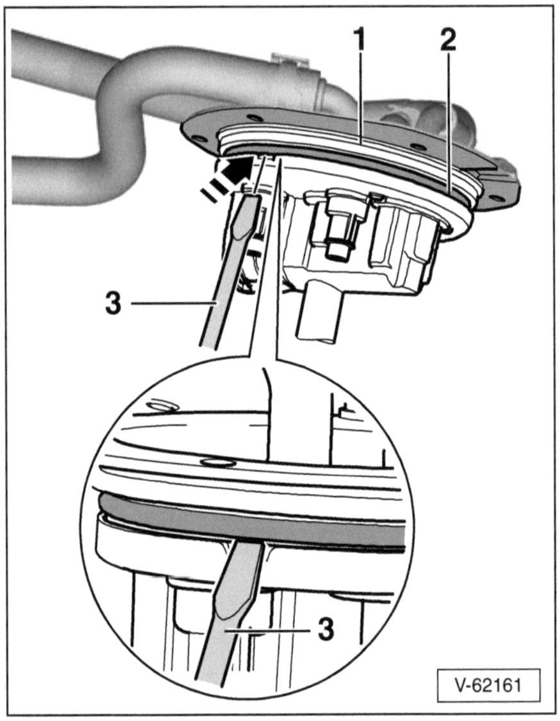

- Dichtring –2– mit einem Schraubendreher –3– aus der Nut –Pfeil– am Kraftstofffilter-Oberteil –1– heraushebeln.
- Mit einem geeigneten Dieselsauger aus dem Kraftstofffilter-Unterteil den restlichen Dieselkraftstoff sowie Wasser- und Schmutzrückstände absaugen. **Achtung:** Den Dieselkraftstoff nicht wiederverwenden, sondern vorschriftsmäßig entsorgen.

Einbau

- **Neuen** Filtereinsatz –3– mit leichter Drehung bis Anschlag in das das Kraftstofffilter-Unterteil einsetzen, siehe Abbildung N01-10716.
- Filtergehäuse mit neuem, sauberem Dieselkraftstoff soweit auffüllen, dass beim Aufsetzen des Filteroberteils kein Kraftstoff überlaufen kann.

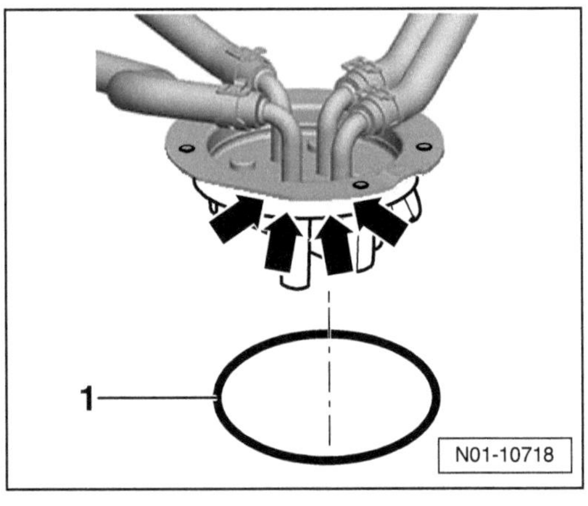

- **Neuen** Dichtring –1– unbedingt mit etwas sauberem Dieselkraftstoff benetzen und in die Nut –Pfeile– am Kraftstofffilter-Oberteil einsetzen.

- Kraftstofffilter-Oberteil mit Dichtring am Unterteil ansetzen und gleichmäßig festdrücken, bis das Kraftstofffilter-Oberteil vollständig aufliegt.
- Schrauben etwa 1 Umdrehung eindrehen.

Achtung: Schrauben nicht festziehen, bevor das Oberteil vollständig auf dem Unterteil aufliegt. Oberteil nicht durch die Schrauben an das Unterteil heranziehen, sonst kann der Dichtring beschädigt werden.

- Schrauben für Kraftstofffilter-Oberteil in der Reihenfolge von 1 bis 5 bis zur Anlage anschrauben und schließlich mit **5 Nm** festziehen, siehe Abbildung N01-10715. **Achtung:** Schrauben nur über Kreuz anziehen, wie in der Abbildung dargestellt, sonst kann das Oberteil verkanten und der Dichtring beschädigt werden.

Kraftstoffsystem entlüften

Achtung: Die Hochdruckpumpe darf auf keinen Fall trockenlaufen, sonst wird sie beschädigt. Im Kraftstofftank muss genügend Dieselkraftstoff vorhanden sein um eine einwandreie Entlüftung zu gewährleisten.

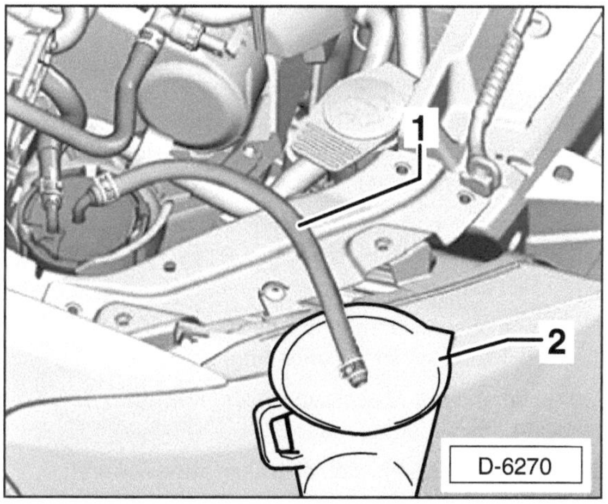

- Kraftstoffvorlaufleitung zum Motor am Anschluss der Hochdruckpumpe abziehen, dazu Schlauchschelle mit einer geeigneten Zange öffnen und zurückschieben.
- Anschluss sofort mit einem geeigneten Stopfen verschließen.
- Kraftstoffschlauch –1– in einen geeigneten Auffangbehälter –2– führen.
- Zündung einschalten. Dadurch läuft die elektrische Kraftstoffpumpe kurzzeitig an und fördert Kraftstoff aus dem Tank in den Filter und dann in den Auffangbehälter.
- Diesen Vorgang mehrmals wiederholen, bis Kraftstoff aus dem Filter austritt und im Auffangbehälter aufgefangen wird.

Hinweis: In der Fachwerkstatt wird die Kraftstoffpumpe mithilfe des Fahrzeugdiagnosetesters angesteuert.

- Stopfen am Kraftstoffanschluss abnehmen, Kraftstoffschlauch aufschieben und mit Schelle sichern.
- Zündung für ca. 30 Sekunden einschalten, Motor nicht starten.
- Motor starten und einige Zeit mit mittlerere Drehzahl laufen lassen.
- Motor abstellen.
- Kraftstoffsystem (Anschlüsse) auf Dichtigkeit sichtprüfen.
- Obere Motorabdeckung einbauen, siehe Seite 183.
- Fehlerspeicher auslesen und gegebenenfalls löschen lassen (Werkstattarbeit).

Motor-Luftfilter: Filtereinsatz erneuern

Spezialwerkzeug: nicht erforderlich.

Erforderliche Betriebsmittel/Verschleißteile:

- Luftfiltereinsatz.

Ausbau

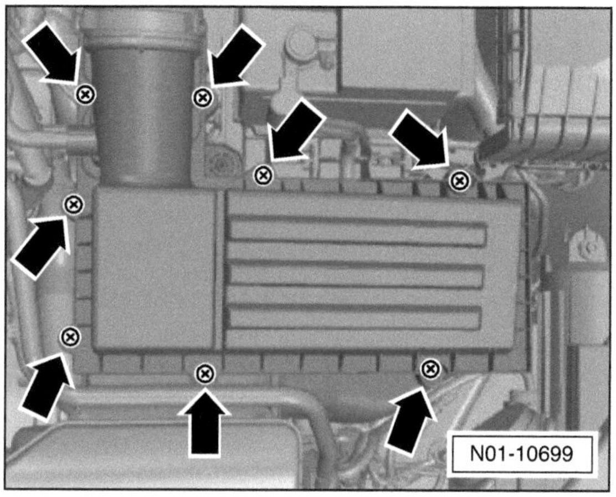

- Schrauben –Pfeile– herausdrehen.
- Unterdruckschlauch am Filterstutzen abziehen. **Achtung:** Dabei keine scharfkantigen Werkzeuge verwenden, sonst wird der Anschlussstutzen beschädigt.

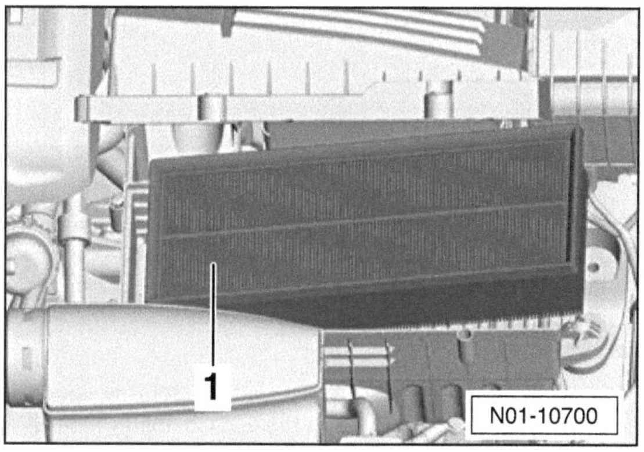

- Luftfilterdeckel hochheben und Filtereinsatz –1– herausnehmen.
- Filtergehäuse mit einem Lappen auswischen.

Einbau

- **Neuen** Filtereinsatz in das Gehäuse legen. Dabei auf korrekten Sitz der Dichtung des Filtereinsatzes am Filtergehäuse achten.
- Deckel am Filtergehäuse einhängen, runterklappen und anschrauben.

Keilrippenriemen prüfen

Der Keilrippenriemen muss nicht nachgespannt werden, da eine automatische Spannrolle die Riemenspannung konstant hält. Im Rahmen der Wartung muss der Keilrippenriemen auf Beschädigungen geprüft, gegebenenfalls erneuert werden.

Spezialwerkzeug: nicht erforderlich.

Erforderliche Betriebsmittel/Verschleißteile bei defektem Keilrippenriemen:

- Keilrippenriemen für die jeweilige Motorausführung.

Prüfen

- Getriebe in Leerlaufstellung bringen.

Sicherheitshinweis
Beim Aufbocken des Fahrzeugs besteht Unfallgefahr! Deshalb vorher das Kapitel »Fahrzeug aufbocken« durchlesen.

- Fahrzeug aufbocken.
- Motorraumabdeckung unten ausbauen, siehe Seite 57.
- Falls vorhanden, Abdeckkappe für Keilrippenriemenscheibe ausbauen.

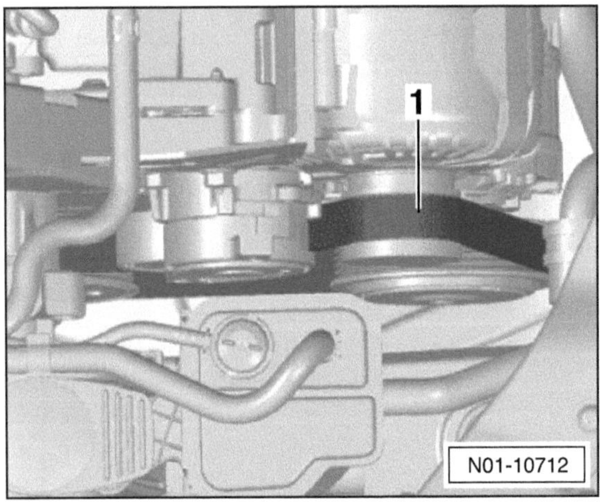

- Riemen –1– mit einem Kreidestrich quer zum Riemen markieren.
- Von der Fahrzeugunterseite her den Motor mit einer Stecknuss an der Kurbelwellen-Riemenscheibe in Motordrehrichtung, also im Uhrzeigersinn, jeweils ein Stück weiterdrehen, bis die Kreidemarkierung wieder sichtbar wird. Dabei Keilrippenriemen Stück für Stück sichtprüfen.

Keilrippenriemen auf folgende Beschädigungen prüfen:

- Öl- und Fettspuren.
- Richtige Spannung.

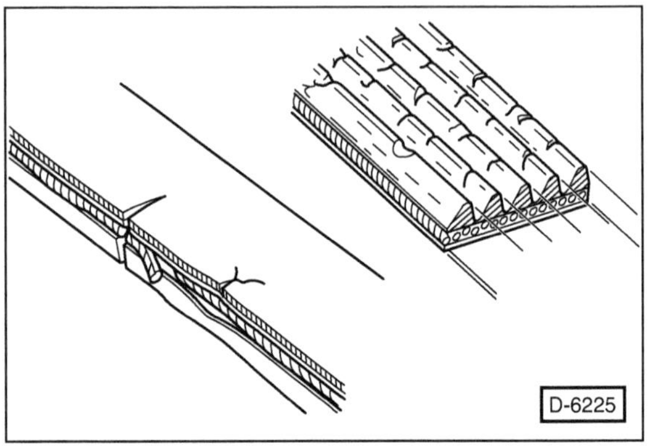

- Flankenverschleiß: Rippen laufen spitz zu, neu sind sie trapezförmig.
- Flankenverhärtungen, glasige Flanken.
- Querrisse auf der Rückseite des Riemens.
- Einzelne Rippen lösen sich ab.
- Ausfransungen der äußeren Zugstränge. Zugstrang seitlich herausgerissen. Querrisse in mehreren Rippen. Ausbruch am Unterbau.
- Rippenbrüche, einzelne Rippenquerrisse. Einlagerung von Schmutz, Steinen zwischen den Rippen. Gummiknollen im Rippengrund.
- Wenn eine oder mehrere dieser Beschädigungen vorhanden sind, Keilrippenriemen **unbedingt** ersetzen.
- Falls vorhanden, Abdeckkappe für Keilrippenriemenscheibe einbauen.
- Motorraumabdeckung unten einbauen, siehe Seite 57.

Sichtprüfung der Abgasanlage

Sicherheitshinweis
Beim Aufbocken des Fahrzeugs besteht Unfallgefahr! Deshalb vorher das Kapitel »Fahrzeug aufbocken« durchlesen.

- Fahrzeug aufbocken.
- Befestigungsschellen auf festen Sitz prüfen.
- Abgasanlage mit Lampe anstrahlen und auf Löcher, durchgerostete Teile sowie Scheuerstellen absuchen.
- Stark gequetschte Abgasrohre ersetzen.
- Gummihalterungen durch Drehen und Dehnen auf Porosität überprüfen und gegebenenfalls austauschen.
- Fahrzeug ablassen.

Reduktionsmittel AdBlue nachfüllen

Nur TDI mit SCR-Katalysator

Spezialwerkzeug: Geeigneter Einfüllschlauch für 5- oder 10-l-Kanister aus dem Autozubehörhandel. **Hinweis:** Das Einfüllen mithilfe eines Trichters birgt die Gefahr des Überlaufens.

Erforderliche Betriebsmittel/Verschleißteile:

- Von VW freigegebenes Reduktionsmittel AdBlue.

Das AdBlue-Reduktionsmittel befindet sich in einem separaten Tank im Kofferraum des Fahrzeugs unter dem Reserverad. Die AdBlue-Tankfüllmenge beträgt etwa 12 Liter.

Bei dem Reduktionsmittel AdBlue handelt es sich um eine 32,5 %ige Harnstofflösung zur Abgasnachbehandlung.

Achtung: AdBlue darf **nicht** in den Kraftstofftank gelangen und dem Dieselkraftstoff beigemischt werden.

Ab einer Restreichweite von etwa 2.400 km erfolgt eine Aufforderung im Kombiinstrument, dass AdBlue nachgefüllt werden muss. Ab einer Restreichweite von etwa 1.000 km erfolgt eine Aufforderung im Kombiinstrument, dass AdBlue nachgefüllt werden muss, sonst ist nach 1.000 km kein Motorstart mehr möglich.

Um einen erneuten Motorstart zu ermöglichen, müssen mindestens 3 Flaschen zu je 1,9 l (5,7 l) Reduktionsmittel AdBlue aufgefüllt werden.

Sicherheitsmaßnahmen bei Arbeiten mit dem Reduktionsmittel AdBlue

- Nur das von VW ausdrücklich freigegebene AdBlue verwenden. Die Verwendung eines anderen AdBlue kann einen Motorschaden verursachen!
- Niemals Wasser oder Zusatzstoffe dem AdBlue® beimischen.
- Niemals AdBlue in den Diesel-Kraftstoffbehälter füllen. Andernfalls kann ein Motorschaden die Folge sein.
- Nachfüllflasche nicht permanent im Fahrzeug mitführen. Durch Temperaturschwankungen und Beschädigungen kann die Flasche undicht werden und das AdBlue den Fahrzeuginnenraum beschädigen.
- Das Reduktionsmittel AdBlue kann Haut, Augen und Atmungsorgane reizen. Bei Hautkontakt die Flüssigkeit sofort mit viel Wasser abwaschen.
- Hände durch Handschuhe schützen.
- Falls AdBlue auf Karosserie- oder Verkleidungsteile gelangt, sofort mit klarem Wasser und einem Baumwolltuch abwaschen. Falls AdBlue bereits kristalliert hat, warmes Wasser und einen Schwamm verwenden.

AdBlue nachfüllen

Hinweis: AdBlue gibt es in 1,9-l-Flaschen und in 5- oder 10-l-Kanistern. Für die Verwendung der 10-l-Kanister wird ein geeigneter Befüllschlauch benötigt. Hier wird nur das Befüllen mit der 1,9-l-Flasche beschrieben. Das Befüllen mit dem Befüllschlauch erfolgt auf ähnliche Weise.

- Fahrzeug auf einer ebenen Fläche abstellen. Wenn das Fahrzeug nicht eben steht, kann das dazu führen, dass die Füllstandsanzeige die Nachfüllmenge nicht erkennt.
- Heckklappe öffnen.

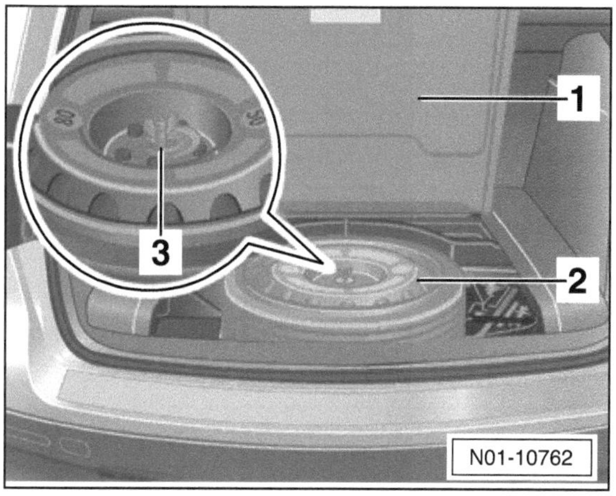

- Bodenbelag –1– im Kofferraum anheben.
- Falls vorhanden, Reserverad –2– ausbauen. Dazu Flügelmutter –3– abschrauben.
- Bei Fahrzeugen ohne Reserverad, Schaumstoffeinlage herausnehmen.

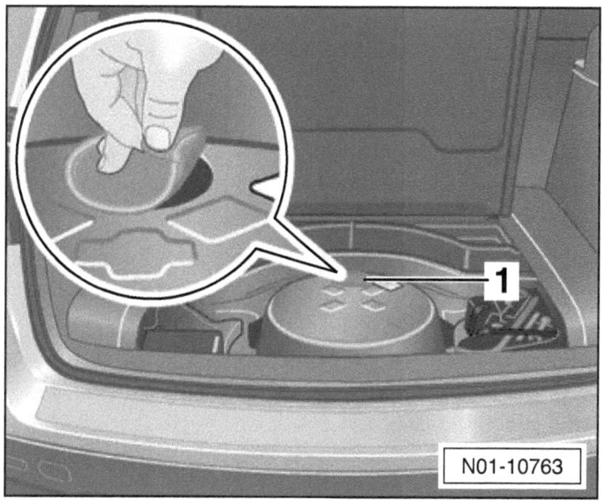

- Verschlussstopfen vom Tankeinfüllstutzen abziehen.

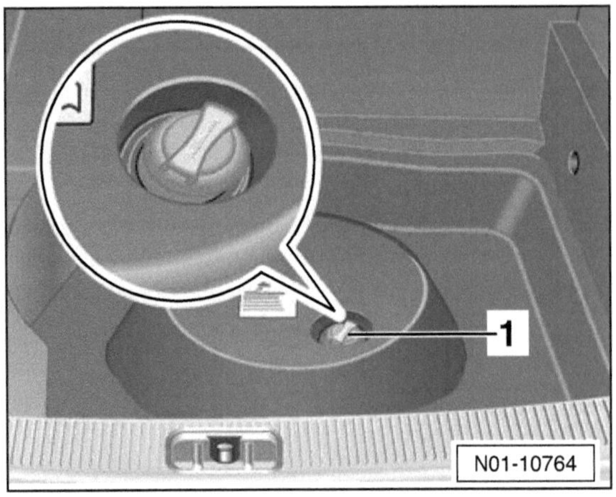

- Verschlussdeckel –1– entgegen dem Uhrzeigersinn abschrauben.
- Einfüllstutzen mit einem wassergetränkten, fusselfreien Baumwolltuch reinigen.
- Verschluss der Nachfüllflasche abdrehen. Das Reduktionsmittel muss von VW freigegebenen sein und der Norm ISO 22241-1 entsprechen.

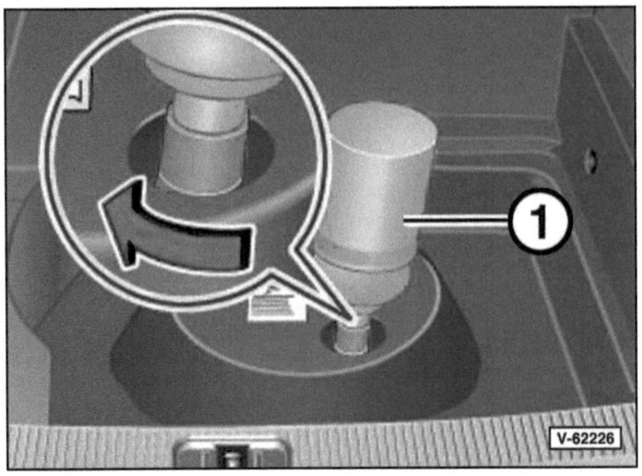

- Nachfüllflasche –1– senkrecht mit dem Flaschenhals nach unten auf den Tankeinfüllstutzen aufsetzen und handfest im Uhrzeigersinn –Pfeil– festdrehen.
- Nachfüllflasche in Richtung Tankeinfüllstutzen drücken und gedrückt halten. Dadurch wird ein Ventil in der Flasche geöffnet und der Inhalt kann in den Tank fließen.
- Warten, bis der Inhalt der Nachfüllflasche in den AdBlue-Tank geflossen ist. Nachfüllflasche nicht zusammendrücken oder beschädigen.
- Nachfüllflasche entgegen dem Uhrzeigersinn abschrauben und vorsichtig nach oben herausnehmen.

Hinweis: Ein vollständig gefüllter AdBlue-Tank ist daran zu erkennen, dass kein AdBlue mehr aus der Nachfüllflasche fließt.

- Verschluss des Tankeinfüllstutzens im Uhrzeigersinn hineindrehen und einrasten.
- Verschlussstopfen sorgfältig einsetzen.
- Falls vorhanden, Schaumstoffteil einsetzen oder Reserverad montieren.
- Bodenbelag nach unten klappen und Heckklappe/Kofferraumdeckel schließen.

Falls der Motor aufgrund von AdBlue-Mangel nicht mehr angesprungen ist:

- Nach dem Auffüllen **nur die Zündung einschalten**, Motor **nicht** starten.
- Zündung mindestens 30 Sekunden eingeschaltet lassen, damit die Nachbetankung vom System erkannt wird.
- Erst nach Ablauf der 30 Sekunden den Motor starten.

Zündkerzen erneuern

Erforderliches Spezialwerkzeug:

- Zündkerzenschlüssel, zum Beispiel HAZET 4766-1.
- Je nach Motor unterschiedliche Abziehwerkzeuge:
  - 1,4-l-Motor außer CZDA/CZDB: Abzieher HAZET 1849-7 oder VW-T10094A .
  - 1,4-l-Motor CZDA/CZDB: Abzieher HAZET 1849-12 oder VW-T10530
  - 2,0-l-Motor: Abzieher HAZET 1849-10 oderVW-T40039.

Erforderliche Verschleißteile:

- 4 Zündkerzen. Die vorgeschriebene Zündkerze, siehe Seite 36.

Achtung: Zündkerzen nur bei kaltem oder handwarmem Motor wechseln. Wenn die Zündkerzen bei heißem Motor herausgedreht werden, kann das Zündkerzengewinde des Leichtmetall-Zylinderkopfes ausreißen.

1,4-l-Benzinmotor außer Motor CZDA/CZDB

Ausbau

- Obere Motorabdeckung ausbauen und mit der Oberseite auf eine weiche Unterlage legen, um Kratzer zu vermeiden, siehe Seite 56.

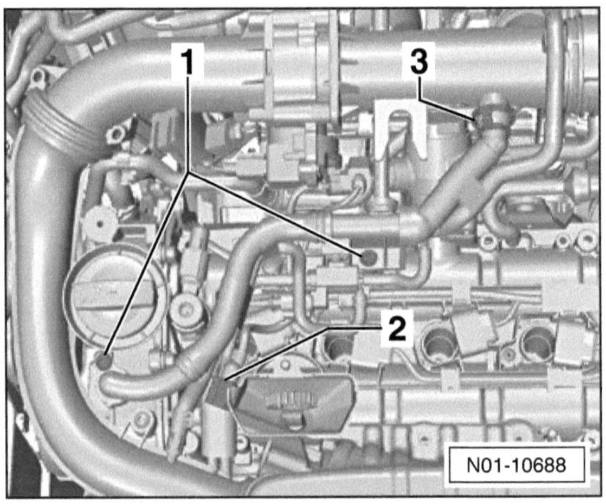

- Stecker –2– abziehen.
- Schlauchenden –3– zusammendrücken, dadurch entriegeln und abziehen.

- Schrauben –1– herausdrehen.
- Schlauch mit Halter und Magnetventil für Ladedruckbegrenzung anheben und zur Seite legen.

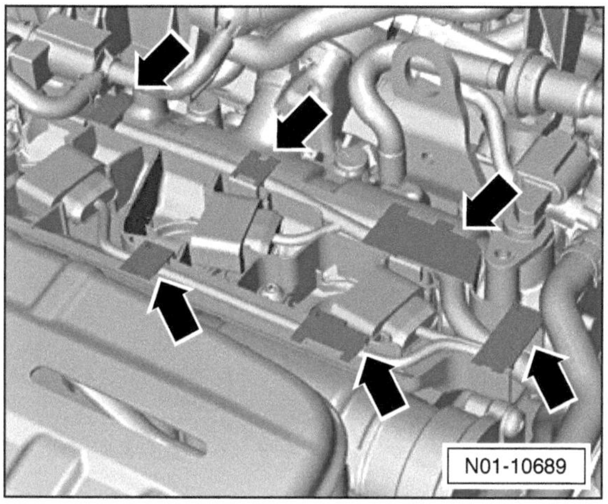

- Leitungsführung ausclipsen –Pfeile–.

Achtung: Einbaulage der Zündspulen markieren.

Hinweis: Beim Herausziehen der Zündspulen können die Leitungen beziehungsweise die Stecker der Zündspulen angeschlossen bleiben. **Achtung:** Die Leitungen dürfen nicht geknickt oder beschädigt werden.

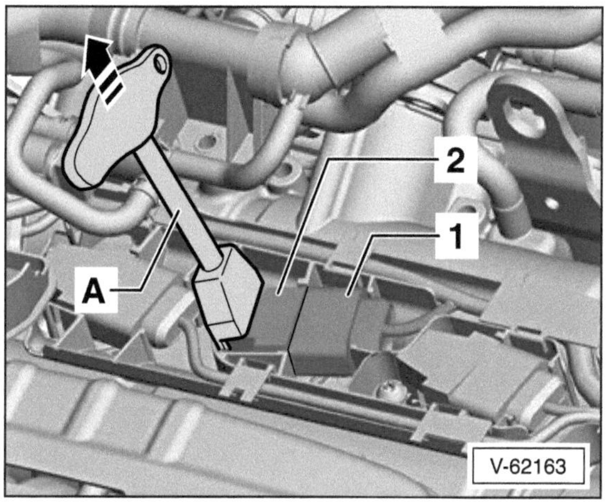

- Zündspulen mit geeignetem Abzieher –A– etwas nach oben abziehen, zum Beispiel mit HAZET 1849-7 oder VW-T10094A.
- Stecker –1– in Richtung Zündspulen –2– drücken, von Hand auf die Stecker-Verriegelung drücken und Stecker von den Zündspulen abziehen.
- Zündspulen herausnehmen.

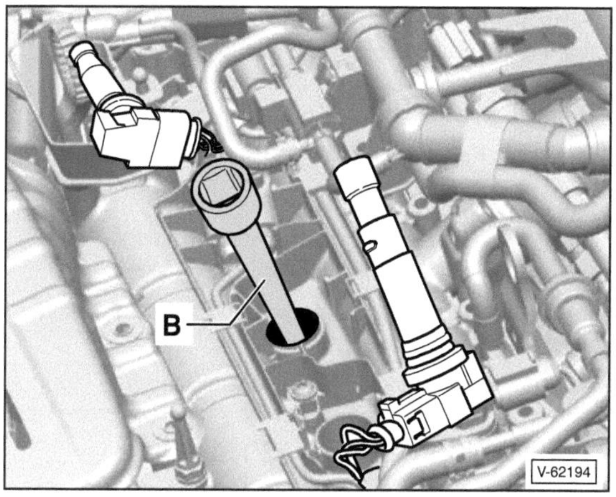

- Zündkerzen mit Zündkerzenschlüssel –B–, zum Beispiel VW-3122B oder HAZET 4766-1, herausdrehen.

Einbau

- Neue Zündkerzen vorsichtig einschrauben und mit **25 Nm** festziehen.

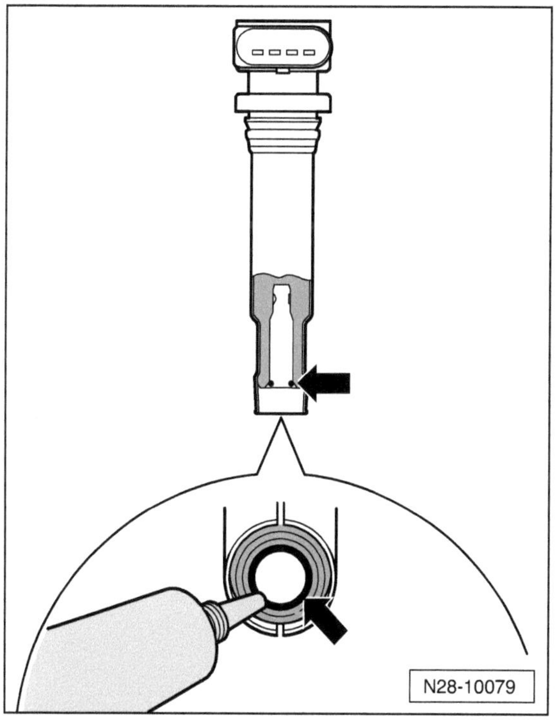

- Zündspulen mit Kerzensteckerfett, zum Beispiel VW-G052141A2 nachfetten. Dazu eine dünne Raupe Kerzensteckerfett umlaufend auf den Dichtschlauch der Zündspule auftragen –Pfeile–. Die Fettraupe muss 1 – 2 mm dick sein. **Hinweis:** Neue Zündspulen sind bereits mit Fett versehen und müssen beim Ersteinbau nicht nachgefettet werden.
- Stecker auf die Zündspulen aufstecken und einrasten.
- Zündspulen in die Zündkerzenschächte einführen.

- Zündspulen auf die Zündkerzen stecken, in den Aussparungen des Zylinderkopfdeckels ausrichten und fest aufdrücken. **Achtung:** Die Zündspulen müssen spürbar einrasten.
- Kabel in der Kabelführung wie vor dem Ausbau verlegen.
- Leitungsführung einclipsen.
- Schlauch mit Halter und Magnetventil für Ladedruckbegrenzung in die ursprüngliche Einbaulage bringen.
- Stecker und Schläuche aufstecken und einrasten, siehe unter »Ausbau«
- Obere Motorabdeckung einbauen, siehe Seite 56.

1,4-l-Motor CZDB/CZDA mit 92/110 kW

Ausbau

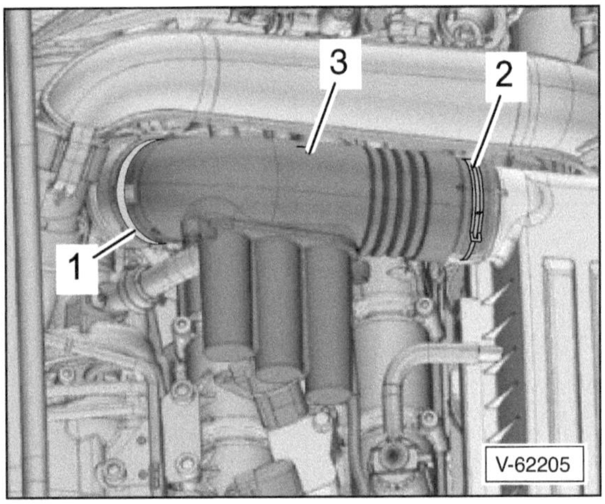

- Schlauchschellen –1– und –2– lösen und zurückschieben. Luftführungsrohr –3– abziehen und herausnehmen.

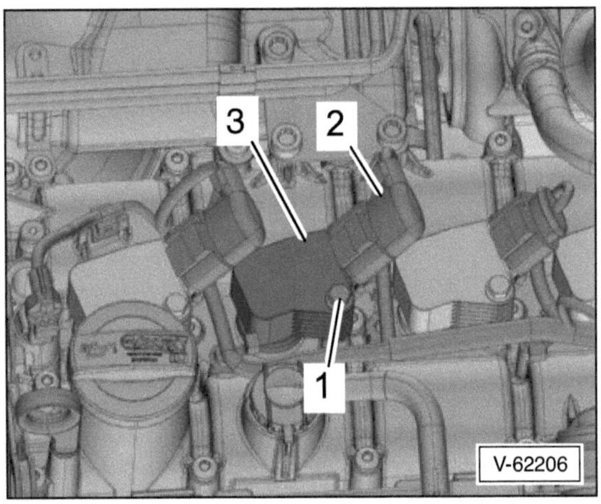

Hinweis: Einbaulage der Zündspulen für den späteren Einbau merken. Darauf achten, dass die Leitungen nicht geknickt oder beschädigt werden.

- Zündspulen ausbauen. Dazu Stecker –2– entriegeln und abziehen.
- Schraube –1– herausdrehen.
- Betreffende Zündspule –3– herausziehen. **Hinweis:** Da die Zündspule oftmals sehr fest sitzt, wird in der Fachwerkstatt ein spezieller Abzieher zum Herausziehen der Zündspulen verwendet, zum Beispiel HAZET 1849-12 oder VW-T10530.

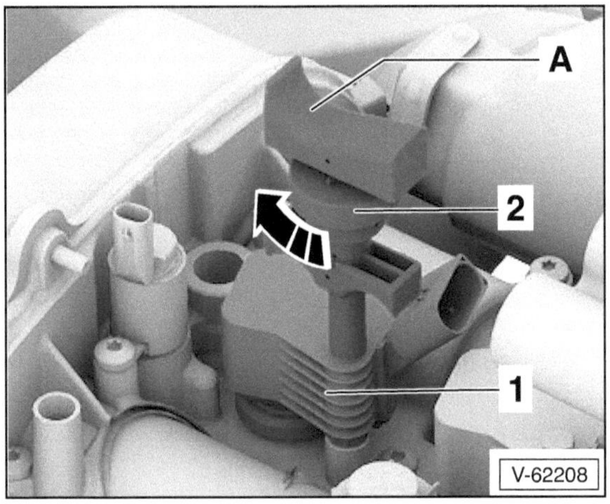

- Abzieher –A–, zum Beispiel HAZET 1849-12 oder VW-T10530 (Abbildung), in die Bohrung der Zündspule –1– einsetzen.
- Abzieher –A– VW-T10530: Rändelmutter –2– im Uhrzeigersinn –Pfeilrichtung– drehen und dadurch den Abzieher festklemmen.

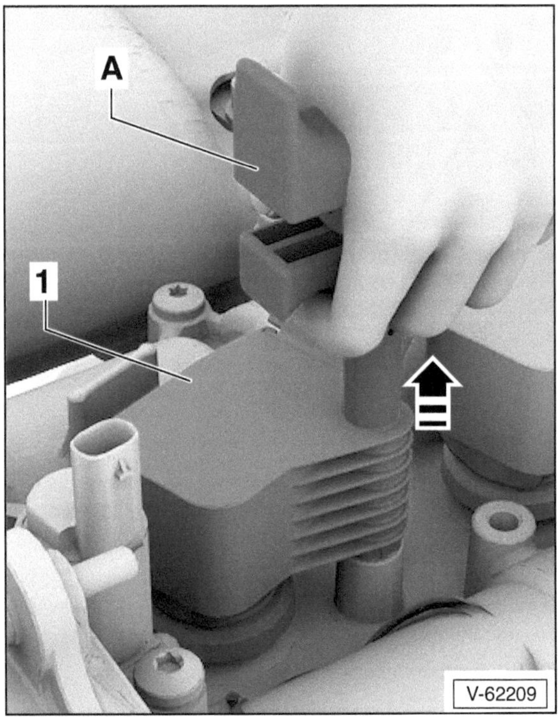

- Mithilfe des Abziehers –A– die Zündspule –1– vorsichtig senkrecht nach oben herausziehen.
- Auf diese Weise sämtliche Zündspulen ausbauen.

- Zündkerzen mit Zündkerzenschlüssel HAZET 4766-1 oder VW-3122B herausdrehen.

Einbau

- **Neue** Zündkerzen vorsichtig reinschrauben und dann mit **22 Nm,** festziehen.
- Kerzenstecker nachfetten, siehe Abschnitt für den 1,4-l-Motor auf Seite 33.
- Alle Zündspulen locker in den Kerzenschacht stecken und wie vor dem Ausbau ausrichten.
- Zündspulen mit der Hand auf die Zündkerzen aufdrücken. Kein Schlagwerkzeug verwenden!
- Schrauben für die Zündspulen mit **8 Nm** festziehen.
- Stecker auf die Zündspulen aufstecken und einrasten.
- Luftführungsrohr auf schieben und mit Schlauchschellen sichern.

2,0-l-TSI-Benzinmotor

Ausbau

- Obere Motorabdeckung ausbauen und mit der Oberseite auf eine weiche Unterlage legen, um Kratzer zu vermeiden, siehe Seite 56.

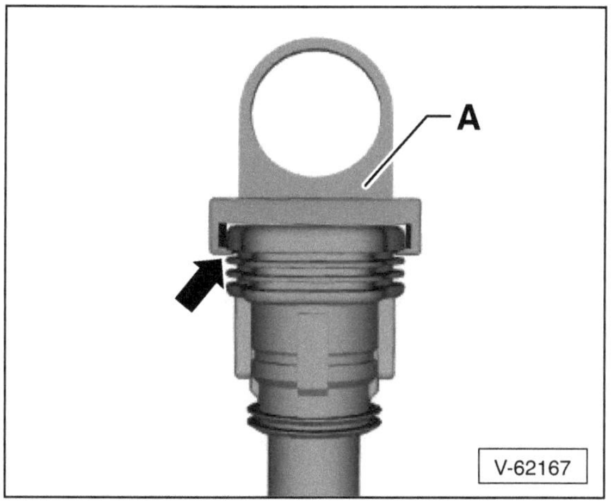

Hinweis: Zum Abziehen der Zündspulen wird der Abzieher –A– benötigt, zum Beispiel HAZET 1849-10 oder VW-T40039. Dabei Abzieher nur an der obersten dicken Rippe –Pfeil– ansetzen. Die unteren Rippen sind zu schwach und können beim Abziehen beschädigt werden.

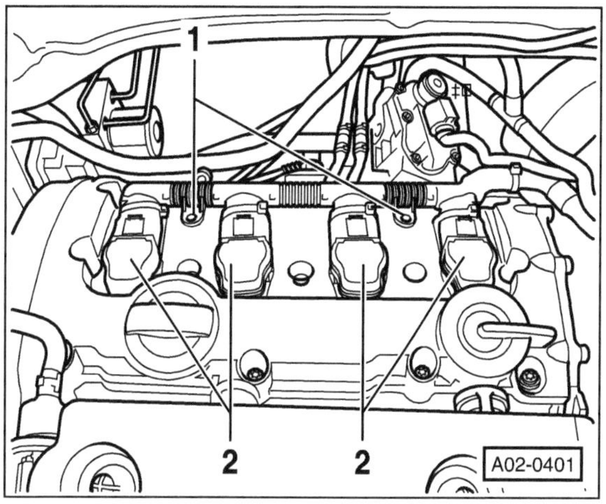

- 2 Schrauben –1– herausdrehen und Leitungsführung abnehmen. **Achtung:** Für den Wiedereinbau die Einbaulage der Zündspulen –2– merken.

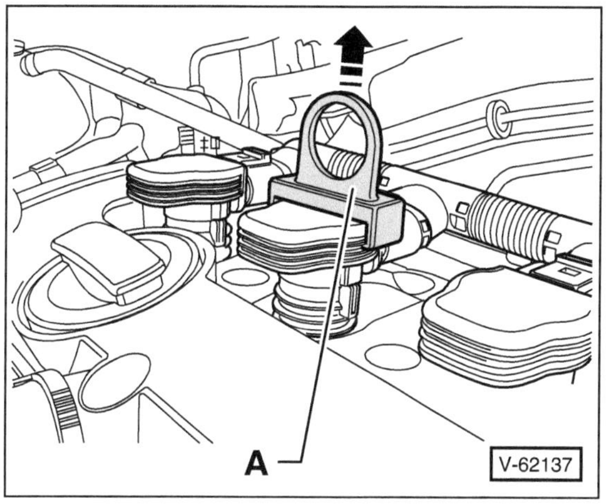

- Zündspulen mit Abzieher –A–, zum Beispiel VW-T40039 oder HAZET 1849-10, ca. 30 mm aus dem Zylinderkopf herausziehen –Pfeil–.

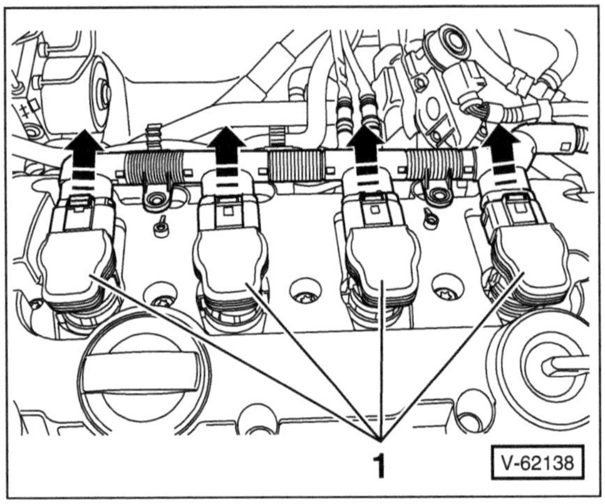

- Stecker der Zündspulen in Richtung Zündspulen –1– drücken, von Hand auf die Verriegelung drücken und Stecker in Pfeilrichtung abziehen.
- Zündspulen mit dem Abzieher nach oben herausziehen.

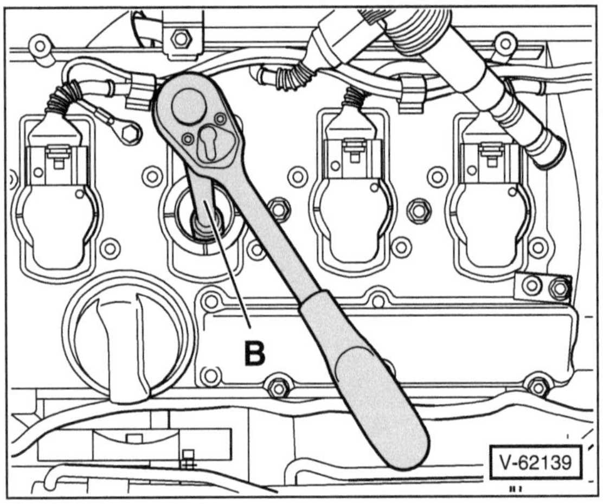

- Zündkerzen mit Zündkerzenschlüssel –B–, zum Beispiel VW-3122B oder HAZET 4766-1, herausdrehen.

Einbau

- Neue Zündkerzen vorsichtig von Hand einschrauben und dann festziehen, siehe Tabelle unten auf der Seite.
- Kerzenstecker nachfetten, siehe Abschnitt für den 1,4-l-Motor auf Seite 33.
- Zündspulen locker in den Zündkerzenschacht stecken.
- Alle Zündspulen zu den abgezogenen Zündspulensteckern ausrichten.
- Zündkerzenstecker der Zündspulen mit einer leichten Drehung von Hand auf die Zündkerzen aufdrücken. **Achtung:** Die Zündkerzenstecker müssen spürbar einrasten.
- Stecker auf die Zündspulen aufstecken und einrasten.
- Zündspulen von Hand bis zum Anschlag auf die Zündkerzen drücken. Die Zündspulen müssen spürbar einrasten.
- Leitungsführung anschrauben.
- Obere Motorabdeckung einbauen, siehe Seite 56.

Zündkerzenwerte für die TIGUAN-Motoren

Achtung: Die technische Entwicklung geht ständig weiter. Es kann sein, dass inzwischen für einzelne Motoren andere Zündkerzenwerte gelten und daher die Tabelle möglicherweise nicht auf dem neuesten Stand ist. Um die aktuelle Zündkerze für Ihren Fahrzeugmotor zu ermitteln, benötigt der Fachhandel die **Fahrzeug-Ident-Nummer** (FIN) sowie die **3 Schlüsselnummern** aus dem Kfz-Schein. Diese Nummern sollten beim Kauf von Zündkerzen angegeben werden.

Motor	Leistung	Zündkerzen								AZD[2]
		VW	EA[1]	NGK	EA[1]	BOSCH	EA[1]	BERU	EA[1]	
1.4 TSI	90/110[3]/118 kW	101.905.626	0,8 – 0,9	PZFR 6 R	0,8 – 0,9	FR 6 HI 332	0,8	14 F-6 LPURW03	0,9	25 Nm
1.4 TSI	92/110[4] kW	–	–	PZKER 7 A8 EGS	–	Y 5 KPP 332 S	0,7	12 F-6 LPPR2L	0,8	22 Nm
2.0 TSI	125/132/147/155 kW	101.905.631H	1,0 – 1,1	PFR7S8EG	1,0 – 1,1	FR 5 KPP 332 S	0,7	14 F-5 DPURS2	0,75	25 Nm

[1]) EA = Elektrodenabstand in mm. [2]) AZD = Anzugsdrehmoment. [3]) Außer Motor CZDA. [4]) Motor CZDA.

Getriebe/Achsantrieb

Folgende Wartungsarbeiten müssen nach dem Wartungsplan in unterschiedlichen Intervallen durchgeführt werden:

- Getriebe/Achsantrieb: Auf Undichtigkeiten und Beschädigungen sichtprüfen.
- Automatikgetriebe: Ölstand prüfen, gegebenenfalls ATF auffüllen (Werkstattarbeit).
- Doppelkupplungsgetriebe (DSG): Getriebeöl und, je nach Modell, Filter ersetzen (Werkstattarbeit).
- Allradantrieb 4MOTION: Öl für Haldexkupplung wechseln.

Getriebe-Sichtprüfung auf Dichtheit

Spezialwerkzeug: nicht erforderlich.

Folgende Leckstellen sind möglich:

- Trennstelle zwischen Motorblock und Getriebe (Schwungraddichtung/Wellendichtung-Getriebe).
- Antriebswelle an Getriebe.
- Öleinfüllschraube.
- Ölablassschraube.

Bei ölverschmiertem Getriebe und Ölverlust überprüfen, wo das Öl austritt. Bei der Suche nach der Leckstelle folgendermaßen vorgehen:

- Getriebegehäuse mit Kaltreiniger reinigen.
- Mögliche Leckstellen mit Kalk oder Talkumpuder bestäuben.
- Probefahrt durchführen. Damit das Öl besonders dünnflüssig wird, sollte die Probefahrt auf einer Schnellstraße über eine Entfernung von ca. 30 km durchgeführt werden.

Sicherheitshinweis
Beim Aufbocken des Fahrzeugs besteht Unfallgefahr! Deshalb vorher das Kapitel »Fahrzeug aufbocken« durchlesen.

- Fahrzeug aufbocken und Getriebe mit einer Lampe anstrahlen und nach der Leckstelle absuchen.
- Leckstelle umgehend beseitigen. Anschließend Getriebeöl auffüllen.

1,4-/2,0-l-TSI-Benzinmotor 110/118/125/132/147/155 kW sowie 2,0-l-Dieselmotor 103/125 kW mit 6-Gang-Getriebe 0A6

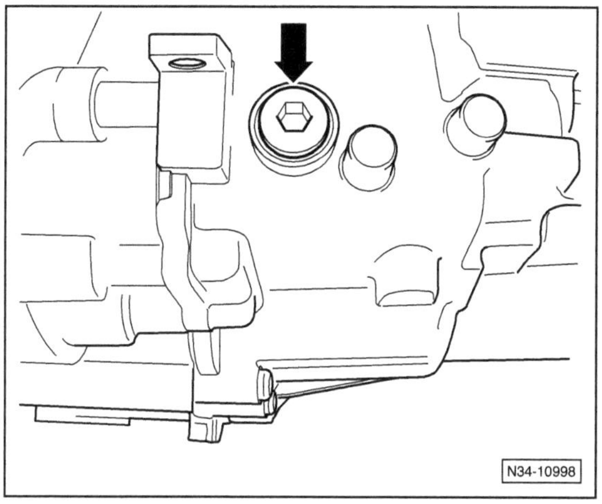

Falls erforderlich, Getrieböl durch die Kontrollbohrung für Getriebeölstand auffüllen. Dazu Innensechskant-Verschlussschraube –Pfeil– seitlich am Getriebe herausdrehen. Der Ölstand muss bis zur Unterkante der Kontrollbohrung reichen. Innensechskant-Verschlussschraube mit **45 Nm** festziehen.

1,4-l-TSI-Motor 90/110 kW mit 6-Gang-Getriebe 0BB
2,0-l-Dieselmotor 81/103 kW mit 6-Gang-Getriebe 0BB

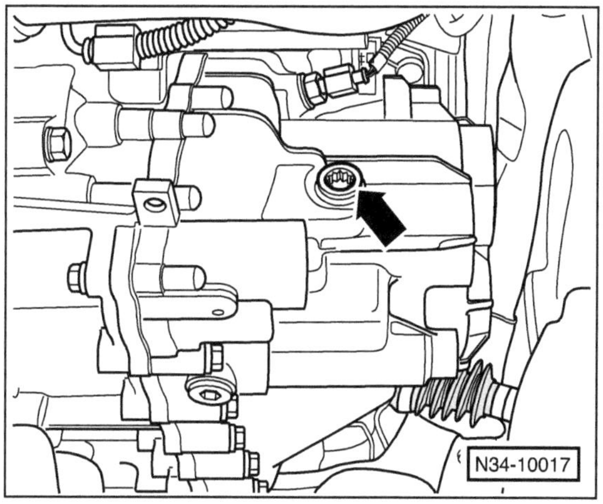

Falls erforderlich, Getrieböl durch die Kontrollbohrung für Getriebeölstand auffüllen. Dazu Innensechskant- beziehungsweise Innenvielzahn-Verschlussschraube –Pfeil– vorn am Getriebe herausdrehen. Der Ölstand muss bis zur Unterkante der Kontrollbohrung reichen. Innensechskant-Verschlussschraube mit **30 Nm**, Innenvielzahnschraube mit **45 Nm** festziehen.

Allradantrieb: Öl für Haldex-Kupplung wechseln

Erforderliche Betriebsmittel/Verschleißteile:

- 0,7 l Hochleistungsöl VW-G055175 für Haldex-Kupplung (Wechselmenge). **Hinweis:** Die Gesamtfüllmenge beträgt 0,85 l.
- Ablassschraube für Haldex-Kupplung.

Erforderliches Sonderwerkzeug:

- Auffangwanne für Getriebeöl.

Öl wechseln

> **Sicherheitshinweis**
> Beim Aufbocken des Fahrzeugs besteht Unfallgefahr! Deshalb die Hinweise im Kapitel »Fahrzeug aufbocken« beachten.

- Fahrzeug waagerecht aufbocken.
- Auffangwanne unter die Haldex-Kupplung stellen.

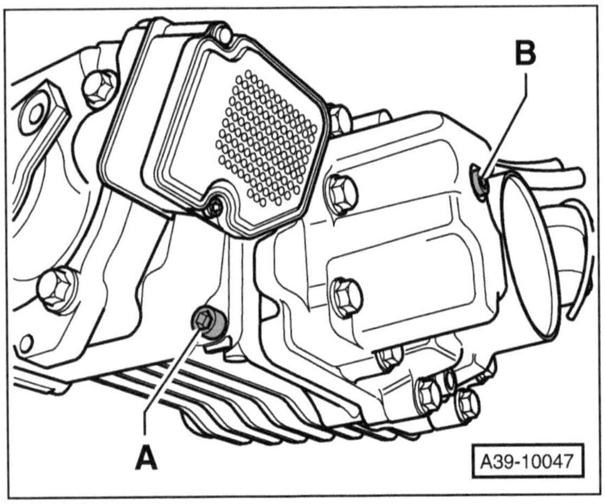

- Ablassschraube –A– unten am Kupplungsgehäuse herausschrauben, Öl ablassen und auffangen.

Achtung: Haldex-Kupplung und Achsantrieb sind eng miteinander verbaut, haben aber eine **getrennte** Ölversorgung. Deshalb unbedingt darauf achten, dass die in der **Abbildung dargestellten Ablass- und Einfüllschrauben** verwendet werden. Eine **Verwechslung** mit den ensprechenden Schrauben des Achsantriebs kann zum **Ausfall der Haldex-Kupplung oder des Achsantriebs** führen.

- **Neue** Ablassschraube mit **neuem** Dichtring einschrauben und mit **30 Nm** festziehen.
- Öleinfüllschraube –B– herausschrauben.

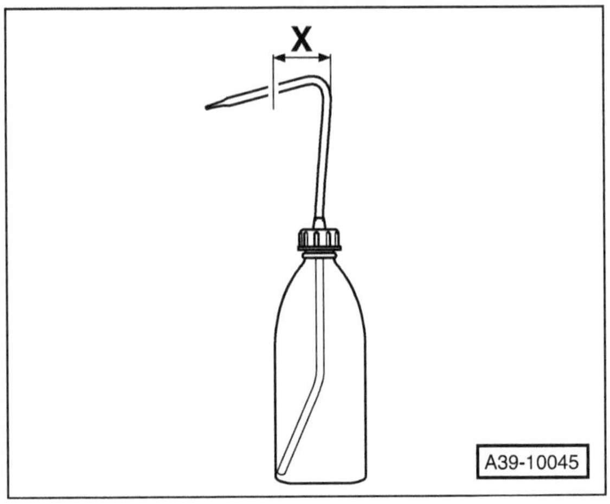

- Einfüllrohr einer handelsüblichen Befüllflasche auf X = 50 mm kürzen.

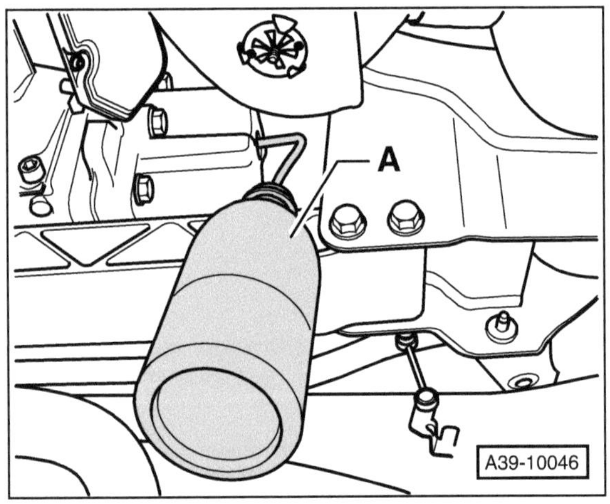

- Hochleistungsöl für Haldex-Kupplung mit der Befüllflasche –A– bis zur Unterkante der Einfüllöffnung einfüllen.
- Der Ölstand ist in Ordnung, wenn bei einer Öltemperatur zwischen +20° C und +40° C das Öl bis zur Unterkante der Einfüllöffnung oder 3 mm darunter reicht.
- Öleinfüllschraube mit **neuem** Dichtring einschrauben und mit **15 Nm** festziehen.
- Fahrzeug ablassen.

Vorderachse/Lenkung

Folgende Wartungsarbeiten müssen nach dem Wartungsplan in unterschiedlichen Intervallen durchgeführt werden:

- Spurstangenköpfe: Spiel und Befestigung prüfen, Staubkappen prüfen.
- Achsgelenke/Achslager: Auf Beschädigung prüfen.
- Manschetten der Antriebswellen: Auf Undichtigkeiten und Beschädigungen sichtprüfen.
- Stoßdämpfer: Sichtprüfung auf Undichtigkeiten.
- Schraubenfedern und Anschlagpuffer: Sichtprüfung auf Beschädigungen.

Achsgelenke/Achslager und Spurstangenköpfe prüfen/ersetzen

Erforderliches Spezialwerkzeug:

- Werkstattwagenheber.
- Lampe.

Sicherheitshinweis
Beim Aufbocken des Fahrzeugs besteht Unfallgefahr! Deshalb vorher das Kapitel »Fahrzeug aufbocken« durchlesen.

- Fahrzeug vorn aufbocken, die Räder müssen frei hängen.

Achsgelenke:

Staubkappen prüfen

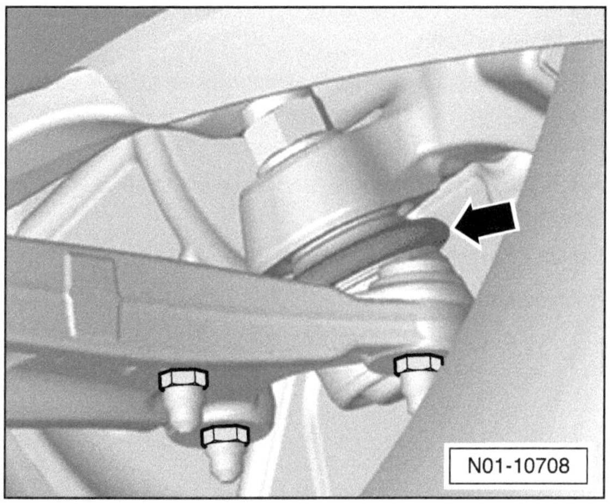

- Staubkappen –Pfeil– für untere Achsgelenke links und rechts mit Lampe anstrahlen und auf Beschädigungen und Undichtigkeit überprüfen.

Achslager prüfen

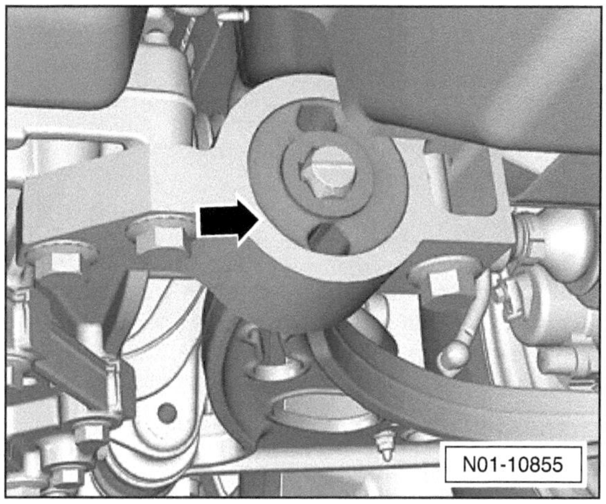

- Achslager –Pfeil– links und rechts mit Lampe anstrahlen und auf Beschädigungen sichtprüfen. Es darf kein Spiel vorhanden sein. Das vulkanisierte Gummilager darf keine Risse und poröse Stellen aufweisen. Gegebenenfalls Achslager ersetzen lassen (Werkstattarbeit).

Koppelstange/Stabilisatorlager prüfen

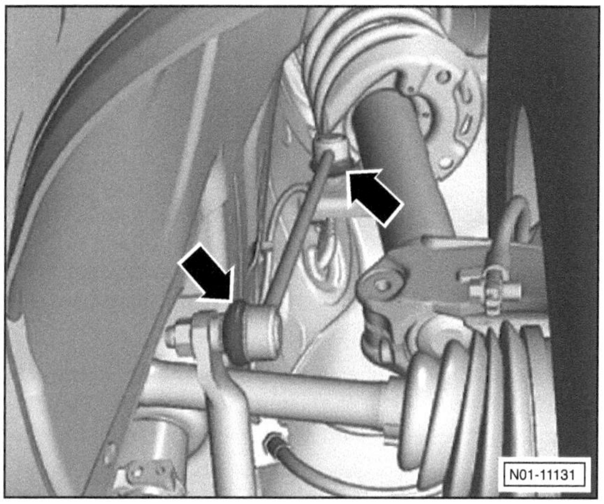

- Dichtungsbälge –Pfeile– der linken und rechten Koppelstange auf Beschädigungen prüfen. **Hinweis:** In den Gelenken der Koppelstange darf kein Spiel vorhanden sein.

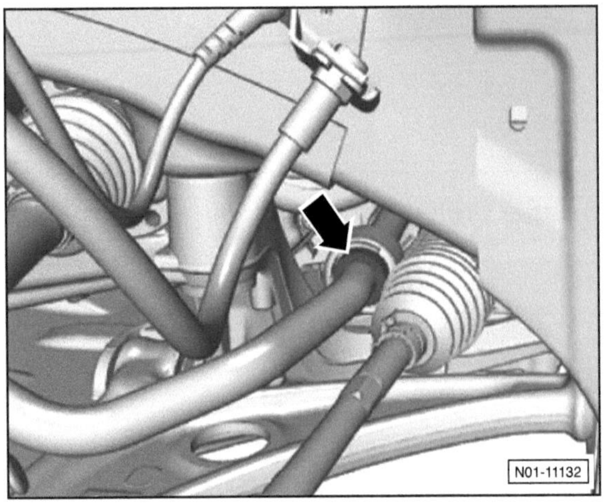

- Stabilisatorlager –Pfeil– links und rechts auf Beschädigungen prüfen. **Hinweis:** In den Lagern darf kein Spiel vorhanden sein.

Spurstangenköpfe/Lenkmanschetten:

Staubkappen und Manschetten prüfen

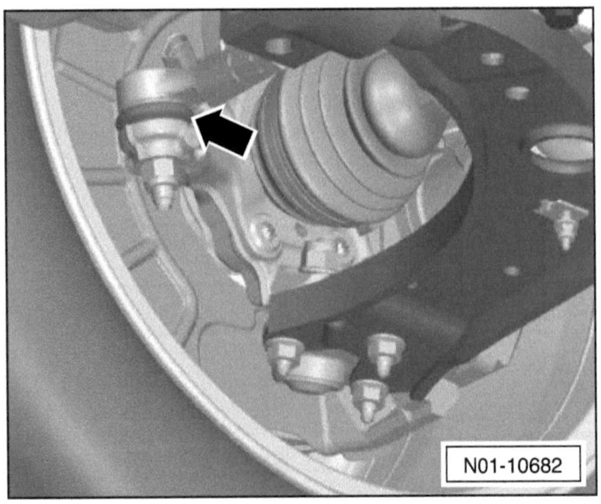

- Staubkappe –Pfeil– für Kugelgelenk der Spurstange links und rechts mit Lampe anstrahlen und auf Beschädigungen überprüfen.
- Bei beschädigter Staubkappe sicherheitshalber entsprechendes Gelenk mit Schutzkappe auswechseln. Eingedrungener Schmutz zerstört auf jeden Fall das Gelenk.
- Spurstange links und rechts kräftig von Hand hin- und herbewegen. Das jeweilige Kugelgelenk darf kein Spiel aufweisen, andernfalls Spurstangengelenk ersetzen.
- Festsitz der Kontermutter am Spurstangenkopf und Befestigungsmutter des Kugelgelenks prüfen, ohne sie dabei zu verdrehen.
- Manschetten am Lenkgetriebe auf Beschädigung prüfen, gegebenenfalls erneuern.

Manschetten der Antriebswellen prüfen

Erforderliches Spezialwerkzeug:

- Werkstattwagenheber.
- Lampe.

Prüfen

> **Sicherheitshinweis**
> Beim Aufbocken des Fahrzeugs besteht Unfallgefahr! Deshalb vorher das Kapitel »Fahrzeug aufbocken« durchlesen.

- Fahrzeug aufbocken.

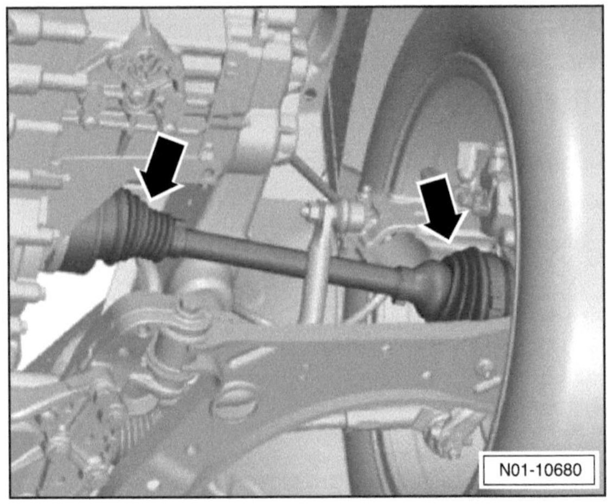

- Manschetten –Pfeile– mit Lampe anstrahlen und auf Porosität und Risse untersuchen. Eingerissene Manschetten umgehend erneuern.
- Manschetten auf der anderen Fahrzeugseite auf die gleiche Weise prüfen.
- Sollte eine Manschette durch Unterdruck im Gelenk nach innen gezogen oder defekt sein, so ist sie umgehend auszutauschen.
- Auf sichtbare Fettspuren an den Manschetten und in deren Umgebung achten.
- Festen Sitz der Klemmschellen prüfen.
- Fahrzeug ablassen.

Bremsen/Reifen/Räder

Folgende Wartungsarbeiten müssen nach dem Wartungsplan in unterschiedlichen Intervallen durchgeführt werden:

- Bremsflüssigkeitsstand: Prüfen.
- Belagstärke der vorderen und hinteren Bremsbeläge prüfen.
- Sichtprüfung von Bremsleitungen, -schläuchen und Anschlüssen auf Undichtigkeiten und Beschädigungen.
- Bremsflüssigkeit: Erneuern.
- Bereifung (einschließlich Reserverad): Profiltiefe, Reifenfülldruck und Reifenventil prüfen; Reifen auf Verschleiß und Beschädigungen prüfen.
- Reifenreparaturset, sofern vorhanden: Haltbarkeitsdatum prüfen, gegebenenfalls Reifenreparaturset ersetzen.

Bremsflüssigkeitsstand prüfen

Spezialwerkzeug: nicht erforderlich.

Erforderliche Betriebsmittel/Verschleißteile zum Nachfüllen:

- Bremsflüssigkeit der Spezifikation **VW-501 14.**

Der Vorratsbehälter für die Bremsflüssigkeit befindet sich im Motorraum.

Der Vorratsbehälter ist durchscheinend, so dass der Bremsflüssigkeitsstand von außen überprüft werden kann. Außerdem wird ein zu niedriger Bremsflüssigkeitsstand durch eine Warnleuchte im Kombiinstrument signalisiert. Dennoch ist es ratsam, bei der regelmäßigen Motor-Ölstandkontrolle auch den Bremsflüssigkeitsstand im Vorratsbehälter zu prüfen.

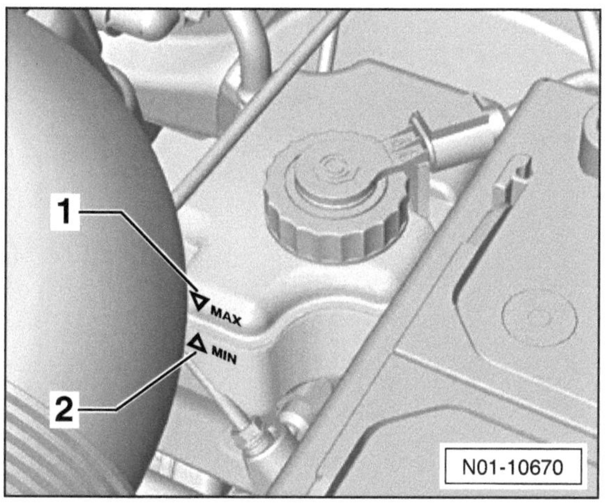

- Der Bremsflüssigkeitsstand soll zwischen der MAX- –1– und der MIN-Marke –2– liegen.
- Bei Bedarf nur **neue** Bremsflüssigkeit der VW-Spezifikation **501 14** einfüllen.

Achtung: Durch Abnutzung der Scheibenbremsbeläge entsteht ein geringfügiges Absinken der Bremsflüssigkeit. Das ist normal. Es muss keine Bremsflüssigkeit nachgefüllt werden. Beispielsweise kann die Bremsflüssigkeit bis zur MIN-Marke absinken, wenn die Bremsbeläge annähernd die Verschleißgrenze erreicht haben. In diesem Fall **keine** Bremsflüssigkeit nachfüllen.

- Sinkt die Bremsflüssigkeit jedoch innerhalb kurzer Zeit stark ab oder liegt der Flüssigkeitsspiegel unter der MIN-Marke, ist das ein Zeichen für Bremsflüssigkeitsverlust.
- **Bei Bremsflüssigkeitsverlust muss die Leckstelle sofort ausfindig gemacht werden. Sicherheitshalber sollte die Überprüfung und Reparatur der Anlage von einer Fachwerkstatt durchgeführt werden.**

Bremsbelagdicke prüfen

Erforderliches Spezialwerkzeug:

- Taschenlampe und Spiegel.
- Schieblehre.

Prüfvoraussetzung

Hinweis: Durch Schmutzpartikel am Fahrbahnrand ist der Belagverschleiß auf der Beifahrerseite erfahrungsgemäß minimal größer als auf der Fahrerseite. Daher ist es sinnvoll, das vordere Rad auf der Beifahrerseite abzunehmen.

Sicherheitshinweis
Beim Aufbocken des Fahrzeugs besteht Unfallgefahr! Deshalb vorher das Kapitel »Fahrzeug aufbocken« durchlesen.

- Reifen-Laufrichtung mit Pfeil am Reifen markieren. Radschrauben lösen. Fahrzeug aufbocken und Räder abnehmen. **Achtung:** Unbedingt Hinweise im Kapitel »Rad aus- und einbauen« beachten.

Achtung: Bei der Belagkontrolle gleichzeitig auf verschmierte Beläge achten. In diesem Fall Bremsbeläge umgehend erneuern und Defekt beseitigen.

Vorderrad-Scheibenbremse

- Belagdicke –a–, ohne Metall-Trägerplatte, mit einer Schieblehre messen.
- Die Verschleißgrenze der vorderen Scheibenbremsbeläge ist erreicht, wenn ein Belag nur noch eine Dicke –a– von **2 mm** (ohne Metall-Trägerplatte) aufweist. In diesem Fall Bremsbeläge an der Vorderachse wechseln, siehe Seite 170.

Hinweis: Wenn die Bremsbeläge ersetzt werden, Bremsscheiben auf Verschleiß prüfen, siehe Seite 177.

- Reifen-Laufrichtung beachten, Räder über Kreuz mit **30 Nm** anschrauben, Fahrzeug ablassen, anschließend Radschrauben über Kreuz festziehen; bei **Frontantrieb** mit **140 Nm,** bei **Allradantrieb** mit **120 Nm**. **Achtung:** Unbedingt Hinweise im Kapitel »Rad aus- und einbauen« beachten.

Hinweis: Nach einer Faustregel entspricht 1 mm Bremsbelag einer Fahrleistung von mindestens 1000 km. Diese Faustregel gilt unter ungünstigen Bedingungen.

Hinterrad-Scheibenbremse

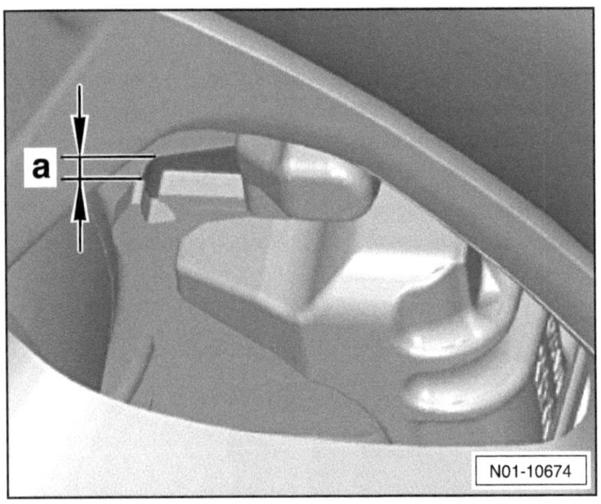

- Dicke der äußeren Bremsbeläge –a– durch einen Durchbruch im Scheibenrad prüfen, falls erforderlich, Lampe verwenden. Das Rad muss nicht abgenommen werden. Falls vorhanden, Radvollblende abziehen.
- Inneren Belag mit Hilfe einer Lampe und eines Spiegels sichtprüfen.
- Die Verschleißgrenze der Scheibenbremsbeläge ist erreicht, wenn ein Belag ohne Metall-Trägerplatte nur noch eine Dicke von a = **2 mm** aufweist. In diesem Fall Bremsbeläge an der Hinterachse wechseln, siehe Seite 174.

Sichtprüfung der Bremsleitungen

Spezialwerkzeug: nicht erforderlich.

Sicherheitshinweis
Beim Aufbocken des Fahrzeugs besteht Unfallgefahr! Deshalb vorher das Kapitel »Fahrzeug aufbocken« durchlesen.

- Fahrzeug aufbocken.
- Verschmutzte Bremsleitungen reinigen.

Achtung: Die Bremsleitungen sind zum Schutz gegen Korrosion mit einer Kunststoffschicht überzogen. Wird diese Schutzschicht beschädigt, kann es zur Korrosion der Leitungen kommen. Daher dürfen Bremsleitungen nicht mit Drahtbürste oder Schmirgelleinen gereinigt werden.

- Bremsleitungen vom Hauptbremszylinder zur ABS-Hydraulikeinheit und den einzelnen Radbremsen mit Lampe anstrahlen und überprüfen. Der Hauptbremszylinder sitzt im Motorraum unter dem Vorratsbehälter für Bremsflüssigkeit.
- Bremsleitungen dürfen weder geknickt noch gequetscht sein. Auch dürfen sie keine Rostnarben oder Scheuerstellen aufweisen. Andernfalls Leitung bis zur nächsten Trennstelle ersetzen.
- Bremsschläuche verbinden die Bremsleitungen mit den Radbremszylindern an den beweglichen Teilen des Fahrzeugs. Sie bestehen aus hochdruckfestem Material, können aber mit der Zeit porös werden, aufquellen oder durch scharfe Gegenstände angeschnitten werden. In einem solchen Fall sind die Bremsschläuche sofort zu ersetzen.

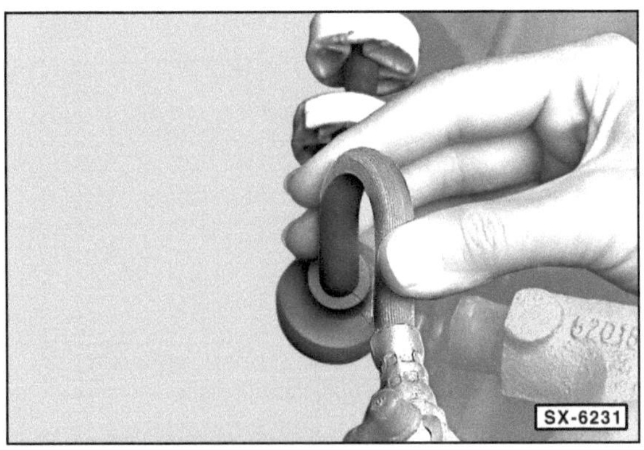

- Bremsschläuche mit der Hand hin- und herbiegen, um brüchige Stellen und Beschädigungen festzustellen. Die Schläuche dürfen nicht verdreht sein. Farbige Kennlinie beachten, falls vorhanden!

- Anschlussstellen von Bremsleitungen und -schläuchen dürfen nicht durch ausgetretene Flüssigkeit feucht sein.
- Fehlende Staubkappen für Entlüftungsventile ersetzen.
- Lenkrad nach links und rechts bis zum Anschlag drehen. Die Bremsschläuche dürfen dabei in keiner Stellung Fahrzeugteile berühren.
- Fahrzeug ablassen.
- Lenkrad nochmals nach links und rechts bis zum Anschlag drehen und sicherstellen, dass die Bremsschläuche in keiner Stellung Fahrzeugteile berühren.

Bremsflüssigkeit wechseln

Erforderliches Spezialwerkzeug:

- Ringschlüssel für Entlüftungsschrauben.
- Durchsichtiger Kunststoffschlauch und Auffangflasche.

Erforderliches Betriebsmittel:

- 1,15 l Bremsflüssigkeit der Spezifikation **VW-501 14**.

Bremsflüssigkeit nimmt durch die Poren der Bremsschläuche sowie durch die Entlüftungsöffnung des Vorratsbehälters Luftfeuchtigkeit auf. Dadurch sinkt im Laufe der Betriebszeit der Siedepunkt der Bremsflüssigkeit. Bei starker Beanspruchung der Bremse kann es deshalb zur Dampfblasenbildung in den Bremsleitungen kommen, wodurch die Funktion der Bremsanlage stark beeinträchtigt wird.

Die Bremsflüssigkeit ist erstmals nach 3 Jahren, dann alle 2 Jahre, möglichst im Frühjahr, zu erneuern. Bei vielen Gebirgsfahrten, Bremsflüssigkeit in kürzeren Abständen wechseln.

Achtung: Die Arbeitsschritte zum Wechseln der Bremsflüssigkeit sind weitgehend gleich wie beim Entlüften der Bremsanlage. In der folgenden Beschreibung wird nur auf die Unterschiede eingegangen, daher muss auf jeden Fall auch das Kapitel »Bremsanlage entlüften« beachtet werden, siehe Seite 179.

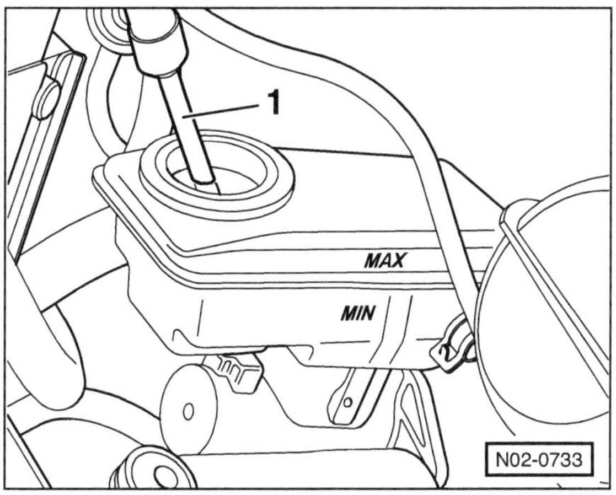

- Bremsflüssigkeitsstand auf dem Vorratsbehälter mit Filzstift markieren. Nach Erneuern der Bremsflüssigkeit ursprünglichen Flüssigkeitsstand wieder herstellen. Dadurch wird ein Überlaufen des Bremsflüssigkeitsbehälters beim Wechsel der Bremsbeläge vermieden.
- Mit einer Absaugflasche –1– aus dem Bremsflüssigkeitsbehälter so viel wie möglich Bremsflüssigkeit absaugen, maximal aber bis zu einem Stand von ca. 10 mm.

Achtung: Das Sieb im Bremsflüssigkeitsbehälter darf nicht entfernt werden. Abgesaugte Bremsflüssigkeit auf keinen Fall wieder verwenden.

- Vorratsbehälter bis zur MAX-Marke mit **neuer** Bremsflüssigkeit füllen.
- Alte Bremsflüssigkeit nacheinander aus den Bremssätteln herauspumpen. Die abfließende Bremsflüssigkeit muss in jedem Fall klar und blasenfrei sein. An den **vorderen** Bremssätteln jeweils ca. **200 cm³**, an den **hinteren** Bremssätteln jeweils **300 cm³** Bremsflüssigkeit herauspumpen. Dabei am vorderen linken Bremssattel beginnen, dann in der Reihenfolge vorn rechts, hinten links und hinten rechts fortfahren.

Achtung: Vorratsbehälter zwischendurch immer mit **neuer** Bremsflüssigkeit auffüllen. Er darf nie ganz leer sein, sonst gelangt Luft in das Bremssystem. **Falls der Bremsflüssigkeitsbehälter dennoch leer läuft, Bremsanlage in der Fachwerkstatt entlüften lassen, da für die Entlüftung der ABS-Hydraulik das Werkstatt-Diagnosegerät erforderlich ist.**

- Nach dem Bremsflüssigkeitswechsel das Bremspedal betätigen und Leerweg prüfen. Der Leerweg darf maximal ⅓ des gesamten Pedalwegs betragen, sonst Entlüftungsvorgang wiederholen beziehungsweise Hauptbremszylinder überprüfen lassen (Werkstattarbeit).

Bremsflüssigkeit aus der Kupplungsbetätigung herauspumpen

Da die Kupplungsbetätigung ebenfalls mit Bremsflüssigkeit arbeitet, muss auch der Inhalt des Kupplungssystems ersetzt werden.

- Falls erforderlich, Luftfilter ausbauen, siehe Seite 59.

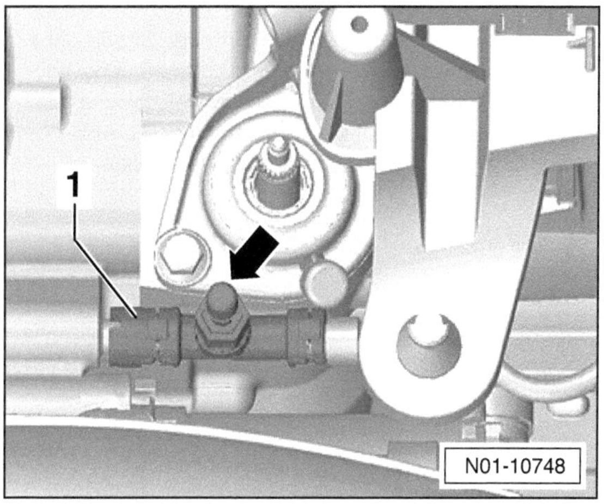

- Staubkappe –Pfeil– vom Entlüftungsventil am Kupplungs-Nehmerzylinder –1– abziehen. Entlüftungsventil reinigen.
- Durchsichtigen, sauberen Schlauch auf das Entlüftungsventil aufschieben.

- Freies Schlauchende in eine mit Bremsflüssigkeit halbvoll gefüllte Flasche stecken. Einen geeigneten Schlauch und passendes Gefäß gibt es im Autozubehör-Handel.
- Entlüftungsschraube lösen und durch Helfer Kupplungspedal betätigen lassen. Dabei 100 cm^3 Bremsflüssigkeit herausfließen lassen.
- Kupplungspedal in gedrückter Stellung halten lassen und Entlüftungsschraube festziehen.
- Kupplungspedal zurücknehmen lassen.
- Kupplungspedal 10- bis 15-mal schnell hintereinander bis zum Anschlag durchtreten und loslassen.
- Entlüftungsschraube lösen und durch Helfer Kupplungspedal betätigen lassen. Dabei 50 cm^3 beziehungsweise 50 ml Bremsflüssigkeit herausfließen lassen.
- Kupplungspedal in gedrückter Stellung halten lassen und Entlüftungsschraube festziehen.
- Kupplungspedal zurücknehmen lassen.
- Kupplungspedal mehrmals bis Anschlag durchtreten und loslassen.
- Entlüftungsschlauch abziehen und mit Auffanggefäß zur Seite stellen.
- Falls ausgebaut, Luftfilter einbauen, siehe Seite 59.

- Bremsflüssigkeit im Vorratsbehälter bis zum markierten Stand vor dem Bremsflüssigkeitswechsel auffüllen.
- Verschlussdeckel am Vorratsbehälter festschrauben.

Achtung, Sicherheitskontrolle durchführen:
- Sind die Entlüftungsschrauben angezogen?
- Ist genügend Bremsflüssigkeit eingefüllt?
- Bei laufendem Motor Dichtheitskontrolle durchführen. Hierzu Bremspedal mit 200 bis 300 N (entspricht 20 bis 30 kg) etwa 10 Sekunden betätigen. Das Bremspedal darf nicht nachgeben. Sämtliche Anschlüsse auf Dichtheit kontrollieren.

- Anschließend einige Bremsungen auf einer Straße ohne Verkehr durchführen. Dabei auch mindestens eine Vollbremsung vornehmen, bei der die ABS-Regelung einsetzt, beispielsweise auf losem Untergrund. Die ABS-Regelung ist am Pulsieren des Bremspedals spürbar.

Reifenprofil prüfen

Spezialwerkzeug: nicht erforderlich.

Die Reifen ausgewuchteter Räder nutzen sich bei gewissenhaftem Einhalten des vorgeschriebenen Fülldrucks und bei fehlerfreier Radeinstellung und Stoßdämpferfunktion auf der gesamten Lauffläche annähernd gleichmäßig ab. Bei ungleichmäßiger Abnutzung können verschiedene Fehler vorliegen, siehe Kapitel »Räder und Reifen«. Im Übrigen lässt sich keine generelle Aussage über die Lebensdauer bestimmter Reifenfabrikate machen, denn die Lebensdauer hängt von unterschiedlichen Faktoren ab:

- Fahrbahnoberfläche
- Reifenfülldruck
- Fahrweise
- Witterung

Vor allem sportliche Fahrweise, scharfes Anfahren und starkes Bremsen fördern den schnellen Reifenverschleiß.

Achtung: Die Rechtsprechung verlangt, dass Reifen lediglich bis zu einer Profiltiefe von 1,6 mm abgefahren werden dürfen, und zwar müssen die Profilrillen auf der gesamten Lauffläche noch mindestens 1,6 mm Tiefe aufweisen. Es empfiehlt sich jedoch, sicherheitshalber die Reifen bereits bei einer Mindestprofiltiefe von 2 mm auszutauschen.

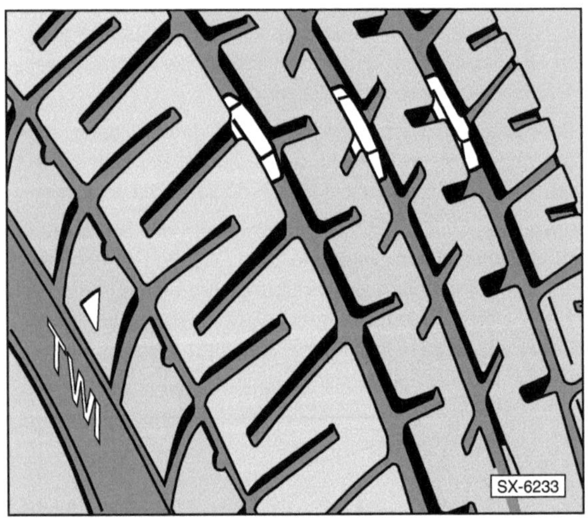

Nähert sich die Profiltiefe der gesetzlich zulässigen Mindestprofiltiefe, das heißt, weist der mehrmals am Reifenumfang angeordnete 1,6 mm hohe Verschleißanzeiger mindestens an einer Stelle kein Profil mehr auf, müssen die Reifen gewechselt werden.

Achtung: »M+S«-Reifen haben auf Matsch und Schnee nur den gewünschten Grip, wenn ihr Profil noch mindestens 4 mm tief ist.

Achtung: Reifen auf Schnittstellen untersuchen und mit kleinem Schraubendreher Tiefe der Schnitte feststellen. Wenn die Schnitte bis zur Karkasse reichen, korrodiert durch eindringendes Wasser der Stahlgürtel. Dadurch löst sich unter Umständen die Lauffläche von der Karkasse, der Reifen platzt. Deshalb: Bei tiefen Einschnitten im Profil aus Sicherheitsgründen Reifen austauschen.

Reifenfülldruck prüfen

Erforderliches Spezialwerkzeug:

- Reifenfüllgerät an der Tankstelle.

Prüfen

- Reifenfülldruck nur am kalten Reifen prüfen.
- Ventilkappe abschrauben.

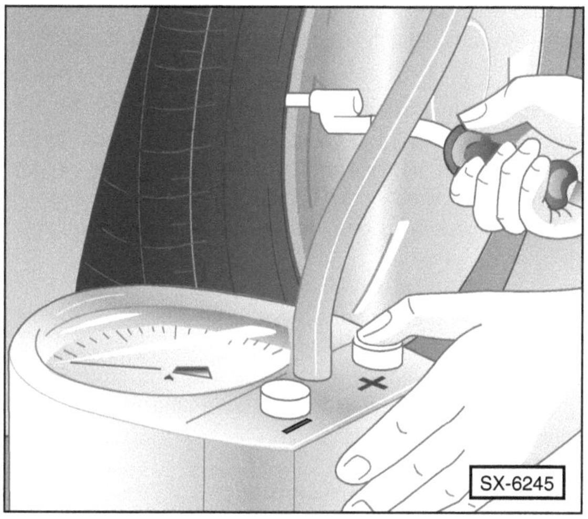

- Reifenfülldruck einmal im Monat sowie im Rahmen der Wartung (einschließlich Reserverad, falls vorhanden) prüfen.
- Zusätzlich sollte der Fülldruck vor längeren Autobahnfahrten kontrolliert werden, da hierbei die Temperaturbelastung für den Reifen am größten ist.

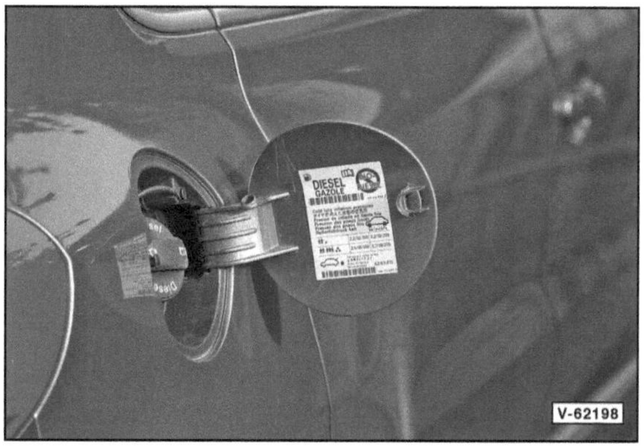

- Der richtige Fülldruck steht auf einem Aufkleber an der Innenseite der Tankklappe oder an der B-Säule und gilt für Sommer- und Winterreifen.
- Falls ein **Reserverad** vorhanden ist, entspricht der richtige Fülldruck dem der hinteren Reifen bei höchster Beladung.

Reifenventil prüfen

Erforderliches Spezialwerkzeug:

- Ventil-Metallschutzkappe oder HAZET 666-1.

Prüfen

- Staubschutzkappe vom Ventil abschrauben.

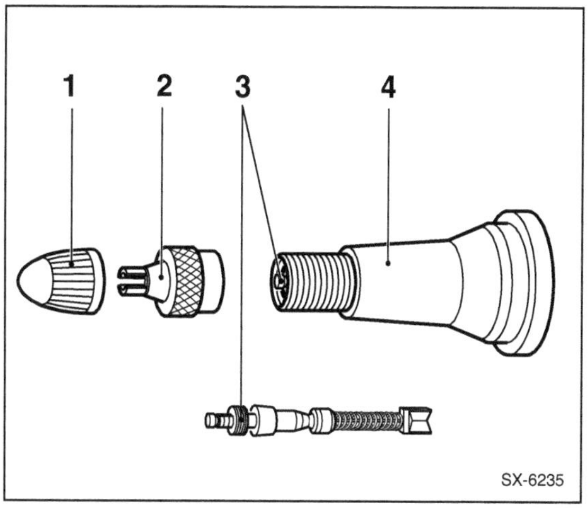

- Etwas Seifenwasser oder Speichel auf das Ventil geben. Wenn sich eine Blase bildet, Ventileinsatz –3– mit umgedrehter Metallschutzkappe –2– festdrehen.

Achtung: Zum Anziehen des Ventileinsatzes kann nur eine Metallschutzkappe –2– verwendet werden. Metallschutzkappen sind an der Tankstelle erhältlich. 1 – Gummischutzkappe, 4 – Ventil.

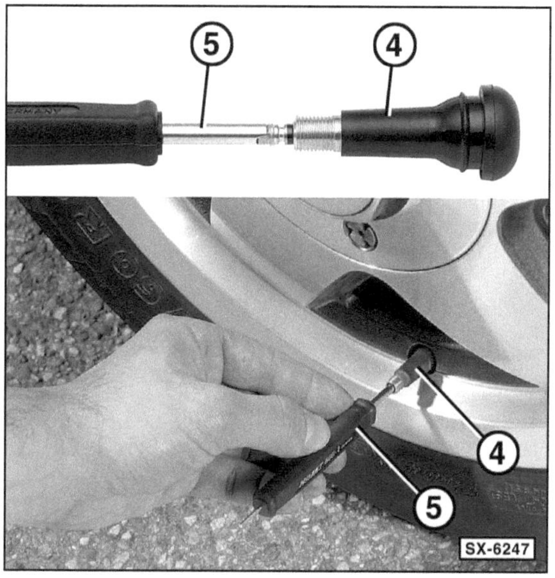

Hinweis: Anstelle der Metallschutzkappe kann auch das Werkzeug HAZET 666-1 –5– verwendet werden. 4 – Ventil.

- Ventil erneut prüfen. Falls sich wieder Blasen bilden oder das Ventil sich nicht weiter anziehen lässt, Ventileinsatz erneuern.
- Grundsätzlich Staubschutzkappe wieder aufschrauben.

Reifenreparatur-Set prüfen/ersetzen

Spezialwerkzeug: nicht erforderlich.

Prüfen/Ersetzen

Das Reifenpannen-Set befindet sich im Kofferraum rechts hinter der Verkleidung.

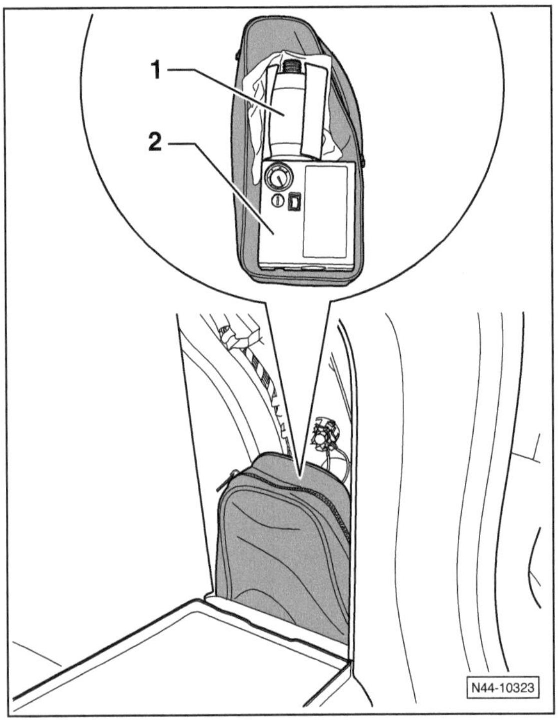

- Haltbarkeitsdatum des Dichtmittels –1– überprüfen. Bei Ablauf des Verfalldatums Flasche erneuern. In der Regel ist das Reifenpannen-Set alle 3 Jahre zu erneuern. Das Reifendichtungsmittel darf nicht älter als 4 Jahre sein.
  2 – Pumpe.
- Nach Benutzung muss das Reifendichtungsmittel grundsätzlich ersetzt werden.

Reifen-Kontroll-Anzeige: Grundeinstellung durchführen

Spezialwerkzeug: nicht erforderlich.

Die Grundeinstellung der Reifen-Kontroll-Anzeige grundsätzlich nur durchführen, nachdem die Reifenfülldruckwerte, vorher auf die richtigen Werte korrigiert worden sind.

Hinweis: Wird nach einer Reifendruckwarnung kein Druckverlust und kein Reifenschaden festgestellt, so kann eine irrtümliche Warnung durch eine Grundeinstellung behoben werden.

Das Reifen-Kontroll-System vergleicht mit Hilfe der ABS-Sensoren die Drehzahl und somit den Abrollumfang der einzelnen Räder. Bei Veränderung des Abrollumfanges eines Rades wird dies durch die Reifen-Kontroll-Anzeige angezeigt. Der Abrollumfang des Reifens kann sich verändern wenn:

- Der Reifenfülldruck zu gering ist.
- Der Reifen Strukturschäden hat.
- Das Fahrzeug einseitig belastet ist.
- Die Räder einer Achse stärker belastet sind (zum Beispiel bei Anhängerbetrieb oder bei Berg- und Talfahrt).
- Schneeketten montiert sind.
- Das Notrad angebaut ist.
- Ein Rad pro Achse gewechselt wurde.

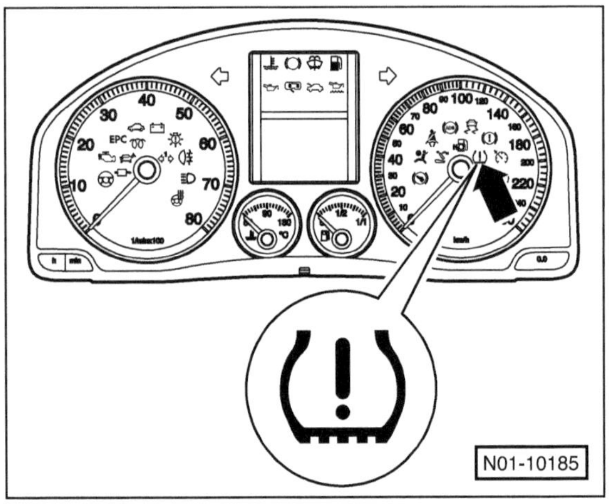

- Die Reifen-Kontroll-Anzeige erfolgt über eine gelbe Kontrollleuchte im Kombiinstrument (Schalttafeleinsatz) –Pfeil–.
- »BLINKENDE LEUCHTE« bedeutet, es wurde noch keine »ERSTMALIGE GRUNDEINSTELLUNG« durchgeführt.
- »STÄNDIGES LEUCHTEN« bedeutet, in Verbindung mit einem Warnton, dass ein Druckverlust erkannt wurde. In diesem Fall Reifenfülldrücke prüfen und anschließend Grundeinstellung durchführen.

Erstmalige Grundeinstellung durchführen

- Zündung einschalten.

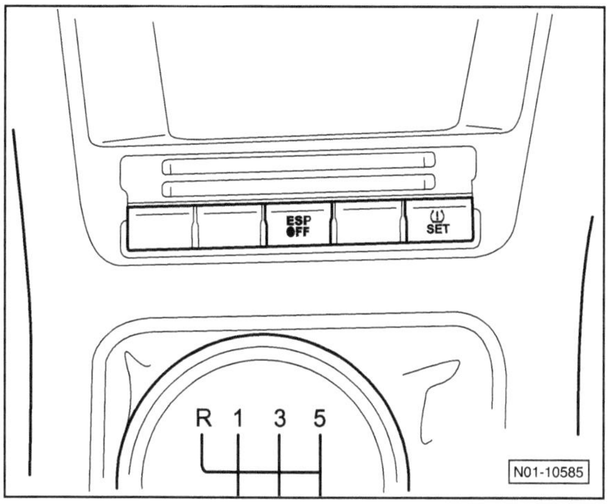

- Taste für »ESP«, sowie die Taste »SET« in der Mittelkonsole gleichzeitig drücken und länger als 2 Sekunden halten. Der Beginn der Grundeinstellung wird durch einen Hinweiston bestätigt. **Hinweis:** Wenn die ESP-Taste nicht vorhanden ist, stattdessen die ASR-Taste drücken.
- Zündung ausschalten. Damit ist die erstmalige Grundeinstellung durchgeführt.

Grundeinstellung durchführen

- Zündung einschalten.
- Taste »SET« in der Mittelkonsole drücken und länger als 2 Sekunden halten.
- Die Kontrolllampe für Reifen-Kontroll-Anzeige im Kombiinstrument –Pfeil– (Abbildung N01-10185) leuchtet solange die Taste gedrückt wird. Der Beginn der Grundeinstellung wird durch einen Hinweiston bestätigt.
- Zündung ausschalten. Damit ist die Grundeinstellung durchgeführt.

Karosserie/Innenausstattung

Folgende Wartungsarbeiten müssen nach dem Wartungsplan in unterschiedlichen Intervallen durchgeführt werden:

- Sicherheitsgurte: Auf Beschädigungen sichtprüfen.
- Frontscheibe: Auf Beschädigungen sichtprüfen.
- Unterbodenschutz: Auf Beschädigungen sichtprüfen.
- Lüftung/Heizung: Staub-/Pollenfilter-Einsatz erneuern, Gehäuse reinigen.
- Verbandkasten: Haltbarkeitsdatum überprüfen, gegebenenfalls Verbandkasten ersetzen.
- Schiebedach: Führungsschienen reinigen und fetten.
- Wasserkasten und Wasserablauföffnungen: Sichtprüfen und reinigen.
- Türfeststeller: Schmieren.

Sicherheitsgurte sichtprüfen

Spezialwerkzeug und Verschleißteile/Betriebsmittel sind nicht erforderlich.

Achtung: Geräusche, die beim Aufrollen des Gurtbandes entstehen, sind funktionsbedingt. Auf keinen Fall darf zur Behebung von Geräuschen Öl oder Fett verwendet werden. Der Aufroll- und Gurtstrafferautomat darf aus Sicherheitsgründen nicht zerlegt werden.

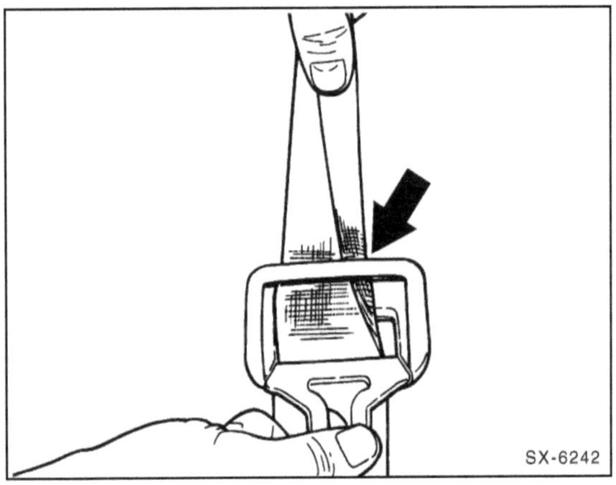

- Sicherheitsgurt ganz herausziehen und Gurtband auf durchtrennte Fasern prüfen.
- Beschädigungen können zum Beispiel durch Einklemmen des Gurtes oder durch brennende Zigaretten entstehen. In diesem Fall Gurt austauschen.
- Sind Scheuerstellen vorhanden, ohne dass Fasern durchtrennt sind, braucht der Gurt nicht ausgewechselt zu werden.
- Schwer gängigen Gurt auf Verdrehungen prüfen, gegebenenfalls Verkleidung an der Mittelsäule ausbauen.
- Wenn die Aufrollautomatik nicht mehr funktioniert, Gurt auswechseln (Werkstattarbeit).
- Gurtbänder nur mit Seife und Wasser reinigen, keinesfalls Lösungsmittel oder chemische Reinigungsmittel verwenden.

Staub-/Pollenfilter-Einsatz erneuern

Spezialwerkzeug: nicht erforderlich.

Erforderliche Betriebsmittel/Verschleißteile:

- Staub-/Pollenfilter.

Der Filter befindet sich unter der Armaturentafel.

Ausbau

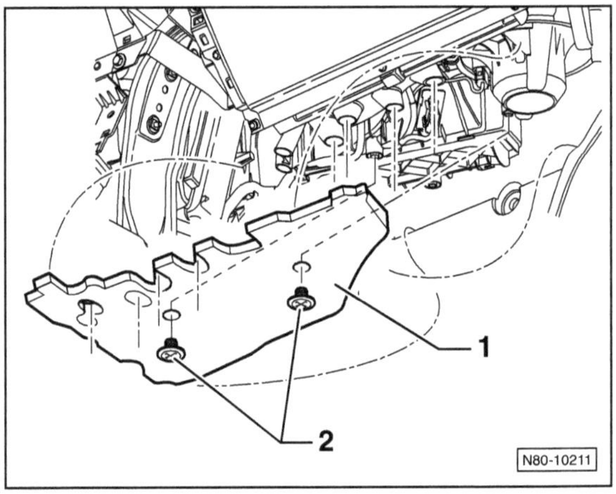

- Abdeckung –1– unter dem Handschuhfach ausbauen. Dazu 2 Schraubclips –2– herausdrehen.

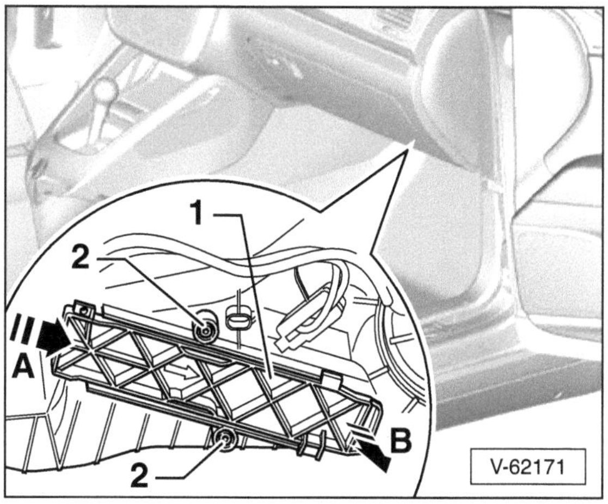

- Falls vorhanden, die Schrauben –2– herausdrehen. **Achtung:** Die Schrauben –2– sind nicht bei allen Fahrzeugen vorhanden. Die Schrauben sichern den Deckel –1–, falls die Verrastungen nicht mehr halten.
- Deckel –1– in Pfeilrichtung –A– schieben und und in Pfeilrichtung –B– abnehmen.

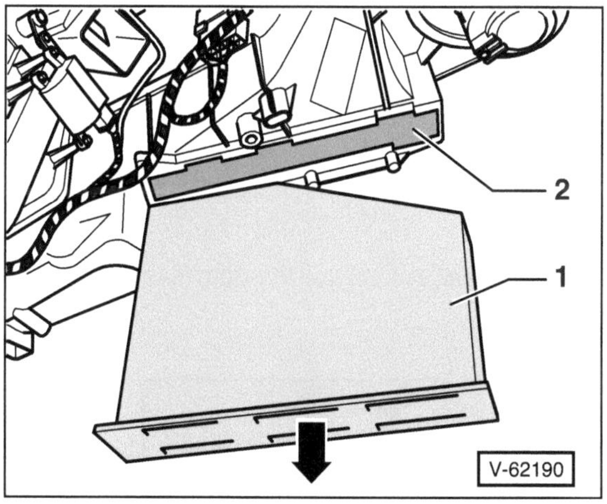

- Filtereinsatz –1– aus dem Schacht –2– des Klimagerätes beziehungsweise der Heizung herausnehmen.
- Schacht –2– mit einem Staubsauger aussaugen.

Einbau

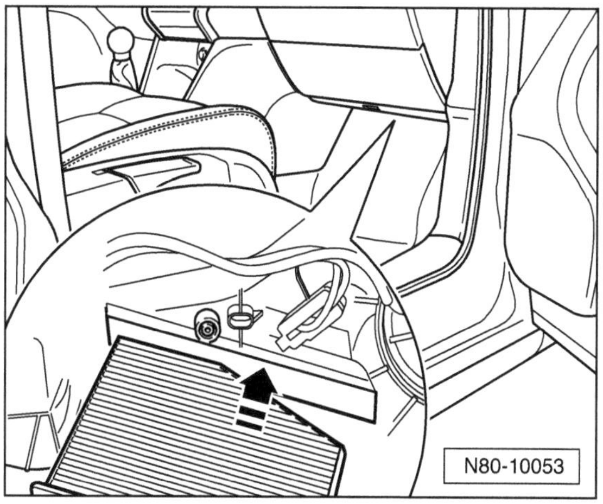

- Filtereinsatz in Pfeilrichtung in den Einbauschacht einsetzen, dabei auf richtige Einbaulage achten, siehe Abbildung.
- Der weitere Einbau erfolgt in umgekehrter Ausbaureihenfolge.

Türfeststeller und Befestigungsbolzen schmieren

Spezialwerkzeug: nicht erforderlich.

Erforderliches Betriebsmittel:

- Spezialfett VW-G 000 150.

- Türfeststeller an der mit dem Pfeil gekennzeichneten Stelle mit dem Schmierfett VW-G 000 150 schmieren.

Panorama-Schiebedach: Funktion prüfen, reinigen

Spezialwerkzeug: nicht erforderlich.

Erforderliches Betriebsmittel:

- Lithium-Schmierfett VW-G 052 147 A2

Prüfen

- Panorama-Schiebedach öffnen und schließen, dabei auf Geräusche und starke Verschmutzung achten.

Reinigen/Fetten

Normalerweise ist keine regelmäßige Wartung des Panorama-Schiebedachs notwendig. Nur wenn Geräusche auftreten und bei starker Verschmutzung muss das Schiebedach gereinigt und gefettet werden.

- Panorama-Schiebedach öffnen.

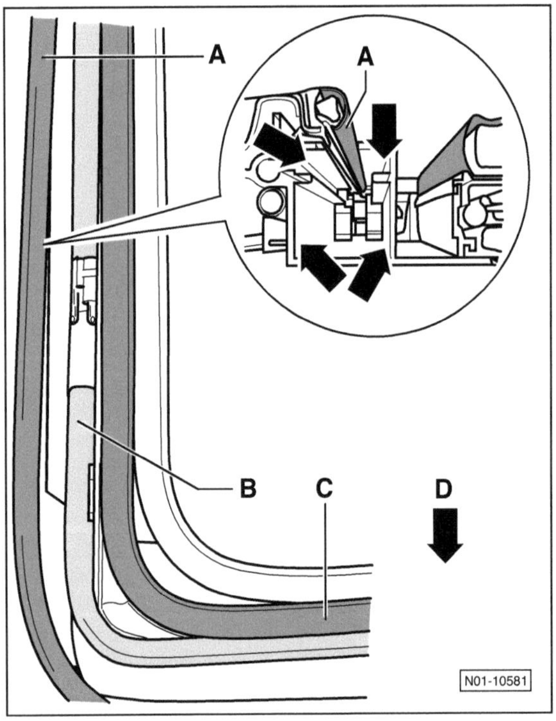

A – Dichtung außen C – Dichtung innen
B – Windabweiser D – Pfeil zeigt in Fahrtrichtung

- Führungsschienen unterhalb der äußeren Dichtung –A– reinigen –Pfeile–.
- In den Gleitbereichen der gesamten Führungsschiene –Pfeile– Lithium-Schmierfett dünn auftragen.
- Windabweiser –B– reinigen.

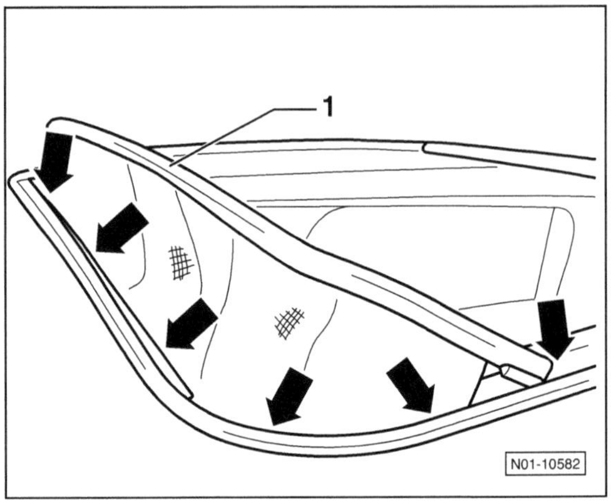

- Windabweiser –1– besonders auf Schmutzablagerungen im unteren Bereich –Pfeile– sichtprüfen. Schmutzablagerungen mit einem Nass-/Trockensauger entfernen. **Achtung:** Geeignete Düse verwenden, damit das Netz nicht beschädigt wird.

Hinweis: Um festsitzende Insekten und Partikel aus dem Netz und vom Windabweiserrahmen zu lösen, Schwamm und Seifenlauge benutzen. Dazu Seifenlauge aus 3 Tropfen Pril auf 1 Liter Wasser mischen. **Achtung:** Keine handelsüblichen Insektenentferner oder andere Lösungsmittel verwenden.

Motorhaube: Fanghaken schmieren

Betriebsmittel:

- Universalölspray, zum Beispiel VW-G00115A2.

Schmieren

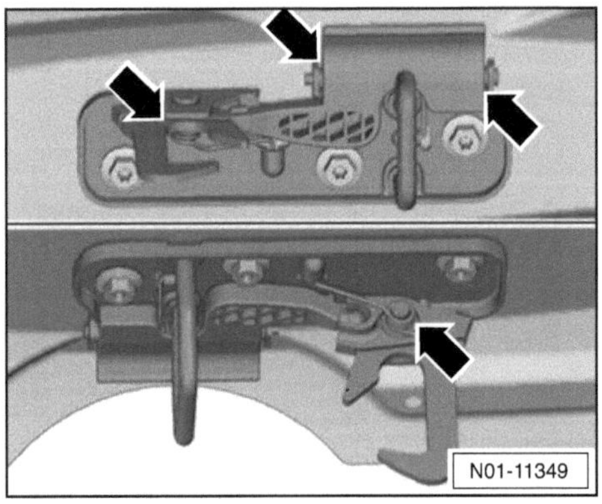

- Fanghaken mit Universalölspray, zum Beispiel VW-G00115A2, an den mit Pfeilen gekennzeichneten Stellen schmieren.
- Bewegliche Teile mehrmals betätigen, damit das Universalöl einkriechen kann.
- Überschüssiges Öl mit einem fusselfreien Lappen entfernen.

Schiebedachabläufe: Auf Durchfluss prüfen/reinigen

Spezialwerkzeug:

- Biegsame Welle oder VW-Reinigungswerkzeug VAS-6620.

Betriebsmittel: nicht erforderlich.

Prüfen

- Schiebedach öffnen.

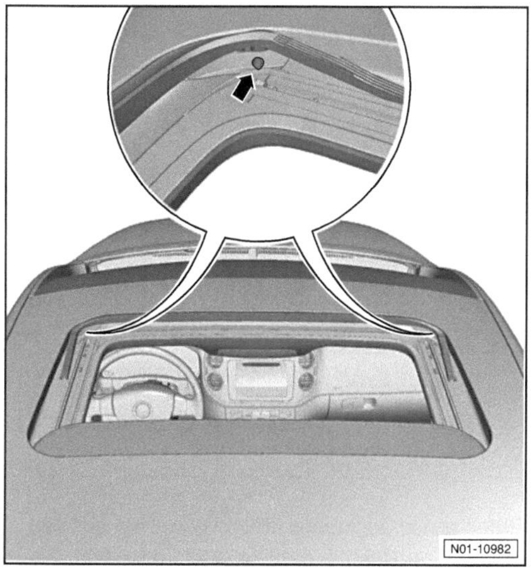

- Ablauflöcher –Pfeil– auf Schmutz prüfen. Gegebenenfalls Verschmutzung entfernen.
- Leitungswasser in die Schiebedachabläufe fließen lassen und prüfen, ob das Wasser in annähernd gleicher Menge aus den Radhauskästen herausläuft.
- Sollte nur wenig oder gar kein Wasser an den Radkästen austreten, Abläufe reinigen.

Reinigen

- Windlaufgrill ausbauen, siehe Seite 245.

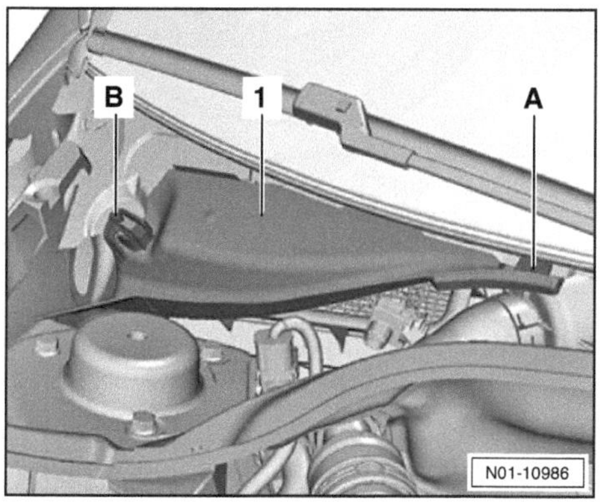

- Abdeckung –1– ausbauen. Dazu die Verrastungen –A– und –B– lösen.

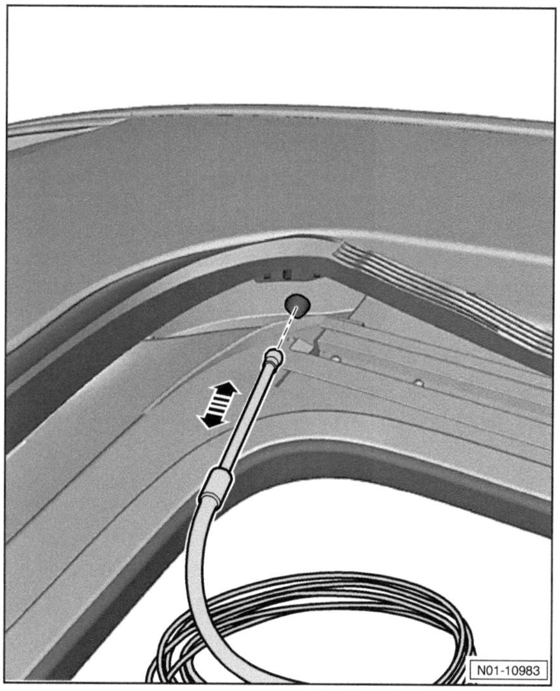

- Biegsame Welle oder VW-Reinigungswerkzeug VAS-6620 in die Ablauföffnung langsam hineindrücken und herausziehen. Schließlich das Werkzeug bis zu den Ablaufventilen führen und damit den Schmutz herausdrücken.

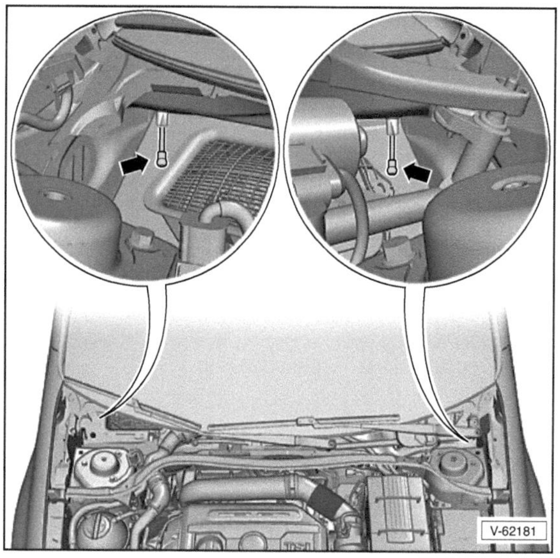

- Die Abläufe –Pfeile– befinden sich auf der linken und rechten Seite im Wasserkasten.
- Anschließend Wasserkasten-Abläufe auf Verschmutzung prüfen und gegebenenfalls reinigen.
- Zur Kontrolle nochmals Leitungswasser durch die Schiebedachablauflöcher fließen lassen.
- Seitliche Abdeckung einsetzen und einrasten.
- Windlaufgrill einbauen, siehe Seite 245.

Wasserkasten und Wasserablauföffnungen sichtprüfen und reinigen

Spezialwerkzeug und Verschleißteile/Betriebsmittel sind nicht erforderlich.

Reinigen

- Sämtliche Verschmutzungen, beispielsweise Blätter, aus dem Wasserkasten entfernen. Gegebenenfalls mit einem handelsüblichen, flexiblen Greifwerkzeug herausnehmen.
- Gummitüllen der Wasserabläufe links und rechts reinigen und auf freien Durchgang prüfen.
- Feine Verschmutzungen mit einem dünnen Wasserstrahl und gegebenenfalls mit einer flexiblen Nylonsonde reinigen.

Unterboden: Sichtprüfung auf Beschädigungen, Leitungsverlegung, Stopfen

Erforderliches Spezialwerkzeug:

- Werkstattwagenheber, Unterstellböcke.
- Lampe.

Prüfen

Sicherheitshinweis
Beim Aufbocken des Fahrzeugs besteht Unfallgefahr! Deshalb vorher das Kapitel »Fahrzeug aufbocken« durchlesen.

- Fahrzeug vorn aufbocken.
- Unterboden, Radhäuser und Unterholme mit einer Taschenlampe anstrahlen und auf Beschädigungen sichtprüfen.
- Prüfen, ob alle Leitungen in den dazugehörigen Halterungen befestigt sind.
- Prüfen, ob alle Stopfen vorhanden sind.

Zusätzlich bei Allradantrieb

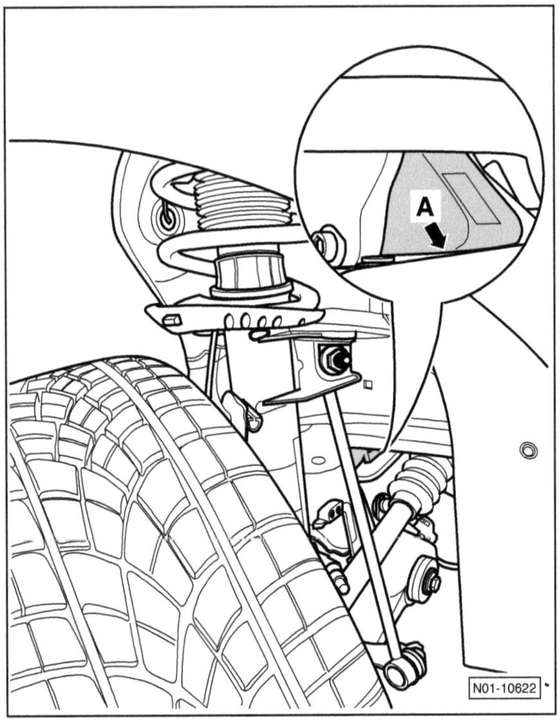

- Vom rechten beziehungsweise linken Radkasten aus den Bereich zwischen dem Aggregateträger vorn und der Lenkung –A– auf starke Veschmutzung, Steine oder andere Gegenstände prüfen.

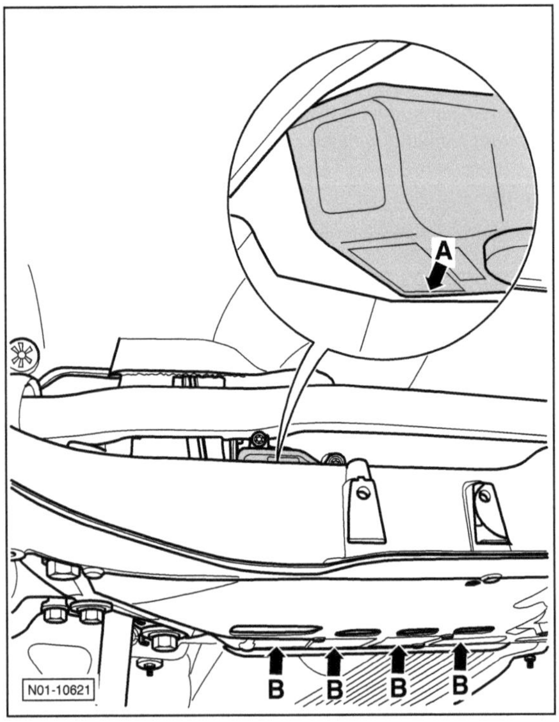

- Aggregateträger vorn –B– auf verstopfte Ablauflöcher prüfen. Gegebenenfalls reinigen und Durchgang herstellen.

Elektrische Anlage

Folgende Wartungsarbeiten müssen nach dem Wartungsplan in unterschiedlichen Intervallen durchgeführt werden:

- Alle Stromverbraucher: Funktion prüfen.
- Scheibenwischerblätter: Wischergummis auf Verschleiß sichtprüfen.
- Scheibenwaschanlage, Scheinwerfer-Waschanlage: Flüssigkeitsstand, Frostschutz und Funktion prüfen, Düsenstellung kontrollieren, siehe Kapitel »Scheibenwischeranlage«.
- Batterie: Prüfen.
- Automatische Fahrlichtsteuerung prüfen.
- Scheinwerfer: Einstellung prüfen (Werkstattarbeit).
- Service-Intervall-Anzeige zurücksetzen.

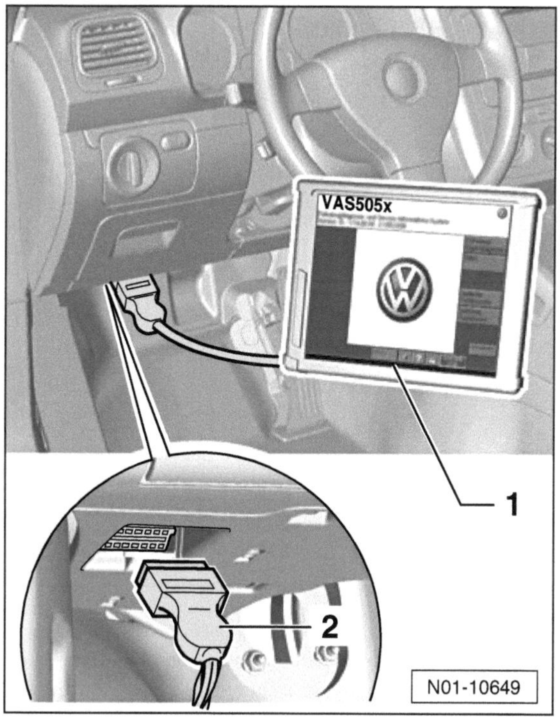

N01-10649

- Eigendiagnose: Fehlerspeicher auslesen (Werkstattarbeit). Dazu wird ein geeignetes Fahrzeugdiagnosegerät –1–, zum Beispiel VW-VAS-5052 mit einem passenden Verbindungskabel –2–, zum Beispiel VAS-5051/6A, benötigt. Diagnosegerät bei ausgeschalteter Zündung an den Diagnoseanschluss im Fahrerfußraum unter der Armaturentafel anschließen.
- Service-Intervallanzeige zurücksetzen: Die Serviceanzeige wird mit dem Diagnosegerät zurückgesetzt beziehungsweise von »flexiblen Wartungsintervallen« auf »feste Wartungsintervalle« umgestellt.

  Eine auf »feste Wartungsintervalle« eingestellte Serviceanzeige kann auch mit den verschiedenen Fahrzeugtasten zurückgestellt werden. Werden »flexible Wartungsintervalle« mit den Fahrzeugtasten zurückgestellt, dann wird die Serviceanzeige automatisch auf »feste Wartungsintervalle« umgestellt.

Stromverbraucher prüfen

Spezialwerkzeug: nicht erforderlich.

Folgende Funktionen prüfen, gegebenenfalls Fehler beheben. **Hinweis:** Je nach Ausstattung sind im Fahrzeug nicht alle hier aufgeführten Verbraucher vorhanden.

- Beleuchtung, Scheinwerfer, Nebellampen, Blinkleuchten, Warnblinkanlage, Schlussleuchten, Nebelschlussleuchten, Rückfahrleuchten, Bremsleuchten, Parklichtschaltung.
- Innen- und Leseleuchten (Abschaltautomatik für Innenleuchten vorn), beleuchtetes Handschuhfach, beleuchteter Ascher, Kofferraumbeleuchtung.
- Warnsummer für nicht ausgeschaltetes Licht und/oder Radio.
- Alle Schalter in der Armaturentafel beziehungsweise Mittelkonsole.
- Kombiinstrument (Schalttafeleinsatz) mit allen Anzeigen, Zählern, Leuchten und Beleuchtung.
- Hupe.
- Scheibenwisch-/Scheibenwaschanlage, Scheinwerferreinigungsanlage.
- Zigarettenanzünder.
- Elektrische Außenspiegel (beheizbar, einstellbar, anklappbar, Beifahrerspiegelabsenkung).
- Elektrische Fensterheber.
- Elektrisches Schiebe-/Ausstelldach.
- Zentralverriegelung, Funkfernbedienung, Komfortschließung.
- Elektrische Sitzverstellung, Gurthöhenverstellung.
- Beheizbare Sitze.
- Radio.

Batterie prüfen

Batterie sichtprüfen

- Batteriegehäuse auf Beschädigungen sichtprüfen. Bei beschädigtem Gehäuse kann Batteriesäure auslaufen und die umliegenden Bauteile beschädigen. Bei beschädigtem Gehäuse Batterie schnellstmöglich ersetzen.

Batterie/Batterieklemmen auf festen Sitz prüfen

Eine lockere Batterie hat eine verkürzte Lebensdauer durch Rüttelschäden. Lockere Batterieanschlüsse können einen Kabelbrand oder Funktionsstörungen in der elektrischen Anlage nach sich ziehen und die Crash-Sicherheit des Fahrzeuges vermindern.

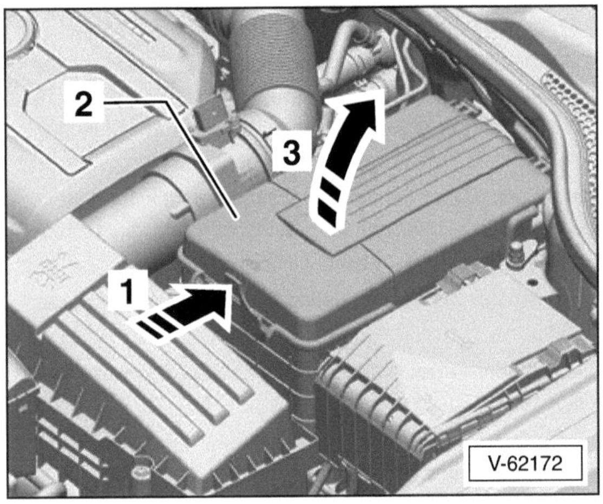

- Falls ein Batteriedeckel vorhanden ist, Verschluss –Pfeil 1– drücken, Deckel –2– hochschwenken –Pfeil 3–. Deckel hinten aushängen und abnehmen.
- Batterie kräftig hin- und herbewegen.
- Sitzt die Batterie lose, Batterie-Halteplatte mit **20 Nm** festziehen, siehe Kapitel »Batterie aus- und einbauen« auf Seite 72.

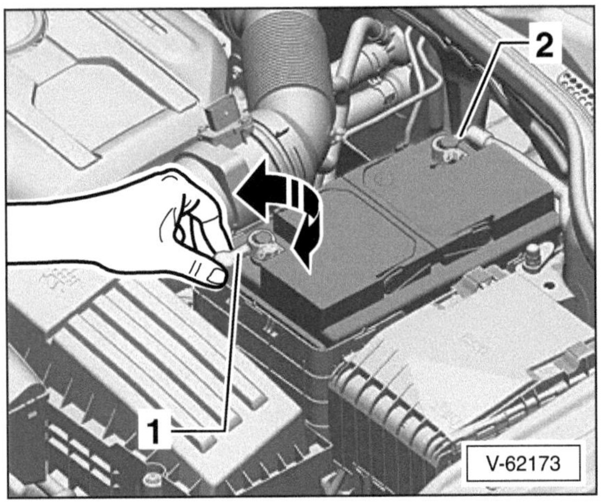

- Batterieklemmen –1– und –2– hin- und herbewegen und festen Sitz prüfen, gegebenenfalls Befestigungsmuttern nachziehen. Anzugsdrehmoment: **6 Nm**.

Achtung: Falls die Batterie-Plusklemme (+) locker ist, muss vor dem Festziehen der Plusklemme wegen Kurzschlussgefahr die Masseklemme (–) an der Batterie abgeklemmt werden. Nachdem die Plusklemme festgezogen ist, Massekabel wieder anklemmen. Batterie-Massekabel abklemmen, siehe Seite 72.

- Gegebenenfalls Batteriedeckel zurückklappen und einrasten.

Automatische Fahrlichtsteuerung prüfen

Spezialwerkzeug: nicht erforderlich.

- Prüfvoraussetzung: Fahrzeug muss sich im Tageslicht befinden.

Prüfen

- Zündung einschalten.
- Lichtschalter in Stellung 2 »AUTO« drehen. Die Scheinwerfer dürfen nicht leuchten.
- Zündung bleibt eingeschaltet und Lichtschalter steht weiterhin auf »AUTO«.

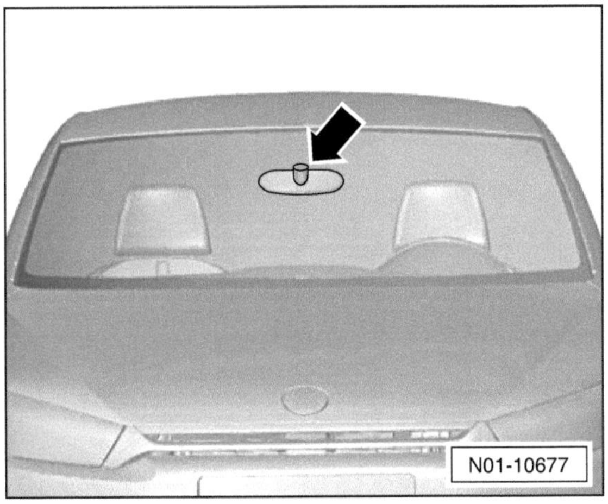

- Befestigungsbereich des Innenspiegels –Pfeil– außen an der Windschutzscheibe mit der Hand oder einem geeigneten Gegenstand abdecken. Daraufhin erkennt der Sensor für Regen- und Lichterkennung am Halter des Innenspiegels eine Helligkeitsabnahme und schaltet die Scheinwerfer ein.
- Lichtschalter in Stellung »0« drehen und Zündung ausschalten.

Service-Intervall-Anzeige zurücksetzen

Achtung: Durch Zurücksetzen der Service-Intervallanzeige über die Schalter am Scheibenwischerhebel, am Multifunktionslenkrad oder am Kombiinstrument wird das Wartungs-System von »flexiblen« auf »feste« Service-Intervalle umgestellt. Wenn die »flexiblen« Service-Intervalle erhalten bleiben sollen, dann muss die Service-Anzeige mit dem VW-Diagnosegerät zurückgesetzt werden.

Mit der Wippe am Scheibenwischerhebel

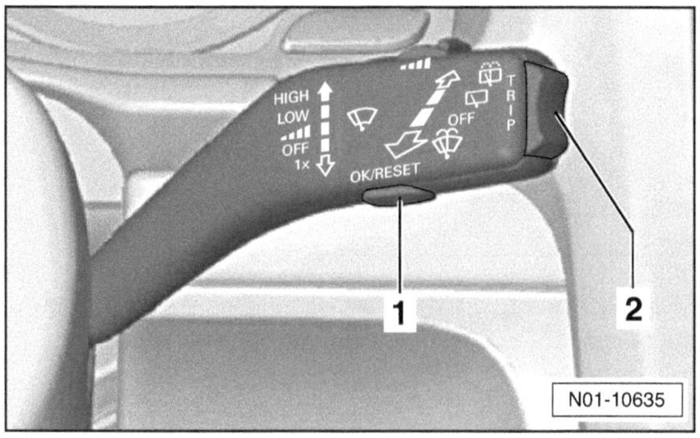

- Zündung einschalten
- Wippe –2– am Scheibenwischerhebel so oft betätigen, , bis oben in der Multifunktionsanzeige das Menü »Einstellungen« angezeigt wird. Dann die OK-Taste –1– drücken.
- Mit der Wippe das Untermenü »Service« aufrufen, dann die OK-Taste –1– drücken.
- Mit der Wippe »Reset« auswählen und die OK-Taste –1– drücken. Dadurch ist die Service-Intervall-Anzeige zurückgesetzt.
- Anschließende Sicherheitsabfrage durch Drücken der »OK«-Taste bestätigen.
- Zündung ausschalten.

Mit den Tasten am Multifunktionslenkrad

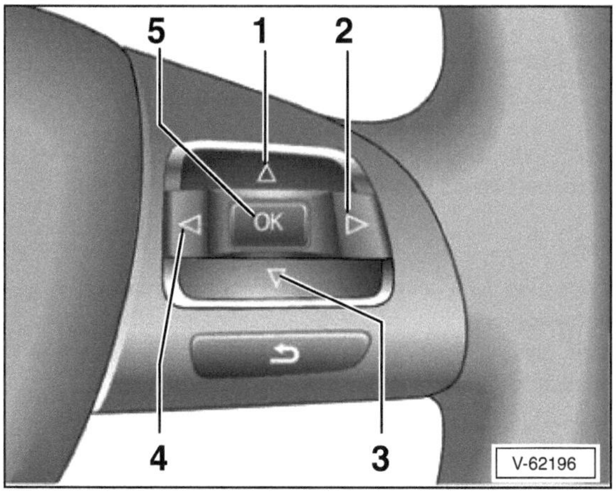

- Zündung einschalten.
- Taste –2– oder –4– am Multifunktionslenkrad so oft drücken, bis oben in der Multifunktionsanzeige das Menü »Einstellungen« angezeigt wird.
- Taste –1– oder –3– so oft drücken, bis der Text »Service« markiert ist, dann »OK« drücken.
- Taste –1– oder –3– so oft drücken, bis der Text »Reset« markiert ist, dann »OK« drücken. Dadurch wird die Service-Intervall-Anzeige zurückgesetzt.
- Anschließende Sicherheitsabfrage durch Drücken der »OK«-Taste bestätigen.
- Zündung ausschalten

Mit den Bedientasten am Kombiinstrument (Schalttafeleinsatz) bei Fahrzeugen ohne Textmeldungen

- Bei ausgeschalteter Zündung Taste –3– drücken und halten.
- Zündung einschalten.
- Taste –3– loslassen und innerhalb von 20 Sekunden die Stelltaste für die Uhr –1– einmal kurz drücken. Dadurch wird die Service-Intervall-Anzeige in den Rückstellmodus geschaltet. Nach kurzer Zeit schaltet das Display –2– in die Normalanzeige zurück. Die Service-Intervall-Anzeige ist damit zurückgesetzt.

Wartungs-Zusatzarbeiten

Motorabdeckung oben aus- und einbauen

Achtung: Ausgebaute Motorabdeckung auf einer weichen Unterlage ablegen, damit die Oberfläche nicht zerkratzt wird. Beim Einbau nicht mit der Faust oder einem Werkzeug auf die Motorabdeckung schlagen.

1,4-l-TSI-Benzinmotor

Ausbau - Ausführung 1

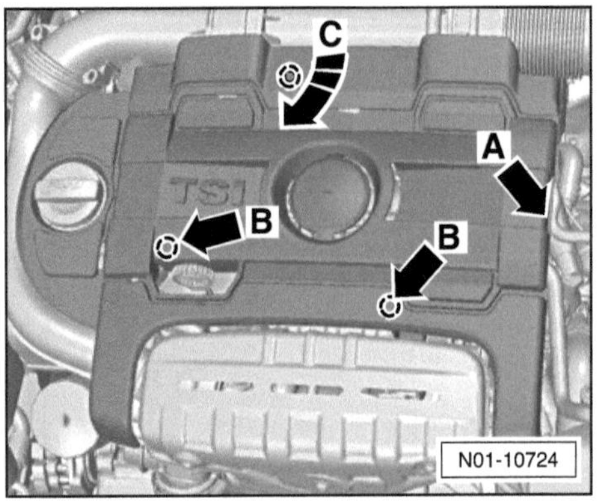

- Unterdruckschlauch –Pfeil A– vom Stutzen abziehen.
- Motorabdeckung an den vorderen Befestigungspunkten –Pfeile B– ausrasten, etwas anheben und anschließend aus der Halterung –C– in Pfeilrichtung herausziehen.

Einbau

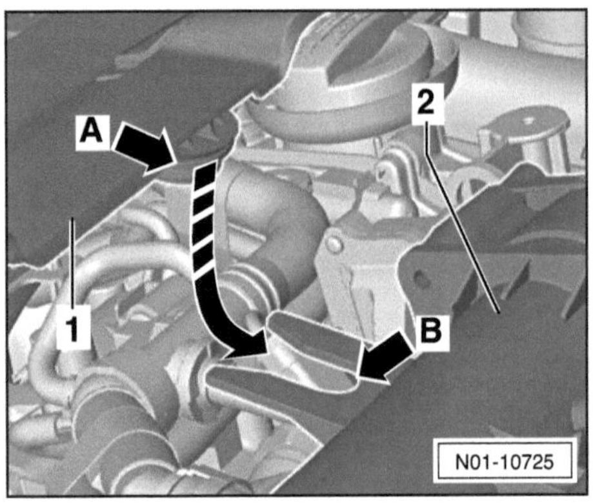

- Motorabdeckung –1– mit der Lasche –Pfeil A– am Befestigungspunkt –2– in den Halter –Pfeil B– in Pfeilrichtung einschieben.
- Motorabdeckung auf die anderen Befestigungspunkte aufsetzen, nach unten drücken und spürbar einrasten.
- Schlauch am Anschlussstutzen aufstecken und verriegeln.

Ausbau – Ausführung 2

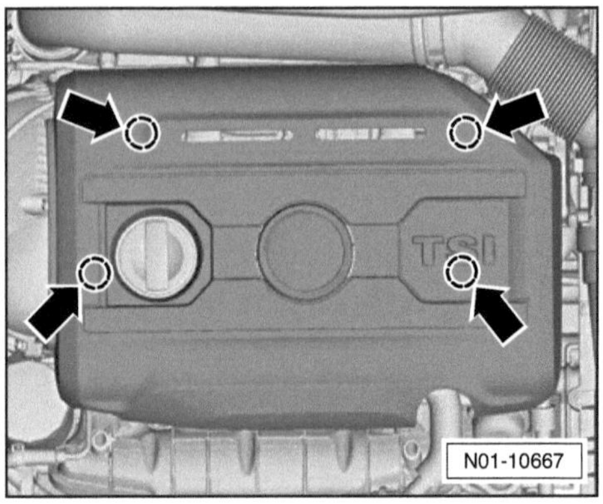

- Motorabdeckung an den Befestigungspunkten –Pfeile– ausrasten, etwas anheben und nach oben abnehmen.

Einbau

- Motorabdeckung an den Befestigungspunkten aufsetzen, nach unten drücken und spürbar einrasten.

2,0-l-TSI-Benzinmotor

Ausbau

- Motorabdeckung an den Befestigungspunkten –Pfeile– ausrasten, etwas anheben und nach oben abnehmen.

Einbau

- Prüfen, ob die Gummipuffer richtig in den Aufnahmen der Abdeckung eingesetzt sind. Die Gummipuffer dürfen nicht ganz oder teilweise in die Öffnungen der Aufnahme eingedrückt sein.
- Motorabdeckung an den Befestigungspunkten aufsetzen, nach unten drücken und spürbar einrasten.

Dieselmotor

Ausbau

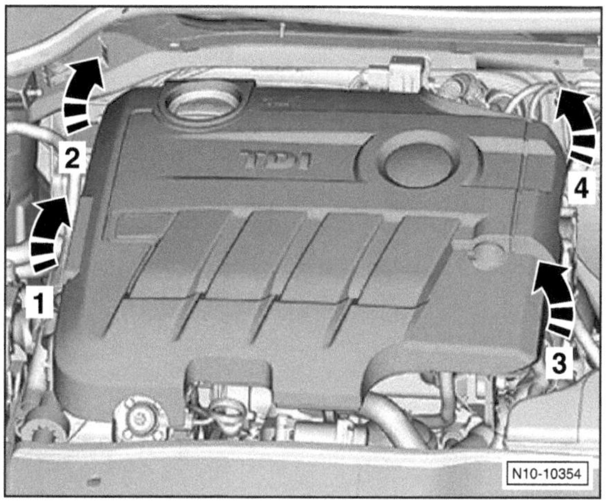

- Motorabdeckung in der Reihenfolge von –1– bis –4– in Pfeilrichtung nach oben ziehen und ausclipsen. Dabei so weit wie möglich unter die Motorabdeckung greifen. **Achtung:** Die Halter für die Motorabdeckung können leicht abbrechen, deshalb vorsichtig vorgehen.

Einbau

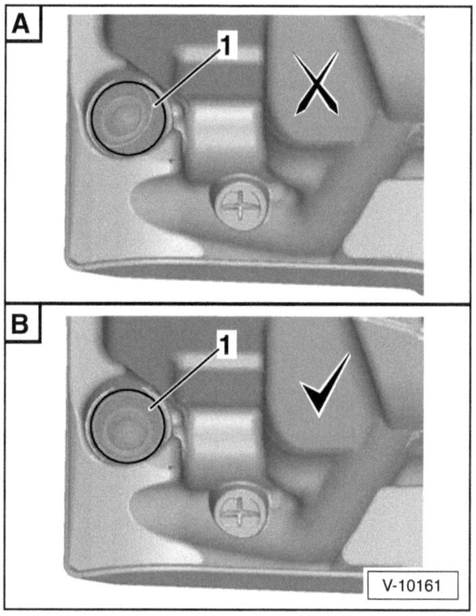

- Vor dem Einbau der Motorabdeckung unbedingt korrekte Einbaulage –B– der Kugelpfannen –1– prüfen. Gegebenenfalls Kugelpfannen aus Position –A– in Position –B– drücken.
- Motorabdeckung auf die Befestigungspunkte setzen und an den Ecken nach unten drücken und einrasten.

Motorraumabdeckung unten aus- und einbauen

Die Motorraumabdeckung gibt es in 2 Ausführungen. Ausführung 1: große Abdeckung; Ausführung 2: kleine Abdeckung.

Ausbau

Sicherheitshinweis
Beim Aufbocken des Fahrzeugs besteht Unfallgefahr! Deshalb vorher das Kapitel »Fahrzeug aufbocken« durchlesen.

- Fahrzeug vorne aufbocken.

Ausführung 1:

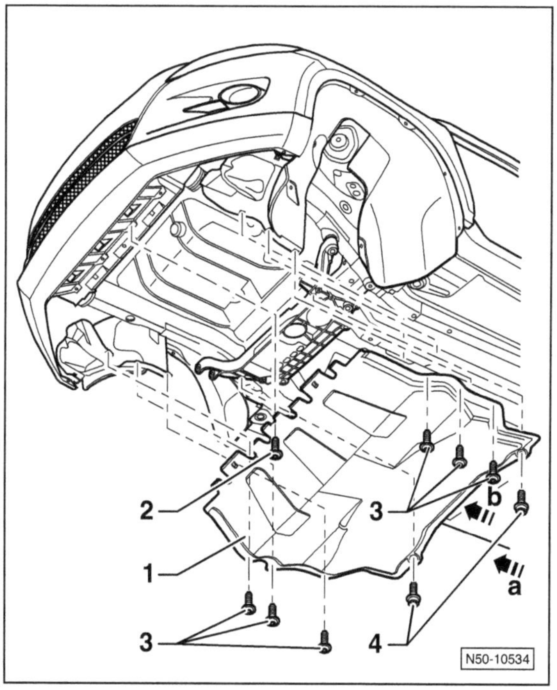

- 9 Schrauben –2/3/4– herausdrehen und Abdeckung aus den vorderen Führungen nach hinten herausziehen. Pfeil –a– zeigt in Fahrtrichtung.
- Abdeckung –1– abnehmen.

Einbau

- Abdeckung nach vorn unten in den Schlossträger einschieben. Dabei müssen die schmalen Laschen unterhalb und die breiten Laschen oberhalb der Kante für den Schlossträger eingeschoben werden.
- Abdeckung hinten anheben und die Schrauben –4– mit **6 Nm** anziehen.
- Blechschrauben –2– und –3– mit **2 Nm** festziehen.

Ausführung 2:

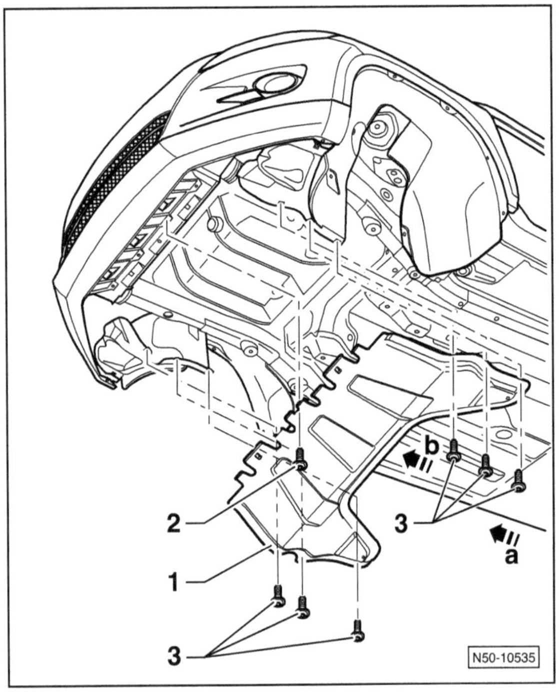

- 7 Schrauben –2/3– herausdrehen und Abdeckung –1– aus den vorderen Führungen nach hinten herausziehen.
- Abdeckung abnehmen.

Einbau

- Abdeckung –1– nach vorn –Pfeil b– unten in den Schlossträger einschieben. Dabei müssen die schmalen Laschen unterhalb und die breiten Laschen oberhalb der Kante für den Schlossträger eingeschoben werden.
- Abdeckung hinten anheben und die Blechschrauben –3– und –2– mit **2 Nm** anziehen.

Unterfahrschutz (nur Allradantrieb):

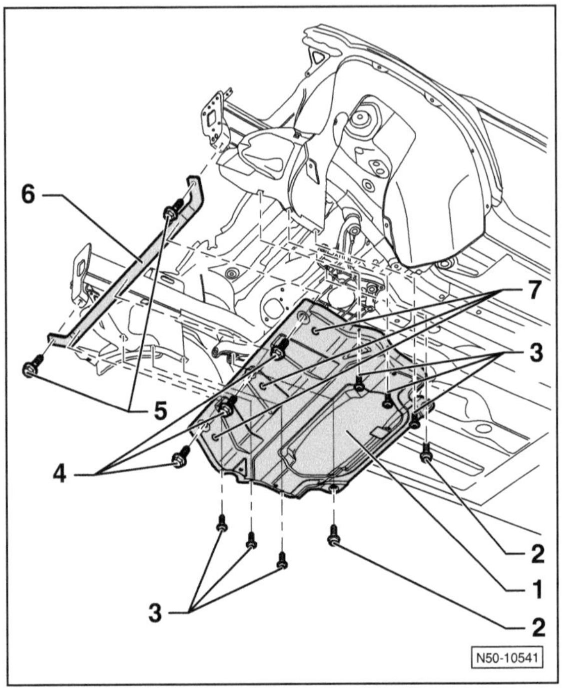

1 – Unterfahrschutz

2 – Schraube, 20 Nm

3 – Schraube, 2 Nm

4 – Schraube, 20 Nm

5 – Schraube, 35 Nm

6 – Querstrebe

7 – Spreizmutter
Zur Befestigung des Stoßfängers.

Luftfiltergehäuse – Detailübersicht

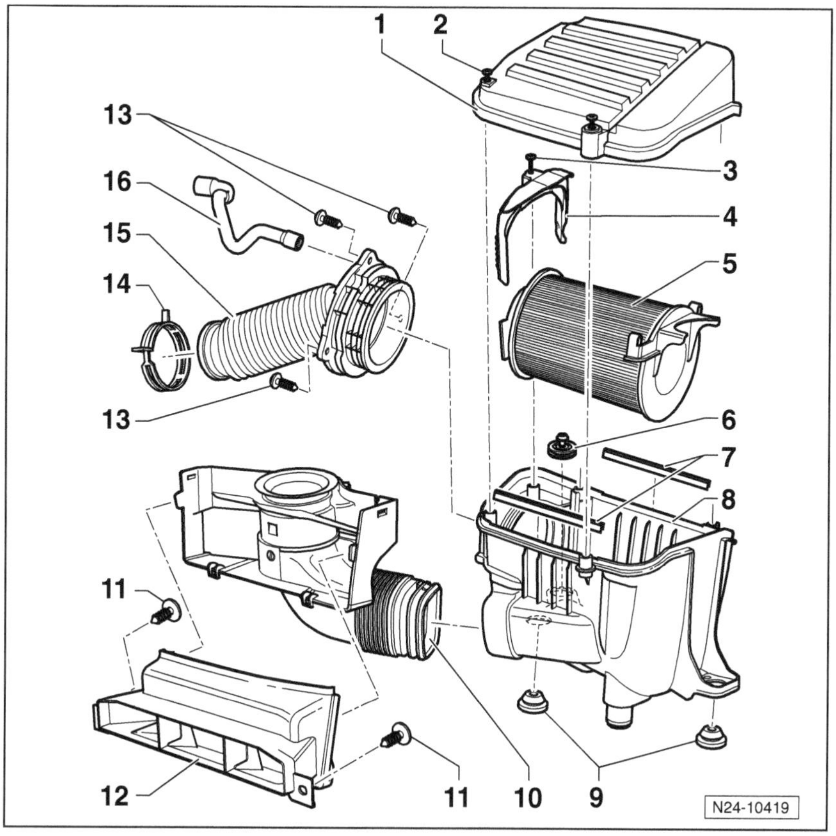

1,4-l-TSI-Benzinmotor CAXA

1 – **Luftfilteroberteil**

2 – **Schraube, 1,6 Nm**

3 – **Schraube, 1,6 Nm**

4 – **Halter**

5 – **Filtereinsatz**

6 – **Gummimetalllager, 8 Nm**
Mit unverlierbarer Schraube.

7 – **Dichtleisten**
Bei Beschädigung ersetzen.

8 – **Luftfilterunterteil**

9 – **Gummilager**

10 – **Ansaugstutzen**

11 – **Schraube, 3 Nm**

12 – **Ansaugluftführung**

13 – **Schraube, 1,6 Nm**

14 – **Federbandschelle**

15 – **Ansaugschlauch**

16 – **Unterdruckschlauch**
Zum Zylinderkopfdeckel.
Bei Beschädigung ersetzen.

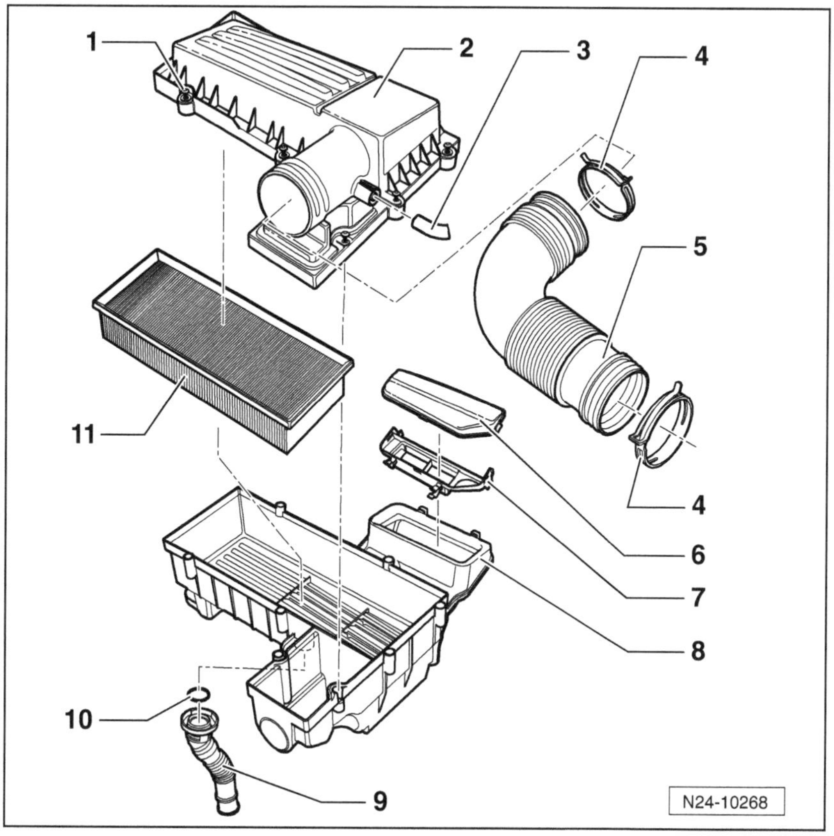

1,4-l-TSI-Benzinmotor CAVA/CAVD

1 – **Schraube, 1,6 Nm**

2 – **Luftfilter-Oberteil**

3 – **Unterdruckschlauch**
Vom Nockenwellengehäuse.
Bei Beschädigung ersetzen.
Um Beschädigungen zu vermeiden, keine scharfkantigen Werkzeuge zum Abziehen des Schlauches verwenden.

4 – **Federbandschelle**

5 – **Ansaugschlauch**

6 – **Abdeckung**
Verrastungen drücken und nach oben abziehen.

7 – **Ansaugluftführung**

8 – **Luftfilter-Unterteil**
Mit unverlierbarer Befestigungsschraube.
Anzugsdrehmoment: **8 Nm**.

9 – **Wasserablaufstutzen**
Beim Einbau müssen sich die Pfeile auf dem Luftfilter-Unterteil und dem Wasserablaufstutzen gegenüberstehen.

10 – **O-Ring**
Nach jeder Demontage ersetzen.

11 – **Filtereinsatz**

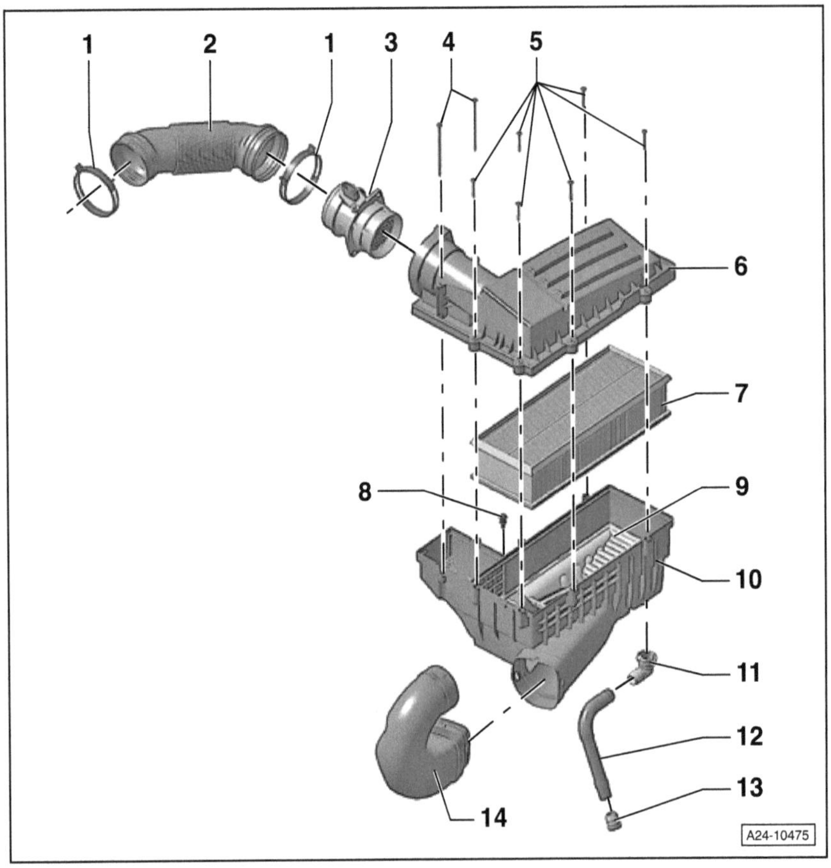

2,0-l-TSI-Benzinmotor CAWA/CAWB/CCZB

1 – **Federbandschelle**

2 – **Luftführungsschlauch**
Zum Abgasturbolader. Auf Verschmutzung und Blätter prüfen, reinigen.

3 – **Luftmassenmesser**

4 – **Schrauben, 1,5 Nm**
Für Luftfilteroberteil.

5 – **Schrauben, 1,5 Nm**
Für Luftfilteroberteil.

6 – **Luftfilteroberteil**
Von Salzrückständen, Schmutz und Blättern reinigen.

7 – **Filtereinsatz**

8 – **Schraube, 8 Nm**
Für Luftfilterunterteil.

9 – **Schneesieb**
Nicht bei allen Fahrzeugen eingebaut.

10 – **Luftfilterunterteil**
Von Salzrückständen, Schmutz und Blättern reinigen.

11 – **Anschluss für Wasserablaufschlauch**
Reinigen.

12 – **Wasserablaufschlauch**
Reinigen.

13 – **Flatterventil**

14 – **Ansaugluftöffnung**
Reinigen.

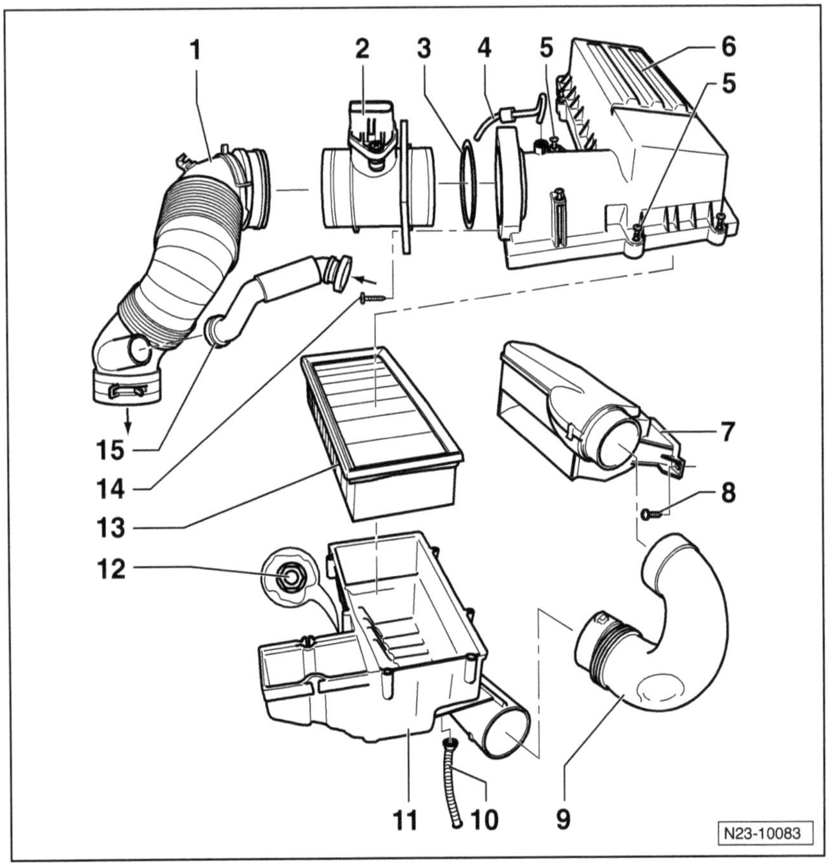

Dieselmotor

1 – **Luftführungsschlauch**
Zum Abgasturbolader.

2 – **Luftmassenmesser**

3 – **O-Ring**
Bei Beschädigung ersetzen. Mit silikonfreiem Gleitmittel montieren.

4 – **Unterdruckschlauch**
Zum Magnetventil für Ladedruckbegrenzung.

5 – **Schraube, 2 Nm**

6 – **Luftfilter-Oberteil**

7 – **Ansaugstutzen**
Am Schlossträger angeschraubt.
3 Verrastungen anheben und Deckel nach oben abziehen.

8 – **Schraube, 2 Nm**

9 – **Verbindungsschlauch**
Beim Abziehen die Rastnasen eindrücken.

10 – **Entwässerungsrohr**

11 – **Luftfilter-Unterteil**

12 – **Mutter, 8 Nm**

13 – **Filtereinsatz**

14 – **Schraube, 2 Nm**

15 – **Verbindungsrohr**
Vom Zylinderkopfdeckel.
Für Kurbelgehäuseentlüftung.

Kühlmittel wechseln

Das Kühlmittel muss nur nach Reparaturen am Kühlsystem oder am Motor erneuert werden, wenn dabei das Kühlmittel abgelassen wurde. Ein Wechsel im Rahmen der Wartung ist nicht erforderlich. Falls bei Reparaturen der Zylinderkopf, die Zylinderkopfdichtung, der Kühler, der Wärmetauscher oder der Motor ersetzt wurden, muss die Kühlflüssigkeit auf jeden Fall ersetzt werden. Das ist erforderlich, weil sich die Korrosionsschutzanteile in der Einlaufphase an den neuen Leichtmetallteilen absetzen und somit eine dauerhafte Korrosionsschutzschicht bilden. Bei gebrauchter Kühlflüssigkeit ist der Korrosionsschutzanteil in der Regel nicht mehr groß genug, um eine ausreichende Schutzschicht an den neuen Teilen zu bilden.

Achtung: Kühlmittel ist leicht giftig. Gemeinde- und Stadtverwaltungen informieren darüber, wie das alte Kühlmittel entsorgt werden soll.

Kühlmittel ablassen

- Untere Motorraumabdeckung ausbauen, siehe Seite 57.

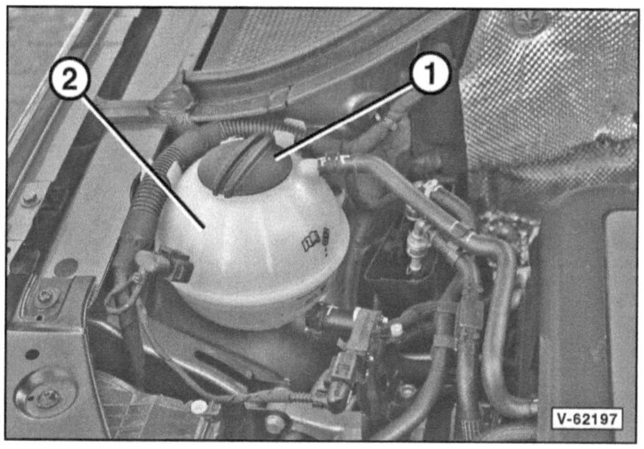

- Verschlussdeckel –1– am Ausgleichbehälter –2– öffnen. Bei warmem Motor einen Lappen über den Verschlussdeckel legen. Deckel etwas nach links drehen und Überdruck im Kühlsystem entweichen lassen. Anschließend Deckel ganz abschrauben.
- Grundsätzlich vor Abziehen des jeweiligen Kühlmittelschlauchs die Federbandschelle öffnen und über den Anschlussstutzen hinweg zurückschieben. Kühlmittel in ein sauberes Auffanggefäß ablassen. Anschließend Kühlmittelschlauch umgehend wieder aufschieben und mit Schelle sichern. Zum Öffnen der Schlauchschellen gibt es Spezialzangen, zum Beispiel HAZET 798-5.

1,4-l-TSI-Benzinmotor

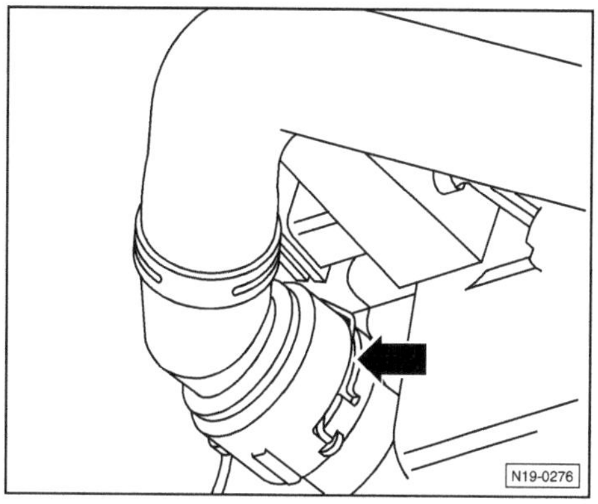

- **90 kW-Motor:** Halteklammer –Pfeil– seitlich herausziehen, Kühlmittelschlauch vom Kühler abziehen und Kühlmittel ablaufen lassen. Anschließend Kühlmittelschlauch wieder aufstecken und mit Halteklammer sichern.

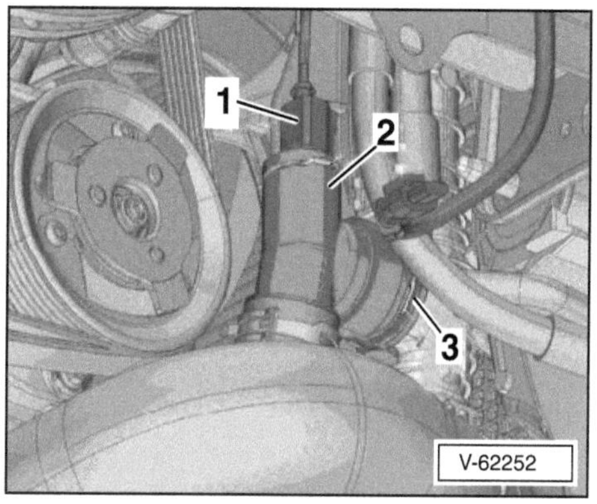

- **92/110 kW-Motor (CZDA/B):** Elektrischen Stecker –1– vom Kühlmitteltemperaturgeber –2– am Kühlerausgang abziehen. Halteklammer –3– anheben und Kühlmittelschlauch rechts unten vom Kühler abziehen und Kühlmittel ablaufen lassen. Anschließend Kühlmittelschlauch wieder aufstecken und mit Halteklammer sichern.

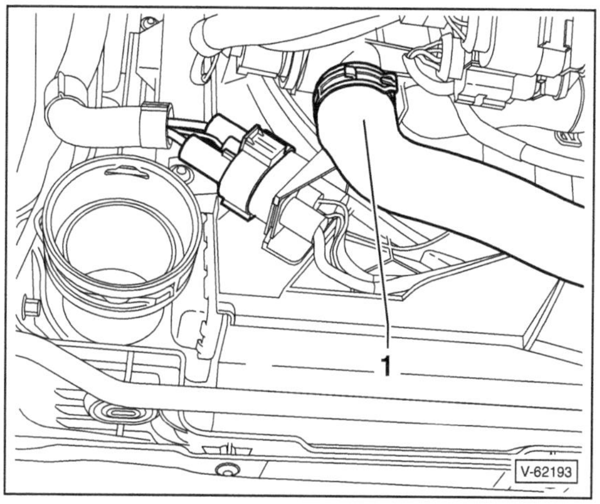

- **110/118 kW-Motor (außer CZDA):** Kühlmittelschlauch –1– abziehen und Kühlmittel ablaufen lassen.

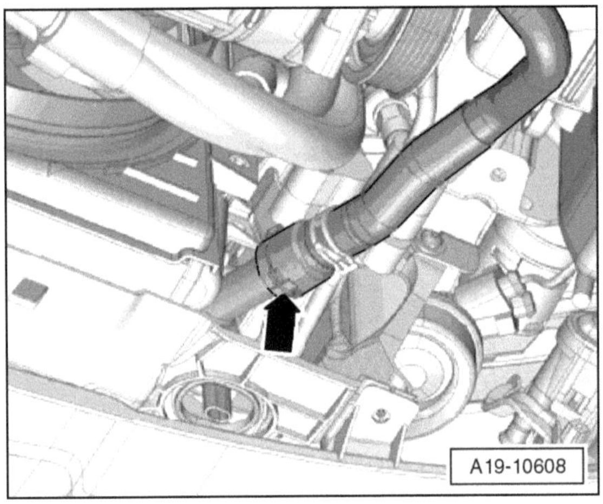

- **90 kW-Motor:** Kühlmittel aus dem Ladeluftkühler ablassen. Dazu Schnellkupplung –Pfeil– öffnen und Kühlmittelschlauch am unteren Anschlussstutzen des Zusatzkühlers für das Ladeluftsystem abziehen. Kühlmittel in die Auffangwanne ablaufen lassen. Anschließend Kühlmittelschlauch sofort wieder aufschieben und einrasten.

2,0-TSI-Benzinmotor

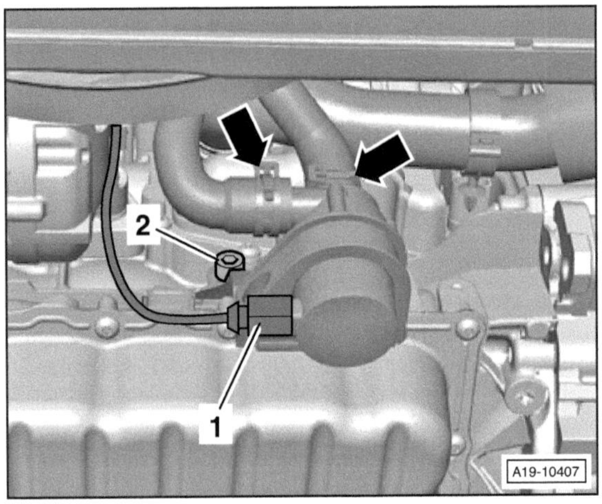

- Schraube –2– am Halter der Kühlmittelnachlaufpumpe herausdrehen. **Hinweis:** Die Pumpe bleibt in Einbaulage.

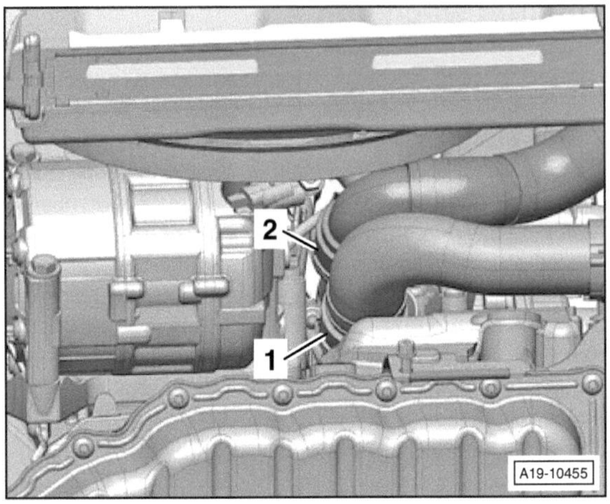

- Kühlmittelschlauch –1– abziehen und Kühlmittel in den Auffangbehälter ablaufen lassen.

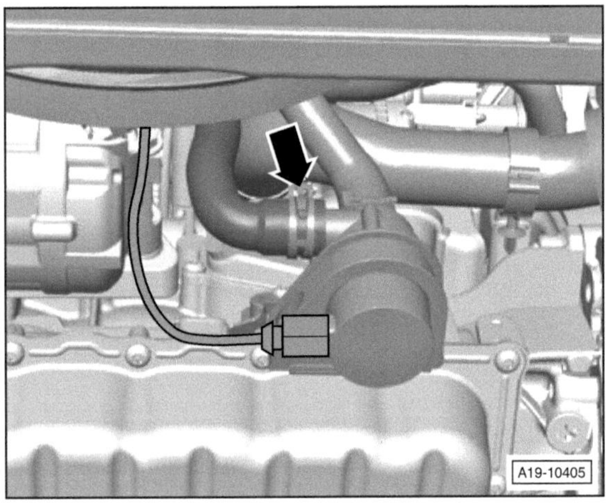

- Unteren Schlauch an der Kühlmittelnachlaufpumpe abziehen und Kühlmittel in den Auffangbehälter ablaufen lassen.

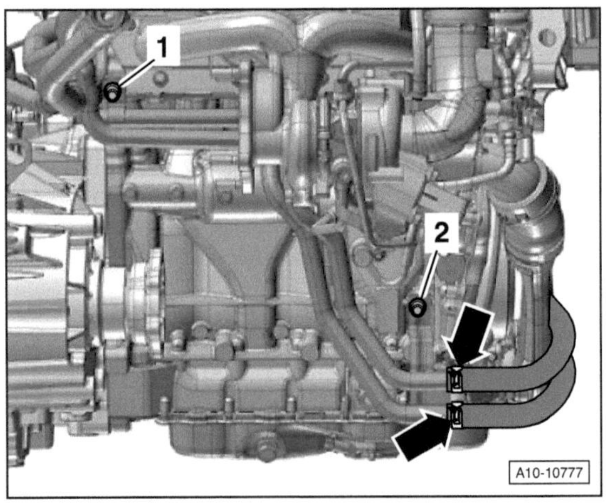

- Bei **Standheizung**: Kühlmittelschläuche abbauen –Pfeile– und restliches Kühlmittel in den Auffangbehälter ablaufen lassen.

2,0-l-Dieselmotor

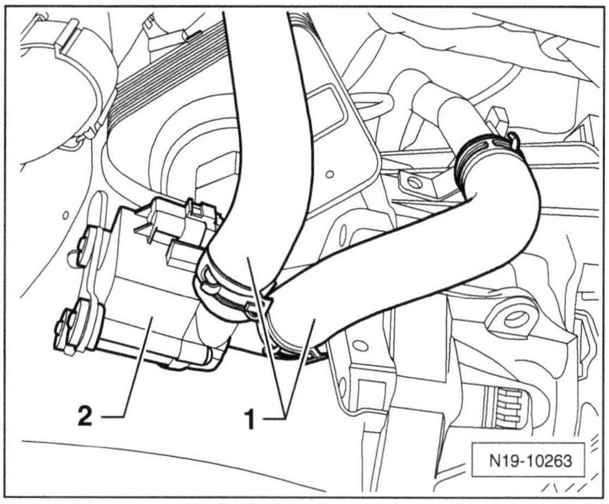

- Kühlmittelschläuche –1– an der Kühlmittelnachlaufpumpe –2– abziehen und Kühlmittel in den Auffangbehälter ablaufen lassen.
- Abbildung N19-0276: Halteklammer –Pfeil– seitlich herausziehen, Kühlmittelschlauch vom Kühler abziehen und Kühlmittel ablaufen lassen.

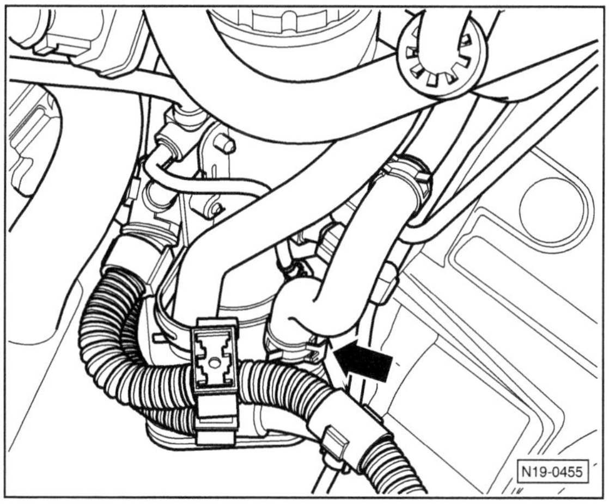

- Restliches Kühlmittel aus dem Motor ablassen. Dazu Kühlmittelschlauch am Ölkühler –Pfeil– abziehen, vorher Schelle öffnen und zurückschieben.

Kühlmittel einfüllen

- Kühlmittel aus 50% destilliertem Wasser und 50% Kühlerfrost- und Korrosions-Schutzmittel mischen. Kühlmittel-Füllmenge siehe unter »Motordaten« auf Seite 13.

Achtung: Für die Kühlmittelmischung darf nur **destilliertes Wasser** verwendet werden. Dadurch wird ein besserer Korrossionschutz des Kühlsystems erreicht. Kein Leitungs- oder Brunnenwasser verwenden.

Als Kühlmittelzusatz nur das VW-Kühlkonzentrat »**G13**« (Farbe **lila**) oder ein anderes Kühlkonzentrat mit dem Vermerk »gemäß VW-TL-774-**J**«, zum Beispiel »Glysantin GG 40« oder »MAINTAIN FRICOFIN V«.

Kühlmittel-Mischungsverhältnis in Prozent

Frostschutz bis	G13	Destill. Wasser
–25° C	ca. 40 %	ca. 60 %
–35° C	ca. 50 %	ca. 50 %
–40° C	ca. 60 %	ca. 40 %

Der Frostschutz sollte in unseren Breiten bis –25° C, besser bis –35° C reichen. Der Anteil des Frostschutzmittels darf 60 % (Frostschutz dann bis –40° C) nicht überschreiten, sonst verringern sich Frostschutz und Kühlwirkung wieder.

Ab Werk ist folgendes Frostschutzmittl eingefüllt:

Fahrzeuge ...	VW-Konzentrat	VW-Spezifikation
... ab Modelljahr 2008	G 12 plus plus	TL VW 774 G
... ab Modelljahr 2010	G 13	TL VW 774 J

Einfüllen

- Sicherstellen, dass sämtliche Schläuche aufgesteckt und mit Schellen gesichert wurden.
- Motorraumabdeckung unten einbauen, siehe Seite 57.
- Fahrzeug ablassen.

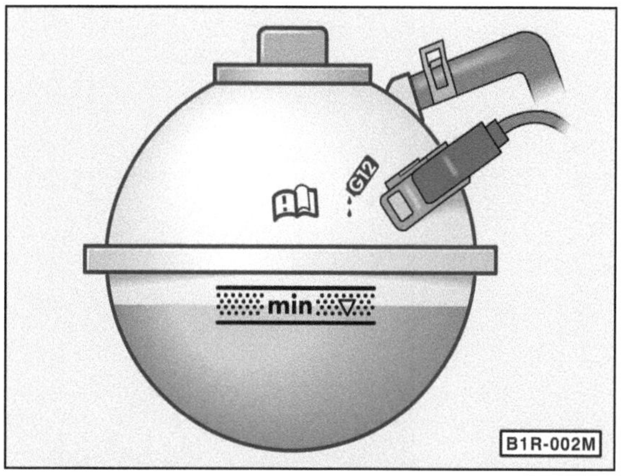

- Kühlmittelmischung über die Öffnung am Ausgleichbehälter langsam bis zur oberen Markierung des gerasterten Feldes (MAX-Markierung) auffüllen.

Kühlsystem entlüften

- Ausgleichbehälter verschließen.
- Heizungsbetätigung im Innenraum auf »kalt« stellen.
- Klimaanlage ausschalten.
- Motor starten und Drehzahl für etwa 3 Minuten auf 2.000/min halten.
- Anschließend den Motor im Leerlauf so lange weiter laufen lassen, bis der Kühlerlüfter anläuft.

Achtung: Beim 1,4-l-Benzinmotor mit **Standheizung** muss mit dem VW-Diagnosegerät eine Stellglieddiagnose des Kühlmittel-Absperrventils der Heizung durchgeführt werden (Werkstattarbeit). **Vorher darf die Standheizung nicht in Betrieb genommen werden.**

Sicherheitshinweis
Bei heißem Motor vor dem Öffnen des Ausgleichbehälters einen dicken Lappen auflegen, um Verbrühungen durch heiße Kühlflüssigkeit oder Dampf zu vermeiden. Deckel nur bei Kühlmitteltemperaturen unter +90° C abnehmen.

- Kühlmittelstand prüfen und gegebenenfalls bis an die obere Markierung ergänzen.
- Bei betriebswarmem Motor muss der Kühlmittelstand an der oberen Markierung (MAX-Markierung) und bei kaltem Motor in der Mitte des gerasterten Feldes liegen (zwischen der MAX- und der MIN-Markierung).
- Motor abstellen.

Werkzeugausrüstung

Langfristig zahlt es sich immer aus, wenn man qualitativ hochwertiges Werkzeug kauft. Neben einer Grundausstattung mit Maul- und Ringschlüsseln in den gängigen Größen und verschiedenen Torxschraubendrehern sowie einem Satz Steckschlüssel empfiehlt sich auch der Kauf eines Drehmomentschlüssels. Darüber hinaus ist bei manchen Arbeitsgängen der Einsatz von Spezialwerkzeug zwingend erforderlich.

Gutes und stabiles Werkzeug wird von der Firma HAZET (42804 Remscheid, Postfach 100461) angeboten. In den Tabellen sind die Werkzeuge mit der HAZET-Bestellnummer aufgeführt. Vertrieben wird das Werkzeug über den Fachhandel.

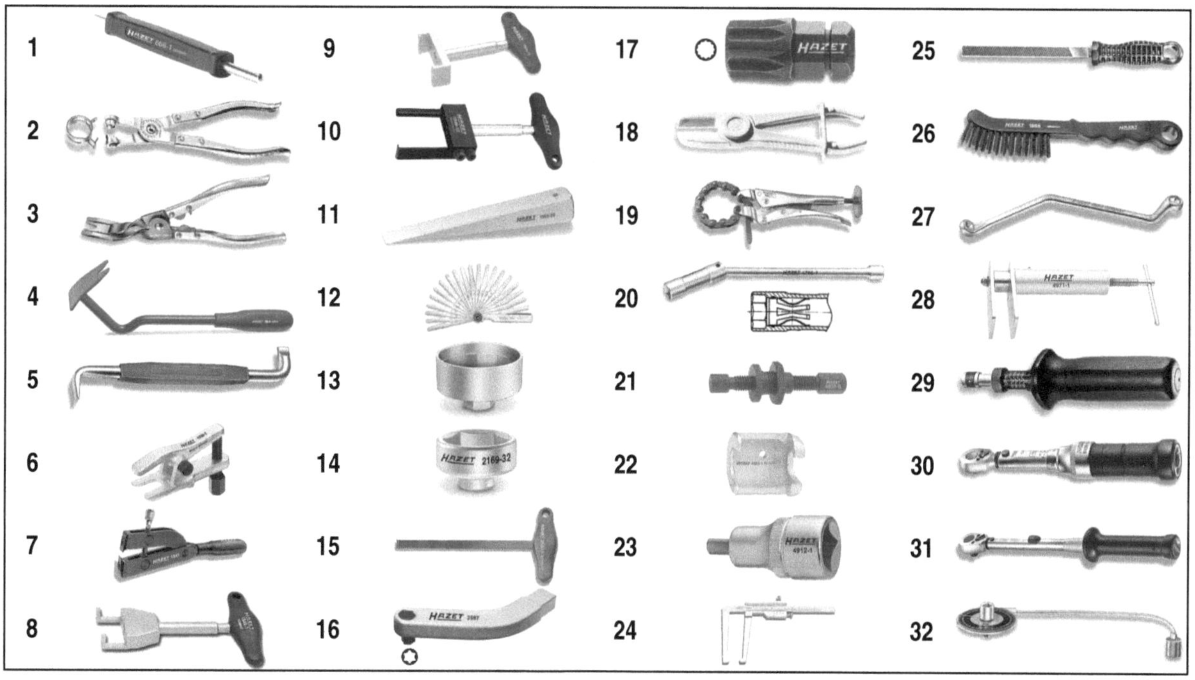

Abb.	Werkzeug	Hazet-Nr.
1	Ventildreher für Reifenventile	666-1
2	Schlauchklemmenzange	798-5
3	Türverkleidungs-Lösezange	799-4
4	Türverkleidungshebel	799-6
5	Abgewinkelter Schraubendreher zum Entriegeln von Steckern oder zum Abheben des Kraftstofffilterdeckels beim Dieselmotor	–
6	Kugelgelenk-Abzieher	1790-7
7	Spannzange für Edelstahlklammern der Gelenkwellenmanschetten	1847
8	Zündkerzenstecker-Abzieher (1,4-l-Benzinmotor außer CZDA/B)	1849-7
9	Zündkerzenstecker-Abzieher (2,0-l-Benzinmotor)	1849-10
10	Zündkerzenstecker-Abzieher (1,4-l-Benzinmotor CZDA/CZDB)	1849-12
11	Montagekeil	1965-20/-21
12	Fühlerblattlehre 0,05 - 1,0 mm	2147
13	Ölfilterschlüssel für Ölfilterpatrone	2169
14	Schlüssel für Ölfilterdeckel	2169-32

Abb.	Werkzeug	Hazet-Nr.
15	Abziehhaken	2520-1
16	Spezialschlüssel für Türeinstellung	2597
17	Vielzahn-Bit für Türeinstellung	2597-02/-03
18	Abklemmzangen-Satz	4590/2
19	Ketten-Abgasrohrschneider	4682
20	Zündkerzenschlüssel	4766-1
21	Wischerarmabzieher	4855-8
22	Abziehkopf für Wischerarm	4855-1
23	Spreizer für Federbeinausbau	4912-1
24	Bremsscheiben-Messschieber	4956-1
25	Bremssattelfeile	4968-1
26	Bremssatteldrahtbürste	4968-3
27	Brems-Entlüftungsschlüssel (Satz)	4968/5
28	Kolbenrücksetzvorrichtung Scheibenbremse	4971-1
29	Drehmomentschlüssel 1 – 6 Nm	6003 CT
30	Drehmomentschlüssel 4 – 40 Nm	6109-2 CT
31	Drehmomentschlüssel 40 – 200 Nm	6122–1CT
32	Winkelscheibe für drehwinkelgesteuerten Schraubenanzug	6690

Motorstarthilfe

Sicherheitshinweise
Werden die vorgeschriebenen Anschlusshinweise nicht genau eingehalten, besteht die Gefahr der Verätzung durch austretende Batteriesäure. Außerdem können Verletzungen oder Schäden durch eine Batterieexplosion entstehen oder Defekte an der Fahrzeugelektrik auftreten.

- Batterieflüssigkeit von Augen, Haut, Gewebe und lackierten Flächen fern halten. Die Flüssigkeit ist ätzend. Säurespritzer sofort mit klarem Wasser gründlich abspülen. Gegebenenfalls einen Arzt aufsuchen.
- Keine Funken oder offenen Flammen in Batterienähe, da aus der Batterie brennbare Gase austreten können.
- Augenschutz tragen.
- Darauf achten, dass die Starthilfekabel nicht durch drehende Teile wie zum Beispiel den Kühlerventilator beschädigt werden.

- Die Starthilfekabel sollten einen Leitungsquerschnitt von 25 mm^2 aufweisen und mit isolierten Kabelzangen ausgestattet sein. In der Regel ist der Leitungsquerschnitt auf der Packung der Starthilfekabel angegeben.
- Bei beiden Batterien muss die Spannung 12 Volt betragen. Die Kapazität der stromgebenden Batterie darf nicht wesentlich unter der der entladenen Batterie liegen.
- Falls vorhanden, Deckel über der Batterie öffnen.
- Eine entladene Batterie kann bereits bei –12° C gefrieren. **Achtung:** Eine gefrorene Batterie muss unbedingt ersetzt werden.
- Die entladene Batterie muss ordnungsgemäß am Bordnetz angeklemmt sein.
- Fahrzeuge so weit auseinander stellen, dass kein metallischer Kontakt besteht. Andernfalls könnte bereits beim Verbinden der Pluspole ein Strom fließen.
- Bei beiden Fahrzeugen Handbremse anziehen. Schaltgetriebe in Leerlaufstellung, automatisches Getriebe in Parkstellung »P« schalten.
- Alle Stromverbraucher ausschalten.
- Grundsätzlich Motor des Spenderfahrzeuges ca. 1 Minute vor dem Startvorgang und während des Startvorganges mit Leerlaufdrehzahl drehen lassen. Dadurch wird eine Beschädigung des Generators durch Spannungsspitzen beim Startvorgang vermieden.
- Starthilfekabel in folgender Reihenfolge anschließen:
  1. Rotes Kabel –1– an den Pluspol (+) der entladenen Batterie –A– anklemmen.
  2. Das andere Ende des roten Kabels –2– an den Pluspol (+) der Strom gebenden Batterie –B– anklemmen.
  3. Schwarzes Kabel –3– an den Minuspol (–) der Strom gebenden Batterie anklemmen.
  4. Das andere Ende des schwarzen Kabels –4– an eine gute Massestelle –X– des Empfängerfahrzeuges anschließen. **Achtung: Nicht an den Minuspol (–) der leeren Batterie.** Am besten eignet sich ein mit dem Motorblock verschraubtes Metallteil. Unter ungünstigen Umständen könnte beim Anschließen des Kabels an den Minuspol der leeren Batterie, durch Funkenbildung und Knallgasentwicklung, die Batterie explodieren.
  Hinweis: Bei einem Fahrzeug mit **Start-Stopp-Anlage** wird durch eine direkte Aufladung am Batterie-Minuspol zusätzlich der Batteriesensor überbrückt und die Batteriedaten während des Ladevorgangs nicht vom Sensor erfasst. Dadurch stimmen die im Diagnose-Interface abgelegten Batteriedaten nicht mit den Werten der geladenen Batterie überein.

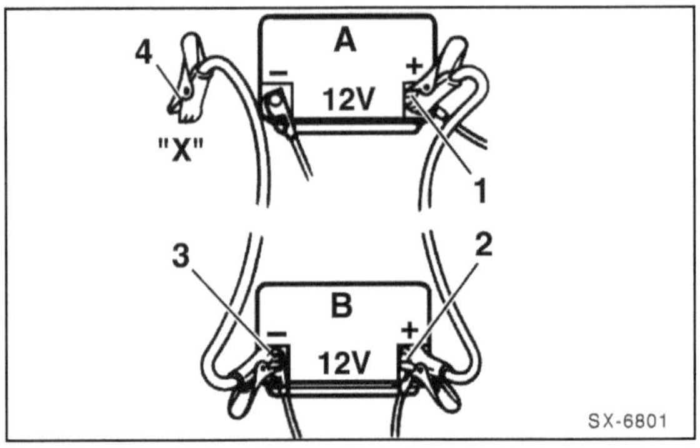

Achtung: Die Klemmen der Starthilfekabel dürfen bei angeschlossenen Kabeln nicht in Kontakt miteinander kommen, beziehungsweise die Plusklemmen dürfen keine Massestellen (Karosserie oder Rahmen) berühren – Kurzschlussgefahr!

- Motor des Empfängerfahrzeuges (leere Batterie) starten und laufen lassen. Beim Starten Anlasser nicht länger als 10 Sekunden ununterbrochen betätigen, da sich durch die hohe Stromaufnahme Polzangen und Kabel erwärmen. Deshalb zwischendurch eine »Abkühlpause« von mindestens ½ Minute einlegen.
- Bei Startschwierigkeiten nicht unnötig lange den Anlasser betätigen. Während des Anlassens wird permanent Kraftstoff eingespritzt. Fehlerursache ermitteln und beseitigen.
- Nach erfolgreichem Start beide Fahrzeuge mit der »Strombrücke« noch 3 Minuten laufen lassen.
- Um Spannungsspitzen beim Trennen abzubauen, im Fahrzeug mit der leeren Batterie Heizgebläse und Heckscheibenheizung einschalten. Nicht das Fahrlicht einschalten. Glühlampen brennen bei Überspannung durch.
- **Nach der Starthilfe** Kabel in **umgekehrter** Reihenfolge abklemmen: Zuerst schwarzes Kabel –4– (–) am Empfängerfahrzeug, dann am stromgebenden Fahrzeug abklemmen. Rotes Kabel –2– zuerst am stromgebenden und dann am Empfängerfahrzeug abklemmen.
- Die entladene Batterie baldmöglichst mit einem Batterie-Ladegerät aufladen. Um die Batterie mit dem Drehstromgenerator vollständig aufzuladen, müsste der Motor ca. 8 Stunden ohne Unterbrechung laufen, ohne dass elektrische Verbraucher eingeschaltet sind.

Fahrzeug aufbocken

Bei Arbeiten unter dem Fahrzeug muss dieses, falls es nicht auf einer Hebebühne steht, auf zwei oder vier stabilen Unterstellböcken stehen.

Sicherheitshinweis
Wenn unter dem Fahrzeug gearbeitet werden soll, muss es mit geeigneten Unterstellböcken sicher abgestützt werden. Abstützen nur mit dem Wagenheber ist unzureichend. **Lebensgefahr!**

- Das Fahrzeug nur in unbeladenem Zustand auf ebener, fester Fläche aufbocken.
- Bei Arbeiten unter dem Fahrzeug dieses zusätzlich mit Unterstellböcken so abstützen, dass jeweils ein Bein seitlich nach außen zeigt. Unterstellböcke an den Aufbockpunkten oder direkt daneben anordnen.

Aufnahmepunkte für Hebebühne und Werkstattwagenheber

Achtung: Um Beschädigungen am Unterbau zu vermeiden, geeignete Gummi- oder Holzzwischenlage verwenden. Der Wagen darf keinesfalls am Antriebsaggregat, der Motorölwanne oder an Vorder- oder Hinterachse angehoben werden, da dadurch große Schäden entstehen können.

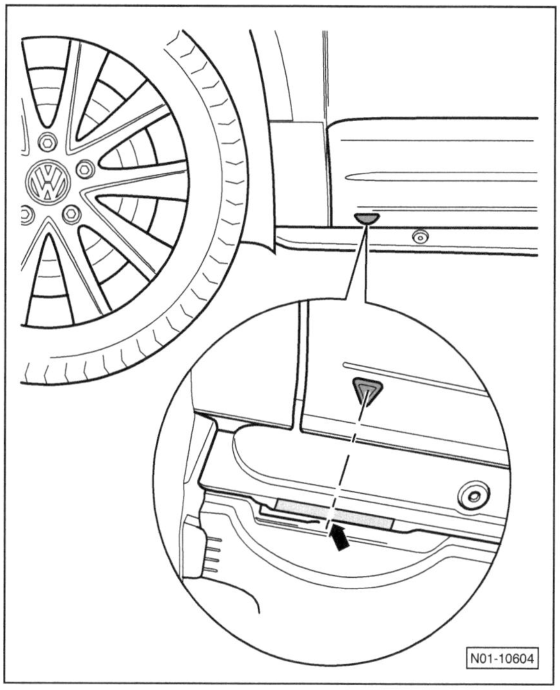
N01-10604

- Vorderer Aufnahmepunkt an der senkrechten Versteifung –Pfeil– des Bodenblechs unterhalb der Einprägung am Unterholm.

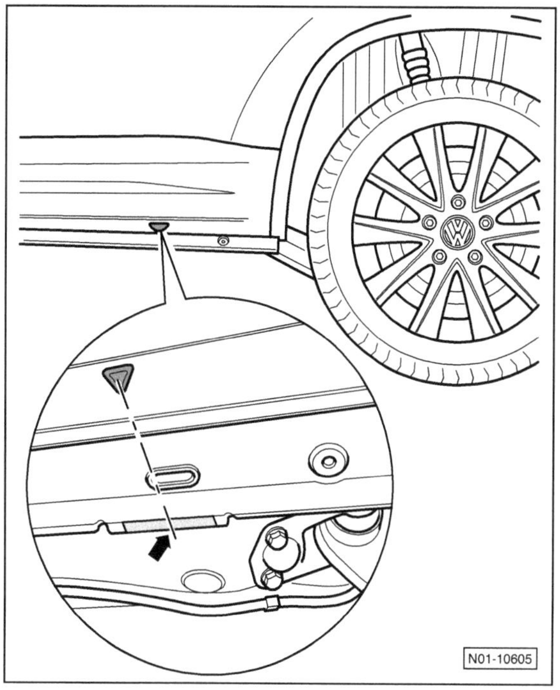
N01-10605

- Hinterer Aufnahmepunkt an der senkrechten Versteifung –Pfeil– des Bodenblechs unterhalb der Einprägung am Unterholm.
- Mit einem Werkstatt-Wagenheber oder einer Hebebühne darf das Fahrzeug nur an diesen Aufbockpunkten angehoben werden. Dabei muss die Versteifung mittig auf dem Aufnahmeteller von Hebebühne/Werkstattwagenheber aufliegen –Pfeil–.
- Die Räder, die beim Anheben auf dem Boden stehen bleiben, mit Keilen gegen Vor- oder Zurückrollen sichern. Nicht nur auf die Feststellbremse verlassen, diese muss bei einigen Reparaturarbeiten gelöst werden.

Achtung: Niemals bei angehobenem Fahrzeug den Motor anlassen und einen Gang einlegen, solange auch nur ein Rad noch den Boden berührt.

Achtung: Bevor die Schwerpunktlage des Fahrzeugs durch Demontagen erheblich verändert wird, muss das Fahrzeug auf der Hebebühne befestigt werden, zum Beispiel mit entsprechenden Gurten und Spannern.

Elektrische Anlage

Aus dem Inhalt:

- **Sicherungen auswechseln**
- **Anlasser prüfen**
- **Armaturen/Schalter**
- **Batterie ausbauen**
- **Scheibenwischer**
- **Generator prüfen**
- **Beleuchtungsanlage**

Steckverbinder trennen

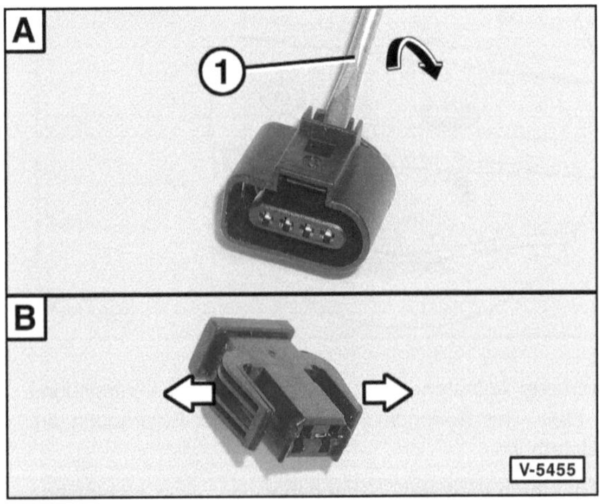

- –A–: Lasche mit einem Schraubendreher –1– herunterdrücken –Pfeil–, Stecker dabei ziehen und Verbindung trennen. Stecker beim Aufschieben hörbar einrasten lassen. **Hinweis:** An schwer zugänglichen Stellen zum Entriegeln der Lasche einen abgewinkelten Schraubendreher verwenden, zum Beispiel HAZET 818-2.
- –B–: 2 Laschen nach außen spreizen –Pfeile– und Steckverbindung trennen.

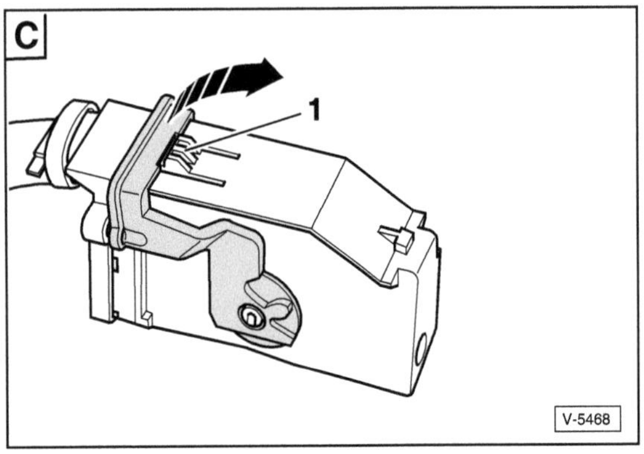

- –C–: Sicherungsraste –1– drücken, Haltebügel in Pfeilrichtung drehen und Stecker abziehen.

Lichtwellenleiter

Als Steuerleitungen kommen zum Teil Lichtwellenleiter zum Einsatz, die sich durch verlustarme Datenübertragung sowie eine hohe Bandbreite auszeichnen.

Sicherheitshinweise im Umgang mit Lichtwellenleitern beachten:

- Steckverbindungen für Lichtwellenleiter vorsichtig trennen.
- Die Übergangsstellen des Lichtwellenleiters dürfen nicht verschmutzt oder verkratzt werden.
- Lichtwellenleiter nicht knicken, strecken oder quetschen.
- **Kontaktstellen mit Abdeckkappen und Stopfen schützen.**

Signalhorn aus- und einbauen

Die beiden Signalhörner befinden sich hinter der Stoßfängerabdeckung. Links ist ein Hochtonhorn, rechts ein Tieftonhorn neben den Längsträgern angeschraubt. Beide Signalhörner werden vom Bordnetzsteuergerät parallel angesteuert. Beschrieben wird der Ausbau des Hochtonhorns. Beim Tieftonhorn ist entspreched zu verfahren.

Ausbau

- Zündung und alle elektrischen Verbraucher ausschalten, Zündschlüssel abziehen.
- Vordere Stoßfängerabdeckung ausbauen, siehe Seite 246.

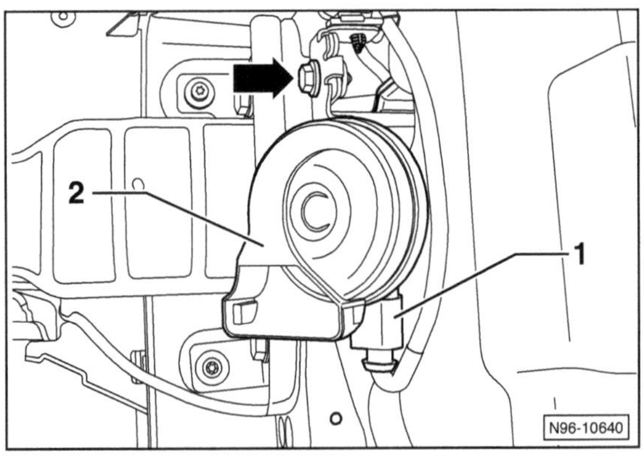

- Stecker –1– am Signalhorn –2– abziehen.

* Schraube –Pfeil– herausdrehen und Signalhorn –2– zusammen mit dem Halter herausnehmen.

Einbau

* Der Einbau erfolgt in umgekehrter Ausbaureihenfolge. Dabei darauf achten, dass das Signalhorn nicht an umliegenden Bauteilen anliegt. Schraube am Längsträger mit **20 Nm** festziehen.

Batterien für Schlüssel mit Funkfernbedienung aus- und einbauen

Ausbau

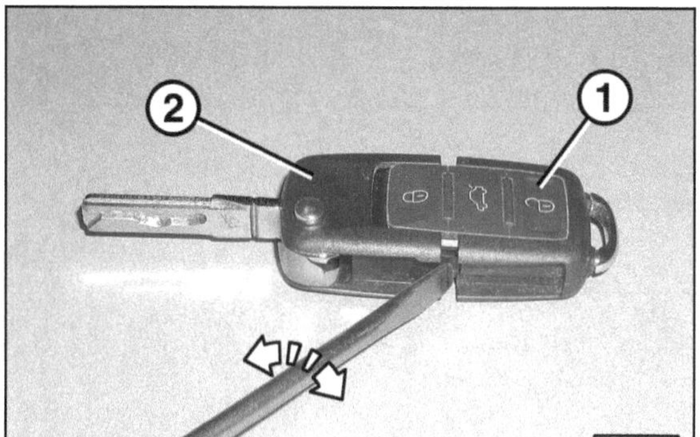

V-5438

* Sendeeinheit –1– vom Schlüssel –2– trennen. Dazu Schraubendreher in den Schlitz einsetzen und in Pfeilrichtung drehen.

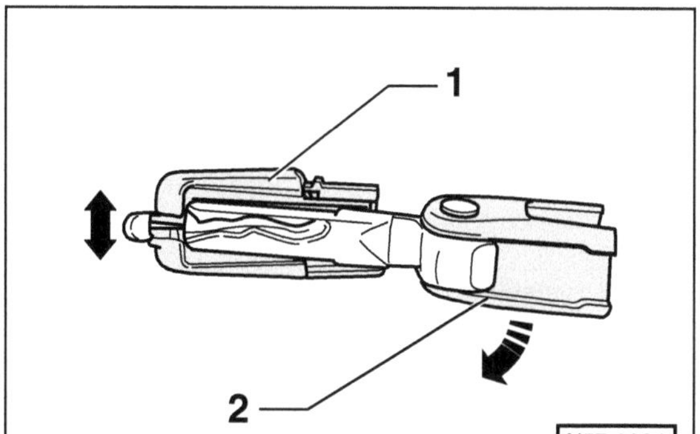

N57-0384

* Sendeeinheit –1– mit dem Schlüsselbart des Schlüssels –2– auseinander drücken.

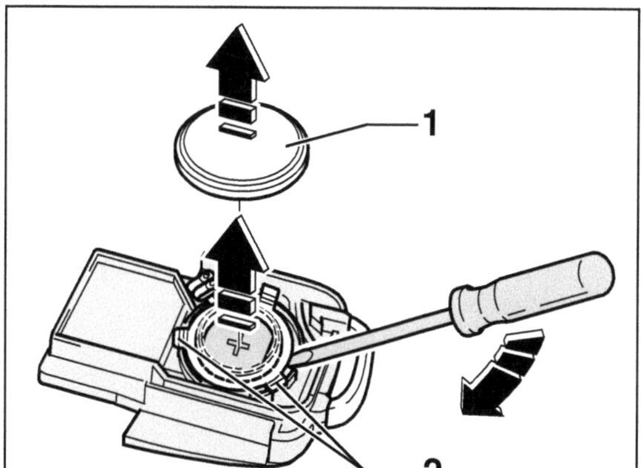

N57-0417

* Batterie –1– mit kleinem Schraubendreher nach oben aus der Halterung –2– ausclipsen.

Achtung: Beim Ausbau der Batterie prüfen, ob die Polarität auf der Batterie eingeprägt ist, andernfalls Einbaulage notieren.

Einbau

* Batterie mit dem Pluspol nach unten in die Sendeeinheit einlegen und mit leichtem Druck einrasten lassen.
* Deckel auflegen und zusammen mit der Sendeeinheit am Schlüssel einrasten. Dabei darauf achten, dass die Dichtung nicht beschädigt wird.

Geber für Einparkhilfe aus- und einbauen

Die Sensoren sind in der vorderen und hinteren Stoßfängerabdeckung eingesetzt.

Ausbau

Achtung: Je nach Einbauort werden unterschiedliche Geber verwendet, daher Geber beim Ausbau markieren oder so ablegen, dass sie an gleicher Stelle wieder eingebaut werden können. Die Ausbaureihenfolge ist auf jeden Fall einzuhalten. Ausrichtung der Geberanschlüsse notieren.

* Zündung ausschalten, Zündschlüssel abziehen.
* Stoßfängerabdeckung ausbauen, siehe Seite 246/248.

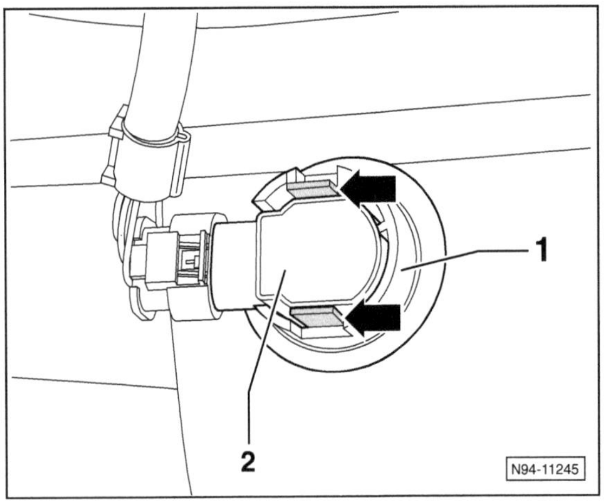

- Haltelaschen –Pfeile– am Halter –1– auseinanderdrücken und Geber –2– mit angeschlossener Leitung nach hinten aus dem Halter herausziehen. In der Abbildung ist der hintere Geber dargestellt. **Achtung:** Beim Herausnehmen des Gebers darauf achten, dass der schwarze Silikonring (Entkopplungsring) auf dem Geberkopf bleibt und nicht im Halter stecken bleibt oder verloren geht. Beim Ausbau des Gebers darf der Silikonring auf keinen Fall gedehnt werden.

Achtung: Durch zu große Krafteinwirkung auf den Geber können Haarrisse entstehen, die zu einem Ausfall des Gebers führen.

Werden mehrere Geber ausgebaut, Einbaulage und Geber markieren, damit die Geber wieder in der gleichen Position eingebaut werden können.

- Steckverbindung entriegeln und vom Geber abziehen.

Einbau

- Der Einbau erfolgt in umgekehrter Ausbaureihenfolge. Dabei ist Folgendes zu beachten:
- Entkopplungsring nicht dehnen.
- Beschädigten Entkopplungsring ersetzen.

Achtung: Bei falschem oder beschädigtem Entkopplungsring kann es zu Funktionsstörungen der Einparkhilfe kommen.

- Der Entkopplungsring muss richtig auf dem Geber sitzen und darf sich beim Einstecken in den Halter nicht verwerfen oder aufrollen.
- Geber an gleicher Position wie vor dem Ausbau einbauen. Auf richtige Position der Geberanschlüsse achten.
- Beide Rastnasen des Halters müssen bei der Montage des Gebers hörbar einrasten.
- Richtigen Sitz des Gebers im Halter prüfen. Auf der Außenseite des Stoßfängers muss der Ringspalt zwischen Geberkopf und Halter ringsum gleich stark sein.

Sicherungen auswechseln

Um Kurzschluss- und Überlastungsschäden an den Leitungen und Verbrauchern der elektrischen Anlage zu verhindern, sind die einzelnen Stromkreise durch Schmelzsicherungen geschützt.

- Vor dem Auswechseln einer Sicherung immer alle Stromverbraucher und die Zündung ausschalten. Zündschlüssel abziehen.

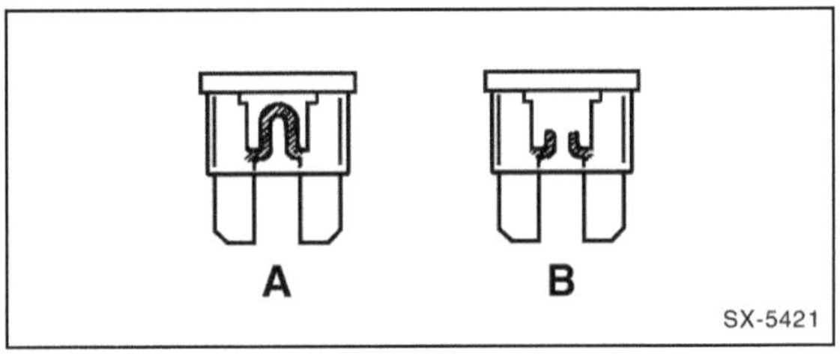

- Eine durchgebrannte Sicherung erkennt man am durchgeschmolzenen Metallstreifen. A – Sicherung in Ordnung, B – Sicherung durchgebrannt.

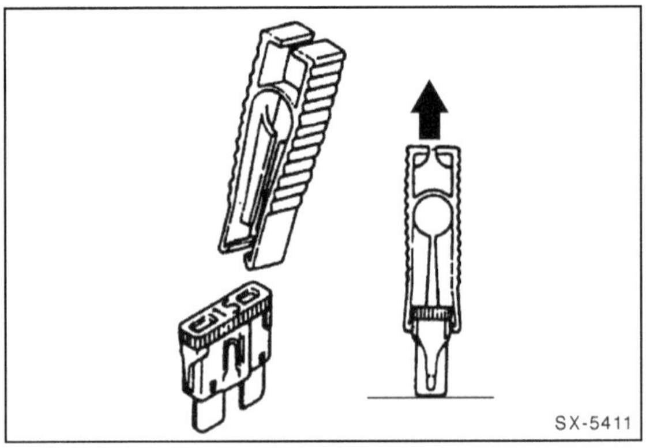

- Defekte Sicherung herausziehen. Eine Kunststoffklammer befindet sich am Sicherungskasten.

Nennstromstärke in Ampere	Kennfarbe
5	beige
7,5	braun
10	rot
15	blau
20	gelb
25	weiß
30	grün
35	grün-blau

- Neue Sicherung **gleicher Sicherungsstärke** einsetzen. Die Nennstromstärke der Sicherung ist auf der Rückseite des Sicherungsgriffes aufgedruckt. Außerdem hat der Griff der Sicherungen eine Kennfarbe, an der ebenfalls die Nennstromstärke zu erkennen ist.
- Es empfiehlt sich, stets einige Ersatzsicherungen im Wagen mitzuführen.

- Brennt eine neu eingesetzte Sicherung nach kurzer Zeit wieder durch, muss der entsprechende Stromkreis überprüft werden.
- Auf keinen Fall Sicherung durch Draht oder ähnliche Hilfsmittel ersetzen, weil dadurch ernste Schäden an der elektrischen Anlage auftreten können.

Anordnung der Sicherungshalter

Die Sicherungsbelegung ist abhängig von der Ausstattung und vom Baujahr des Fahrzeugs. Die Belegung im aktuellen Fahrzeug steht in der Betriebsanleitung oder auf der Innenseite der Abdeckung für den Sicherungshalter.

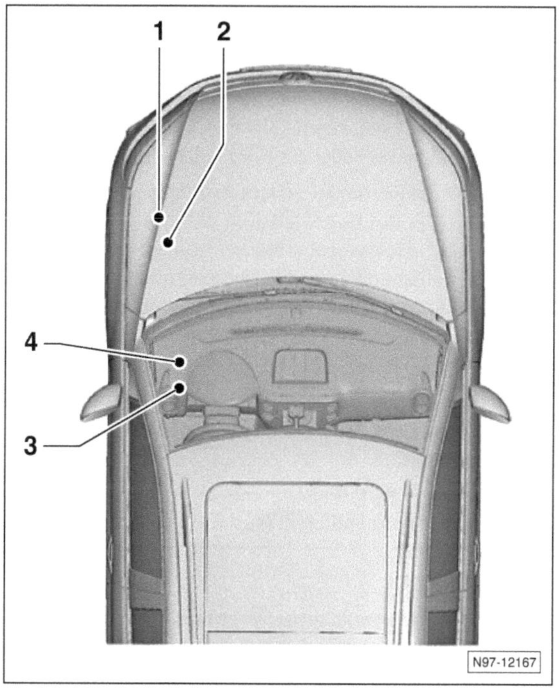

1 – **Sicherungshalter A**
Seitlich an der E-Box im Motorraum links.

2 – **Sicherungshalter B**
In der E-Box im Motorraum links.

3 – **Sicherungshalter C**
Im Fußraum Fahrerseite.

4 – **Thermosicherung**
Für Fahrersitzverstellung. Am Relaisträger im Fußraum Fahrerseite.

Sicherungsträger im Innenraum

- Damit die Sicherungen im Innenraum zugänglich werden, auf der Fahrerseite in der Armaturentafel das Ablagefach öffnen.
- Geöffnetes Ablagefach kräftig nach hinten ziehen und dadurch ausclipsen.

Hinweis: Im Stromlaufplan wird eine Sicherung, die sich im Sicherungshalter C befindet mit SC bezeichnet.

Beispiel: SC9 = Sicherung 9 im Sicherungshalter C. Mit der Sicherung SC9 sind die Kontrollleuchte für den Beifahrer-Airbag und das Steuergerät für Airbag abgesichert. Die Sicherungsstärke ist 5 A (Ampere).

Sicherungs- und Relaisträger im Motorraum (E-Box)

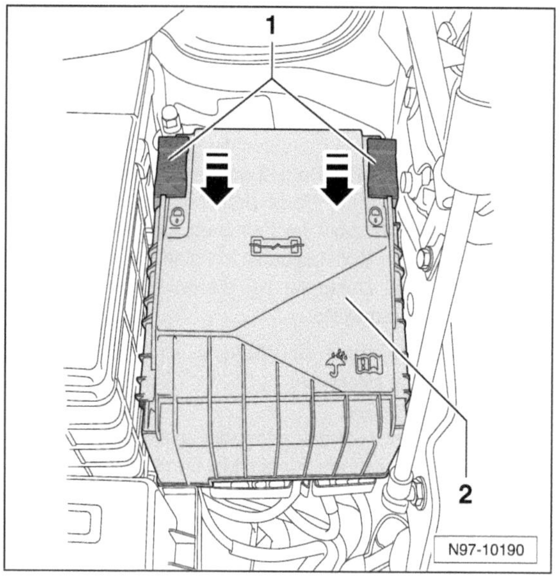

- Verriegelungsschieber –1– nach vorne schieben –Pfeile– und Deckel –2– nach oben vom Sicherungskasten abnehmen. Beim Einbau Deckel auf den Sicherungskasten setzen, andrücken und dabei die Schieber zum Verriegeln nach hinten drücken.

Hinweis: Die Sicherungsbelegung ist abhängig von der Ausstattung und vom Baujahr des Fahrzeugs.

Relaisbelegung

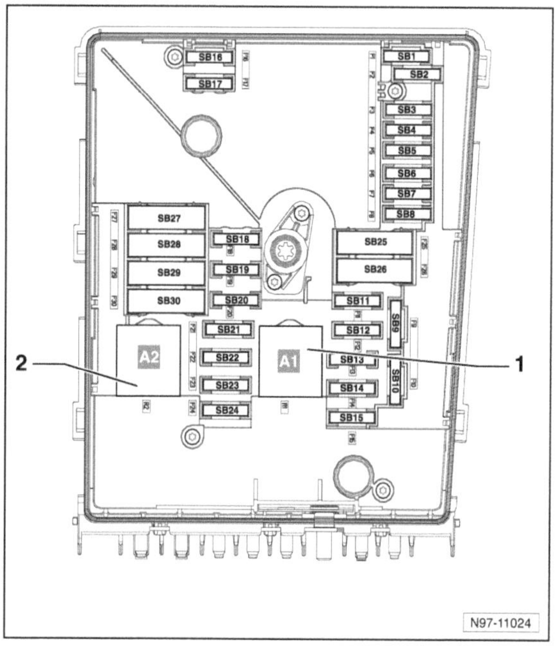

1 – Stromversorgungsrelais für die Motronic
Spannungsversorgung der Klemme 30 beim Dieselmotor

2 – Stromversorgungsrelais 2 für die Motronic

Batterie aus- und einbauen

Achtung: Durch das Abklemmen der Batterie werden einige **elektronische Speicher gelöscht**:

- Je nach Ausführung des Radios Radiocode vor Abklemmen der Batterie oder Ausbau des Radios feststellen. Ansonsten kann das Radio nur durch die Fachwerkstatt oder den Hersteller wieder in Betrieb genommen werden. Die Code-Nummer ist in der Radio-Bedienungsanleitung angegeben. Sie sollte nicht im Fahrzeug aufbewahrt werden. **Hinweis:** Die VW-Radioanlagen sind auf das Fahrzeug abgestimmt. Daher ist bei diesen Geräten keine Codeeingabe erforderlich.
- Nach dem Anklemmen der Batterie die elektrischen Fensterheber neu aktivieren:
  - ◆ Alle Türen schließen.
  - ◆ Alle Fenster ganz öffnen und wieder schließen.
  - ◆ Gesamten Vorgang ein zweites Mal durchführen.

Hinweis: Damit die gespeicherten Daten nicht verloren gehen, sollte möglichst ein Ruhestrom-Erhaltungsgerät verwendet werden. Das Gerät wird vor Abklemmen der Batterie nach Herstelleranweisung am Zigarettenanzünder angeschlossen.

Achtung: Bei Fahrzeugen mit Start-Stopp-System ist eine speziell dafür geeignete Batterie eingebaut. Beim Erneuern darf nur eine Batterie gleichen Typs verwendet werden. Nach dem Einbau der neuen Batterie muss der am Massekabel angebrachte Batteriesensor mit dem Fahrzeug-Diagnosegerät aktualisiert werden (Werkstattarbeit).

Hinweis: Wird die Autobatterie ersetzt, unbedingt die Altbatterie zum Händler mitnehmen und zurückgeben. Sonst muss Pfand für die neue Batterie bezahlt werden.

Ausbau

- Alle elektrischen Verbraucher ausschalten. Zündung ausschalten, Zündschlüssel abziehen. Dadurch werden Schäden an elektronischen Steuergeräten vermieden.
- Motorhaube öffnen.

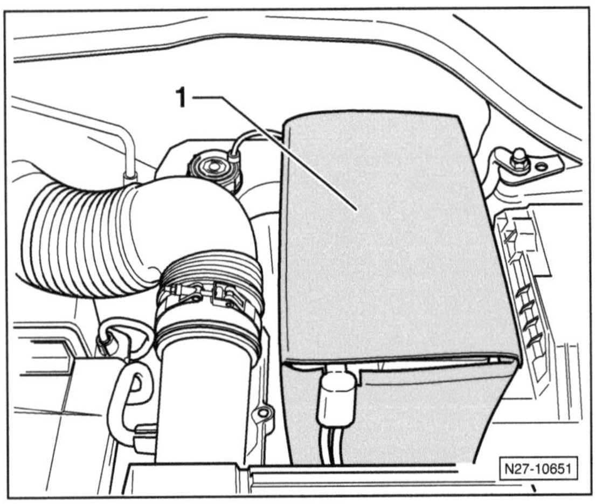

- Deckel der Batterieschutzhülle –1– öffnen.

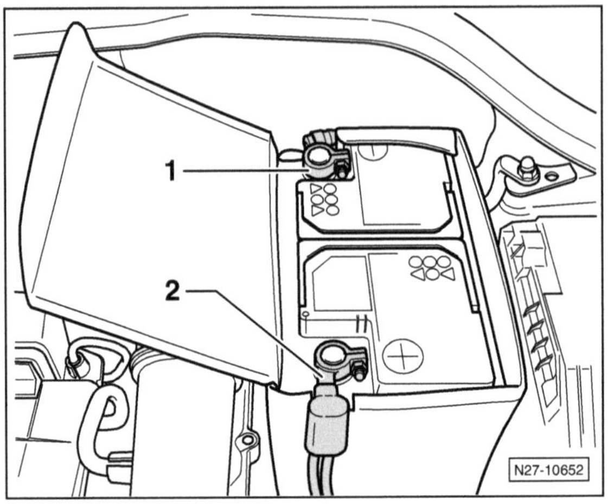

- **Zuerst Massekabel** –1– von der Batterie abklemmen. Dazu Klemmmutter lockern, Klemme vom Minuspol (–) abziehen und Massekabel zur Seite legen.

Achtung: Für Arbeiten an der elektrischen Anlage des Fahrzeuges reicht es in der Regel lediglich das Massekabel abzuklemmen. Um einen versehentlichen Kontakt des Minuspols mit der Fahrzeugmasse zu verhindern, empfiehlt es sich, den **Minuspol** mit Isolierband zu **isolieren**. Die Batterie-Plusleitung muss nur für den Ausbau der Batterie abgeklemmt werden.

Achtung: Niemals die Batterie-Plusklemme ab- oder anschrauben, wenn die Minusklemme angeschlossen ist. Kurzschlussgefahr.

- Mutter an der Batterie-Plusklemme –2– lockern, Klemme vom Pluspol (+) abziehen und Pluskabel zur Seite legen.

Speziell Dieselmotor

- Obere Motorabdeckung ausbauen, siehe Seite 56.

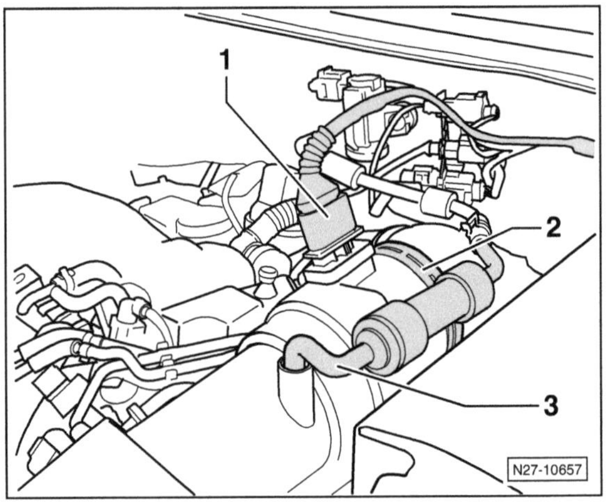

- Stecker –1– entriegeln und abziehen.
- Federbandschelle –2– mit einer geeigneten Zange öffnen und zurückschieben.
- Unterdruckschlauch –3– abziehen.

- Schraube –Pfeil– am Luftfiltergehäuse abschrauben.

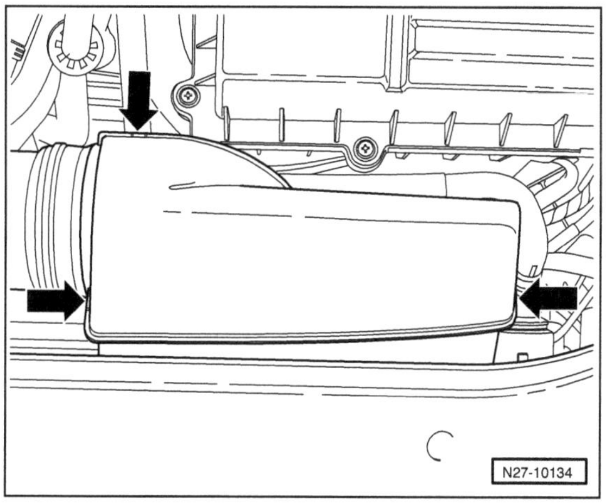

- Rastnasen –Pfeile– entriegeln und Abdeckung abnehmen.

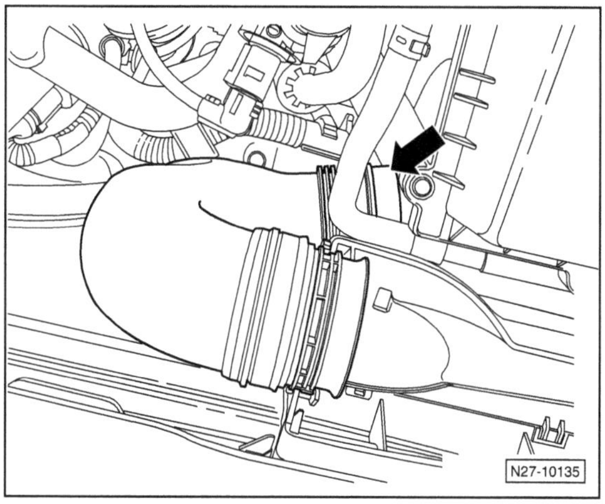

- Schlauch –Pfeil– vom Luftfiltergehäuse abziehen und herausnehmen.
- Luftfiltergehäuse herausnehmen und zur Seite legen.

Alle Motoren

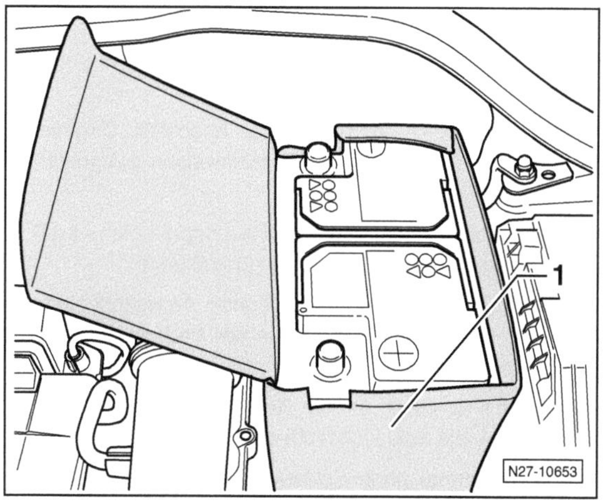

- Batterieschutzhülle –1– nach oben abziehen.

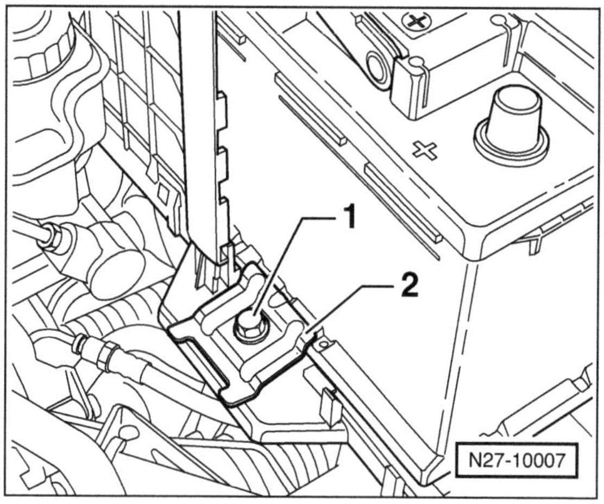

- Schraube –1– herausdrehen und Halteplatte –2– am Batteriefuß abnehmen.
- Batterie unter der Halteschiene hervorziehen.

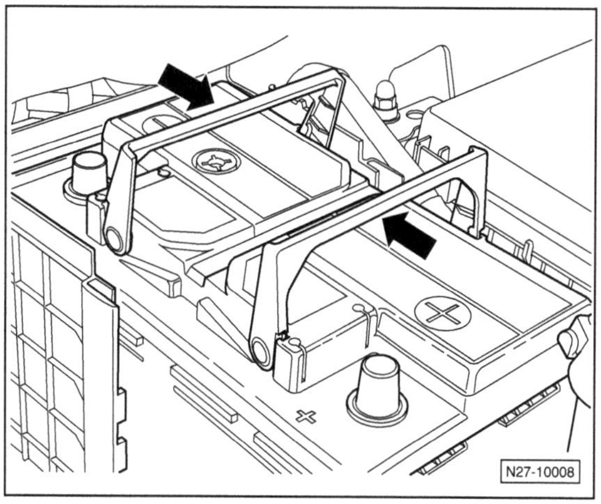

- Haltegriffe an der Batterie nach oben klappen –Pfeile– und Batterie nach oben aus dem Batterieträger herausheben.

Einbau

- Sicherstellen, dass nur Batterien mit gleichen Abmessungen gegeneinander ausgetauscht werden.

Hinweis: Bei Ersatz einer AGM- oder Vlies-Batterie unbedingt wieder eine Vlies-Batterie einbauen.

- Sicherheitshinweise auf der Batterie beachten. Originalteile-Batterien sind mit Sicherheitshinweisen ausgestattet.
- Vor dem Einbau gegebenenfalls Batteriepole blank kratzen, geeignet ist dazu eine Messingdrahtbürste.
- Batterie einsetzen und Batteriefuß unter die Halteschiene schieben. Dabei auf richtige Lage der Batterie auf dem Batterieträger achten.
- Batterie mit Schlauch für die Zentralentgasung: Darauf achten, dass der Schlauch nicht abgeklemmt wird.
- Bei einer Batterie ohne Schlauch für die Zentralentgasung darauf achten, dass eine Öffnung an der oberen Deckelseite der Batterie nicht verstopft ist.
- Halteplatte, in Fahrtrichtung gesehen, in die 2. Raste des Batteriegehäuses einsetzen, Schraube eindrehen und mit **20 Nm** festziehen.
- Festen Sitz der Batterie durch kräftiges Hin- und Herbewegen prüfen.
- Batterieschutzhülle einsetzen.
- Vor dem Anklemmen der Batterie sicherstellen, dass die Zündung und alle Stromverbraucher ausgeschaltet sind.

Achtung: Batteriepole nicht einfetten, andernfalls können sich die Polklemmen lockern.

- **Zuerst Pluskabel** am Pluspol (+) anklemmen, danach Massekabel am Minuspol (–). Muttern mit **6 Nm** festziehen. **Niemals** Batterie-Pluskabel anschließen, wenn die Minusklemme an der Batterie angeschlossen ist.

Achtung: Um Beschädigungen des Batteriegehäuses zu vermeiden, Batterie-Polklemmen nur von Hand aufstecken.

Hinweis: Durch eine falsch angeschlossene Batterie können erhebliche Schäden am Generator und an der elektrischen Anlage entstehen.

- Deckel der Batterieschutzhülle schließen.
- Zündung mit dem Zündschlüssel einschalten und wieder ausschalten.

Hinweis: Nach dem Einschalten der Zündung leuchtet die Kontrollleuchte für ESP und ASR dauerhaft, weil der Lenkwinkelgeber deaktiviert ist. Sie erlischt automatisch, wenn eine kurze Wegstrecke mit 15 bis 20 km/h geradeaus gefahren wird.

- Wenn nötig, Radiocode eingeben.
- Radioprogramme, falls erforderlich, neu eingeben.
- Zeituhr prüfen und gegebenenfalls neu einstellen.
- Elektrischen Fensterheber neu aktivieren.
- Wenn möglich, Fehlerspeicher mit einem Diagnosegerät auslesen und gegebenenfalls Reparaturmaßnahmen durchführen.
- Generatorspannung prüfen. Dazu Motor starten und im Leerlauf drehen lassen. Batteriespannung prüfen. Wenn sie über 14,5 Volt liegt, ist die Ladespannung zu hoch. In der Regel ist dann der Spannungsregler am Generator defekt.

Hinweis: Eine zu hohe Ladespannung des Generators kann die Ursache für den Ausfall der bisherigen Batterie sein und, falls der Fehler weiter besteht, die neue Batterie schädigen.

Batterieträger aus- und einbauen

Ausbau

- Batterie ausbauen, siehe entsprechendes Kapitel.

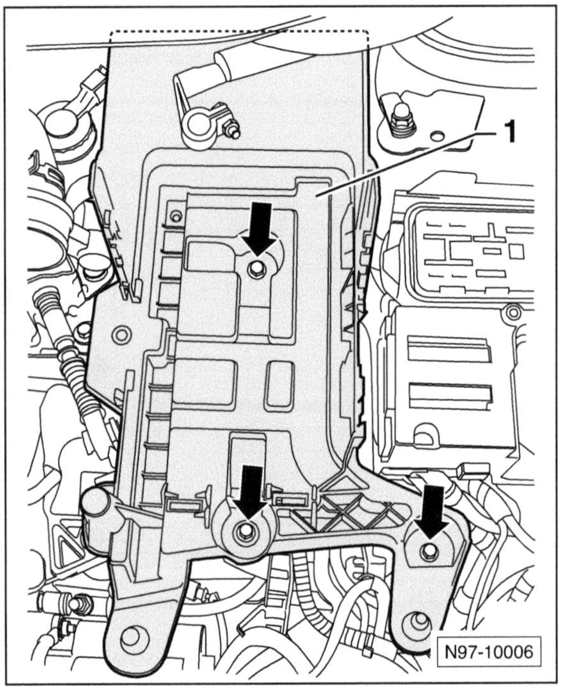

- Schrauben –Pfeile– herausdrehen und Batterieträger –1– aus dem Motorraum herausziehen. **Hinweis:** Je nach Ausführung kann der Batterieträger auch mit 4 Schrauben befestigt sein.

Einbau

- Der Einbau erfolgt in umgekehrter Ausbaureihenfolge.

Batterie prüfen

Vor Beginn des Winters sollte die Batterie unbedingt überprüft werden. Bei großer Kälte sinkt die Batteriespannung einer nur mäßig geladenen Batterie während des Anlassvorgangs stark ab.

Bei einer wartungsfreien Batterie fehlen die Zellverschluss-Stopfen auf der Batterieoberseite. Kontrollmessungen des Säurestands oder der Säuredichte entfallen, da keine Flüssigkeit entweicht oder entgast.

In Fahrzeugen, in denen eine wartungsfrei Batterie eingebaut ist, ist an der Batterie oftmals ein »magisches Auge« angebracht. Durch diese optische Anzeige werden der Säurestand und der Ladezustand der Batterie angegeben, und zwar durch unterschiedliche Farbkennung. Dazu das magische Auge mit einer Taschenlampe von oben anleuchten.

- Bevor eine Sichtprüfung am magischen Auge vorgenommen wird, vorsichtig mit dem Griff eines Schraubendrehers auf das magische Auge klopfen. Luftblasen, die die Anzeige beeinträchtigen könnten, steigen hierdurch auf. Die Farbanzeige des magischen Auges wird dadurch genauer.

Batterie mit 2-farbigem magischen Auge

Der Ladezustand der Batterie kann nicht am magischen Auge abgelesen werden. Hierzu ist eine Batterie-Belastungsprüfung erforderlich.

- Anzeige **schwarz**: Säurestand der Batterie ist in Ordnung.
- Anzeige **farblos** oder **hellgelb**: Säurezustand zu niedrig. Die wartungsarme Batterie muss ausgetauscht werden.

Achung: Batterien, bei denen das **magische Auge farblos** oder **hellgelb** anzeigt, **dürfen nicht unter Belastung geprüft oder geladen werden.** Es darf auch **keine Starthilfe** gegeben werden. Beim Prüfen, Laden oder Starthilfe besteht **Explosionsgefahr!**

Hinweis: Batterien neuester Generation sind mit einem Rückzündungsschutz, einer so genannten »Fritte«, ausgestattet. Das bei der Ladung entstehende Gas tritt durch eine Öffnung an der oberen Deckelseite aus, in die die Fritte eingesetzt ist. Die Fritte besteht aus einer kleinen, runden Glasfasermatte und arbeitet ähnlich wie ein Ventil.

Batterie unter Belastung prüfen

Achung: Wenn das **magische Auge farblos** oder **hellgelb** anzeigt, darf die Batterie **nicht unter Belastung geprüft** werden. **Explosionsgefahr!**

- Voltmeter an die Batteriepole anschließen. Anschlusskabel **nicht** abklemmen.
- Motor starten und Spannung ablesen.
- Während des Startvorganges darf bei einer **vollen** Batterie die Spannung nicht unter 10 Volt (bei einer Säuretemperatur von ca. +20° C) abfallen.
- Bricht die Spannung sogar zusammen, ist die Batterie defekt.

Ruhespannung prüfen

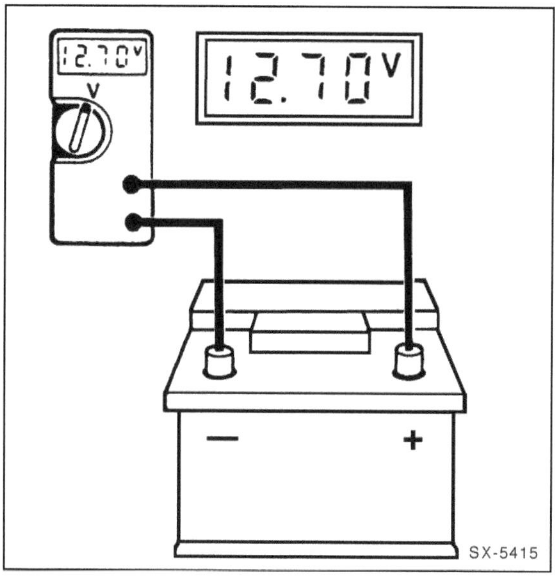

Der Batterie-Zustand wird durch Messen der Spannung mit einem Voltmeter zwischen den Batteriepolen überprüft.

- Batterie vom Stromnetz abklemmen, siehe Kapitel »Batterie aus- und einbauen«.
- Vor der Prüfung muss die Batterie mindestens zwei Stunden abgeklemmt sein.
- Voltmeter an die Batteriepole anschließen und Spannung messen.
- **Beurteilung des Spannungsmesswertes:**

12,7 Volt oder darüber:	Batterie in gutem Zustand.
11,6 – 12,6 Volt:	Batterie laden.
unter 11,6 Volt:	Batterie tiefentladen, Batterie laden oder ersetzen.

- Batterie anklemmen. Zuerst Batterie-Pluskabel (+) und dann Batterie-Massekabel (–) bei ausgeschalteter Zündung anklemmen.

Batterie laden

Sicherheitshinweise:

Vor dem Laden der Batterie Sicherheitshinweise im Kapitel »Batterie aus- und einbauen« durchlesen.

- Batterie **nicht** bei laufendem Motor abklemmen.
- Batterie **niemals kurzschließen,** das heißt Plus- (+) und Minuspol (–) dürfen nicht verbunden werden. Bei Kurzschluss erhitzt sich die Batterie und kann platzen.
- Gefrorene Batterie vor dem Laden auftauen. Eine geladene Batterie gefriert bei ca. –65° C, eine halbentladene bei ca. –30° C und eine entladene bei ca. –12° C. Aufgetaute Batterie vor dem Laden auf Gehäuserisse prüfen, gegebenenfalls ersetzen. Aus Sicherheitsgründen empfiehlt es sich allerdings, eine einmal gefrorene Batterie grundsätzlich zu ersetzen.
- Falls Batteriesäure ausgetreten ist: Batteriesäure ist ätzend und darf nicht in die Augen, auf die Haut oder die Kleidung gelangen. Außerdem beschädigt sie die umliegenden Bauteile. Den Bereich, der mit Batteriesäure in Verbindung geraten ist, mit Seifenlauge und viel Wasser abspülen.
- Batterie nur in gut belüftetem Raum oder im Freien laden. Beim Laden der eingebauten Batterie Motorhaube geöffnet lassen.
- Wenn bei einer Batterie mit optischer Zustandsanzeige das »**magische Auge**« **farblos** oder **hellgelb** anzeigt, darf die Batterie **nicht geladen** werden. **Explosionsgefahr!** Gegebenenfalls Batterie erneuern.

Zum Laden der Batterie möglichst ein **elektronisch gesteuertes Ladegerät** verwenden. In diesem Fall kann die Batterie im Fahrzeug angeklemmt bleiben.

Beim Laden muss die Batterie eine Temperatur von mindestens +10° C aufweisen.

Achtung: Wenn die Batterie zu lange Zeit entladen war, kann sie nicht mehr vollständig beziehungsweise gar nicht mehr aufgeladen werden.

Laden

- **Bei ausgeschaltetem Ladegerät** Pluskabel (+) des Ladegerätes an den Pluspol (+) der Batterie anschließen. Minuskabel (–) des Ladegerätes mit dem Minuspol (–) der Batterie verbinden.
- Netzstecker des Ladegerätes in die Steckdose stecken. Falls erforderlich, Ladegerät einschalten.
- So lange laden, bis die Batterie vom Ladegerät als voll angezeigt wird.
- Nach dem Laden der Batterie Ladegerät ausschalten (wenn möglich) und Netzstecker des Ladegerätes ziehen.
- Anschlusskabel des Ladegerätes von der Batterie abklemmen.
- Geladene Batterie prüfen, siehe entsprechendes Kapitel.

Tiefentladene und sulfatierte Batterie laden

Eine Batterie, die längere Zeit unbenutzt war (zum Beispiel Fahrzeug stillgelegt), entlädt sich allmählich selbst und sulfatiert.

Wenn die Ruhespannung der Batterie unter 11,6 Volt liegt, bezeichnet man sie als tiefentladen. Ruhespannung prüfen, siehe unter »Batterie prüfen«.

Bei einer tiefentladenen Batterie besteht die Batteriesäure (Schwefelsäure-Wassergemisch) fast nur noch aus Wasser. **Achtung:** Bei Minustemperaturen kann diese Batterie einfrieren und das Gehäuse kann dann platzen.

Eine tiefentladene Batterie sulfatiert, das heißt die gesamte Plattenoberfläche der Batterie verhärtet.

Wenn die tiefentladene Batterie unmittelbar nach der Entladung wieder geladen wird, bildet sich die Sulfatierung wieder zurück. Andernfalls verhärten die Batterieplatten weiter und die Ladungsaufnahme bleibt dauerhaft eingeschränkt.

- Eine tiefentladene und sulfatierte Batterie muss mit einem geringen Ladestrom von ca. 5 % der Batteriekapazität geladen werden. Der Ladestrom beträgt dann beispielsweise bei einer 60 Ah-Batterie ca. 3 A.
- Die Ladespannung darf maximal 14,4 Volt betragen.

Achtung: Eine tiefentladene Batterie darf keinesfalls mit einem Schnellladegerät geladen werden.

Batterie lagern

Wird das Fahrzeug länger als 2 Monate stillgelegt, Batterie ausbauen und im aufgeladenen Zustand lagern. Die günstigste Lagertemperatur liegt zwischen 5° C und +20° C. Bei diesen Temperaturen hat die Batterie die günstigste Selbstentladungsrate. Spätestens nach 2 Monaten Batterie erneut aufladen, da sie sonst unbrauchbar wird.

Batteriepole reinigen

Batteriepole auf Korrosion überprüfen. Korrosion an den Batteriepolen zeigt sich in Form von weißen oder gelblichen pulverartigen Ablagerungen an den Polen.

- Batterie ausbauen, siehe entsprechendes Kapitel.
- Zur Entfernung von Korrosion Batteriepole mit einer Lösung aus Wasser und Soda bestreichen. Es kommt zu einer chemischen Reaktion mit Blasenbildung und einer braunen Verfärbung an den Polen.
- Gegebenenfalls Batteriepole mit einem Polreiniger oder einer Drahtbürste von Korrosionsrückständen reinigen.
- Nach Abklingen dieser Reaktion Batteriepole und Batterie mit klarem Wasser abwaschen und Batterie abtrocknen.
- Batterie einbauen, siehe entsprechendes Kapitel.

Zentralentgasung

Bei der Zentralentgasung tritt das Gas an einer definierten Stelle aus der Batterie aus. Mit Hilfe eines Entgasungsschlauches kann die Ableitung des Gases gezielt zu einer unkritischen Seite erfolgen. Je nach Einbau kann die Batterie von einer unterschiedlichen Seite entgasen.

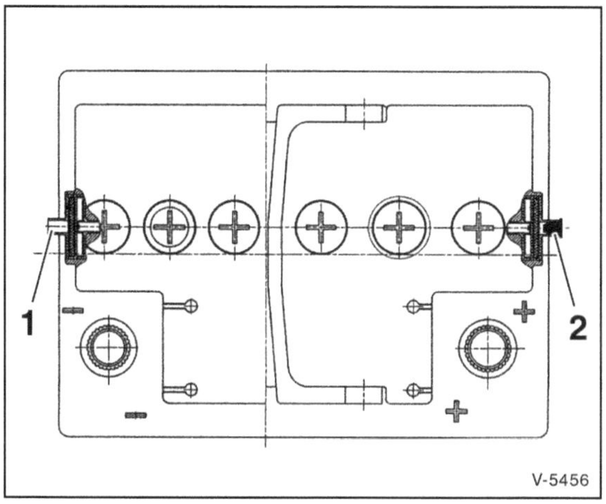

In der Regel sind Original-VW-Batterien mit jeweils einer Entgasungsöffnung –1/2– an jeder Polseite versehen. Von diesen beiden Öffnungen muss eine immer verschlossen sein –2–. Damit ist sichergestellt, dass die Entgasung nur gezielt über den angeschlossenen Schlauch erfolgt. Sollten beide Öffnungen verschlossen sein, unbedingt einen Stopfen aus der Entgasungsöffnung gemäß der Einbauanleitung der Batterie entfernen.

Batterietypen

Je nach Modell und Ausstattung können technisch recht unterschiedliche Batterietypen im Fahrzeug eingebaut sein. .

Nass-Batterie

Eine Batterie mit flüssigem Elektrolyt wird als Nass-Batterie bezeichnet. Diese Batterie besitzt ein magisches Auge zur Kontrolle von Ladezustand und Säurestand. Es darf kein destilliertes Wasser nachgefüllt werden, wie bei früheren Ausführungen der Nass-Batterie. Wenn der Säurestand zu niedrig ist, muss die Batterie ersetzt werden. Die Nassbatterie ist nicht für Fahrzeuge mit Start-Stopp-System geeignet.

EFB-Batterie

EFB = Enhanced **F**looded **B**attery. Die EFB-Batterie ist eine Weiterentwicklung der Standard-Nass-Batterie und kann auch für Fahrzeuge mit Start-Stopp-System verwendet werden. Allerdings nur, wenn der Fahrzeughersteller nicht ausdrücklich eine AGM-Stromquelle vorschreibt.

AGM-Batterie (Vlies-Batterie)

AGM = Absorbent-**G**lass-**M**att-Battery. Bei der AGM-Batterie ist der Elektrolyt in einem Mikroglasvlies festgelegt; sie gilt dadurch als auslaufsicher. Die Batterie ist mit einem Batteriedeckel verschlossen, Zellverschluss-Stopfen und Entgasungskanal sind im Deckel integriert. Die AGM-Batterie hat kein magisches Auge und bietet folgende Vorteile: hohe Zyklenfähigkeit (Zyklus = abwechselnder Lade- und Entladevorgang), Auslaufsicherheit, wartungsarm, geringe Gasung und gute Kaltstarteigenschaften. Wird häufig bei Fahrzeugen mit Start-Stopp-System verwendet. **Hinweis:** Bei Ersatz einer AGM- oder Vlies-Batterie unbedingt wieder eine Vlies-Batterie einbauen.

VRLA-Batterie

Bei der **V**alve-**R**egulated-**L**ead-**A**cid-Batterie (VRLA) handelt es sich um einen wartungsfreien Stromspeicher mit festgelegtem Elektrolyt. Die Zellverschluss-Stopfen lassen sich nicht herausschrauben. Wird die Batterie überladen, werden die entstehenden Wasserstoff- und Sauerstoffgase innerhalb der jeweiligen Zelle wieder zu Wasser zurückgewandelt. Bei zu starker Ladung tritt das überschüssige Gas über ein Entspannungsventil aus. Da diese Flüssigkeitsmengen nicht wieder ersetzt werden können, ist eine nachhaltige Beschädigung der Batterie möglich. Deshalb muss beim Laden unbedingt ein Batterieladegerät mit einer Ladebegrenzung von 14,4 Volt eingesetzt werden.

Gel-Batterie

Bei der Gel-Batterie ist der Elektrolyt durch die Zugabe von Kieselsäure zur Schwefelsäure in einer gelartigen Masse eingebunden. Entsprechend ihrem Entgasungsprinzip zählt die Gel-Batterie zu den VRLA-Batterien. Dieser Batterietyp zeichnet sich durch eine hohe Zyklenfestigkeit aus, die Batterie kann also öfters ent- und geladen werden. Eine Gel-Batterie hat kein magisches Auge. Sie ist wartungsfrei und auslaufsicher. Da die Batterie nicht hochtemperaturfähig ist, eignet sie sich nicht für den Einbau im Motorraum.

Batterie entlädt sich selbstständig

Je nach Fahrzeugausstattung addiert sich zur natürlichen Selbstentladung der Batterie auch die Stromaufnahme der verschiedenen Stromverbraucher im Ruhezustand. Daher sollte die Batterie in einem abgestellten Fahrzeug alle 6 Wochen nachgeladen werden. Wenn der Verdacht auf Kriechströme besteht, Bordnetz nach folgender Anleitung prüfen:

- Zur Prüfung eine geladene Batterie verwenden.

Achtung: Da für diese Prüfung ein Ruhestrom-Erhaltungsgerät nicht angeschlossen werden kann, vorher mit der Fachwerkstatt klären, welche Speicher eventuell vor der Prüfung auszulesen und später wieder einzulesen sind.

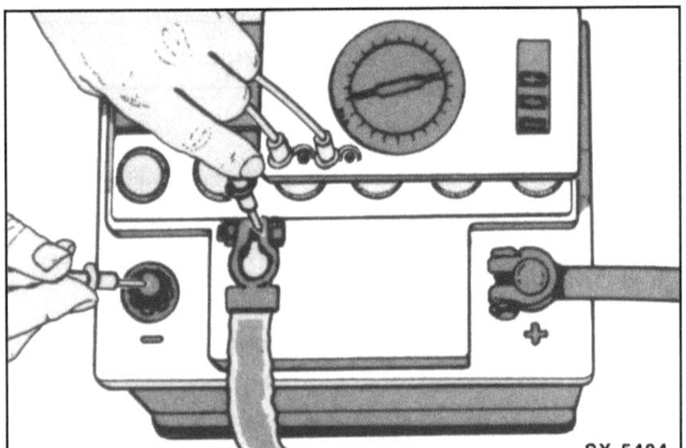
SX-5404

- Am Amperemeter den höchsten Messbereich einstellen.
- Batterie-Massekabel (–) abklemmen. **Achtung:** Hinweise im Kapitel »Batterie aus- und einbauen« beachten.
- Amperemeter zwischen Batterie-Minuspol (–) und Massekabel schalten: Amperemeter-Plus-Anschluss (+) an Massekabel und Minus-Anschluss (–) an Batterie-Minuspol (–).

Achtung: Die Prüfung kann auch mit einer Prüflampe durchgeführt werden. Leuchtet die Lampe zwischen Massekabel und Minuspol der Batterie jedoch nicht auf, ist auf jeden Fall ein Amperemeter zu verwenden.

- Alle Verbraucher ausschalten, vorhandene Zeituhr (und andere Dauerverbraucher) abklemmen, Türen schließen.
- Vom Amperebereich solange auf den Milliamperebereich zurückschalten bis eine ablesbare Anzeige erfolgt (1–3 mA sind zulässig).
- Durch Herausnehmen der Sicherungen nacheinander die verschiedenen Stromkreise unterbrechen. Geht bei einem unterbrochenen Stromkreis die Anzeige auf Null zurück, ist hier die Fehlerquelle zu suchen.
- Fehler können sein: korrodierte und verschmutzte Kontakte, durchgescheuerte Leitungen, interner Kurzschluss in Aggregaten.
- Wird in den abgesicherten Stromkreisen kein Fehler gefunden, so sind die Leitungen an den nicht abgesicherten Aggregaten, wie Generator und Anlasser, abzuziehen.
- Geht beim Abklemmen von einem der ungesicherten Aggregate die Anzeige auf Null zurück, betreffendes Bauteil überholen oder austauschen. Bei Stromverlust in der Anlasser- oder Zündanlage immer auch den Zünd-Anlassschalter nach Schaltplan prüfen.
- Batterie-Massekabel (–) anklemmen. **Achtung:** Hinweise im Kapitel »Batterie aus- und einbauen« beachten.

Generator aus- und einbauen/ Generator-Ladespannung prüfen

Je nach Modell und Ausstattung können Generatoren mit unterschiedlicher Leistung eingebaut sein. **Achtung:** Wenn nachträglich elektrisches Zubehör mit hohem Stromverbrauch in das Fahrzeug eingebaut wird, sollte überprüft werden, ob die bisherige Generatorleistung noch ausreicht; gegebenenfalls stärkeren Generator einbauen.

Ladespannung prüfen

Wenn die Batterie nicht ausreichend geladen wird, Generatorspannung prüfen:

- Voltmeter zwischen Plus- und Minuspol der Batterie anschließen.
- Motor starten. Die Spannung darf beim Startvorgang bis etwa 8 Volt (bei + 20° C Außentemperatur) absinken.
- Motordrehzahl auf 3.000/min erhöhen. Die Spannung soll dann 13 bis 14,5 Volt betragen. Dies ist ein Beweis, dass Generator und Regler arbeiten. Die Generatorspannung (Bordspannung) muss höher als die Batteriespannung sein, damit die Batterie im Fahrbetrieb wieder aufgeladen wird.
- Regelstabilität prüfen. Dazu Fernlicht einschalten und Messung bei 3.000/min wiederholen. Die gemessene Spannung darf nicht mehr als 0,4 Volt über dem vorher gemessenen Wert liegen.
- Liegen die gemessenen Werte außerhalb der Sollwerte, Generator und Regler von Fachwerkstatt überprüfen lassen.

Sicherheitshinweise

Bei Arbeiten an der elektrischen Anlage im Motorraum grundsätzlich die Batterie abklemmen. **Achtung:** Dadurch werden elektronische Speicher gelöscht, wie zum Beispiel die Daten im Motor-Fehlerspeicher. Vor dem Abklemmen der Batterie Hinweise im Kapitel »Batterie aus- und einbauen« beachten.

- Batterie oder Spannungsregler **nicht** bei laufendem Motor abklemmen.
- Generator **nicht** bei angeschlossener Batterie ausbauen.
- Beim Elektroschweißen Batterie grundsätzlich vom Bordnetz abklemmen.

1,4-l-TSI-Motor

Ausbau

Hinweis: Spezielle Hinweise für die einzelnen Motoren stehen am Ende des Kapitels.

- Batterie abklemmen. **Achtung:** Hinweise im Kapitel »Batterie aus- und einbauen« beachten.
- **Bis 5/2011:** Unterdruckschlauch links an der oberen Motorabdeckung abziehen sowie obere Motorabdeckung ausbauen, siehe Seite 56.
- Keilrippenriemen ausbauen, siehe Seite 185.

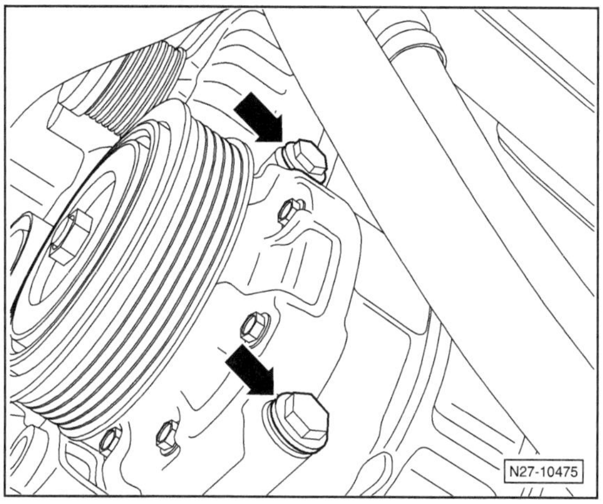

- Beide Befestigungsschrauben für Klimakompressor –Pfeile– herausdrehen.

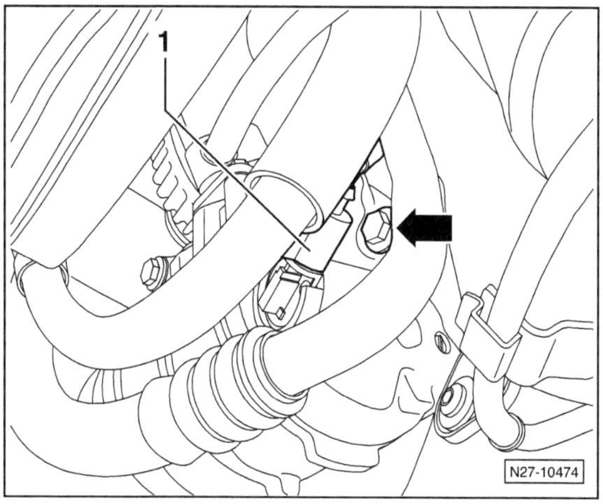

- Stecker –1– entriegeln und abziehen.
- Dritte Befestigungsschraube für Klimakompressor –Pfeil– herausdrehen und Klimakompressor vom Halter für Nebenaggregate abnehmen. **Achtung:** Dabei darauf achten, dass die beiden Zentrierhülsen in den übereinanderstehenden Gewindebohrungen des Halters verbleiben.

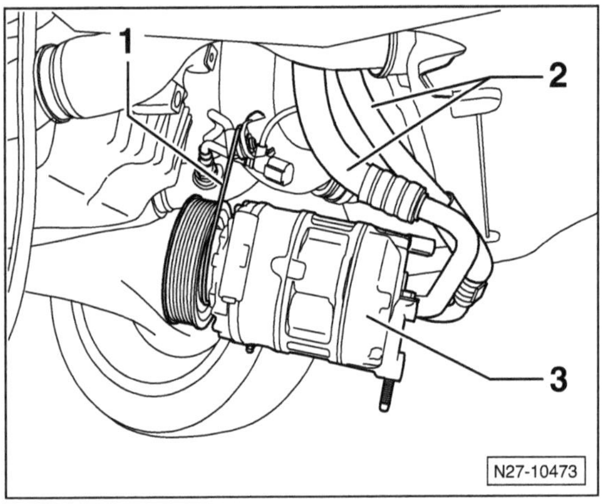

- Klimakompressor –3– bis zum Wiedereinbau mit Bindedraht –1– an geeigneter Stelle unter das Fahrzeug hängen. Die Schläuche –2– am Klimakompressor bleiben angeschlossen. **Achtung:** Schläuche nicht knicken oder auf Zug beanspruchen.

Sicherheitshinweis
Der **Kältemittelkreislauf der Klimaanlage darf nicht geöffnet** werden, da das Kältemittel bei Hautberührung Erfrierungen hervorrufen kann.

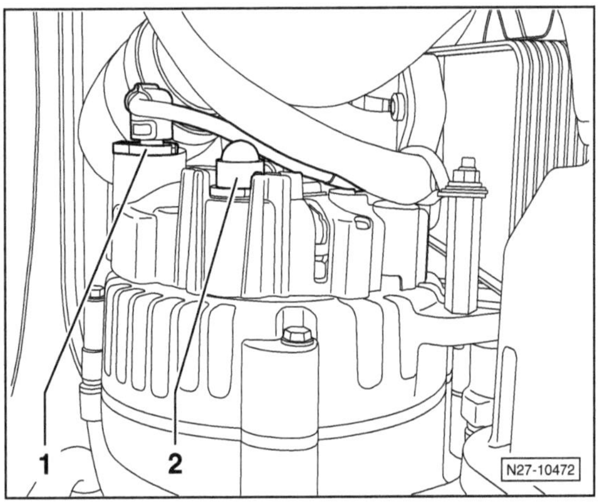

- Stecker der DF-Leitung –1– entriegeln und abziehen.
- Abschirmkappe –2– für B+-Leitung mit kleinem Schraubendreher abhebeln.

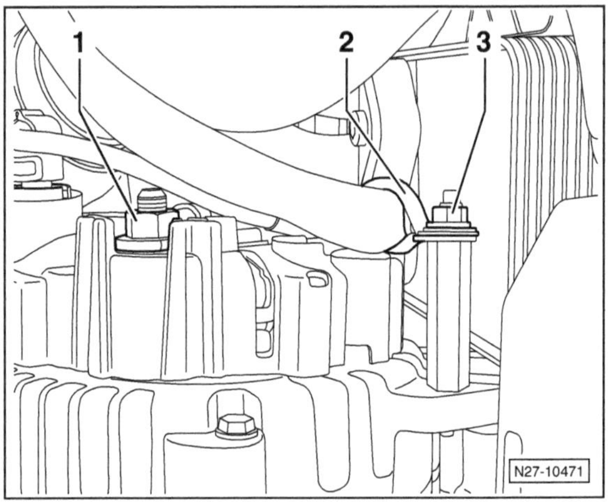

- Mutter –1– abschrauben und darunterliegende Anschlussklemme der B+-Leitung abnehmen und zur Seite legen.
- Einbaulage des Leitungshalters –2– merken, damit er in gleicher Position wieder eingebaut werden kann. Mutter –3– abschrauben und Leitungshalter –2– vom Generator abnehmen.

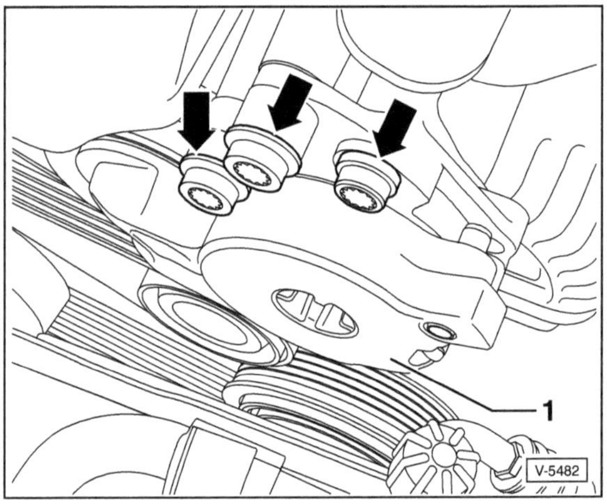

- **118-kW-Motor:** Obere Spannrolle entspannen. Anschließend die 3 Befestigungsschrauben –Pfeile– herausdrehen und die Spannrolle –1– abnehmen. **Hinweis:** Im Gegensatz zur Abbildung ist der Keilrippenriemen ausgebaut.

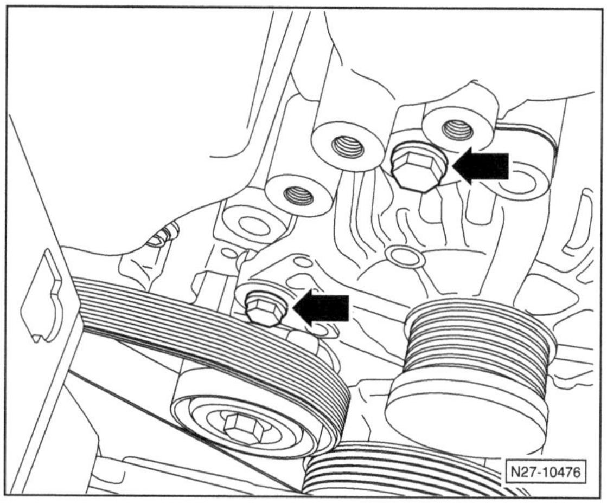

- Generator abschrauben –Pfeile– und nach unten aus dem Fahrzeug herausnehmen. **Hinweis:** Im Gegensatz zur Abbildung ist der Keilrippenriemen ausgebaut.

Einbau

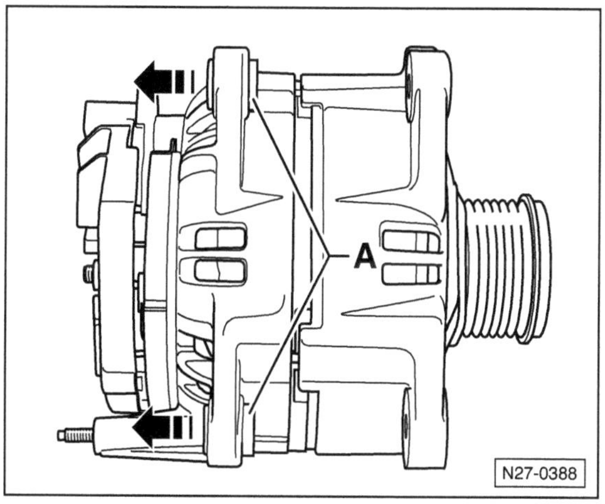

- Gewindebuchsen –A– etwa 4 mm in Pfeilrichtung aus dem Gehäuse des Generators heraustreiben.
- Der weitere Einbau erfolgt in umgekehrter Ausbaureihenfolge.

Hinweis: Beim Einbau des Klimakompressors darauf achten, dass die beiden Zentrierhülsen in die überanderstehenden Gewindebohrungen des Halters für Nebenaggregate eingesetzt sind.

Anzugsdrehmomente:

Generator	**23 Nm**
Obere Spannrolle (118-kW-Motor)	**23 Nm**
Mutter für B+-Leitung hinten am Generator	**15 Nm**
Klimakompressor	**25 Nm**

2,0-l-TSI-Motor

Ausbau

Hinweis: Hier werden nur die Abweichungen beschrieben. Der Klimakompressor wird nicht abgebaut.

- **Bis 5/2011:** Untere Motorabdeckung ausbauen, siehe Seite 56.

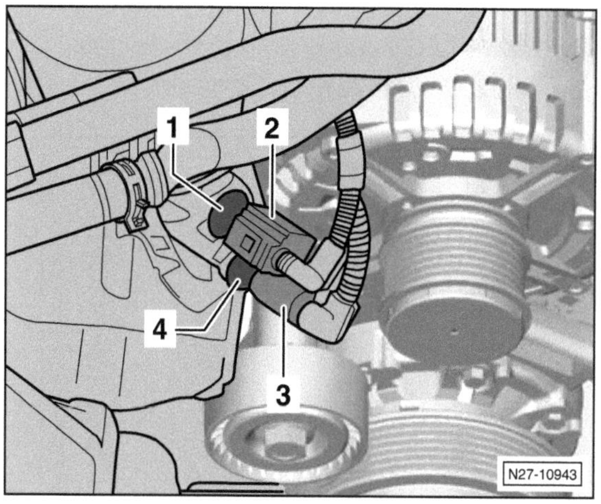

- Stecker –2– und –3– entriegeln und abziehen.
- Öldruckschalter –1– und –4– herausschrauben. Dazu wird ein Schlüssel der Schlüsselweite 24 mm benötigt. **Hinweis:** Beim 147-kW-Motor nur Öldruckschalter –1– ausbauen.
- Generator abschrauben und nach links schwenken, damit die Anschlüsse auf der Generatorrückseite zugänglich werden. Elektrische Leitungen abklemmen.

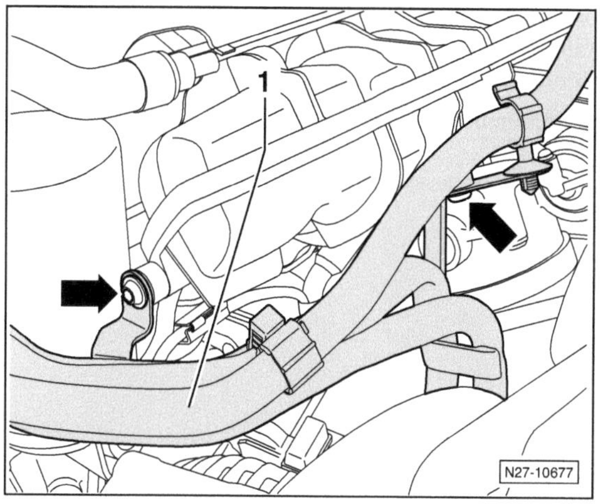

- Damit der Generator herausgenommen werden kann die Schrauben –Pfeile– herausdrehen. Anschließend Rohrleitungen und Schlauch –1– hochlegen. **Hinweis:** Rohrleitungen und Schlauch bleiben angeschlossen.
- Generator nach oben aus dem Fahrzeug herausnehmen.

Einbau

- Der Einbau erfolgt in umgekehrter Ausbaureihenfolge.

Anzugsdrehmomente:

Generator . . . . **20 Nm**
Mutter für B+-Leitung hinten am Generator. . . . . . **15 Nm**

2,0-l-TDI-Motor

Ausbau

Hinweis: Hier werden nur die Abweichungen beschrieben.

- Obere Motorabdeckung ausbauen, siehe Seite 56.

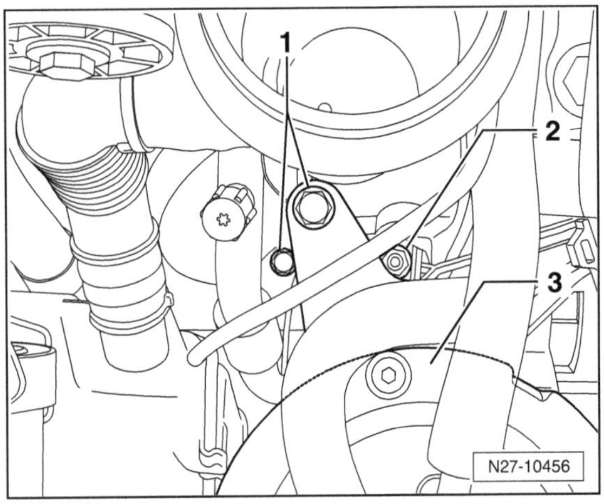

- Schrauben –1– und Mutter –2– abschrauben. Kraftstofffilter –3– zur Seite legen. **Hinweis:** Die Kraftstoffschläuche bleiben angeschlossen.

Einbau

- Der Einbau erfolgt in umgekehrter Ausbaureihenfolge. Kabelhalter an der Rückseite des Generators so anschrauben, dass er nach rechts zeigt.

Anzugsdrehmomente:

Generator . . . . **20 Nm**
Leitungshalter Generatorrückseite . . . . **3,2 Nm**

Spannungsregler aus- und einbauen

Der Spannungsregler ist immer dann zu ersetzen, wenn die Fahrzeugbatterie zu schwach oder zu stark geladen wird. Ist die Ladespannung zu hoch führt das zu einer Überladung und kann, je nachdem wie oft es geschieht, zum Ausfall der Batterie führen. Eine stark gasende Batterie beziehungsweise der Geruch nach faulen Eiern in der Nähe der Batterie kurz nach dem Abstellen des Motors kann auf einen defekten Spannungsregler hindeuten.

BOSCH-Generator

Ausbau

- Generator ausbauen, siehe entsprechendes Kapitel.

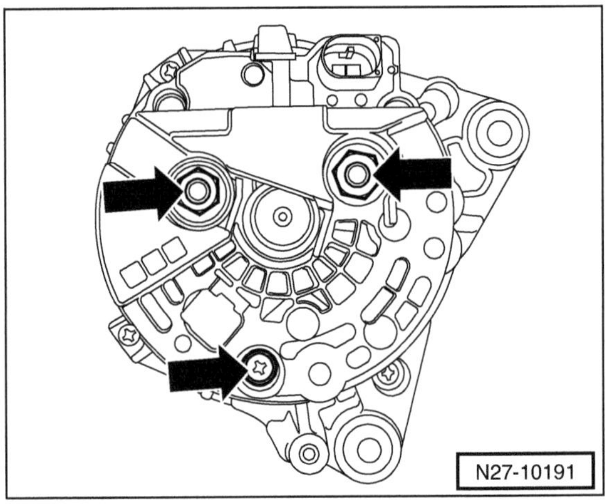

- Befestigungsschraube sowie die beiden Muttern –Pfeile– herausdrehen und Schutzkappe an der Rückseite des Generators abnehmen.

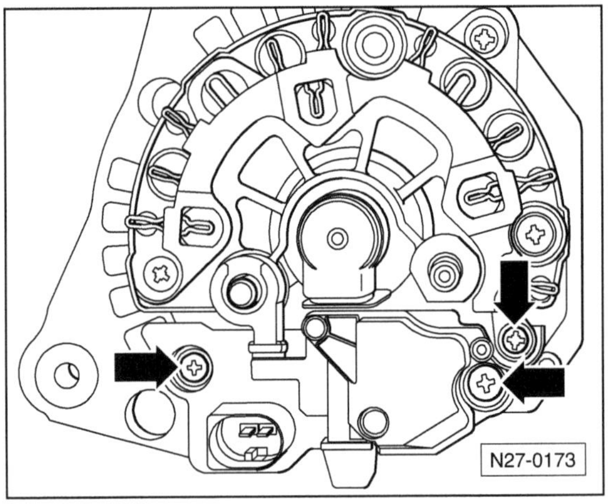

- Spannungsregler abschrauben –Pfeile– und abnehmen.

Einbau

- Spannungsregler einsetzen. Dabei darauf achten, dass die Kohlebürsten korrekt auf den Schleifbahnen aufliegen.

- Spannungsregler mit **2 Nm** festschrauben.
- Nach dem Einbau neue Kohlebürsten auf leichten Lauf in den Bürstenhaltern prüfen.
- Schutzabdeckung am Generator mit **4,5 Nm** anschrauben.
- Generator einbauen, siehe entsprechendes Kapitel.

VALEO-Generator

Ausbau

- Generator ausbauen, siehe entsprechendes Kapitel.

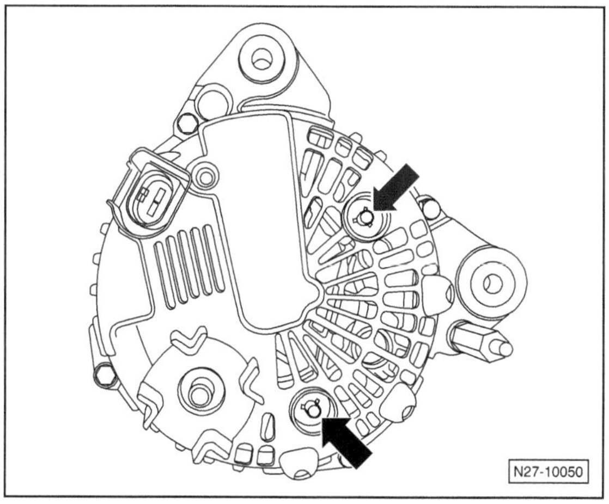

N27-10050

- Klemmringe –Pfeile– ausbauen und Schutzkappe an der Rückseite des Generators abnehmen.

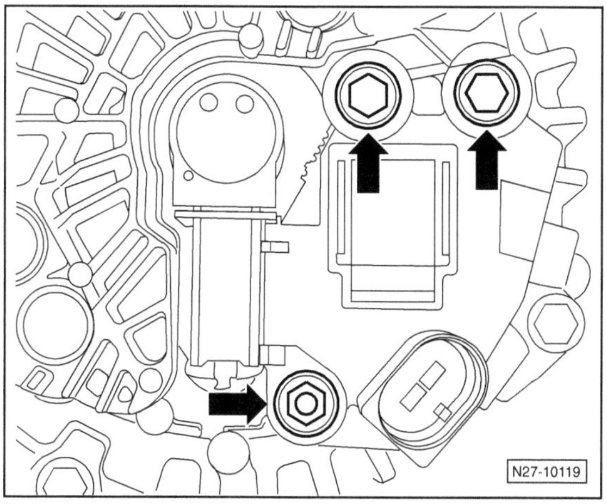

N27-10119

- Schrauben und Doppelschraube –Pfeile– herausdrehen.
- Spannungsregler abnehmen.

Einbau

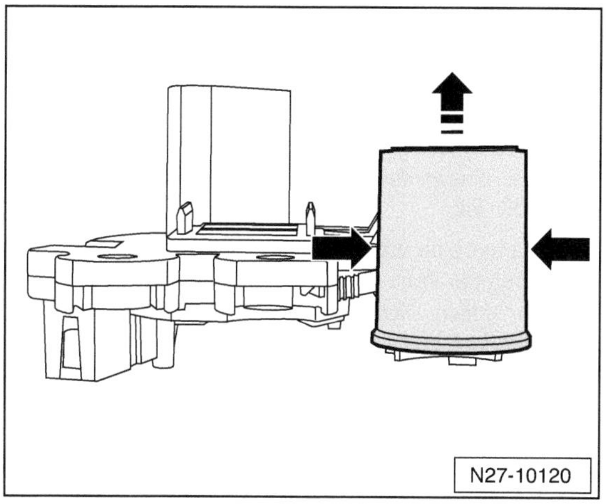

N27-10120

- Rastnasen –Pfeile– entriegeln und Schutzkappe vom Spannungsregler abziehen –Pfeil oben–.
- Kohlebürsten in das Gehäuse des Spannungsreglers drücken und Spannungsregler in den Generator einsetzen. Dabei darauf achten, dass die Kohlebürsten korrekt auf den Schleifbahnen aufliegen.
- Spannungsregler mit **2 Nm** festschrauben.

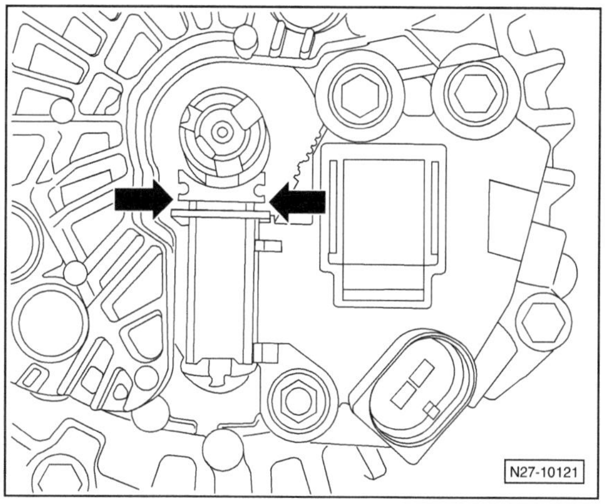

N27-10121

- Schutzabdeckung in die Führungsschienen –Pfeile– am Generator schieben, bis sie hörbar einrastet.
- Generator einbauen, siehe entsprechendes Kapitel.

Anlasser aus- und einbauen

Zum Starten des Verbrennungsmotors ist ein elektrischer Motor erforderlich, der Anlasser. Damit der Motor überhaupt anspringen kann, muss der Anlasser den Verbrennungsmotor auf eine Drehzahl von mindestens 300 Umdrehungen in der Minute beschleunigen. Das funktioniert aber nur, wenn der Anlasser einwandfrei arbeitet und die Batterie hinreichend geladen ist.

Da zum Starten eine hohe Stromaufnahme erforderlich ist, ist im Rahmen der Wartung auf eine einwandfreie Kabelverbindung zu achten. Korrodierte Anschlüsse säubern und **nach dem Verbinden** mit Polschutzfett einstreichen.

Hinweis: Bei Fahrzeugen mit Start-Stopp-System ist ein Anlasser mit verstärktem Anlasserzahnkranz eingebaut, der sich äußerlich nicht vom herkömmlichen Anlasser unterscheidet, daher bei Ersatz auf richtige Zuordnung (Ersatzteilnummer) achten.

Ausbau

Der Anlasser sitzt seitlich am Motorblock, so dass sein Ritzel in die Verzahnung des Schwungrades eingreifen kann.

Hinweis: Die Abbildungen zeigen ein Fahrzeug mit Schaltgetriebe. Der Aus- und Einbau beim Automatikgetriebe erfolgt auf die gleiche Weise. Bei eingebautem DSG-Getriebe Hinweis am Ende des Kapitels beachten.

- Batterie abklemmen. **Achtung:** Hinweise im Kapitel »Batterie aus- und einbauen« beachten.
- **1,4-l-TSI-Motor bis 5/2011:** Unterdruckschlauch links an der oberen Motorabdeckung abziehen sowie obere Motorabdeckung ausbauen, siehe Seite 56.
- Luftfiltergehäuse ausbauen, siehe Seite 59.

- Stecker –1– entriegeln und abziehen.

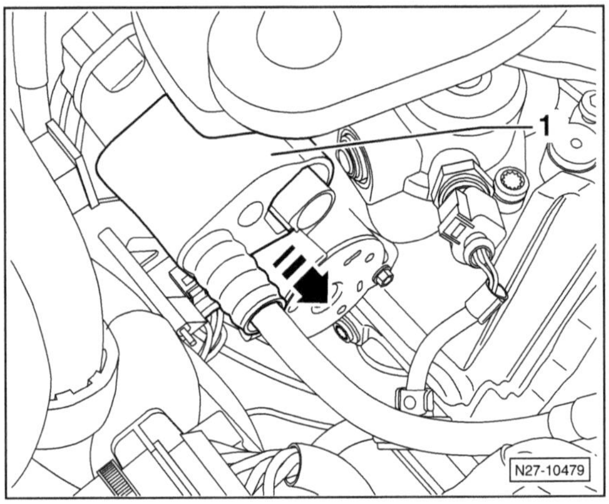

- Abschirmkappe –1– in Pfeilrichtung vom Magnetschalter herunterschieben.

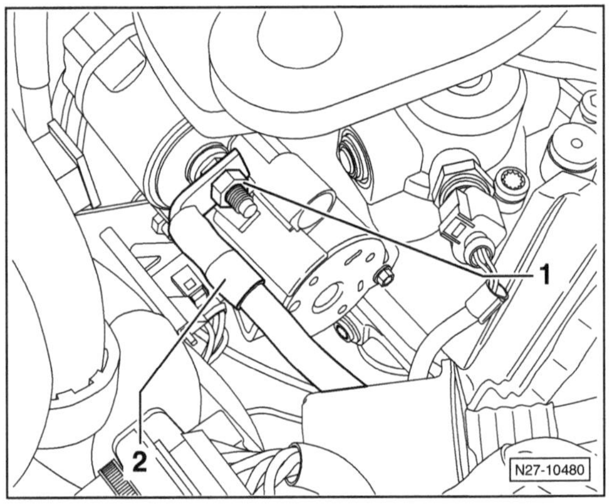

- Mutter –1– abschrauben und Batterie-Plusleitung –2– vom Anschlussgewinde des Magnetschalters abnehmen.

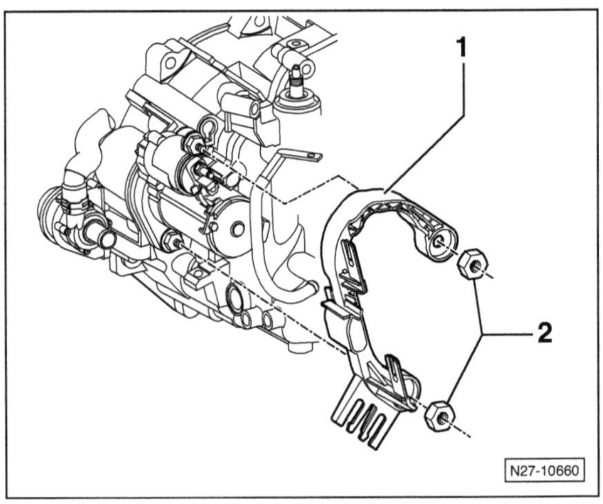

- Muttern –2– von den Befestigungsschrauben des Anlassers abschrauben und den Leitungshalter –1– abnehmen.

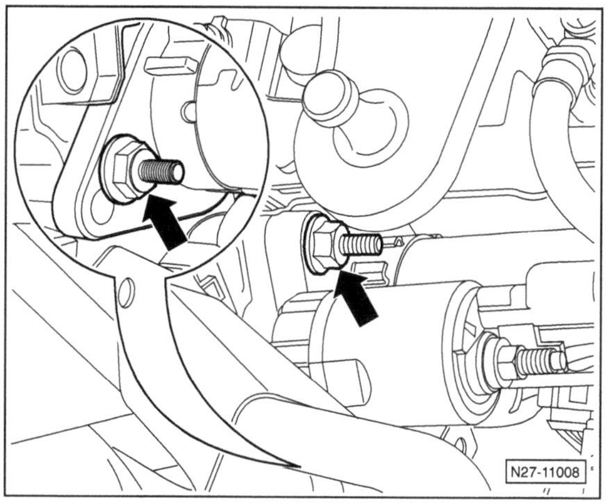

- Obere und untere Befestigungsschraube –Pfeile– des Anlassers herausdrehen.
- Anlasser nach oben aus dem Fahrzeug herausnehmen.

Einbau

- Der Einbau erfolgt in umgekehrter Ausbaureihenfolge.

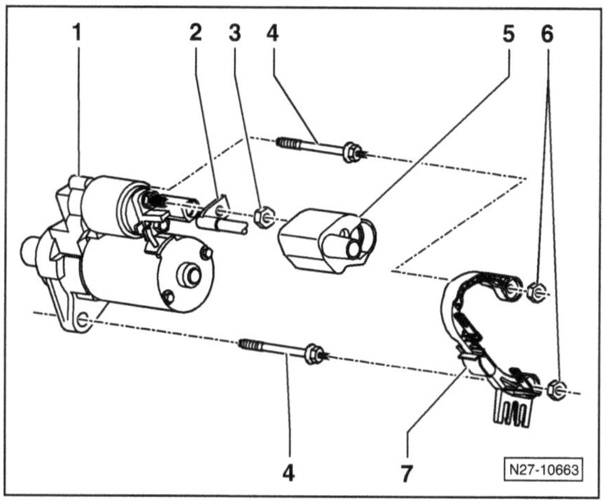

Anzugsdrehmomente:

Befestigungsschrauben –4– für Anlasser –1– . . . . **75 Nm**
Mutter für B+-Leitung –3– . . . . **15 Nm**
Muttern –6– für Leitungshalter –7– . . . . **15 Nm**

2 – Anschluss B+-Leitung
5 – Abschirmkappe

DSG-Getriebe

Hinweis: Der Aus- und Einbau des Anlassers erfolgt im Prinzip auf die gleiche Weise wie bei Fahrzeugen mit Schaltgetriebe.

Anzugsdrehmomente:

Befestigungsschrauben für Anlasser . . . . **40 Nm**
Mutter für B+-Leitung. . . . . **20 Nm**

Scheibenwischanlage

Sicherheitshinweis
Bei Wartungs- und Reparaturarbeiten an der Scheibenwischanlage besteht Verletzungsgefahr der Hände durch Klemmen oder Quetschen. Im Extremfall durch Abscheren von Gliedmaßen bei Eingriffen in die Scheibenwischermechanik. Vor jeglichen Reparaturarbeiten ist stets der Zündschlüssel abzuziehen.

Scheibenwischergummi aus- und einbauen

Frontscheibe

Ausbau

- Wischerblatt ausbauen, siehe entsprechendes Kapitel.

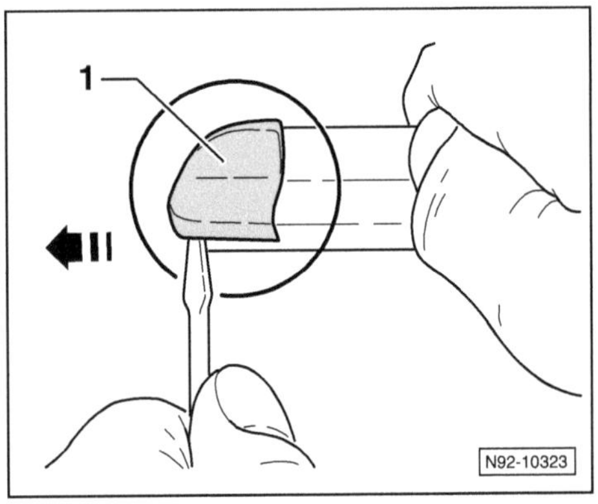

- Prüfen, an welcher Seite sich das Wischergummi nicht in der Führung verschieben lässt.
- Auf dieser Seite die Kappe –1– vorsichtig in Pfeilrichtung abhebeln.

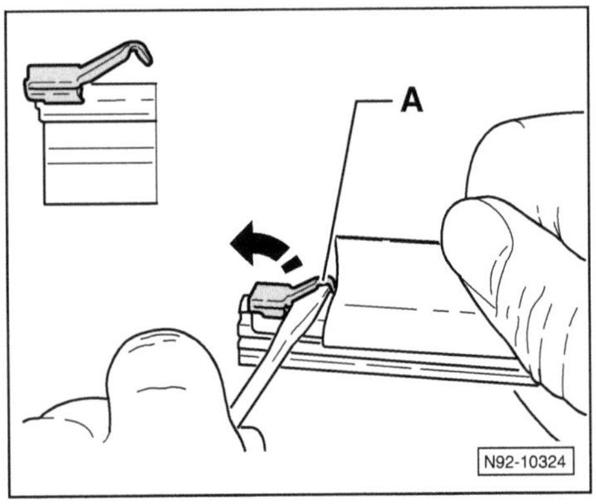

- Mit einem Schraubendreher die Wischergummiarretierung –A– aufbiegen –Pfeil–.
- Wischergummi herausziehen.

Einbau

- Neues Wischergummi einsetzen. Dabei auf richtigen Sitz in den Führungen des Wischerblattes achten.

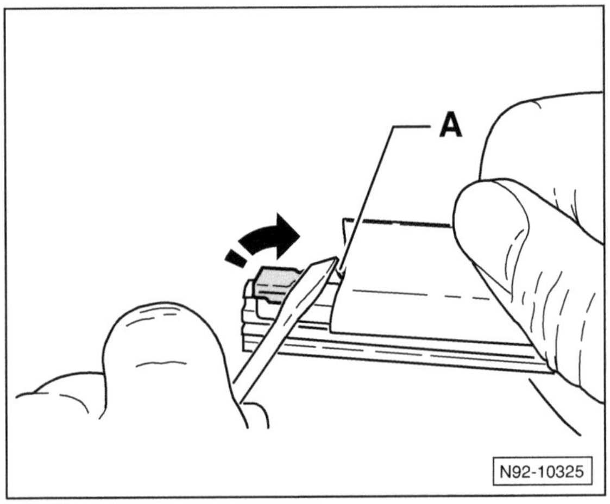

- Arretierung –A– mit einem Schraubendreher herunterdrücken –Pfeil–, bis sich das Wischergummi in der Führung nicht mehr verschieben lässt.

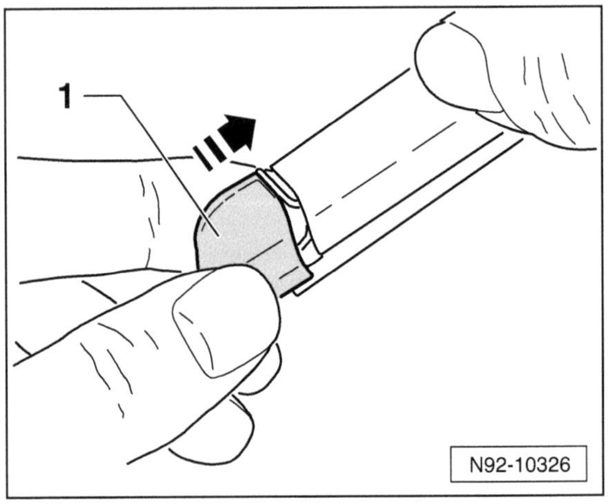

- Neue Kappe in Pfeilrichtung aufschieben und einrasten. Durch Ziehen an der Kappe deren festen Sitz prüfen.
- Wischerblatt einbauen.
- Anschließend Funktion des Scheiberwischers prüfen.

Wischerblatt aus- und einbauen

Frontscheibenwischer

Ausbau

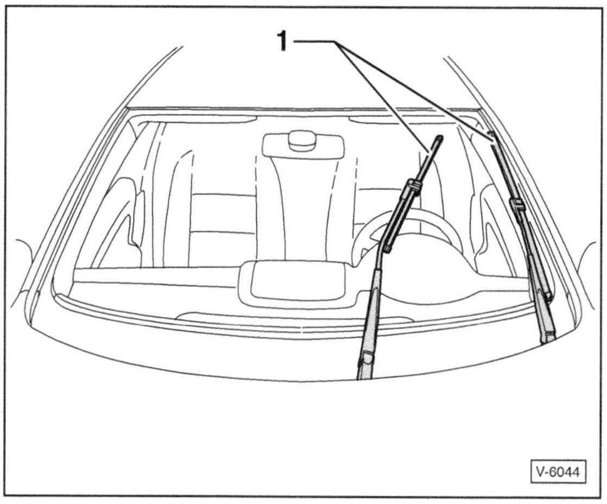

- Wischerarme –1– in die »Servicestellung« fahren. Dazu Zündung kurz ein- und wieder ausschalten. Nach dem Ausschalten innerhalb von 10 Sekunden Wischerschalter kurz nach unten drücken beziehungsweise antippen.
- Zündschlüssel abziehen.
- Wischerarm hochklappen. Dabei nur den Wischerarm oder das Wischerblatt im Bereich der Befestigung anfassen.

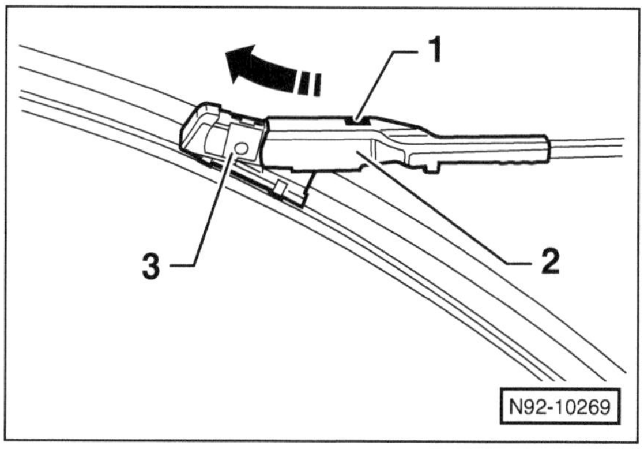

- Verriegelungstaste –1– drücken und Aufnahme –3– am Wischerblatt in Pfeilrichtung vom Wischerarm –2– abziehen.

Einbau

Achtung: Das längere Wischerblatt wird auf der Fahrerseite eingesetzt.

- Aufnahme –3– am Wischerblatt bis zum Anschlag in den Wischerarm –2– einschieben. Die Verriegelungstaste –1– muss dabei sicher einrasten.
- Wischerarm vorsichtig zurückklappen.

Heckscheibenwischer

Ausbau

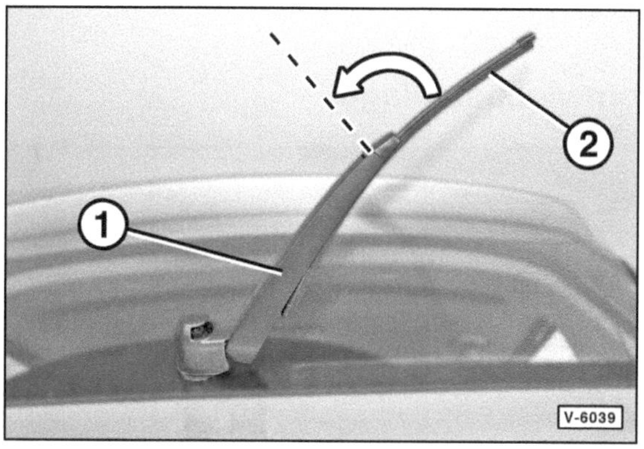

- Wischerarm –1– hochklappen.
- Wischerblatt –2– rechtwinklig zum Wischerarm stellen. Dabei geringen Widerstand überwinden. Dadurch wird der Befestigungsclip etwas verschoben.
- Wischerblatt entgegen der Pfeilrichtung zurückschwenken.

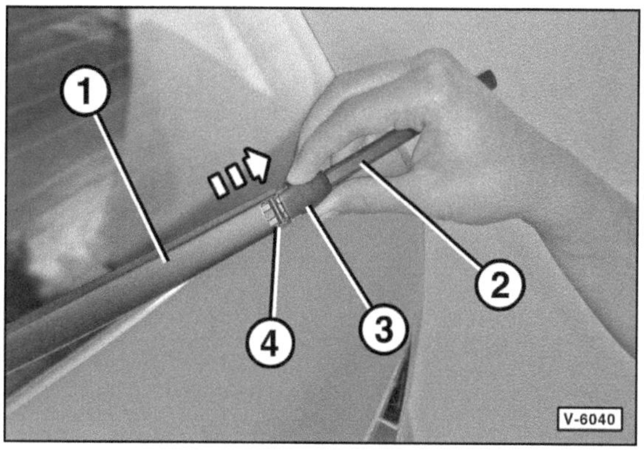

- Befestigungsclip –3– in Pfeilrichtung schieben, bis die Achse –4– des Wischerarms –1– frei liegt.
- Wischerblatt –2– abnehmen.

Einbau

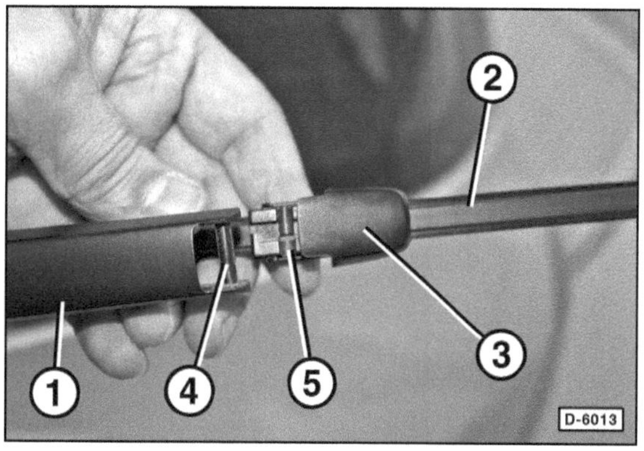

- Wischerblatt –2– mit der Aufnahme –5– des Befestigungsclips an der Achse –4– des Wischerarms ansetzen.

- Befestigungsclip –3– gegen den Wischerarm –1– schieben und einrasten.
- Wischerarm mit Wischerblatt vorsichtig auf die Heckscheibe zurückklappen.

Frontwischeranlage

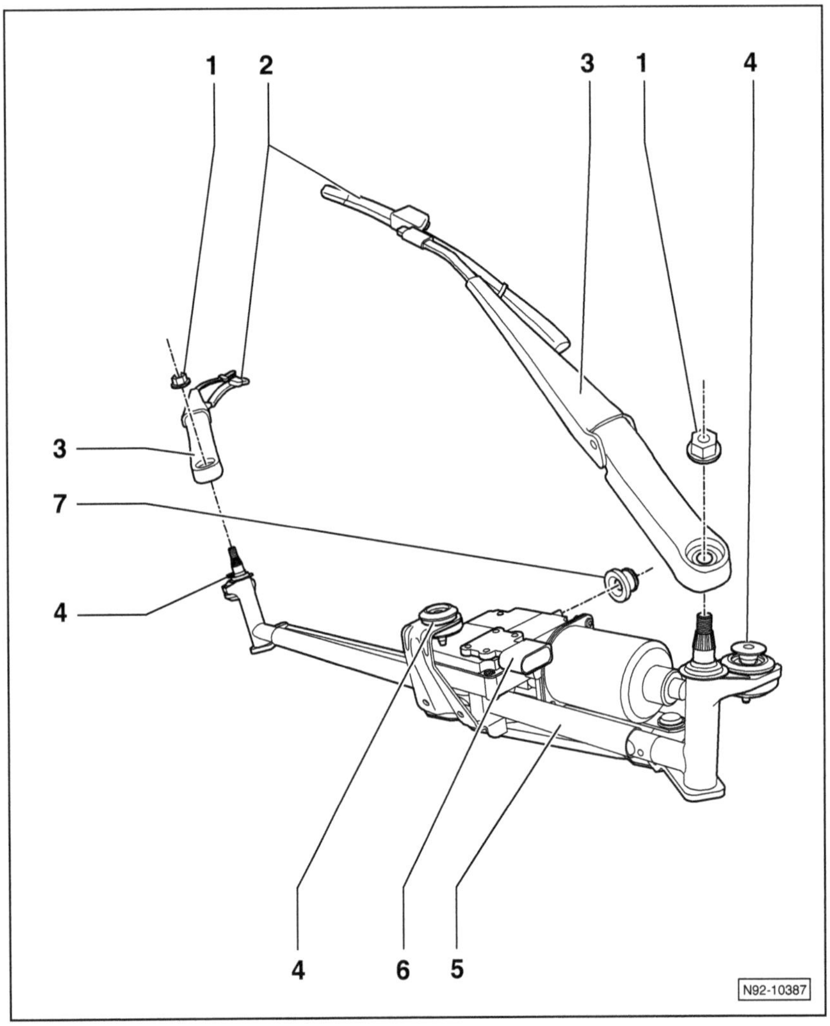

1 – Muttern, 20 Nm

2 – Scheibenwischerblätter

3 – Wischerarme

4 – Schrauben, 8 Nm

5 – Wischerrahmen mit Gestänge

6 – Scheibenwischermotor mit Steuergerät

7 – Gummitülle in Stirnwand

Wischerarme an der Frontscheibe aus- und einbauen

Ausbau

Hinweis: Zum Abziehen kann das VW-Werkzeug T10369/1 oder die Spindel HAZET 4855-8 mit Abziehkopf 4855-1 verwendet werden.

- Zündung einschalten und Scheibenwischer in die Endstellung fahren. Die Endstellung ist die untere Stellung der Wischerblätter, siehe entsprechendes Kapitel.
- Zündung ausschalten, Zündschlüssel abziehen.
- Stellung der Wischergummis auf der Frontscheibe markieren. Dazu Klebeband neben den Wischergummis auf die Scheibe kleben.
- Motorhaube öffnen.

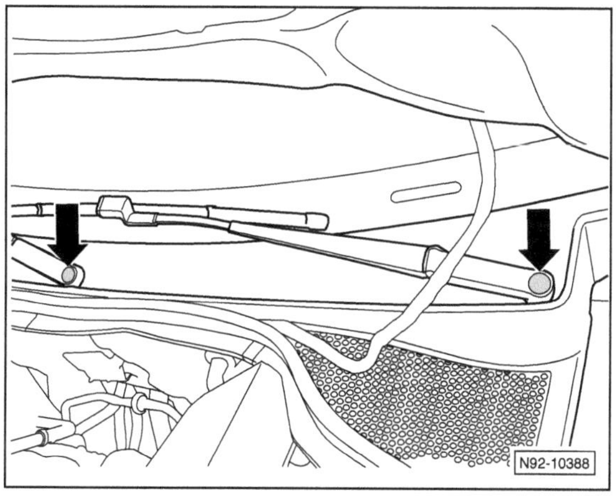

- Mit einem Schraubendreher die Abdeckkappen –Pfeile– an den Wischerarmen abhebeln.

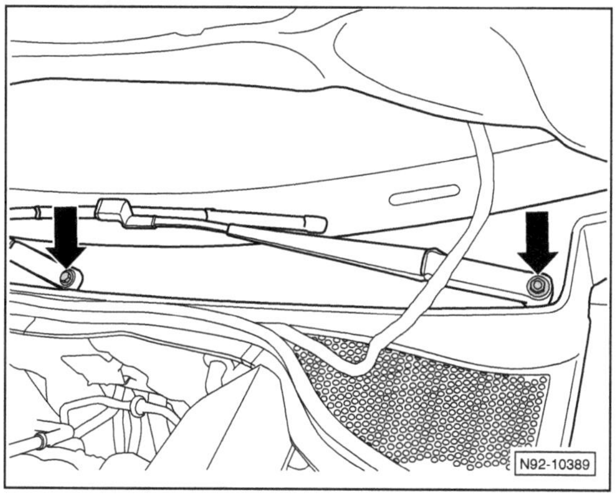

- Darunter liegende Muttern –Pfeile– lösen.
- Wischerarm leicht hin und her bewegen, bis er sich von der Wischerwelle löst. Mutter ganz abschrauben und Wischerarm von der Welle abziehen. **Achtung:** Dabei kann unter Umständen der Lack an der Motorhaube beschädigt werden. Um das zu verhindern, empfiehlt es sich, die Motorhaube im Arbeitsbereich mit einem Klebeband abzukleben.

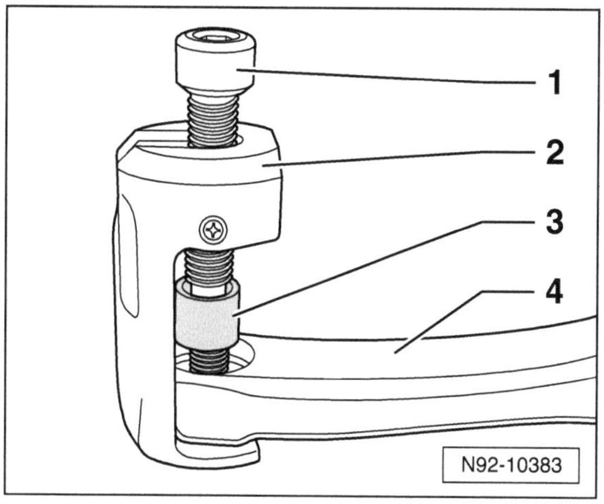

- Läßt sich der Wischerarm auf diese Weise nicht lösen, muss ein geeignetes Abziehwerkzeug verwendet werden. Dabei Befestigungsmutter abschrauben und die Arme des Abziehers –2– unter den Wischerarm –4– schieben.

Achtung: Vorsichtig vorgehen, damit die Wischerwelle nicht beschädigt wird. Grundsätzlich geeignetes Druckstück –3– verwenden.

- Druckschraube –1– des Abziehers im Uhrzeigersinn drehen, bis das Druckstück –3– auf der Welle aufliegt.
- Druckschraube –1– mit einem Innensechskantschlüssel, Schlüsselweite 6 mm, im Uhrzeigersinn drehen, bis sich der Wischerarm –4– von der Welle löst.

Einbau

- Falls der Wischermotor bei ausgebauten Wischerarmen betätigt wurde, sicherstellen, dass sich der Scheibenwischermotor in Endstellung befindet. Gegebenenfalls Motorhaube schließen und Wischermotor durch Antippen des Wischerschalters kurz laufen lassen. Anschließend Zündung ausschalten und Zündschlüssel abziehen.
- Wischerarm anhand der beim Ausbau angebrachten Klebeband-Markierung ausrichten und auf die Wischerwelle aufsetzen. Klebeband-Markierung abnehmen.
- Mutter aufschrauben und handfest anziehen.
- Falls ausgebaut 2. Wischerarm auf dieselbe Weise einbauen.
- Motorhaube schließen, Scheibe mit Wasser benetzen, Scheibenwischer kurz laufen lassen und in Endstellung abschalten. Die Wischerblätter dürfen sich beim Wischen nicht über den Scheibenrand hinausbewegen.
- Endstellung der Wischerblätter prüfen, siehe entsprechendes Kapitel.
- Gegebenenfalls Muttern lösen, Wischerarme abnehmen und Einstellung der Endablage korrigieren.
- Muttern für Wischerarme mit **20 Nm** festziehen.
- Abdeckkappen aufdrücken.

Endablage der Wischerblätter prüfen

Frontscheibe

Hinweis: Die Scheibenwischeranlage ist mit der so genannten **APS**-Funktion ausgestattet. Sie bewirkt, dass der Wischer nach jedem 2. Abschalten entweder in der Endstellung zum Stillstand kommt, oder aus der Endstellung in die »**alter**nierende **Park**s**tellung**« vorgeschoben wird.

Prüfen

- Frontscheibe mit Wasser benetzen, Scheibenwischer kurze Zeit laufen lassen und über den Wischerschalter abschalten. Dadurch läuft der Wischer nach jedem 2. Abschalten in die Endstellung; Wischer dabei beobachten. Die Endstellung ist die untere Stellung der Wischerblätter.
- Zündung ausschalten.

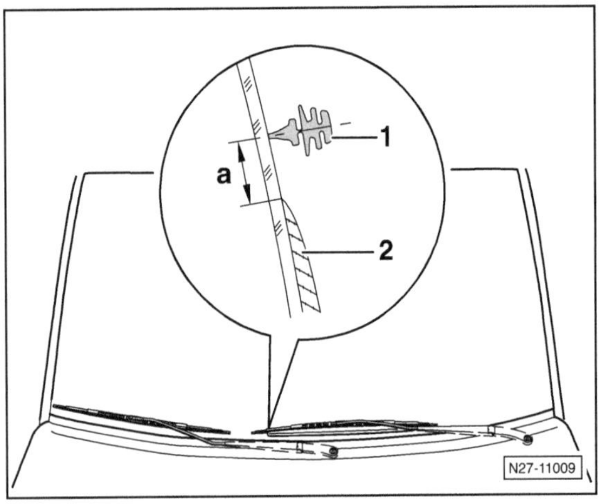

- Einstellmaß –a– für die Endablage der Scheibenwischerblätter zwischen der Mitte der Wischerblattspitze –1– und der Oberkante des Windlaufgrills –2– messen.

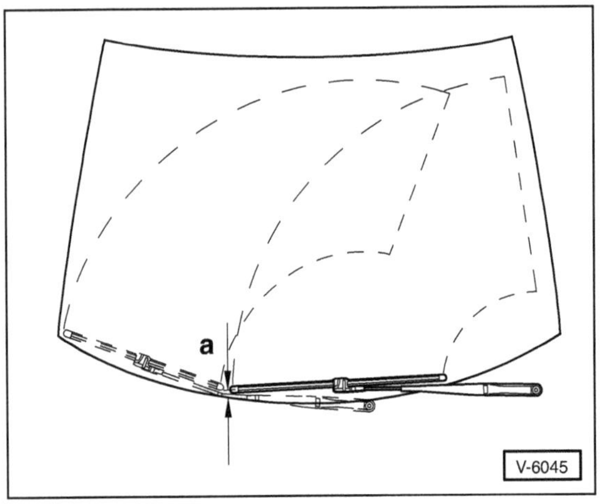

- Das Maß –a– für das linke Scheibenwischerblatt (Fahrerseite) muss 10 mm betragen. **Hinweis:** Falls in der Frontscheibe ein kleines weißes Dreieck vorhanden ist, Spitze des Scheibenwischerblatts auf auf dieses Dreieck ausrichten.

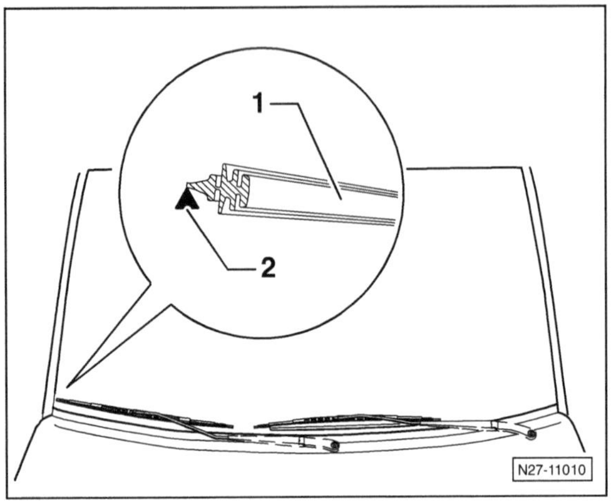

- Die Spitze des rechten Wischerblattes –1– auf ein kleines Dreieck –2– in der Frontscheibe ausrichten. **Hinweis:** Falls das Dreieck nicht vorhanden ist, Spitze des Wischerblattes auf den Spalt zwischen Windlaufgrill und seitlicher Wasserfangleiste ausrichten.
- Gegebenenfalls Wischerarme ausbauen und entsprechend umsetzen, siehe entsprechendes Kapitel.

Heckscheibe

Prüfen

- Zündung einschalten.
- Heckscheibenwischer ein- und ausschalten und dadurch in Endstellung laufen lassen.
- Zündung ausschalten.

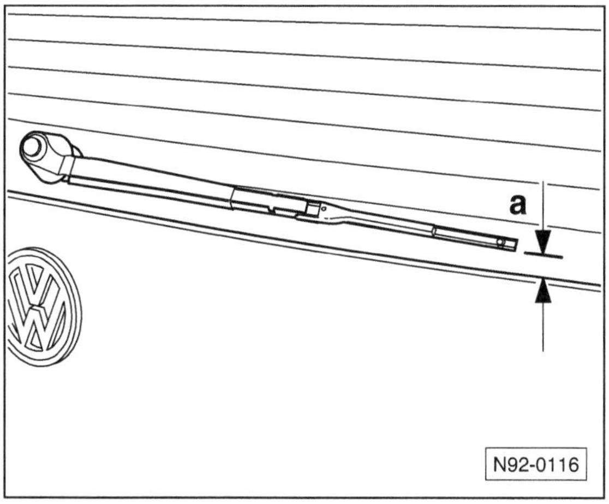

- Abstand der Wischerblattspitze zur Scheibenunterkante messen und mit Sollwert vergleichen:
  Maß a = 23 mm.
- Gegebenenfalls Wischerarm ausbauen und entsprechend umsetzen, siehe entsprechendes Kapitel.

Wischergestänge/Wischermotor an der Frontscheibe aus- und einbauen

Hinweis: Wischermotor und Steuergerät sind eine Baueinheit. Soll das Steuergerät ersetzt werden, vorher die Codierung aus dem alten Steuergerät mit dem Diagnosegerät auslesen und auf das neue Steuergerät übertragen.

Ausbau

- Scheibenwischer in die Endablage fahren, siehe entsprechendes Kapitel.
- Batterie abklemmen. **Achtung:** Hinweise im Kapitel »Batterie aus- und einbauen« beachten.
- Wischerarme ausbauen, siehe entsprechendes Kapitel.
- Windlaufgrill ausbauen, siehe Seite 245.

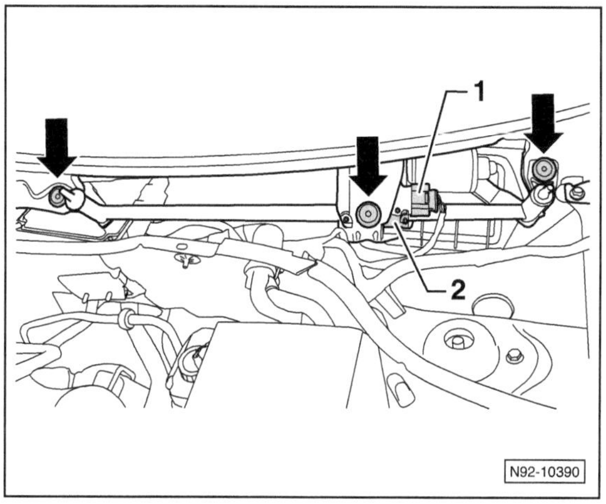

- Stecker –1– vom Wischermotor abziehen.
- Schrauben –Pfeile– am Wischerrahmen –2– herausdrehen und Wischerrahmen komplett mit Wischergestänge sowie Wischermotor seitlich aus dem Fahrzeug herausnehmen.

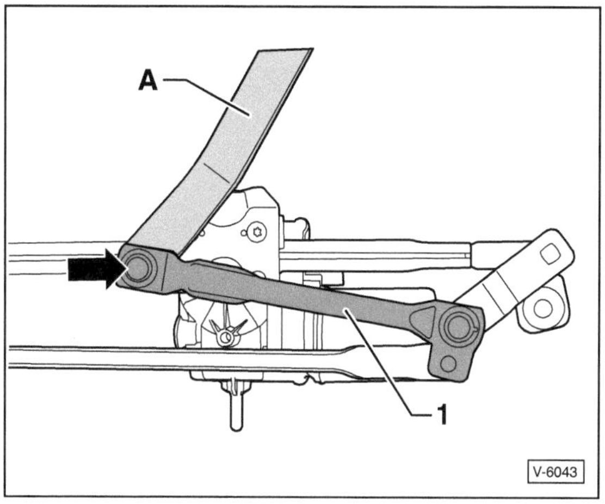

- Kugelkopf –Pfeil– des Gestänges –1– mit dem VW-Abdrückhebel 80-200 –A– oder einem großen Schraubendreher von der Kurbel des Scheibenwischermotors abheben.

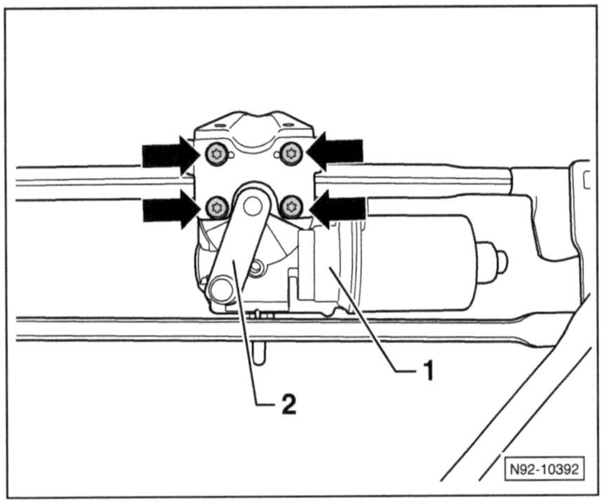

- Stellung der Motorkurbel –2– mit Filzstift markieren.
- Motorkurbel –2– so verdrehen, dass die Befestigungsschrauben –Pfeile– zugänglich sind.
- 4 Schrauben –Pfeile– herausdrehen und Scheibenwischermotor –1– mit Steuergerät vom Wischerrahmen abnehmen.

Einbau

- Wischermotor am Wischerrahmen einsetzen und handfest anschrauben. Anschließend Schrauben mit **8 Nm** festziehen.
- Motorkurbel in die beim Ausbau markierte Ausgangslage drehen.
- Kugelkopf des Gestänges auf die Kurbel aufdrücken und einrasten.

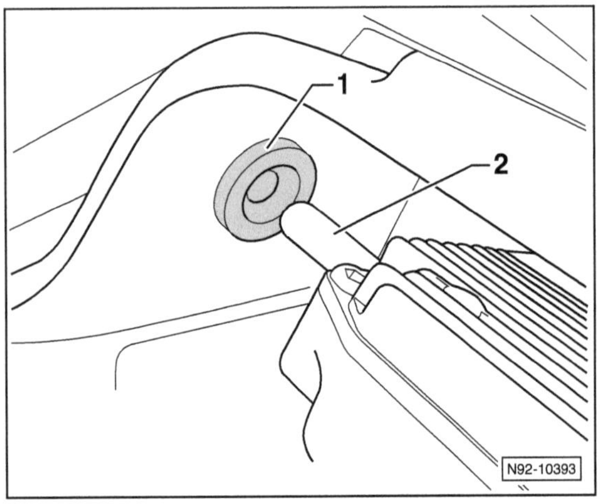

- Wischerrahmen mit Motor und Gestänge einsetzen, dabei darauf achten, dass der Zapfen –2– des Wischerrahmens in das Gummistück –1– der Aufnahme an der Spritzwand gesteckt wird.
- Wischerrahmen mit **8 Nm** an der Karosserie festschrauben.
- Stecker am Wischermotor aufschieben und einrasten.
- Windlaufgrill einbauen, siehe Seite 245.
- Wischerarme einbauen, siehe entsprechendes Kapitel.
- Batterie anklemmen. **Achtung:** Hinweise im Kapitel »Batterie aus- und einbauen« beachten.
- Einstellung der Wischerarme überprüfen.

Heckwischeranlage

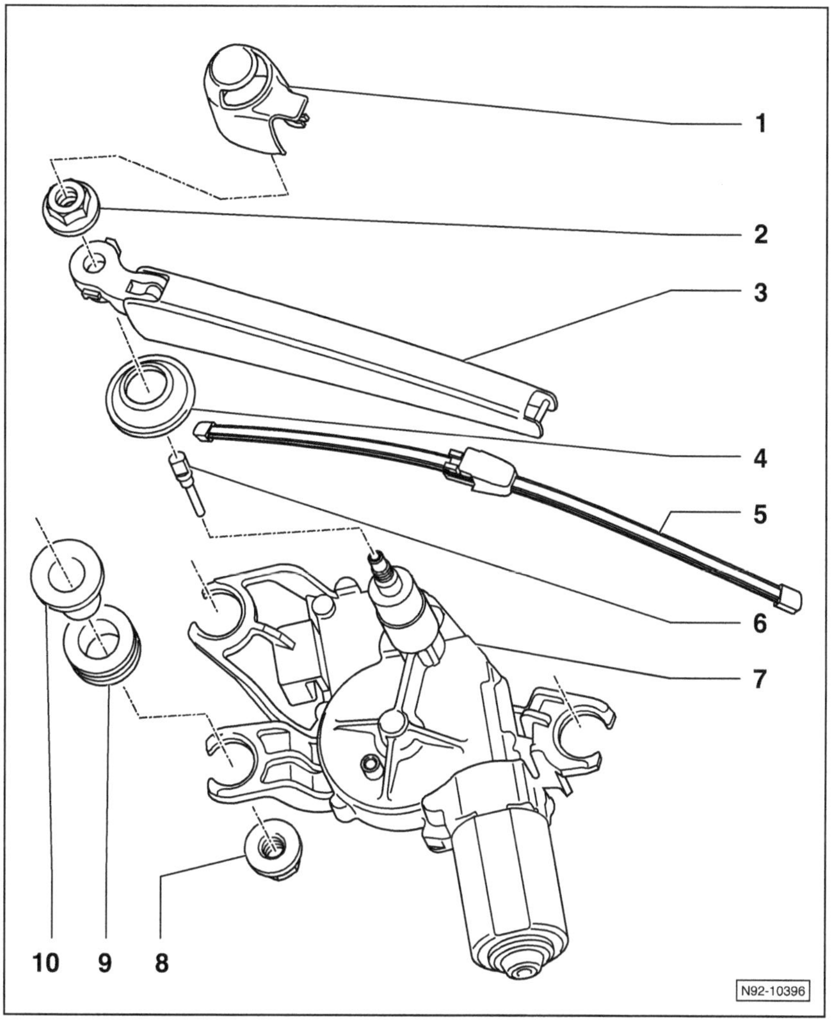

1 – **Abdeckkappe**

2 – **Mutter, 12 Nm**
Schlüsselweite 13 mm.

3 – **Wischerarm**

4 – **Dichtung**

5 – **Wischerblatt**

6 – **Spritzdüse**

7 – **Motor**

8 – **Mutter mit Scheibe, 8 Nm**

9 – **Gummiring**

10 – **Distanzstück**

Wischerarm an der Heckscheibe aus- und einbauen

Ausbau

- Heckscheibe mit Wasser benetzen.
- Heckscheibenwischer kurze Zeit laufen lassen und über den Scheibenwischerschalter abschalten. Dadurch läuft der Wischer in die Endstellung.
- Stellung des Wischergummis auf der Heckscheibe markieren. Dazu Klebeband neben dem Wischergummi auf die Scheibe kleben.

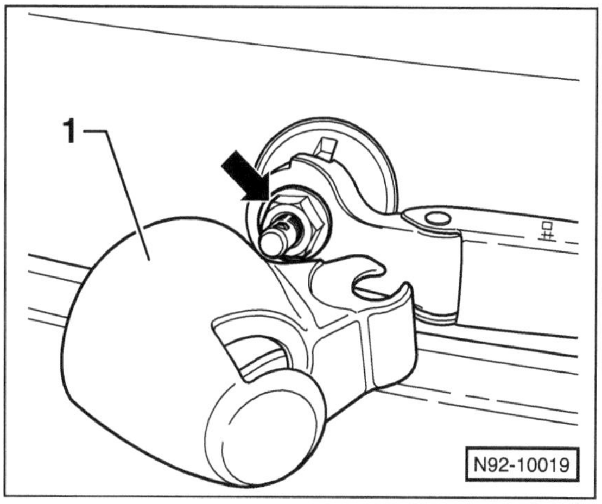

- Abdeckkappe –1– hochklappen und vom Wischerarm abziehen.
- Mutter –Pfeil– um ca. 2 Umdrehungen lockern.

- Wischerarm hochklappen und seitlich hin- und herbewegen. Dadurch wird der Wischerarm vom Konus der Wischerwelle gelöst.
- Mutter ganz abschrauben und Wischerarm abnehmen.

Einbau

- Sicherstellen, dass der Scheibenwischermotor in Endstellung steht. Gegebenenfalls Motor kurz laufen lassen und mit Wischerschalter abschalten.
- Wischerarm auf die Wischerwelle aufsetzen, dabei anhand der beim Ausbau angebrachten Klebeband-Markierung ausrichten.
- Mutter anschrauben und handfest anziehen.
- Heckscheibe mit Wasser benetzen.
- Heckscheibenwischer kurze Zeit laufen lassen und über den Scheibenwischerschalter abschalten. Stellung des Wischerarms kontrollieren, gegebenenfalls korrigieren, siehe entsprechendes Kapitel.
- Befestigungsmutter mit **12 Nm** festziehen.
- Abdeckkappe einclipsen, zurückklappen und hörbar einrasten.

Wischermotor an der Heckscheibe aus- und einbauen

Ausbau

- Sicherstellen, dass sich der Scheibenwischer in Endstellung befindet, siehe Kapitel »Wischerarm aus- und einbauen«.
- Batterie abklemmen. **Achtung:** Hinweise im Kapitel »Batterie aus- und einbauen« beachten.
- Wischerarm ausbauen, siehe entsprechendes Kapitel.
- Heckklappe öffnen und untere Heckklappenverkleidung ausbauen, siehe Seite 259.

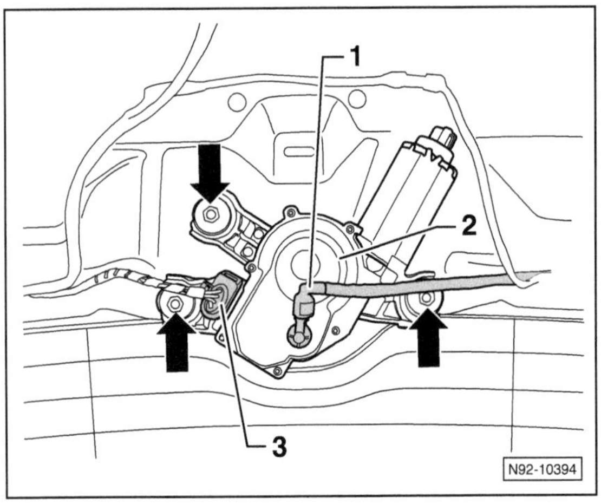

- Stecker –3– entriegeln und vom Wischermotor abziehen.
- Sicherungsclip an der Schlauchverbindung –1– zum Entriegeln verdrehen.
- Waschwasserschlauch –1– vom Wischermotor –2– abziehen.
- Muttern –Pfeile– abschrauben und Wischermotor –2– vorsichtig aus der Heckklappe herausziehen.

Einbau

Achtung: Vor dem Einbau prüfen, ob sich der Wischermotor in Endstellung befindet. Dazu kurzzeitig Anschlussstecker aufschieben und Batterie anschließen. Motor kurz laufen lassen und anschließend mit Wischerschalter ausschalten, damit der Motor in Endstellung stehen bleibt.

- Innenseite der Dichtung in der Heckscheibe mit gummi- und kunsststoffverträglichem Gleitmittel (Polyethylenglykol) bestreichen, damit sich der Wischermotor leichter einsetzen lässt.

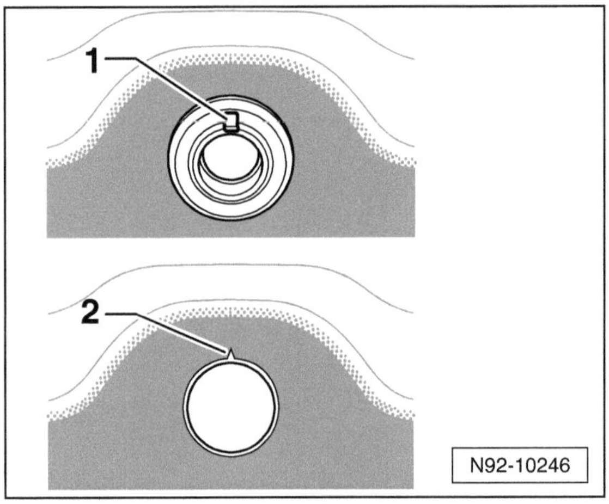

- Wischermotor vorsichtig durch die Öffnung in der Heckscheibe einsetzen. Dabei auf richtigen Sitz der Dichtung achten. Die Markierung –1– auf der Dichtung muss mit der Markierung –2– auf der Heckscheibe übereinstimmen.
- Wischermotor mit **8 Nm** anschrauben.
- Der weitere Einbau erfolgt in umgekehrter Ausbaureihenfolge. Einstellung des Wischerarms überprüfen.

Scheibenwaschanlage

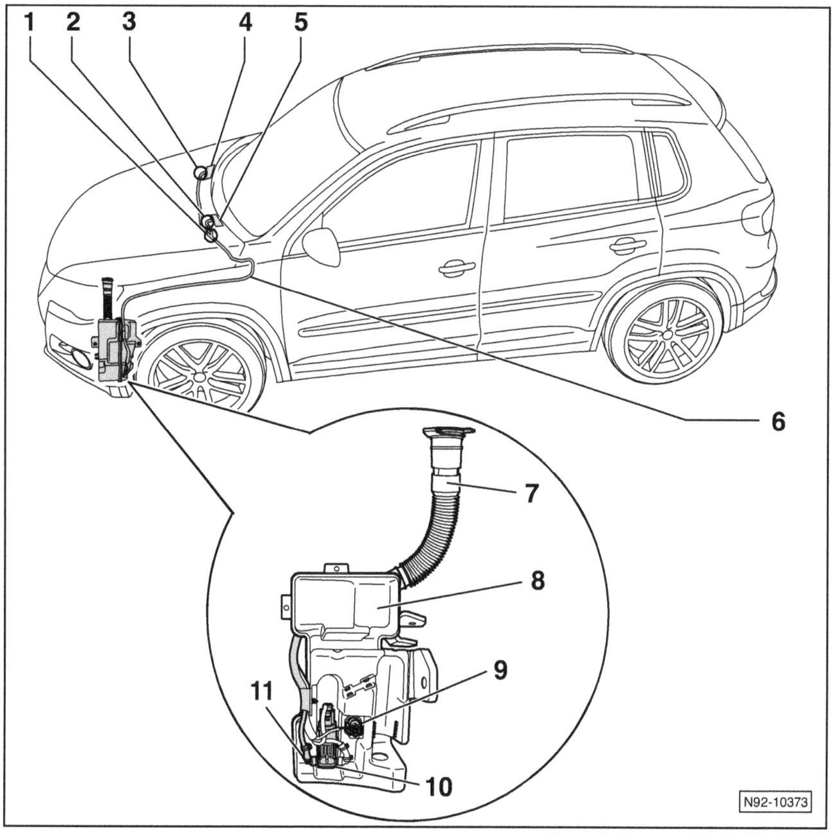

Frontscheiben-Waschanlage

1 – **Y-Stück**
Verteilung der Waschwasserleitung zu den Spritzdüsen der Frontscheiben-Waschanlage.

2 – **Winkelstück**
Anschluss an Spritzdüse links.

3 – **Winkelstück**
Anschluss an Spritzdüse rechts.

4 – **Rechte Spritzdüse**

5 – **Linke Spritzdüse**

6 – **Schlauch**

7 – **Verbindungsrohr mit Einfüllstutzen**
Wird zusammen mit dem Waschwasserbehälter ausgebaut.

8 – **Waschwasserbehälter**
Anzugsdrehmoment für die Befestigungsschrauben und -muttern: **8 Nm**.

9 – **Waschwasserstandsgeber**
Für Front- und Heckscheibe.

10 – **Waschwasserpumpe**
Für Front- und Heckscheibe.

11 – **Winkelanschlussstück**
Anschluss an Front- und Heckscheibenwaschpumpe.

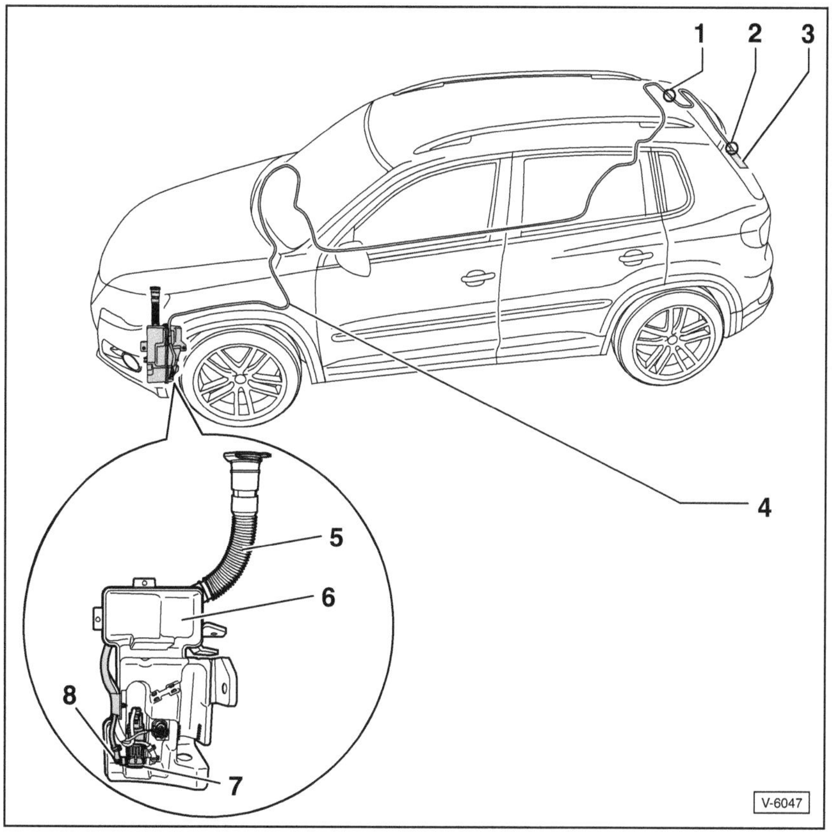

Heckscheiben-Waschanlage

1 – **Anschlussstück**
Anschluss an Spritzdüse Heckscheibenwaschanlage.

2 – **Anschlussstück**
Trennstelle für Waschwasserleitung »Innenraum« an Leitung »Heckklappe«.

3 – **Spritzdüse**
Sitzt in der Wischerwelle.

4 – **Schlauch**

5 – **Einfüllrohr**

6 – **Waschwasserbehälter**
Für Scheiben- und Scheinwerfer-Waschanlage.

7 – **Waschwasserpumpe**
Für Front- und Heckscheibe.

8 – **Waschwasserstandsgeber**

Scheibenwaschdüse für Frontscheibe aus- und einbauen/einstellen

Ausbau

- Motorhaube öffnen.

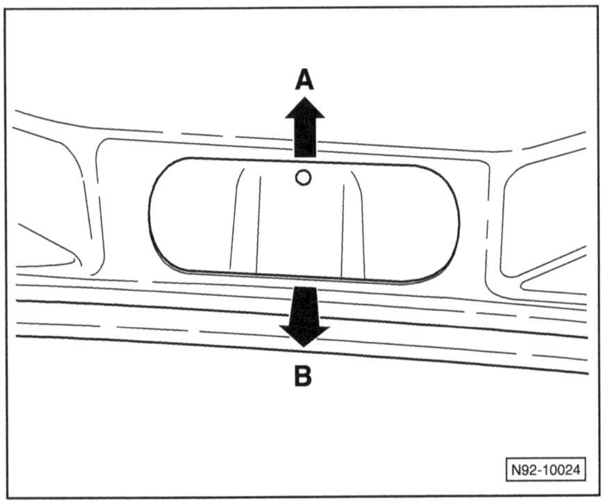

- Scheibenwaschdüse zuerst nach oben drücken –Pfeil A–, dann nach unten aus der Motorhaube herausziehen –Pfeil B–.

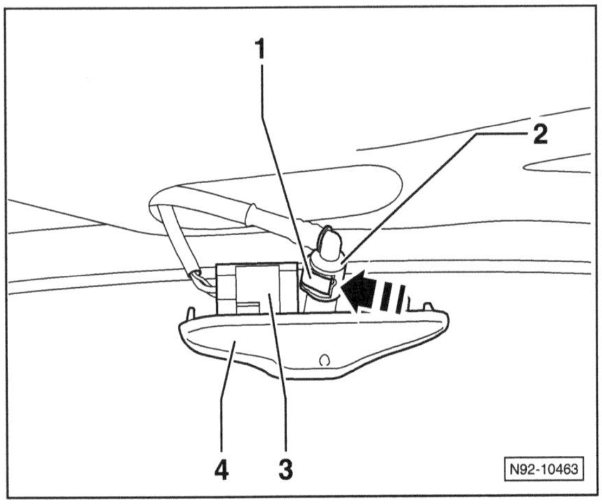

- Sicherungsring –1– am Schlauchanschluss –2– zum Entriegeln verdrehen und Wasserschlauch abziehen.
- Gegebenenfalls Stecker –3– für Düsenbeheizung abziehen.
- Scheibenwaschdüse –4– abnehmen.

Einbau

- Wenn nötig, Scheibenwaschdüse reinigen. Dabei Scheibenwaschdüse mit Wasser entgegen der Spritzrichtung durchspülen. Dann Düse mit Druckluft entgegen der Spritzrichtung durchblasen.
- Der Einbau erfolgt in umgekehrter Ausbaureihenfolge, die Scheibenwaschdüse muss dabei hörbar einrasten.
- Scheibenwaschdüsen einstellen.

Scheibenwaschdüse einstellen

Die Scheibenwaschdüsen sind voreingestellt. Es können nur kleine Höhenunterschiede ausgeglichen werden.

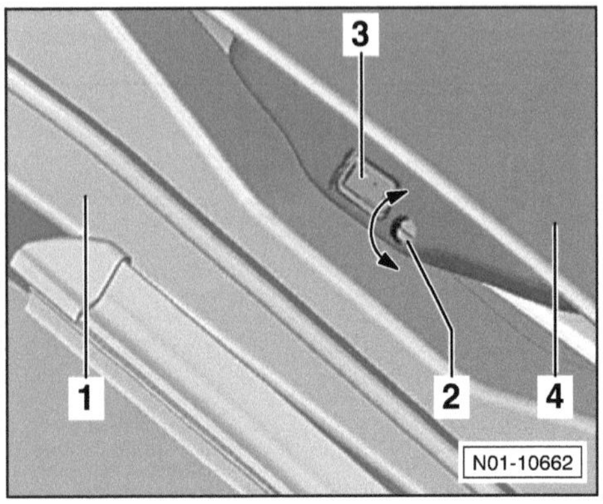

1 – Windlaufgrill
2 – Einsteller Torx Größe 8
3 – Fächerdüse
4 – Motorhaube

- Mit einem Torx-Schraubendreher die Spritzrichtung durch Drehen am Einsteller –2– verstellen. **Hinweis:** Drehen im Uhrzeigersinn bewirkt eine Verstellung nach unten; gegen den Uhrzeigersinn ergibt eine Verstellung nach oben.

Einstellmaße für Facherstrahldüsen in mm

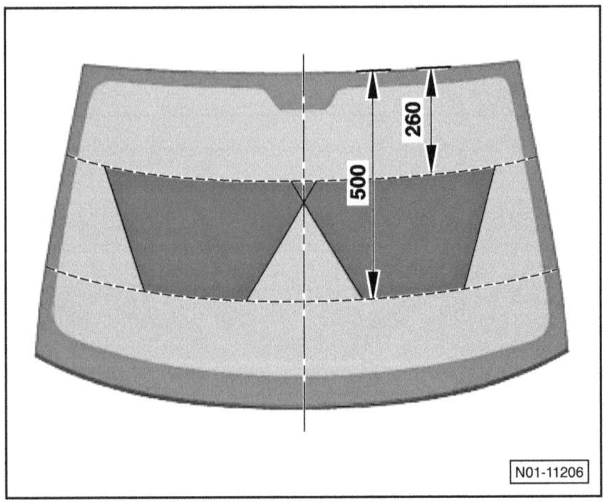

- Düsen so einstellen, dass sich das Spritzbild in den dunklen Flächen befindet. Die Maße sind in mm angegeben und dienen als Orientierung.

Einstellmaße für Kugelstrahldüsen in mm

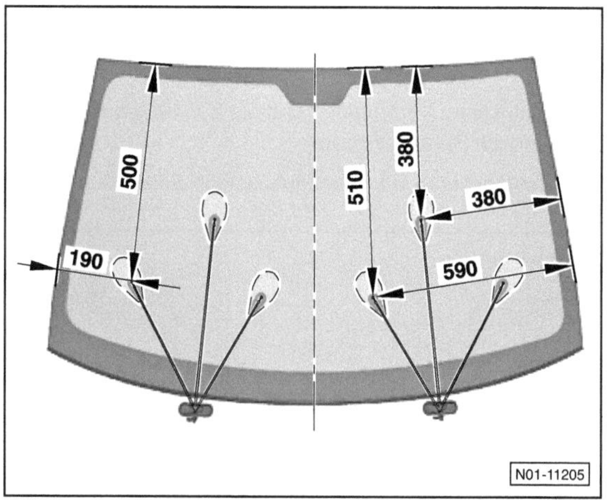

- Spritzbild der Düsen entsprechend der Abbildung einstellen.

Scheibenwaschdüse für Heckscheibe aus- und einbauen

Ausbau

- Heckwischer in Endstellung laufen lassen. Dazu Heckscheibe mit Wasser benetzen, Heckwischer kurze Zeit laufen lassen und mit dem Wischerschalter ausschalten.
- Zündung ausschalten. Zündschlüssel abziehen.

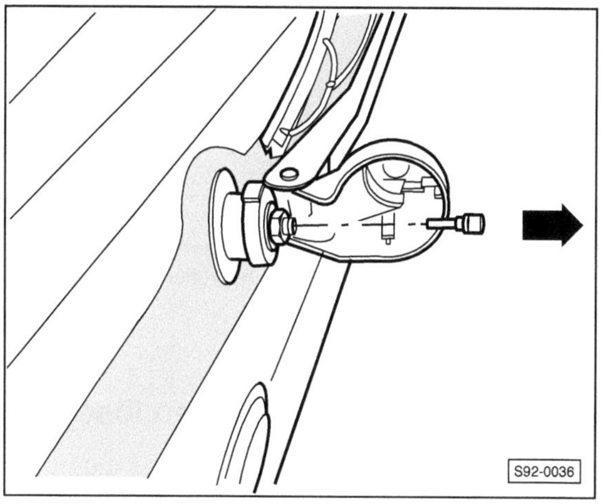

- Abdeckkappe am Wischerarm abklappen.
- Scheibenwaschdüse mit einer Spitzzange vorsichtig in Pfeilrichtung herausziehen.

Einbau

- Waschdüse bis zum Anschlag so in die Wischerwelle einschieben, dass die Spritzdüsenöffnung senkrecht nach oben zeigt.

Scheibenwaschdüse einstellen

- Spritzrichtung der Düse mit einem Dorn, ∅ 0,8 mm, zum Beispiel HAZET 4850-1, einstellen. Dazu Dorn in die Waschdüse einführen und Zielpunkt des Spritzstrahls auf der Scheibe anpeilen.

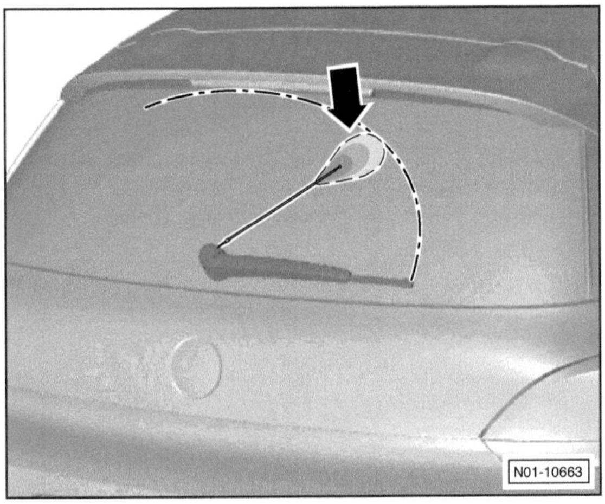

- Die Spritzstrahlen sollen bei stehendem Fahrzeug im oberen Drittel auf die Heckscheibe auftreffen –Pfeil–.
- Abdeckkappe zurückklappen.

Wasserschlauchverbindungen lösen

Beim Anschluss der Schläuche an Pumpen und Spritzdüsen werden verschiedene Sicherungsarten verwendet.

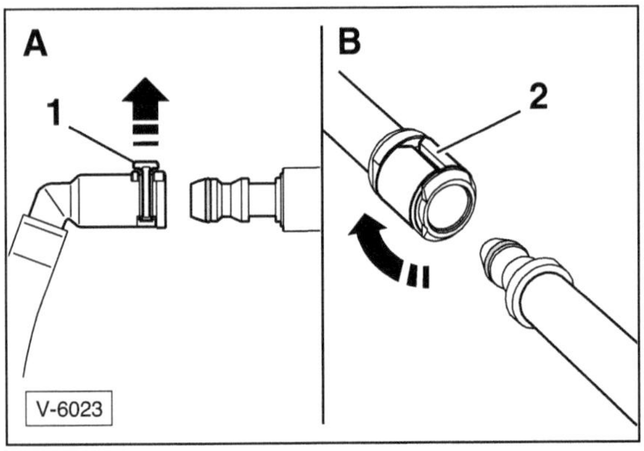

- Sicherungsclip –1– etwa 1 mm hochziehen –Pfeil A– und Schlauchanschluss abziehen. Zum Verbinden Schlauchanschluss aufstecken, Sicherungsclip eindrücken und einrasten.
- Sicherungsring –2– um 90° verdrehen –Pfeil B– und Schlauchanschluss abziehen. Zum Verbinden Schlauchanschluss aufstecken, dabei Sicherungsring verdrehen, und einrasten.

Scheibenwaschpumpe/ Wasserstandgeber aus- und einbauen

Ausbau

- Alle elektrischen Verbraucher und die Zündung ausschalten. Zündschlüssel abziehen.
- Innenkotflügel vorn links ausbauen, siehe Seite 250.

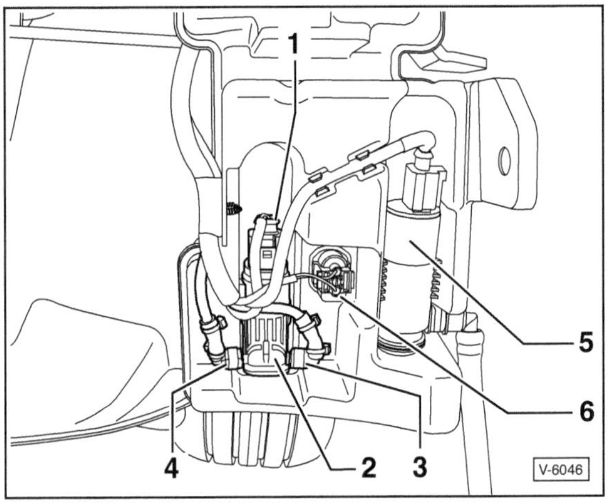

- Auffangbehälter für ausfließende Scheibenwasch-Flüssigkeit unterstellen.
- Sicherungsring an den Schlauchanschlüssen –3– und –4– zum Entriegeln verdrehen und Schläuche von der Scheibenwaschpumpe –2– abziehen. 5 – Scheinwerferreinigungspumpe.

Hinweis: Die Anschlüsse an der Scheibenwaschpumpe sowie an den Schläuchen für vordere und hintere Spritzdüsen sind zur Unterscheidung farblich gekennzeichnet.

- Ausfließende Scheibenwasch-Flüssigkeit auffangen.
- Stecker –6– vom Wasserstandgeber abziehen. **Hinweis:** Wasserstandgeber zum Ausbau aus der Gummidichtung herausziehen.
- Scheibenwaschpumpe –2– nach oben aus der Halterung am Scheibenwaschbehälter herausziehen.
- Stecker –1– von der Scheibenwaschpumpe abziehen.

Einbau

- Der Einbau erfolgt in umgekehrter Ausbaureihenfolge.

Lampentabelle

12-Volt-Glühlampe für	Typ	Leistung
Fahrzeuge seit 6/2011		
Halogen-Abblendlicht	H7	55 W
Standlicht	–	5 W
Halogen-Tagesfahrlicht/Fernlicht	H15	15/55 W
Blinklicht	PY	21 W
Bi-Xenonlicht	DS3	35 W
Kurvenlicht	–	55 W
Blinklicht	PSY	24 W
Tagesfahrlicht	LED	–
Nebelscheinscheinwerfer	HB4	51 W
Blinklicht im Außenspiegel	LED	–
Einstiegsleuchte im Außenspiegel	W	5 W
Brems- und Schlusslicht im Seitenteil	P	21 W
Blinklicht hinten im Seitenteil	–	21 W
Schlusslicht in der Heckklappe	–	16 W
Nebelschlusslicht in der Heckklappe	–	21 W
Hochgesetztes Bremslicht	LED	–
Kennzeichenlicht	C	5 W
Fahrzeuge bis 5/2011		
Fernlicht	H7U	55 W
Blinklicht	–	21 W
Standlicht	–	5 W
Abblendlicht	H7	55 W
Bi-Xenonlicht	DS3	35 W
Kurvenlicht	–	55 W
Blinklicht	–	24 W
Nebelscheinwerfer	H11	55 W
Blinklicht im Außenspiegel	LED	–
Einstiegsleuchte im Außenspiegel	W	5 W
Brems- und Schlusslicht im Seitenteil	P	21 W
Blinklicht hinten im Seitenteil	–	21 W
Schlusslicht in der Heckklappe	W	5 W
Nebelschlusslicht in der Heckklappe	–	21 W
Hochgesetztes Bremslicht	LED	–
Kennzeichenlicht	C	5 W

H: Halogenlampe; P: Bajonett-Sockel; W: Glassockel; C: Soffitte; Y: Leuchtenfarbe orange.

Fahrzeuge seit 6/2011

Glühlampen für Außenbeleuchtung vorn auswechseln

Glühlampen grundsätzlich nur durch solche gleicher Ausführung ersetzen. Vor einem Lampenwechsel sicherstellen, dass der betreffende Schalter ausgeschaltet ist.

Die richtige Lampenbezeichnung steht in der Betriebsanleitung oder auf dem Sockel der ausgebauten Lampe.

Den Glaskolben einer leistungsstarken Glühlampe nicht mit bloßen Fingern berühren. Dies gilt insbesondere für die Haupt- und Nebelscheinwerfer. Am besten ein sauberes Stofftuch dazwischen legen oder Baumwollhandschuhe anziehen. Versehentlich entstandene Berührungsflecken auf dem Glaskolben mit einem sauberen, nicht fasernden Tuch und etwas Spiritus abwischen.

Beim Hauptscheinwerfer kommen neben **Halogenlampen** auch **Bi-Xenonlampen mit Kurvenlicht** zum Einsatz.

Hinweis: Der Aufbau sowie die Anordnung der Glühlampen bei Xenon-Scheinwerfern entspricht denen bei Halogen-Scheinwerfern.

Achtung: Halogen- und Xenon-Lampen stehen unter Druck und können platzen. Deshalb beim Lampenwechsel Schutzbrille und Handschuhe tragen. Xenon-Lampen sind Sondermüll, da sie Quecksilber und Spuren von Thallium enthalten. Hautkontakt mit zerstörten Lampen vermeiden.

Achtung: Die mit einem Schutzlack beschichteten Kunststoffscheiben der Hauptscheinwerfer dürfen auf keinen Fall mit einem trockenen oder gar scheuernden Lappen gesäubert werden. Es dürfen auch keine Reinigungs- oder Lösungsmittel benutzt werden. Die Scheiben nur mit einem weichen, feuchten Tuch reinigen.

Sicherheitshinweis/Xenon-Scheinwerfer

Vorsicht beim Lampenwechsel an Xenon-Scheinwerfern. Verletzungsgefahr durch Hochspannung! Personen mit Herzschrittmacher dürfen keine Arbeiten an Xenon-Scheinwerfern vornehmen. **Auf jeden Fall Scheinwerfer ausschalten und Zündschlüssel abziehen.** Anschließend Scheinwerferschalter kurz ein- und wieder ausschalten, um **Restspannungen abzubauen**. Sicherheitshalber Schutzbrille, Handschuhe sowie Schuhe mit Gummisohlen tragen.

- Das Steuergerät der Xenonlampe darf nicht ohne Lampe betrieben werden.
- Die Xenonlampe darf aufgrund der hohen Spannungen (über 28.000 Volt beim Zünden) nur im Scheinwerfergehäuse betrieben werden.
- Der Glaskolben der Xenonlampe steht unter Druck; bei kalter Lampe mit ca. 7 bar, bei heißer Lampe mit bis zu 100 bar. Am heißen Glaskolben können bis zu +700° C erreicht werden.

Allgemeine Hinweise zum Lampenwechsel

- Grundsätzlich Lichtschalter ausschalten, Zündung ausschalten, Zündschlüssel abziehen.
- Bei Arbeiten an **Xenon-Scheinwerfern** die **Sicherheitshinweise** im grauen Kasten beachten.
- Motorhaube öffnen.
- Beim Einbau darauf achten, dass die Steckverbindungen richtig einrasten und fest sitzen.
- Nach dem Einbau neue Glühlampe auf Funktion überprüfen. Gegebenenfalls Scheinwerfer-Einstellung von einer Werkstatt kontrollieren und einstellen lassen.
- Zum Wechseln der Lampen am **Halogen-Scheinwerfer** muss der Scheinwerfer nicht ausgebaut werden. In den folgenden Abbildungen werden die Arbeitsschritte der Übersichtlichkeit wegen teilweise am ausgebauten Scheinwerfer dargestellt.
- Sicherstellen, dass die Abdeckkappe hinten am Scheinwerfer fest sitzt. Bei undichter oder nicht richtig sitzender Abdeckkappe wird der Scheinwerfer durch Wassereintritt beschädigt.

Abblendlicht (Halogen-Scheinwerfer)

Seit 6/2011

Ausbau

- Zündung ausschalten, Zündschlüssel abziehen.

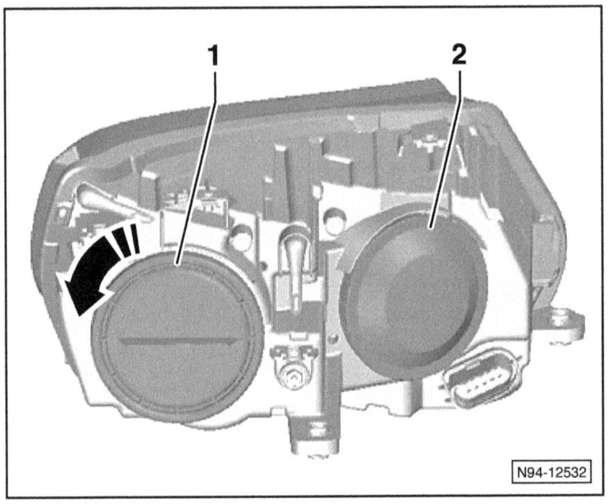

- Abdeckkappe –1– in Pfeilrichtung bis zum Anschlag drehen und abnehmen.

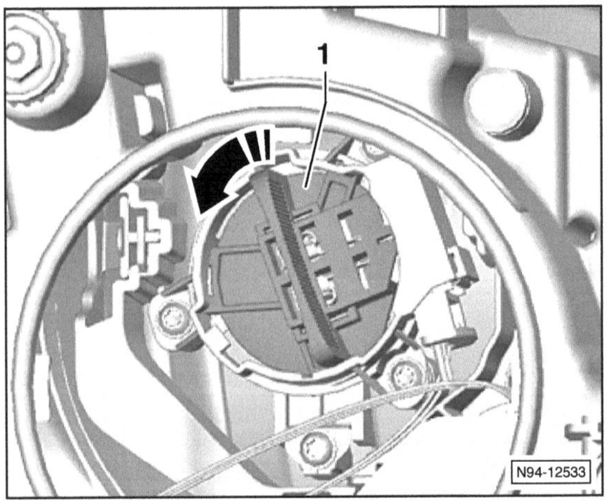

- Lampenfassung –1– am Griffstück in Pfeilrichtung bis zum Anschlag drehen und zusammen mit der Lampe herausnehmen. **Hinweis:** Beim Drehen wird auch gleichzeitig der elektrische Anschluss der Lampe getrennt.

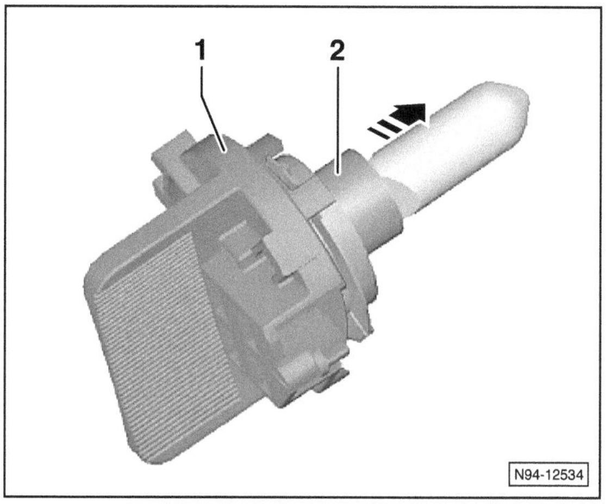

- Lampe –2– in Pfeilrichtung gerade aus der Lampenfassung –1– herausziehen.

Einbau

- Der Einbau erfolgt in umgekehrter Ausbaureihenfolge.

Fernlicht/Tagesfahrlicht (Halogen-Scheinwerfer)

Seit 6/2011

Die 2-Faden-Lampe übernimmt gleichzeitig die Funktion des Fernlichts und des Tagesfahrlichts.

Ausbau

- Zündung ausschalten, Zündschlüssel abziehen.
- Abdeckkappe –2– abziehen, siehe Abbildung N94-12532.

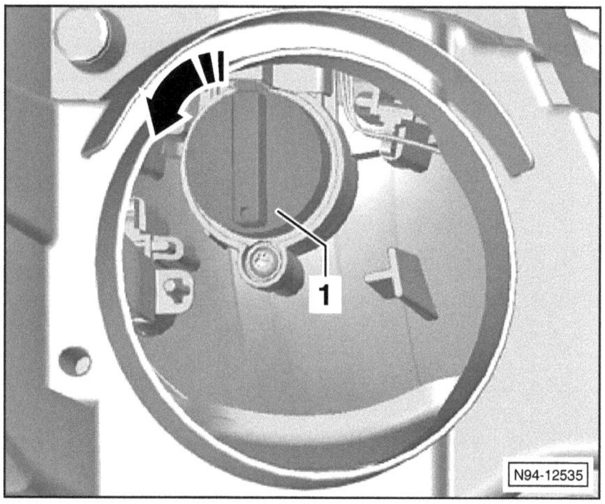

- Lampenfassung –1– am Griffstück in Pfeilrichtung bis zum Anschlag drehen und zusammen mit der Lampe herausnehmen. **Hinweis:** Beim Drehen wird auch gleichzeitig der elektrische Anschluss der Lampe getrennt.

Achtung: Die Lampe ist fest mit der Fassung verbunden und kann nur zusammen ersetzt werden.

Einbau

- Der Einbau erfolgt in umgekehrter Ausbaureihenfolge.

Standlicht (Halogen-Scheinwerfer)

Seit 6/2011

Ausbau

- Zündung ausschalten, Zündschlüssel abziehen.
- Abdeckkappe –2– abziehen, siehe Abbildung N94-12532.

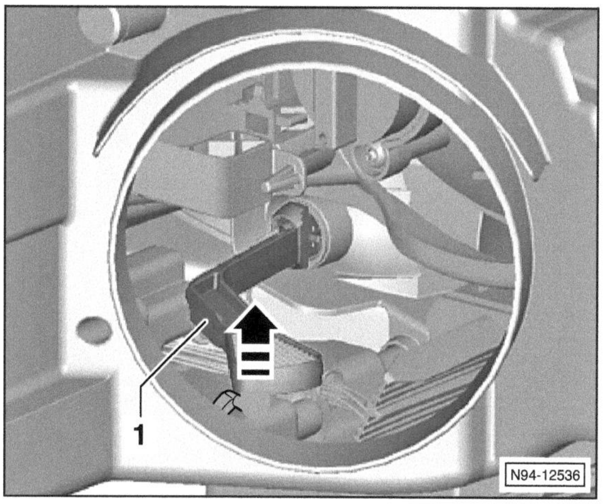

- Den Kugelkopf am Griffstück –1– in Pfeilrichtung drücken und aus dem Lampengehäuse ausrasten.
- Lampenfassung mit Griffstück nach hinten aus dem Scheinwerfergehäuse herausziehen. **Achtung:** Dabei auf die Kabellänge achten.

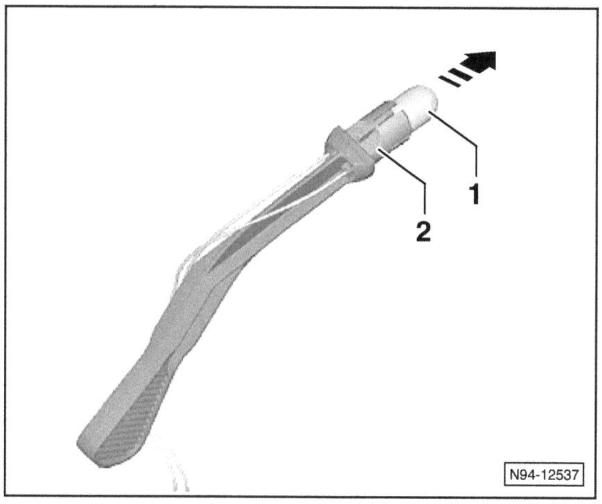

- Lampe für Standlicht –1– in Pfeilrichtung gerade aus der Lampenfassung –2– herausziehen.

Einbau

- Der Einbau erfolgt in umgekehrter Ausbaureihenfolge. Anschließend durch Hin- und Herbewegen prüfen, ob der Kugelkopf am Griffstück richtig im Scheinwerfergehäuse eingerastet ist.

Blinklicht (Halogen-Scheinwerfer)

Seit 6/2011

Ausbau

- Zündung ausschalten, Zündschlüssel abziehen.
- Abdeckkappe –2– abziehen, siehe Abbildung N94-12532.
- Standlichtlampe ausbauen.

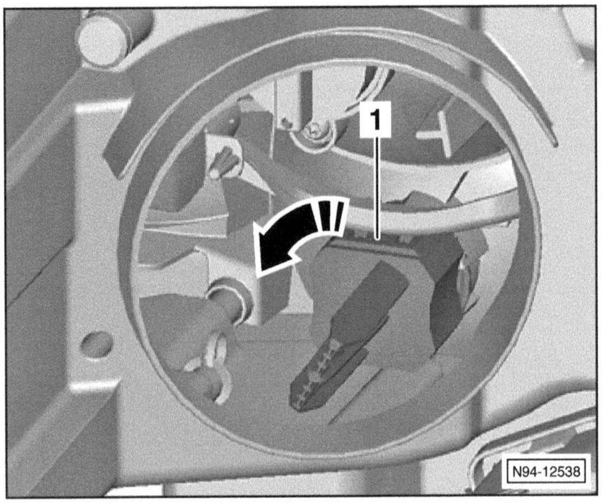

- Lampenfassung –1– am Griffstück in Pfeilrichtung bis zum Anschlag drehen und zusammen mit der Lampe herausnehmen. **Achtung:** Dabei auf die Kabellänge achten.

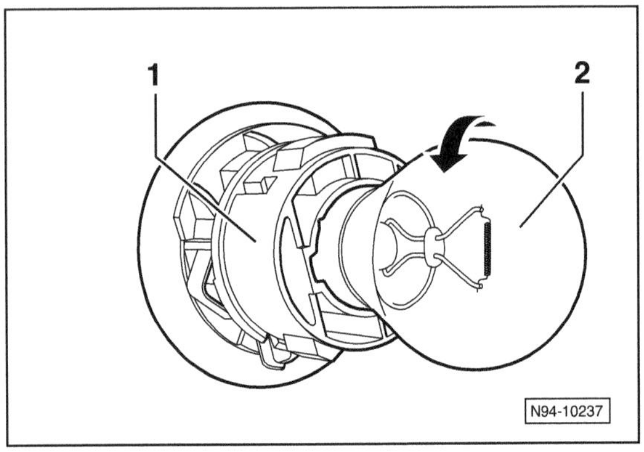

- Blinklichtlampe –2– in die Fassung –1– drücken und in Pfeilrichtung drehen, dann herausziehen.

Einbau

- Der Einbau erfolgt in umgekehrter Ausbaureihenfolge.

Abblend-/Fernlicht (Xenon-Scheinwerfer)

Seit 6/2011

Ausbau

- Zündung ausschalten, Zündschlüssel abziehen.
- Lichtschalter kurz ein- und wieder ausschalten um Restspannungen abzubauen.
- Scheinwerfer ausbauen, siehe entsprechendes Kapitel.

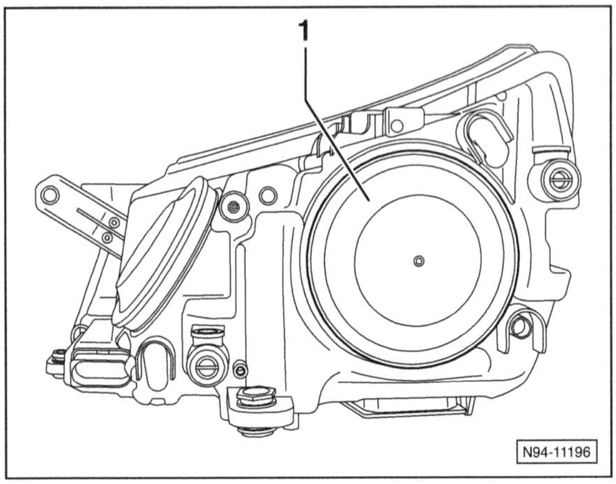

- Abdeckkappe –1– von der Scheinwerfer-Rückseite abziehen.

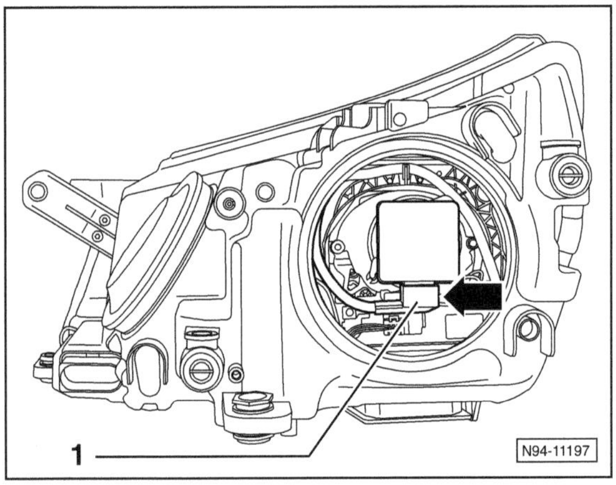

- Seitlich auf die Taste drücken –Pfeil– und dadurch den Stecker –1– entriegeln. Stecker nach unten abziehen.

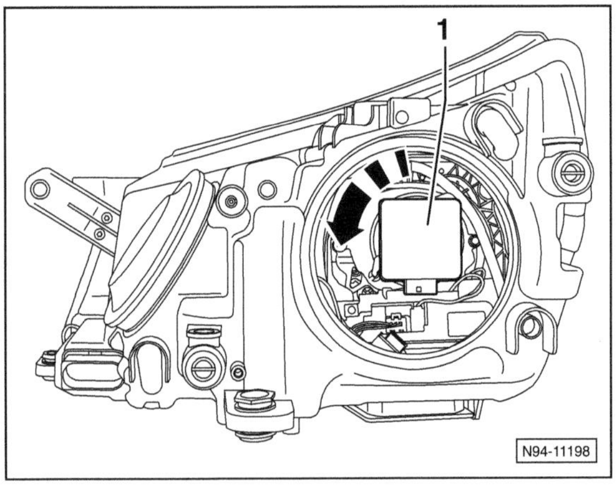

- Zündgerät –1– in Pfeilrichtung drehen und zusammen mit der Xenonlampe vorsichtig nach hinten aus dem Reflektor herausziehen.

Einbau

- Der Einbau erfolgt in umgekehrter Ausbaureihenfolge.

Kurvenlicht (Xenon-Scheinwerfer)

Seit 6/2011

Ausbau

- Zündung ausschalten, Zündschlüssel abziehen.
- Lichtschalter kurz ein- und wieder ausschalten um Restspannungen abzubauen.
- Abdeckkappe –2– abziehen, siehe Abbildung N94-12532 auf Seite 100.

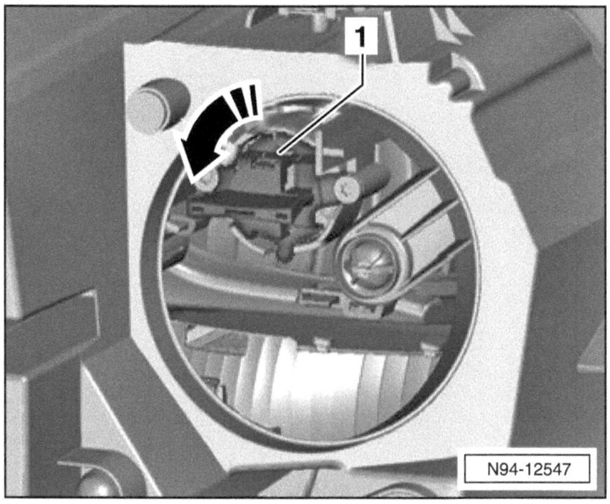

- Lampenfassung –1– am Griffstück in Pfeilrichtung bis zum Anschlag drehen und zusammen mit der Lampe herausnehmen. **Achtung:** Dabei auf die Kabellänge achten.

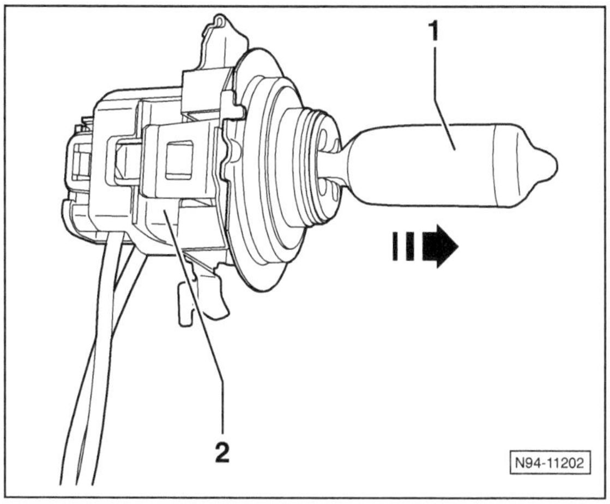

- Lampe –1– in Pfeilrichtung gerade aus der Lampenfassung herausziehen.

Einbau

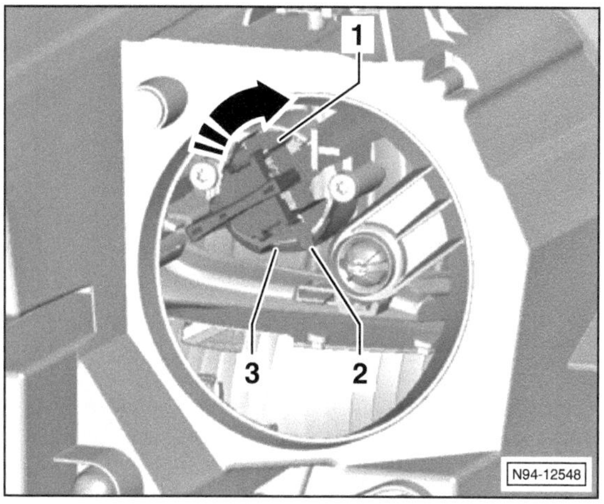

- Lampenfassung –1– mit Lampe so in den Reflektor einsetzen, dass die Blechnase –2– in die Aussparung am Reflektor –3– eingreift.
- Lampenfassung leicht gegen den Reflektor drücken und gleichzeitig in Pfeilrichtung drehen und einrasten.
- Der weitere Einbau erfolgt in umgekehrter Ausbaureihenfolge.

Blinklicht (Xenon-Scheinwerfer)

Seit 6/2011

Ausbau

- Zündung ausschalten, Zündschlüssel abziehen.
- Lichtschalter kurz ein- und wieder ausschalten um Restspannungen abzubauen.
- Abdeckkappe –2– abziehen, siehe Abbildung N94-12532 auf Seite 100.

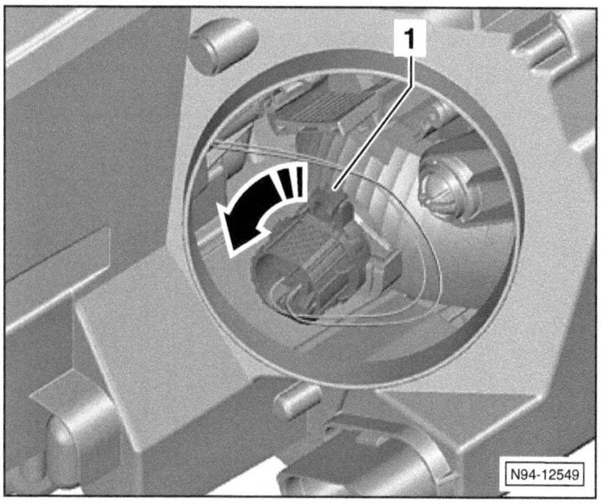

- Lampenfassung –1– in Pfeilrichtung bis zum Anschlag drehen und zusammen mit der Lampe herausnehmen. **Achtung:** Dabei auf die Kabellänge achten.

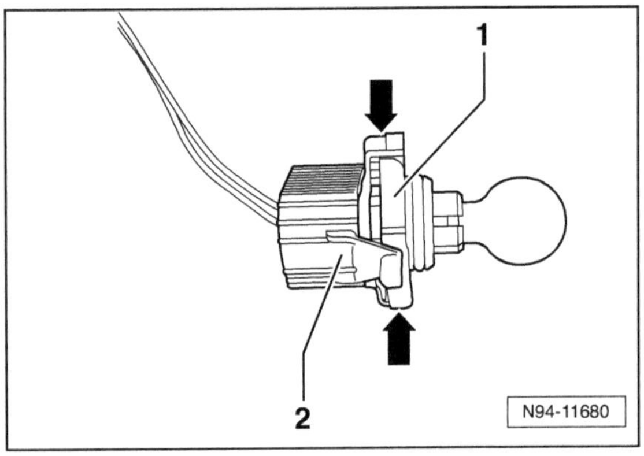

- Verriegelung in Pfeilrichtung zusammendrücken und Blinklichtlampe –1– aus der Fassung –2– herausziehen. **Hinweis:** Die Lampe kann nicht weiter zerlegt werden.

Einbau

- Der Einbau erfolgt in umgekehrter Ausbaureihenfolge.

LED-Modul für Tagesfahrlicht und Standlicht (Xenon-Scheinwerfer)

Seit 6/2011

Das LED-Modul für Tagesfahrlicht und Standlicht befindet sich innerhalb des Scheinwerfers und kann nicht einzeln ersetzt werden. Bei einem Defekt muss der komplette Scheinwerfer erneuert werden.

Nebellicht vorn

Seit 6/2011

Hinweis: Die Glühlampe im Nebelscheinwerfergehäuse übernimmt, je nach Ansteuerung, die Funktion des statischen Kurvenlichts oder die des Nebelscheinwerfers.

Ausbau

- Nebelscheinwerfer ausbauen, siehe entsprechendes Kapitel.

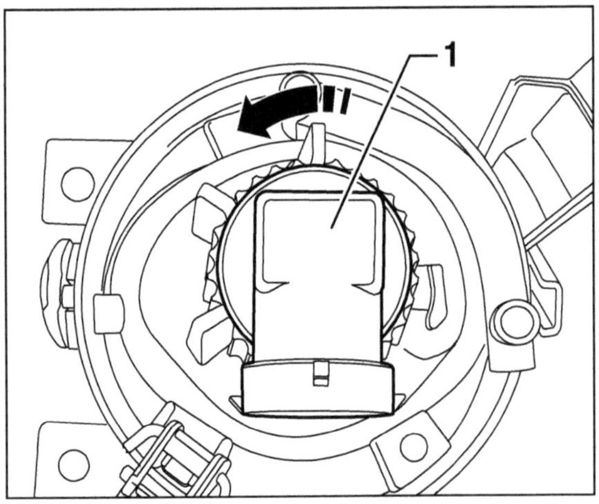

- Lampenfassung –1– mit Glühlampe in Pfeilrichtung drehen und aus dem Nebelscheinwerfer herausnehmen.

Hinweis: Die Glühlampe ist mit der Fassung fest verbunden und kann nicht einzeln ersetzt werden.

Einbau

- Der Einbau erfolgt in umgekehrter Ausbaureihenfolge.

Blinkleuchte im Außenspiegel

Die Arbeitsschritte für den Ausbau der Blinkleuchte im Außenspiegel und der Wechsel der Leuchteneinheit stehen im Kapitel »Karosserie außen«, siehe Seite 274.

Einstiegsleuchte im Außenspiegel

Seit 6/2011

Ausbau

- Zündung ausschalten, Zündschlüssel abziehen.
- Gehäuseunterteil des Außenspiegels ausbauen, siehe Seite 274.

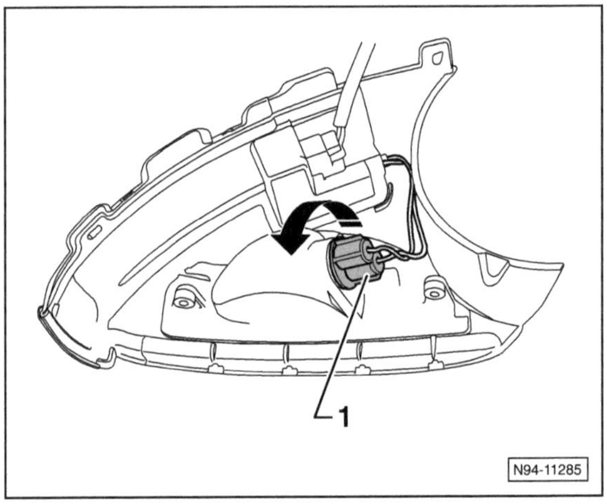

- Fassung –1– in Pfeilrichtung drehen und zusammen mit der Glühlampe aus dem Lampengehäuse herausziehen.

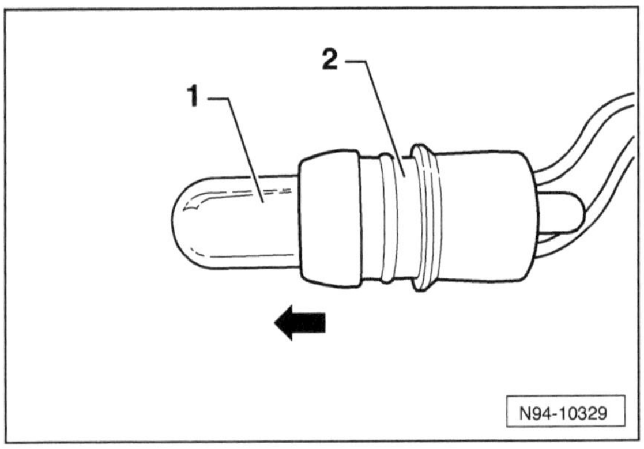

- Glassockellampe –1– in Pfeilrichtung aus der Fassung –2– herausziehen.

Einbau

- Der Einbau erfolgt in umgekehrter Ausbaureihenfolge.

Glühlampen für Außenbeleuchtung hinten auswechseln

Lampen im Seitenteil

Seit 6/2011

Ausbau

- Zündung ausschalten, Zündschlüssel abziehen.
- Heckleuchte im Seitenteil ausbauen, siehe entsprechendes Kapitel.

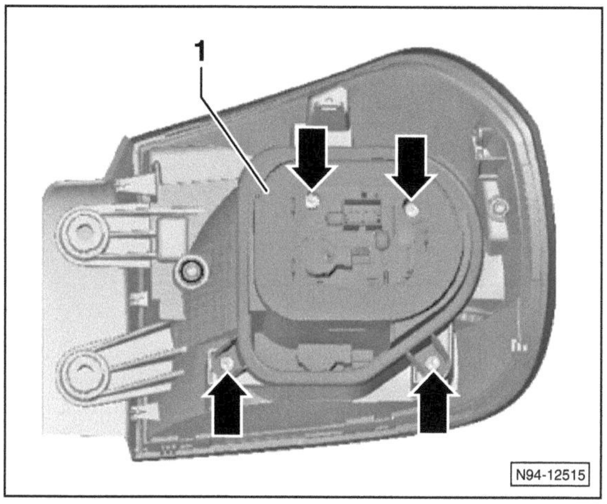

- 4 Schrauben –Pfeile– herausdrehen und Lampenträger –1– abnehmen.

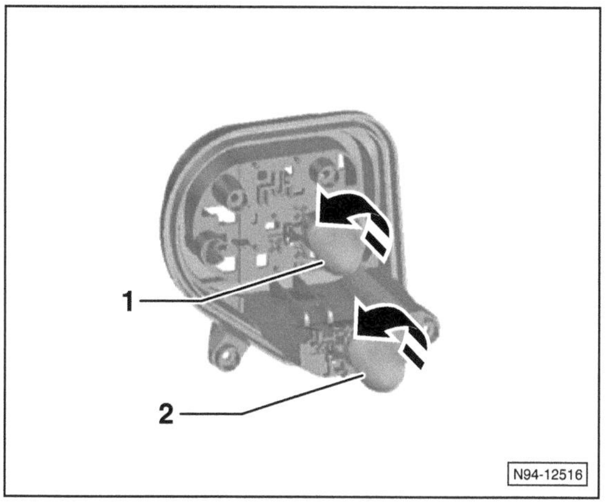

- Lampe für Schlusslicht –1– etwas in die Fassung drücken und gleichzeitig in Pfeilrichtung drehen, dann herausziehen.
- Lampe für Blinklicht –2– etwas in die Fassung drücken und gleichzeitig in Pfeilrichtung drehen, dann herausziehen.

Einbau

- Der Einbau erfolgt in umgekehrter Ausbaureihenfolge. Lampenträger mit **1,5 Nm** anschrauben.

Lampen in der Heckklappe

Seit 6/2011

Ausbau

- Zündung ausschalten, Zündschlüssel abziehen.

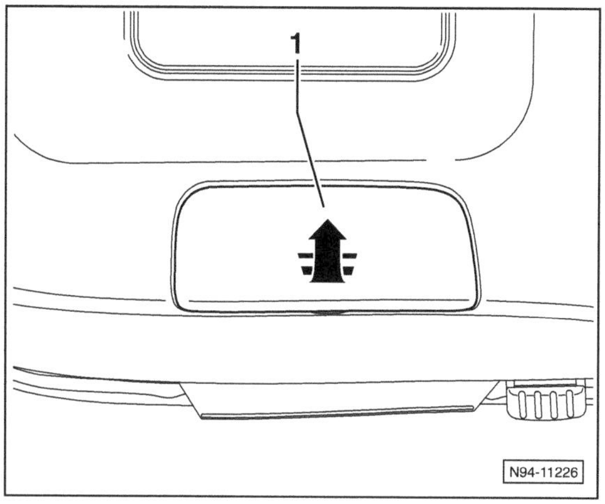

- Serviceklappe –1– in Pfeilrichtung aus der Heckklappenverkleidung ausclipsen.

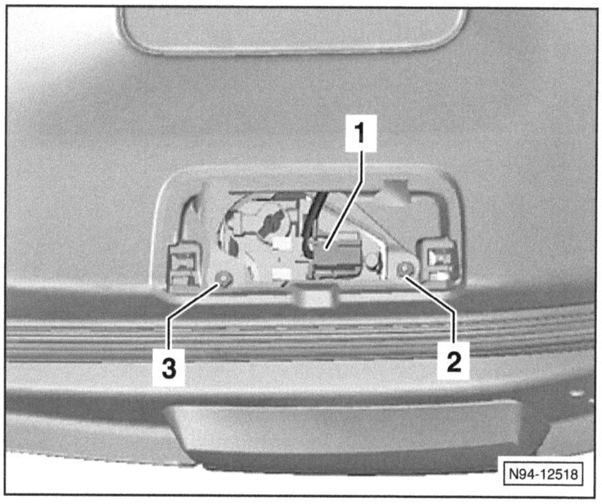

- Stecker –1– entriegeln und abziehen. 2/3 – Befestigungsmuttern für Heckleuchte.

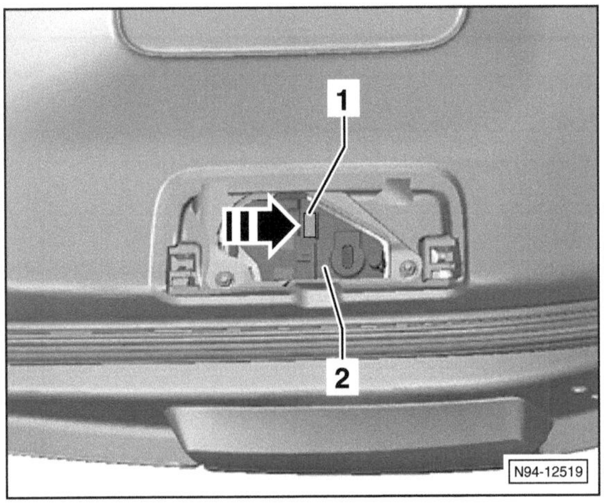

- Verriegelung –1– in Pfeilrichtung drücken und den Lampenträger –2– herausnehmen.

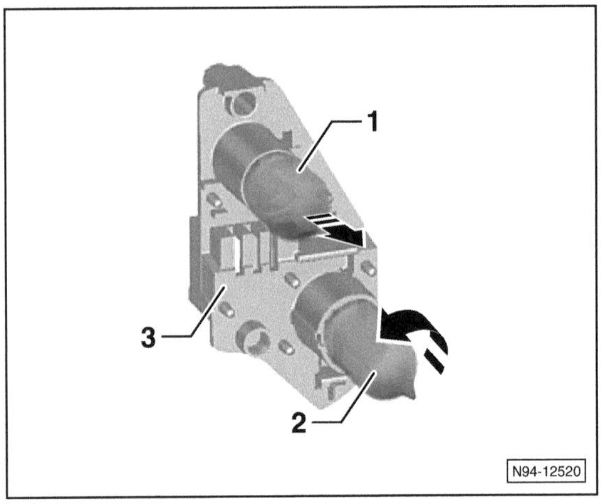

- Lampe für Schlusslicht –1– in Pfeilrichtung, gerade aus der Fassung des Lampenträgers –3– herausziehen.
- Lampe für Nebelschlusslicht –2– etwas in die Fassung drücken und gleichzeitig in Pfeilrichtung drehen, dann herausziehen.

Einbau

- Der Einbau erfolgt in umgekehrter Ausbaureihenfolge. Muttern für Heckleuchte mit **3 Nm** festziehen.

Hochgesetztes Bremslicht

Seit 6/2011

In der hochgesetzten Bremsleuchte sind Leuchtdioden (LEDs) eingesetzt. Einzelne LEDs können nicht ersetzt werden. Bei Ausfall einer LED werden die anderen LEDs höher belastet. Sind mehr als 3 Einzel-LEDs ausgefallen, muss die komplette Bremsleuchte ersetzt werden, siehe Seite 112.

Kennzeichenlicht

Seit 6/2011

Ausbau

- Zündung ausschalten, Zündschlüssel abziehen.
- Kennzeichenleuchte ausbauen, siehe entsprechendes Kapitel.

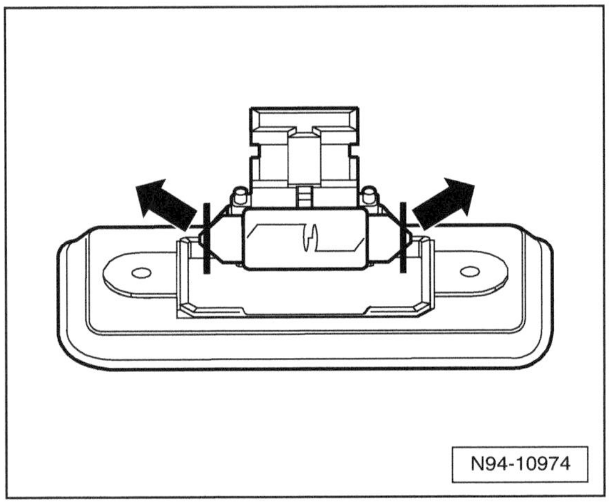

- Kontaktbleche in Pfeilrichtung auseinanderdrücken und Soffittenlampe herausnehmen.

Einbau

- Der Einbau erfolgt in umgekehrter Ausbaureihenfolge.

Rückfahrlicht im Stoßfänger

Seit 6/2011

Die Lampe für Rückfahrlicht kann nicht einzeln ersetzt werden. Bei defekter Lampe muss die komplette Leuchte ersetzt werden.

Scheinwerfer aus- und einbauen

Seit 6/2011

Ausbau

Hinweis: Halogen- und Xenon-Scheinwerfer werden auf die gleiche Weise aus- und eingebaut.

- Zündung ausschalten, Zündschlüssel abziehen. Lichtschalter kurz ein- und ausschalten.
- Vordere Stoßfängerabdeckung ausbauen, siehe Seite 246.

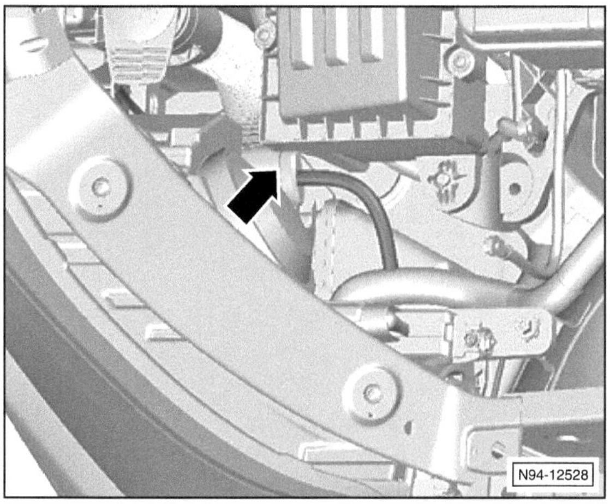
N94-12528

- Stecker –Pfeil– entriegeln und abziehen.

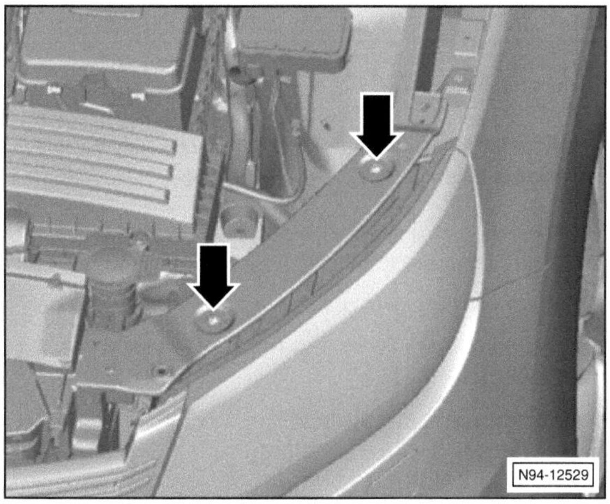
N94-12529

- 2 Schrauben –Pfeile– herausdrehen.

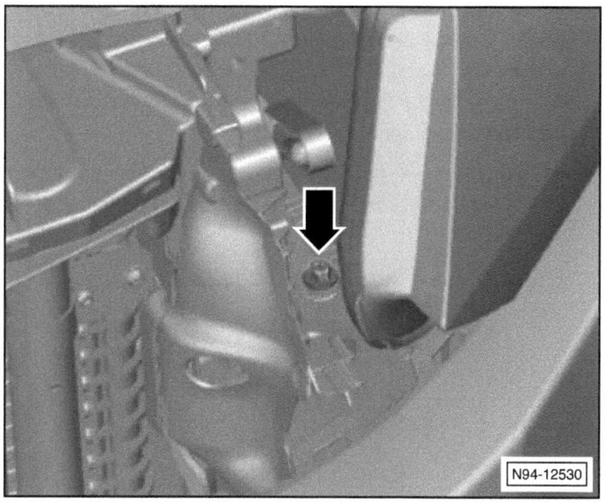
N94-12530

- Schraube –Pfeil– herausdrehen.

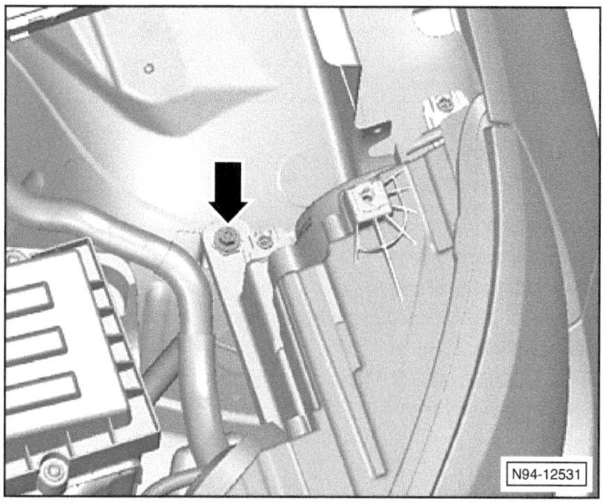
N94-12531

- Hintere Schraube –Pfeil– herausdrehen und Scheinwerfer gerade nach vorn aus dem Karosserie-Ausschnitt herausziehen.

Einbau

- Der Einbau erfolgt in umgekehrter Ausbaureihenfolge. Schrauben mit **4 Nm** festziehen.

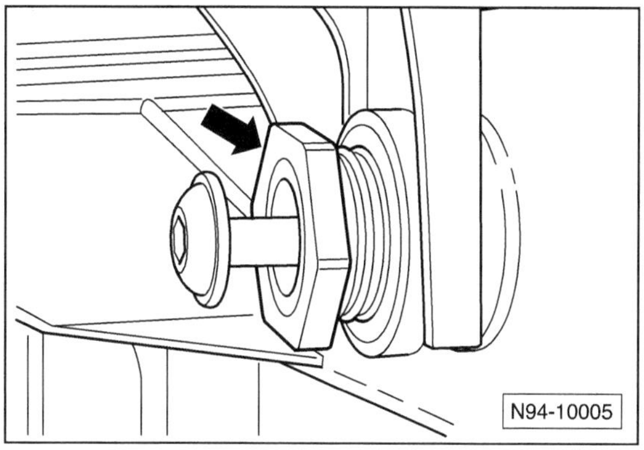
N94-10005

- Auf gleichmäßige Fugenmaße und Bündigkeit zu den anschließenden Karosserieteilen achten. Wenn nötig, Einstellbuchsen vorn und hinten –Pfeil– hinein- oder herausdrehen.

- Scheinwerfer-Einstellung so bald wie möglich von einer Werkstatt kontrollieren und gegebenenfalls einstellen lassen. **Hinweis:** Nach dem Ausbau eines Xenon-Scheinwerfers muss in der Fachwerkstatt eine Grundeinstellung vorgenommen werden.

Achtung: Für die Verkehrssicherheit ist die exakte Einstellung der Scheinwerfer von großer Bedeutung (Werkstattarbeit).

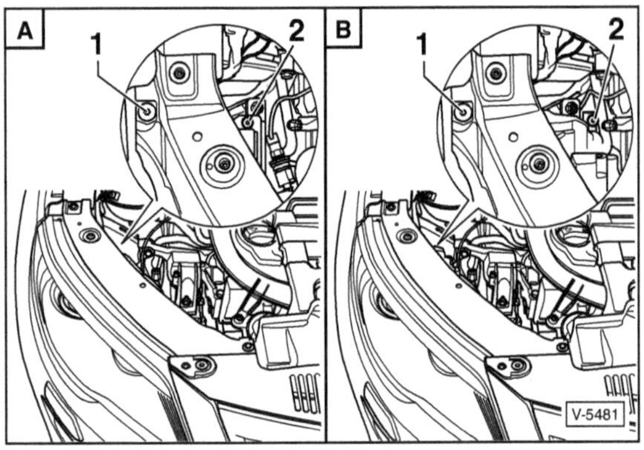

A – Halogen-Scheinwerfer
B – Xenon-Scheinwerfer

- Position der Scheinwerfer-Einstellschrauben:
  1 – Seitenverstellung.
  2 – Höhenverstellung.
  Hinweis: Zur Verstellung wird ein Innensechskantschlüssel benötigt.
  Grundsätzlich zuerst Höhenverstellung, dann Seitenverstellung einstellen.

Nebelscheinwerfer aus- und einbauen

Seit 6/2011

Ausbau

- Zündung ausschalten, Zündschlüssel abziehen.

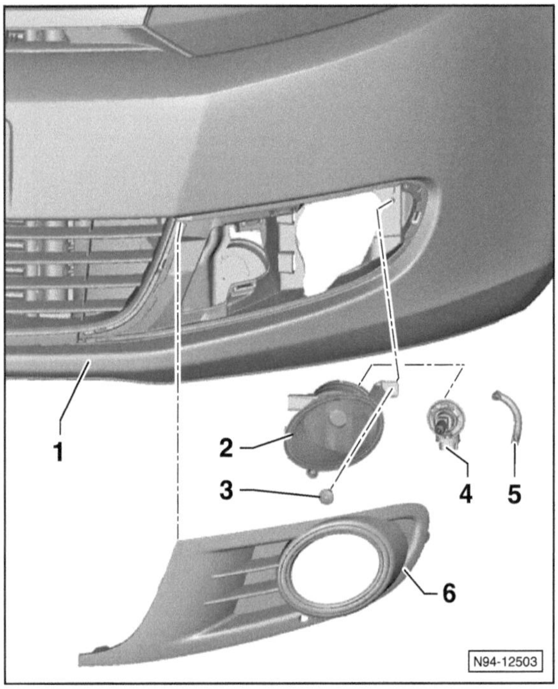

1 – Stoßfängerabdeckung vorn
2 – Nebelscheinwerfer
3 – Schraube, 1,5 Nm
4 – Lampe
HB4/ 51W.
5 – Entlüftungsschlauch
6 – Abdeckung

- Abdeckung –6– mit einem Kunststoffkeil ringsum aus den Verrastungen ausclipsen.
- Schraube –3– herausdrehen.
- Nebelscheinwerfer –2– so weit herausschwenken wie es die Kabellänge erlaubt.
- Stecker entriegeln und abziehen.

Einbau

- Der Einbau erfolgt in umgekehrter Ausbaureihenfolge.

Einstellen

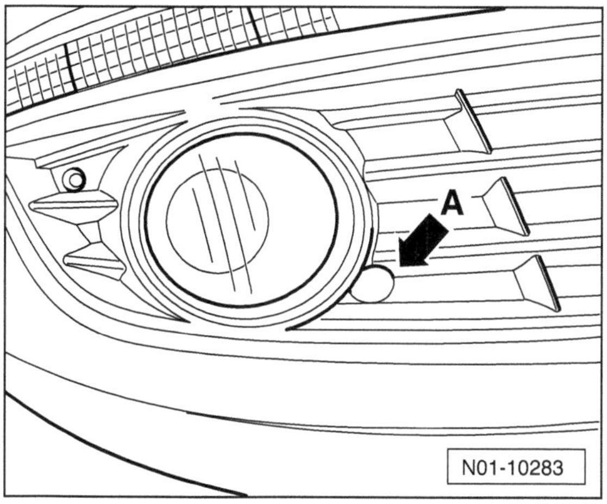

- Einstellschraube für Höheneinstellung –Pfeil A–. **Hinweis:** Eine Seitenverstellung der Nebelscheinwerfer ist nicht vorgesehen.

Heckleuchte aus- und einbauen

Heckleuchte im Seitenteil

Seit 6/2011

Ausbau

- Zündung ausschalten, Zündschlüssel abziehen.
- Heckklappe öffnen.

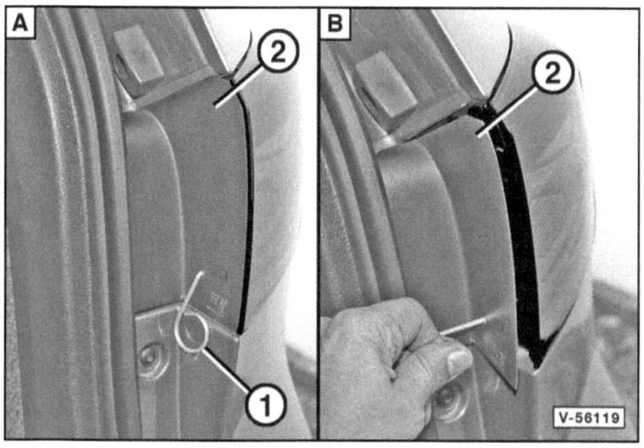

- Verkleidung für Heckleuchte abbauen. Dazu Drahtbügel –1– aus dem Bordwerkzeug in die Bohrung der Heckleuchtenverkleidung –2– einsetzen –A–. Bügel um 90° nach oben schwenken. Bügel leicht zur Fahrzeugmitte ziehen und dadurch Verkleidung –2– ausclipsen –B–.

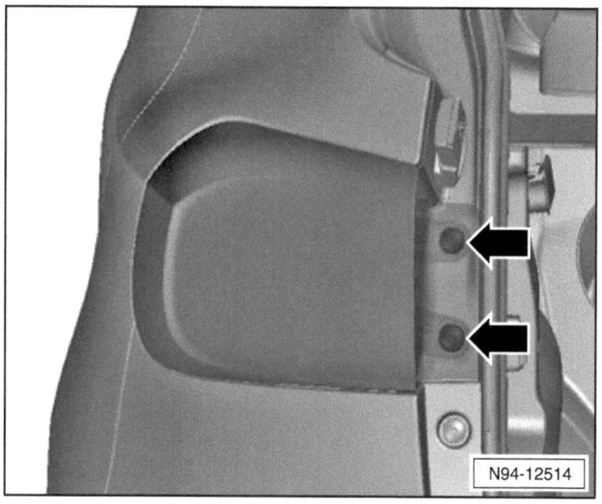

- 2 Schrauben –Pfeile– herausdrehen.

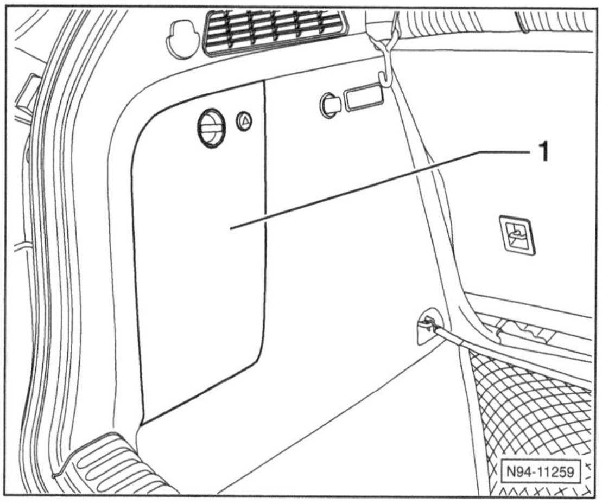

- Im Kofferraum die Seitenklappe –1– öffnen.

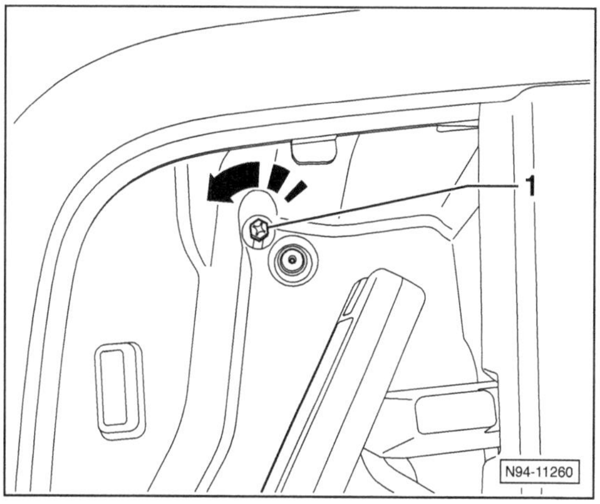

- Verriegelungsschraube –1– in Pfeilrichtung um ca. 90° bis zum Anschlag drehen und dadurch Heckleuchte entriegeln.

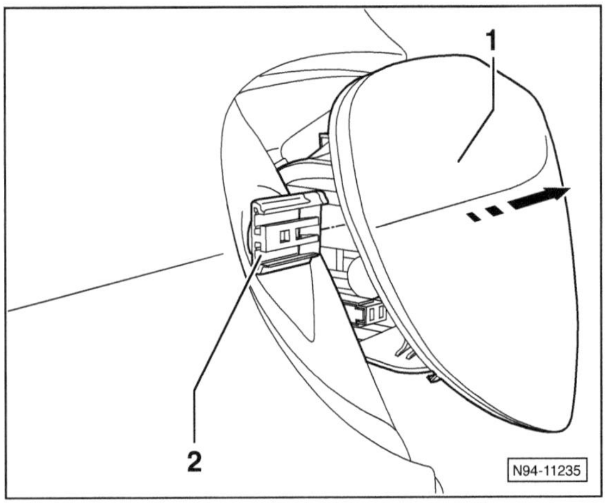

● Heckleuchte –1– in Pfeilrichtung gerade nach hinten aus der Führung –2– herausziehen. Dabei Kabellänge beachten.

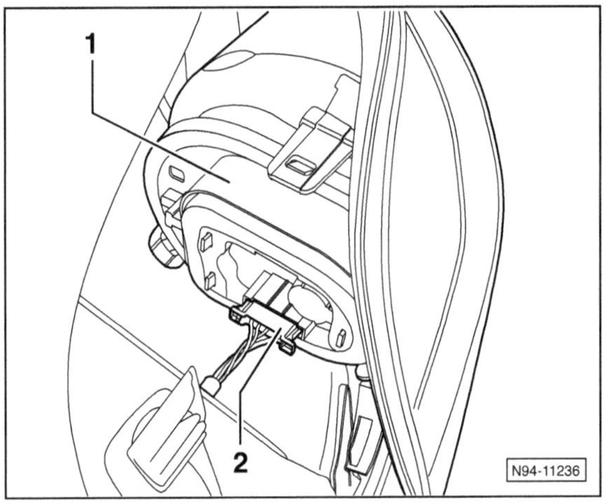

● Stecker –2– entriegeln und abziehen.

● Heckleuchte –1– abnehmen.

Einbau

● Verriegelungsschraube –1– entgegen der Pfeilrichtung um 90° bis zum Anschlag drehen, siehe Abbildung N94-11260.

● Seitenklappe im Kofferraum schließen.

● Stecker auf die Heckleuchte aufschieben und hörbar einrasten.

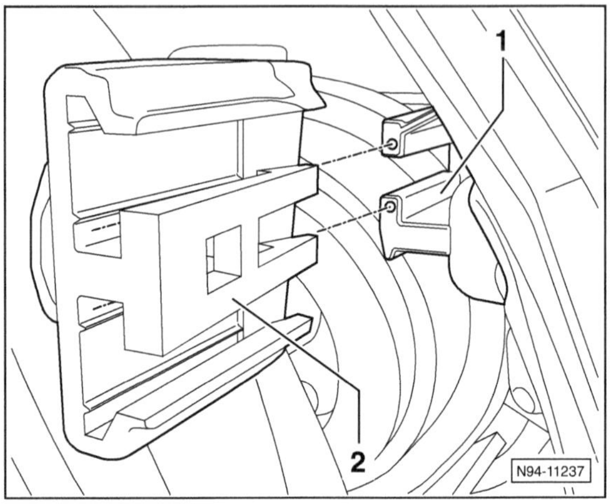

● Heckleuchte –1– mit der Aufnahme in die seitliche Führung –2– einschieben und sicher einrasten.

● 2 Schrauben hineinschrauben und festziehen.

● Heckleuchtenverkleidung einclipsen.

Heckleuchte in der Heckklappe

Seit 6/2011

Ausbau

● Zündung ausschalten, Zündschlüssel abziehen.

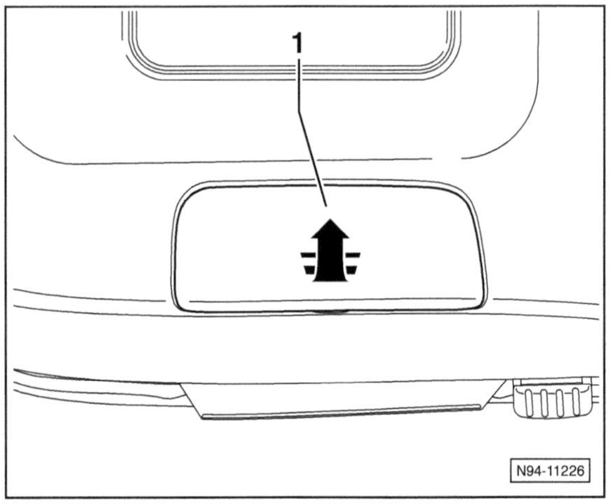

● Serviceklappe –1– in Pfeilrichtung aus der Heckklappenverkleidung ausclipsen.

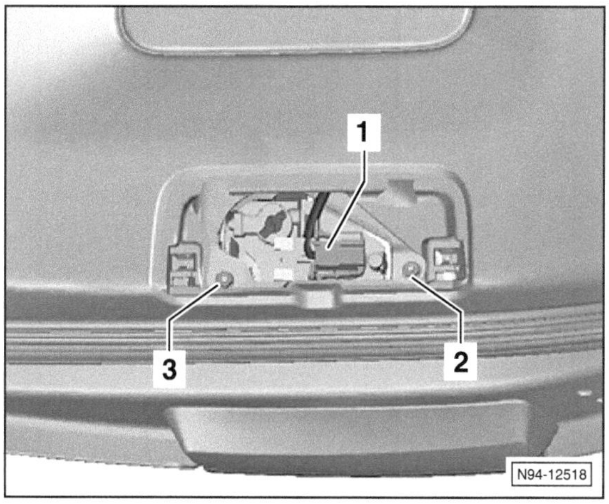

- Stecker –1– entriegeln und abziehen.

Achtung: Sicherstellen, dass die Heckleuchte nach dem Abschrauben nicht herunterfällt.

- Muttern –2– und –3– abschrauben und Heckleuchte abnehmen.

Einbau

- Der Einbau erfolgt in umgekehrter Ausbaureihenfolge. Muttern mit **3 Nm** anschrauben.

Kennzeichenleuchte aus- und einbauen

Seit 6/2011

Ausbau

- Zündung ausschalten, Zündschlüssel abziehen.

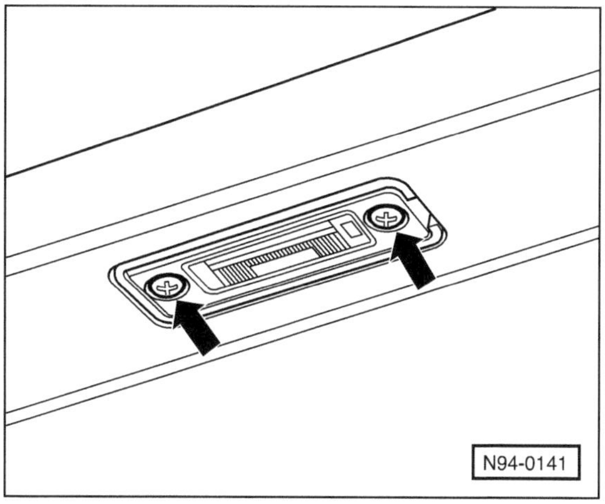

- Kennzeichenleuchte abschrauben –Pfeile– und aus der Stoßfängerabdeckung beziehungsweise Heckklappe herausziehen.
- Stecker entriegeln und abziehen.
- Leuchte abnehmen.

Einbau

- Stecker an der Kennzeichenleuchte aufschieben und einrasten.

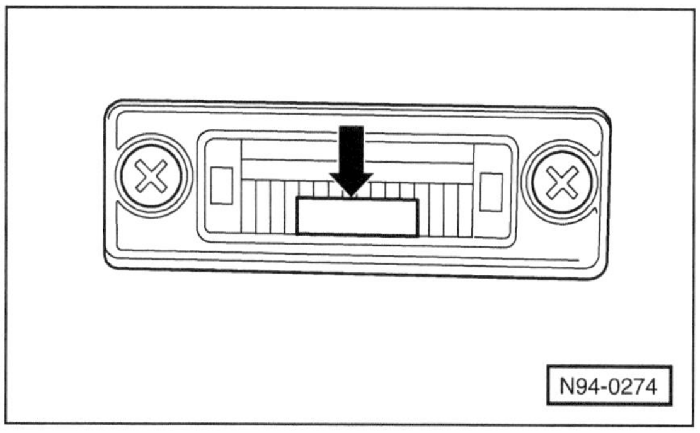

- Kennzeichenleuchte so einsetzen, dass der Blendschutzstreifen –Pfeil– der Stoßfängerseite zugewandt ist.
- Schrauben mti **1,2 Nm** anziehen.

Hochgesetzte Bremsleuchte aus- und einbauen

Seit 6/2011

Ausbau

- Zündung ausschalten, Zündschlüssel abziehen.

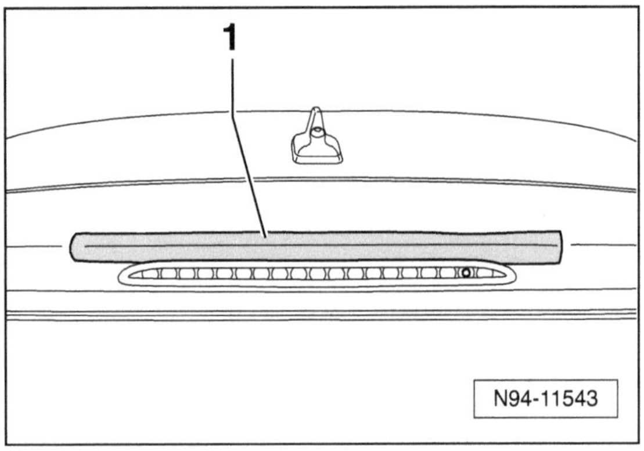

- Heckklappe über der Bremsleuchte mit Klebeband –1– abkleben und dadurch vor Beschädigung schützen.

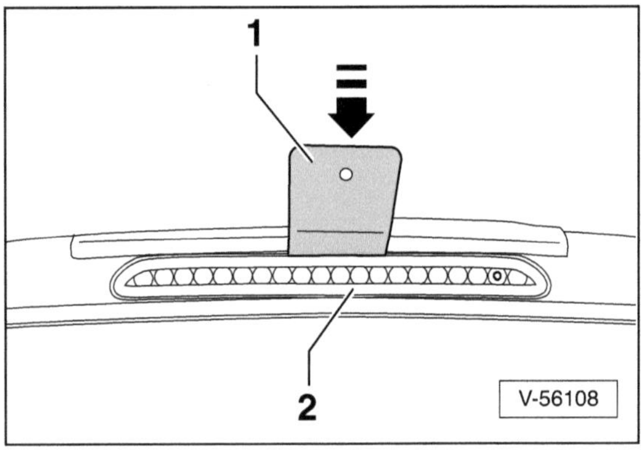

- Kunststoffkeil –1– oben zwischen Leuchte –2– und Heckklappe stecken. Anschließend Kunststoffkeil –1– in Pfeilrichtung (Fahrtrichtung) drücken und dadurch Leuchte entriegeln.
- Bremsleuchte vorsichtig herausziehen.

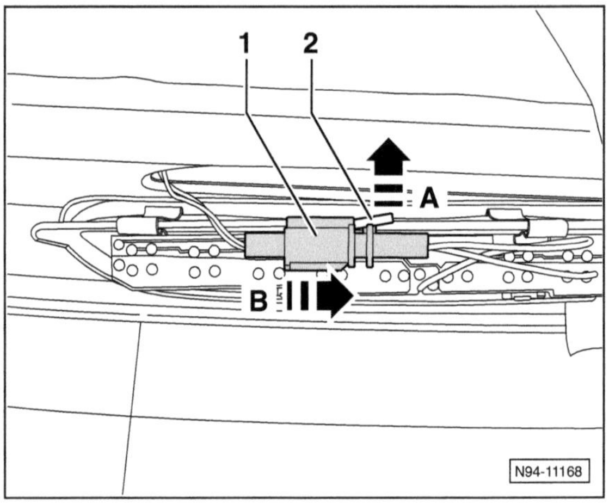

- Sicherung –2– in Pfeilrichtung –A– entriegeln und Stecker –1– gleichzeitig in Pfeilrichtung –B– aus der Halterung herausschieben.

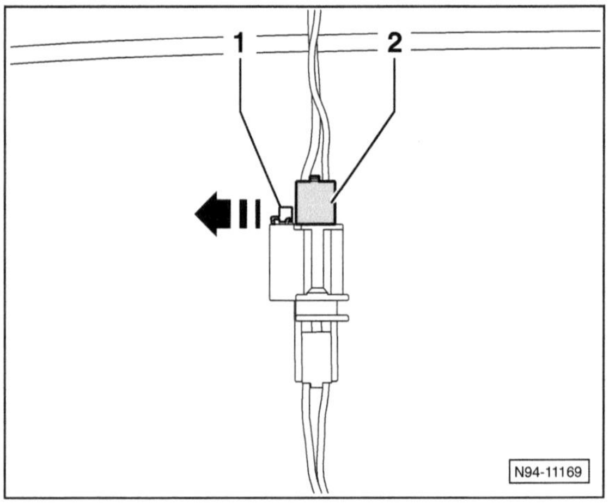

- Verriegelung –1– in Pfeilrichtung drücken und Stecker –2– nach oben abziehen.

Einbau

- Beim Einbau auf richtigen Sitz der Dichtung achten. Die Dichtung darf keine Schlaufen werfen und nicht beschädigt sein.
- Stecker aufschieben und einrasten.
- Steckverbindung in die Halterung einsetzen und einrasten.
- Bremsleuchte in die Heckklappe einsetzen und einrasten, dabei unten beginnen.
- Funktion der Bremsleuche prüfen.

Rückfahrleuchte aus- und einbauen

Seit 6/2011

Ausbau

- Zündung ausschalten, Zündschlüssel abziehen.
- Stoßfängerabdeckung hinten ausbauen, siehe Seite 248.

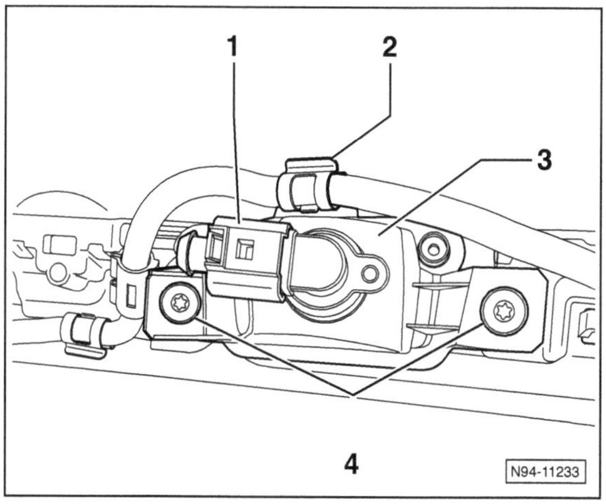

- Stecker –1– entriegeln und abziehen.
- Leitung aus der Leitungsführung –2– ausclipsen.
- Schrauben –4– herausdrehen.
- Rückfahrleuchte –3– von der Stoßfängerabdeckung abnehmen.

Einbau

- Der Einbau erfolgt in umgekehrter Ausbaureihenfolge. Schrauben mit **3 Nm** festziehen.

Fahrzeuge bis 5/2011

Glühlampen für Außenbeleuchtung vorn auswechseln

Achtung: Allgemeine Hinweise und Sicherheitshinweise beachten, siehe Seite 99.

Abblendlicht (Halogen-Scheinwerfer)

Bis 5/2011

Ausbau

- Zündung ausschalten, Zündschlüssel abziehen.

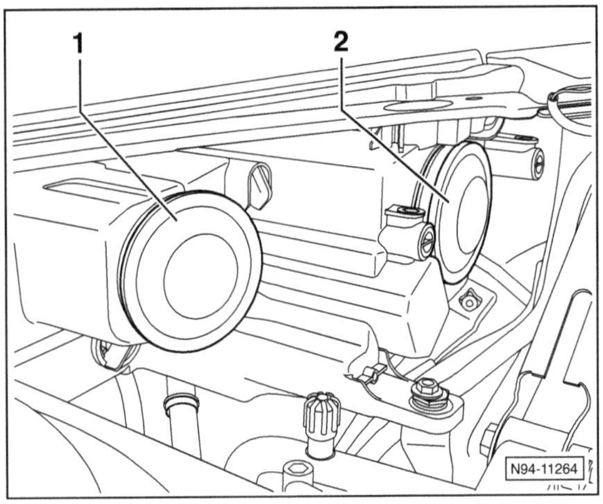

- Abdeckkappe –2– abziehen.

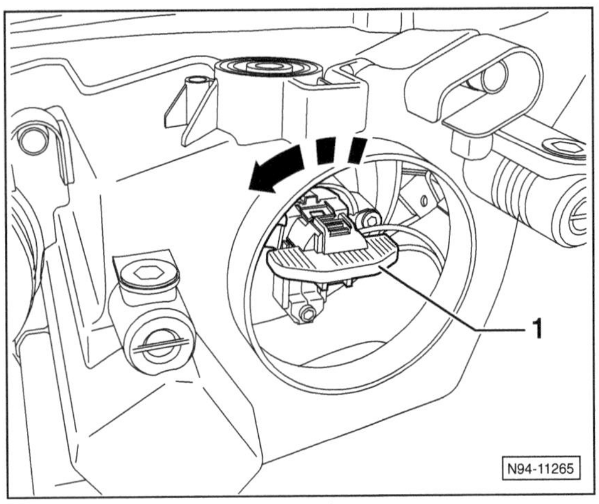

- Lampenfassung –1– am Griffstück in Pfeilrichtung drehen und zusammen mit der Lampe herausnehmen. **Achtung:** Dabei auf die Kabellänge achten.

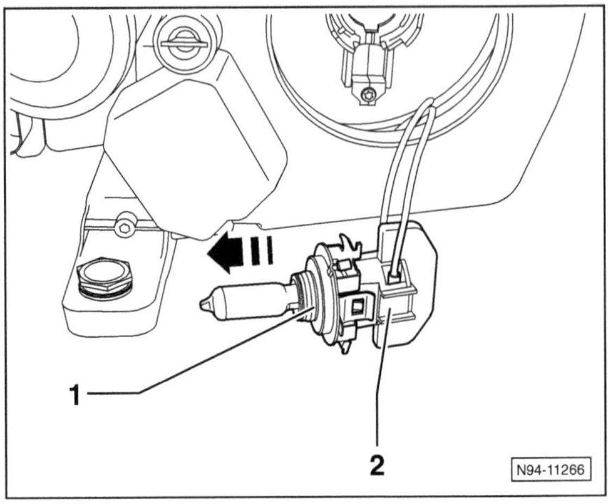

- Lampe –1– in Pfeilrichtung gerade aus der Lampenfassung –2– herausziehen.

Einbau

- Der Einbau erfolgt in umgekehrter Ausbaureihenfolge.

Fernlicht (Halogen-Scheinwerfer)

Bis 5/2011

Ausbau

- Zündung ausschalten, Zündschlüssel abziehen.
- Abdeckkappe –1– abziehen, siehe Abbildung N94-11264.

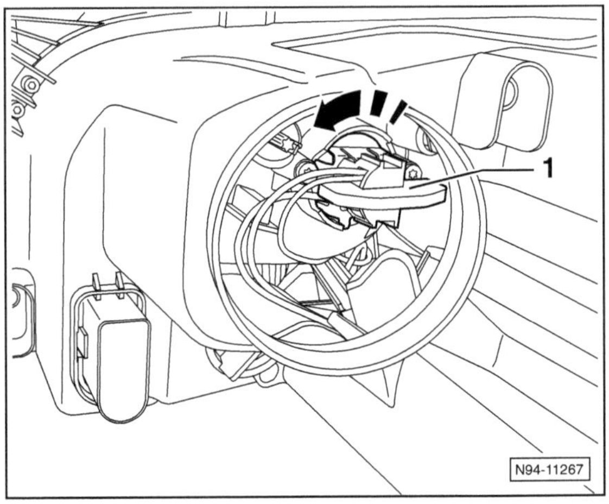

- Lampenfassung –1– am Griffstück in Pfeilrichtung drehen und zusammen mit der Lampe herausnehmen. **Achtung:** Dabei auf die Kabellänge achten.
- Lampe –1– in Pfeilrichtung gerade aus der Lampenfassung –2– herausziehen, siehe Abbildung N94-11266.

Einbau

- Der Einbau erfolgt in umgekehrter Ausbaureihenfolge.

Standlicht (Halogen-Scheinwerfer)

Bis 5/2011

Ausbau

- Zündung ausschalten, Zündschlüssel abziehen.
- Abdeckkappe –1– abziehen, siehe Abbildung N94-11264.

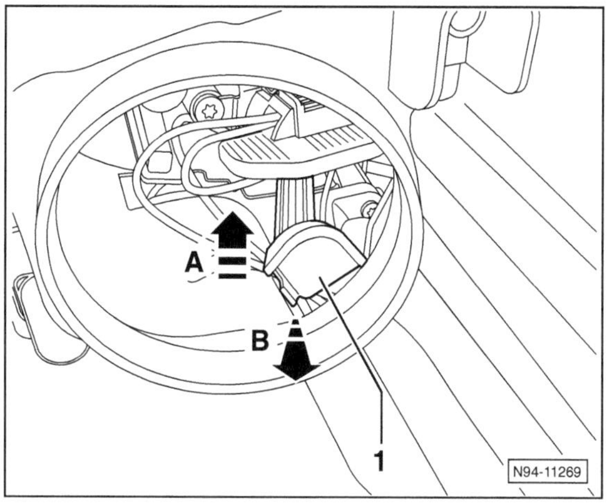

- Lampenfassung –1– am Griffstück in Pfeilrichtung –A– drücken und aus dem Scheinwerfergehäuse ausrasten.
- Lampenfassung –1– zusammen mit der Lampe am Griffstück in Pfeilrichtung –B– nach hinten herausnehmen. **Achtung:** Dabei auf die Kabellänge achten.

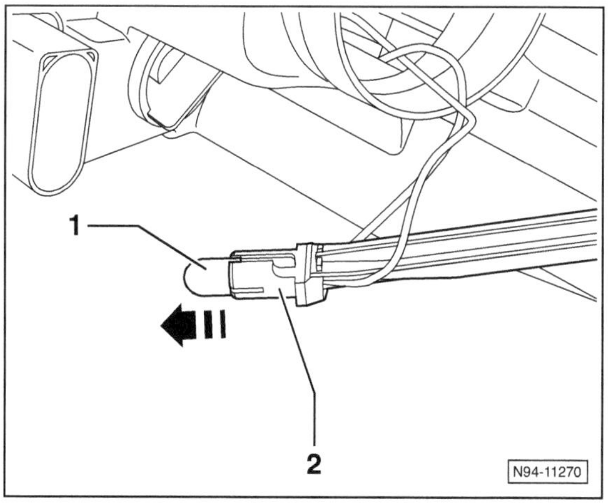

- Lampe –1– in Pfeilrichtung gerade aus der Lampenfassung –2– herausziehen.

Blinklicht (Halogen-Scheinwerfer)

Bis 5/2011

Ausbau

- Zündung ausschalten, Zündschlüssel abziehen.

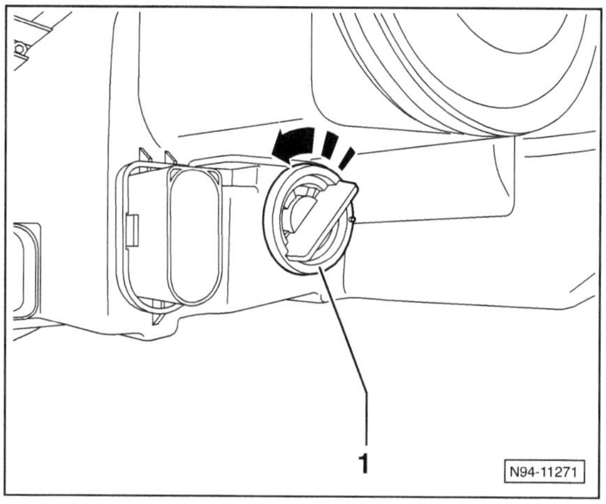

- Lampenfassung –1– am Griffstück in Pfeilrichtung drehen und zusammen mit der Lampe herausnehmen.

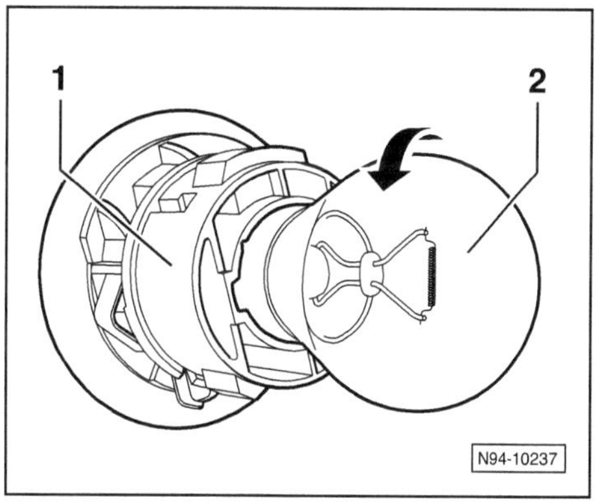

- Blinklichtlampe –2– in die Fassung –1– drücken und in Pfeilrichtung drehen, dann herausziehen.

Einbau

- Der Einbau erfolgt in umgekehrter Ausbaureihenfolge.

Abblend-/Fernlicht (Xenon-Scheinwerfer)

Bis 5/2011

- Aus- und Einbau erfolgen auf die gleiche Weise wie bei Fahrzeugen seit 6/2011.

Kurvenlicht (Xenon-Scheinwerfer)

Bis 5/2011

Ausbau

- Zündung ausschalten, Zündschlüssel abziehen.
- Lichtschalter kurz ein- und wieder ausschalten um Restspannungen abzubauen.

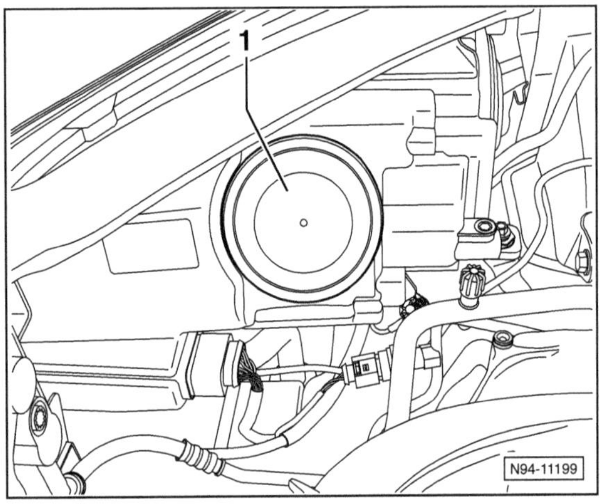

- Abdeckkappe –1– abziehen.
- Linker Scheinwerfer: Luftfiltergehäuse ausbauen, siehe Seite 59.

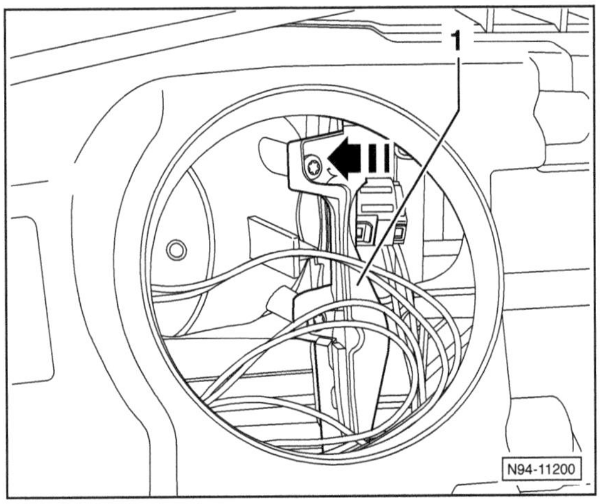

- Reflektorträger aus dem Kugelkopf des Verstellers ausrasten. Dazu Reflektorträger –1– im Bereich der oberen Reflektorbefestigungsschraube in Pfeilrichtung drücken und ausrasten.

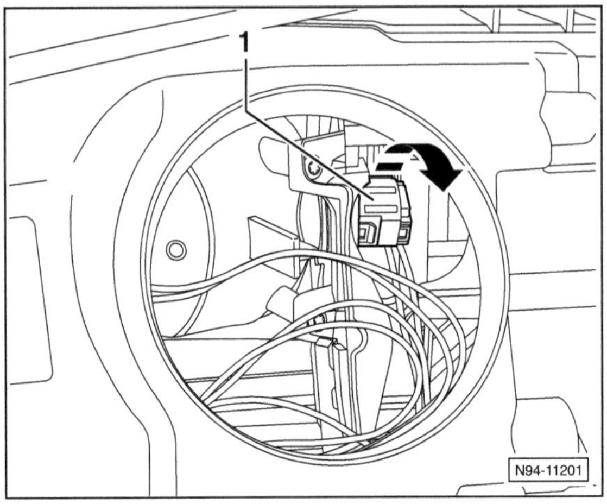

- Lampenfassung –1– entgegen dem Uhrzeigersinn in Pfeilrichtung drehen und entriegeln.
- Lampenfassung zusammen mit der Lampe aus dem Scheinwerfer herausnehmen. **Achtung:** Dabei auf die Kabellänge achten.
- Lampe –1– in Pfeilrichtung gerade aus der Lampenfassung –2– herausziehen, siehe Abbildung N94-11202 auf Seite 103.

Einbau

- Prüfen, ob sich der Reflektorträger noch in ausgerasteter Position befindet.
- Lampenfassung zusammen mit Lampe in den Reflektor einführen.

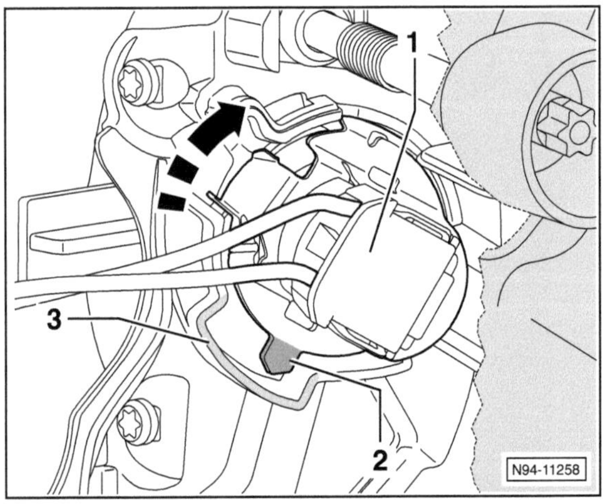

- Lampenfassung so ansetzen, dass die Blechnase –2–, wie in der Abbildung dargestellt, in die Aussparung am Reflektorträger –3– eingreift. **Hinweis:** Aufgrund der beengten Platzverhältnisse stellt die Abbildung nicht die tatsächliche Sichtweise dar, sondern ist als Schnittbild ausgeführt (graue Fläche in der Abbildung).
- Lampenfassung leicht gegen den Reflektorträger drücken und gleichzeitig in Pfeilrichtung drehen und verriegeln.
- Anschließend Reflektorträger hörbar einrasten.
- Falls ausgebaut, Luftfiltergehäuse einbauen, siehe Seite 59.
- Abdeckkappe aufdrücken.

Blinklicht (Xenon-Scheinwerfer)

Bis 5/2011

Ausbau

- Zündung ausschalten, Zündschlüssel abziehen.
- Lichtschalter kurz ein- und wieder ausschalten um Restspannungen abzubauen.
- Abdeckkappe –1– abziehen, siehe Abbildung N94-11199.

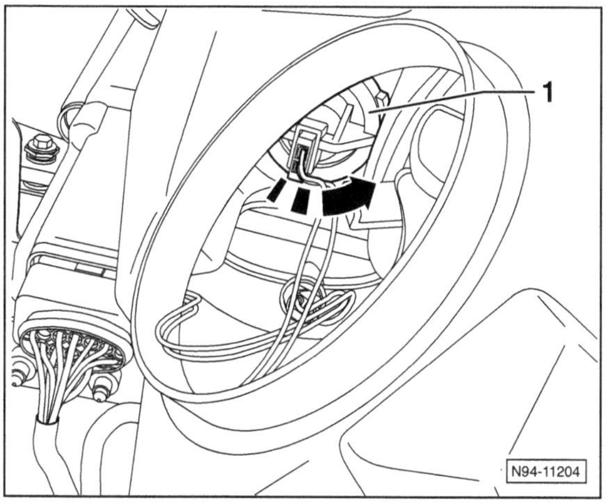

- Lampenfassung –1– in Pfeilrichtung drehen und zusammen mit der Lampe herausnehmen. **Achtung:** Dabei auf die Kabellänge achten.
- Blinklichtlampe –2– in die Fassung –1– drücken und in Pfeilrichtung drehen, dann herausziehen, siehe Abbildung N94-10237 auf Seite 115.

Einbau

- Der Einbau erfolgt in umgekehrter Ausbaureihenfolge.

Standlicht (Xenon-Scheinwerfer)

Bis 5/2011

Ausbau

- Zündung ausschalten, Zündschlüssel abziehen.
- Lichtschalter kurz ein- und wieder ausschalten um Restspannungen abzubauen.
- Abdeckkappe –1– abziehen, siehe Abbildung N94-11199 auf Seite 116.

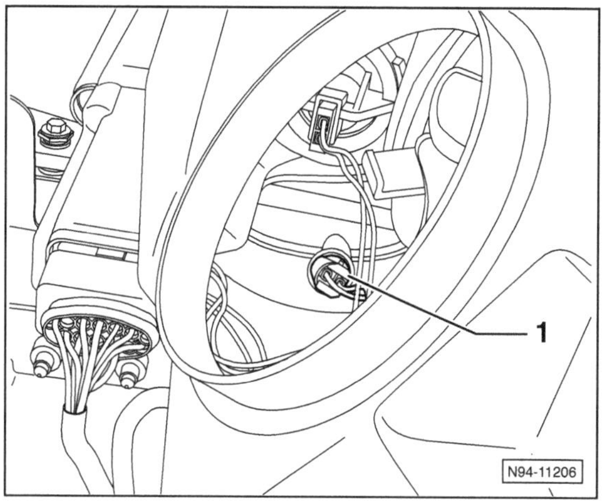

- Lampenfassung –1– zusammen mit der Lampe aus dem Reflektor herausziehen. **Achtung:** Dabei auf die Kabellänge achten.
- Lampe –1– in Pfeilrichtung gerade aus der Lampenfassung –2– herausziehen, siehe Abbildung N94-10270 auf Seite 115.

Einbau

- Der Einbau erfolgt in umgekehrter Ausbaureihenfolge.

Nebellicht vorn

Bis 5/2011

Ausbau

- Zündung ausschalten, Zündschlüssel abziehen.

Hinweis: Der Nebelscheinwerfer braucht nicht ausgebaut zu werden.

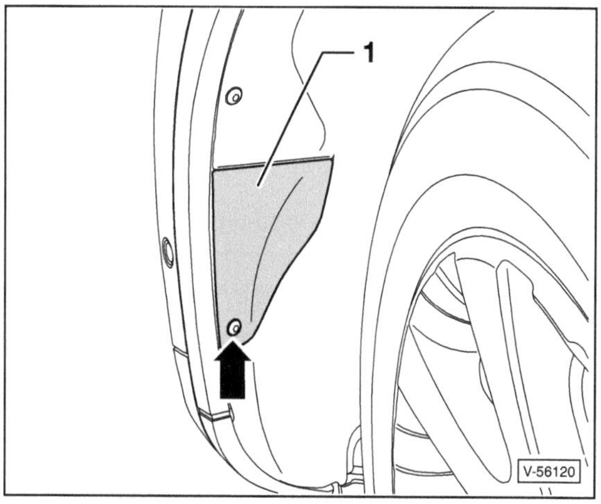

- Schraube –Pfeil– am Innenkotflügel herausdrehen und die Wartungsklappe –1– öffnen.

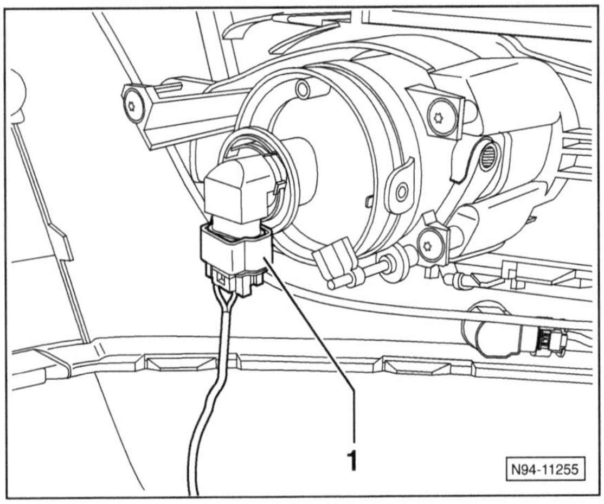

● Stecker –1– entriegeln und abziehen.

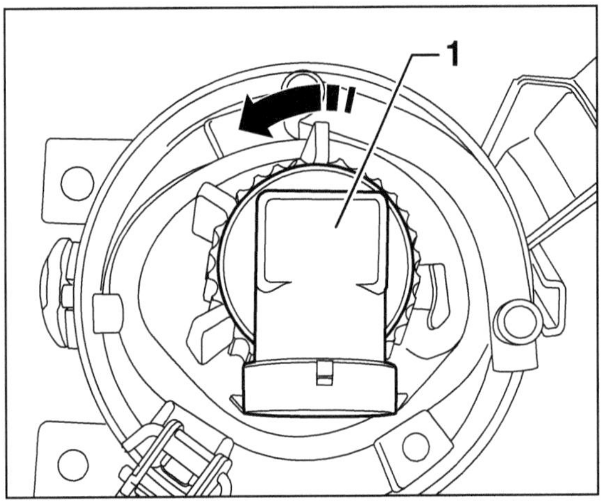

● Lampenfassung –1– mit Glühlampe in Pfeilrichtung drehen und aus dem Nebelscheinwerfer herausnehmen.

Hinweis: Die Glühlampe ist mit der Fassung fest verbunden und kann nicht einzeln ersetzt werden.

Einbau

● Der Einbau erfolgt in umgekehrter Ausbaureihenfolge.

Blinkleuchte im Außenspiegel

Bis 5/2011

Die Arbeitsschritte für den Ausbau der Blinkleuchte im Außenspiegel und der Wechsel der Leuchteneinheit stehen im Kapitel »Karosserie außen«, siehe Seite 274.

Einstiegsleuchte im Außenspiegel

● Aus- und Einbau erfolgen auf die gleiche Weise wie bei Fahrzeugen seit 6/2011.

Glühlampen für Außenbeleuchtung hinten auswechseln

Lampen im Seitenteil

Bis 5/2011

Ausbau

● Zündung ausschalten, Zündschlüssel abziehen.

● Heckleuchte im Seitenteil ausbauen, siehe entsprechendes Kapitel.

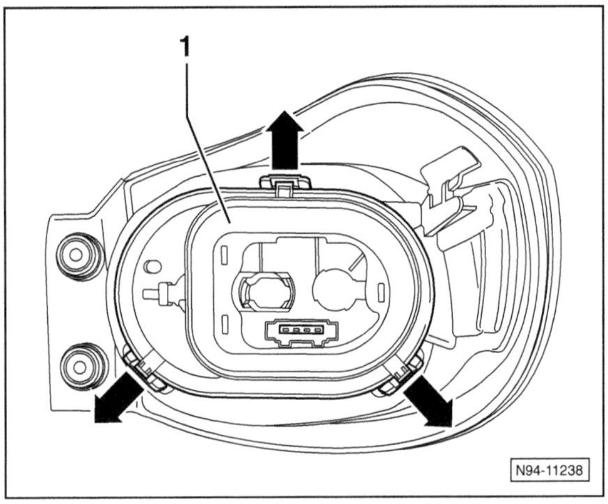

● Haltenasen in Pfeilrichtung auseinanderdrücken und Lampenträger –1– abnehmen.

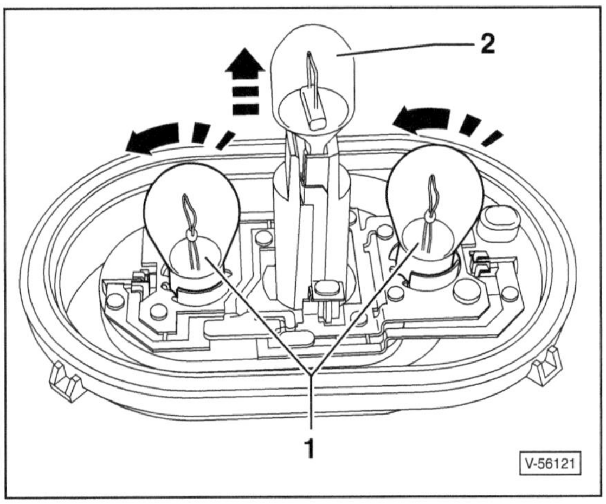

● Lampe für Schlusslicht –1– etwas in die Fassung drücken und gleichzeitig in Pfeilrichtung drehen, dann herausziehen.

● Lampe für Blinklicht –2– gerade nach oben herausziehen –mittlerer Pfeil–.

Einbau

● Der Einbau erfolgt in umgekehrter Ausbaureihenfolge. Sicherstellen, dass alle 3 Rastnasen eingerastet sind.

Lampen in der Heckklappe

Bis 5/2011

Ausbau

- Zündung ausschalten, Zündschlüssel abziehen.

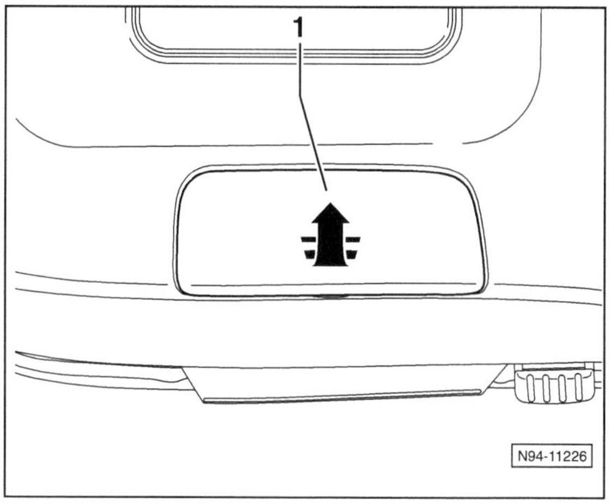

- Serviceklappe –1– in Pfeilrichtung aus der Heckklappenverkleidung ausclipsen.

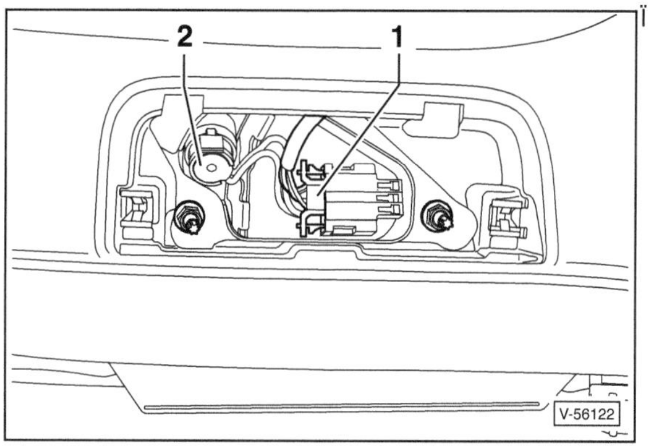

- Stecker –1– entriegeln und abziehen. 2 – Nebelschlusslampe.

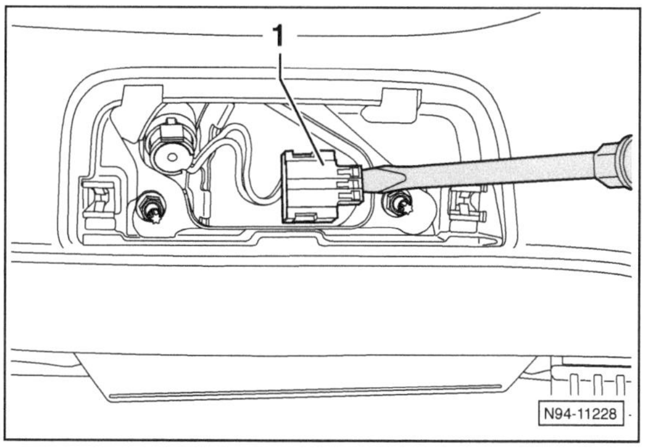

- Lampenfassung –1– mit geeigneten Schraubendreher ausrasten.

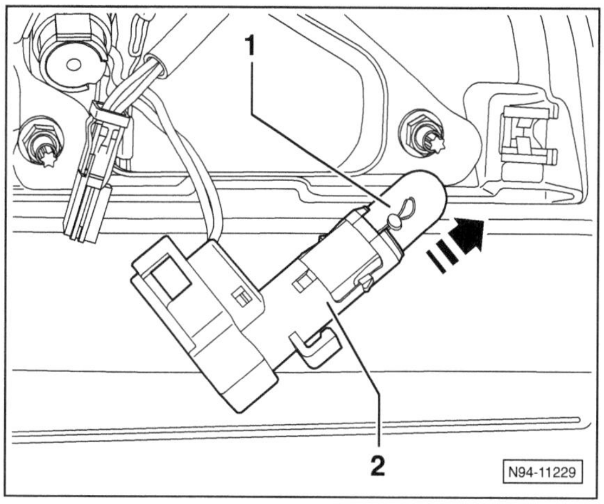

- Lampe für Schlusslicht –1– in Pfeilrichtung, gerade aus der Fassung –2– herausziehen.
- Fassung für Nebelschlusslicht –2– in Abbildung V-56122 herausziehen.

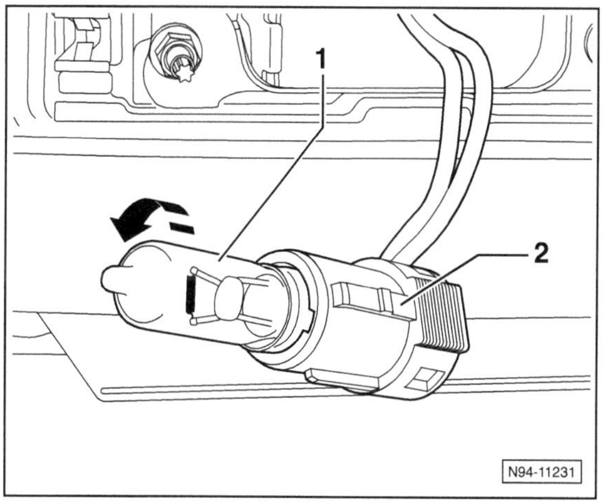

- Lampe für Nebelschlusslicht –1– in die Fassung –2– drücken und gleichzeitig zum Entriegeln in Pfeilrichtung drehen. Lampe herausnehmen.

Einbau

- Der Einbau erfolgt in umgekehrter Ausbaureihenfolge.

Hochgesetztes Bremslicht/Kennzeichenlicht

Bis 5/2011

- Aus- und Einbau erfolgen auf die gleiche Weise wie bei Fahrzeugen seit 6/2011.

Scheinwerfer aus- und einbauen

Bis 5/2011

Ausbau

Hinweis: Halogen- und Xenon-Scheinwerfer werden auf die gleiche Weise aus- und eingebaut.

- Zündung ausschalten, Zündschlüssel abziehen. Lichtschalter kurz ein- und ausschalten.
- Kühlergrill ausbauen, siehe Seite 249.

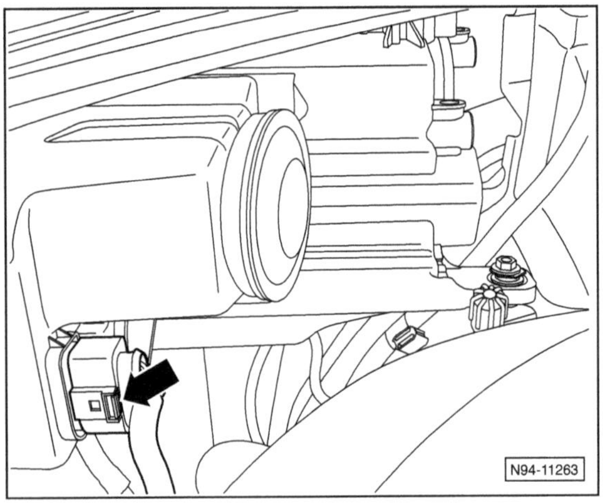

- Stecker –Pfeil– entriegeln und abziehen.

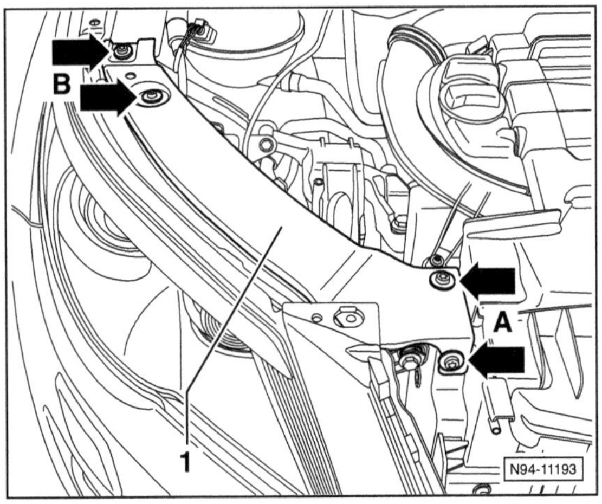

- 4 Schrauben –Pfeile A– und –B– herausdrehen. 1 – Träger.

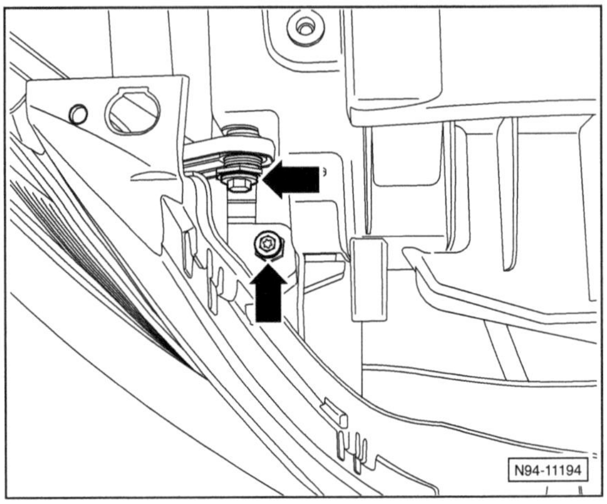

- Obere und untere Schraube –Pfeile– vorn am Scheinwerfer herausdrehen.

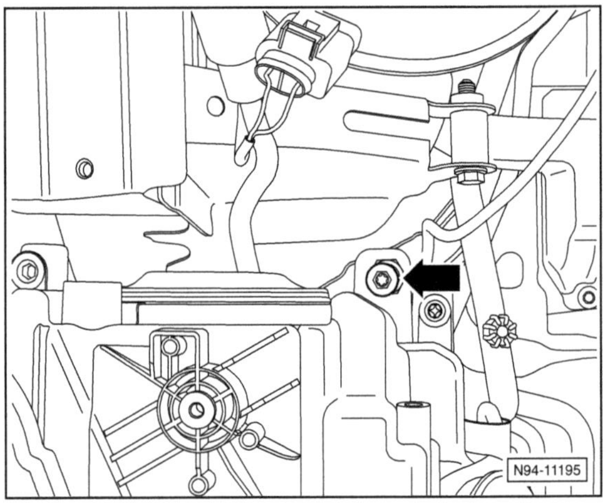

- Hintere Schraube –Pfeil– herausdrehen und Scheinwerfer gerade nach oben aus dem Karosserie-Ausschnitt herausziehen.

Einbau

- Der Einbau erfolgt in umgekehrter Ausbaureihenfolge. Dabei ist folgendes zu beachten.
- Bei der Montage des Trägers –1– zuerst die Schrauben –A–, dann die Schrauben –B– mit **11 Nm** festziehen, siehe Abbildung N94-11193.
- Auf gleichmäßige Fugenmaße und Bündigkeit zu den anschließenden Karosserieteilen achten. Die Einstellung des Scheinwerfers erfolgt auf die gleiche Weise wie bei Fahrzeugen seit 6/2011.

Nebelscheinwerfer aus- und einbauen

Bis 5/2011

Ausbau

- Zündung ausschalten, Zündschlüssel abziehen.
- Vordere Stoßfängerabdeckung ausbauen, siehe Seite 246.
- Stecker entriegeln und abziehen.

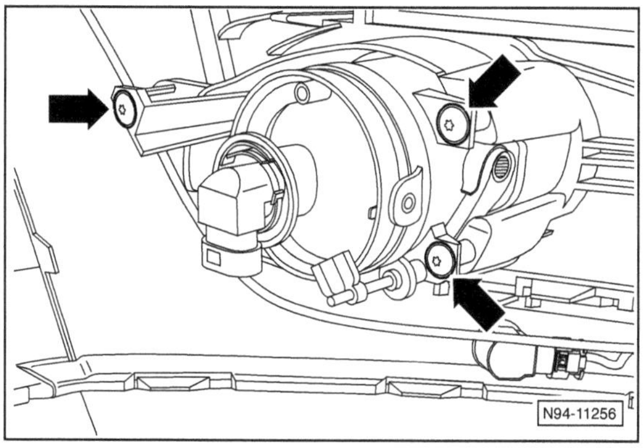

- 3 Schrauben –Pfeile– herausdrehen und Nebelscheinwerfer aus dem Stoßfänger herausnehmen.

Einbau

- Der Einbau erfolgt in umgekehrter Ausbaureihenfolge. Schrauben mit **1,5 Nm** anziehen.
- Nebelscheinwerfer einstellen, siehe Seite 108.

Heckleuchte aus- und einbauen

Heckleuchte im Seitenteil

Bis 5/2011

Ausbau

- Zündung ausschalten, Zündschlüssel abziehen.
- Heckklappe öffnen.

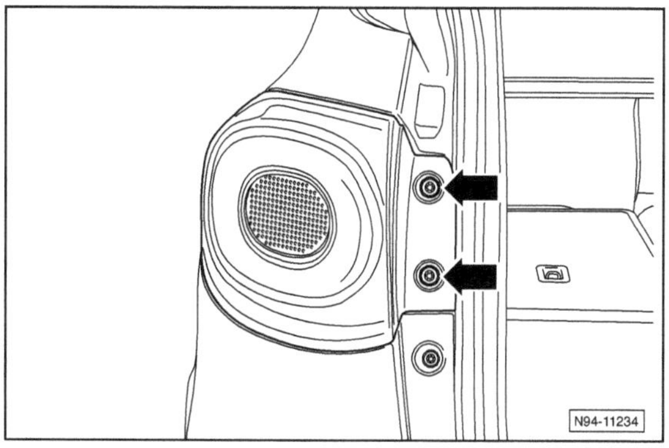

- 2 Schrauben –Pfeile– herausdrehen.
- Der weitere Aus- und Einbau erfolgt wie bei Fahrzeugen seit 6/2011.

Heckleuchte in der Heckklappe

Bis 5/2011

Ausbau

- Zündung ausschalten, Zündschlüssel abziehen.
- Serviceklappe aus der Heckklappenverkleidung ausclipsen, siehe auch entsprechendes Kapitel für Fahrzeuge seit 6/2011.

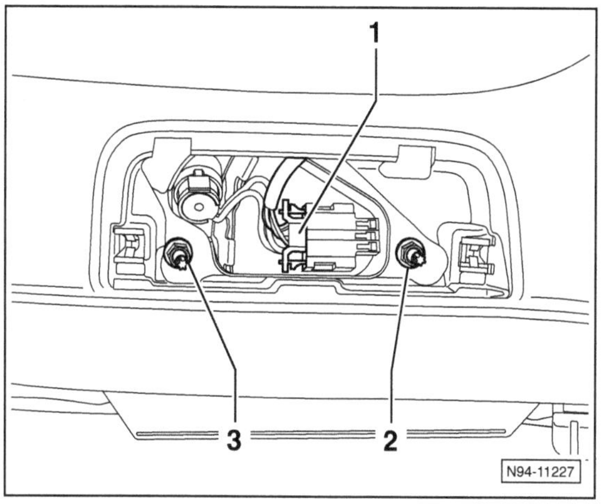

- Stecker –1– entriegeln und abziehen.

Achtung: Sicherstellen, dass die Heckleuchte nach dem Abschrauben nicht herunterfällt.

- Muttern –2– und –3– abschrauben und Heckleuchte abnehmen.

Einbau

- Der Einbau erfolgt in umgekehrter Ausbaureihenfolge. Muttern mit **3 Nm** anschrauben.

Kennzeichenleuchte / Hochgesetzte Bremsleuchte / Rückfahrleuchte aus- und einbauen

Bis 5/2011

- Aus- und Einbau erfolgen auf die gleiche Weise wie bei Fahrzeugen seit 6/2011.

Glühlampen für Innenleuchten auswechseln

- Zündung und Schalter der Leuchte ausschalten. Zündschlüssel abziehen.
- Stelle, an welcher der Schraubendreher für den Ausbau der Leuchte angesetzt wird, zum Schutz mit Klebeband abdecken.

Hinweis: Nach dem Einbau die neue Glühlampe auf Funktion überprüfen.

Innenleuchte vorn ohne Panorama-Schiebedach seit 6/11

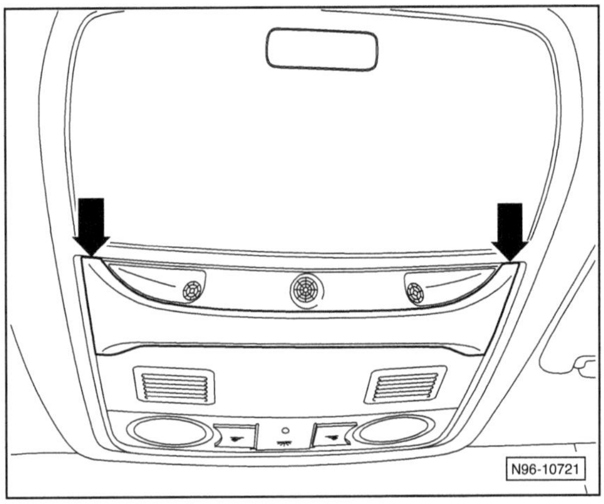

- Blende mit Kunststoffkeil oder Schraubendreher an den Verrastungen –Pfeile– abhebeln.

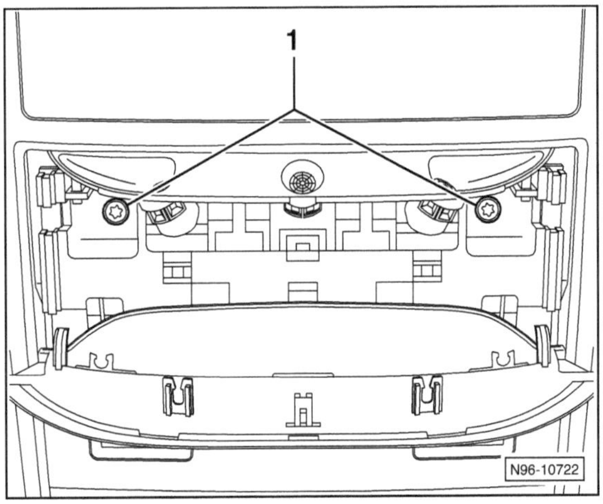

- 2 Schrauben –1– herausdrehen.

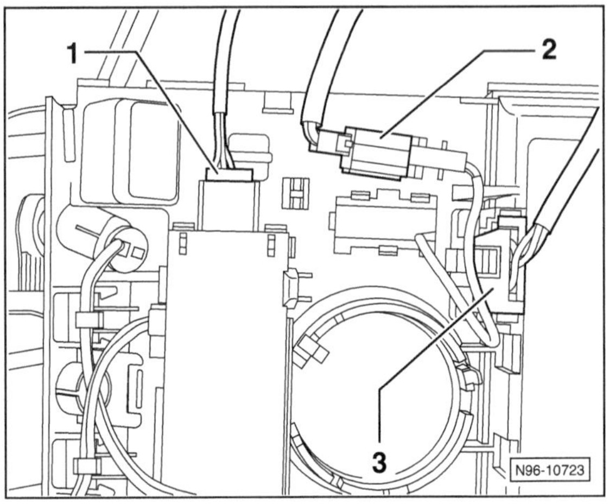

- Steckverbindungen –1–, –2– und –3– entriegeln und trennen. Hinweis: Je nach Ausstattung des Fahrzeuges sind nicht alle Steckverbindungen vorhanden.
- Innenleuchte vorn abnehmen.

Innenleuchte vorn mit Panorama-Schiebedach seit 6/11

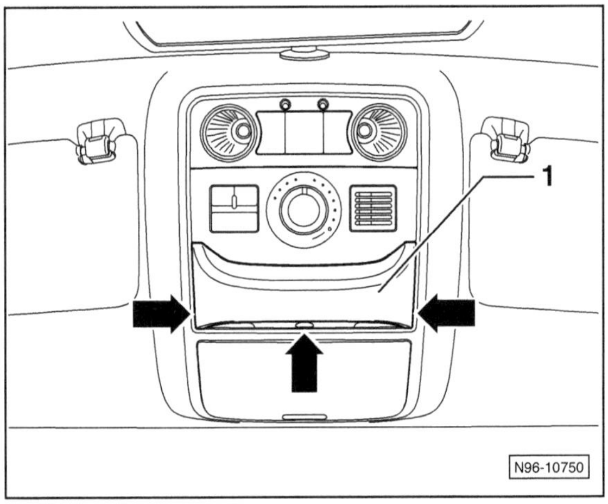

- Blende –1– mit Kunststoffkeil oder Schraubendreher an den Verrastungen –Pfeile– abhebeln.

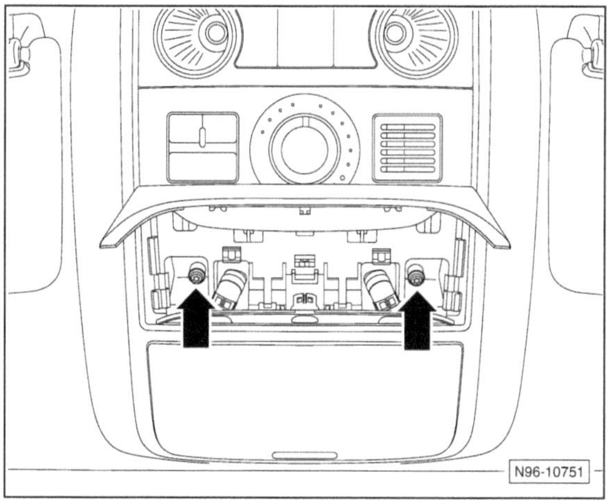

- 2 Schrauben –Pfeile– herausdrehen.

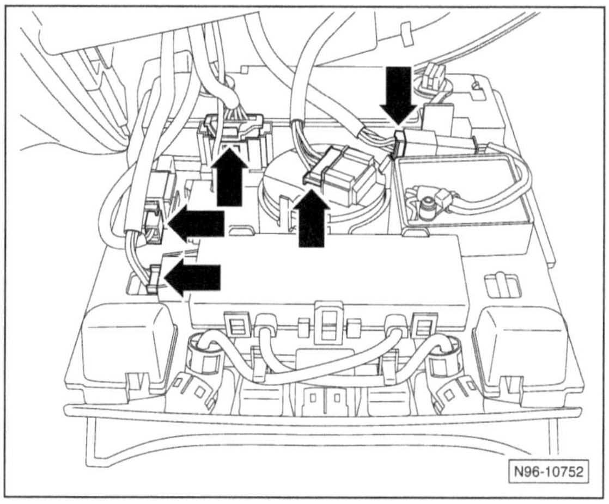

- Steckverbindungen –Pfeile– entriegeln und trennen.
- Innenleuchte vorn abnehmen.

Innenleuchte vorn bis 5/2011

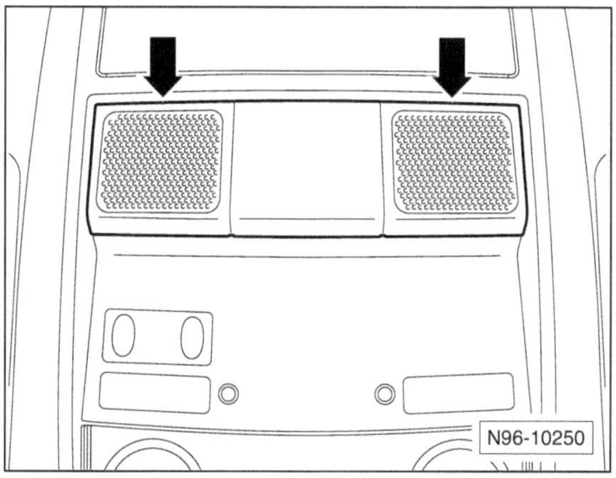

- Mit einem Kunststoffkeil Blende vorsichtig aus der Innenleuchte heraushebeln –Pfeile–.

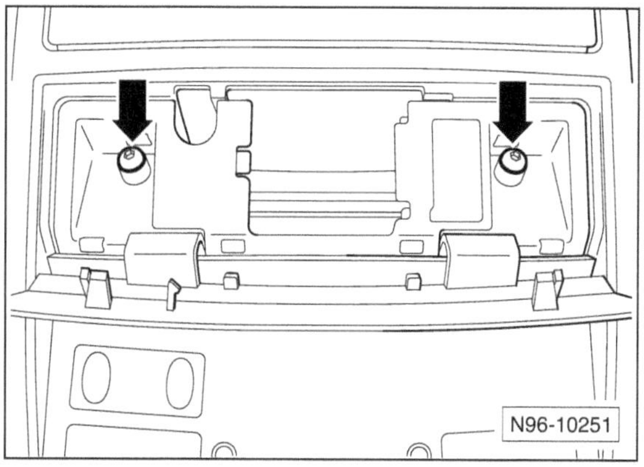

- 2 Schrauben –Pfeile– herausdrehen und Innenleuchte aus dem Dachhimmel herausziehen.
- Stecker an der Rückseite der Innenleuchte abziehen.

Lampen für Innenleuchte ersetzen

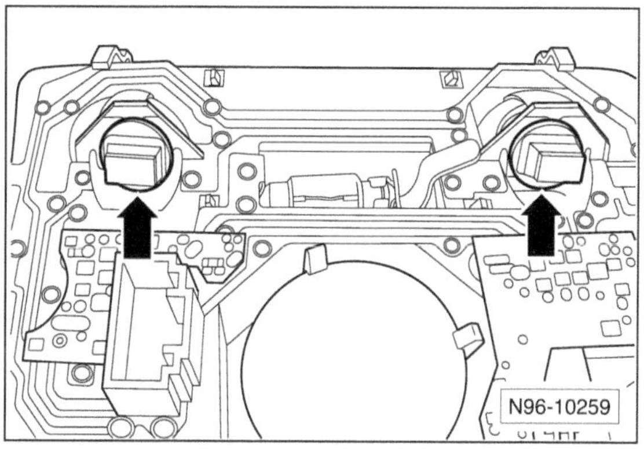

- Jeweilige Fassung –Pfeile– an der Rückseite der Deckenleuchte gegen den Uhrzeigersinn drehen und mit Glühlampe herausnehmen.
- Defekte Glühlampe aus der Fassung herausziehen und ersetzen.

Innenleuchte hinten

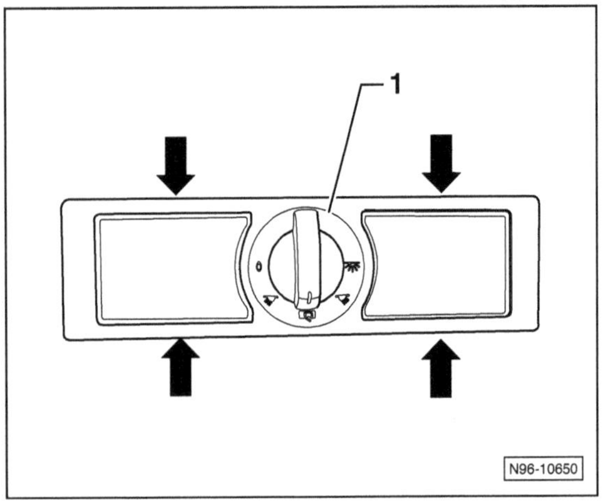

- Innenleuchte hinten –1– mit einem Kunststoffkeil oder Schraubendreher aus der Dachverkleidung herausclipsen –Pfeile–.
- Stecker an der Innenleuchte entriegeln und Leuchte herausnehmen.

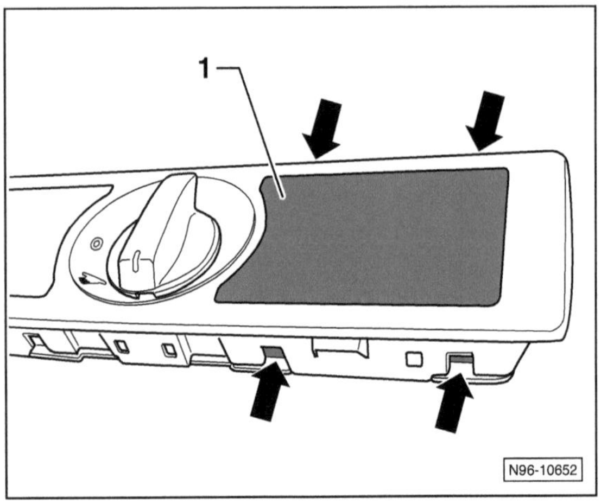

- Rastnasen –Pfeile– der Streuscheibe –1– entriegeln und Streuscheibe gerade nach oben aus der Innenleuchte herausnehmen.

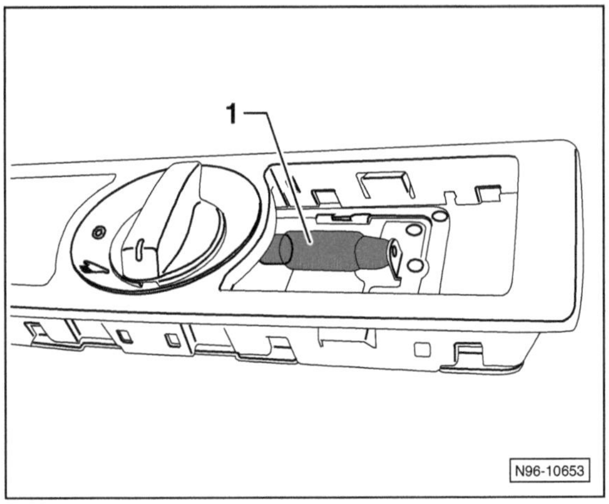

- Defekte Lampe –1– aus der Fassung herausnehmen.

Seitliche Innenleuchte/Leuchte für Make-up-Spiegel/ Kofferraumleuchte/Fußraumleuchte/Handschuhfachleuchte

Hinweis: In den Abbildungen ist die seitliche Innenleuchte dargestellt. Die anderen Leuchten werden auf die gleiche Weise ausgebaut.

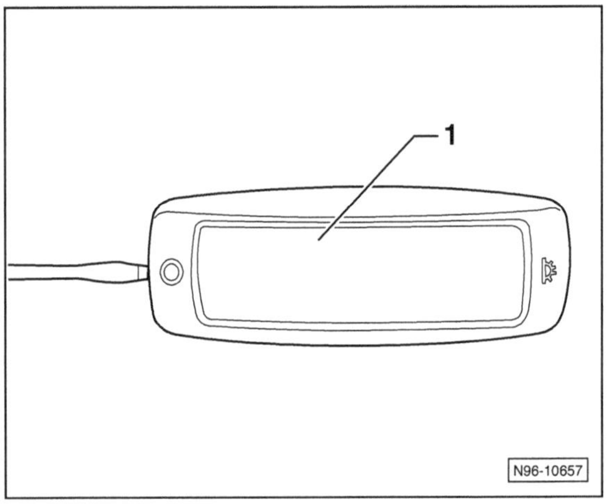

- Kleinen Schraubendreher, wie in der Abbildung gezeigt, seitlich an der Aussparung unter die Leuchte –1– schieben. Leuchte entriegeln und herausschwenken.

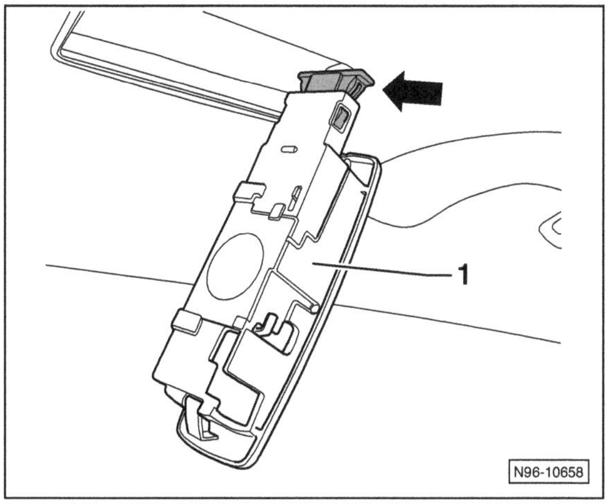

- Stecker –Pfeil– entriegeln und abziehen.
- Seitliche Innenleuchte –1– abnehmen.

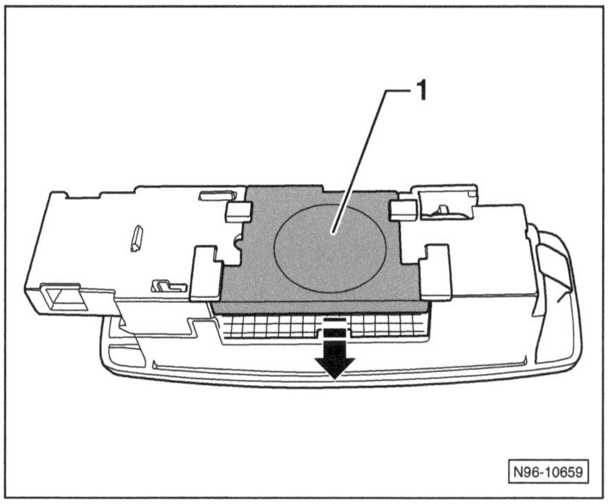

- Abdeckung –1– in Pfeilrichtung herausschieben.

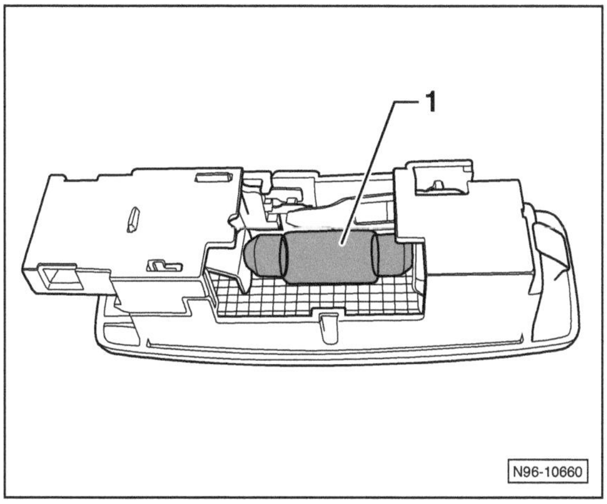

- **Innenleuchte/Make-up-Leuchte:** Kontaktzunge leicht zurückbiegen und Soffittenlampe –1– herausnehmen und ersetzen.

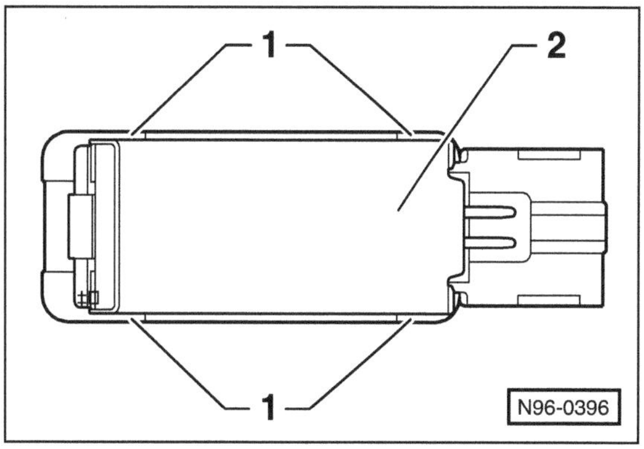

- **Fußraumleuchte/Handschuhfachleuchte:** Rastnasen –1– entriegeln und Wärmeschutzblech –2– von der Streuscheibe der Leuchte abnehmen.

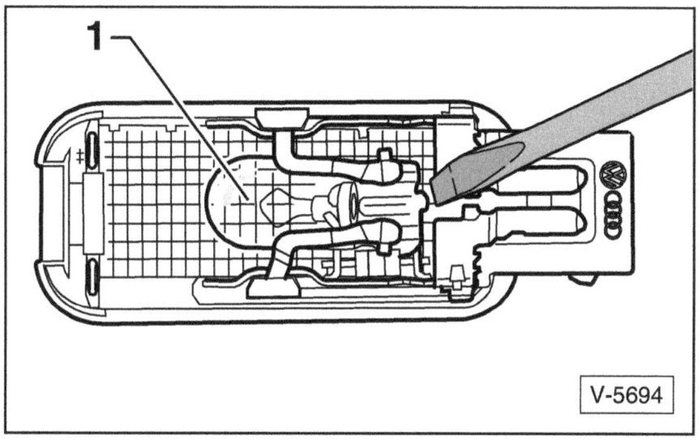

- **Fußraumleuchte/Handschuhfachleuchte:** Mit einem Schraubendreher Glühlampe –1– vorsichtig aus der Fassung herausdrücken, herausnehmen und ersetzen.
- Zum **Einbau** die Leuchte an der Steckerseite einsetzen, in die Öffnung schwenken und einrasten.

Kombiinstrument aus- und einbauen

Hinweis: Bei den Kontrollleuchten des Kombiinstrumentes handelt es sich um Leuchtdioden. Wenn eine Leuchtdiode defekt ist, muss das Kombiinstrument komplett ausgetauscht werden. Im Kombiinstrument befinden sich 2 Steuergeräte: für das Kombiinstrument und für die Wegfahrsicherung.

Beim Ersetzen des Kombiinstruments müssen die Daten für Kilometerstand sowie verschiedene Ausstattungsmerkmale auf das neue Exemplar übertragen werden. Außerdem müssen die Wegfahrsicherung und alle Zündschlüssel angepasst werden. Dazu ist das VW-Diagnosesystem VAS-5051A sowie eine Online-Verbindung zur entsprechenden VW-Datenbank erforderlich.

Ausbau

- Zündung ausschalten, Zündschlüssel abziehen.

Hinweis: Das Lenkrad braucht nicht ausgebaut zu werden.

- Lenkrad lösen, ganz herausziehen und in der untersten Stellung arretieren.
- Spaltabdeckung der oberen Lenksäulenverkleidung ausbauen, siehe Seite 231.

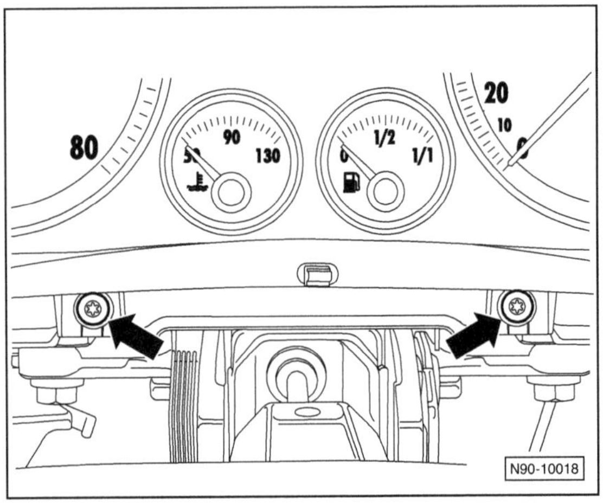

- 2 Schrauben –Pfeile– herausdrehen.

Hinweis: Beim Herausziehen des Kombiinstruments wird die fest im Fahrzeug eingebaute 36fache Steckverbindung automatisch getrennt.

- Kombiinstrument gerade nach hinten aus der Armaturentafel herausziehen.

Einbau

- Der Einbau erfolgt in umgekehrter Ausbaureihenfolge.

Lichtschalter aus- und einbauen

Ausbau

- Zündung ausschalten und Zündschlüssel abziehen.

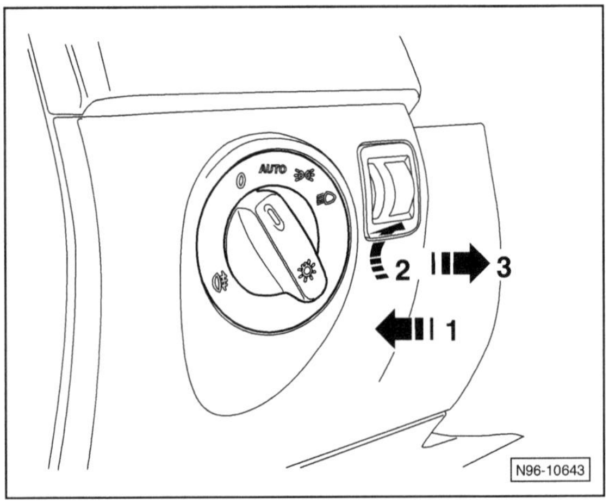

- Drehgriff des Lichtschalters in Stellung »0« drehen.
- Drehgriff des Lichtschalters fest hineindrücken –Pfeil 1– und gleichzeitig etwas nach rechts drehen –Pfeil 2–, bis er senkrecht steht.
- Drehgriff in dieser Stellung halten und Lichtschalter am Drehgriff aus der Armaturentafel herausziehen –Pfeil 3–.

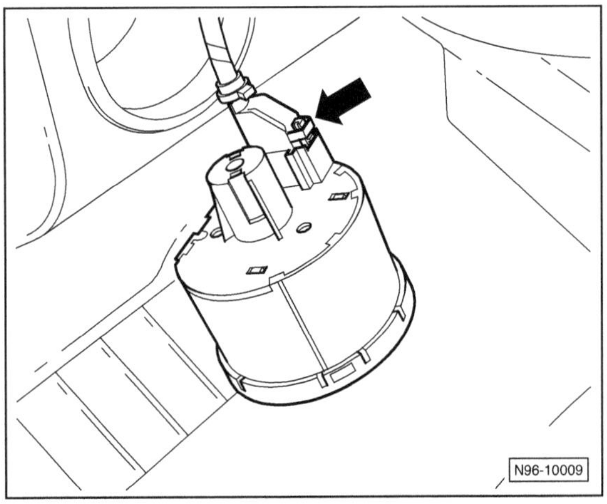

- Stecker –Pfeil– an der Rückseite des Schalters entriegeln und abziehen.

Einbau

- Stecker am Schalter aufschieben.

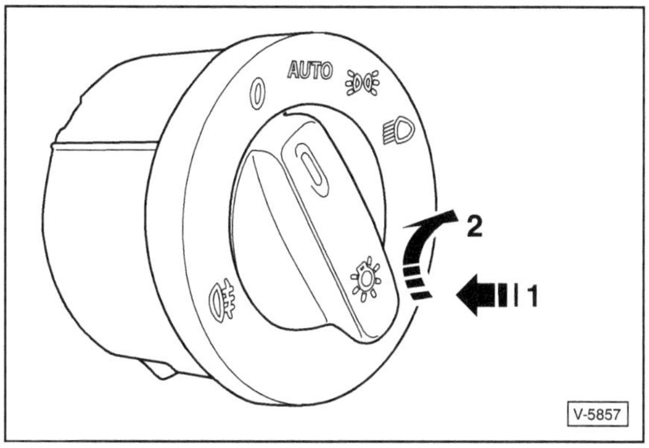

- Zum Einbau Lichtschalter festhalten, Drehgriff für Lichtschalter fest hineindrücken –Pfeil 1– und gleichzeitig nach rechts drehen –Pfeil 2–. Dadurch werden die beiden Verriegelungshaken des Schalters versenkt.
- Drehgriff in dieser Stellung halten und Lichtschalter in die Öffnung der Armaturentafel eindrücken.
- Drehgriff in Stellung »0« drehen und Schalter einrasten.
- Sämtliche Positionen des Schalters durchschalten und festen Sitz des Schalters prüfen.

Schalter im Fahrzeuginnenraum aus- und einbauen

Achtung: Bereiche, an denen ein Kunststoffkeil oder ein Schraubendreher angesetzt wird, zum Schutz mit Klebeband abkleben.

Leuchtweitenregler

Ausbau

- Zündung ausschalten und Zündschlüssel abziehen.

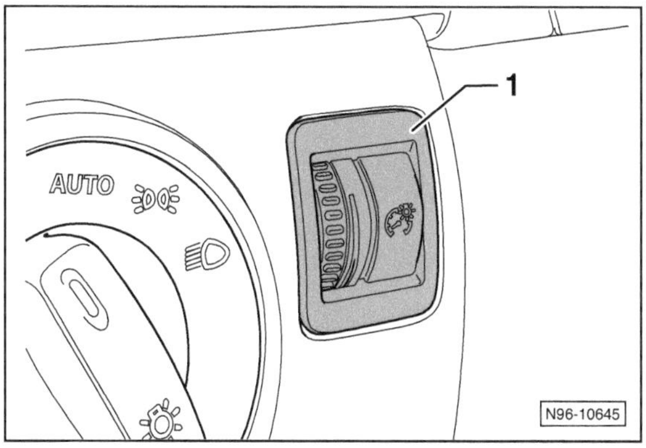

- Leuchtweitenregler –1– mit einem Kunststoffkeil aus der Armaturentafel heraushebeln.
- Stecker entreigeln und abziehen.

Einbau

- Der Einbau erfolgt in umgekehrter Ausbaureihenfolge.

Schalter für Handschuhfachleuchte

Ausbau

- Zündung ausschalten und Zündschlüssel abziehen.
- Handschuhfach ausbauen, siehe Seite 230.

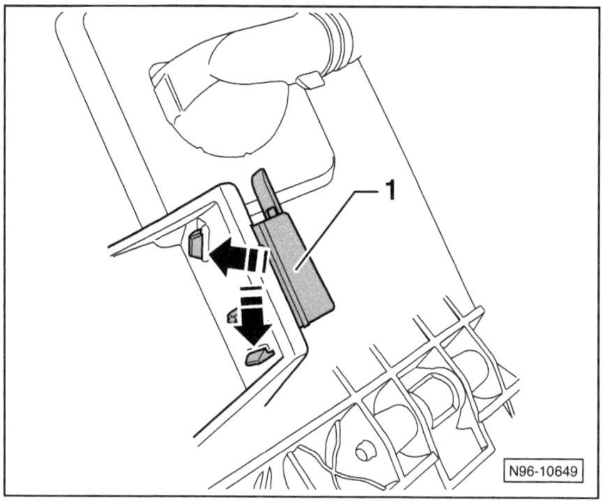

- Rastnasen –Pfeile– entriegeln und Schalter –1– herausnehmen.

Einbau

- Der Einbau erfolgt in umgekehrter Ausbaureihenfolge. Funktion des Schalters prüfen: Bei geschlossenem Handschuhfachdeckel darf die Handschuhfachleuchte nicht leuchten.

Schalter für Warnblinkleuchte

Ausbau

- Zündung ausschalten und Zündschlüssel abziehen.
- Mittlere Luftaustrittsdüsen ausbauen, siehe Seite 228.

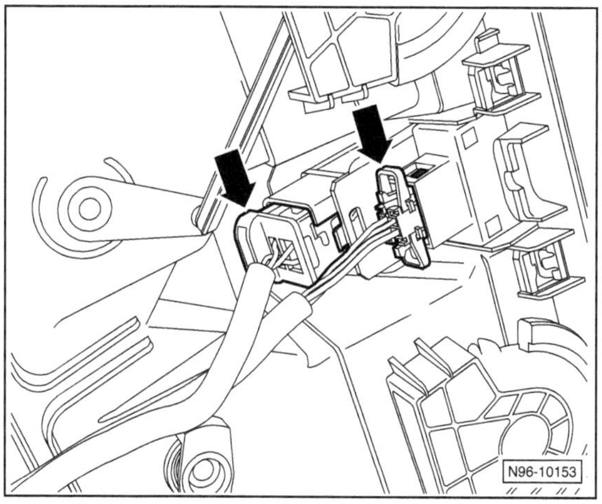

- Steckverbindungen –Pfeile– entriegeln und abziehen.

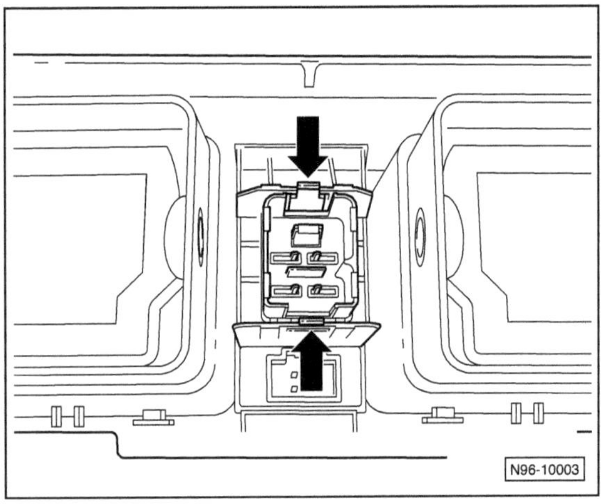

● Rasthaken –Pfeile– zusammendrücken und den Warnlichtschalter herausdrücken.

Einbau

● Der Einbau erfolgt in umgekehrter Ausbaureihenfolge.

Schlüsselschalter für Airbagabschaltung

Ausbau

● Zündung ausschalten und Zündschlüssel abziehen.

Sicherheitshinweis
Unbedingt Airbag-Sicherheitshinweise befolgen, siehe Seite 157.

● Handschuhfach öffnen.

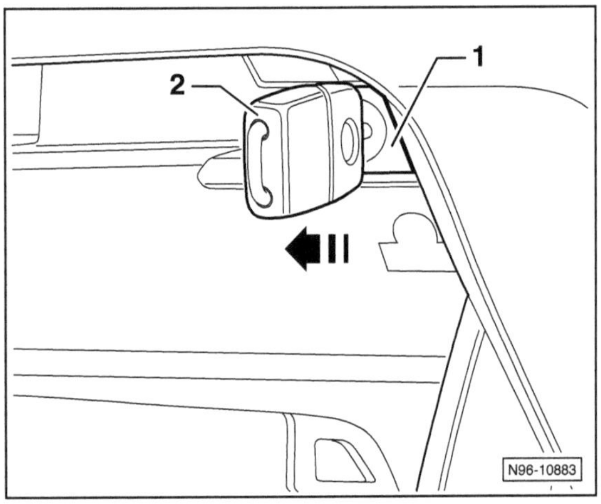

● Zündschlüssel –2– in den Schlüsselschalter stecken und in senkrechte Position bringen, siehe Abbildung.

● Schlüssel in Pfeilrichtung drücken und Schalter –1– vorsichtig entriegeln.

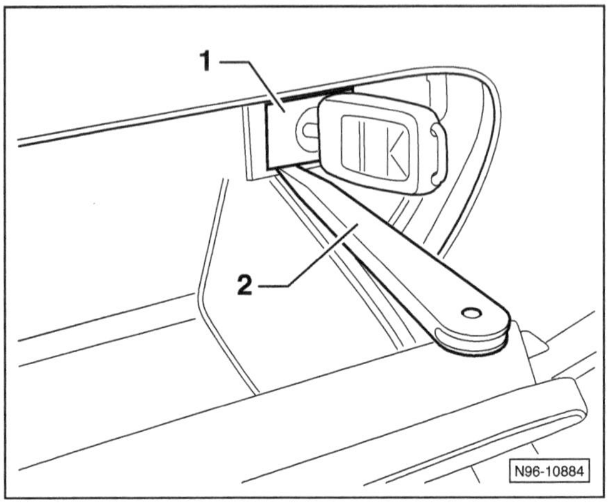

● Schalter –1– auf der linken Seite mit einem Kunststoffkeil –2– entriegeln und herausziehen.

● Stecker entriegeln und vom Schalter abziehen.

Einbau

● Der Einbau erfolgt in umgekehrter Ausbaureihenfolge.

Taster für Reifendruckkontrolle

Ausbau

● Zündung ausschalten und Zündschlüssel abziehen.

● Handschuhfach ausbauen, siehe Seite 230.

● Stecker entriegeln und abziehen.

● Taster von innen aus dem Handschuhfach herausdrücken.

Einbau

● Der Einbau erfolgt in umgekehrter Ausbaureihenfolge.

Schalter für Fensterheber und Spiegelverstellung in der Fahrertür

Ausbau

- Zündung ausschalten und Zündschlüssel abziehen.
- Türverkleidung ausbauen, siehe Seite 262.

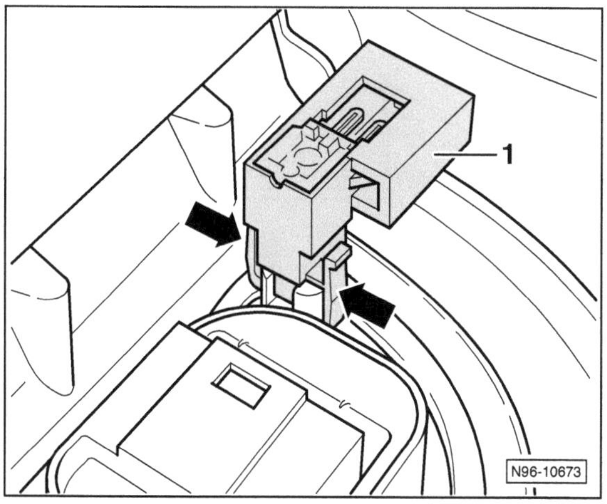

- Rastnasen –Pfeile– entriegeln und Kontrollleuchte für SAVE-Funktion der Zentralverriegelung –1– abziehen.

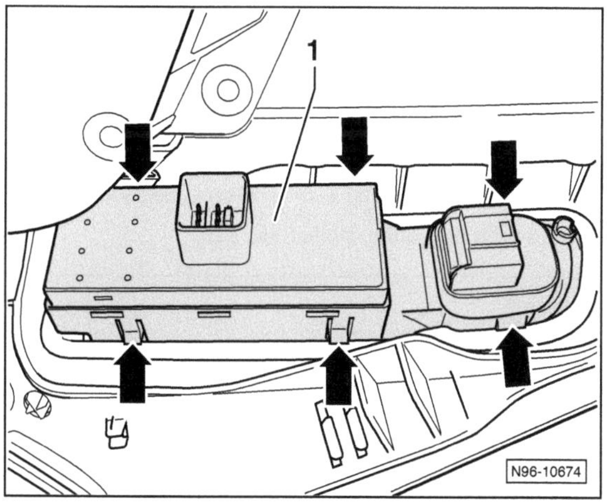

- Rastnasen –Pfeile– entriegeln und Schaltelement herausdrücken. Dabei auf der rechten Seite beginnen.

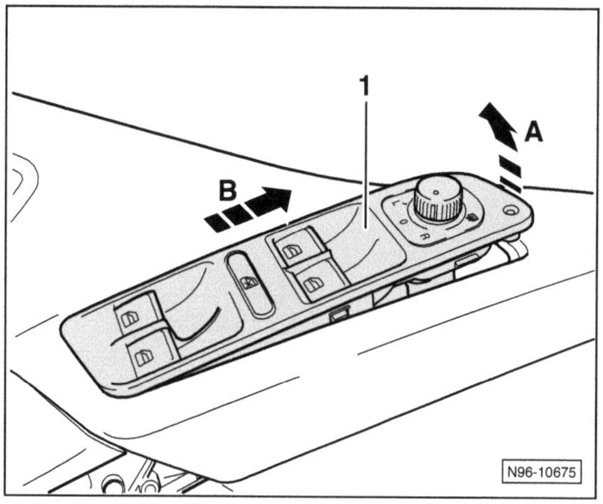

- Schaltelement zuerst etwas nach oben in Pfeilrichtung –A– anheben und anschließend in Pfeilrichtung –B– herausziehen.

Einbau

- Der Einbau erfolgt in umgekehrter Ausbaureihenfolge.

Taster für Zentralverriegelung, Fahrertür

Ausbau

- Zündung ausschalten und Zündschlüssel abziehen.
- Türverkleidung ausbauen, siehe Seite 262.

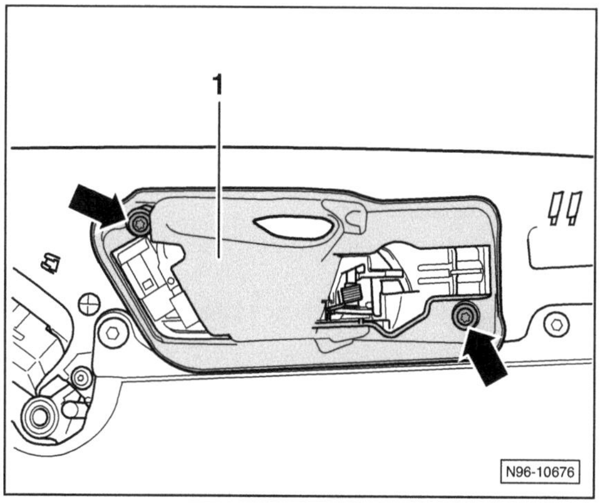

- 2 Schrauben –Pfeile– herausdrehen und Griffschale –1– abnehmen..

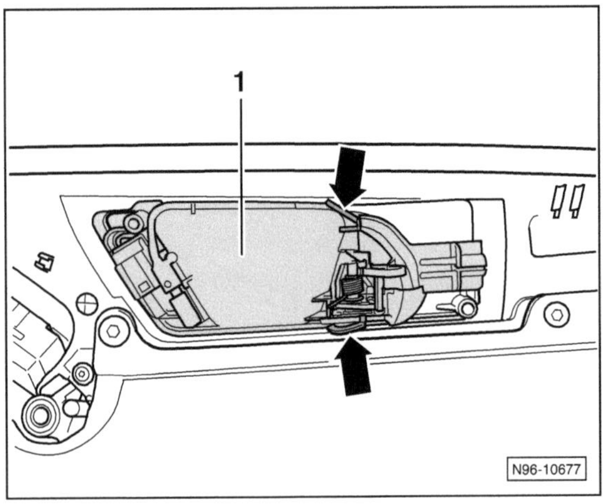

- Verrastungen –Pfeile– entriegeln und Türöffner mit Taster für Innenverriegelung –1– aus der Türverkleidung herausnehmen.

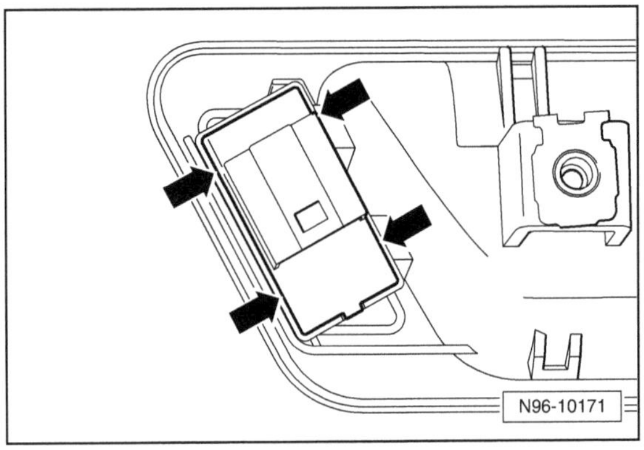

- 4 Rastnasen –Pfeile– entriegeln und Taster aus dem Einbaurahmen herausnehmen.

Einbau

- Der Einbau erfolgt in umgekehrter Ausbaureihenfolge.

Schalter für Fensterheber hinten

Ausbau

- Zündung ausschalten und Zündschlüssel abziehen.
- Türverkleidung ausbauen, siehe Seite 262.

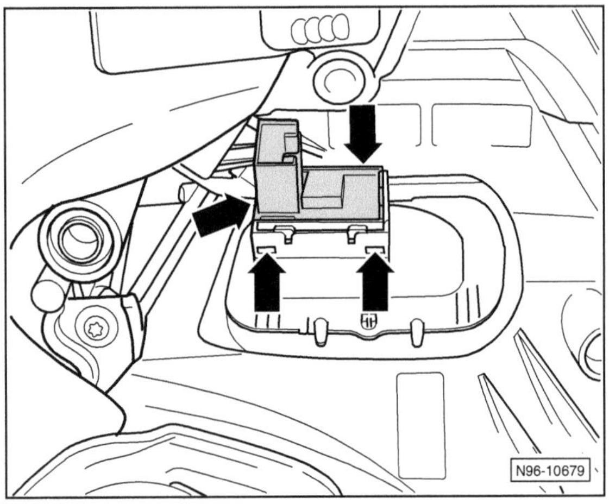

- 4 Rastnasen –Pfeile– entriegeln und Schalter aus dem Einbaurahmen herausdrücken.

Einbau

- Der Einbau erfolgt in umgekehrter Ausbaureihenfolge.

Taster in der Ablage Mittelkonsole

Ausbau

- Zündung ausschalten und Zündschlüssel abziehen.
- Mittelkonsole ausbauen, siehe Seite 226.

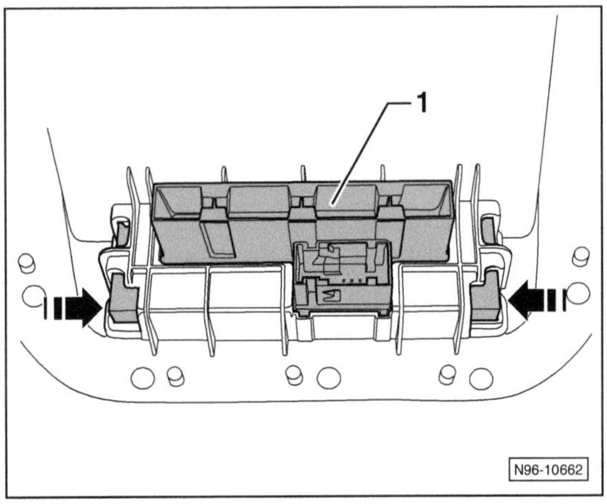

- Sämtliche Steckverbindungen am Taster –1– entriegeln und abziehen.
- Seitliche Rastnasen –Pfeile– entriegeln und Taster nach oben aus der Mittelkonsole herausdrücken.

Einbau

- Der Einbau erfolgt in umgekehrter Ausbaureihenfolge.

Taster für elektromechanische Feststellbremse und »AUTO HOLD«

Ausbau

- Zündung ausschalten und Zündschlüssel abziehen.

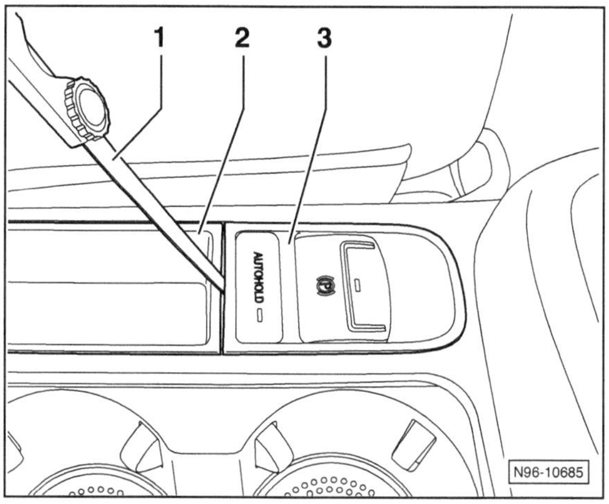

- Fühlerblattlehre –1– mit 0,6 mm Stärke vorsichtig in den Spalt zwischen Mittelkonsole –2– und Tastermodul –3– einführen.

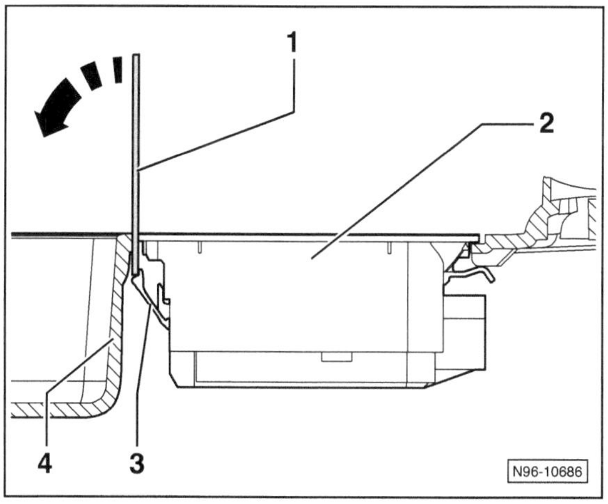

- Fühlerblattlehre –1– senkrecht stellen und 10 mm tief zwischen Tastermodul –2– und Mittelkonsole –4– schieben. Nach 10 mm liegt die Spitze der Fühlerblattlehre spürbar am Absatz der Verriegelungsraste –3– auf.
- Anschließend Fühlerblattlehre –1– in Pfeilrichtung kippen und gegen die Raste –3– drücken.
- Gleichzeitig das Tastermodul –2– hinten aus der Mittelkonsole –4– nach oben herausheben.

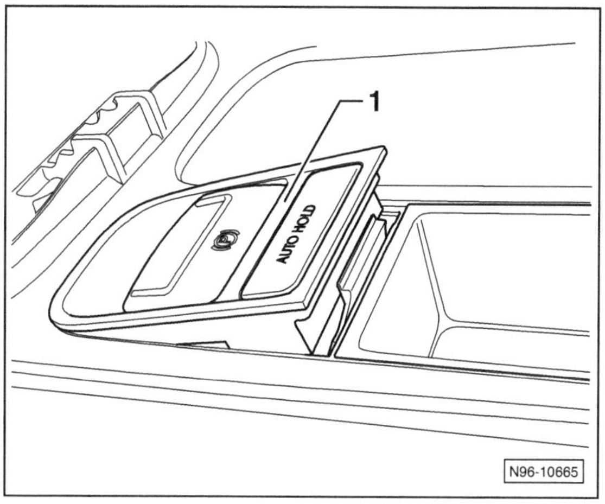

- Tastermodul –1– ganz aus der Mittelkonsole herausziehen.

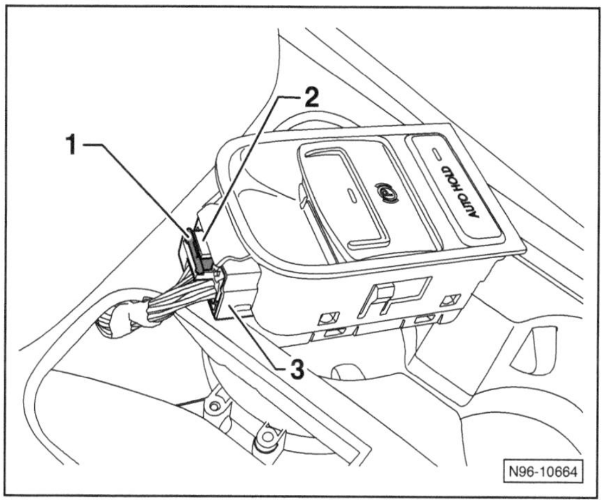

- Sicherung –1– herausziehen, dann Verriegelungstaste –2– drücken und Stecker –3– abziehen.
- Tastermodul herausnehmen.

Einbau

- Der Einbau erfolgt in umgekehrter Ausbaureihenfolge.

Schalter im Lenkrad

Ausbau

Hinweis: In den Abbildungen ist der Schalter seit 6/2010 dargestellt. Bei Fahrzeugen bis 5/2010 erfolgt der Aus- und Einbau auf dieselbe Weise.

> **Sicherheitshinweis**
> Unbedingt Airbag-Sicherheitshinweise befolgen, siehe Seite 157.

- Airbageinheit am Lenkrad ausbauen, siehe Seite 158.

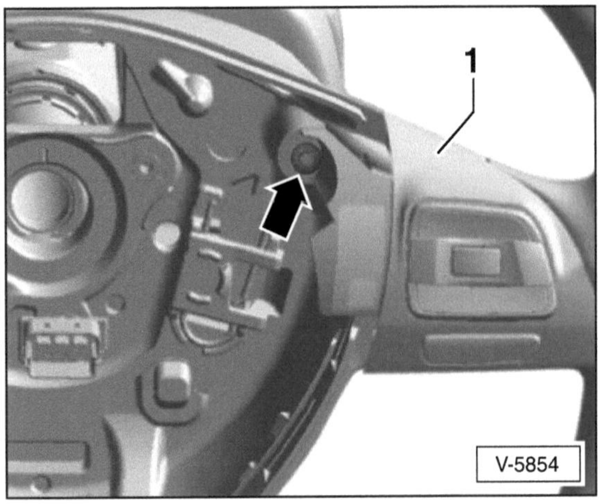

- Schraube –Pfeil– herausdrehen und Tastenblock –1– am Lenkrad herausziehen.

Achtung: Leitungsverlegung im Lenkrad merken beziehungsweise markieren und darauf achten, dass die Leitung nach dem Einbau des Schalters genau gleich verlegt ist.

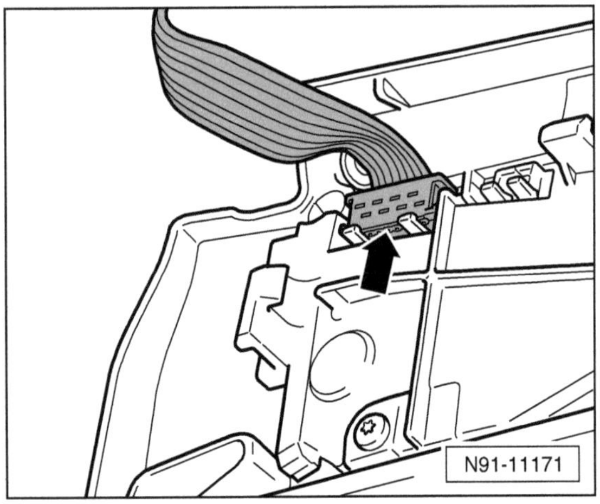

- Stecker –Pfeil– am Tastenblock abziehen.

Einbau

- Der Einbau erfolgt in umgekehrter Ausbaureihenfolge. Die schwarze Steckverbindung muss am linken Tastenblock aufgesteckt werden.

Wechselrichter mit Steckdose aus- und einbauen

Ausbau

Achtung: Es dürfen keine Reparaturen an der Steckverbindung sowie an den Leitungen der 230-Volt-Steckdose durchgeführt werden. Bei einem Defekt an diesen Teilen immer komplette Wechselrichtereinheit ersetzen.

- Zündung ausschalten, alle elektrischen Verbraucher ausschalten und Zündschlüssel abziehen.
- Klappe der 230-V-Steckdose öffnen.

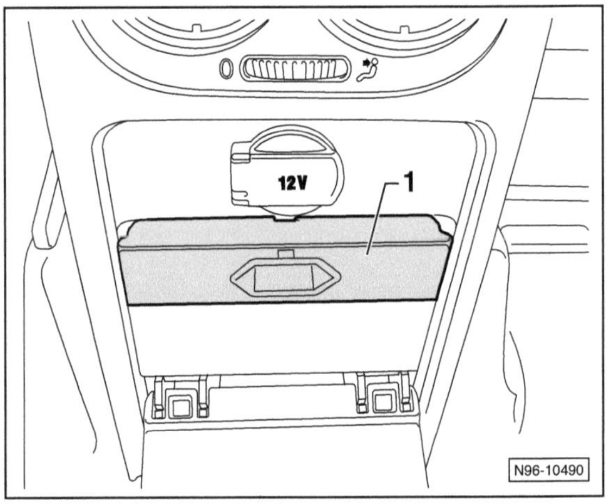

- Blende –1– mit einem Kunststoffkeil vorsichtig abhebeln.

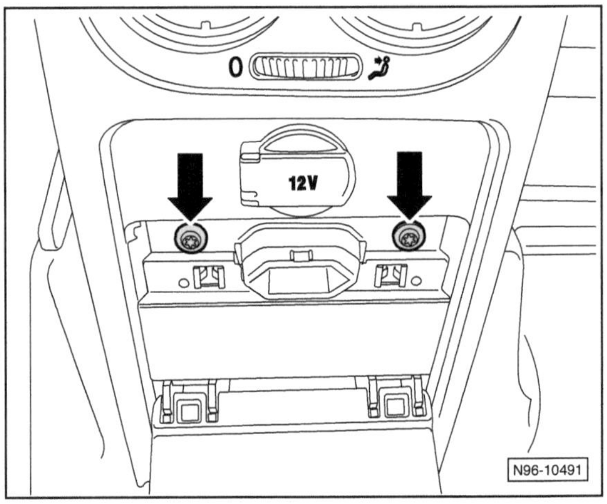

- Schrauben –Pfeile– herausdrehen.

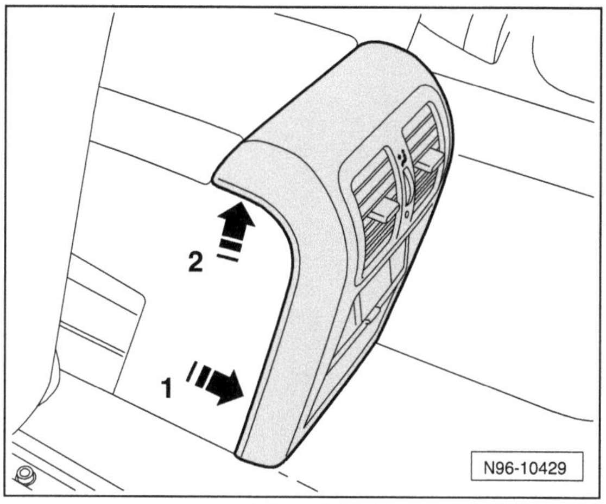

- Hintere Blende zuerst unten etwas in Pfeilrichtung –1– nach hinten ziehen und anschließend in Pfeilrichtung –2– nach oben abheben.

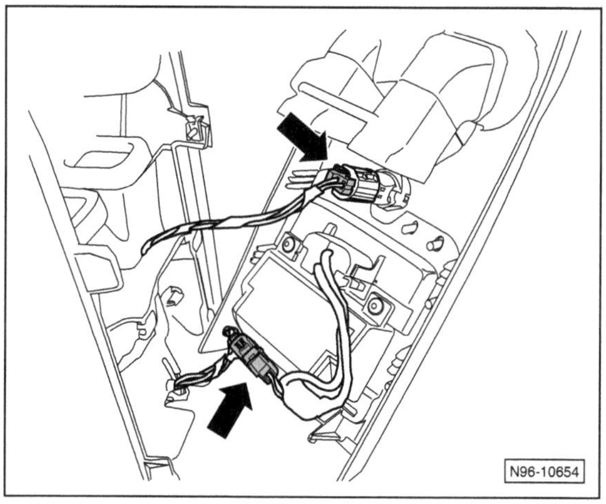

- Stecker –Pfeile– entriegeln und abziehen.

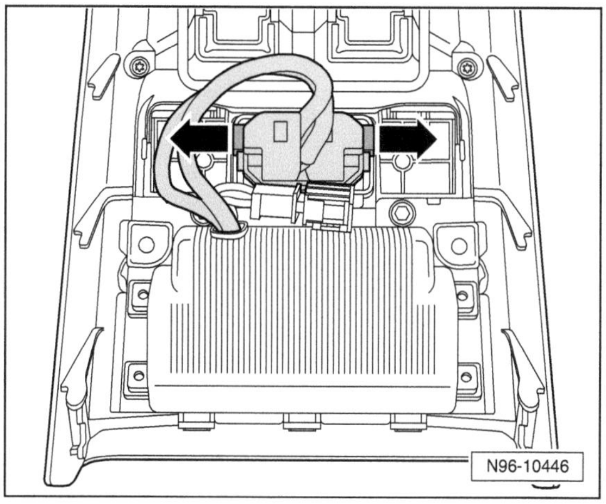

- Steckdose an den Rastnasen –Pfeile– entriegeln und aus der Blende herausziehen.

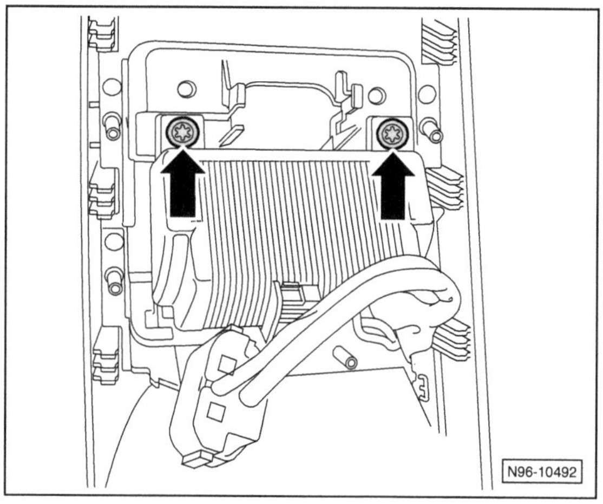

- Schrauben –Pfeile– herausdrehen und Wechselrichter mit Steckdose von der Blende abnehmen.

Einbau

- Der Einbau erfolgt in umgekehrter Ausbaureihenfolge.

Telefonhalterung aus- und einbauen

Ausbau

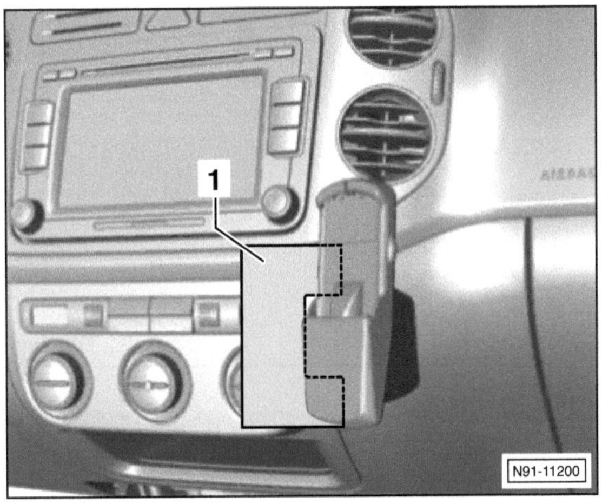

- Folie –1–, wie in der Abbildung gezeigt, hinter die Telefonhalterung schieben. Dadurch werden Beschädigungen an der Armaturentafel vermieden. Folie selbst anfertigen. Als Material kann eine Overhead-Folie oder Ähnliches verwendet werden.

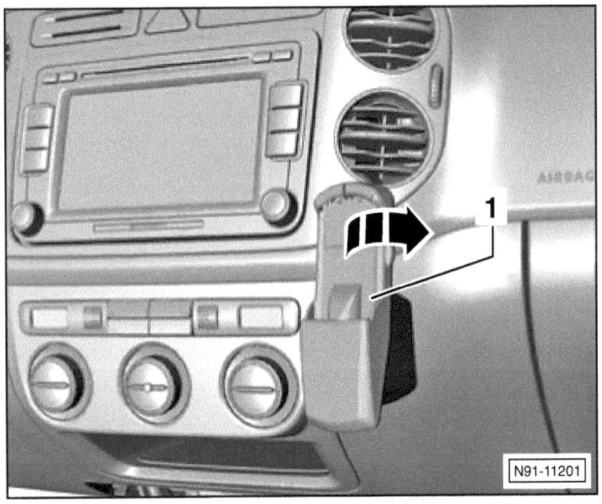

- Telefonhalterung –1– in Pfeilrichtung (im Uhrzeigersinn) drehen und vom Halter lösen.

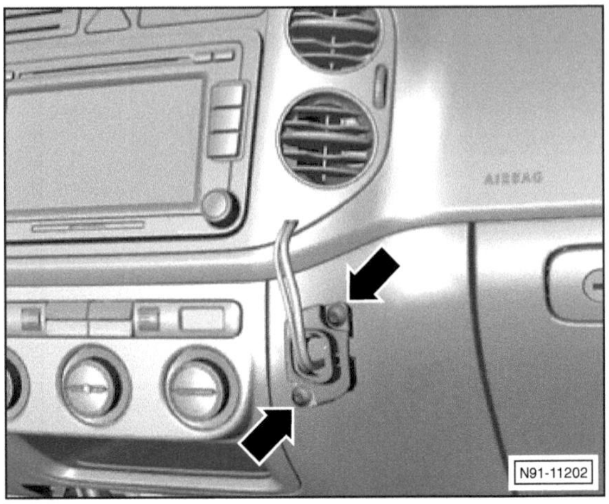

- 2 Torxschrauben –Pfeile– herausdrehen.
- Kabel vorsichtig herausziehen und Steckverbindung trennen.

Einbau

- Der Einbau erfolgt in umgekehrter Ausbaureihenfolge.

Radio aus- und einbauen

Serienmäßig ist ein Radio mit **Anti-Diebstahl-Codierung** eingebaut. Diese verhindert die unbefugte Inbetriebnahme des Gerätes, wenn die Stromversorgung unterbrochen wurde. Die Stromversorgung ist beispielsweise unterbrochen beim Abklemmen der Batterie, beim Ausbau des Radios oder wenn die Radiosicherung durchgebrannt ist.

Die VW-Radioanlagen werden über das Werkstatt-Diagnosegerät auf das Fahrzeug abgestimmt. Daher ist beim Trennen und Wiederanschließen der Stromversorgung, beziehungsweise beim Aus- und Einbau desselben Radios keine Codeeingabe erforderlich.

Beim Einbau eines **neuen** Radios oder bei einem Defekt muss das Radio in der Fachwerkstatt auf das Fahrzeug angepasst und codiert werden.

Achtung: Bei einem nachträglich eingebauten Radio muss der Diebstahlcode vor dem Abklemmen der Batterie oder dem Ausbau des Radios festgestellt werden. Ansonsten kann das Radio nur durch den Hersteller wieder in Betrieb genommen werden. Die Code-Nummer ist in der Radio-Bedienungsanleitung angegeben. Sie sollte nicht im Fahrzeug aufbewahrt werden.

Ausbau

Hinweis: Der Aus- und Einbau des Radio-/Navigationsgerätes erfolgt in gleicher Weise.

- Gegebenenfalls eingelegte CD aus dem Player herausnehmen.
- Zündung ausschalten und Zündschlüssel abziehen.
- Mittlere Blende aus der Armaturentafel ausbauen, siehe Seite 228.

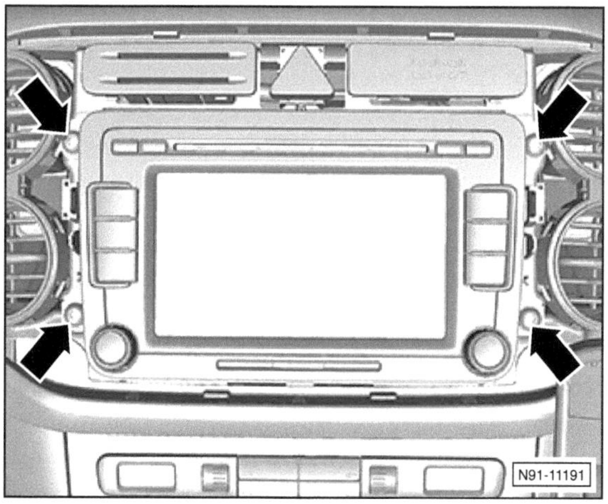

- 4 Schrauben –Pfeile– herausdrehen und Radio soweit aus dem Einbauschacht herausziehen, dass die Anschlüsse an der Rückseite des Radios zugänglich sind.

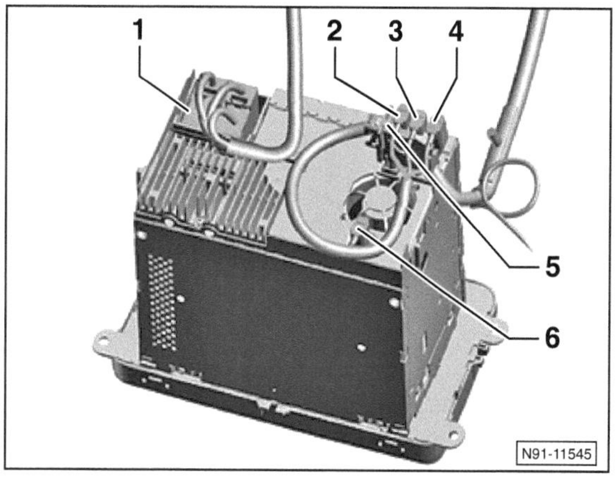

Stecker für:
1 – Quadblock
2 – Antenne Navigation
3 – Antenne Radio
4 – Antenne Radio
5 – Videosignale
6 – Videosignal der Rückfahrkamera

- An der Rückseite, je nach Ausstattung, die Stecker –1– bis –6– folgendermaßen abziehen.

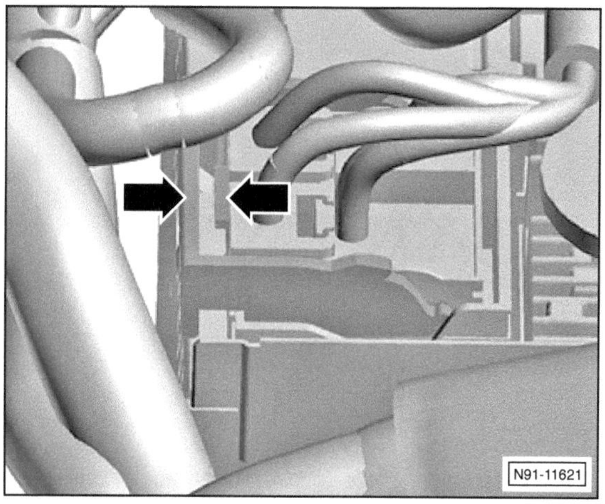

- Stecker für Quadblock lösen, dazu Steckerarretierung zusammendrücken –Pfeile–.

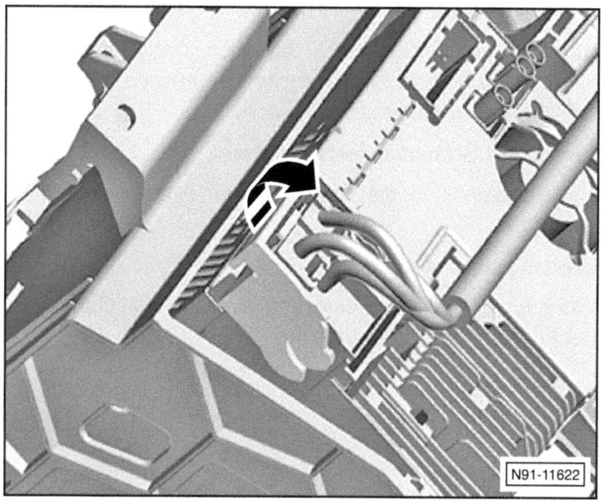

- Verriegelungsbügel in Pfeilrichtung hochschwenken. Dadurch wird der Mehrfachstecker herausgedrückt.

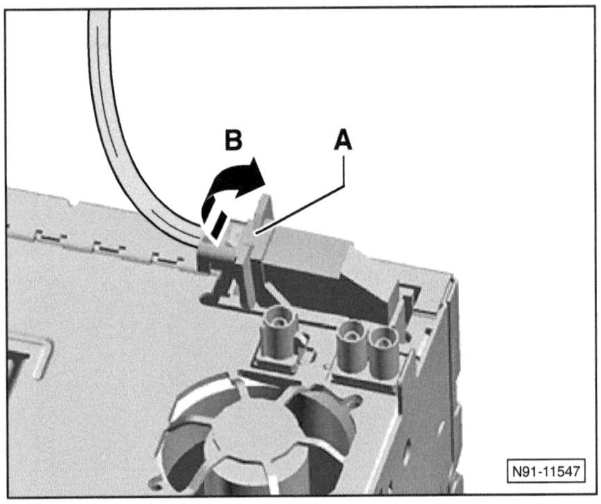

● Stecker für Videosignale lösen, dazu Sicherung –A– drücken und Bügel in Richtung –B– schwenken. Dadurch wird der Mehrfachstecker herausgedrückt.

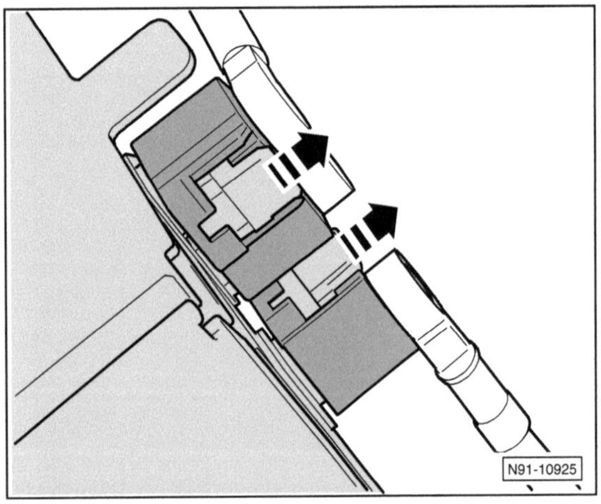

● Stecker entriegeln –Pfeile– und Antennenkabel abziehen.

Einbau

● Sämtliche Stecker an der Rückseite des Radios anschließen und sichern.

● Radio in den Einbauschacht schieben. Dabei nicht auf das Display und die Bedienungstasten drücken, das Radio könnte sonst beschädigt werden.

● Radio mit 4 Schrauben festschrauben.

● Mittlere Blende in die Armaturentafel einbauen, siehe Seite 228.

● Zündung einschalten.

● Wenn nötig, Radiocode eingeben, Radio einschalten und auf Funktion überprüfen.

CD-Wechsler/Multimedia-Interface in der Mittelkonsole aus- und einbauen

Hinweis: Beschrieben wird der Ausbau des CD-Wechslers. Dazu werden 2 Entriegelungsschlüssel VW-3316 benötigt. Der Ausbau des Muldimedia-Interfaces erfolgt weitgehend auf die gleiche Weise. Hierzu werden 2 Entriegelungsschlüssel VW-T10057 benötigt. Alternativ kann auch das Radio-Demontagewerkzeug HAZET 4655-1 verwendet, welches mehrere unterschiedliche Entriegelungsschlüssel enthält.

Ausbau

● Gegebenenfalls eingelegte CDs aus dem Wechsler herausnehmen.

● Zündung ausschalten und Zündschlüssel abziehen.

● Mittelarmlehne hochklappen.

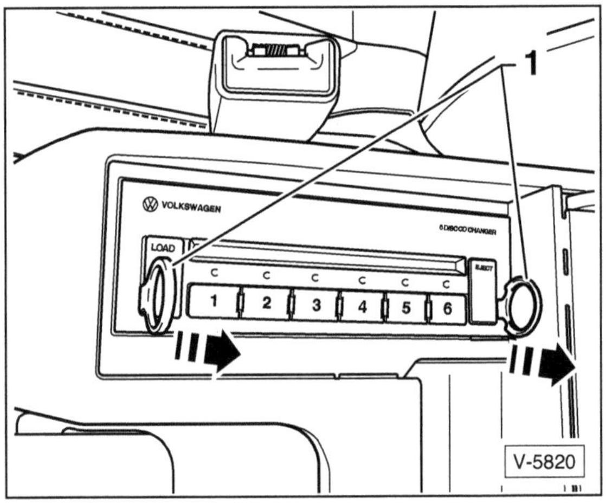

● Entriegelungswerkzeuge –1– in die Schlitze rechts und links am CD-Wechsler einschieben, bis sie einrasten. **Achtung:** Entriegelungsschlüssel nicht zur Seite drücken oder verkanten.

● CD-Wechsler an den Griffen der Entriegelungswerkzeuge aus dem Einbauschacht in der hinteren Mittelkonsole in Pfeilrichtung herausziehen.

● Multimedia-Interface: Entriegelungswerkzeuge an den Griffen auseinanderdrücken und gleichzeitig Interface aus dem Einbauschacht herausziehen.

● Steckverbindung entriegeln und trennen. Dazu an den schmalen Seiten auf die Entriegelungsbügel drücken.

● Seitliche Rastnasen am CD-Wechsler nach innen drücken und Entriegelungsschlüssel aus den Schlitzen herausziehen.

Einbau

● Stecker an der Rückseite anschließen.

● CD-Wechsler in die Einbauöffnung schieben und einrasten.

Lautsprecher aus- und einbauen

Tiefton-/Mitteltonlautsprecher

Ausbau

- Zündung ausschalten und Zündschlüssel abziehen.
- Türverkleidung ausbauen, siehe Seite 262.

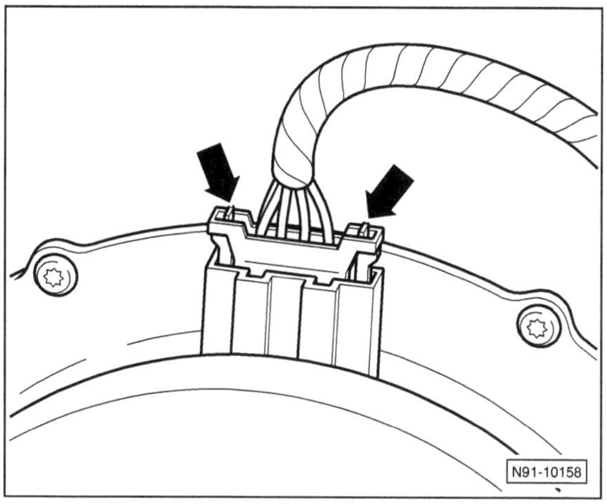

- Stecker oben am jeweiligen Lautsprecher entriegeln –Pfeile– und abziehen.

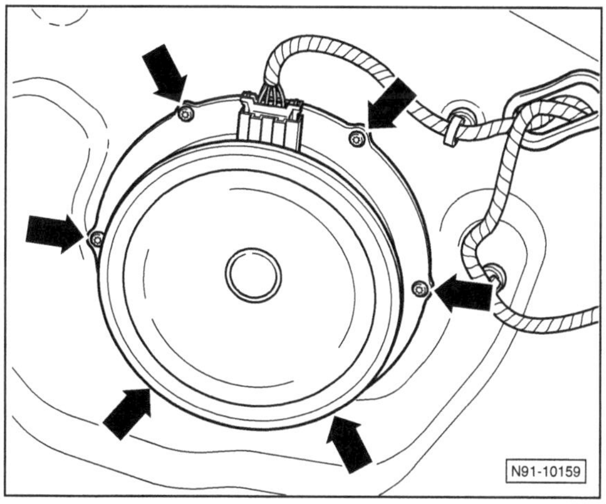

- **Tieftonlautsprecher:** Nieten –Pfeile– mit einem geeigneten Bohrer ausbohren und defekten Lautsprecher von der Tür abnehmen.
- **Tieftonlautsprecher:** Sämtliche Bohrspäne aus der Tür entfernen. Eventuell entstandene Lackschäden ausbessern.

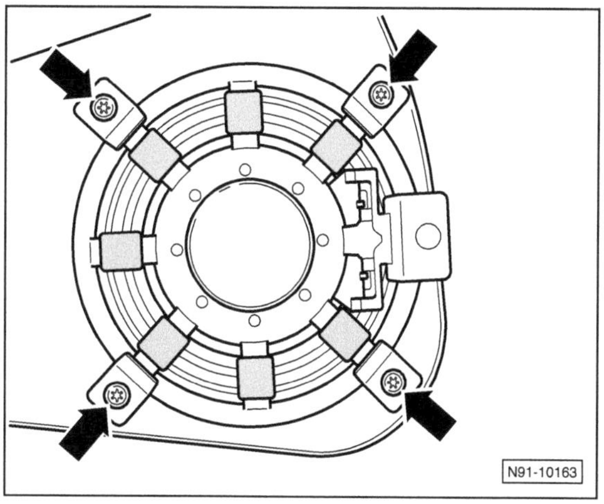

- **Mitteltonlautsprecher** von der Rückseite der Türverkleidung abschrauben –Pfeile– und abnehmen.

Einbau

- Neuen Lautsprecher mit handelsüblichen Blindnieten oder mit Blechschrauben befestigen. Mitteltonlautsprecher mit **1,5 Nm** anschrauben.
- Stecker für Lautsprecher aufschieben und einrasten.
- Türverkleidung einbauen, siehe Kapitel »Karosserie außen«.

Hochtonlautsprecher vorn

Die vorderen Hochtonlautsprecher sind in den Dreieckblenden der vorderen Türen integriert. Ein defekter Lautsprecher muss zusammen mit der Dreieckblende ersetzt werden.

Achtung: Die Dreieckblende kann, je nach Ausführung, angeclipst oder angeschraubt sein. Ausbau der angeclipsten Blende, siehe Seite 262.

Ausbau der geschraubten Blende

- Zündung ausschalten und Zündschlüssel abziehen.
- Türverkleidung ausbauen, siehe Seite 262.

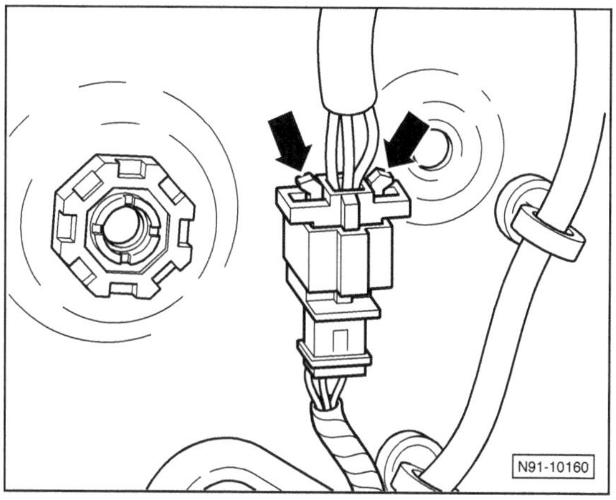

- Stecker vom Hochtonlautsprecher entriegeln –Pfeile– und abziehen.

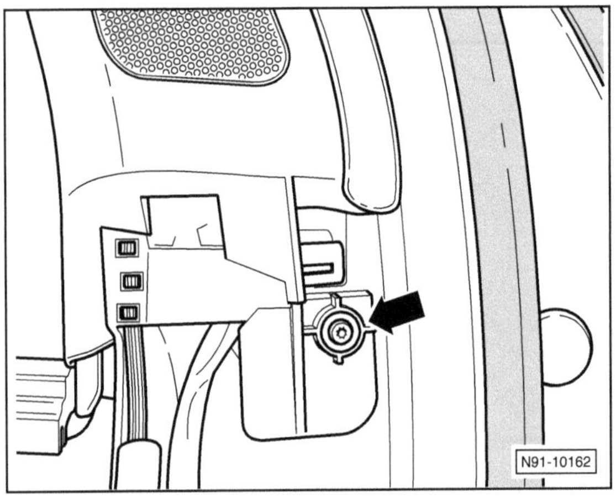

- Schraube –Pfeil– herausdrehen.
- Blende ausclipsen und zusammen mit dem Hochtonlautsprecher abnehmen.

Achtung: Falls der Befestigungsclip an der Blende geblieben ist, diesen abnehmen und an der entsprechende Stelle der Tür aufstecken. Andernfalls kann die Blende nicht Korrekt eingebaut werden.

Einbau

- Der Einbau erfolgt in umgekehrter Ausbaureihenfolge.

Hochtonlautsprecher hinten

Die Hochtonlautsprecher hinten sind in den Türverkleidungen eingebaut.

Ausbau

- Zündung ausschalten und Zündschlüssel abziehen.
- Türverkleidung hinten ausbauen. Dabei darauf achten, dass die kurze Leitungsverbindung zum Hochtonlautsprecher nicht beschädigt wird.
- Stecker vom Hochtonlautsprecher entriegeln und abziehen.

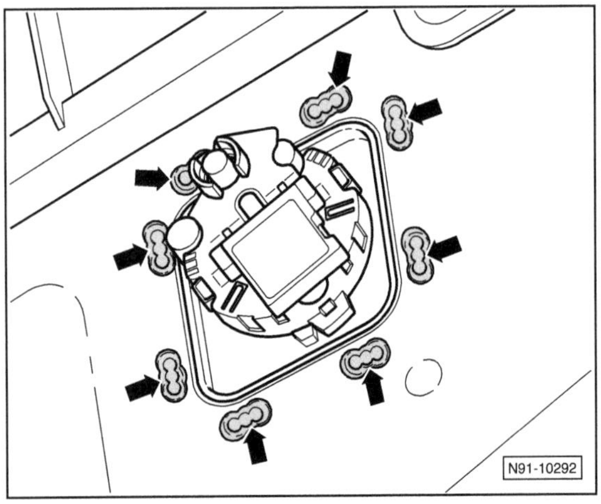

- Verschweißte Kunststoffclips –Pfeile– abschneiden und Lautsprecher mit Blende aus der Verkleidung herausnehmen. **Hinweis:** Die Blende muss immer ersetzt werden.

Einbau

- **Neue** Lautsprecherblende in die Türverkleidung einsetzen.
- Lautsprecher auf die Kunststoffclips der Blende aufsetzen.
- Kunststoffclips mit einem Lötkolben verschweißen –Pfeile–.
- Der weitere Einbau erfolgt in umgekehrter Ausbaureihenfolge.

Heizung/Klimatisierung

Aus dem Inhalt:

- **Klimaanlage**
- **Frischluft-/Heizgebläse**
- **Luftaustrittsdüsen**
- **Heizungsbedieneinheit**
- **Vorwiderstand**
- **Außentemperaturfühler**

Die Frischluft für Heizung und Klimaanlage wird von einem elektrischen Gebläse angesaugt. Bevor die Luft in den Innenraum gelangt wird sie von einem Staub- und Pollenfilter gereinigt.

Erwärmt wird die Luft für den Fahrzeuginnenraum über den Wärmetauscher oder sie wird, je nach Bedarf, im Verdampfer der Klimaanlage abgekühlt und dann auf die Luftaustrittsdüsen im Fahrzeuginnenraum verteilt.

Der Wärmetauscher wird ständig von der heißen Motorkühlflüssigkeit durchströmt, so dass er die Wärme für den Fahrzeuginnenraum schnell an die vorbeiströmende Frischluft abgibt. Um den Luftdurchsatz im Fahrzeuginnenraum zu erhö-

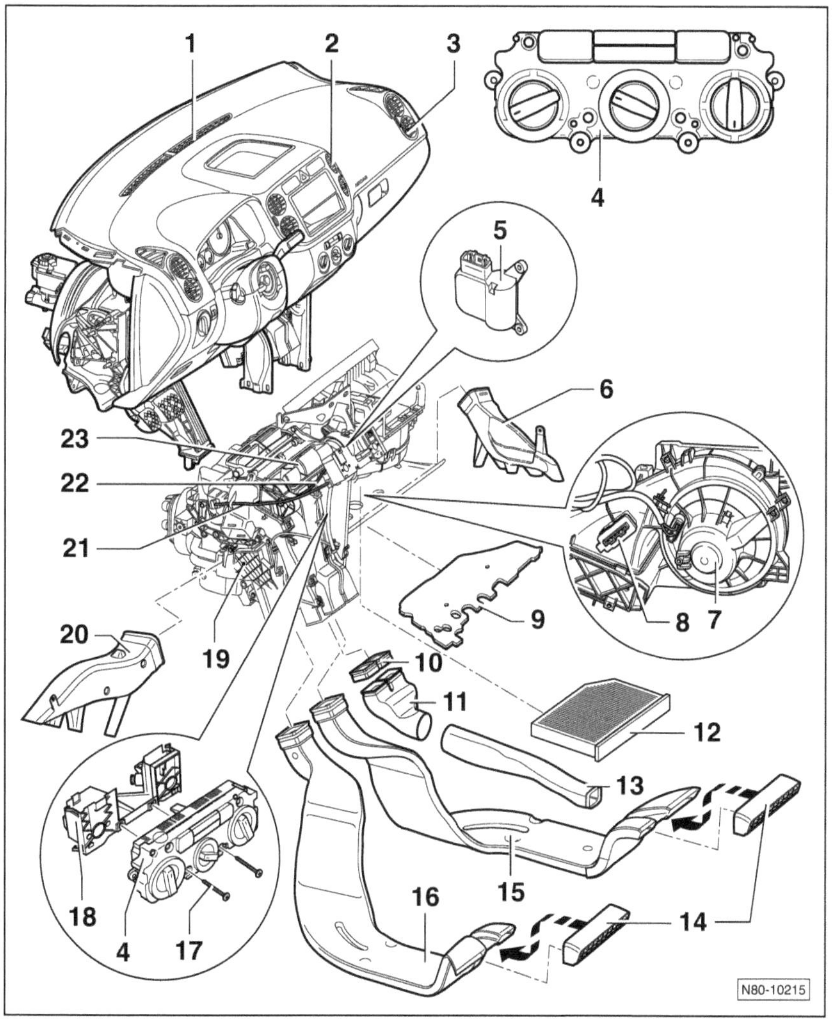

1 – **Armaturentafel**

2 – **Luftaustrittsdüsen Mitte**

3 – **Luftaustrittsdüse rechts**

4 – **Bedieneinheit der Heizung**

5 – **Stellmotor für Frischluft-/Umluftklappe**

6 – **Luftaustrittsdüse Fußraum rechts**

7 – **Gebläsemotor**

8 – **Vorwiderstand für Gebläsemotor**
Mit Überhitzungssicherung.

9 – **Abdeckung Beifahrerfußraum**
2 Kunststoffschrauben herausdrehen und Abdeckung abnehmen.

10 – **Verschlusskappen**
Nur bei Fahrzeugen ohne Luftführung zu den Luftaustrittsdüsen hinten in der Mittelkonsole.

11 – **Verbindungsstück der Luftführung für Mittelkonsole**

12 – **Staub- und Pollenfilter**
Mit Aktivkohlefilter.

13 – **Anschlussstutzen der Luftführung für Mittelkonsole**

14 – **Luftaustrittsgitter**

15 – **Luftführungskanal rechts für Fußraum hinten**

16 – **Luftführungskanal links für Fußraum hinten**

17 – **8 Schrauben für Bedieneinheit**

18 – **Adapter für Bedieneinheit**

19 – **Heizelement für Zusatzheizung**
Nur Dieselmotor.

20 – **Luftaustrittsdüse Fußraum links**

21 – **Seilzug für Temperaturklappe**

22 – **Flexible Welle**

23 – **Heizgerät**

hen, kann das integrierte Frischluftgebläse in mehreren Leistungsstufen betrieben werden.

Soll keine Frischluft von außen angesaugt werden, zum Beispiel bei schlechter Außenluft, kann auf Umluftbetrieb umgeschaltet werden. In dieser Betriebsart wird nur die im Fahrzeug befindliche Luft umgewälzt. Geschieht das über einen längeren Zeitraum, können die Scheiben innen beschlagen.

Bei Fahrzeugen mit Dieselmotor ist zusätzlich ein **PTC-Zuheizelement** (**P**ositive **T**emperature **C**oefficient) vorhanden, um bei tiefen Außentemperaturen das Heizungsdefizit zu verbessern. Die Zusatzheizung ist im Heizgerät unter dem Wärmetauscher eingebaut. Nach dem Start des Motors erwärmt sich der elektrische PTC-Zuheizer in Abhängigkeit von der Außentemperatur und gibt innerhalb von Sekunden die Wärme an die vorbeiströmende kalte Luft ab.

Tritt ein Fehler in der Heizungs- oder Klimaanlage auf, wird er in einem elektronischen Speicher abgelegt. Über ein Fehlerauslesegerät kann der entsprechende Speicher ausgelesen werden. Eine exakte Fehlerdiagnose ohne Auslesegerät ist nicht möglich.

Klimaanlage

Manuell gesteuerte Klimaanlage (»Climatic«)

Die Klimaanlage ist eine kombinierte Kühl- und Heizanlage. Im Kühlbetrieb arbeitet die Klimaanlage im Prinzip wie ein Kühlschrank. Der Kompressor verdichtet das dampfförmige FCKW-freie Kältemittel R 134 A. Dieses erhitzt sich dabei und wird in den Kondensator geleitet. Dort wird das Kältemittel abgekühlt und verflüssigt sich. Über das Expansionsventil wird das Kältemittel entspannt und in den Verdampfer eingespritzt, wo es auf Grund seines niedrigen Druckes verdampft. Es kühlt dabei stark ab.

Durch diesen Verdampfungs- und Abkühlungsprozess wird der von außen vorbeistreichenden Luft Wärme entzogen. Die Luft kühlt sich ab und mitgeführte Luftfeuchtigkeit wird zu Kondenswasser, das ins Freie geleitet wird. Die Intensität der Kühlung ist abhängig von der eingestellten Temperatur und von der Gebläseschalterstellung.

Sicherheitshinweis
Der **Kältemittelkreislauf der Klimaanlage darf nicht geöffnet** werden, da das Kältemittel bei Hautberührung Erfrierungen hervorrufen kann.
Bei versehentlichem Hautkontakt betroffene Stelle sofort mindestens 15 Minuten lang mit kaltem Wasser spülen. Kältemittel ist farb- und geruchlos sowie schwerer als Luft. Bei austretendem Kältemittel besteht am Boden beziehungsweise in unteren Räumen Erstickungsgefahr. Das Kältemittelgas ist nicht wahrnehmbar.

Durch das Abschalten der Kühlanlage läuft der Klimakompressor nicht mit, so dass Kraftstoff eingespart wird. Bei Dieselfahrzeugen wird außerdem die Zusatzheizung abgeschaltet. Auch diese Maßnahme dient der Kraftstoffeinsparung.

Hinweis: Die Klimaanlage sollte, vor allem in der kalten Jahreszeit, einmal im Monat für einige Zeit bei höchster Gebläsestufe eingeschaltet werden, und zwar bei normaler und gleichmäßiger Fahrzeuggeschwindigkeit und bei betriebswarmem Motor. Dadurch wird sichergestellt, dass das im Kältemittel enthaltene Schmieröl in Umlauf gebracht wird, die beweglichen Teile der Klimaanlage regelmäßig geschmiert werden und die Dichtungen nicht porös werden.

Achtung: Arbeiten an der Klimaanlage dürfen nur von einer Fachwerkstatt durchgeführt werden. Deshalb werden Reparaturen an der Klimaanlage nicht beschrieben.

Neben der manuell gesteuerten Klimaanlage (»Climatic«) ist auf Wunsch auch eine **elektronisch gesteuerte Klimaanlage (»Climatronic«)** erhältlich. Der Automatikmodus sorgt für konstante Temperaturen im Innenraum und entfeuchtet die Luft im Fahrzeuginnern, so dass die Scheiben nicht beschlagen. Außerdem werden Lufttemperatur, Luftmenge und Luftverteilung automatisch geregelt und Schwankungen der Außentemperatur ausgeglichen. Durch Drücken der AC-Taste kann die Kühlanlage separat ein- und ausgeschaltet werden; dennoch wird die Heizungs- und Belüftungsanlage weiterhin automatisch geregelt.

Luftaustrittsdüsen aus- und einbauen

Mittlere Luftaustrittsdüsen

- Die mittleren Luftaustrittsdüsen werden zusammen mit der mittleren Blende der Armaturentafel ausgebaut, siehe Seite 228.

Seitliche Luftaustrittsdüsen

Ausbau

Hier wird der Ausbau der rechten Luftaustrittsdüse beschrieben. Die linke Luftaustrittsdüse wird auf die gleiche Weise aus- und eingebaut.

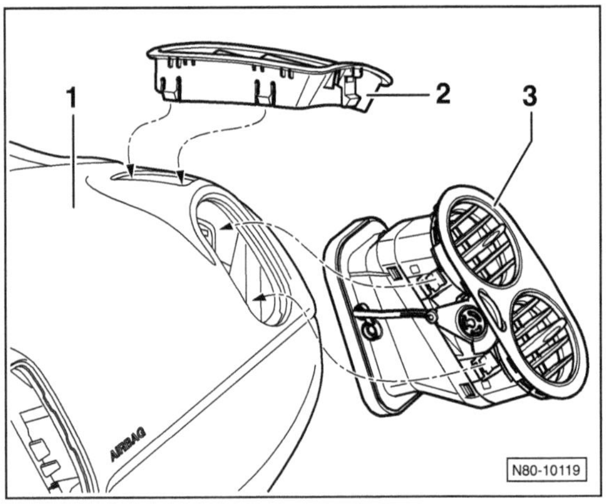

- Luftaustrittsdüse für die Seitenscheibe –2– mit einem Kunststoffkeil aus der Armaturentafel –1– heraushebeln.
- Rechte Luftaustrittsdüse –3– mit einem Kunststoffkeil aus der Armaturentafel –1– heraushebeln.

Einbau

- Der Einbau erfolgt in umgekehrter Ausbaureihenfolge.

Fußraumausströmer rechts

Ausbau

- Handschuhfach ausbauen, siehe Seite 230.

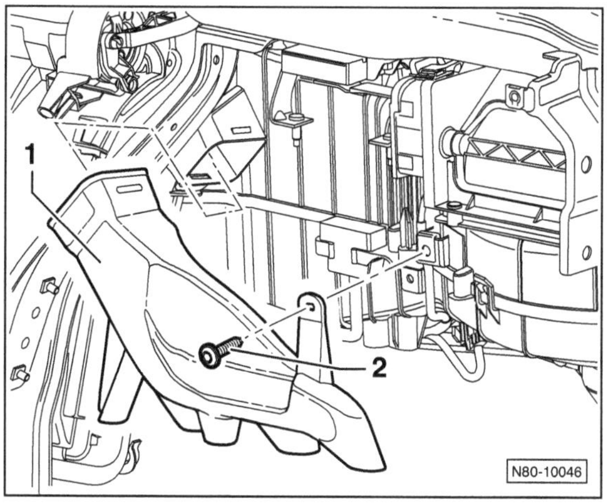

- Schraube –2– herausdrehen.
- Fußraumausströmer –1– vom Heizgerät abnehmen.

Einbau

- Der Einbau erfolgt in umgekehrter Ausbaureihenfolge. Schraube mit **1,5 ± 0,2 Nm** festziehen.

Fußraumausströmer links

Ausbau

- Fußraumabdeckung ausbauen, siehe Seite 232.

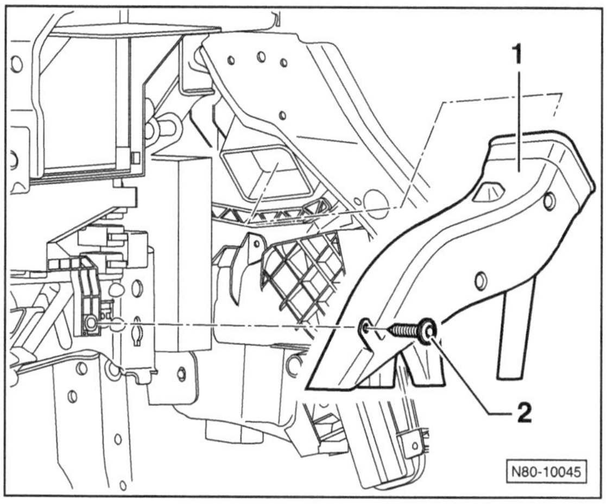

- Schraube –2– herausdrehen.
- Fußraumausströmer –1– vom Heizgerät abnehmen.

Einbau

- Der Einbau erfolgt in umgekehrter Ausbaureihenfolge. Schraube mit **1,5 ± 0,2 Nm** festziehen.

Gebläsemotor/Vorwiderstand für Heizung aus- und einbauen

Ausbau

- Zündung ausschalten, Zündschlüssel abziehen.

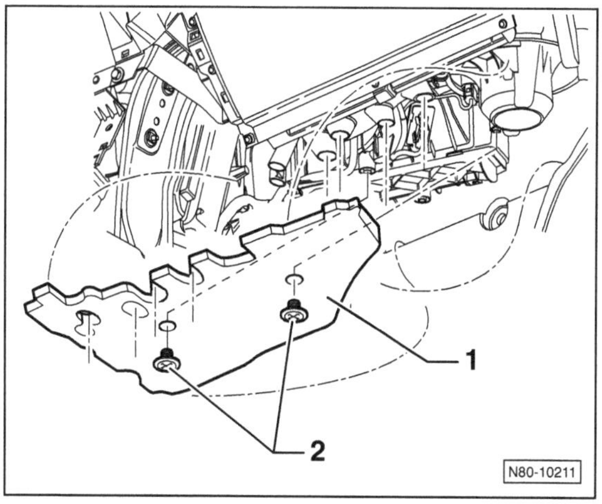

- 2 Kunststoffschrauben –2– herausdrehen und Abdeckung –1– oben im Beifahrerfußraum abnehmen.

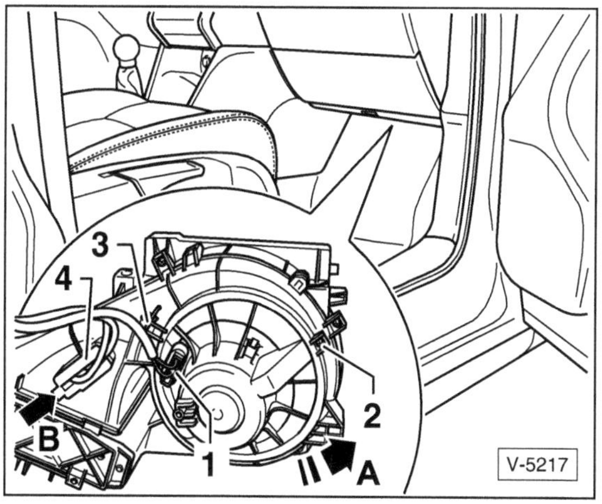

- Stecker –1– vom Gebläsemotor abziehen.
- Schraube –2– herausdrehen.
- Rastlasche –3– entriegeln, Gebläsemotor gegen den Uhrzeigersinn drehen –Pfeil A– und nach unten aus dem Heizgerät herausziehen.

Vorwiderstand

- Stecker –4– am Vorwiderstand abziehen.
- Rastlasche –Pfeil B– drücken und den Vorwiderstand aus dem Heizgerät herausziehen.

Einbau

- Der Einbau erfolgt in umgekehrter Ausbaureihenfolge.
- Neuen Lüftermotor auf Funktion prüfen.

Zuheizelement aus- und einbauen

Dieselmotor

Ausbau

- Batterie-Massekabel abklemmen, siehe Seite 72.
- Obere Abdeckung im Fahrerfußraum ausbauen, siehe Seite 233.
- Fußraumausströmer links ausbauen, siehe entsprechendes Kapitel.

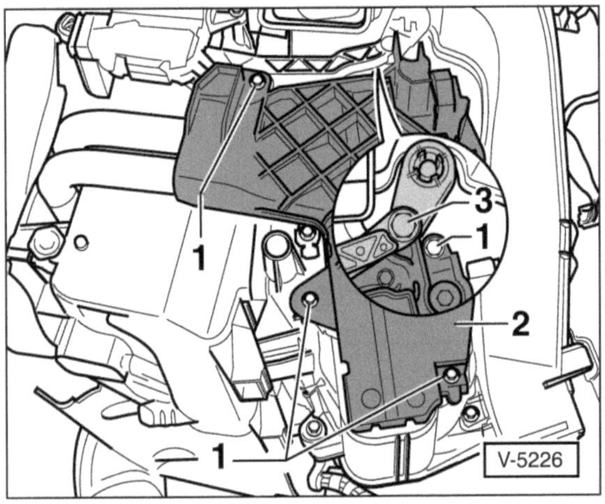

- Schrauben –1– aus der Abdeckung –2– herausdrehen.

Hinweis: Falls der Hebel –3– zur Temperaturklappe so ungünstig steht, dass die obere Schraube –1– nicht zugänglich ist, Stellung der Temperaturklappe an der Regulierung für Heiz- oder Frischluft verändern. Bei Fahrzeugen mit Climatronic an der Bedieneinheit zum Beispiel die Stellung »Hi« einstellen. Dazu kurzzeitig die Batterie anklemmen, **anschließend Batterie wieder abklemmen.** Ansonsten besteht **Kurzschlussgefahr** bei den folgenden Arbeitsschritten.

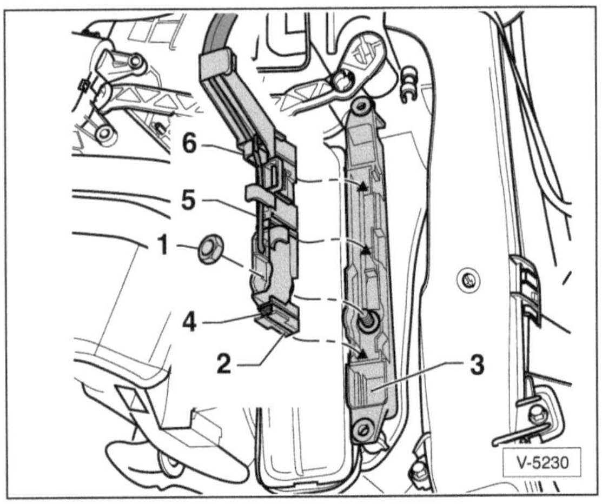

- Mutter –1– abschrauben.
- Steckerleiste –2– am Heizelement –3– an den Stellen –4–, –5–, –6– ausrasten und abnehmen.

Achtung: Das Zuheizelement kann heiß sein. Vor dem Ausbau abkühlen lassen.

- Heizelement –3– aus dem Gebläsekasten herausziehen.

Einbau

- Der Einbau erfolgt in umgekehrter Ausbaureihenfolge. Schrauben mit **1,4 Nm**, Mutter mit **9 Nm** anziehen.

Heizungsbedieneinheit aus- und einbauen

Ausbau

- Zündung ausschalten und Zündschlüssel abziehen.
- Drehknöpfe in folgende Position stellen: Heizungsregler auf »kalt«, Gebläse auf »0« und Luftverteilung auf »Fußraum«.
- Blende der Bedieneinheit Heizung/Klimaanlage ausbauen, siehe Seite 231.

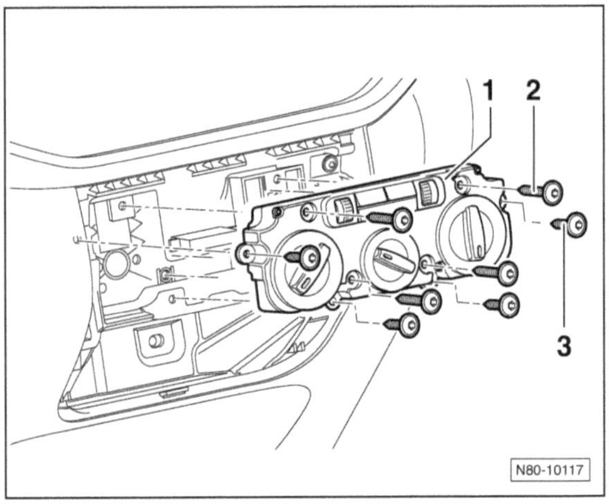

- Schrauben –2– und –3– herausdrehen und Bedieneinheit aus der Einbauöffnung herausziehen.

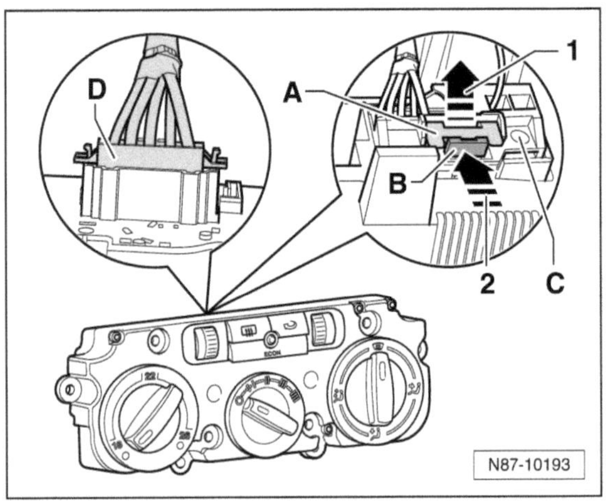

- Steckerverriegelung –A– in Pfeilrichtung –1– ziehen.

- Steckerverreigelung –B– zum Stecker in Pfeilrichtung –2– drücken und Stecker –C– abnehmen.
- Verriegelung des Steckers –D– an den schmalen Seiten zusammendrücken und Stecker abziehen.

Einbau

- Der Einbau erfolgt in umgekehrter Ausbaureihenfolge. Dabei unterschiedliche Länge der Schrauben –1– (4,2 x 45) und –3– (4,2 x 16) beachten. Schrauben mit **1,5 ± 0,2 Nm** anziehen, siehe Abbildung N80-10117.

Hinweis: Wenn die Bedieneinheit ersetzt wird, muss mit dem VW-Diagnosegerät eine Grundeinstellung und eine Anpassung des Klimakompressors vorgenommen werden.

Stellmotor für Frischluft-/Umluftklappe aus- und einbauen

Heizung/Climatic

Ausbau

Achtung: Stellung der Umluftklappe während der Ausbauarbeit nicht verändern.

- Handschuhfach ausbauen, siehe Seite 230.

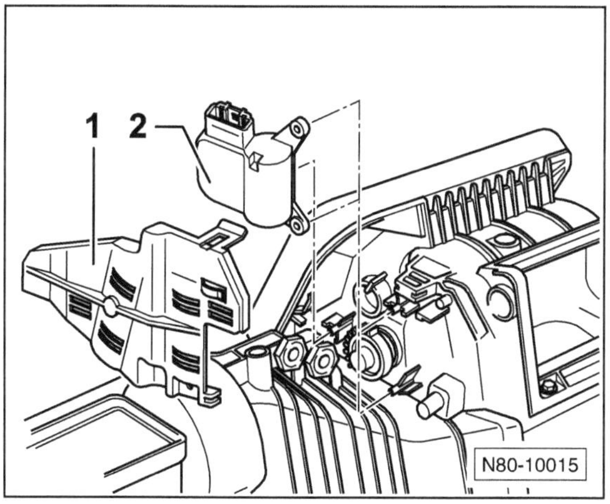

- Abdeckung –1– vom Heizgerät abclipsen.
- Stecker vom Stellmotor –2– abziehen und Stellmotor aus den Aufnahmen herausziehen.

Einbau

- Der Einbau erfolgt in umgekehrter Ausbaureihenfolge. Frischluft-/Umluftklappe auf Funktion prüfen.

Climatronic

Ausbau

Achtung: Stellung der Umluftklappe während der Ausbauarbeit nicht verändern.

- Handschuhfach ausbauen, siehe Seite 230.

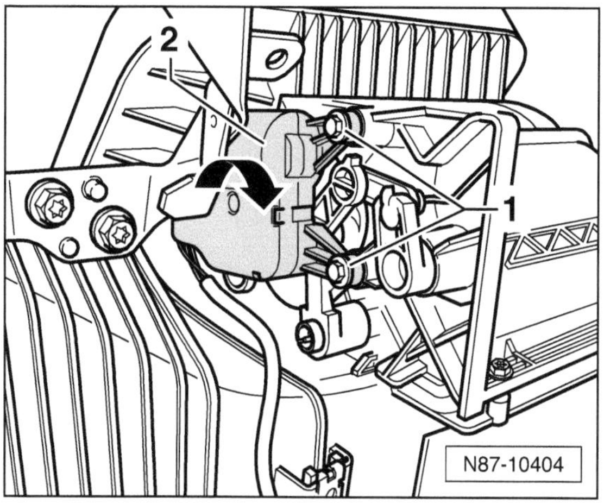

- Schrauben –1– herausdrehen.
- Stellmotor –2– um ca. 15° in Pfeilrichtung drehen und dann vom Lufteinlassgehäuse abziehen.
- Stecker vom Stellmotor –2– abziehen und Stellmotor herausnehmen.

Achtung: Die Stellung der Staudruckklappe darf jetzt nicht mehr verwändert werden.

Einbau

- Der Einbau erfolgt in umgekehrter Ausbaureihenfolge. **Hinweis:** Der Stellmotor passt nur in einer Stellung auf die Kurvenschiebe. Schrauben mit **1,4 Nm** anziehen. Nach dem Einbau Frischluft-/Umluftklappe auf Funktion prüfen. Gegebenenfalls mit dem Diagnosegerät eine Grundeinstellung durchführen lassen.

Außentemperaturfühler aus- und einbauen

Ausbau

Der Temperaturfühler sitzt hinter der Stoßfängerabdeckung auf der linken Seite.

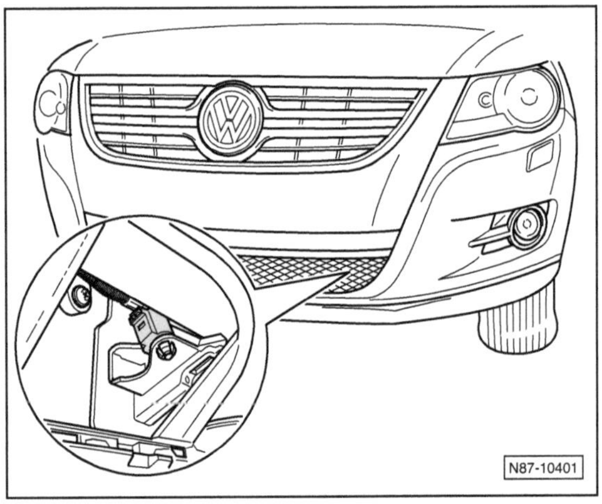

- **Bis 5/2011:** Lüftungsgitter –1– aus den Verrastungen der Stoßfängerabdeckung herausziehen.
- Temperaturfühler –2– aus dem Halter –3– ausclipsen.

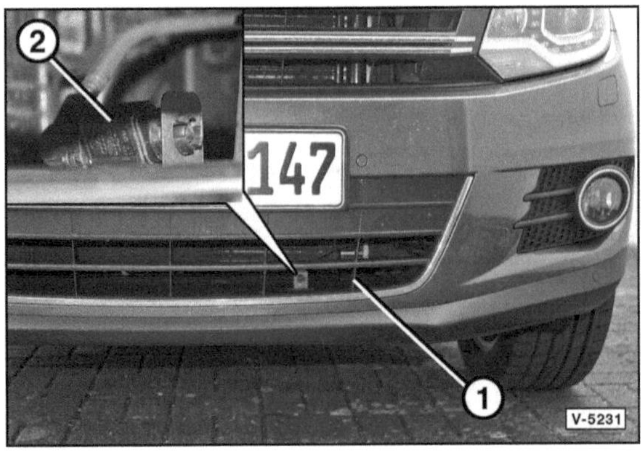

- **Seit 6/2011:** Durch den Lufteinlass im Stoßfänger –1– greifen und den Temperaturfühler –2– ausclipsen.
- Stecker am Temperaturfühler abziehen und Temperaturfühler abnehmen.

Einbau

- Der Einbau erfolgt in umgekehrter Ausbaureihenfolge.

Fahrwerk

Aus dem Inhalt:

- **Vorderachse**
- **Hinterachse**
- **Federbein**
- **Stoßdämpfer**
- **Schraubenfeder**
- **Achswellen**
- **Lenkung/Airbag**
- **Räder und Reifen**

Die wichtigsten Komponenten des Fahrwerks sind die McPherson-Vorderachse mit untenliegenden Dreiecks-Querlenkern und radführenden Federbeinen sowie die Vierlenker-Hinterachse. Die Achskomponenten sind jeweils an einem Hilfsrahmen befestigt. Der vordere Hilfrahmen besteht aus Aluminium, der hintere aus Stahl.

Die Übertragung der Motor-Antriebskraft erfolgt beim Frontantrieb über zwei Gelenkwellen auf die Vorderräder, beim Allradantrieb über zusätzliche Gelenkwellen und eine Haldexkupplung auch auf die Hinterräder.

Sicherheitshinweis
Schweiß- und Richtarbeiten an tragenden und radführenden Bauteilen der Vorder- und Hinterradaufhängung **sind nicht zulässig. Selbstsichernde Schrauben/Muttern** sowie korrodierte Schrauben/Muttern sind im Reparaturfall **immer zu ersetzen.**

Optimale Fahreigenschaften und geringster Reifenverschleiß sind nur dann zu erzielen, wenn die Stellung der Räder einwandfrei ist. Bei unnormaler Reifenabnutzung sowie mangelhafter Straßenlage sollte die Werkstatt aufgesucht werden, um den Wagen optisch vermessen zu lassen. Die Fahrwerkvermessung kann ohne eine entsprechende Messanlage nicht durchgeführt werden.

Der Achseinstellwert für die Gesamtspur **vorn**: . . +10' ± 10'

Der Achseinstellwert für die Gesamtspur **hinten:** . +10' ± 10'
bei vorgeschriebenem Sturz von: . . . . –1°20' ± 30'

V-3680

Vorderachse

Radaufhängung vorn: Aggregateträger, Stabilisator, Achslenker

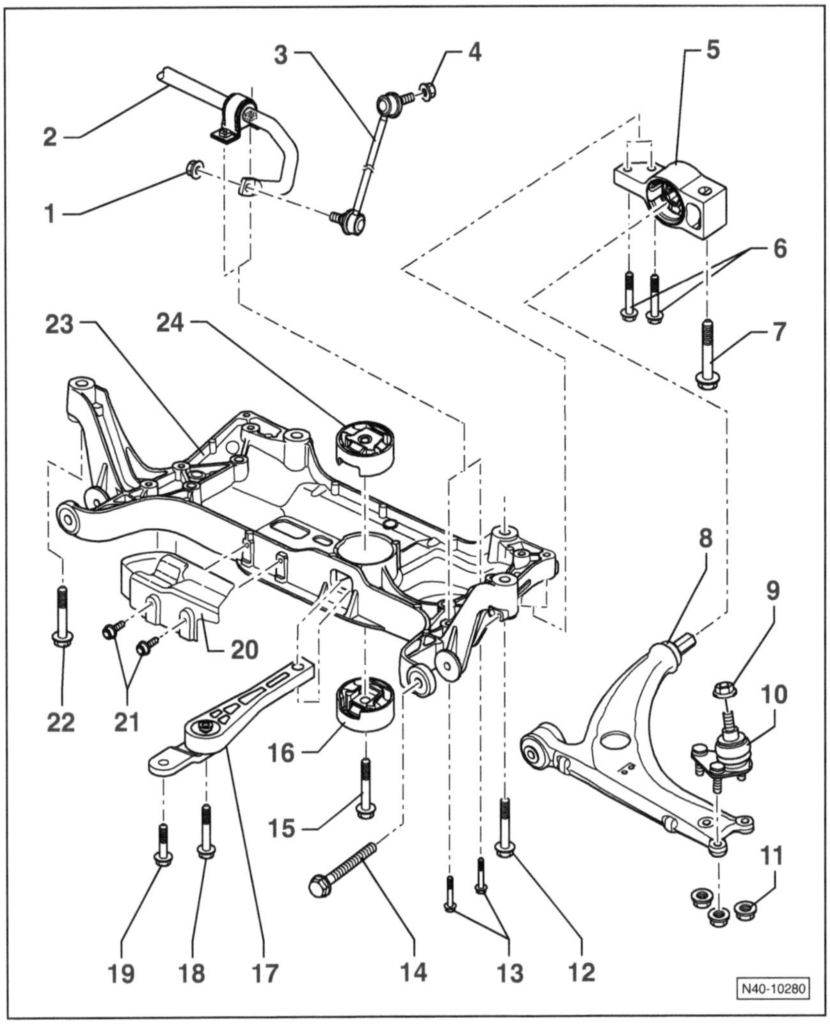

12 – Schraube*
Schraube M12x100: **70 Nm + 180°.**
Schraube M12x110: **70 Nm + 90°.**

13 – Schrauben*, 20 Nm + 90°
Schraube M8x55.

14 – Schraube*, 70 Nm + 180°
Schraubengröße: M12x1,5x110. Beim Festziehen muss das Fahrzeug auf den Rädern stehen oder sich in »Leergewichtslage« befinden.

15 – Schraube*, 100 Nm + 90°
Erst festziehen, wenn die Pendelstütze am Getriebe verschraubt ist.

16 – Gummimetalllager unten
Für Pendelstütze.

17 – Pendelstütze
Unterschiedliche Ausführungen. Erst am Getriebe, dann am Aggregateträger verschrauben.

18 – Schraube*
Schraube M10x75: **50 Nm + 90°.**
Schraube M12x85: **60 Nm + 90°.**

19 – Schraube*
Schraube M10x35: **50 Nm + 90°.**
Schraube M12x50: **60 Nm + 90°.**

20 – Abschirmblech
Nur bei Frontantrieb.

21 – Schraube, 6 Nm

22 – Schraube*
Schraube M12x90: **70 Nm + 180°.**

23 – Aggregateträger
Unterschiedliche Ausführungen.

24 – Gummimetalllager oben
Für Pendelstütze.

*) Nach jeder Demontage ersetzen.

1 – Mutter*, 65 Nm
Beim Festziehen am Innenvielzahn des Gelenkzapfens gegenhalten.

2 – Stabilisator
Unterschiedliche Ausführungen.

3 – Koppelstange
Verbindet den Stabilisator mit dem Federbein.

4 – Mutter*, 65 Nm
Beim Festziehen am Innenvielzahn des Gelenkzapfens gegenhalten.

5 – Lagerbock
Mit Gummimetalllager.

6 – Schrauben*, 50 Nm + 90°

7 – Schraube*, 70 Nm + 180°

8 – Achslenker
Je nach Ausstattung aus Stahlblech oder Aluminium.
Bei Beschädigung Achsgelenk grundsätzlich mitersetzen.
Rechts und links dürfen nur Achslenker gleicher Ausführung eingebaut werden.

9 – Mutter*, 60 Nm

10 – Achsgelenk

11 – Mutter*
Anzugsdrehmoment für:
Aluminium-Achslenker . . . . **60 Nm.**
Stahlblech-Achslenker. . . . . . . **100 Nm.**

Federbein aus- und einbauen

Ausbau

- Nabenschraube ausbauen, siehe entsprechendes Kapitel. **Achtung: Beim vollständigen Herausdrehen der Nabenschraube darf das Fahrzeug nicht auf dem Boden stehen.**
- Reifen-Laufrichtung mit Pfeil am Reifen markieren. Radschrauben lösen und Vorderrad abnehmen.

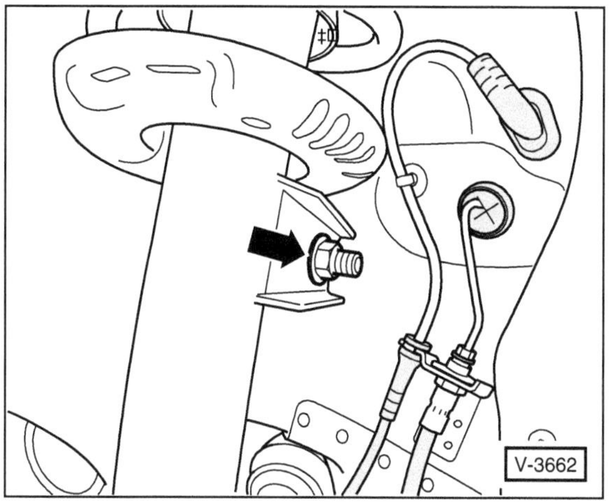

- Obere Mutter –Pfeil– für Koppelstange am Federbein-Stützrohr abschrauben. Dabei Gelenk-Kugelbolzen mit Innenvielzahnschlüssel M6 gegenhalten.
- Gelenkbolzen aus dem Federbein-Stützrohr herausziehen und Koppelstange abnehmen.

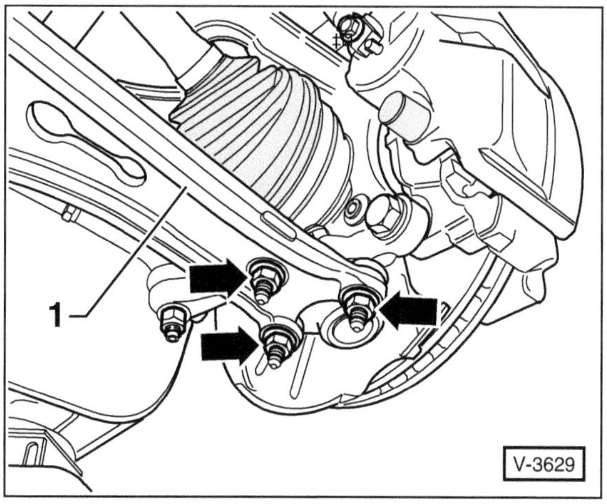

- Einbaulage der 3 Muttern –Pfeile– am Querlenker –1– mit Reißnadel kennzeichnen und Muttern abschrauben.
- Achsschenkel mit Achsgelenk aus dem Querlenker herausziehen.
- Außengelenk von Hand aus der Radnabe herausziehen, dabei nicht an der Gelenkwelle ziehen.

Hinweis: Fest sitzende Gelenkwelle mit Abdrückwerkzeug, zum Beispiel HAZET 1781-5, aus der Radnabe herausdrücken.

- Gelenkwelle mit Draht am Aufbau aufhängen. **Achtung:** Gelenkwelle nicht nach unten hängen lassen, sonst wird das Innengelenk zu stark abgewinkelt und beschädigt.
- Achsgelenk wieder mit dem Querlenker verschrauben. Dazu bisherige Muttern verwenden.
- Achsschenkel mit geeignetem Montageheber abstützen. **Achtung:** Keinesfalls am Achsgelenk abstützen.

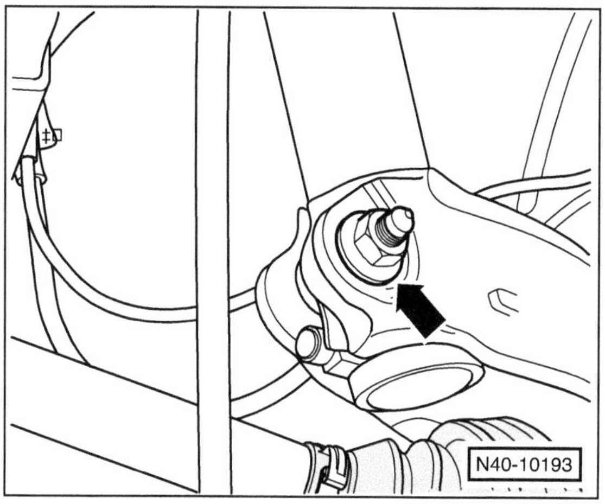

- Schraubverbindung –Pfeil– des Federbeins am Achsschenkel lösen, Mutter abschrauben und Schraube herausziehen. **Hinweis:** Beim Einbau Mutter grundsätzlich ersetzen.

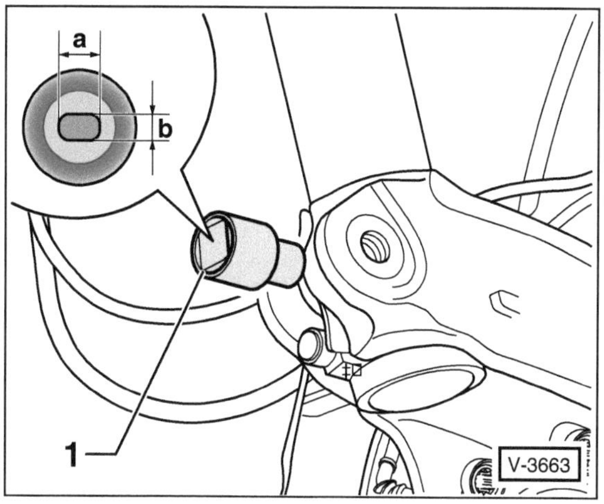

- Geeigneten Spreizer –1–, zum Beispiel VW 3424 oder HAZET 4912-1, in den Schlitz am Achsschenkel einsetzen. Spreizer mit Knarre um 90° drehen. Spreizer eingesetzt lassen und Knarre abnehmen. Gegebenenfalls geeignetes Werkzeug selbst anfertigen: a = 8 mm, b = 5,5 mm; die Kanten müssen abgerundet sein.
- Bremsscheibe in Richtung Federbein drücken; das Federbein-Stützrohr kann sich sonst in der Bohrung des Achsschenkels verkanten.

- Montageheber langsam absenken und Achsschenkel vom Federbein-Stützrohr abziehen, bis das Federbein-Stützrohr frei hängt.
- Achsschenkel an der Konsole/Aggregateträger festbinden und Montageheber entfernen.
- Für den Ausbau des linken Federbeins: Wischerarme ausbauen, siehe Seite 89.
- Windlaufgrill ausbauen, siehe Seite 245.

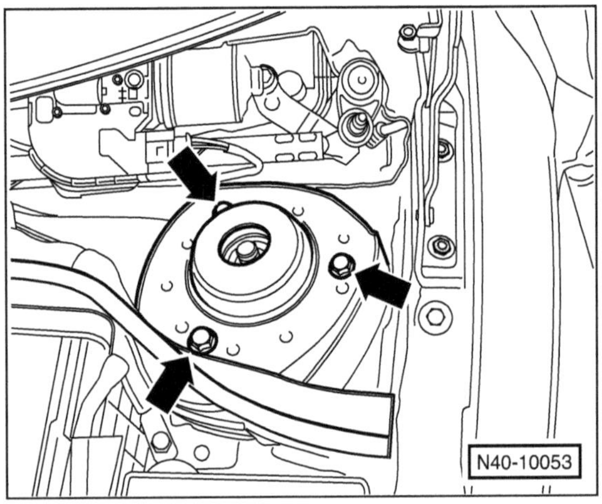

- 3 Schrauben –Pfeile– oben am Federbeindom herausdrehen und Federbein nach unten aus dem Radkasten herausziehen.

Einbau

- Montageheber unter den Achsschenkel stellen und Federbein-Stützrohr an der Bohrung des Achsschenkels ansetzen.
- Federbein-Stützrohr in die Bohrung des Achsschenkels einschieben, bis die Schraube für die Federbeinbefestigung eingesetzt werden kann. **Hinweis:** Schraube so einsetzen, dass deren Spitze in Fahrtrichtung zeigt.
- **Neue Mutter** für die Federbeinbefestigung am Achsschenkel anschrauben aber noch nicht festziehen. Spreizer aus dem Schlitz herausnehmen.
- Achsschenkel losbinden und mit Montageheber vorsichtig anheben. Federbein vorsichtig in den Radkasten einführen, bis die Schrauben am Federbeindom eingesetzt werden können. Dabei darauf achten, dass eine der beiden Pfeilmarkierungen auf dem oberen Federbein-Lagerteller in Fahrtrichtung zeigt.

Achtung: Keinesfalls Montageheber am Achsgelenk abstützen.

- Federbein oben am Federbeindom mit **neuen selbstsichernden Schrauben** befestigen. Schrauben in 2 Stufen festziehen:

  1. Stufe: . . mit Drehmomentschlüssel **15 Nm** anziehen.

  2. Stufe: . . . . mit starrem Schlüssel **90°** weiterdrehen.

Hinweis: Um die Winkelgrade beim Anziehen einzuhalten, ist es sinnvoll, aus Pappe eine Winkelscheibe auszuschneiden oder die Winkelscheibe HAZET 6690 zu verwenden.

- Montageheber entfernen.
- Untere Schraubverbindung für das Federbein in 2 Stufen festziehen:

  1. Stufe: . . mit Drehmomentschlüssel **70 Nm** anziehen.

  2. Stufe: . . . . mit starrem Schlüssel **90°** weiterdrehen.
- 3 Muttern für Achsgelenk abschrauben und Achsgelenk aus dem Querlenker herausziehen.
- Gelenkwelle in das Radlager einsetzen. Dabei auf beschädigungsfreie und nicht verdrillte Manschette achten.
- Querlenker am Achsgelenk ansetzen. **Neue** Muttern anschrauben und festziehen.

  Achsgelenk an Aluminium-Achslenker . . . . **60 Nm**

  Achsgelenk an Stahlblech-Achslenker . . . . . . **100 Nm**
- Koppelstange mit **neuer Mutter** und **65 Nm** am Federbein-Stützrohr festschrauben. Dabei Gelenk-Kugelbolzen mit Innenvielzahnschlüssel M6 gegenhalten.
- Nabenschraube einbauen, siehe entsprechendes Kapitel. **Achtung: Beim ersten Anziehen der Nabenschraube darf das Fahrzeug nicht auf dem Boden stehen.**
- Reifen-Laufrichtung beachten, Rad über Kreuz mit **30 Nm** anschrauben, Fahrzeug ablassen, anschließend Radschrauben über Kreuz festziehen; bei **Frontantrieb** mit **140 Nm,** bei **Allradantrieb** mit **120 Nm**. **Achtung:** Unbedingt Hinweise im Kapitel »Rad aus- und einbauen« beachten.
- Windlaufgrill einbauen, siehe Seite 245.
- Falls ausgebaut, Wischerarme einbauen, siehe Seite 89.

Federbein zerlegen/Stoßdämpfer/ Schraubenfeder aus- und einbauen

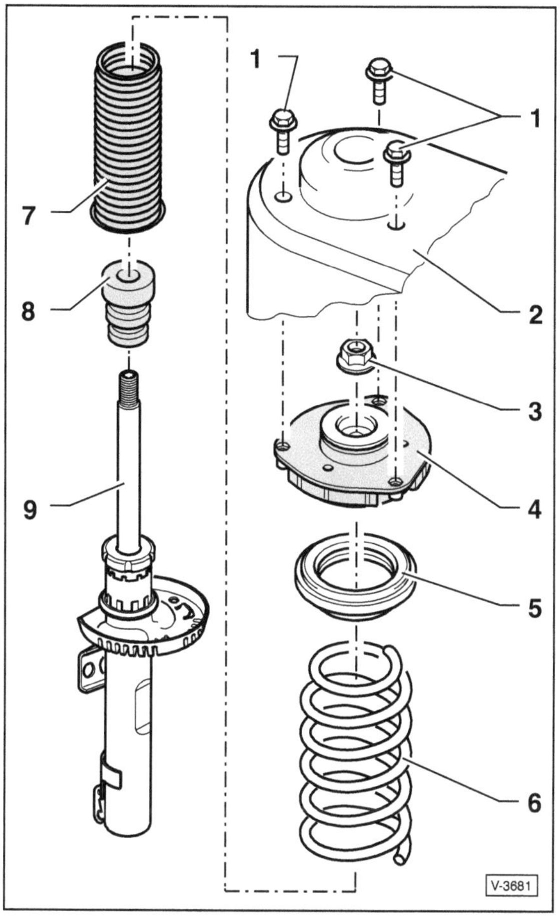

1 – 3 Schrauben, **15 Nm + 90°**. Selbstsichernd, nach jeder Demontage ersetzen.
2 – Federbeindom
3 – Mutter, **60 Nm**. Selbstsichernd, nach jeder Demontage ersetzen.
4 – Federbein-Lagerteller
5 – Stützlager
6 – Schraubenfeder. Auf Farbkennzeichnung achten und nur achsweise ersetzen. Pro Achse nur Schraubenfedern eines Herstellers verwenden. Oberfläche der Federwindung darf nicht beschädigt sein.
7 – Staubmanschette
8 – Anschlagpuffer
9 – Stoßdämpfer, einzeln austauschbar.

- Federbein ausbauen, siehe entsprechendes Kapitel.

Achtung: Die Schraubenfeder steht unter hoher Spannung. Um den Stoßdämpfer ausbauen zu können, **muss die Schraubenfeder mit einem geeigneten Federspanner zusammengedrückt werden.**

Sicherheitshinweis
Auf keinen Fall Stoßdämpfermutter lösen, wenn die Feder nicht einwandfrei und sicher gespannt ist. Darauf achten, dass die Federwindungen sicher von den Spannplatten umfasst werden und der Federspanner nicht abrutschen kann. Nur stabiles Werkzeug verwenden. Keinesfalls Feder mit Draht zusammenbinden. Unfallgefahr!

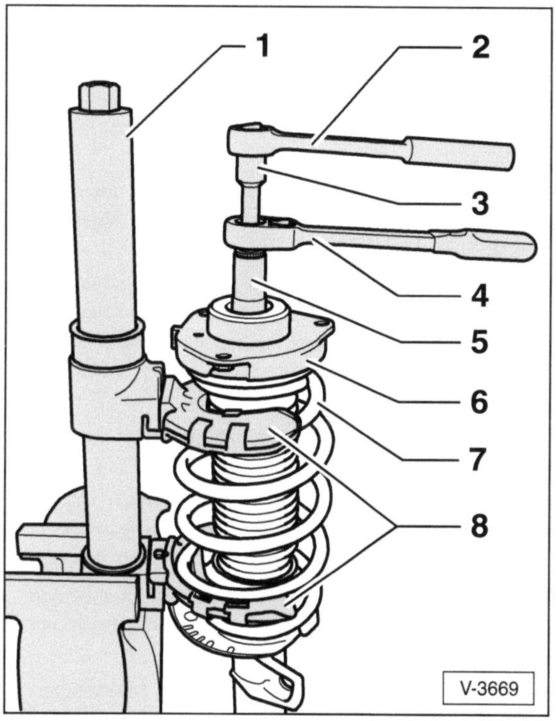

1 – **Federspanner**
V.A.G-1752/1 oder HAZET-4900-2A
2 – **Drehmomentschlüssel**
3 – **Steckeinsatz**
VW-T10001/8 oder HAZET-4910-7
4 – **Knarre**
VW-T10001/11 oder HAZET-4910-1
5 – **Steckeinsatz**
VW-T10001/5 oder HAZET-4910-21
6 – **Federbein-Lagerteller**
7 – **Schraubenfeder**
8 – **Federhalter/Spannplatten**
V.A.G-1752/4 oder HAZET-4900-11

- Federbein in geeigneten Federspanner –1– mit Spannplattenpaar –8– einsetzen. Spannvorrichtung selbst in einen Schraubstock einspannen.

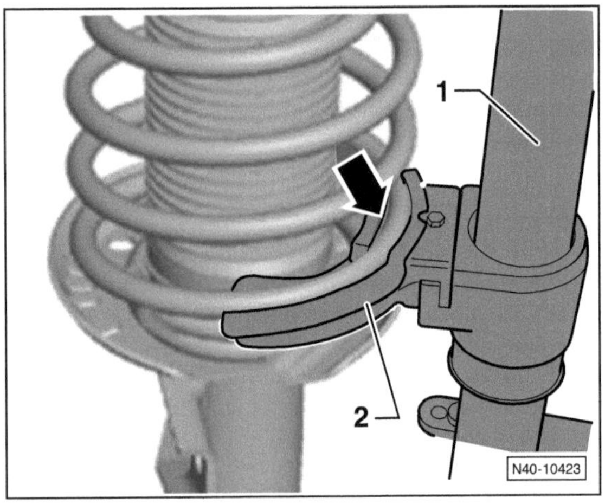

- Federspanner –1– mit Spannplatten –2– so in die Windungen der Schraubenfeder einsetzen, dass mindestens 3 Windungen der Feder eingespannt werden. Auf richtigen Sitz der Schraubenfeder in den Spannplatten achten –Pfeil–.
- Schraubenfeder so weit vorspannen, bis der obere Federbein-Lagerteller –4– entlastet ist, siehe Abbildung V-3681.
- Stoßdämfer gegen Herunterfallen sichern und Mutter am Federbein mit dem Steckschlüsseleinsatz –5– von der Kolbenstange abschrauben, dabei mit einem Inbusschlüsseleinsatz –3– gegenhalten, siehe Abbildung V-3669.

Achtung: Die obere Mutter darf nur dann gelöst werden, wenn die Feder sicher gespannt ist.

- Federbein-Lagerteller und Stützlager abziehen. Staubmanschette und Anschlagpuffer von der Kolbenstange des Stoßdämpfers abziehen.
- Federspanner aus dem Schraubstock herausnehmen und Schraubenfeder mit Federspanner vom Stoßdämpfer abziehen.
- Stoßdämpfer gegebenenfalls prüfen lassen (Werkstattarbeit).
- Alle Einzelteile des Federbeins auf Risse, Verschleiß, Korrosion und Alterungserscheinungen sichtprüfen. Beschädigte beziehungsweise verschlissene Teile erneuern.
- Falls die Schraubenfeder ausgewechselt werden soll, **Federspanner langsam entspannen** und Schraubenfeder herausnehmen.

Einbau

Schraubenfedern immer paarweise austauschen, also an beiden Fahrzeugseiten. Beim Einbau neuer Federn darauf achten, dass je nach Motorisierung/Fahrzeugausstattung unterschiedliche Federn eingebaut sein können. Nur gleiche Federn an einer Achse verwenden. Die Kennzeichnung der Federn erfolgt durch Farbmarkierungen an einer Windung.

Hinweis: Neue Schraubenfedern sind gegen Korrosion mit einem Schutzlack versehen. Die Oberfläche darf nicht beschädigt sein.

- Wenn die Schraubenfeder ausgebaut war, Schraubenfeder in den Federspanner einsetzen und zusammendrücken.
- Federspanner in den Schraubstock einspannen.
- Anschlagpuffer und Staubmanschette auf die Kolbenstange aufschieben.

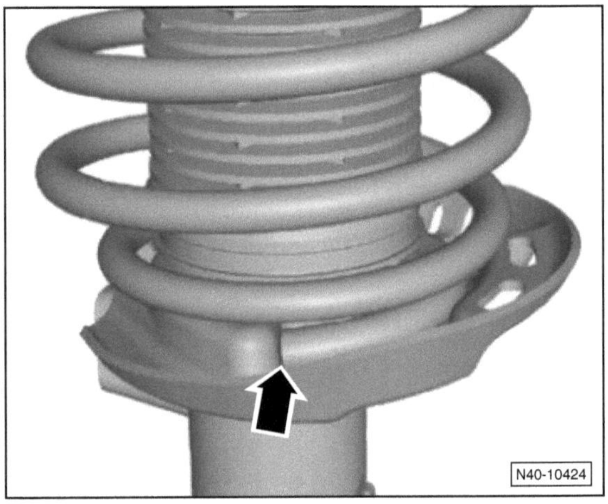

- Vorgespannte Schraubenfeder mit Federspanner auf die Federlagerung des Stoßdämpfers unten aufsetzen. Das Ende der Federwindung muss dabei am Anschlag –Pfeil– anliegen; Schraubenfeder gegebenenfalls bis zum Anschlag drehen.
- Stützlager mit Federbein-Lagerteller aufschieben, dabei auf richtige Einbaulage achten.
- **Neue selbstsichernde Mutter** auf die Kolbenstange aufschrauben und mit **60 Nm** anziehen. Kolbenstange dabei mit Inbusschlüssel gegenhalten.
- Schraubenfeder langsam entspannen, dabei auf richtigen Sitz der Feder am oberen Federbein-Lagerteller und an der unteren Federlagerung achten.
- Federbein aus der Spannvorrichtung herausnehmen.
- Federbein einbauen, siehe entsprechendes Kapitel.

Stoßdämpfer prüfen

Folgende Fahreigenschaften weisen auf defekte Stoßdämpfer hin:

- Langes Nachschwingen der Karosserie bei Bodenunebenheiten.
- Aufschaukeln der Karosserie bei aufeinander folgenden Bodenunebenheiten.
- Springen der Räder auch auf normaler Fahrbahn.
- Ausbrechen des Fahrzeuges beim Bremsen (kann auch andere Ursachen haben).
- Kurvenunsicherheit durch mangelnde Spurhaltung, Schleudern des Fahrzeuges.
- Abnorme Reifenabnutzung mit Abflachungen (Auswaschungen) am Reifenprofil.
- Polter- und Knackgeräusche während der Fahrt.

Nabenschraube aus- und einbauen

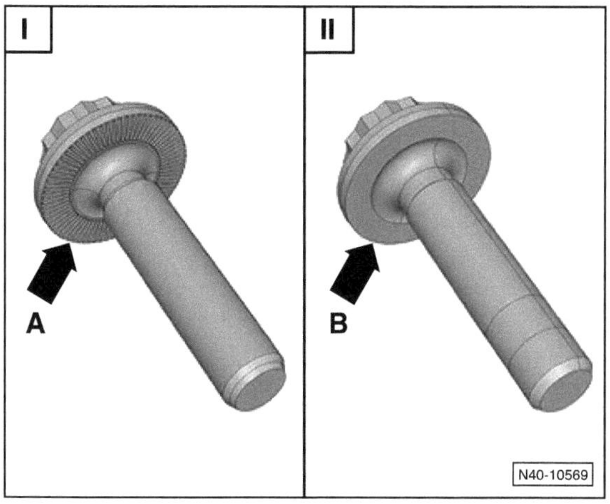

Als Nabenschraube kann eine 12-kant-Schraube –I– mit Verrippung –Pfeil A– oder eine 12-kant-Schraube –II– ohne Verrippung –Pfeil B– eingebaut sein.

Achtung: Bei vollständig gelöster Nabenschraube darf das Fahrzeug nicht mit vollem Gewicht auf den Rädern stehen und nicht geschoben werden, da bei fehlender axialer Vorspannung die Wälzkörper des Radlagers beschädigt werden.

Hinweis: Soll das Fahrzeug nach dem Ausbau der Gelenkwelle geschoben werden, muss stattdessen ein Gelenkwellenstummel oder ein Außengelenk für den Gegendruck in das Radlager eingeschoben werden. Nabenschraube in den Gelenkwellenstummel schrauben und mit **120 Nm** anziehen.

Ausbau

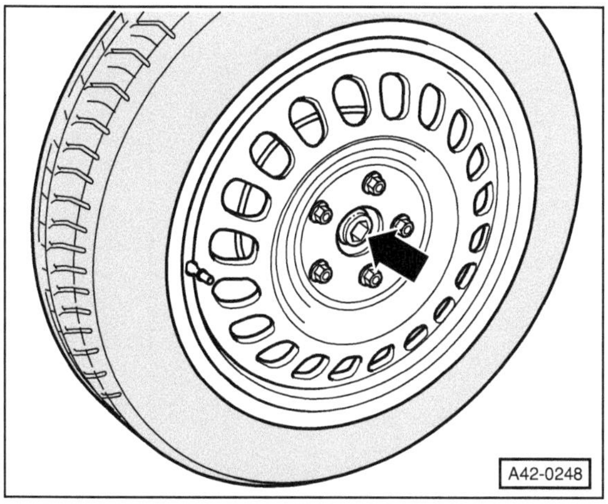

- Nabenschraube –Pfeil– bei auf den Rädern stehendem Fahrzeug lösen. Dabei durch Helfer Bremse treten lassen. Zum Lösen wird ein Zwölfkant-Steckschlüsseleinsatz SW-24 benötigt, zum Beispiel HAZET 900SZ-24.

Achtung: Die Nabenschraube darf bei auf den Rädern stehendem Fahrzeug nur **maximal 90°** (¼ Umdrehung) gelöst werden, sonst wird das Radlager vorgeschädigt.

- Falls das Rad später abgenommen werden soll, Radschrauben bei auf dem Boden stehenden Rädern lösen.

Sicherheitshinweis
Beim Aufbocken des Fahrzeugs besteht Unfallgefahr! Hinweise im Kapitel »Fahrzeug aufbocken« beachten.

- Fahrzeug so weit aufbocken, bis die Räder frei hängen.
- Nabenschraube herausdrehen.

Einbau

- Gewinde im Gelenkstummel des Außengelenks mit einem Gewindeschneider vorsichtig reinigen.
- **Neue** Nabenschraube bis zur Anlage einschrauben und anschließend festziehen. Zum Gegenhalten durch Helfer die Fußbremse betätigen lassen.
  Anzugsdrehmoment:
  Zwölfkantschraube **mit** Verrippung . . . . **70 Nm**
  Zwölfkantschraube **ohne** Verrippung . . . . . . **200 Nm**

Achtung: Beim ersten Anziehen der Nabenschraube dürfen die Räder den Boden nicht berühren, sonst wird das Radlager vorgeschädigt.

- Falls abgebaut, Rad über Kreuz mit **30 Nm** anschrauben.
- Fahrzeug ablassen.
- Nabenschraube für Endanzug mit einem starren Sclüssel weiterdrehen:
  Zwölfkantschraube **mit** Verrippung . . . . **90°**
  Zwölfkantschraube **ohne** Verrippung . . . . **180°**

Hinweis: Um die Winkelgrade beim Anziehen einzuhalten, ist es sinnvoll, eine Winkelscheibe aus Pappe auszuschneiden oder die Winkelscheibe HAZET 6690 zu verwenden.

- Radschrauben über Kreuz festziehen; bei **Frontantrieb** mit **140 Nm,** bei **Allradantrieb** mit **120 Nm**. **Achtung:** Unbedingt Hinweise im Kapitel »Rad aus- und einbauen« beachten.

Fahrzeug in Leergewichtslage bringen

Alle Schrauben an Fahrwerksteilen mit Gummimetalllagern müssen grundsätzlich in »Leergewichtslage« festgezogen werden.

Das liegt daran, dass Gumimetalllager einen begrenzten Verdrehbereich haben. Achsbauteile mit Gummimetalllagern müssen deshalb vor dem Festziehen in eine Position gebracht werden, die der Position im Fahrbetrieb entspricht. Diese Position nennt man »Leergewichtslage«. Andernfalls wird das Gummimetalllager verspannt, was eine geringere Lebensdauer zur Folge hat.

Die Position der Leergewichtslage wird durch Anheben der Radaufhängung beim angehobenen Fahrzeug erreicht. Dabei besteht die **Gefahr, dass das Fahrzeug von der Hebebühne oder von den Böcken rutscht.**

Aus diesem Grund Fahrzeug **auf der Hebebühne unbedingt vorher festzurren**.

Auf keinen Fall versuchen, ein aufgebocktes Fahrzeug in Leergewichtslage zu bringen. In diesem Fall das auf den Rädern stehende Fahrzeug auf eine Rampe oder über eine Grube fahren. Schrauben der Fahrwerksteile bei auf dem Boden stehenden Rädern festziehen.

Leergewichtslage einstellen

Achtung: Die Einstellhinweise gelten nur für Fahrzeuge, die sich auf einer Hebebühne befinden. Auf der Hebebühne muss das Fahrzeug an den Tragarmen festgezurrt sein, damit es nicht herunterrutschen kann.

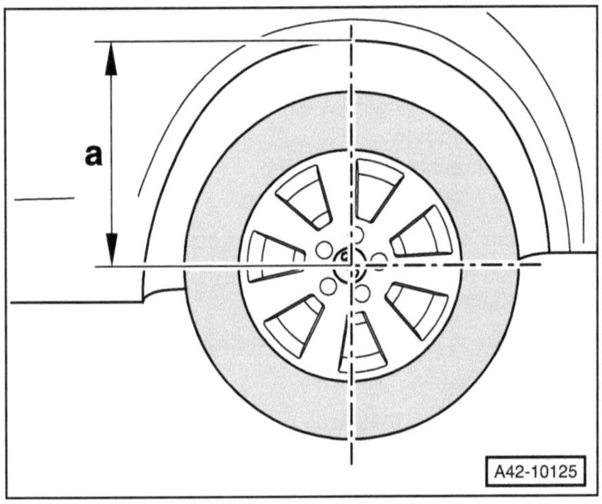

- Am unbeladenen Fahrzeug das Maß –a– messen.
- Radschrauben lösen.

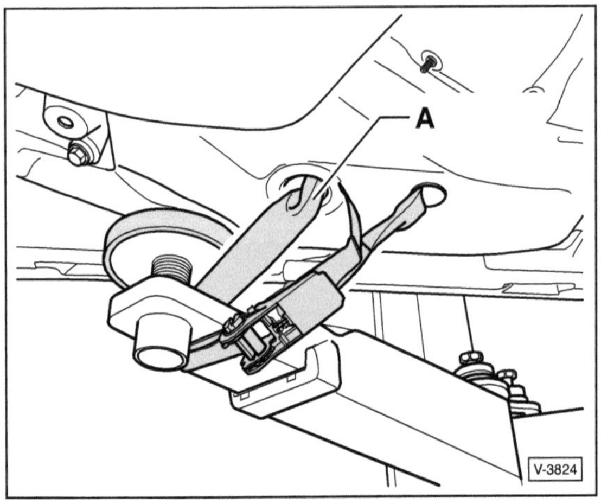

- Fahrzeug mit einer Hebebühne anheben und mit Spanngurten –A– an den Tragarmen der Hebebühne verzurren.
- Radschrauben herausdrehen und Rad abnehmen.
- Radnabe so drehen, bis eine Radschraubenbohrung oben steht.

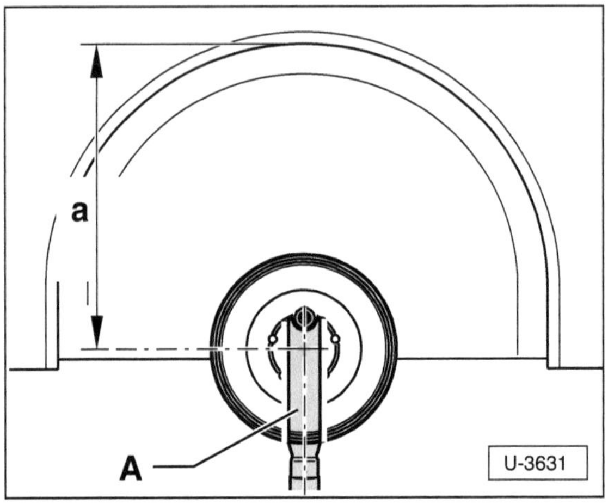

- Aufnahme –A–, zum Beispiel VW/AUDI-T10149, an der Radnabe anschrauben.
- Radlagergehäuse mit Motor- und Getriebeheber und Aufnahme –A– so weit anheben, bis das vorher gemessene Maß –a– erreicht ist.
- Betroffene Schrauben am Fahrwerk festziehen.
- Radlagergehäuse ablassen.
- Motor- und Getriebeheber wegziehen und Aufnahme abbauen.

Hinterachse

Schraubenfeder, Stoßdämpfer, Querlenker, Radlagergehäuse

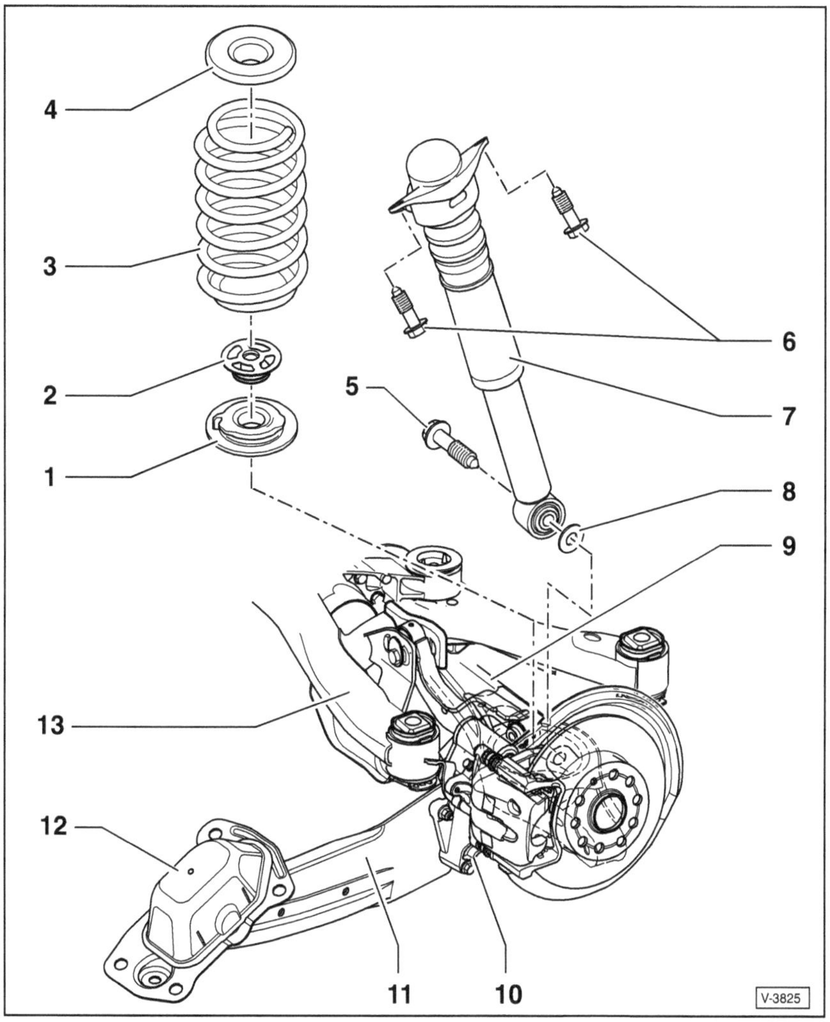

1 – **Federauflage unten**

2 – **Montagehilfe**
Für den Serieneinbau. Muss nach dem Ausbau nicht wiederverwendet werden.

3 – **Schraubenfeder**

4 – **Federauflage oben**

5 – **Schraube*, 180 Nm**

6 – **Schrauben*, 50 Nm + 45°**

7 – **Stoßdämpfer**

8 – **Scheibe**

9 – **Querlenker unten**

10 – **Radlagergehäuse**

11 – **Längslenker**

12 – **Lagerbock für Längslenker**

13 – **Hinterachsträger**

---

*) Nach jeder Demontage ersetzen.

Hinweis: In der Abbildung ist die Ausführung für Allradfahrzeuge dargestellt.

Schraubenfeder an der Hinterachse aus- und einbauen

Ausbau

- Reifen-Laufrichtung mit Pfeil am Reifen markieren. Radschrauben lösen. Fahrzeug hinten aufbocken und Hinterrad abnehmen. **Achtung:** Unbedingt Hinweise im Kapitel »Rad aus- und einbauen« beachten.

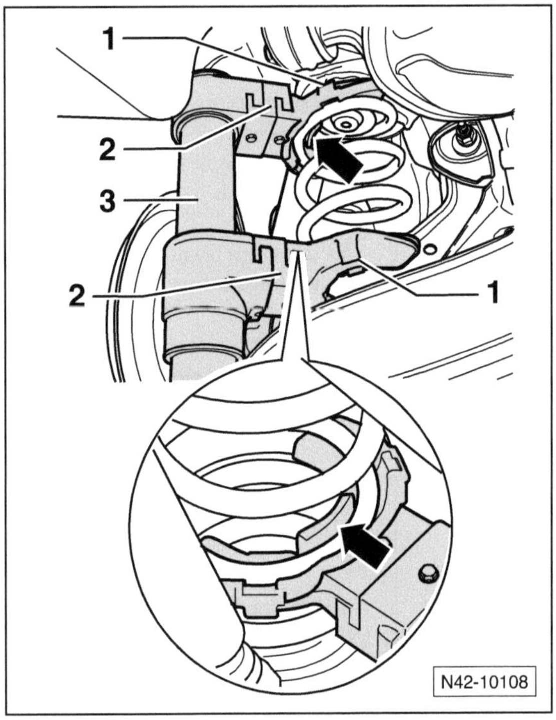

- Geeigneten Federspanner –3– von hinten an der Schraubenfeder ansetzen und möglichst nah an den Federwindungen anlegen, dabei mindestens 3 Windungen umgreifen.

Hinweis: Die Fachwerkstatt benutzt den Federspanner VAG 1752/1 mit den Spannplatten VAG 1752/3A und der Verlängerung –2– VAG 1752/9.

Achtung: Während des Spannvorgangs auf korrekten Sitz der Spannplatten –1– in den Federwindungen achten –Pfeile–.

- Schraubenfeder so weit spannen, bis diese herausnehmbar ist. Federspanner mit Schraubenfeder aus dem Radkasten herausziehen.
- **Federspanner langsam entspannen** und Schraubenfeder zusammen mit oberer und unterer Federauflage herausnehmen.

Einbau

Hinweis: Schraubenfedern nur achsweise erneuern und auf Farbkennzeichnung achten. An einer Achse nur Schraubenfedern gleicher Hersteller verwenden.

- Schraubenfeder in den Federspanner einsetzen und zusammendrücken.

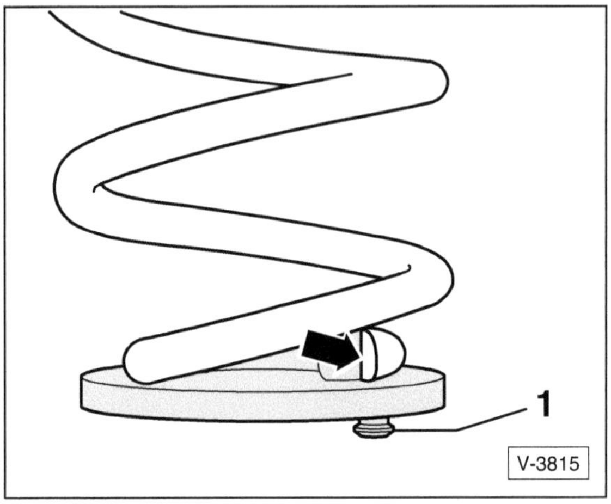

- Untere Federauflage so in die Schraubenfeder einsetzen, dass der Federanfang –Pfeil– am Anschlag der Federauflage anliegt. 1 – Zapfen.

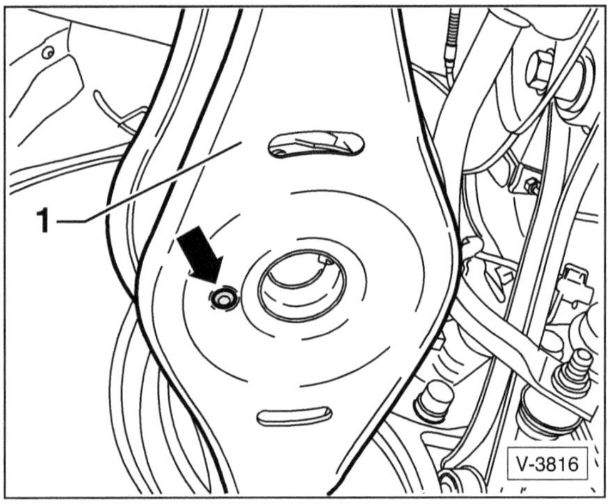

- Gespannte Schraubenfeder zusammen mit der unteren Federauflage einsetzen. Dabei muss der Zapfen der Federauflage in die Bohrung –Pfeil– im Querlenker –1– eingesetzt werden.
- Obere Federauflage auf das obere Federende legen.
- Schraubenfeder langsam entspannen, dabei muss die obere Federauflage in die Führung oben an der Karosserie eingreifen.
- Federspanner herausnehmen. Dabei darauf achten, dass der Oberflächenschutz der Schraubenfeder nicht beschädigt wird.
- Reifen-Laufrichtung beachten, Rad über Kreuz mit **30 Nm** anschrauben, Fahrzeug ablassen, anschließend Radschrauben über Kreuz festziehen; bei **Frontantrieb** mit **140 Nm,** bei **Allradantrieb** mit **120 Nm**. **Achtung:** Unbedingt Hinweise im Kapitel »Rad aus- und einbauen« beachten.

Stoßdämpfer an der Hinterachse aus- und einbauen

Ausbau

Achtung: Vor dem Ausbau gegebenenfalls die Leergewichtslage der Hinterachse bestimmen, siehe Seite 151.

- Reifen-Laufrichtung mit Pfeil am Reifen markieren. Radschrauben lösen. Fahrzeug hinten aufbocken und Hinterrad abnehmen. **Achtung:** Unbedingt Hinweise im Kapitel »Rad aus- und einbauen« beachten.
- Innenkotflügel ausbauen, siehe Seite 250.
- Schraubenfeder ausbauen, siehe entsprechendes Kapitel.
- Achsschenkel mit Werkstattwagenheber abstützen, damit der Stoßdämpfer beim Lösen der oberen Stoßdämpferbefestigung nicht nach unten fällt.

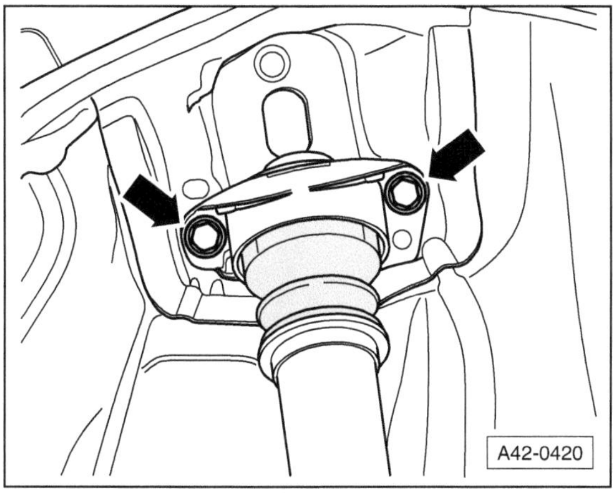

- 2 Schrauben –Pfeile– oben aus der Karosserie herausdrehen.

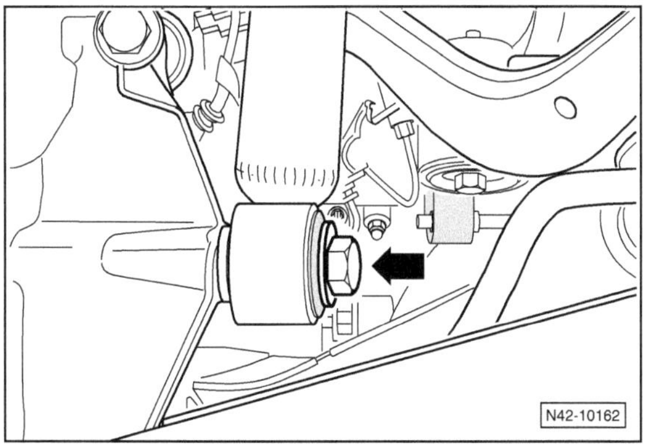

- Schraube –Pfeil– unten aus dem Achsschenkel herausdrehen und Stoßdämpfer aus dem Radkasten herausziehen.

Einbau

- Stoßdämpfer in den Radkasten einsetzen, oben an der Karosserie anschrauben. Dabei **neue selbstsichernde Schrauben** in 2 Stufen festziehen:

  1. Stufe: . . mit Drehmomentschlüssel **50 Nm** anziehen.

  2. Stufe: . . . . mit starrem Schlüssel **45°** weiterdrehen.

Hinweis: Um die Winkelgrade beim Anziehen einzuhalten, ist es sinnvoll, aus Pappe eine Winkelscheibe auszuschneiden oder die Winkelscheibe HAZET 6690 zu verwenden.

- Stoßdämpfer unten am Achsschenkel locker anschrauben, **nicht** festziehen.

Achtung: Um die Gummimetalllager nicht zu beschädigen, untere Schraubverbindung erst festziehen, wenn das Fahrzeug auf den Rädern steht oder in die sogenannte Leergewichtslage gebracht wurde, siehe Seite 151.

- Stoßdämpfer unten am Achsschenkel mit **180 Nm** festziehen.
- Schraubenfeder einbauen, siehe entsprechendes Kapitel.
- Innenkotflügel einbauen, siehe Seite 250.
- Reifen-Laufrichtung beachten, Rad über Kreuz mit **30 Nm** anschrauben, Fahrzeug ablassen, anschließend Radschrauben über Kreuz festziehen; bei **Frontantrieb** mit **140 Nm,** bei **Allradantrieb** mit **120 Nm**. **Achtung:** Unbedingt Hinweise im Kapitel »Rad aus- und einbauen« beachten.

Stoßdämpfer zerlegen und zusammenbauen

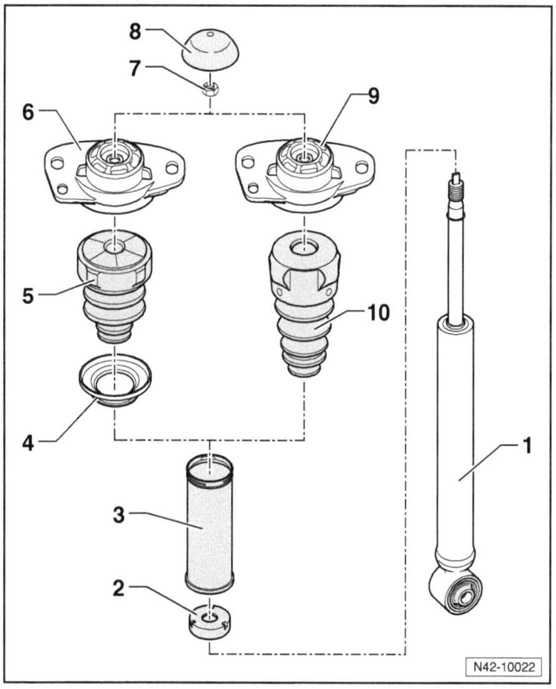

1 – **Stoßdämpfer**

2 – **Schutzkappe**

3 – **Schutzrohr**

4 – **Stützring**

5 – **Anschlagpuffer**[1]

6 – **Stoßdämpferlager**[1]

7 – **Mutter, 25 Nm**
Nach jeder Demontage ersetzen. Zum Lösen und Festziehen der Mutter Kolbenstange des Dämpfers an der Spitze gegenhalten.

8 – **Abdeckung**

9 – **Stoßdämpferlager**[2]

10 – **Anschlagpuffer**[2]

[1]) Für Stoßdämpfer mit Stützring.

[2]) Für Stoßdämpfer ohne Stützring.

Lenkung/Airbag

Die Lenkung besteht im Wesentlichen aus dem Lenkrad mit der Lenksäule, dem Zahnstangen-Lenkgetriebe und den Spurstangen. Die Lenksäule überträgt die Lenkbewegungen auf das Lenkgetriebe. Über eine Verzahnung im Lenkgetriebe wird die Zahnstange entsprechend dem Lenkradeinschlag nach links oder rechts bewegt. Spurstangen übertragen die Lenkkräfte über Spurstangengelenke (Spurstangenköpfe) und Radlagergehäuse auf die Räder.

Die Zahnstangenlenkung ist spielfrei von Anschlag zu Anschlag sowie wartungsfrei, nur die Lenkmanschetten und Staubkappen der Spurstangenköpfe müssen im Rahmen der Wartung auf einwandfreien Zustand geprüft werden.

Der Kraftaufwand beim Einschlagen der Räder, insbesondere bei stehendem Fahrzeug, wird durch eine elektro-mechanische Lenkhilfe (Servolenkung) verringert. Die Lenkhilfe besteht aus Elektromotor, Zahnriemen und Kugelspindelgetriebe. Die Kraft des Elektromotors wird über einen Zahnriemen auf das Kugelspindelgetriebe übertragen. Von diesem wird die Drehbewegung in eine Längsbewegung umgewandelt und auf die Zahnstange übertragen und unterstützt dadurch die Lenkbewegungen.

Sicherheitshinweis
Schweiß- und Richtarbeiten an Bauteilen der Lenkung **sind nicht zulässig. Selbstsichernde Schrauben/Muttern** sowie korrodierte Schrauben/Muttern im Reparaturfall **immer ersetzen.**

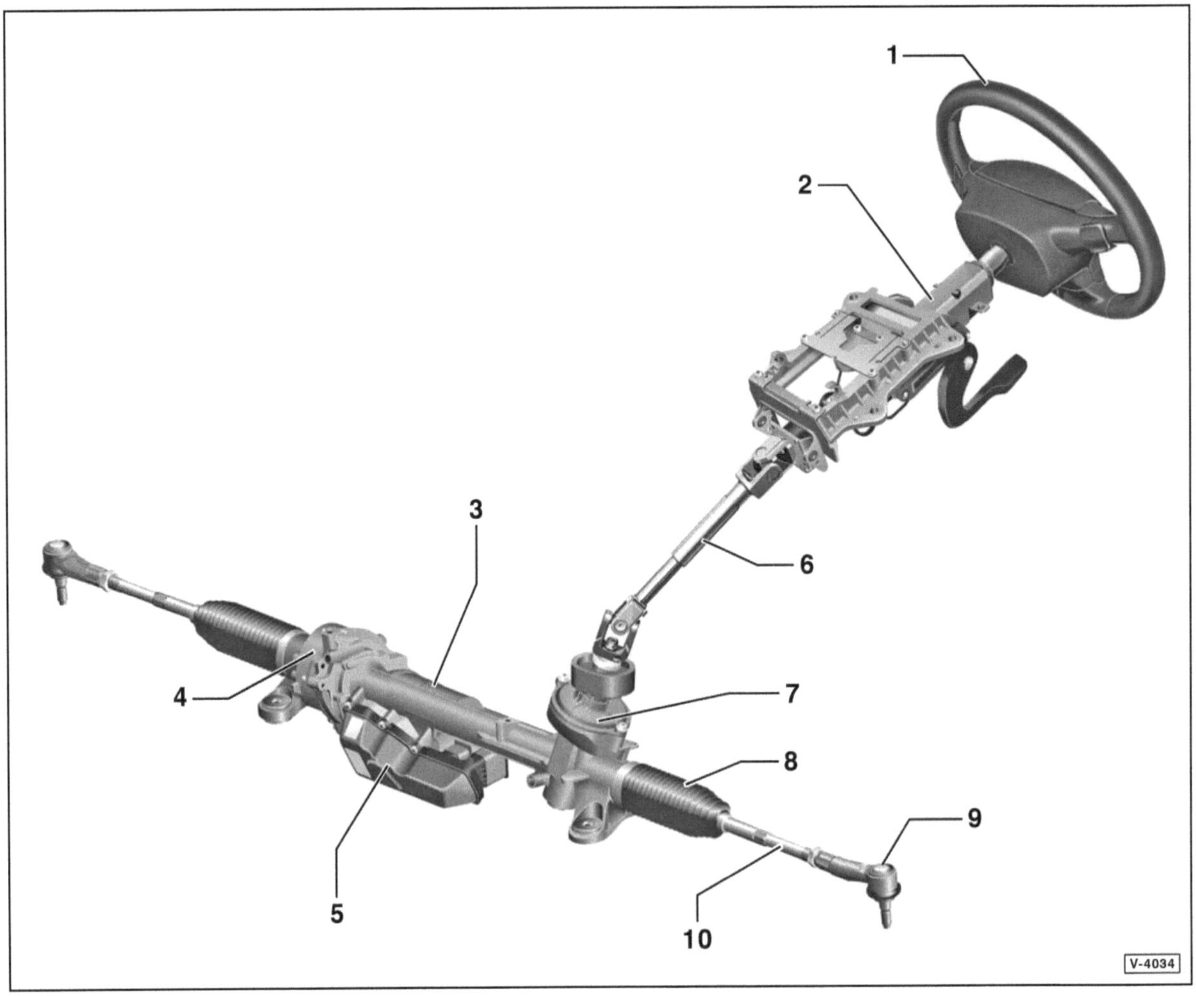

1 – **Lenkrad**

2 – **Lenksäule**

3 – **Elektromotor für Servolenkung**

4 – **Lenkgetriebe**
Mit Kugelspindelgetriebe und Zahnstange.

5 – **Steuergerät für Servolenkung**

6 – **Kreuzgelenkwelle**

7 – **Lenkmomentgeber**

8 – **Lenkmanschette**

9 – **Spurstangenkopf**

10 – **Spurstange**

Achtung: Die angegebenen Anzugsdrehmomente sind unbedingt einzuhalten. Bei mangelnder Erfahrung sollten Arbeiten an der Lenkung von einer Fachwerkstatt durchgeführt werden.

Im Lenkrad ist der Fahrer-**Airbag** untergebracht. Der Airbag ist ein zusammengefalteter Luftsack, der im Fall einer Frontalkollision aufgeblasen wird und dadurch Oberkörper und Kopf des Fahrers vor einem Aufprall auf das Lenkrad schützt. Bei einer entsprechend starken Frontalkollision wird über ein Steuergerät eine kleine Sprengladung im Gasgenerator der Airbag-Einheit gezündet. Es entstehen Explosionsgase, die den Luftsack innerhalb weniger Millisekunden aufblasen. Diese Zeit reicht aus, um den Aufprall des nach vorn schnellenden Fahrer-Oberkörpers zu dämpfen. Der Airbag fällt anschließend innerhalb weniger Sekunden wieder in sich zusammen, da die Gase durch Austrittsöffnungen entweichen.

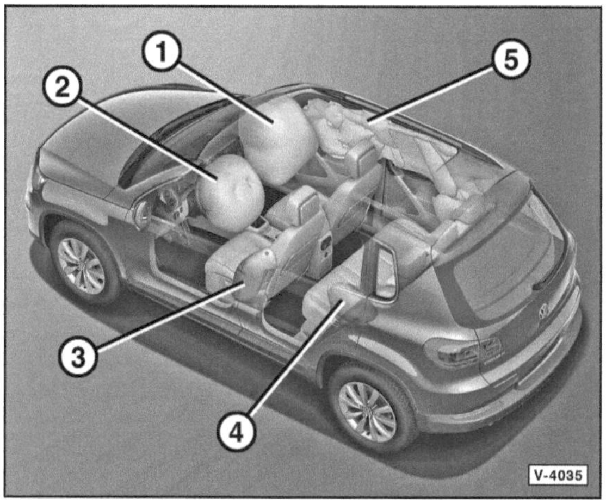

1 – Beifahrer-Airbag
2 – Fahrer-Airbag
3 – Seiten-Airbag vorn
4 – Seiten-Airbag hinten
5 – Kopf-Airbag

Airbag-Sicherheitshinweise

Das Airbag-System besteht aus dem Aufprallsensor, dem Gasgenerator, dem Steuergerät und dem Airbag. Das Aufblasen des Airbags wird elektrisch ausgelöst.

Je nach Ausstattung ist das Fahrzeug mit Front-, Seiten-, Knie- und Kopf-Airbags sowie Gurtstraffern ausgestattet. Es handelt sich dabei um pyrotechnische Bauteile, für die dieselben Sicherheitsvorschriften gelten.

Auf dem Beifahrersitz darf kein gegen die Fahrtrichtung angeordneter Babysitz montiert werden, wenn der Beifahrer-Airbag aktiviert ist; ausgenommen ist ein spezieller Kindersitz in Zusammenhang mit der automatischen Kindersitzerkennung.

Achtung: Aus Sicherheitsgründen keine Arbeiten an Teilen des Airbag- oder Gurtstraffer-Systems durchführen.

Vor Aus- und Einbau der Fahrer-Airbag-Einheit folgende Hinweise unbedingt befolgen:

- **Batterie-Massekabel (–) bei eingeschalteter Zündung *abklemmen*.** Anschließend **Minuspol isolieren**, um einen versehentlichen Kontakt zu vermeiden. Nach dem Abklemmen ist keine Wartezeit erforderlich, bis weitere Arbeiten begonnen werden. **Achtung:** Hinweise im Kapitel »Batterie aus- und einbauen« durchlesen.
- **Batterie-Massekabel (–)** nur bei **eingeschalteter Zündung *anklemmen*. Achtung:** Beim **Anklemmen** der Batterie darf sich **keine Person** im **Innenraum** des Fahrzeuges **aufhalten.** Befindet sich die **Batterie im Innenraum,** darf sich **niemand** im **Wirkungsbereich von Airbags und Gurtstraffern aufhalten.**
- **Fahrer-Airbag:** Vor dem Ausbau Räder in Geradeausstellung, Lenkrad in Mittelstellung bringen.
- Vor dem Abnehmen der Airbag-Einheit beziehungsweise dem Trennen der elektrischen Steckverbindungen **eigene elektrostatische Aufladung abbauen**. Dazu kurz den **Schließkeil der Tür oder die Karosserie anfassen.**

Allgemeine Hinweise:

- Für Airbageinheiten gibt es keine Wechselintervalle.
- Niemals Airbag-Komponenten eines anderen Fahrzeugs oder ein anderes Lenkrad einbauen. Beim Austausch stets neue Teile verwenden.
- Selbst nach einem leichten Unfall, der nicht zum Auslösen des Airbags führte, Airbag- und Gurtstraffer-System von einer Fachwerkstatt überprüfen lassen.
- **Das Airbag-System darf nur in der Fachwerkstatt geprüft werden. Keinesfalls mit Prüflampe, Voltmeter oder Ohmmeter prüfen.**
- Airbag-Komponenten, die auf eine harte Unterlage herabgefallen sind, müssen grundsätzlich ersetzt werden.
- Airbag-Komponenten vor großer Hitze und direkter Flammeneinwirkung schützen und keinen Temperaturen über +100° C aussetzen, auch nicht kurzfristig.
- Airbag-Komponenten vor Kontakt mit Wasser, Fett oder Öl schützen. Sofort mit einem trockenen Lappen abwischen.
- Airbag-Einheit in ausgebautem Zustand immer so ablegen, dass das Lenkradpolster nach oben zeigt. Bei umgekehrter Lagerung besteht die Gefahr, dass bei eventueller Zündung der Gasgenerator nach oben geschleudert wird. Dadurch erhöht sich die Verletzungsgefahr.
- Bei Arbeitsunterbrechung die Airbag-Einheit nicht unbeaufsichtigt liegen lassen.
- Die Airbag-Einheit oder Gurtstraffer dürfen nicht zerlegt werden, bei einem Defekt sind sie immer komplett zu ersetzen. Da die Airbag-Einheit Explosivstoffe enthält, ist sie unter Verschluss oder geeigneter Aufsicht aufzubewahren.
- Vor Verschrotten des Fahrzeugs müssen die Airbag-Einheiten entsorgt werden. Die Entsorgung erfolgt nur durch eine Fachwerkstatt.

- Lenkrad, Armaturentafel und Vordersitzlehnen im Bereich der Airbag-Einheit nicht bekleben und von Gegenständen freihalten.
- Die Airbag-Kontrolllampe im Kombiinstrument muss beim Einschalten der Zündung aufleuchten und nach etwa 4 Sekunden erlöschen. Andernfalls liegt eine Störung vor.

Speziell beim Seitenairbag ist Folgendes zu beachten:

- Es dürfen nur original Sitzbezüge und Rücksitzbezüge verbaut werden, die für Seitenairbags freigegeben sind (erkennbar am Airbag-Annäher auf dem Bezug).
- Die Rückenlehnen dürfen nicht mit Schonbezügen überzogen werden, da dadurch die Funktion des Seitenairbags beeinflusst wird.
- Sitzplatzauflagen, -matten oder Ähnliches, die die Funktion der Sitzbelegungserkennung und der Airbags beeinträchtigen, sind nicht zulässig.
- Bei Beschädigung des Bezuges (durch Risse, Brandlöcher usw.) im Bereich des Seitenairbags ist aus Sicherheitsgründen immer der Bezug zu wechseln, da sich sonst der Seitenairbag nicht richtig entfaltet.
- Nicht mit der Polsternadel oder ähnlich spitzen Gegenständen im Bereich Airbag und Sensormatte in den Bezug stechen.

Speziell beim Kopfairbag ist Folgendes zu beachten:

- Kopfairbag nicht knicken oder verdrehen.
- Beschädigte Verkleidungen an den Fahrzeugsäulen immer ersetzen, nie reparieren.

Airbag-Einheit aus- und einbauen

Ausbau

- **Airbag-Sicherheitshinweise durchlesen und befolgen.**
- **Nur bei dieser Arbeit: Batterie-Massekabel (–) bei eingeschalteter Zündung abgeklemmen.**

Achtung: Hinweise im Kapitel »Batterie aus- und einbauen« durchlesen.

- **Minuspol** der Batterie mit Isolierband **isolieren**, um einen versehentlichen Kontakt zu vermeiden.

Hinweis: Nach dem Abklemmen des Massekabels ist **keine Wartezeit** von einigen Minuten erforderlich, bis mit weiterführenden Arbeiten begonnen werden kann.

- Lenksäulenverstellung entriegeln. Lenksäule ganz herausziehen und in oberster (bis 5/2011) beziehungsweise in unterster (ab 6/2011) Position verriegeln.

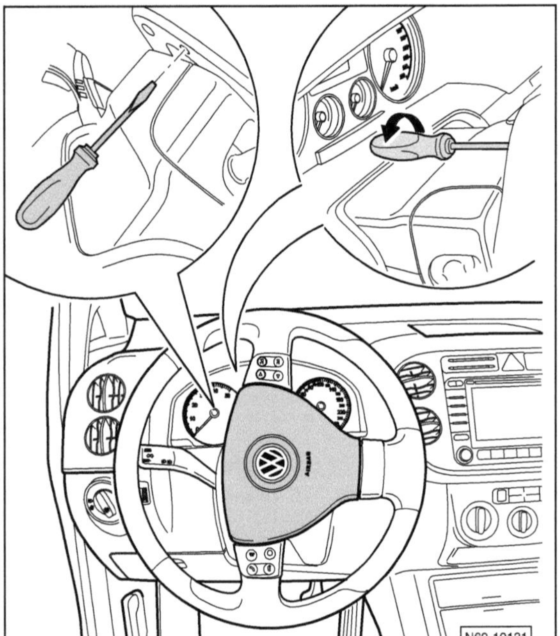

N69-10131

- Lenkrad ¼ Umdrehung gegen den Uhrzeigersinn drehen.
- Einen etwa 7 mm breiten und 18 cm langen Schlitz-Schraubendreher bis zum Anschlag (ca. 8 mm) in die Bohrung an der Rückseite des Lenkrads stecken.
- Schraubendreher in Pfeilrichtung drehen. Dadurch wird die Airbag-Einheit auf der rechten Lenkradseite entriegelt und springt ein Stück aus dem Lenkrad. **Hinweis für Fahrzeugen ab 6/2011:** Wenn es sich nicht um ein Multifunktionslenkrad handelt, Airbag-Einheit nach dem Betätigen der Verrastung an der Oberkante aus dem Lenkradtopf herausziehen.
- Lenkrad um 180° zurückdrehen und zweite Verrastung an der gegenüberliegenden Seite auf die gleiche Weise entriegeln. **Hinweis für Fahrzeugen ab 6/2011:** Wenn es sich nicht um ein Multifunktionslenkrad handelt, Airbag-Einheit nach dem Betätigen der Verrastung an der Oberkante aus dem Lenkradtopf herausziehen.

- Lenkrad um 90° auf die Mittelstellung zurückdrehen und Airbag-Einheit vorsichtig ein Stück vom Lenkrad abnehmen. Falls kein Multifunktionslenkrad eingebaut ist, Airbag an der Oberkante aus dem Lenkradtopf herausziehen.

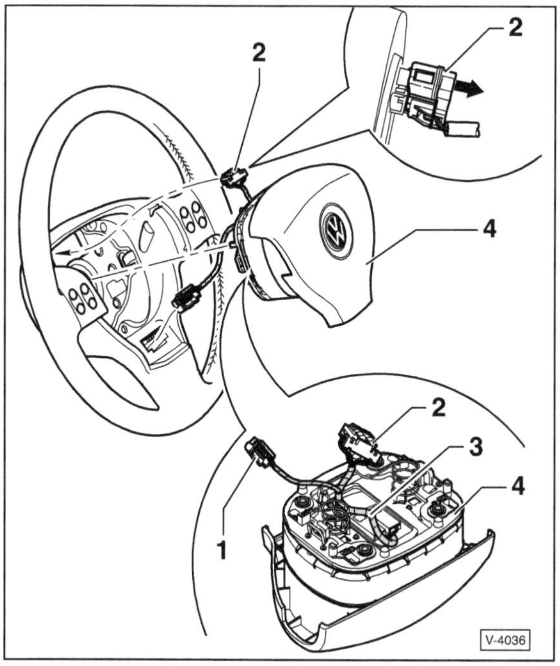

Achtung: Vor dem Trennen der Airbag-Leitung eventuelle elektrostatische Ladungen abbauen. Dazu kurz den Schließkeil der Tür oder die Karosserie anfassen.

- **Multifunktionslenkrad:** Stecker –1– für Lenkrad-Bedientasten an der Rückseite der Airbag-Einheit –4– entriegeln und trennen.
- Sicherungslasche am Stecker –2– herausziehen und Stecker der Airbag-Einheit trennen.
- Airbag-Einheit –4– vom Lenkrad abnehmen.
- Airbag-Einheit –4– so ablegen, dass das Prallpolster nach oben zeigt.

Einbau

- Sicherstellen, dass das Kabel –3–, wie in der Abbildung gezeigt, verlegt ist.
- Airbag-Stecker –2– verbinden und Sicherungslasche hörbar einrasten.
- **Multifunktionslenkrad:** Stecker –1– für Lenkrad-Bedientasten verbinden.
- Airbag-Einheit –4– ins Lenkrad einsetzen. Airbag-Einheit rechts und links eindrücken und hörbar einrasten.
- Überprüfen, ob die Airbag-Einheit korrekt im Lenkrad verrastet ist.

Achtung: Beim Anklemmen der Batterie darf sich keine Person im Fahrzeug-Innenraum befinden!

- Nur bei dieser Arbeit: Zündung einschalten. Und erst dann Isolierband am Minuspol der Batterie entfernen und Massekabel (–) an der Batterie anklemmen. **Achtung:** Hinweise im Kapitel »Batterie aus- und einbauen« beachten.

Lenkrad aus- und einbauen

Ausbau

- Airbageinheit ausbauen, dabei Sicherheitshinweise befolgen, siehe entsprechende Kapitel.

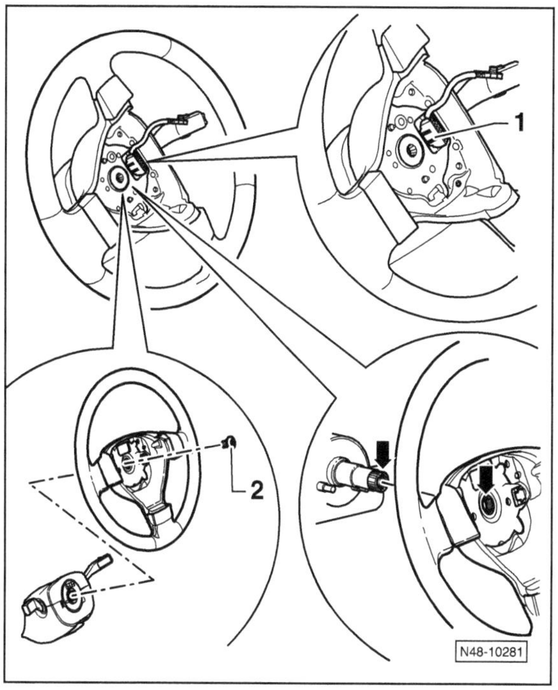

- Stecker –1– für die Wickelfeder (Lenkwinkelgeber) abziehen.
- Lenkrad in Mittelstellung drehen, so dass sich die Räder in Geradeausstellung befinden.
- Prüfen, ob auf Lenkrad und Lenksäule Markierungen vorhanden sind, welche die Einbaulage kennzeichnen –Pfeile–. Sind keine Markierungen vorhanden, Stellung des Lenkrades zur Lenksäule mit einem Filzstift markieren.
- Schraube –2– herausdrehen.
- Lenkrad von der Lenksäule abziehen.

Einbau

- Sicherstellen, dass sich die Räder in Geradeausstellung befinden.
- Lenkrad so ansetzen, dass die Markierungen –Pfeile– auf der Nabe des Lenkrades und auf der Lenksäule übereinstimmen.

Hinweis: Ein neues Lenkrad hat möglicherweise keine Markierung. In diesem Fall Lenkrad so aufschieben, dass die Lenkradspeiche waagerecht steht.

- Lenkrad aufschieben und dabei den Steckkontakt für Lenkwinkelgeber in die Aussparung am Lenkradboden einführen.
- Stecker für Lenkwinkelgeber aufstecken.

- **Neue** Schraube –2– einschrauben und mit **30 Nm** festziehen. Anschließend die Schraube mit einem starren Schlüssel **90°** (1/4 Umdrehung) **weiterdrehen**.
- Airbageinheit einbauen, siehe entsprechendes Kapitel.
- Probefahrt auf verkehrsfreier Straße durchführen. Bei Geradausfahrt müssen die Lenkradspeichen waagerecht stehen, gegebenenfalls Lenkrad später durch erneuten Ausbau umsetzen.

Spurstangenkopf aus- und einbauen

Ausbau

- **Spurstangenspiel prüfen:** Fahrzeug vorn aufbocken, die Räder müssen frei hängen. Räder und Spurstangen bewegen. Dabei darf kein Spiel auftreten.
- Räder in Geradeausstellung bringen.
- Reifen-Laufrichtung mit Pfeil am Reifen markieren. Radschrauben lösen. Fahrzeug vorn aufbocken und Rad abnehmen. **Achtung:** Unbedingt Hinweise im Kapitel »Rad aus- und einbauen« beachten.
- Befestigung prüfen. Staubkappen auf Beschädigungen, Risse und richtigen Sitz prüfen, gegebenenfalls Gelenk (Spurstangenkopf) austauschen.

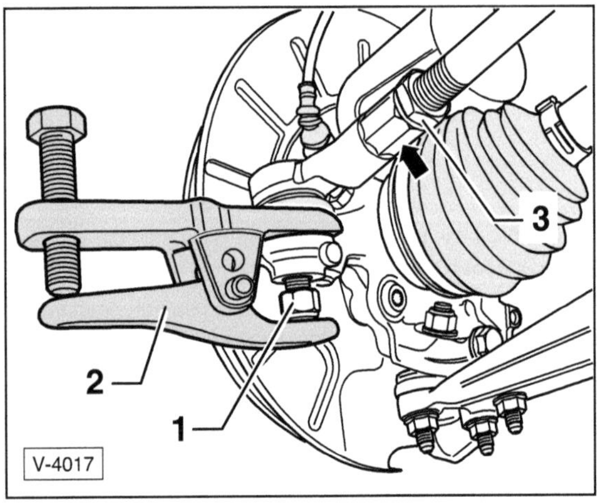

- Mutter –1– für Spurstangenkopf einige Umdrehungen losschrauben, dabei den Spurstangenkopf mit einem Innentorxschlüssel gegenhalten. **Achtung:** Mutter zum Schutz des Gewindes einige Umdrehung auf dem Gelenkzapfen lassen.
- Spurstangenkopf mit handelsüblichem Ausdrücker –2–, zum Beispiel HAZET 1790-7, aus dem Achsschenkel herausdrücken, der Ausdrücker stützt sich dabei auf der Mutter ab.
- Mutter für Spurstangenkopf abschrauben und Spurstangenkopf aus dem Lenkspurhebel herausziehen.

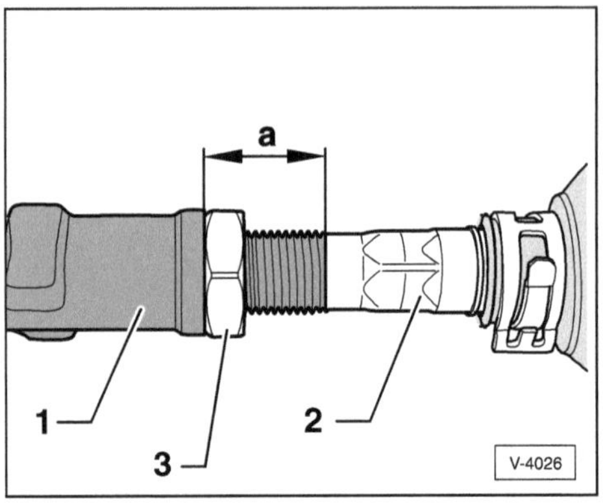

- Maß –a– zwischen Spurstangenkopf –1– und Spurstange –2– messen und den Wert notieren.
- Markierung über Spurstange und Spurstangenkopf anbringen, damit die Kontermutter –3– beim späteren Einbau an derselben Position festgezogen werden kann.
- Kontermutter –3– lösen, dabei den Spurstangenkopf mit einem Maulschlüssel gegenhalten –Pfeil–, siehe Abbildung V-4017.
- Spurstangenkopf von der Spurstange abschrauben. Dabei die Anzahl der Umdrehungen für den späteren Einbau merken.

Einbau

- Kegelschaft des Spurstangenkopfes entfetten.
- Spurstangenkopf mit der gleichen Anzahl an Umdrehungen wie beim Ausbau auf die Spurstange aufschrauben. Dabei das ermittelte Maß für die Aufschraubtiefe, welches beim Ausbau notiert wurde, überprüfen.
- Kontermutter handfest anziehen.
- Spurstange so ausrichten, dass der Zapfen des Spurstangenkopfes in Einbaulage steht. Spurstange bis zum Anschlag in den Lenkspurhebel einsetzen.
- **Neue Mutter** auf Spurstangenkopf aufschrauben, mit **50 Nm** anziehen. **Hinweis:** Damit sich der Gelenkzapfen beim Festziehen nicht mitdreht, diesen mit einem Innentorxschlüssel gegenhalten.
- Kontermutter mit **70 Nm** festziehen. Beim Festziehen am Sechskant der Spurstange gegenhalten.
- Reifen-Laufrichtung beachten, Rad über Kreuz mit **30 Nm** anschrauben, Fahrzeug ablassen, anschließend Radschrauben über Kreuz festziehen; bei **Frontantrieb** mit **140 Nm,** bei **Allradantrieb** mit **120 Nm**. **Achtung:** Unbedingt Hinweise im Kapitel »Rad aus- und einbauen« beachten.
- Fahrzeugvermessung durchführen lassen (Werkstattarbeit).

Räder und Reifen

Der TIGUAN ist je nach Modell und Ausstattung mit Rädern unterschiedlicher Größe ausgerüstet. Sofern Reifen montiert sind, deren Größe nicht in den Fahrzeugpapieren vermerkt ist, muss diese in der EG-Übereinstimmungsbescheinigung **CoC** (**C**ertification **o**f **C**onformity) für das Fahrzeug aufgeführt sein. Diese Bescheinigung oder eine Kopie davon ist dann grundsätzlich im Fahrzeug mitzuführen.

Neben der Felgenbreite und dem Felgendurchmesser sind bei einem Wechsel der Felge auch die Einpresstiefe und der Lochkreisdurchmesser zu beachten. Die Einpresstiefe ist das Maß von der Felgenmitte bis zur Anlagefläche der Radschüssel an die Bremsscheibe beziehungsweise Bremstrommel. Der Lochkreisdurchmesser gibt den Durchmesser an, an dem die Radschrauben befestigt sind.

Alle Scheibenräder sind als Hump-Felgen ausgelegt. Der Hump ist ein in die Felgenschulter eingepresster Wulst, der auch bei extrem scharfer Kurvenfahrt nicht zulässt, dass der schlauchlose Reifen von der Felge gedrückt wird. **Achtung:** In schlauchlose Reifen darf kein Schlauch eingezogen werden.

Profiltiefe messen

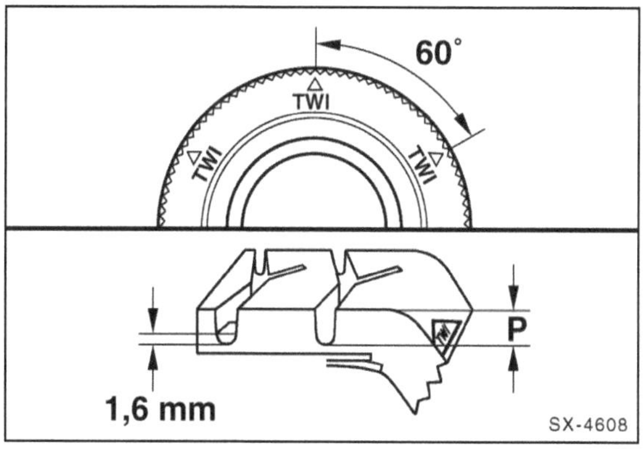

Reifen dürfen aufgrund gesetzlicher Vorschriften bis zu einer Profiltiefe von 1,6 mm abgefahren werden, und zwar an der gesamten Reifenlauffläche gemessen. Aus Sicherheitsgründen empfiehlt es sich, die Sommerreifen bereits bei einer Profiltiefe von 2 mm und die Winterreifen bei einer Profiltiefe von 4 mm auszutauschen.

Die Tiefe des Reifenprofils an den Hauptprofilrillen mit dem stärksten Verschleiß messen. Im Profilgrund der Originalbereifung sind Abnutzungsindikatoren vorhanden. An den Reifenflanken kennzeichnen Buchstaben (TWI = **T**read **W**ear **I**ndicator) oder Dreiecksymbole die Lage der Verschleißanzeiger. Die Flächen der Abnutzungsindikatoren haben eine Höhe von 1,6 mm. Sie dürfen nicht in die Messung mit einbezogen werden. Für die Messwerte entscheidend ist das Maß an der Stelle mit der geringsten Profiltiefe –P–.

Reifenfülldruck

Der Reifenfülldruck wird vom Automobilhersteller in Abhängigkeit verschiedener Parameter festgelegt. Dazu zählen unter anderem die Fahrzeugbeladung und die Fahrzeug-Höchstgeschwindigkeit. Vom Werk sind für den TIGUAN unterschiedliche Reifendimensionen und Felgengrößen zugelassen. Eine komplette Liste aller zugelassenen Reifen und Felgen hat jede Fachwerkstatt.

Es ist wichtig, dass der für den jeweiligen Reifen festgelegte Reifenfülldruck eingehalten wird. Die Reifenfülldruckwerte stehen auf einem Aufkleber auf der Innenseite der Tankklappe. Für die Lebensdauer der Reifen und die Fahrzeugsicherheit ist das Einhalten des Reifenfülldrucks von großer Wichtigkeit. Reifenfülldruck deshalb alle 4 Wochen und vor jeder längeren Fahrt prüfen (auch Reserverad).

Motor	Leistung	Reifenfülldruck (Überdruck in bar			
		halbe Zuladung		volle Zuladung	
		vorn	hinten	vorn	hinten
1.4 TSI	90 kW 110 kW	2,0	2,0	2,3	2,5
1.4 TSI BlueMotion	110 kW	2,3	2,3	2,6	2,8
2.0 TSI	125 kW 147 kW	2,2	2,2	2,5	2,7
2.0 TDI	103 kW 125 kW	2,2	2,2	2,5	2,7
2.0 TDI BlueMotion	103 kW	2,5	2,5	2,8	3,0

- Reifenfülldruckangaben beziehen sich auf **kalte** Reifen. Der sich bei längerer Fahrt einstellende und um ca. 0,2 bis 0,4 bar höhere Überdruck darf nicht reduziert werden. **Winterreifen** können mit einem um **0,2 bar höheren Überdruck** als Sommerreifen gefahren werden. Auf jeden Fall müssen die Reifenfülldrücke bei Winterreifen entsprechend den Vorgaben des Reifenherstellers eingehalten werden. Unterliegen die Winterreifen einer Geschwindigkeitsbeschränkung, muss ein Hinweis im Blickfeld des Fahrers angebracht werden (§ 36, Absatz 1 StVZO).
- Bei **Anhängerbetrieb** Reifenfülldruck auf den unter »volle Zuladung« angegebenen Wert erhöhen. Reifenfülldruck der Anhängerbereifung ebenfalls kontrollieren.
- Der Reifenfülldruck für das **Reserverad** entspricht dem höchsten für das Fahrzeug vorgesehenen Fülldruck.
- Der Reifenfülldruck für das **Notrad** ist auf der Reifenflanke angegeben und liegt bei 4,2 bar.

Reifen- und Scheibenrad-Bezeichnungen/Herstellungsdatum

Reifen-Bezeichnungen

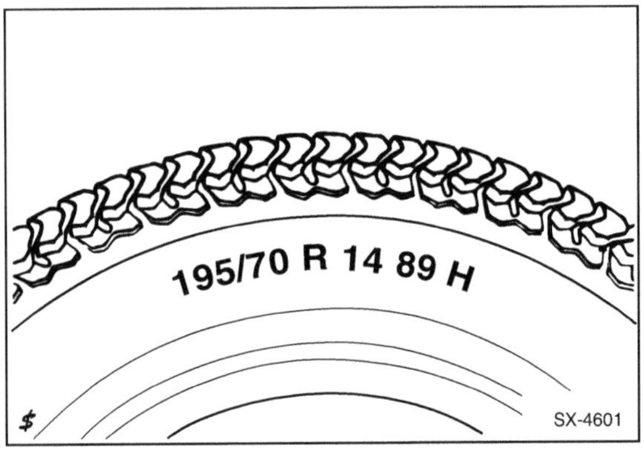

195 = Reifenbreite in mm.

/70 = Verhältnis Höhe zu Breite (die Höhe des Reifenquerschnitts beträgt 70 % von der Breite). Fehlt eine Angabe des Querschnittverhältnisses (zum Beispiel 155 R 13), so handelt es sich um das »normale« Höhen-Breiten-Verhältnis. Es beträgt bei Gürtelreifen 82 %.

R = Radial-Bauart (= Gürtelreifen).

14 = Felgendurchmesser in Zoll.

89 = Tragfähigkeits-Kennzahl.

H = Kennbuchstabe für zulässige Höchstgeschwindigkeit, H: bis 210 km/h. Der Geschwindigkeitsbuchstabe steht hinter der Reifengröße und gilt sowohl für Sommer- als auch für Winterreifen.

M+S = Winterreifen (M+S = Matsch und Schnee).

= Nur mit diesem »Alpine-Symbol«, ein Bergpiktogramm mit Schneeflocke, sind die Reifen in der EU als Winterreifen zugelassen. Dies gilt auch für Ganzjahresreifen.

Geschwindigkeits-Kennbuchstabe

Kennbuchstabe	Zulässige Höchstgeschwindigkeit
Q	160 km/h
S	180 km/h
T	190 km/h
H	210 km/h
V	240 km/h
Z	über 240 km/h

Achtung: Steht hinter der Reifenbezeichnung das Wort »reinforced«, handelt es sich um einen Reifen in verstärkter Ausführung, beispielsweise für Vans und Transporter.

Reifen-Herstellungsdatum

Das Herstellungsdatum steht auf dem Reifen im Hersteller-Code.

Beispiel: DOT CUL2 UM8 4011 TUBELESS

DOT = Department of Transportation (US-Verkehrsministerium)
CU = Kürzel für Reifenhersteller
L2 = Reifengröße
UM8 = Reifenausführung
4011 = Herstellungsdatum = 40. Produktionswoche 2011
TUBELESS = schlauchlos (TUBETYPE = Schlauchreifen)

Achtung: Neureifen müssen seit 10/98 zusätzlich mit einer ECE-Prüfnummer an der Reifenflanke versehen sein. Diese Prüfnummer weist nach, dass der Reifen dem ECE-Standard entspricht. Reifen seit 10/98 **ohne** ECE-Prüfnummer haben keine Allgemeine Betriebserlaubnis (ABE).

Beispiel : 5½J x 15 H2, ET50, LK 5/112

5½ = Maulweite (Innenbreite) der Felge in Zoll.
J = Kennbuchstabe für Höhe und Kontur des Felgenhorns (B = niedrigere Hornform).
x = Kennzeichen für einteilige Tiefbettfelge.
15 = Felgen-Durchmesser in Zoll.
H2 = Felgenprofil an Außen- und Innenseite mit Hump-Schulter (Hump = Sicherheitswulst, damit der Reifen nicht von der Felge rutscht).

ET50 = Einpresstiefe: 50 mm. Das Maß gibt in mm an, wie weit die Felgenanschraubfläche von der Felgenmitte entfernt ist.

LK5 = Die Felge ist in diesem Beispiel mit 5 Schrauben befestigt.

112 = Der Lochkreisdurchmesser (LK), auf dem die Schrauben angeordnet sind, beträgt 112 mm.

Auswuchten von Rädern

Die serienmäßigen Räder werden im Werk ausgewuchtet. Das Auswuchten ist notwendig, um unterschiedliche Gewichtsverteilung und Materialungenauigkeiten auszugleichen. Im Fahrbetrieb macht sich die Unwucht durch Trampel- und Flattererscheinungen bemerkbar. Das Lenkrad beginnt dann bei höherem Tempo zu zittern.

In der Regel tritt dieses Zittern nur in einem bestimmten Geschwindigkeitsbereich auf und verschwindet wieder bei niedrigerer oder höherer Geschwindigkeit.

Solche Unwuchterscheinungen können mit der Zeit zu Schäden an Achsgelenken, Lenkgetriebe und Stoßdämpfern sowie am Reifenprofil führen.

Räder nach jeder Reifenreparatur und nach jeder Montage eines neuen Reifens auswuchten lassen, da sich durch Abnutzung und Reparatur die Gewichts- und Materialverteilung am Reifen ändert.

Austauschen der Räder/ Laufrichtung beachten

Es ist nicht zweckmäßig, bei einem Austausch der Räder die Drehrichtung der Reifen zu ändern, da sich die Reifen nur unter vorübergehend stärkerem Verschleiß der veränderten Drehrichtung anpassen. Bei einigen Reifen ist die Laufrichtung durch einen Pfeil auf der Reifenflanke vorgegeben, die Laufrichtung ist dann unbedingt einzuhalten.

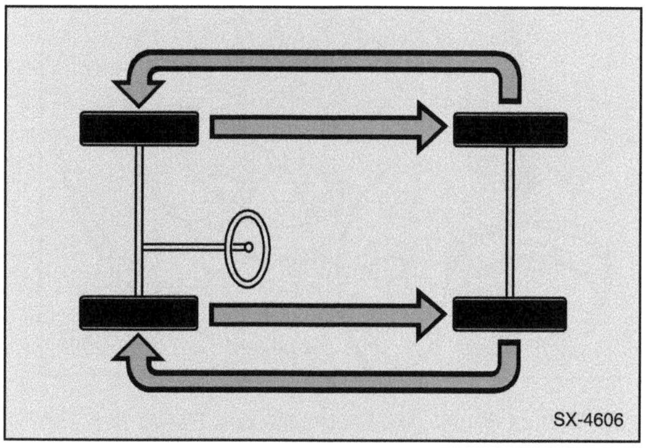

Bei größerem Verschleiß der vorderen Reifen empfiehlt es sich, die Vorderräder gegen die Hinterräder zu tauschen. Dadurch haben alle 4 Reifen etwa die gleiche Lebensdauer.

Sicherheitshinweise
Reifen nicht einzeln, sondern mindestens achsweise ersetzen. Reifen mit der größeren Profiltiefe **vorn** montieren. Am Fahrzeug dürfen nur Reifen gleicher Bauart verwendet werden. An einer Achse dürfen nur Reifen desselben Herstellers und mit der selben Profilausführung eingebaut werden. Reifen, die älter als 6 Jahre sind, nur im Notfall und bei vorsichtiger Fahrweise verwenden. Keine gebrauchten Reifen verwenden, deren Ursprung nicht bekannt ist. Beim Erneuern von Felge oder Reifen grundsätzlich das Gummiventil ersetzen.

- Bei Reifen **mit laufrichtungsgebundenem Profil,** erkennbar an Pfeilen auf der Reifenflanke in Laufrichtung, **muss** die Laufrichtung des Reifens **unbedingt** eingehalten werden. Dadurch werden optimale Laufeigenschaften bezüglich Aquaplaning, Haftvermögen, Geräusch und Abrieb sichergestellt.
- Falls ein laufrichtungsgebundenes Reserverad bei einer Reifenpanne einmal entgegen der Laufrichtung montiert werden muss, sollte dieser Einsatz nur vorübergehend sein. Insbesondere bei Nässe empfiehlt es sich, die Geschwindigkeit den Fahrbahnverhältnissen anzupassen.

Rad aus- und einbauen

Ausbau

Hinweis: Leichtmetallfelgen sind durch einen Klarlacküberzug gegen Korrosion geschützt. Beim Radwechsel darauf achten, dass die Schutzschicht nicht beschädigt wird, andernfalls mit Klarlack ausbessern.

- Reifen-Laufrichtung mit Kreide durch einen Pfeil am Reifen markieren.
- Fahrzeug gegen Wegrollen sichern. Dazu Handbremse anziehen, Rückwärtsgang oder 1. Gang einlegen. Bei Fahrzeugen mit Automatikgetriebe Wählhebel in Stellung »P« legen. Außerdem einen Keil hinter das diagonal gegenüberliegende Rad legen. Dabei Keil immer an der von der Aufbockstelle weg zeigenden Seite unterlegen.

- **Räder mit Radvollblende:** Drahtbügel aus dem Bordwerkzeug in eine Aussparung der Radvollblende einhängen, Radschlüssel durchschieben und Blende abziehen.

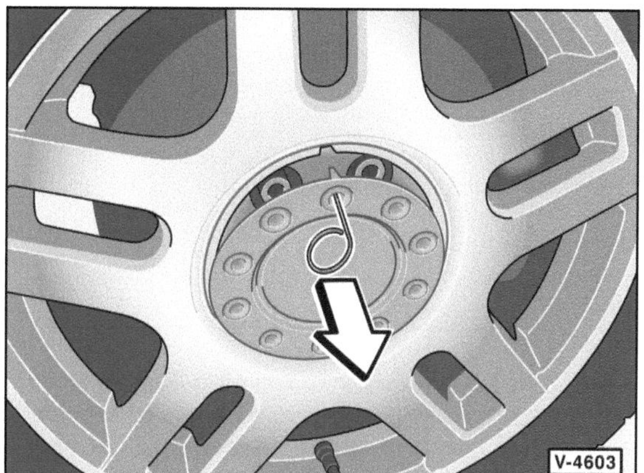

- **Räder mit Mittenabdeckung:** Mittenabdeckung mit dem Drahtbügel aus dem Bordwerkzeug abziehen.

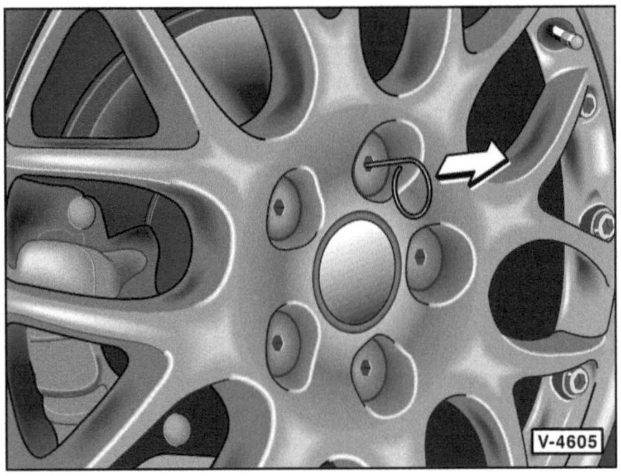

- **Radschrauben mit Abdeckkappen:** Mit dem Drahtbügel aus dem Bordwerkzeug Abdeckkappen von den Radschrauben abziehen.
- **Radschraube mit Diebstahlsicherung:** Adapter mit Innenvielzahn-Einsatz aus dem Bordwerkzeug bis zum Anschlag in die Radschraube einschieben.
- **Radschrauben ½ Umdrehung** lösen, nicht abschrauben. **Achtung:** Dabei muss das Fahrzeug auf dem Boden stehen, ein Gang eingelegt und die Handbremse angezogen sein. Zum Lösen keinen Drehmomentschlüssel verwenden.

Sicherheitshinweis
Beim Aufbocken des Fahrzeugs besteht Unfallgefahr! Deshalb vorher das Kapitel »Fahrzeug aufbocken« durchlesen.

- Fahrzeug mit dem Wagenheber so weit anheben, bis das Rad vom Boden abgehoben hat, siehe Seite 61.
- Radschrauben herausdrehen und Rad abnehmen.

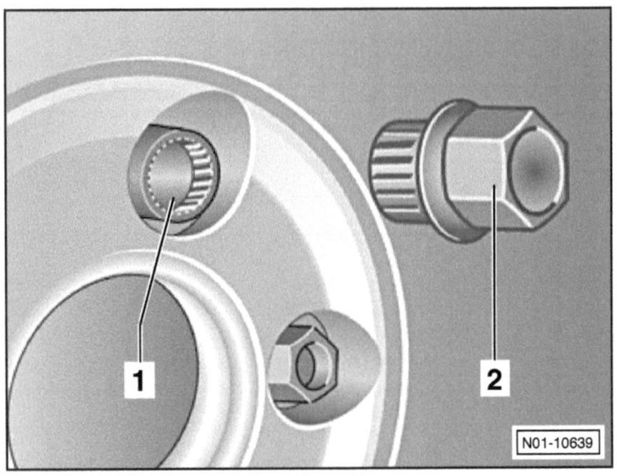

Hinweis: Zum Lösen diebstahlhemmender Radschrauben –1– ist ein Adapter –2– für die Radschrauben erforderlich, der in der Regel dem Bordwerkzeug beigelegt ist. Vor dem Lösen der diebstahlhemmenden Radschrauben die Kappe abnehmen. Adapter in Radschraube einsetzen und Radschraube mit Radschlüssel lösen. An der Stirnseite des Adapters ist eine Code-Nummer eingeschlagen. Nummer notieren und sicher aufbewahren, damit ein verloren gegangener Adapter wiederbeschafft werden kann.

Einbau

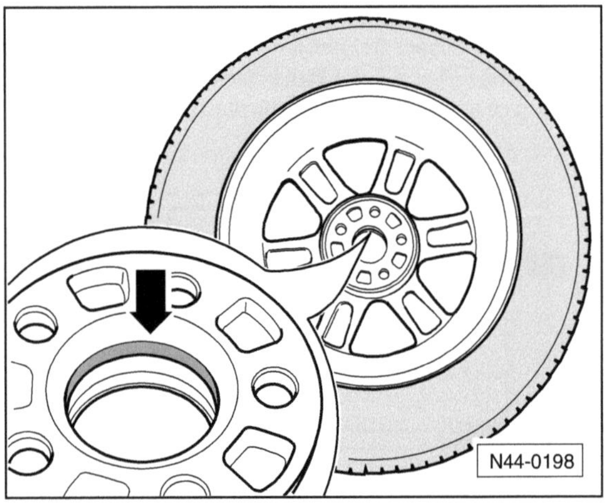

- Zum Schutz gegen das Festrosten des Rades den Zentriersitz der Felge –Pfeil– an der Radnabe vorn und hinten vor jeder Montage des jeweiligen Rades dünn mit Wachsspray VW-D322000A2 und einem Pinsel bestreichen. **Achtung:** Anlageflächen von Rad/Radnabe, Bremsscheibe und Gewinde in der Radnabe dürfen nicht gewachst werden.
- Verschmutzte Schrauben und Gewinde reinigen. Gewinde der Radschrauben **nicht** fetten oder ölen.

Achtung: Korrodierte oder schwergängige Schrauben umgehend erneuern. Bis dahin vorsichtshalber nur mit mäßiger Geschwindigkeit fahren.

- Rad entsprechend der beim Ausbau angebrachten Laufrichtungs-Markierung ansetzen.
- Radschrauben anschrauben und leicht mit etwa **30 Nm** über Kreuz anziehen.
- Fahrzeug absenken und Wagenheber entfernen.
- Radschrauben über Kreuz in mehreren Durchgängen anziehen. Zum Festziehen der Radschrauben sollte stets ein Drehmomentschlüssel verwendet werden. Dadurch wird sichergestellt, dass die Radschrauben gleichmäßig und fest angezogen sind.

  Anzugsdrehmoment für die Radschrauben:

  Fahrzeuge mit **Frontantrieb**: . . . . **140 Nm;**

  Fahrzeuge mit **Allradantrieb**: . . . . **120 Nm.**
- Anschließend alle Radschrauben über Kreuz mit dem Drehmomentschlüssel nochmals »nachknicken«.

Achtung: Wurden die Radschrauben nicht mit einem Drehmomentschlüssel festgezogen, ist es zwingend erforderlich, umgehend das Anzugsdrehmoment in einer Werkstatt kontrollieren zu lassen. Durch einseitiges oder unterschiedlich starkes Anziehen der Radschrauben können das Rad und/oder die Radnabe verspannt werden.

- **Fahrzeuge mit Radvollblenden:** Radvollblende im Bereich des Ventilausschnittes zuerst aufdrücken und anschließend gesamte Blende vollständig einrasten lassen. Blende gegebenenfalls mit dem Handballen aufschlagen.
- **Fahrzeuge mit Mittenabdeckung:** Mittenabdeckung einsetzen und einrasten lassen. Dabei darauf achten, dass die Nase an der Abdeckung in die Aussparung in der Felge eingreift, siehe Abbildung V-4603.
- **Radschrauben mit Abdeckkappen:** Kappen auf die Schraubenköpfe schieben.

Achtung: Felgen und Radschrauben sind aufeinander abgestimmt. Bei der Umrüstung von Leichtmetallfelgen auf Stahlfelgen, zum Beispiel beim Wechsel auf Winterbereifung mit Stahlfelgen, müssen deshalb die dazugehörigen Radschrauben mit der richtigen Länge und Kalottenform verwendet werden. Der Festsitz der Räder und die Funktion der Bremsanlage hängen davon ab.

- Nach dem Reifenwechsel unbedingt Reifenfülldruck prüfen und gegebenenfalls korrigieren.
- Nach einer Fahrstrecke von etwa 50 km alle Radschrauben über Kreuz mit dem Drehmomentschlüssel und dem richtigen Anzugsdrehmoment nochmals »nachknicken«.

Schneeketten

Schneeketten sind nur an den **Vorderrädern** zulässig. Um Beschädigungen an den Radvollblenden zu vermeiden, sollten diese bei Schneekettenbetrieb abgenommen werden. Nach Entfernen der Schneeketten, Radvollblenden wieder montieren.

Aus technischen Gründen ist die Verwendung von Schneeketten nur mit folgenden Reifen-/Felgenkombinationen zulässig:
Reifen 215/65 R16 mit Felge 6½ J x 16 ET33
Reifen 215/60 R17 mit Felge 6½ J x 17 ET33

Mit Schneeketten darf in Deutschland nicht schneller als **50 km/h** gefahren werden. Auf schnee- und eisfreien Straßen Schneeketten abnehmen. Nur feingliedrige Schneeketten verwenden.

Reifenpflegetipps

Reifen haben ein »Gedächtnis«. Unsachgemäße Behandlung – und dazu zählt beispielsweise auch schon schnelles oder häufiges Überfahren von Bordstein- oder Schienenkanten – führt deshalb zu Reifenpannen, mitunter sogar erst nach längerer Laufleistung.

Reifen reinigen

- Reifen generell **nicht** mit einem Dampfstrahlgerät reinigen. Wird die Düse des Dampfstrahlers zu nahe an den Reifen gehalten, dann wird die Gummischicht innerhalb weniger Sekunden irreparabel zerstört, selbst bei Verwendung von kaltem Wasser. Ein auf diese Weise gereinigter Reifen sollte sicherheitshalber ersetzt werden.
- Ersetzt werden sollte auch ein Reifen, der über längere Zeit mit Öl, Fett oder Kraftstoff in Berührung kam. Der Reifen quillt an den betreffenden Stellen zunächst auf, nimmt jedoch später wieder seine normale Form an und sieht äußerlich unbeschädigt aus. Die Belastungsfähigkeit des Reifens nimmt aber ab.

Reifen lagern

- Reifen sollten kühl, dunkel und trocken aufbewahrt werden. Sie dürfen nicht mit Fett, Öl oder Kraftstoff in Berührung kommen.
- Räder liegend oder an den Felgen aufgehängt in der Garage oder im Keller lagern. Reifen, die nicht auf einer Felge montiert sind, sollten stehend aufbewahrt werden.
- Bevor die Räder abmontiert werden, Reifenfülldruck etwas erhöhen (ca. 0,3 – 0,5 bar).
- Für Winterreifen eigene Felgen verwenden, denn das Ummontieren der Reifen lohnt sich aus Kostengründen nicht.

Reifen einfahren

Neue Reifen haben vom Produktionsprozess her eine besonders glatte Oberfläche. Deshalb müssen neue Reifen – das gilt auch für das neue Ersatzrad – etwa 300 Kilometer mit mäßiger Geschwindigkeit und vorsichtiger Fahrweise eingefahren werden. Bei diesem Einfahren raut sich durch die beginnende Abnutzung die glatte Oberfläche auf, das Haftvermögen des Reifens verbessert sich.

Während der ersten 300 km sollte man mit neuen Reifen speziell auf Nässe besonders vorsichtig fahren.

Fehlerhafte Reifenabnutzung

- In erster Linie ist auf vorschriftsmäßigen Reifenfülldruck zu achten, wobei alle 4 Wochen und vor jeder längeren Fahrt sowie bei hoher Zuladung eine Prüfung vorgenommen werden sollte.
- Reifenfülldruck nur bei kühlen Reifen prüfen. Der Reifenfülldruck steigt nämlich mit zunehmender Erhitzung bei schneller Fahrt an. Dennoch ist es völlig falsch, aus erhitzten Reifen Luft abzulassen.

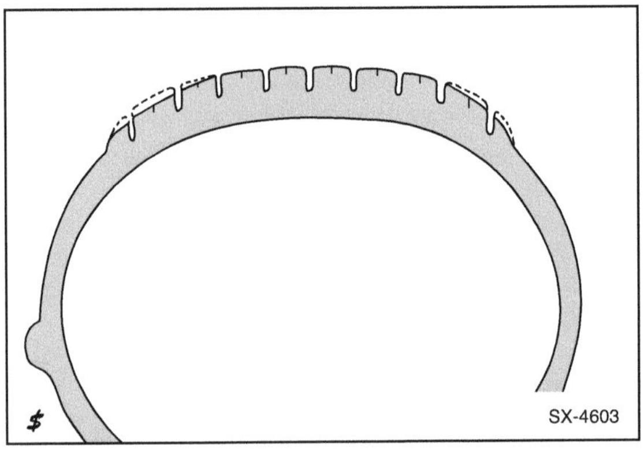

SX-4603

- An den Vorderrädern ist eine etwas größere Abnutzung der Reifenschultern gegenüber der Laufflächenmitte normal, wobei aufgrund der Straßenneigung die Abnutzung der zur Straßenmitte zeigenden Reifenschulter (linkes Rad: außen, rechtes Rad: innen) deutlicher ausgeprägt sein kann.
- Ungleichmäßiger Reifenverschleiß ist zumeist die Folge zu geringen oder zu hohen Reifenfülldrucks. Er kann auch auf Fehler in der Radeinstellung oder der Radauswuchtung sowie auf mangelhafte Stoßdämpfer oder Felgen zurückzuführen sein.
- Bei zu hohem Reifenfülldruck wird die Laufflächenmitte mehr abgenutzt, da der Reifen an der Lauffläche durch den hohen Innendruck mehr gewölbt ist.
- Bei zu niedrigem Reifenfülldruck liegt die Lauffläche an den Reifenschultern stärker auf, und die Laufflächenmitte wölbt sich nach innen durch. Dadurch ergibt sich ein stärkerer Reifenverschleiß der Reifenschultern.

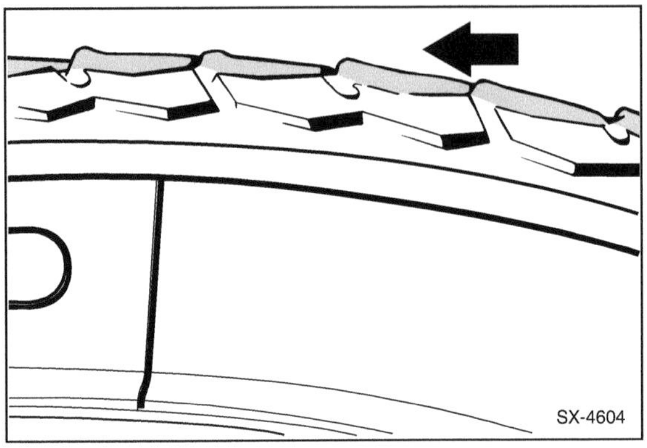

SX-4604

- Sägezahnförmige Abnutzung des Profils ist in der Regel auf eine Überbelastung des Fahrzeugs zurückzuführen.

Bremsanlage

Aus dem Inhalt:

- Bremsbeläge wechseln
- Bremsscheibe wechseln
- ABS/EBV/EDS/ASR/ESP
- Bremsscheibe prüfen
- Bremse entlüften
- Bremslichtschalter

Das Arbeiten an der Bremsanlage erfordert peinliche Sauberkeit und exakte Arbeitsweise. Falls die nötige Arbeitserfahrung fehlt, sollten Reparaturarbeiten an der Bremsanlage von einer Fachwerkstatt durchgeführt werden.

Das Bremssystem besteht aus dem Hauptbremszylinder, dem Bremskraftverstärker und den **Scheibenbremsen** für die Vorder- und Hinterräder. Das hydraulische Bremssystem ist in zwei Kreise aufgeteilt, die diagonal wirken. Ein Bremskreis ist mit den Bremssätteln vorn rechts/hinten links verbunden, der zweite mit den Bremssätteln vorn links/hinten rechts. Dadurch kann bei Ausfall eines Bremskreises, zum Beispiel durch ein Leck, das Fahrzeug über den anderen Bremskreis zum Stehen gebracht werden. Der Druck für beide Bremskreise wird im Tandem-Hauptbremszylinder über das Bremspedal aufgebaut.

Der **Bremsflüssigkeitsbehälter** befindet sich im Motorraum über dem Hauptbremszylinder. Er versorgt das Bremssystem wie auch das hydraulische Kupplungssystem mit Bremsflüssigkeit.

Der **Bremskraftverstärker** speichert den von einer **Vakuumpumpe** erzeugten Unterdruck. Beim Betätigen des Bremspedals wird dann die Pedalkraft durch den Unterdruck verstärkt. Die Vakuumpumpe sitzt an der linken Stirnseite am Zylinderkopf und wird über die Nockenwelle angetrieben.

Der TIGUAN ist mit einer **elektromechanischen Feststellbremse** ausgestattet. Dazu ist an den Bremssätteln der Hinterachse jeweils ein Motor vorhanden, der die Bremskolben nach Betätigen des Feststellschalters gegen die Bremsbeläge drückt.

Die **Bremsbeläge** sind Bestandteil der Allgemeinen Betriebserlaubnis (ABE), außerdem sind sie vom Werk auf das jeweilige Fahrzeugmodell abgestimmt. Es dürfen deshalb nur die vom Automobilhersteller beziehungsweise vom Kraftfahrtbundesamt (KBA) freigegebenen Bremsbeläge verwendet werden. Diese Bremsbeläge haben eine KBA-Freigabenummer.

Sicherheitshinweis
Beim Reinigen der Bremsanlage fällt Bremsstaub an, der zu gesundheitlichen Schäden führen kann. Beim Reinigen der Bremsanlage Bremsstaub nicht einatmen. Bremsanlage nicht mit Druckluft ausblasen.

ABS/HBA/EBV/EDS/ASR/ESP

Grundsätzlich dürfen Arbeiten an den elektronisch gesteuerten Brems- und Fahrwerkskomponenten nur in der Fachwerkstatt ausgeführt werden.

ABS: Das **A**nti-**B**lockier-**S**ystem verhindert bei scharfem Abbremsen das Blockieren der Räder, dadurch bleibt das Fahrzeug lenkbar.

HBA: Der **h**ydraulische **B**rems**a**ssistent erkennt aufgrund der Geschwindigkeit und der Kraft, mit der das Bremspedal heruntergedrückt wird, ob eine Notbremssituation gegeben ist. In diesem Fall erhöht der Bremsassistent innerhalb von Millisekunden automatisch den Bremsdruck über den vom Fahrer vorgegebenen Wert, bis die ABS-Regelung einsetzt. Dadurch wird der Bremsweg verkürzt.

EBV: Die **E**lektronische **B**remskraft**v**erteilung verteilt mittels ABS-Hydraulik die Bremskraft an die Hinterräder. Bei Geradeausfahrt wird die Hinterradbremse voll an der Bremsleistung beteiligt. Über die ABS-Drehzahlsensoren erkennt die EBV, ob das Fahrzeug geradeaus oder durch eine Kurve fährt. Bei Kurvenfahrt wird der Bremsdruck für die Hinterräder reduziert. Dadurch können die Hinterräder die maximale Seitenführungskraft aufbringen und ein Schleudern des Fahrzeugs beim Bremsen in der Kurve wird verhindert.

EDS: Die **E**lektronische **D**ifferenzial**s**perre bremst ein durchdrehendes Antriebsrad ab und lenkt dadurch das Antriebsdrehmoment auf das andere, greifende Rad um. Die EDS ist beim Anfahren und bis zu einer Geschwindigkeit von etwa 40 km/h voll wirksam. Danach lässt die EDS-Regelung allmählich nach. Die EDS ist ebenfalls bei Rückwärtsfahrt aktiv.

ASR: Die elektronische **A**ntriebs-**S**chlupf-**R**egelung verhindert beim Beschleunigen den Schlupf der zum Durchdrehen neigenden Räder. Dies wird durch das Abbremsen der Räder und die Reduzierung der Motorleistung erreicht. Die ASR- beziehungsweise die ESP-Warnleuchte im Kombiinstrument blinkt, wenn ein Rad die Schlupfgrenze erreicht hat. Die Antriebs-Schlupf-Regelung lässt sich über den ASR- beziehungsweise ESP-Schalter in der Mittelkonsole abschalten, dann leuchtet die Warnleuchte im Kombiinstrument.

Hinweis: Bei Fahrbahnen mit Sand, Kies oder im Tiefschnee sowie bei Schneekettenbetrieb kann es von Vorteil sein, ASR abzuschalten, um mit höherem Antriebsschlupf und ohne elektronischen Motoreingriff fahren zu können.

ESP: Über die ABS-Funktionen hinaus verringert das **E**lektronische **S**tabilitäts-**P**rogramm das Schleuderrisiko des Fahrzeugs. Im ESP sind die Funktionen der Traktionskontrolle (EDS, ASR) integriert. In schnell durchfahrenen Kurven oder bei abrupten Ausweichmanövern erkennt ESP, ob das Fahrzeug auszubrechen droht. Über Sensoren erfasst ESP den Lenkwinkel und die Drehgeschwindigkeit des Fahrzeugs um die Hochachse. Unstabile Fahrzustände werden sofort erkannt. Durch das Abbremsen einzelner Räder und die Regulierung der Motorleistung wird das Fahrzeug bestmöglichst auf dem gewünschten Kurs gehalten.

Achtung: Damit ESP ohne Störungen funktionieren kann, müssen an allen 4 Rädern die gleichen Reifen montiert sein.

Ist die ESP-Regelung aktiv, wird dies durch Blinken der ESP-Warnleuchte im Kombiinstrument signalisiert. Die Fahrweise sollte dann den Straßenverhältnissen angepasst werden, sonst besteht Unfallgefahr.

Hinweise zum ABS/ESP/EDS

Eine Sicherheitsschaltung im elektronischen Steuergerät sorgt dafür, dass sich die Anlage bei einem **Defekt** (zum Beispiel Kabelbruch) oder bei zu niedriger Betriebsspannung (Batteriespannung unter 10 Volt) selbst abschaltet. Angezeigt wird dies durch das Aufleuchten der Kontrolllampen im Kombiinstrument. Die herkömmliche Bremsanlage bleibt dabei in Betrieb. Das Fahrzeug verhält sich dann beispielsweise beim Bremsen so, als ob keine ABS/ESP/EDS-Anlage eingebaut wäre.

Sicherheitshinweis
Wenn während der Fahrt die Kontrollleuchten für das ABS und für die Bremsanlage leuchten, können bei starkem Abbremsen die Hinterräder blockieren, da die Bremskraftverteilung ausgefallen ist.

Leuchten während der Fahrt eine oder mehrerer **Kontrolllampen** im Kombiinstrument auf, folgende Punkte beachten:

- Fahrzeug kurz anhalten, Motor abstellen und wieder starten.
- Batteriespannung prüfen. Wenn die Spannung unter 10,5 Volt liegt, Batterie laden.

Achtung: Wenn die Kontrolllampen am Anfang einer Fahrt aufleuchten und nach einiger Zeit wieder erlöschen, deutet das darauf hin, dass die Batteriespannung zunächst zu gering war, bis sie sich während der Fahrt durch Ladung über den Generator wieder erhöht hat.

- Prüfen, ob die Batterieklemmen richtig festgezogen sind und einwandfreien Kontakt haben.
- Fahrzeug aufbocken, Räder abnehmen, elektrische Leitungen zu den Drehzahlfühlern auf äußere Beschädigungen (Scheuerstellen) prüfen. Weitere Prüfungen der ABS/ESP/EDS-Anlage sollten von einer Fachwerkstatt durchgeführt werden.

Achtung: Vor **Schweißarbeiten** mit einem elektrischen Schweißgerät muss der Stecker von der ABS-Steuereinheit im Motorraum abgezogen werden. Stecker nur bei ausgeschalteter Zündung abziehen. Bei **Lackierarbeiten** darf das Steuergerät kurzzeitig mit max. +95° C und langzeitig (max. 2 Std.) mit +85° C belastet werden.

Zuordnung der Bremsanlage

Falls unterschiedliche Bremsen verwendet werden, kann anhand der **PR-Nummer** auf dem Fahrzeugdatenträger festgestellt werden, welche Bremsanlage im Fahrzeug eingebaut ist. Der Fahrzeugdatenträger befindet sich in der Reserveradmulde und im Serviceplan.

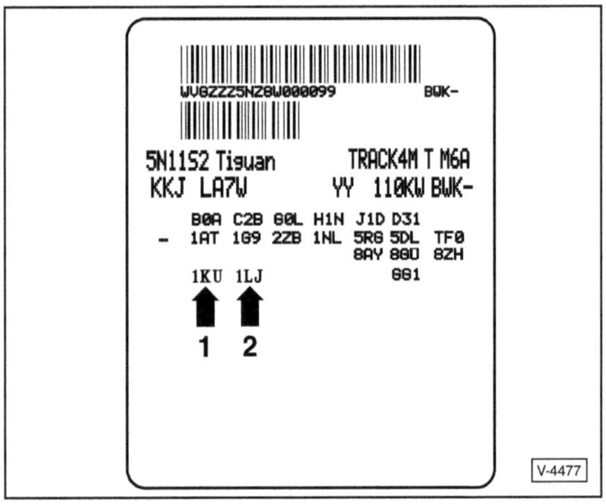

Pfeil 1 = Hinterradbremse PR-Nr. 1KU.
Pfeil 2 = Vorderradbremse PR-Nr. 1LJ.

Technische Daten Bremsanlage

Scheibenbremse	vorn	hinten
PR-Nummer	1LJ	1KU
Bremssattelbezeichnung	FN-3 (16")	C II 41 (16")
Bremsbelagdicke[1] – neu (ohne Rückenplatte)	14 mm	11 mm
Bremsbelagdicke[1] – Verschleißgrenze (ohne Rückenplatte)	2 mm	2 mm
Bremscheibendurchmesser	312 mm	286 mm
Bremsscheibendicke – neu	25 mm	12 mm
Bremsscheibendicke – Verschleißgrenze	22 mm	10 mm

Vorderrad-Scheibenbremse FN-3

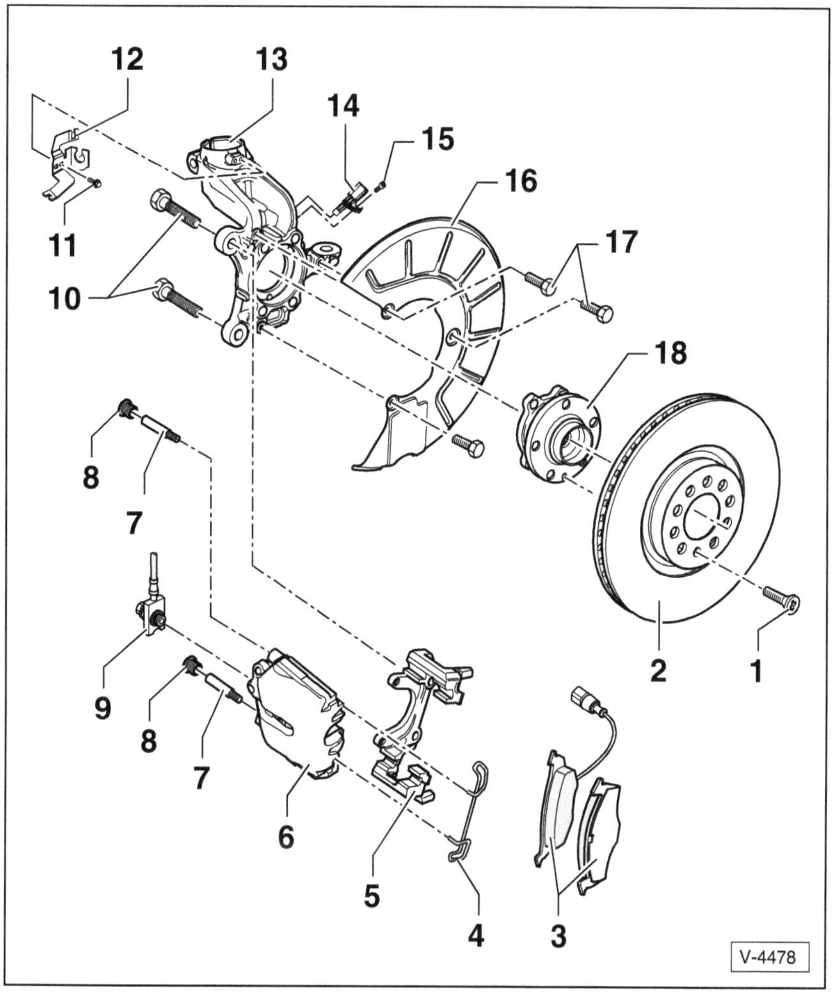

1 – **Sicherungsschraube, 4 Nm**
Für Bremsscheibe.

2 – **Bremsscheibe**
Grundsätzlich achsweise ersetzen.

3 – **Bremsbeläge**
Mit Verschleißanzeige. Grundsätzlich achsweise ersetzen.

4 – **Haltefeder**
In beide Bohrungen des Bremssattels einsetzen.

5 – **Bremssattelträger**
Am Achsschenkel angeschraubt.

6 – **Bremssattel**

7 – **Führungsbolzen, 30 Nm**

8 – **Abdeckkappe**

9 – **Bremsschlauch**
Mit Ringstutzen und Hohlschraube, **35 Nm**.

10 – **Rippschrauben, 200 Nm**
Für Bremssattelträger.
Bei Wiederverwendung reinigen.

11 – **Schraube**

12 – **Halterung**
Für Leitung Verschleißanzeige, ABS-Sensor und Bremsschlauch.

13 – **Achsschenkel**

14 – **ABS-Drehzahlsensor**
Vor dem Einsetzen des Sensors die Innenfläche der Bohrung reinigen und mit Hochtemperaturfett, zum Beispiel Keramikpaste von Liqui Moly, bestreichen.

15 – **Innensechskantschraube, 8 Nm**

16 – **Abdeckblech**

17 – **Schrauben, 12 Nm**

18 – **Radnabeneinheit**
Mit integriertem ABS-Sensorring.

Bremsbeläge vorn aus- und einbauen

Ausbau

Achtung: Bremsbeläge sind Bestandteil der Allgemeinen Betriebserlaubnis (ABE) und vom Werk auf das jeweilige Modell abgestimmt. Es dürfen deshalb nur die vom Automobilhersteller freigegebenen Bremsbeläge verwendet werden.

Achtung: Sollen die Bremsbeläge wieder verwendet werden, müssen sie beim Ausbau gekennzeichnet werden. Ein Wechsel der Beläge vom rechten zum linken Rad ist nicht zulässig.

Achtung: Grundsätzlich alle Scheibenbremsbeläge einer Achse gleichzeitig ersetzen, auch wenn nur ein Belag die Verschleißgrenze erreicht hat.

- Reifen-Laufrichtung mit Pfeil am Reifen markieren. Radschrauben lösen. Fahrzeug vorne aufbocken und Rad abnehmen.

Sicherheitshinweis
Beim Aufbocken des Fahrzeugs besteht Unfallgefahr! Hinweise im Kapitel »Fahrzeug aufbocken« beachten.

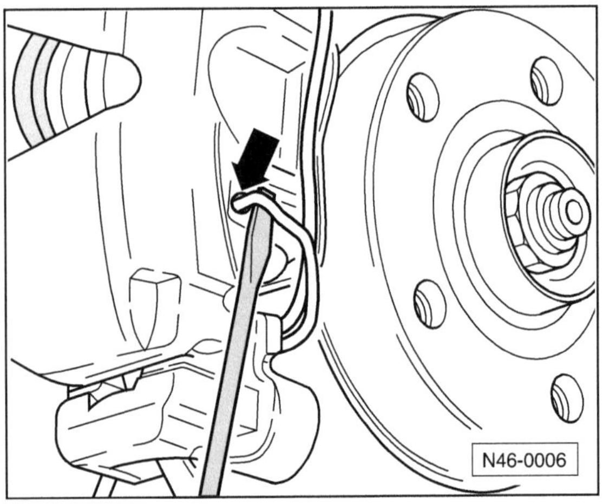

- Haltefeder für Bremsbeläge mit einem Schraubendreher aus den Bohrungen heraushebeln –Pfeil– und abnehmen. **Achtung:** Unfallgefahr! Haltefeder kann dabei unkontrolliert wegspringen. Deshalb Arbeitshandschuhe tragen und Haltefeder mit einer Hand abdecken.

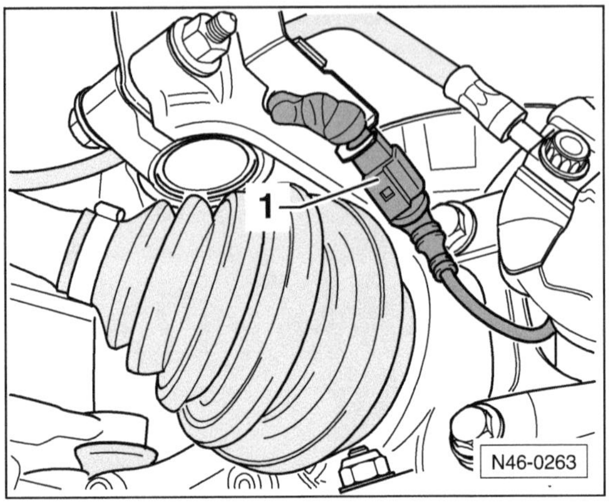

- Am linken Bremssattel Steckverbindung –1– für Bremsbelagverschleißanzeige trennen. Dazu Fixierlasche am Steckerunterteil mit kleinem Schraubedreher etwas anheben und gleichzeitig Steckverbindung um 90° (¼ Umdrehung) drehen.
- Steckverbindung aus dem Halter herausnehmen, mit kleinem Schraubendreher entriegeln und trennen.

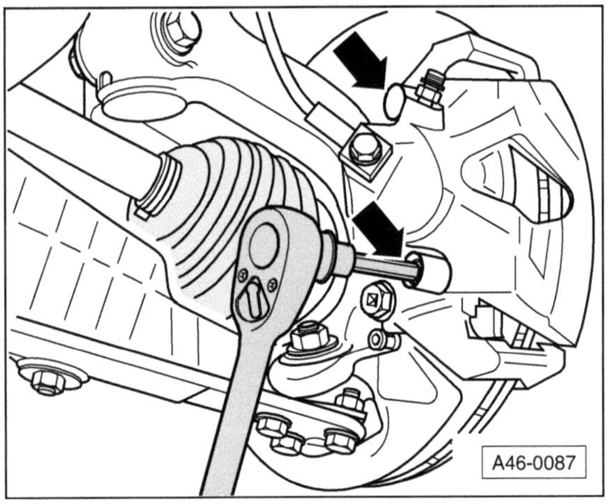

- Abdeckkappen aus den Lagerbuchsen des Bremssattels herausziehen und beide Führungsbolzen –Pfeile– aus dem Bremssattel herausdrehen.
- Bremssattel vom Bremssattelträger abnehmen und mit Draht am Aufbau aufhängen. **Achtung:** Bremssattel nicht einfach nach unten hängen lassen; der Bremsschlauch darf nicht auf Zug beansprucht oder verdreht werden.
- Bremsbeläge aus dem Bremssattel herausziehen.

Einbau

Achtung: Bei ausgebauten Bremsbelägen nicht auf das Bremspedal treten, sonst wird der Kolben aus dem Gehäuse herausgedrückt. In diesem Fall Bremssattel komplett ausbauen und Kolben in der Werkstatt einsetzen lassen.

- Vor Einbau der Beläge ist die Bremsscheibe durch Abtasten mit den Fingern auf Riefen zu untersuchen. Riefige Bremsscheiben können abgedreht werden (Werkstattarbeit), sofern sie noch eine ausreichende Dicke aufweisen. Grundsätzlich beide Bremsscheiben einer Achse auf gleiches Maß abdrehen lassen.
- Bremsscheibendicke messen, siehe entsprechendes Kapitel.

Achtung: Zum Reinigen der Bremse **ausschließlich** Spiritus verwenden. Führungsfläche beziehungsweise Sitz der Beläge im Gehäuseschacht mit einem Lappen reinigen. Keine scharfkantigen Werkzeuge verwenden. Besonders auf das Entfernen eventueller Klebefolienreste an den Anlageflächen der äußeren Bremsbeläge achten. Bremse nicht mit Druckluft ausblasen, der Bremsstaub ist gesundheitsschädlich und darf nicht eingeatmet werden.

- Staubkappe für Bremskolben auf Anrisse prüfen. Eine beschädigte Staubkappe umgehend ersetzen lassen, da eingedrungener Schmutz schnell zu Undichtigkeiten des Bremssattels führt. Der Bremssattel muss hierzu zerlegt werden (Werkstattarbeit).
- Bei hohem Bremsbelagverschleiß Leichtgängigkeit des Kolbens prüfen. Dazu einen Holzklotz in den Bremssattel einsetzen und durch Helfer langsam auf das Bremspedal treten lassen. Der Bremskolben muss sich leicht heraus- und hineindrücken lassen. Zur Prüfung muss der andere Bremssattel eingebaut sein. Darauf achten, dass der Bremskolben nicht ganz herausgedrückt wird. Angerosteten Bremskolben nur mit Bremsflüssigkeit oder Spiritus reinigen. Bei schwergängigem Kolben Bremssattel in der Werkstatt reparieren lassen oder ersetzen.

Achtung: Beim Zurückdrücken des Kolbens wird Bremsflüssigkeit aus dem Bremszylinder in den Vorratsbehälter gedrückt. Flüssigkeit im Behälter beobachten, eventuell Bremsflüssigkeit mit einem Saugheber absaugen.

Sicherheitshinweis
Zum Absaugen der Bremsflüssigkeit eine Entlüfter- oder Plastikflasche verwenden, die nur mit Bremsflüssigkeit in Berührung kommt. Keine Trinkflaschen verwenden! **Bremsflüssigkeit ist giftig und darf auf gar keinen Fall mit dem Mund über einen Schlauch abgesaugt werden. Saugheber verwenden.** Auch nach dem Belagwechsel darf die MAX-Marke am Bremsflüssigkeitsbehälter nicht überschritten werden, da sich die Flüssigkeit bei Erwärmung ausdehnt. Ausgelaufene Bremsflüssigkeit läuft am Hauptbremszylinder herunter, zerstört den Lack und führt zur Rostbildung.

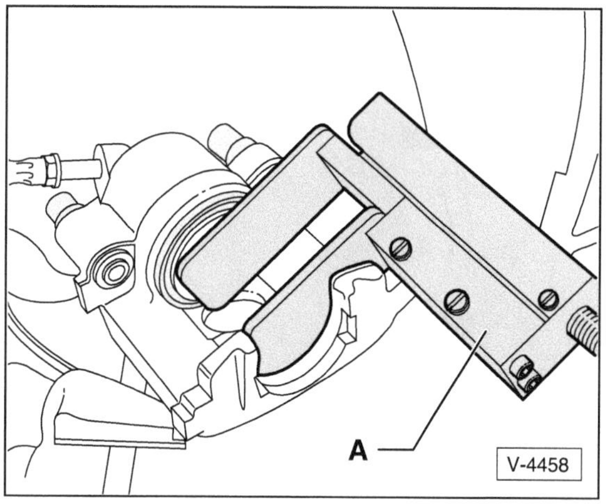

- Deckel des Bremsflüssigkeitsbehälters aufschrauben und Bremskolben mit Rücksetzwerkzeug –A–, zum Beispiel HAZET 4971-1 oder einem Hartholzstab, zurückdrücken.

Achtung: Darauf achten, dass der Kolben nicht verkantet wird und Kolbenfläche sowie Staubkappe nicht beschädigt werden. Beim Zurückdrücken des Kolbens wird Bremsflüssigkeit aus dem Bremszylinder in den Vorratsbehälter gedrückt. Flüssigkeit im Behälter beobachten, gegebenenfalls etwas Bremsflüssigkeit aus dem Vorratsbehälter mit einer Entlüfterflasche oder einem geeigneten Saugheber absaugen. Sonst kann, wenn zwischenzeitlich Bremsflüssigkeit nachgefüllt wurde, Bremsflüssigkeit auslaufen und umliegende Bauteile beschädigen.

- Vor dem Einsetzen neuer Bremsbeläge Bremse gründlich reinigen.
- Schutzfolie von der Rückenplatte des äußeren Bremsbelags abziehen und Bremsbelag auf den Bremssattelträger aufsetzen.

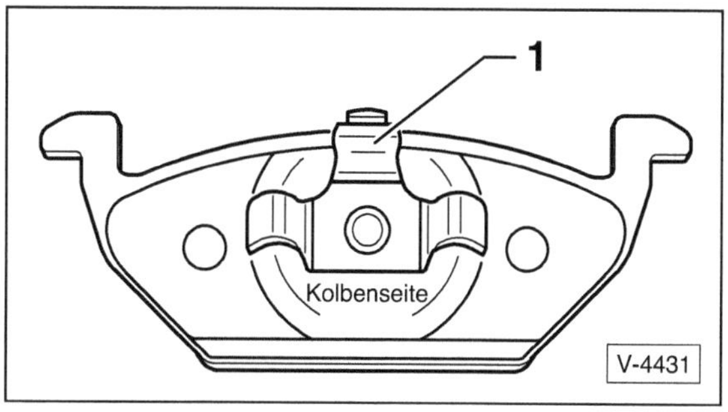

- Inneren Bremsbelag in den Bremssattel einsetzen, dabei Spreizclip –1– in den Bremskolben drücken.
- Bremssattel am Bremssattelträger ansetzen, dabei darauf achten, dass der äußere Bremsbelag nicht zu früh mit dem Bremssattel verklebt. Erst wenn der Bremssattel die richtige Einbaulage hat, diesen gegen den äußeren Bremsbelag schieben und verkleben.
- Beide Führungsbolzen für Bremssattel am Bremssattelträger einschrauben und mit **30 Nm** festziehen.
- Beide Abdeckkappen einsetzen.

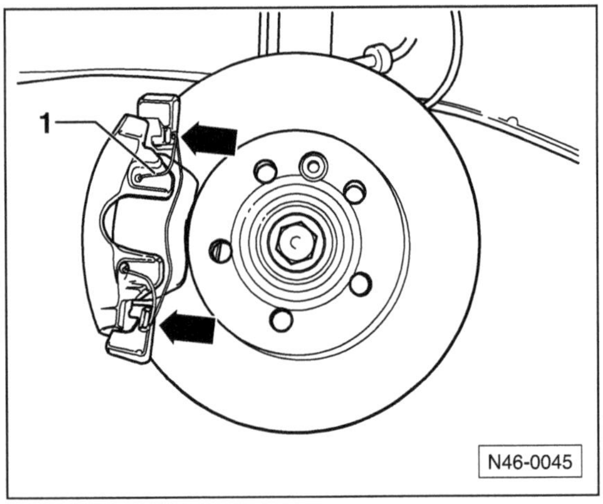

- Haltefeder –1– in den Bremssattel einsetzen. **Achtung:** Nach dem Einsetzen in die beiden Bohrungen muss die Haltefeder unter den Bremssattelträger gedrückt werden –Pfeile–. Bei fehlerhafter Montage stellt sich trotz Verschleiß der äußere Bremsbelag nicht nach, so dass sich der Pedalweg vergrößert.
- Stecker für Bremsbelag-Verschleißanzeige verbinden. Steckverbindung in den Halter einsetzen, um 90° (¼ Umdrehung) verdrehen und dadurch sichern.
- Reifen-Laufrichtung beachten, Rad über Kreuz mit **30 Nm** anschrauben, Fahrzeug ablassen, anschließend Radschrauben über Kreuz festziehen; bei **Frontantrieb** mit **140 Nm,** bei **Allradantrieb** mit **120 Nm**. **Achtung:** Unbedingt Hinweise im Kapitel »Rad aus- und einbauen« beachten.

Achtung: Bremspedal im Stand mehrmals kräftig niedertreten, bis fester Widerstand spürbar ist. Dadurch legen sich die Bremsbeläge an die Bremsscheiben an und nehmen einen dem Betriebszustand entsprechenden Sitz ein.

- Bremsflüssigkeit im Vorratsbehälter prüfen, gegebenenfalls bis zur MAX-Marke auffüllen. Deckel des Behälters festschrauben.
- Neue Bremsbeläge vorsichtig einbremsen, dazu Fahrzeug mehrmals von ca. 80 km/h auf 40 km/h mit geringem Pedaldruck abbremsen. Dazwischen Bremse etwas abkühlen lassen. Während einer Fahrtstrecke von rund 200 km sollten unnötige Vollbremsungen unterbleiben.

Hinweis: Bremsbeläge müssen in einigen Kommunen als Sondermüll entsorgt werden. Die örtlichen Behörden geben darüber Auskunft, ob auch eine Entsorgung über den hausmüllähnlichen Gewerbemüll zulässig ist.

Achtung, Sicherheitskontrolle durchführen:

- Sind die Bremsschläuche festgezogen?
- Befindet sich der Bremsschlauch in der Halterung?
- Sind die Entlüftungsschrauben angezogen?
- Ist genügend Bremsflüssigkeit eingefüllt?
- Bei laufendem Motor Dichtheitskontrolle durchführen. Hierzu Bremspedal mit 200 bis 300 N (entspricht 20 bis 30 kg) etwa 10 Sekunden betätigen. Das Bremspedal darf nicht nachgeben. Sämtliche Anschlüsse auf Dichtheit kontrollieren.
- Anschließend einige Sicherheitsbremsungen auf einer Straße ohne Verkehr durchführen.

Hinterrad-Scheibenbremse

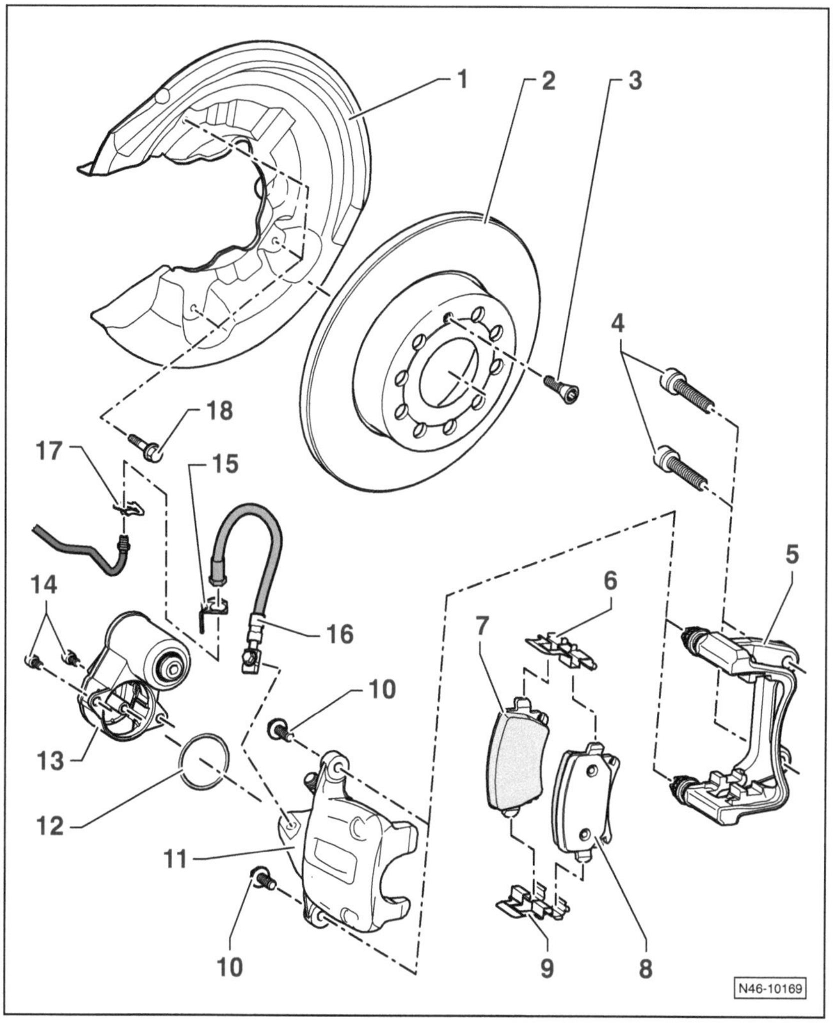

1 – **Abdeckblech**

2 – **Bremsscheibe**
Grundsätzlich achsweise ersetzen.

3 – **Innentorxschraube, 4 Nm**
Für Bremsscheibe.

4 – **Innenvielzahnschrauben,***
Anzugsmethode: **90 Nm + 90°**
Für Bremssattelträger.

5 – **Bremssattelträger**
Mit Führungsbolzen. Am Achsschenkel angeschraubt.

6 – **Belaghalteblech oben**
Bei Belagwechsel immer ersetzen.

7 – **Bremsbelag innen**
Bremsbeläge grundsätzlich achsweise ersetzen.

8 – **Bremsbelag außen**
Bremsbeläge grundsätzlich achsweise ersetzen.

9 – **Belaghalteblech unten**
Bei Belagwechsel immer ersetzen.

10 – **Schrauben*, 35 Nm**
Selbstsichernd. Für Bremssattel.

11 – **Bremssattel**

12 – **Dichtring**

13 – **Feststellmotor**

14 – **Innentorxschrauben, 12 Nm**

15 – **Halter**
Am Aggregateträger.

16 – **Bremsschlauch**
Mit Ringstutzen und Hohlschraube an Bremssattel: **35 Nm**.
An Bremsleitung: **14 Nm.**

17 – **Halteklammer**

18 – **Schraube, 12 Nm**

*) Nach jeder Demontage ersetzen.

Bremsbeläge hinten aus- und einbauen

Der TIGUAN ist mit einer **elektromechanischen Feststellbremse** ausgestattet. Dazu ist an den hinteren Bremssätteln jeweils ein Motor angebaut, der die Bremskolben vor- und zurückfährt.

Achtung: Für den Ausbau der Bremsbeläge schreibt VW vor, die Bremskolben mit den Feststellmotoren zurückzufahren. Dazu wird ein Diagnosegerät benötigt.

Es ist ebenso möglich, den Feststellmotor für den jeweiligen Bremssattel auszubauen und den Bremskolben mechanisch zurückzufahren, siehe entsprechendes Kapitel. Nach dem Einbau des Feststellmotors muss mit dem Diagnosegerät eine Grundeinstellung der Bremsanlage vorgenommen werden.

Ausbau

Achtung: Bremsbeläge sind Bestandteil der Allgemeinen Betriebserlaubnis (ABE) und vom Werk auf das jeweilige Modell abgestimmt. Deshalb dürfen nur die vom Automobilhersteller freigegebenen Bremsbeläge verwendet werden.

Achtung: Sollen die Bremsbeläge wieder verwendet werden, müssen sie beim Ausbau gekennzeichnet werden. Ein Wechsel der Beläge von der Außen- zur Innenseite und umgekehrt oder auch vom rechten zum linken Rad ist nicht zulässig. **Grundsätzlich alle Scheibenbremsbeläge an einer Achse gleichzeitig ersetzen, auch wenn nur ein Belag die Verschleißgrenze erreicht hat.**

- Feststellbremse lösen.
- Reifen-Laufrichtung mit Pfeil am Reifen markieren. Radschrauben lösen. Fahrzeug hinten aufbocken und Räder abnehmen. **Achtung:** Unbedingt Hinweise im Kapitel »Rad aus- und einbauen« beachten.

Sicherheitshinweis
Beim Aufbocken des Fahrzeugs besteht Unfallgefahr! Hinweise im Kapitel »Fahrzeug aufbocken« beachten.

Hinweis: Stecker an den Feststellmotoren **nicht** abziehen.

- Diagnosegerät am Diagnosestecker in der oberen Abdeckung im Fahrerfußraum anschließen.
- Bremskolben der Feststellbremse an den hinteren Bremsen zurückfahren. Dazu Diagnosegerät einschalten und Funktion zum Vor- und Zurückstellen der Bremskolben wählen.

Achtung: Beim Zurückstellen des Kolbens wird Bremsflüssigkeit aus dem Bremszylinder in den Bremsflüssigkeitsbehälter gedrückt. Flüssigkeit im Behälter beobachten, eventuell Bremsflüssigkeit mit einem Saugheber absaugen. Siehe Hinweise im Kapitel für die Vorderradbremse, Seite 170.

Hinweis: Falls das Diagnosegerät nicht zur Verfügung steht, Feststellmotor ausbauen und Feststellbremskolben mit einem Torx-Steckeinsatz manuell zurückfahren, siehe entsprechendes Kapitel.

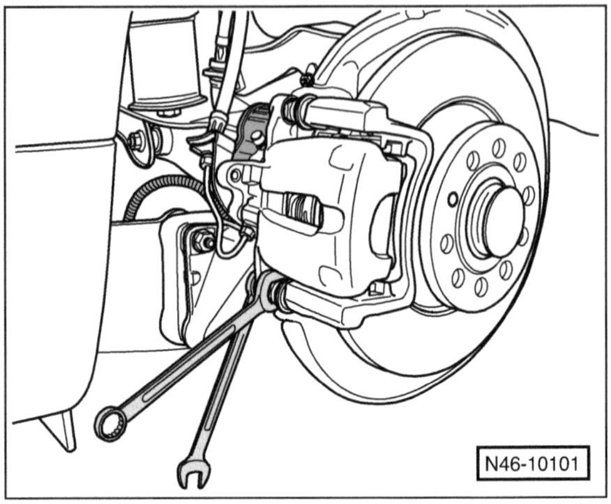

- Befestigungsschrauben für Bremssattel oben und unten herausdrehen, dabei am Führungsbolzen gegenhalten.
- Bremssattel vom Bremssattelträger abnehmen und mit angeschlossenem Bremsschlauch mit Draht am Aufbau aufhängen. **Achtung:** Bremssattel nicht einfach nach unten hängen lassen; der Bremsschlauch darf nicht auf Zug beansprucht oder verdreht werden.

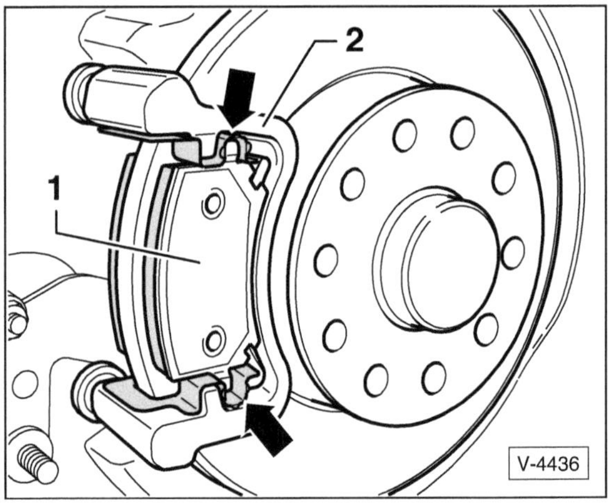

- Bremsbeläge –1– mit Belaghaltefedern –Pfeile– aus dem Bremssattelträger –2– herausnehmen.

Einbau

Achtung: Bei ausgebauten Bremsbelägen nicht auf das Bremspedal treten, sonst wird der Kolben aus dem Gehäuse herausgedrückt.

- Bremsscheibe auf Schäden und Verschleiß untersuchen. Bremssattel **ausschließlich** mit Spiritus reinigen. **Achtung:** Keine scharfkantigen Werkzeuge oder **Drahtbürste** verwenden. Siehe Anweisungen und Hinweise im Kapitel für die Vorderradbremse, Seite 170.
- Vor dem Einsetzen neuer Bremsbeläge hitzebeständiges Schmierfett, zum Beispiel Bremsen-Antiquietschpaste von Liqui Moly, dünn auf die Belagführungsflächen des Bremssattels auftragen.

- Schutzfolie von der Rückenplatte der Bremsbeläge abziehen.
- **Neue** Belaghaltefedern und **neue** Bremsbeläge im Bremssattelträger einsetzen. Dabei auf korrekten Sitz der Bremsbeläge in den Belaghaltefedern achten.
- Bremssattel aufsetzen. Dabei darauf achten, dass die Bremsbeläge nicht zu früh mit dem Bremssattel verkleben.
- Bremssattel mit **neuen, selbstsichernden** Schrauben und mit **35 Nm** festschrauben, dabei am Führungsbolzen gegenhalten. **Achtung: Im Reparatursatz sind selbstsichernde Schrauben enthalten, die in jedem Fall einzubauen sind.**
- Bremskolben der Feststellbremse vorfahren. Dazu am Diagnosegerät Funktion zum Vor- und Zurückstellen der Bremskolben wählen.
- Am Diagnosegerät Grundeinstellung der Bremsanlage durchführen. Dabei wird der Bremskolben auf die exakte Nullstellung gefahren und das vorgeschriebene Lüftspiel zwischen Bremsbelägen und Bremsscheibe wird eingestellt.

Hinweis: War der Feststellmotor ausgebaut, Feststellbremskolben mit einem Torx-Steckeinsatz manuell vorfahren, siehe entsprechendes Kapitel.

- Reifen-Laufrichtung beachten, Rad über Kreuz mit **30 Nm** anschrauben, Fahrzeug ablassen, anschließend Radschrauben über Kreuz festziehen; bei **Frontantrieb** mit **140 Nm,** bei **Allradantrieb** mit **120 Nm. Achtung:** Unbedingt Hinweise im Kapitel »Rad aus- und einbauen« beachten.
- Bremspedal im Stand mehrmals kräftig niedertreten, bis fester Widerstand spürbar ist. Dadurch legen sich die Bremsbeläge an die Bremsscheiben an.
- Bremsflüssigkeit im Bremsflüssigkeitsbehälter prüfen, gegebenenfalls bis zur MAX-Marke auffüllen.
- **Neue** Bremsbeläge vorsichtig einbremsen, dazu Fahrzeug mehrmals von ca. 80 km/h auf 40 km/h mit geringem Pedaldruck abbremsen. Dazwischen Bremse etwas abkühlen lassen. Während einer Fahrtstrecke von rund 200 km sollten unnötige Vollbremsungen unterbleiben.

Hinweis: Bremsbeläge müssen in einigen Kommunen als Sondermüll entsorgt werden. Die örtlichen Behörden geben darüber Auskunft, ob auch eine Entsorgung über den hausmüllähnlichen Gewerbemüll zulässig ist.

Achtung, Sicherheitskontrolle durchführen:

- Sind die Bremsschläuche festgezogen?
- Befindet sich der Bremsschlauch in der Halterung?
- Sind die Entlüftungsschrauben angezogen?
- Ist genügend Bremsflüssigkeit eingefüllt?
- Bei laufendem Motor Dichtheitskontrolle durchführen. Hierzu Bremspedal mit 200 bis 300 N (entspricht 20 bis 30 kg) etwa 10 Sekunden betätigen. Das Bremspedal darf nicht nachgeben. Sämtliche Anschlüsse auf Dichtheit kontrollieren.
- Anschließend einige Sicherheitsbremsungen auf einer Straße ohne Verkehr durchführen.

Feststellmotor am Bremssattel hinten aus- und einbauen

Achtung: Nach dem Einbau des Feststellmotors muss dieser über ein Diagnosegerät justiert werden.

Ausbau

- Zündung ausschalten, Zündschlüssel abziehen. Bis zur Fortsetzung der Arbeiten mindestens 30 Sekunden warten.
- Fahrzeug hinten aufbocken.

Sicherheitshinweis
Beim Aufbocken des Fahrzeugs besteht Unfallgefahr! Hinweise im Kapitel »Fahrzeug aufbocken« beachten.

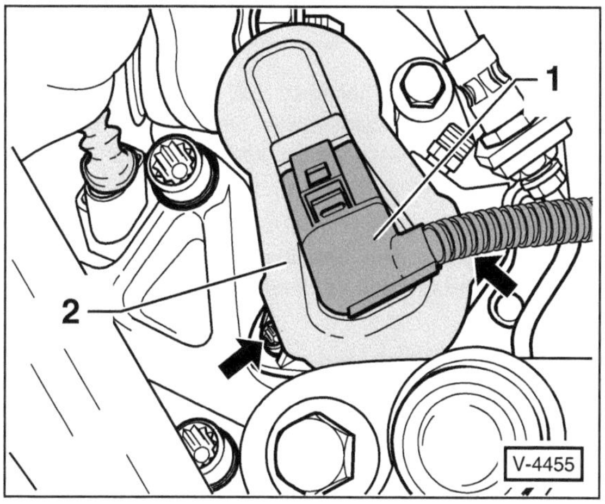

- Stecker –1– entriegeln und vom Feststellmotor –2– abziehen.
- 2 Schrauben –Pfeile– herausdrehen und Feststellmotor –2– vom Bremssattel abnehmen.

Einbau

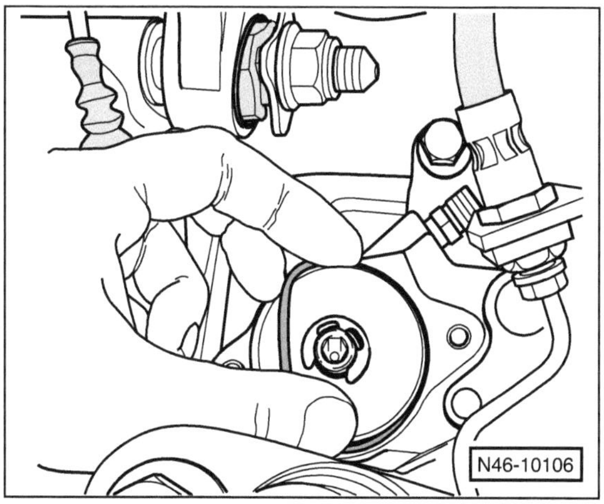

- Dichtring an der Anlagefläche des Stellmotors aus der Nut nehmen.

- Nut für Dichtring und Anlagefläche des Stellmotors reinigen. **Achtung:** Nut und Anlagefläche nicht beschädigen.
- **Neuen** Dichtring in die Nut einlegen.

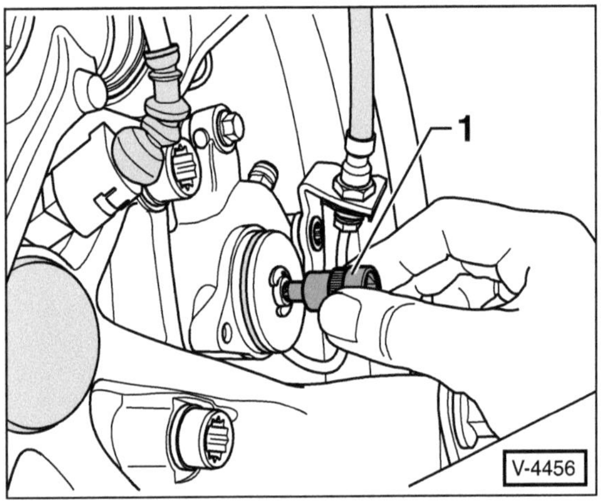

- Mit einem Innenvielzahneinsatz SW-8 –1– die Spindel des Feststellbremskolbens etwas zurückdrehen, bis der Feststellmotor angesetzt werden kann. Dabei auf korrekten Sitz des Dichtrings achten.
- Feststellmotor vorsichtig ansetzen, dabei auf den Sitz des Dichtringes achten. **Der Dichtring darf sich während der Montage des Feststellmotors nicht herausdrehen.**
- Feststellmotor so weit verdrehen, bis die Schrauben in die Gewindebohrungen greifen können.

Achtung: Der Feststellmotor muss bündig am Bremssattel anliegen und darf nicht durch die Schrauben gegen den Bremssattel gezogen werden.

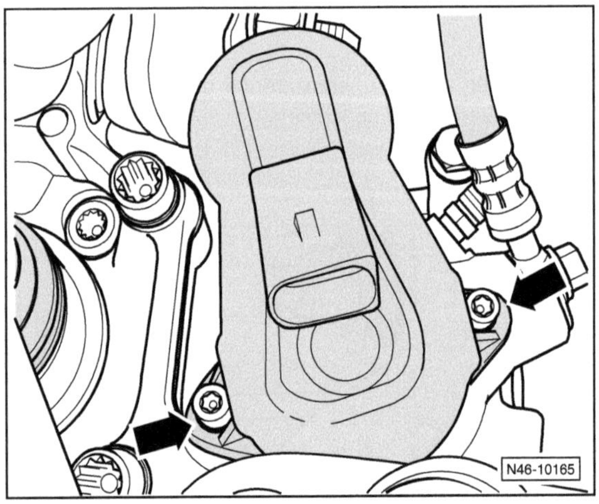

- Schrauben –Pfeile– von Hand ansetzen und mit **12 Nm** festziehen.
- Stecker am Feststellmotor aufschieben und einrasten.
- Mit dem Diagnosegerät Grundeinstellung der Bremsanlage durchführen. Dabei wird der Bremskolben auf die exakte Nullstellung gefahren und das vorgeschriebene Lüftspiel zwischen Bremsbelägen und Bremsscheibe wird eingestellt.
- Fahrzeug ablassen.

Bremsscheibendicke prüfen

Prüfen

- Reifen-Laufrichtung mit Pfeil am Reifen markieren. Radschrauben lösen. Fahrzeug aufbocken und Räder abnehmen.

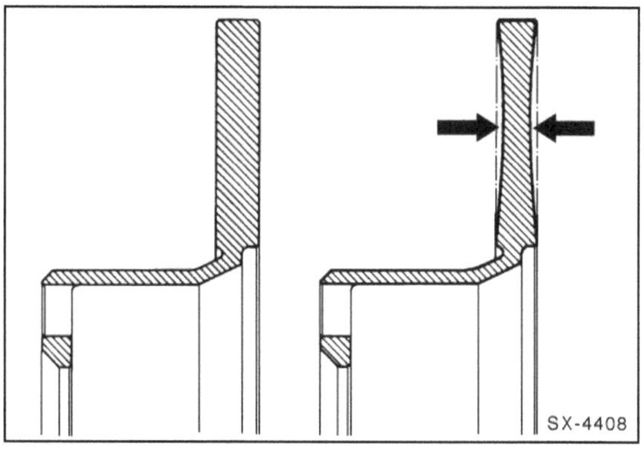

SX-4408

- Bremsscheibendicke immer an der dünnsten Stelle –Pfeile– messen. Die Werkstatt benutzt dazu einen speziellen Messschieber oder eine Mikrometer-Bügelmessschraube, da sich durch die Abnutzung der Bremsscheibe ein Rand bildet. Man kann die Bremsscheibendicke auch mit einer normalen Schieblehre messen, allerdings muss dann auf jeder Seite der Bremsscheibe eine entsprechend starke Unterlage zwischengelegt werden (beispielsweise 2 Münzen). Um das exakte Maß der Bremsscheibendicke zu ermitteln, müssen von dem gemessenen Wert die Dicke der Münzen beziehungsweise der Unterlage abgezogen werden. **Achtung:** Messung an mehreren Punkten der Bremsscheibe vornehmen.
- Soll- und Verschleißwerte für Bremsscheibe, siehe »Technische Daten Bremsanlage«.
- Wird die Verschleißgrenze erreicht, Bremsscheibe erneuern.
- Bei größeren Rissen oder bei Riefen, die tiefer als 0,5 mm sind, Bremsscheibe erneuern, siehe entsprechendes Kapitel.
- Reifen-Laufrichtung beachten, Rad über Kreuz mit **30 Nm** anschrauben, Fahrzeug ablassen, anschließend Radschrauben über Kreuz festziehen; bei **Frontantrieb** mit **140 Nm,** bei **Allradantrieb** mit **120 Nm. Achtung:** Unbedingt Hinweise im Kapitel »Rad aus- und einbauen« beachten.

Bremsscheibe aus- und einbauen

Bremsscheiben erneuern, wenn sie korrodiert sind oder die Verschleißgrenze erreicht haben.

Um beidseitig eine gleichmäßige Verzögerung sicherzustellen, müssen alle Bremsscheiben die gleiche Oberfläche bezüglich Schliffbild und Rautiefe aufweisen. Deshalb **grundsätzlich beide** Bremsscheiben einer Achse ersetzen, beziehungsweise abdrehen lassen.

Achtung: Wenn die Bremsscheiben ersetzt oder abgedreht werden, müssen gleichzeitig auch neue Bremsbeläge eingebaut werden.

Korrodierte Bremsscheiben erzeugen beim Abbremsen einen Rubbeleffekt, der sich auch durch längeres Bremsen nicht beseitigen lässt. In diesem Fall müssen die Bremsscheiben erneuert werden.

Ausbau

> **Sicherheitshinweis**
> Beim Aufbocken des Fahrzeugs besteht Unfallgefahr! Deshalb vorher das Kapitel »Fahrzeug aufbocken« durchlesen.

- Reifen-Laufrichtung mit Pfeil am Reifen markieren. Radschrauben lösen. Fahrzeug aufbocken und Räder abnehmen.
- Zündung ausschalten, Zündschlüssel abziehen. Bei der Hinterradbremse bis zur Fortsetzung der Arbeiten mindestens 30 Sekunden warten.
- Bremssattelträger mit Bremssattel und Bremsbelägen abschrauben, siehe Detailübersichtsabbildungen der Bremsanlage.
- Bremsschlauch nicht abbauen, Stecker von der Feststellbremse nicht abziehen.
- Um ein Herausgleiten des Bremskolbens zu verhindern, Holzstück zwischen Bremskolben und Bremssattel klemmen.
- Bremssattel mit Drahthaken so am Aufbau oder an der Schraubenfeder aufhängen, dass der Bremsschlauch nicht verdreht oder auf Zug beansprucht wird.
- Sicherungsschraube für Bremsscheiben-Befestigung herausdrehen, siehe Detailübersichtsabbildungen der Bremsanlage.
- Bremsscheibe abnehmen.

Achtung: Die Bremsscheibe darf nicht durch Gewaltanwendung (Hammerschläge) von der Radnabe getrennt werden, um Schäden an der Bremsscheibe zu vermeiden. Stattdessen handelsüblichen Rostlöser anwenden. Falls der Ausbau nur durch kräftige Hammerschläge möglich ist, aus Sicherheitsgründen Bremsscheibe und Radlager erneuern. Auch wenn ein Abzieher verwendet wird, Bremsscheibe erneuern.

Einbau

Die Werkstatt kann die Bremsscheibe auf Schlag prüfen. Maximaler Scheibenschlag an der Bremsfläche gemessen: 0,05 mm. Maximal zulässige Dickentoleranz: 0,01 mm.

- Bremsscheibendicke messen, siehe entsprechendes Kapitel.
- Falls vorhanden, Rost am Flansch der Bremsscheibe und der Radnabe entfernen.
- Neue Bremsscheibe mit Verdünnung vom Schutzlack reinigen.
- Bremsscheibe auf Radnabe aufsetzen, Sicherungsschraube eindrehen und mit **4 Nm** festziehen.
- Bremssattelträger mit Bremssattel und Bremsbelägen ansetzen und festschrauben, siehe Detailübersichtsabbildungen der Bremsanlage.
- Reifen-Laufrichtung beachten, Rad über Kreuz mit **30 Nm** anschrauben, Fahrzeug ablassen, anschließend Radschrauben über Kreuz festziehen; bei **Frontantrieb** mit **140 Nm,** bei **Allradantrieb** mit **120 Nm**. **Achtung:** Unbedingt Hinweise im Kapitel »Rad aus- und einbauen« beachten.

Achtung: Bremspedal im Stand mehrmals kräftig niedertreten, bis fester Widerstand spürbar ist.

- Bremsflüssigkeitsstand im Bremsflüssigkeitsbehälter prüfen, gegebenenfalls auffüllen.
- Gegebenenfalls Grundeinstellung der Feststellbremse durchführen lassen.

Achtung, Sicherheitskontrolle durchführen:

- Sind die Bremsschläuche festgezogen?
- Befindet sich der Bremsschlauch in der Halterung?
- Sind die Entlüftungsschrauben angezogen?
- Ist genügend Bremsflüssigkeit eingefüllt?
- Bei laufendem Motor Dichtheitskontrolle durchführen. Hierzu Bremspedal mit 200 bis 300 N (entspricht 20 bis 30 kg) etwa 10 Sekunden betätigen. Das Bremspedal darf nicht nachgeben. Sämtliche Anschlüsse auf Dichtheit kontrollieren.

- Neue Bremsscheiben vorsichtig einbremsen, dazu Fahrzeug mehrmals von ca. 80 km/h auf 40 km/h mit geringem Pedaldruck abbremsen. Dazwischen Bremse etwas abkühlen lassen.

Bremslichtschalter aus- und einbauen

Der Bremslichtschalter sitzt am Hauptbremszylinder vor dem Bremskraftverstärker. Beim Betätigen des Bremspedals verschiebt die Druckstange im Hauptbremszylinder den Kolben. Ein am Kolben angebrachter Magnetring steuert über einen Hallgeber den Schalter an. Der Bremslichtschalter erzeugt dabei eine Schaltspannung für das Bordnetz- und das Motor-Steuergerät.

Über den Bremslichtschalter wird das Bremslicht eingeschaltet. Außerdem dient der Bremslichtschalter dem ABS/EDS/GRA-Steuergerät als Signalgeber für den Beginn eines Bremsvorganges. Daher ist eine korrekte Funktion und Einstellung des Bremslichtschalters äußerst wichtig.

Ausbau

- Batterie und Batterieträger ausbauen, siehe Seite 72/73.
- Je nach Motor, Ansaugschlauch und Luftfiltergehäuse ausbauen, siehe Seite 59.

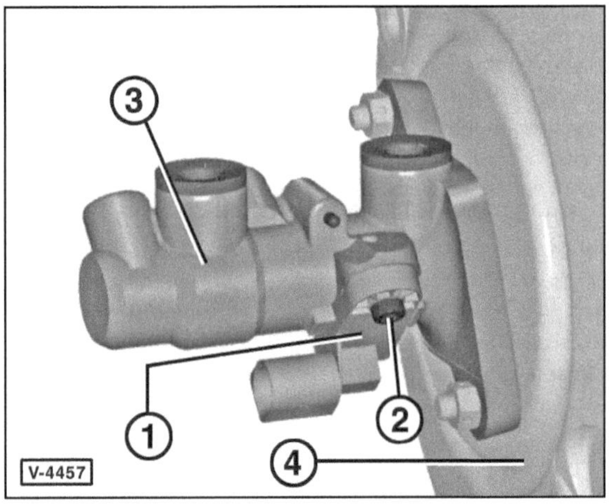

- Stecker vom Bremslichtschalter –1– abziehen.
- Schraube –2– herausdrehen und Bremslichtschalter vom Hauptbremszylinder –3– abnehmen. Dabei Bremslichtschalter unten ausrasten. 4 – Bremskraftverstärker.

Einbau

- Der Einbau erfolgt in umgekehrter Ausbaureihenfolge. Dabei Schraube mit **8 Nm** festziehen.

Bremsanlage entlüften

Beim Umgang mit Bremsflüssigkeit sind folgende Hinweise zu beachten:

Sicherheitshinweis
Bremsflüssigkeit ist giftig. Keinesfalls Bremsflüssigkeit mit dem Mund über einen Schlauch absaugen. Bremsflüssigkeit nur in Behälter füllen, bei denen ein versehentlicher Genuss ausgeschlossen ist.

- Bremsflüssigkeit ist ätzend und darf deshalb nicht mit dem Autolack in Berührung kommen, gegebenenfalls Bremsflüssigkeit sofort abwischen und mit viel Wasser abwaschen.
- Bremsflüssigkeit ist hygroskopisch, das heißt, sie nimmt aus der Luft Feuchtigkeit auf. Bremsflüssigkeit deshalb nur in geschlossenen Behältern aufbewahren.
- **Bremsflüssigkeit, die schon einmal im Bremssystem verwendet wurde, darf nicht wieder verwendet werden. Auch beim Entlüften der Bremsanlage nur neue Bremsflüssigkeit verwenden.**
- Bremsflüssigkeits-Spezifikation: **VW 501 14.**
- **Bremsflüssigkeit darf nicht mit Mineralöl in Berührung kommen.** Schon geringe Spuren von Mineralöl machen die Bremsflüssigkeit unbrauchbar, beziehungsweise führen zum Ausfall des Bremssystems. Stopfen und Manschetten der Bremsanlage werden beschädigt, wenn sie mit mineralölhaltigen Mitteln zusammenkommen. Zum Reinigen keine mineralölhaltigen Putzlappen verwenden.
- Bremsflüssigkeit erstmalig nach 3 Jahren, dann **alle 2 Jahre wechseln**, möglichst nach der kalten Jahreszeit.

Achtung: Bremsflüssigkeit ist ein Problemstoff und darf auf keinen Fall einfach weggeschüttet oder dem Hausmüll mitgegeben werden. Gemeinde- und Stadtverwaltungen informieren darüber, wo sich die nächste Problemstoff-Sammelstelle befindet.

Entlüften

Nach jeder Reparatur an der Bremse, bei der die Bremsanlage geöffnet wurde, kann Luft in die Druckleitungen eingedrungen sein. Dann muss das Bremssystem entlüftet werden. Luft ist auch dann in den Leitungen, wenn sich beim Treten des Bremspedals der Bremsdruck schwammig anfühlt. In diesem Fall muss die Undichtigkeit beseitigt und die Bremsanlage entlüftet werden.

In der Werkstatt wird die Bremse in der Regel mit einem Bremsentlüftungsgerät entlüftet. Im Normalfall geht es auch ohne das Bremsentlüftungsgerät. Die Bremsanlage wird dann durch Pumpen mit dem Bremspedal entlüftet, dazu ist eine zweite Person notwendig.

Muss die ganze Anlage entlüftet werden, jede Radbremse einzeln und den Kupplungsnehmerzylinder entlüften. Das ist immer dann der Fall, wenn Luft in jeden einzelnen Bremszylinder gedrungen ist. Falls nur ein Bremssattel erneuert bzw. überholt wurde, genügt in der Regel das Entlüften des betreffenden Bremszylinders.

Sicherheitshinweis
Ist eine Kammer des Bremsflüssigkeitbehälters komplett leergelaufen (zum Beispiel bei Undichtigkeiten im Bremssystem oder wenn beim Entlüften vergessen wurde, Bremsflüssigkeit nachzufüllen), wird Luft angesaugt, die in die ABS-Hydraulikpumpe gelangt. **Die Bremsanlage muss dann in der Werkstatt mit dem Diagnose- und Entlüftungsgerät vorentlüftet werden.** Außerdem muss eine Grundeinstellung der Hydraulikeinheit durchgeführt werden.

Die Reihenfolge der Entlüftung:
1. Bremssattel vorn links,
2. Bremssattel vorn rechts,
3. Bremssattel hinten links,
4. Bremssattel hinten rechts.

- Fahrzeug aufbocken.
- Reifen-Laufrichtung mit Pfeil am Reifen markieren. Radschrauben lösen. Fahrzeug aufbocken und Räder abnehmen.
- Bremsflüssigkeitsbehälter bis MAX-Markierung auffüllen.

Achtung: Entlüfterventile reinigen und vorsichtig öffnen, damit sie nicht abgedreht werden. Es empfiehlt sich, die Ventile ca. 1 Stunde vor dem Entlüften mit Rostlöser einzusprühen. Bei festsitzenden Ventilen das Entlüften von einer Werkstatt durchführen lassen.

Achtung: Während des Entlüftens den Bremsflüssigkeitsbehälter beobachten. Der Flüssigkeitsspiegel darf nicht zu weit sinken, sonst wird über den Bremsflüssigkeitsbehälter Luft angesaugt. **Immer nur neue Bremsflüssigkeit nachgießen!**

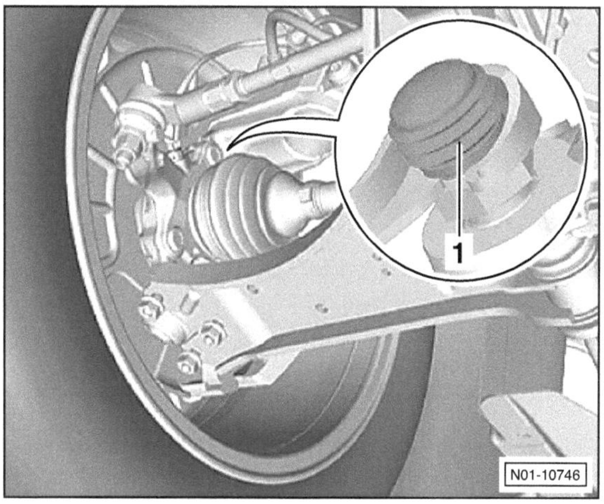

- Staubkappe –1– vom Entlüfterventil des Bremszylinders abnehmen.

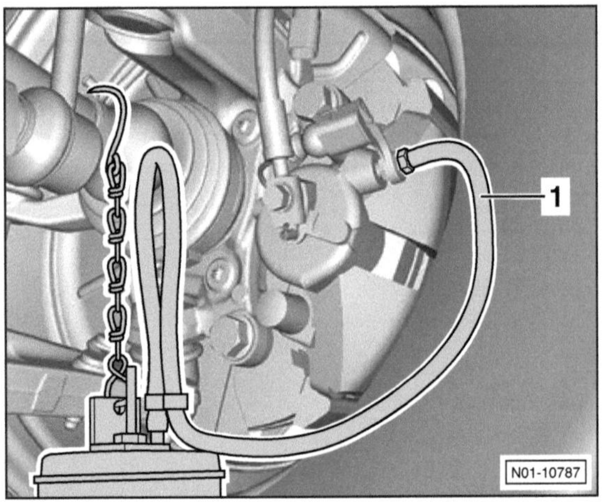

- Entlüfterventil reinigen, sauberen Schlauch –1– aufstecken, anderes Schlauchende in eine mit Bremsflüssigkeit halbvoll gefüllte Flasche stecken. **Achtung:** Der Schlauch muss straff auf dem Entlüftungsventil sitzen, damit keine Luft in die Bremsanlage eindringen kann. **Hinweis:** Einen geeigneten Schlauch und ein passendes Gefäß gibt es im Autozubehör-Handel.
- Von einem Helfer Bremspedal so oft niedertreten lassen, »pumpen«, bis sich im Bremssystem Druck aufgebaut hat – zu spüren am wachsenden Widerstand beim Betätigen des Pedals.
- Ist genügend Druck vorhanden, Bremspedal ganz durchtreten und Fuß auf dem Bremspedal halten.

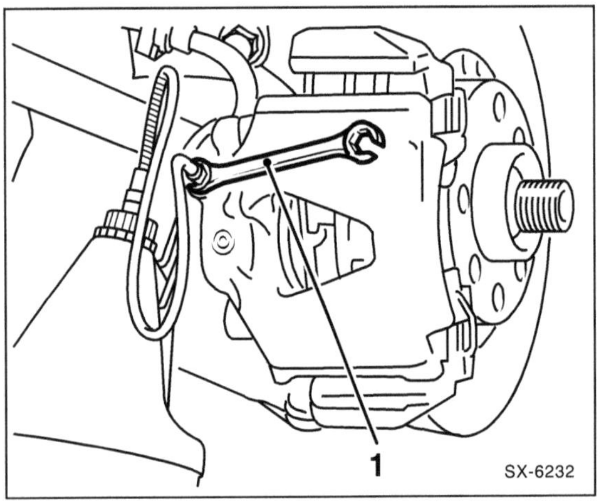

- Entlüfterventil am Bremssattel etwa ½ Umdrehung mit einem Ringschlüssel –1– öffnen. Zum Öffnen der Ventile gibt es spezielle Entlüftungsschlüssel, zum Beispiel HAZET 4968. Ausfließende Bremsflüssigkeit in der Flasche sammeln.
- Ausfließende Bremsflüssigkeit in der Flasche sammeln. Darauf achten, dass sich das Schlauchende in der Flasche ständig unterhalb des Flüssigkeitsspiegels befindet und dass die Flasche über dem Bremssattel steht.
- Sobald der Flüssigkeitsdruck nachlässt, Entlüfterventil bei weiterhin niedergetretenem Bremspedal schließen.
- Pumpvorgang wiederholen, bis sich Druck aufgebaut hat. Bremspedal niedertreten, Fuß auf dem Bremspedal lassen, Entlüfterventil öffnen, bis der Druck nachlässt. Entlüfterventil schließen.
- Entlüftungsvorgang an einem Bremszylinder so oft wiederholen, bis sich in der Bremsflüssigkeit, die in die Entlüfterflasche strömt, keine Luftblasen mehr zeigen.
- Nach dem Entlüften Schlauch vom Entlüfterventil abziehen, Entlüfterventil mit **10 Nm** festziehen und Staubkappe auf Ventil stecken.
- Die Bremszylinder an den anderen Rädern auf die gleiche Weise entlüften, dabei Reihenfolge einhalten.
- Nach dem Entlüften den Bremsflüssigkeitsbehälter bis zur MAX-Markierung auffüllen.
- Reifen-Laufrichtung beachten, Rad über Kreuz mit **30 Nm** anschrauben, Fahrzeug ablassen, anschließend Radschrauben über Kreuz festziehen; bei **Frontantrieb** mit **140 Nm,** bei **Allradantrieb** mit **120 Nm**. **Achtung:** Unbedingt Hinweise im Kapitel »Rad aus- und einbauen« beachten.

Achtung, Sicherheitskontrolle durchführen:
- Sind die Entlüftungsschrauben angezogen?
- Ist genügend Bremsflüssigkeit eingefüllt?
- Bei laufendem Motor Dichtheitskontrolle durchführen. Hierzu Bremspedal mit 200 bis 300 N (entspricht 20 bis 30 kg) etwa 10 Sekunden betätigen. Das Bremspedal darf nicht nachgeben. Sämtliche Anschlüsse auf Dichtheit kontrollieren.

- Nach dem Entlüften darf sich beim Treten auf das Bremspedal der Druck nicht schwammig anfühlen. Falls doch, Anlage nochmals entlüften. Dabei an jedem Bremssattel den Entlüftungsvorgang 5-mal durchführen.
- Anschließend einige Bremsungen auf einer Straße ohne Verkehr durchführen. Dabei sollte mindestens einmal die Bremsregelung des ABS-Systems geprüft werden, beispielsweise auf losem Untergrund. Dazu Bremse stark betätigen, bis am spürbaren Pulsieren des Bremspedals der Beginn der Bremsregelung erkennbar ist.

Achtung: Falls der Bremspedalweg nach der Probefahrt zu groß ist, obwohl er direkt nach dem Entlüften in Ordnung war, dann ist möglicherweise Luft in der ABS-Hydraulikeinheit. In diesem Fall Bremsanlage umgehend in der Fachwerkstatt entlüften lassen.

Hinweise zum Entlüften mit dem Bremsentlüftungsgerät

- Verschlussdeckel vom Bremsflüssigkeitsbehälter abschrauben und Entlüftungsgerät über einen Adapter am Bremsflüssigkeitsbehälter anschließen.
- Im Bremssystem einen Arbeitsdruck von 2 bar einstellen.
- **Fahrzeuge mit ABS/EDS:** Bremsanlage **vorentlüften**, wenn eine Kammer des Bremsflüssigkeitsbehälters leer gelaufen ist. Zunächst vordere Bremssättel gleichzeitig entlüften, anschließend hintere Bremssättel. Dazu Schläuche an beide Entlüfterventile aufstecken, Ventile öffnen und Flüssigkeit ausströmen lassen, bis sich keine Luftblasen mehr zeigen. Anschließend Ventile schließen. Zuletzt Grundeinstellung durch ein Testgerät einleiten und Bremsanlage nochmals entlüften.
- **Alle Fahrzeuge:** In der angegebenen Reihenfolge jeden Bremszylinder einzeln entlüften. Dazu Schlauch am Entlüfterventil aufstecken, Ventil öffnen und Flüssigkeit ausströmen lassen, bis sich keine Luftblasen mehr zeigen. Anschließend Ventil schließen.
- Nach dem Entlüften Adapter und Entlüftungsgerät abbauen, dabei darauf achten, dass der Bremsflüssigkeitsbehälter unter Druck steht.
- Jeden Bremssattel 5-mal nach der konventionellen Methode ohne Entlüftungsgerät **nachentlüften**.

Störungsdiagnose Bremse

Störung	Ursache	Abhilfe
Leerweg des Bremspedals zu groß.	Ein Bremskreis ausgefallen.	■ Bremskreise auf Flüssigkeitsverlust prüfen.
Bremspedal lässt sich weit und federnd durchtreten.	Luft im Bremssystem.	■ Bremse entlüften.
	Zu wenig Bremsflüssigkeit im Bremsflüssigkeitsbehälter.	■ Neue Bremsflüssigkeit nachfüllen. Bremse entlüften.
	Dampfblasenbildung. Tritt meist nach starker Beanspruchung auf, z. B. Passabfahrt.	■ Bremsflüssigkeit wechseln. Bremse entlüften.
Bremswirkung lässt nach, und Bremspedal lässt sich durchtreten.	Undichte Leitung.	■ Leitungsanschlüsse nachziehen oder Leitung erneuern. Bremsanlage in der Werkstatt prüfen lassen.
Schlechte Bremswirkung trotz hohen Fußdrucks.	Bremsbeläge verölt.	■ Bremsbeläge erneuern.
	Ungeeigneter oder verhärteter Bremsbelag.	■ Beläge erneuern. Nur vom Automobilhersteller freigegebene Bremsbeläge verwenden.
	Bremsbeläge abgenutzt.	■ Bremsbeläge erneuern.
	Bremskraftverstärker defekt, Unterdruckleitung porös, defekt.	■ Bremskraftverstärker und Unterdruckleitung prüfen.
Bremse zieht einseitig.	Unvorschriftsmäßiger Reifendruck.	■ Reifendruck prüfen und berichtigen.
	Bereifung ungleichmäßig abgefahren.	■ Abgefahrene Reifen ersetzen.
	Bremsbeläge verölt.	■ Bremsbeläge erneuern.
	Verschiedene Bremsbelagsorten auf einer Achse.	■ Beläge erneuern. Nur vom Automobilhersteller freigegebene Bremsbeläge verwenden.
	Schlechtes Tragbild der Bremsbeläge.	■ Bremsbeläge austauschen.
	Verschmutzte Bremssattelschächte.	■ Sitz- und Führungsflächen der Bremsbeläge im Bremssattel reinigen.
	Korrosion in den Bremssattelzylindern.	■ Bremssattel erneuern.
	Bremsbelag ungleichmäßig verschlissen.	■ Bremsbeläge erneuern (an beiden Rädern), Bremssättel auf Leichtgängigkeit prüfen.
Bremse zieht von selbst an.	Hauptbremszylinder defekt.	■ Hauptbremszylinder ersetzen.
Bremsen erhitzen sich während der Fahrt.	Bremse schwergängig.	■ Bewegliche Teile der Bremse schmieren. Bremssattel überholen lassen (Werkstattarbeit).
	Bremsschlauch innen aufgequollen, dicht.	■ Bremsschlauch erneuern.
	Korrosion in den Bremsattelzylindern.	■ Bremssattel erneuern.
Bremsen rattern.	Ungeeigneter Bremsbelag.	■ Beläge erneuern. Nur vom Automobilhersteller freigegebene Bremsbeläge verwenden.
	Bremsscheibe stellenweise korrodiert.	■ Scheibe mit Schleifklötzen sorgfältig glätten.
	Bremsscheibe hat Seitenschlag.	■ Scheibe nacharbeiten oder ersetzen.

Störung	Ursache	Abhilfe
Räder lassen sich schwer von Hand drehen.	Bremsbeläge lösen sich nicht von der Bremsscheibe, Korrosion in den Bremssattelzylindern.	■ Bremssattel überholen, eventuell austauschen.
Ungleichmäßiger Belag-Verschleiß.	Ungeeigneter Bremsbelag.	■ Beläge erneuern.
	Bremssattel verschmutzt.	■ Bremssattelschächte reinigen.
	Bremssattel klemmt.	■ Führungsbuchsen und -stifte gangbar machen.
	Kolben nicht leichtgängig.	■ Kolben gangbar machen (Werkstattarbeit).
	Bremssystem undicht.	■ Bremssystem auf Dichtigkeit prüfen.
Keilförmiger Bremsbelag-Verschleiß.	Bremsscheibe läuft nicht parallel zum Bremssattel.	■ Anlagefläche des Bremssattels prüfen.
	Korrosion in den Bremssätteln.	■ Verschmutzung beseitigen oder Bremssattel erneuern.
Bremsbeläge lösen sich nicht von der Bremsscheibe, Räder lassen sich schwer von Hand drehen.	Korrosion in den Bremssattelzylindern.	■ Bremssattel überholen, eventuell austauschen.
	Bremsschlauch innen aufgequollen, dicht.	■ Bremsschlauch erneuern.
Bremse quietscht.	Oft auf atmosphärische Einflüsse (Luftfeuchtigkeit) zurückzuführen.	■ Keine Abhilfe erforderlich, wenn Quietschen nach längerem Stillstand des Wagens bei hoher Luftfeuchtigkeit auftritt, sich dann aber nach den ersten Bremsungen nicht wiederholt.
	Ungeeigneter Bremsbelag.	■ Beläge erneuern. Rückenplatte mit Anti-Quietsch-Paste bestreichen.
	Bremsscheibe läuft nicht parallel zum Bremssattel.	■ Anlagefläche des Bremssattels prüfen.
	Verschmutzte Schächte im Bremssattel.	■ Bremssattelschächte reinigen.
Bremse pulsiert.	ABS bei Vollbremsung in Funktion.	■ Normal, keine Abhilfe.
	Seitenschlag oder Dickentoleranz der Bremsscheibe zu groß.	■ Schlag und Toleranz prüfen. Scheibe nacharbeiten oder ersetzen.
	Bremsscheibe läuft nicht parallel zum Bremssattel.	■ Anlagefläche des Bremssattels prüfen.
ABS-Kontrollleuchte leuchtet während der Fahrt.	Betriebsspannung zu niedrig (unter ca. 10 Volt).	■ Batteriespannung prüfen. Prüfen, ob Kontrolllampe für Generator nach dem Motorstart erlischt, andernfalls Keilrippenriemen und Generator prüfen. ■ Hinweise zu ABS/ESP/EDS beachten.
	ABS-Anlage defekt.	■ ABS-Anlage in der Fachwerkstatt prüfen lassen.

Motor-Mechanik

Aus dem Inhalt:

- **Keilrippenriemenausbau**
- **Kühlmittelregler**
- **Motor-Kühlung**
- **Kühler ausbauen**

Keilrippenriemen – Detailübersicht

2,0-l-TSI-Benzinmotor 125 kW

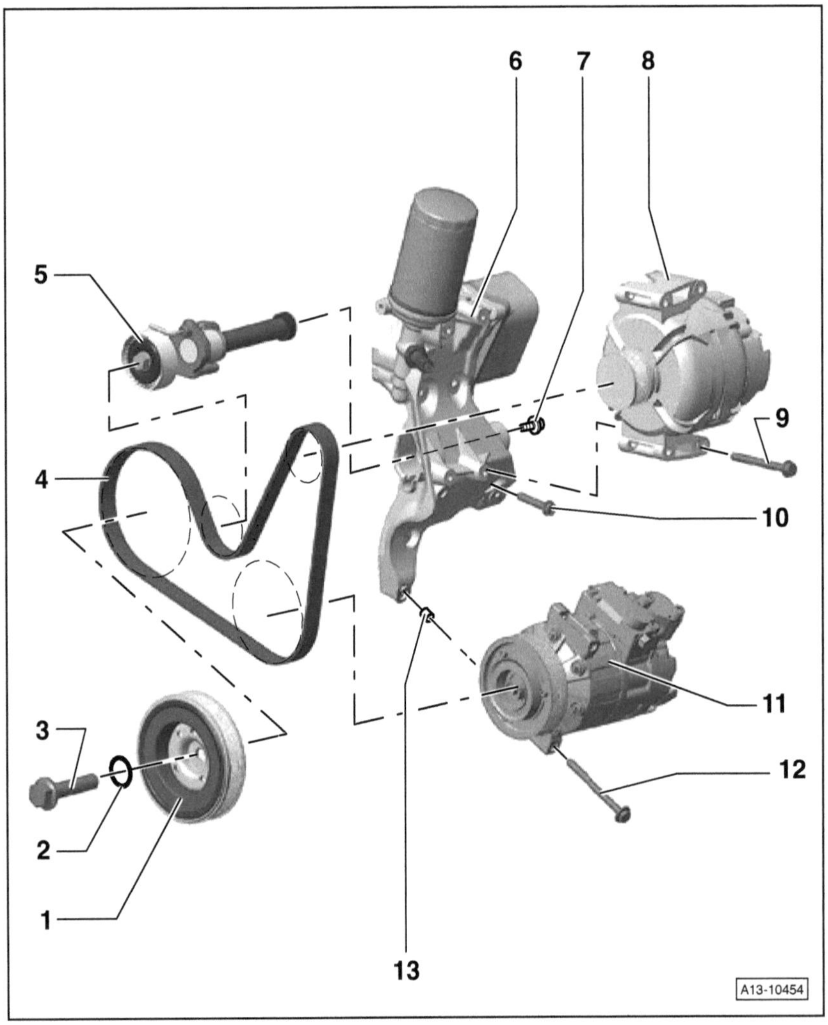

1 – **Kurbelwellen-Riemenscheibe**
Anpressflächen müssen öl- und fettfrei sein. Kann nur in einer Stellung montiert werden.

2 – **O-Ring***

3 – **Schraube*, 150 Nm + 90°**
Schraube in 2 Stufen festziehen. Zum Lösen und Festziehen Gegenhalter VW-T-10355 verwenden. **Achtung:** Vor dem Lösen der Schraube Kurbelwelle in OT-Stellung drehen (Kerbe auf der Riemenscheibe steht gegenüber der Dreiecksmarkierung auf der unteren Steuerkettenabdeckung. Damit sich die Steuerzeiten nicht verstellen, darf die Kurbelwelle bei ausgebauter Schraube nicht verdreht werden. Verstellte Steuerzeiten können bei laufendem Motor zu schweren Beschädigungen führen.

4 – **Keilrippenriemen**
Für alle Nebenaggregate außer Motor-Kompressor. Vor dem Ausbau Laufrichtung mit Kreide oder Filzstift durch einen Pfeil kennzeichnen. Auf Verschleiß prüfen. Nicht knicken. Beim Einbau auf korrekten Sitz auf den Riemenscheiben achten.
Achtung: Wird ein bereits gelaufener Keilrippenriemen in umgekehrter Laufrichtung wieder eingebaut, kann das im späteren Fahrbetrieb zur Zerstörung des Keilrippenriemens führen.

5 – **Spannelement**
Für Keilrippenriemen.
Mit Ringschlüssel spannen.
Mit Absteckdorn VW-T10060A arretieren.

6 – **Halter für Nebenaggregate**
Mit Öldruckschalter, Ölfilter und Ölkühler. Anzugsreihenfolge beachten, siehe Abbildung A13-10378, auf Seite 185.

7 – **Schraube, 10 Nm**

8 – **Generator**

9 – **Schraube, 23 Nm**

10 – **Schraube**
Für Halter Nebenaggregate. Anzugsreihenfolge beachten, siehe Abbildung A13-10378, auf Seite 185.

11 – **Klimakompressor**

12 – **Schraube, 25 Nm**

13 – **Passhülse**
Für Klimakompressor.

---

*) Nach jeder Demontage ersetzen.

Anzugsmethode für den Halter der Nebenaggregate:

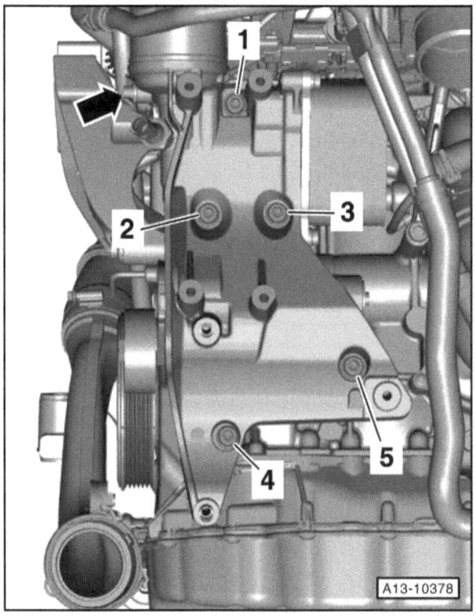

- Halter ansetzen und zuerst Schraube –4– eindrehen.
- Schrauben in der Reihenfolge von –1– bis –5– in 3 Stufen anziehen.
  1. Stufe: Schrauben **handfest** anziehen.
  2. Stufe: Schrauben mit Drehmomentschlüssel und **20 Nm** anziehen.
  3. Stufe: Schrauben mit starrem Schlüssel **90°** (¼ Umdrehung) weiterdrehen.

Keilrippenriemen aus- und einbauen

Der Keilrippenriemen treibt sämtliche Nebenaggregate an. Das sind je nach Ausstattung und Motor: Generator (Lichtmaschine), Kühlmittelpumpe und Klimakompressor. Der Keilrippenriemen wird durch eine Spannrolle gespannt. Die Spannung muss im Rahmen der Wartung nicht geprüft werden

Achtung: Wird der alte, gelaufene Keilrippenriemen wieder eingebaut, vor dem Ausbau Laufrichtung des Keilrippenriemens kennzeichnen. Dazu mit Filz- oder Fettstift auf dem Riemen einen Pfeil in Laufrichtung anbringen. **Der Motor dreht, von der Keilrippenriemenseite aus gesehen, rechtsherum, also im Uhrzeigersinn.** Ein Einbau entgegen der bisherigen Laufrichtung erhöht den Verschleiß des Riemens beziehungsweise kann diesen zerstören.

1,4-l-TSI-Benzinmotor CAXA, 90 kW

Ausbau

- Je nach Ausführung untere Motoraumabdeckung oder Unterfahrschutz ausbauen, siehe Seite 57.
- Laufrichtung auf dem Keilrippenriemen markieren.

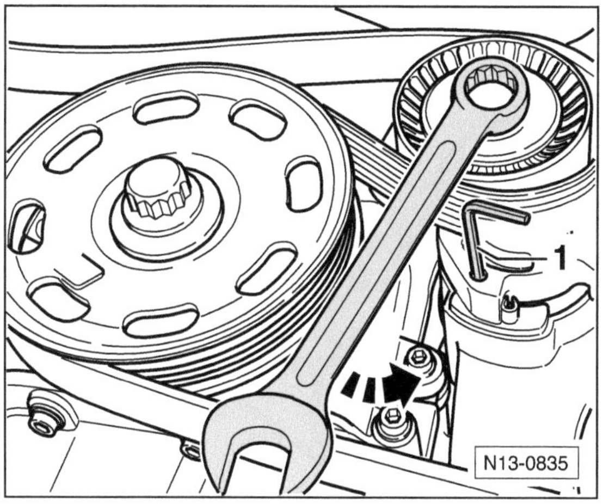

- Spannrolle mit Schraubenschlüssel SW-16 an der Befestigungsschraube im Gegenuhrzeigersinn –Pfeilrichtung– schwenken.
- Spannrolle mit einem 4-mm-Innensechskantschlüssel –1– arretieren.
- Keilrippenriemen abnehmen.
- Ein beschädigter Keilrippenriemen muss umgehend ersetzt werden.

Riemenverlauf mit Klimakompressor:

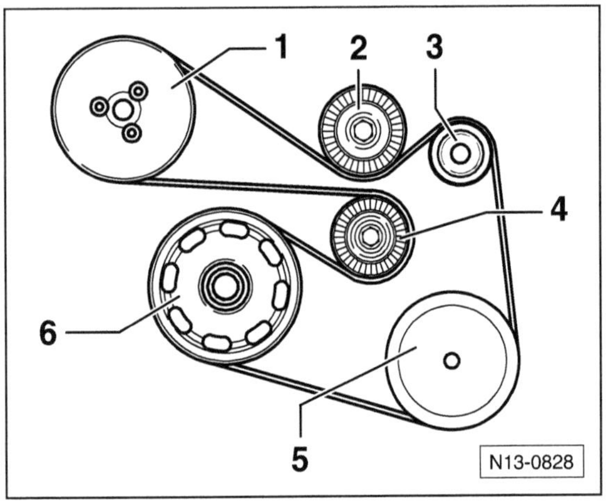

1 – Kühlmittelpumpen-Riemenscheibe
2 – Umlenkrolle
3 – Generator-/Lichtmaschinen-Riemenscheibe
4 – Spannrolle
5 – Klimakompressor-Riemenscheibe
6 – Kurbelwellen-Riemenscheibe

Riemenverlauf ohne Klimakompressor:

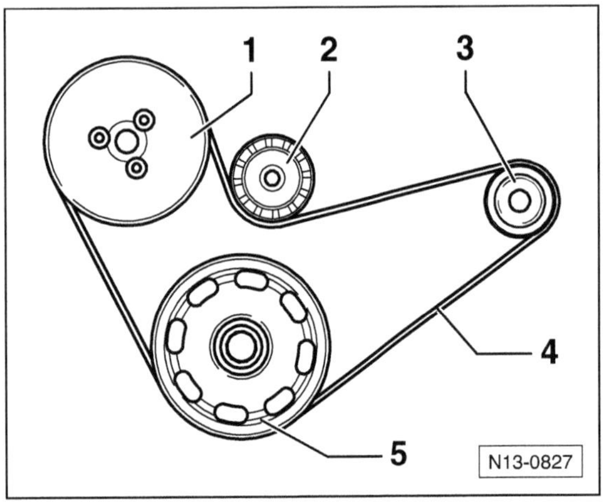

1 – Kühlmittelpumpen-Riemenscheibe
2 – Spannrolle
3 – Generator-/Lichtmaschinen-Riemenscheibe
4 – Keilrippenriemen
5 – Kurbelwellen-Riemenscheibe

Einbau

Achtung: Wird der bisherige Riemen wieder eingebaut, Markierung der Laufrichtung beachten.

- Keilrippenriemen auflegen, dabei an der Kurbelwellen-Riemenscheibe beginnen und Riemen zuletzt an der Spannrolle auflegen.
- Spannrolle mit Schraubenschlüssel etwas im Gegenuhrzeigersinn schwenken, Arretierstift herausnehmen und Spanner langsam zurückschwenken, siehe Abbildung N13-0835.
- Prüfen, ob der Keilrippenriemen in sämtlichen Riemenscheiben bündig sitzt. Andernfalls Keilrippenriemen entspannen und neu auflegen.
- Je nach Ausführung untere Motoraumabdeckung oder Unterfahrschutz einbauen, siehe Seite 57.

1,4-l-TSI-Motor 110/118 kW außer CZDA

Ausbau

- Je nach Ausführung untere Motoraumabdeckung oder Unterfahrschutz ausbauen, siehe Seite 57.
- Laufrichtung auf dem Keilrippenriemen markieren.
- Kühlmittel ablassen und Schlauch –1– (Abbildung V-62193) abziehen, siehe Seite 61.

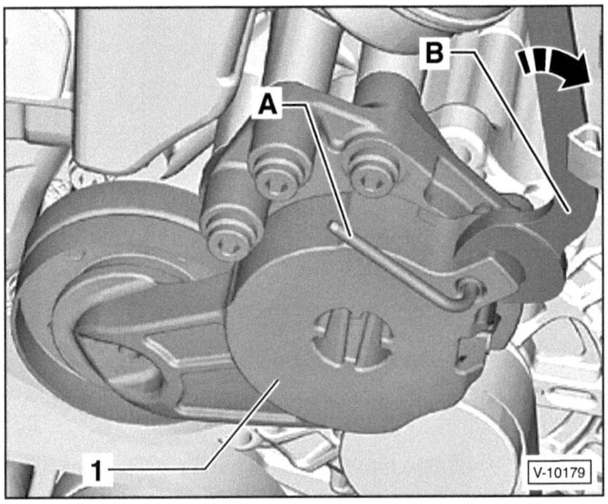

- Keilrippenriemen am oberen Spannelement entspannen. Dazu Spannelement –1– mit Maulschlüssel SW-16 –B– in Pfeilrichtung drehen und mit einem geeigneten Dorn –A– arretieren.
  Hinweis: In der Abbildung sind die VW-Werkzeuge A = T10060A und B = T10447 dargestellt.

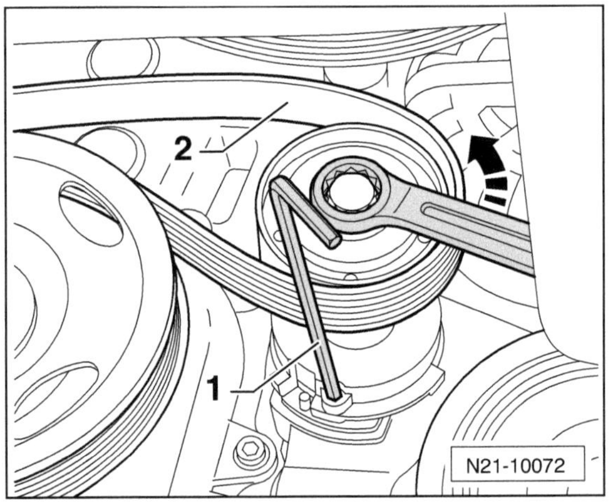

- Keilrippenriemen am unteren Spannelement entspannen. Dazu von unten mit einem Ringschlüssel, SW-16, das Spannelement in Pfeilrichtung schwenken und mit einem 4-mm-Innensechskantschlüssel –1– arretieren.
- Keilrippenriemen –2– abnehmen.

Einbau

Achtung: Wird der bisherige Riemen wieder eingebaut, Markierung der Laufrichtung beachten.

- Keilrippenriemen auflegen, dabei an der Kurbelwellen-Riemenscheibe beginnen und zuletzt auf die obere Spannrolle schieben.
- Der weitere Einbau erfolgt in umgekehrter Ausbaureihenfolge.

Riemenverlauf mit Klimakompressor:

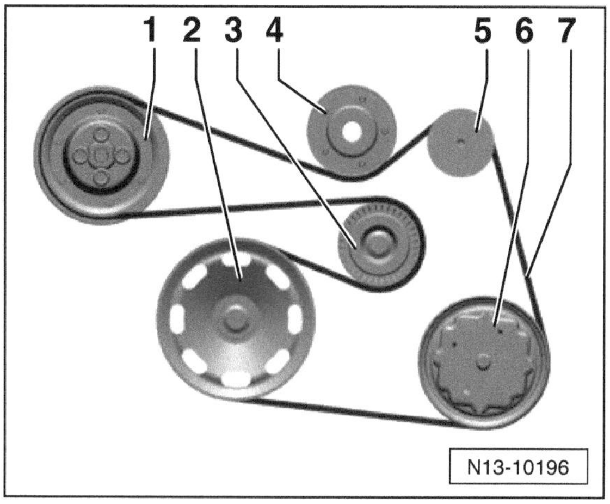

1 – Kühlmittelpumpen-Riemenscheibe
2 – Kurbelwellen-Riemenscheibe
3 – Spannrolle unten
4 – Spannrolle oben oder Umlenkrolle
5 – Generator-/Lichtmaschinen-Riemenscheibe
6 – Klimakompressor-Riemenscheibe
7 – Keilrippenriemen

Riementrieb für den Kompressor des TSI-Motors

Hinweis: Die Riemenscheibe der Kompressor-Magnetkupplung befindet sich hinter der Riemenscheibe der Kühlmittelpumpe. Der Keilrippenriemen des Kompressors läuft über diese Riemenscheibe.

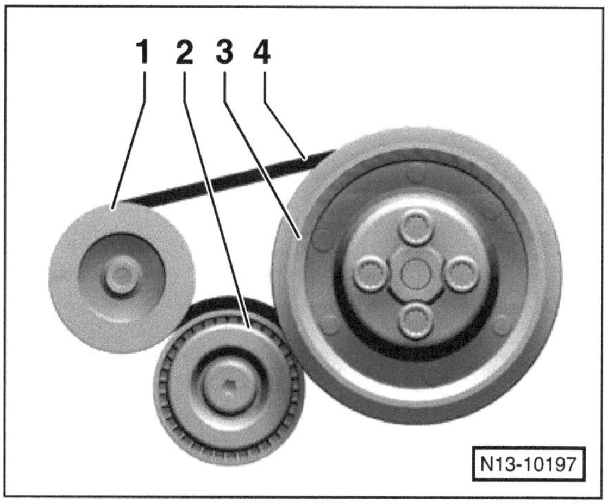

1 – Kompressor-Riemenscheibe
2 – Spannrolle
3 – Kühlmittelpumpen-Riemenscheibe und Riemenscheibe mit Magnetkupplung
4 – Keilrippenriemen
Wird auf die gleiche Weise entspannt wie der Keilrippenriemen beim 1,4-l-Motor CAXA.

1,4-l-TSI-Motor 92/110 kW (CZDB/CZDA)

Fahrzeuge ohne Klimakompressor

Ausbau

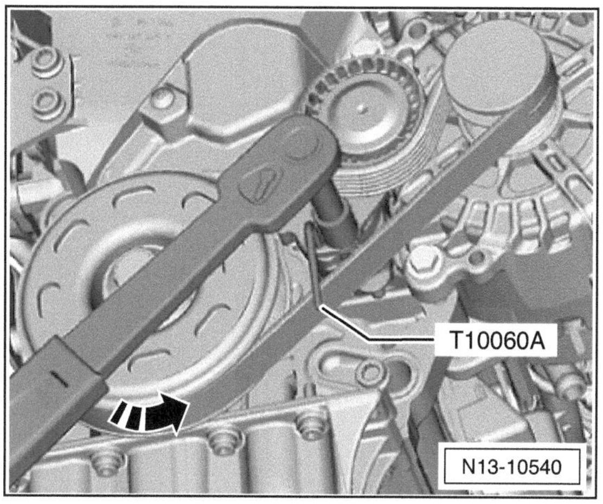

- Spannvorrichtung im Gegenuhrzeigersinn –Pfeilrichtung– drehen und dadurch den Keilrippenriemen entspannen.
- Spannvorrichtung mit Absteckdorn, zum Beispiel VW-T10060 A oder einem geeigneten Bohrer, arretieren.
- Keilrippenriemen abnehmen.

Einbau

- Der Einbau erfolgt in umgekehrter Ausbaureihenfolge, dabei Folgendes beachten:

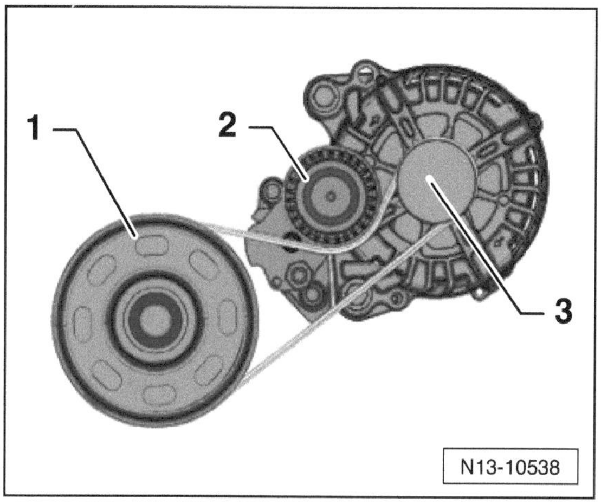

1 – Schwingungsdämpfer
2 – Spannvorrichtung für Keilrippenriemen
3 – Generator

- Keilrippenriemen auflegen, wie in der Abbildung gezeigt.

- Spannvorrichtung etwas im Gegenuhrzeigersinn drehen und Absteckdorn herausziehen.
- Spannvorrichtung langsam entlasten.
- Prüfen, ob der Keilrippenriemen richtig auf den Riemenscheiben liegt.
- Motor starten und sichtprüfen, ob der Keilrippenriemen richtig läuft.

Fahrzeuge mit Klimakompressor

Ausbau

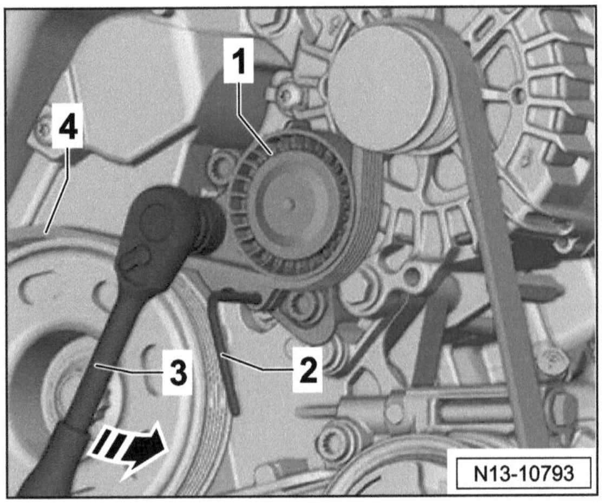

- Spannvorrichtung –1– mit Stecknuss und entsprechender Ratsche –3– im Gegenuhrzeigersinn –Pfeilrichtung– drehen und dadurch den Keilrippenriemen –4– entspannen.
- Spannvorrichtung –1– mit Absteckdorn –2–, zum Beispiel VW-T10060 A oder einem geeigneten Bohrer, arretieren.
- Keilrippenriemen –4– abnehmen.

Einbau

- Der Einbau erfolgt in umgekehrter Ausbaureihenfolge, dabei Folgendes beachten:

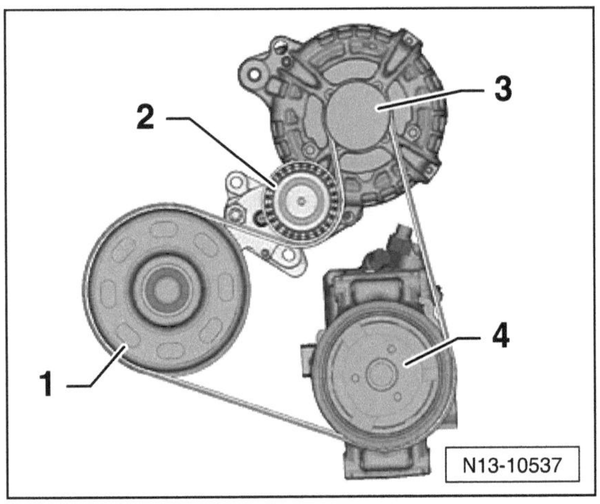

1 – Schwingungsdämpfer
2 – Spannvorrichtung für Keilrippenriemen
3 – Generator
4 – Klimakompressor

- Keilrippenriemen auflegen, wie in der Abbildung gezeigt:
- Spannvorrichtung etwas im Gegenuhrzeigersinn drehen und Absteckdorn herausziehen.
- Spannvorrichtung langsam entlasten.
- Prüfen, ob der Keilrippenriemen richtig auf den Riemenscheiben liegt.
- Motor starten und sichtprüfen, ob der Keilrippenriemen richtig läuft.

2,0-l-TSI-Benzinmotor

Ausbau

- Untere Motorraumabdeckung ausbauen, siehe Seite 57.

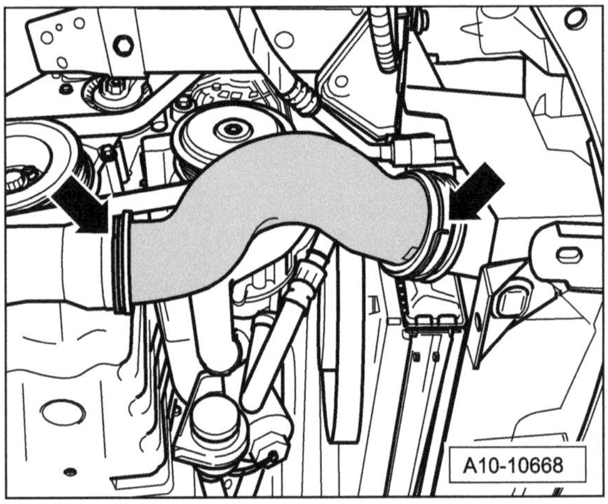

- Rechten Luftführungsschlauch ausbauen, dazu Schellen –Pfeile– öffnen.

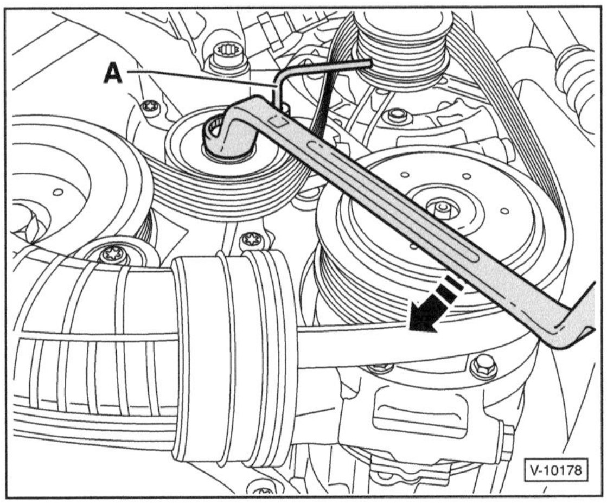

- Von unten einen tiefgekröpften Ringschlüssel an der Schraube der Spannrolle ansetzen und Spannrolle so weit in Pfeilrichtung drehen, bis die Arretierbohrungen übereinstimmen.
- Geeigneten Dorn –A–, zum Beispiel VW-T10060A, durch die Bohrungen stecken und damit Spannvorrichtung arretieren.

- Keilrippenriemen abnehmen.

Einbau

- Der Einbau erfolgt in umgekehrter Ausbaureihenfolge.
- Nach dem Einbau prüfen, ob der Riemen richtig in den Rillen der Riemenscheiben sitzt.
- Motor starten und korrekten Riemenlauf sichtprüfen.

2,0-l-Dieselmotor

Beim Dieselmotor können unterschiedliche Keilrippenriemen eingebaut sein:
1 – **Dehnbarer** Riemen bei Fahrzeugen **ohne** Klimaanlage
2 – **Dehnbarer** Riemen bei Fahrzeugen **mit** Klimaanlage
3 – Keilrippenriemen mit **Spannelement**

Dehnbarer Riemen ohne Spannrolle

Der Riemen kann nach dem Ausbau nicht wiederverwendet werden.

Ausbau

- Untere Motorraumabdeckung ausbauen, siehe Seite 57.
- Rechten Innenkotflügel im vorderen Bereich lösen und zurückklappen, siehe Seite 250.
- **Ohne Klimaanlage:** Keilrippenriemen durchschneiden und abnehmen.

Mit Klimaanlage

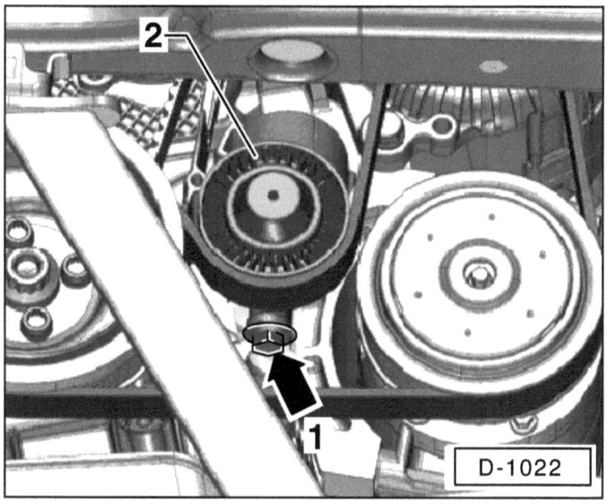

D-1022

- Schraube –Pfeil 1– für die Umlenkrolle –2– so weit lösen, bis sich der Keilrippenriemen leicht abnehmen lässt.

Einbau

- **Ohne Klimaanlage:** Neuen Keilrippenriemen mit Hilfswerkzeug auf die Riemenscheiben aufziehen. Das Hilfswerkzeug und eine Einbauanleitung liegen dem Ersatzteil-Keilrippenriemen bei.

Mit Klimaanlage

- Neuen Keilrippenriemen auf die Riemenscheiben von Kurbelwelle, Generator und Klimakompressor auflegen.
- Führungsflächen der Umlenkrolle mit Festschmierstoffpaste, zum Beispiel VW-G052.751.A1, und einem Pinsel bestreichen.
- Umlenkrolle –2– mit seinem Bolzen in die Führung des Nebenaggregate-Halters einfädeln.
- Schraube –1– für Umlenkrolle –2– bis zur Kopfauflage handfest eindrehen. Dabei spannt sich der Keilrippenriemen etwas.
- Schraube –1– weiterdrehen, bis der Bolzen der Umlenkrolle am Anschlag ist. Dabei spannt sich der Keilrippenriemen weiter.
- Schraube –1– um ¼ **Umdrehung (90°) lösen** und mit **30 Nm** festziehen.
- Anschließend Schraube –1– um **90°** (¼ Umdrehung) weiterdrehen.

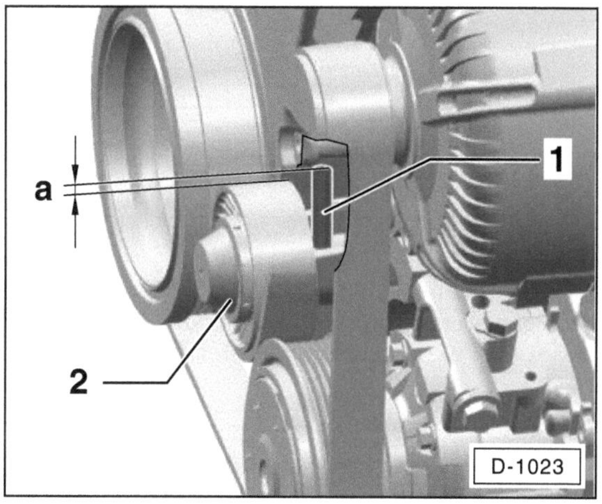

D-1023

- Prüfen, ob das Ende der Schraube –1–, wie in der Abbildung gezeigt, um das Maß –a– von ca. 2,5 mm über die Lauffläche der Umlenkrolle –2– hinausragt. Dadurch ist sichergestellt, dass der Umlenkrollenbolzen bis in seinen Endanschlag gezogen wurde.
- Getriebe in Leerlaufstellung bringen. Stecknuss an der Zentralschraube der Kurbelwellen-Riemenscheibe ansetzen und Kurbelwelle mindestens eine Umdrehung in Motordrehrichtung, also im Uhrzeigersinn durchdrehen. Dadurch nimmt der Keilrippenriemen seinen richtigen Sitz auf den Riemenscheiben ein.
- Rechten Innenkotflügel einbauen, siehe Seite 250.
- Untere Motorraumabdeckung einbauen, siehe Seite 57.
- Motor starten und korrekten Riemenlauf sichtprüfen.

Keilrippenriemen *mit* Spannrolle

Ausbau

- Untere Motorraumabdeckung ausbauen, siehe Seite 57.

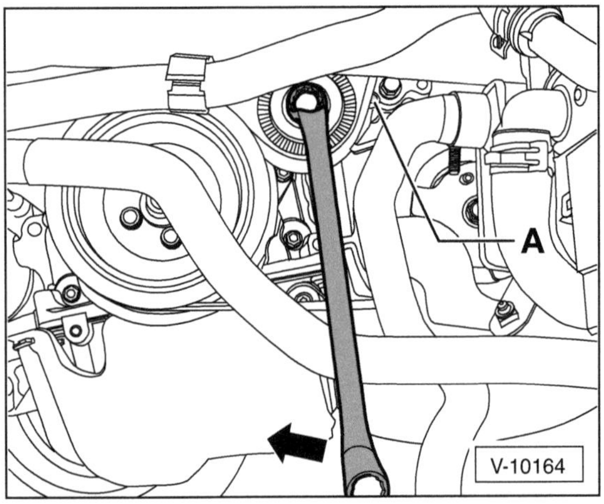

- Spannrolle mit Schraubenschlüssel an der Befestigungsschraube im Uhrzeigersinn –Pfeilrichtung– schwenken, bis die beiden Bohrungen an der Spannvorrichtung übereinstimmen.
- Dorn –A– durch die Bohrungen stecken und Spannvorrichtung arretieren. A = VW-T10060A oder Bohrer beziehungsweise Innensechskantschlüssel mit entsprechendem Durchmesser.
- Keilrippenriemen abnehmen.
- Ein beschädigter Keilrippenriemen muss umgehend ersetzt werden.

Riemenverlauf mit Klimakompressor:

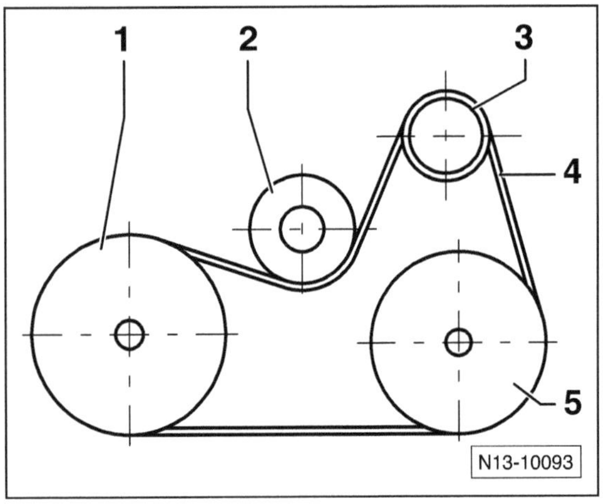

1 – Kurbelwellen-Riemenscheibe
2 – Spannrolle
3 – Generator-/Lichtmaschinen-Riemenscheibe
4 – Keilrippenriemen
5 – Klimakompressor-Riemenscheibe

Einbau

Achtung: Wird der bisherige Riemen wieder eingebaut, Markierung der Laufrichtung beachten.

- Keilrippenriemen auflegen, dabei an der Kurbelwellen-Riemenscheibe beginnen und Riemen zuletzt an der Spannrolle auflegen.
- Spannrolle mit Schraubenschlüssel an der Befestigungsschraube etwas im Uhrzeigersinn schwenken, Arretierstift herausnehmen und Spanner langsam zurückschwenken.
- Prüfen, ob der Keilrippenriemen in sämtlichen Riemenscheiben bündig sitzt.
- Untere Motoraumabdeckung einbauen, siehe Seite 57.

Motor-Kühlung

Kühlmittelkreislauf

Zur Kühlung des Motors wird das Kühlmittel von der Kühlmittelpumpe ständig in Bewegung gehalten. Solange der Motor kalt ist, zirkuliert das Kühlmittel nur im Zylinderkopf, im Motorblock und im Wärmetauscher der Innenraumheizung. Mit zunehmender Erwärmung öffnet ein Thermostat (Kühlmittelregler) den großen Kühlmittelkreislauf. Die Kühlflüssigkeit durchströmt dann den Kühler und wird dabei durch die an den Kühlrippen vorbeistreichende Luft abgekühlt.

Der Kühlluftstrom wird durch zwei hinter dem Kühler angebrachte Lüfter verstärkt. Die Lüfter werden durch Elektromotoren angetrieben. Entsprechend der Kühlmitteltemperatur werden die Elektrolüfter zu- oder abgeschaltet.

Sicherheitshinweis
Der Elektrolüfter kann sich auch bei ausgeschalteter Zündung einschalten. Durch Stauwärme im Motorraum ist auch **mehrmaliges Einschalten möglich.** Abhilfe: **Stecker für Kühlerlüfter abziehen.**

Achtung: Bei Arbeiten am Kühlsystem unbedingt darauf achten, dass **kein Kühlmittel** auf den **Keilrippenriemen** oder auf den **Zahnriemen**, wo vorhanden, gelangt. Der Glykolanteil des Kühlmittels kann das Gewebe des Riemens so schädigen, dass der Riemen nach einiger Betriebszeit reißt. Durch einen gerissenen Zahnriemen können schwer wiegende Motorschäden auftreten.

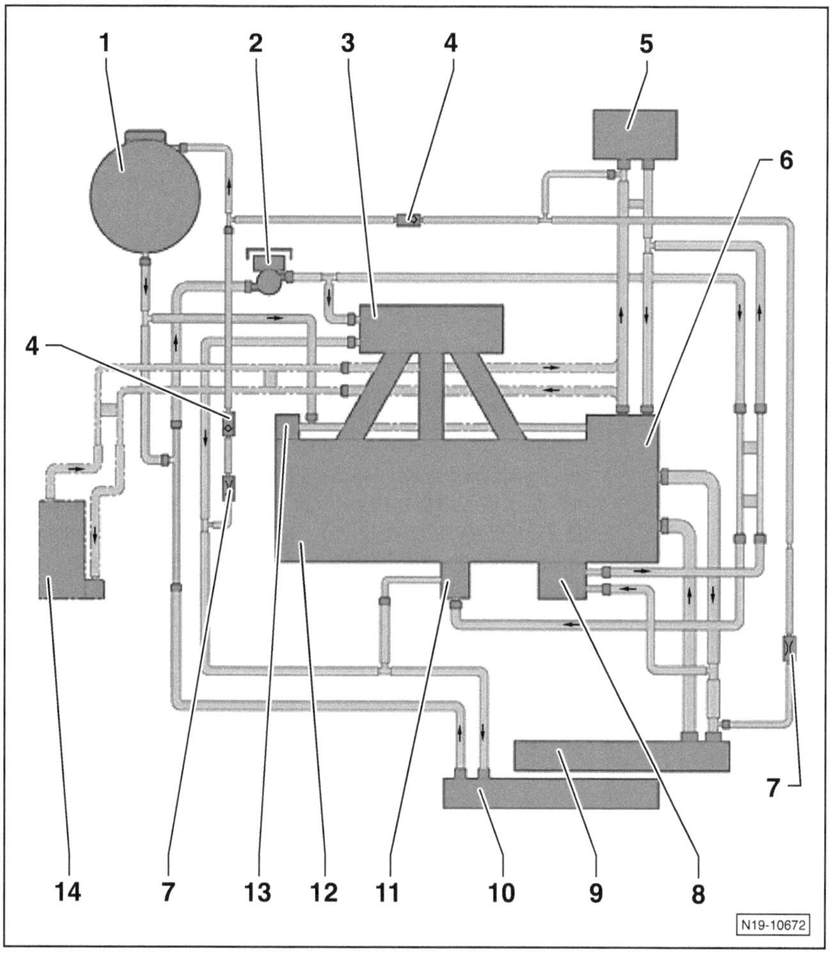

Anschlussplan für Kühlmittelschläuche

Die Abbildung zeigt den 1,4-l-TSI-Motor mit 90 kW (122 PS).

1 – **Ausgleichbehälter**
2 – **Pumpe für Kühlmittelumlauf**
3 – **Saugrohr mit Ladeluftkühler**
4 – **Rückschlagventil**
5 – **Wärmetauscher für Heizung**
6 – **Kühlmittelregler-Gehäuse**
Thermostatgehäuse.
7 – **Drossel**
8 – **Motorölkühler**
9 – **Kühler**
10 – **Zusatzwasserkühler**
Für Ladeluftsystem.
Kühler und Ladeluftkühler sind zwei getrennte Bauteile.
11 – **Abgasturbolader**
12 – **Zylinderkopf/Motorblock**
13 – **Kühlmittelpumpe**
14 – **Standheizung**

Hinweis: Kühlmittelschläuche beim Einbau spannungsfrei verlegen, ohne dass diese mit anderen Bauteilen in Berührung kommen. Falls an den Kühlmittelrohren und Kühlmittelschlauchenden Markierungen oder Pfeile angebracht sind, so müssen sich diese beim Einbau gegenüberstehen.

Zweikreis-Kühlsystem im 1,4-l-TSI-Benzinmotor

Der 1,4-l-TSI-Motor hat ein Zweikreis-Kühlsystem. Dabei erfolgt eine getrennte Kühlmittelführung mit unterschiedlichen Temperaturen durch den Motorblock und den Zylinderkopf. Gesteuert wird die Kühlmittelführung durch 2 Thermostate (Kühlmittelregler) im Kühlmittelregler-Gehäuse. Ein Thermostat ist für den Motorblock, der andere für den Zylinderkopf zuständig.

Das Zweikreis-Kühlsystem hat folgende Vorteile:

- Der Motorblock wird schneller aufgeheizt, weil das Kühlmittel bis zum Erreichen von +105° C im Motorblock bleibt.
- Durch das höhere Temperaturniveau im Motorblock vermindert sich die Reibung im Kurbeltrieb.
- Eine bessere Kühlung der Brennräume durch das geringere Temperaturniveau im Zylinderkopf.

Kühler-Frostschutzmittel

Die Kühlanlage muss ganzjährig mit einer Mischung aus destilliertem Wasser und VW-Kühlerfrost- und Korrosions-Schutzmittel gefüllt sein. Dadurch werden Frost- und Korrosionsschäden sowie Kalkansatz vermieden und eine Siedepunkterhöhung der Kühlflüssigkeit erreicht. Erforderlich ist der höhere Siedepunkt der Kühlflüssigkeit für ein einwandfreies Funktionieren der Motorkühlung. Bei zu niedrigem Siedepunkt der Flüssigkeit kann es zu einem Hitzestau kommen, wodurch die Kühlung des Motors vermindert wird. Deshalb muss das Kühlsystem unbedingt ganzjährig mit einer Kühlkonzentrat-Mischung gefüllt sein.

Als Kühlmittelzusatz nur das VW-Kühlkonzentrat »**G13**« (Farbe **lila**) oder ein anderes Kühlkonzentrat mit dem Vermerk »gemäß VW-TL-774-**J**«, zum Beispiel »Glysantin GG 40« oder »MAINTAIN FRICOFIN V«. **Hinweis:** G13 ist mischbar mit dem älteren, ebenfalls lilafarbenen G12++ oder G12+.

Achtung: Zum Nachfüllen – auch in der warmen Jahreszeit – nur eine Mischung aus **G13 (lila)** und destiliertem Wasser verwenden. Auch im Sommer darf der Kühlerfrostschutzanteil im Kühlmittel nicht unter 40 % liegen. Deshalb beim Nachfüllen Frostschutz ergänzen.

Hinweis: Wasser hat auf die die Effektivität der Kühlflüssigkeit einen großen Einfluss. Da die Inhaltsstoffe im Trinkwasser regional sehr unterschiedlich sind, ist zum Mischen der Kühlflüssigkeit nur noch destilliertes Wasser zu verwenden.

Kühlmittel-Mischungsverhältnis in Prozent

Frostschutz bis	G13	Destill. Wasser
–25° C	ca. 40 %	ca. 60 %
–35° C	ca. 50 %	ca. 50 %
–40° C	ca. 60 %	ca. 40 %

Der Frostschutz sollte in unseren Breiten bis –25° C, besser bis –35° C reichen. Der Anteil des Frostschutzmittels darf 60 % (Frostschutz dann bis –40° C) nicht überschreiten, sonst verringern sich Frostschutz und Kühlwirkung wieder.

Hinweis: Steht zum Nachfüllen das Frostschutzmittel G13 nicht zur Verfügung, kann auch G12++ und G12+ (Farbe ebenfalls lila) verwendet werden. **Andere Frostschutzmittel dürfen nicht dazugemischt werden.** In diesem Fall Kühlsystem nur mit destilliertem Wasser auffüllen und Frostschutz sobald wie möglich ergänzen.

Ab Werk ist folgendes Frostschutzmittel eingefüllt:

Fahrzeuge ...	VW-Konzentrat	VW-Spezifikation
... ab Modelljahr 2008	G 12 plus plus	TL VW 774 G
... ab Modelljahr 2010	G 13	TL VW 774 J

Kühlmittelregler (Thermostate) – Detailansicht

1,4-l-Benzinmotor

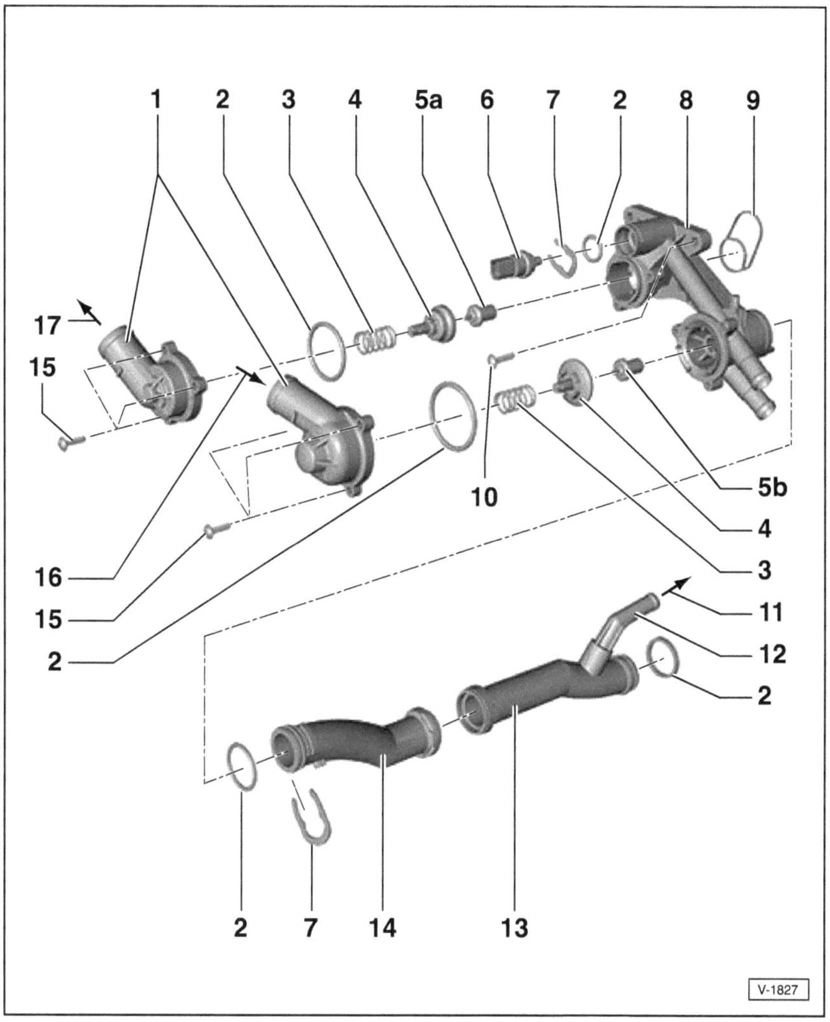

1 – **Anschlussstutzen**

2 – **O-Ring***

3 – **Druckfeder**

4 – **Stößel**
Beim Einbau nicht verkanten.

5 – **Kühlmittelregler (Thermostat)**
Motor CAXA (Öffnungsbeginn)**:**
5a – Thermo-Element: +105° C
5b – Thermo-Element: +83° C
Motor CAVA/CAVD (Öffnungsbeginn)**:**
5a – Thermo-Element: +96° C
5b – Thermo-Element: +80° C

6 – **Geber für Kühlmitteltemperatur**

7 – **Halteklammern**
Auf festen Sitz prüfen.

8 – **Kühlmittelreglergehäuse**
Thermostatgehäuse.

9 – **Dichtring***

10 – **Schraube, 11 Nm**

11 – **Zum Ausgleichbehälter**

12 – **Anschlussstutzen**

13 – **Kühlmittelrohr**

14 – **Kühlmittelrohr**

15 – **Schraube, 5 Nm**

16 – **Vom Kühler unten**

17 – **Zum Kühler oben**

---

*) Nach jeder Demontage ersetzen.

Kühler aus- und einbauen

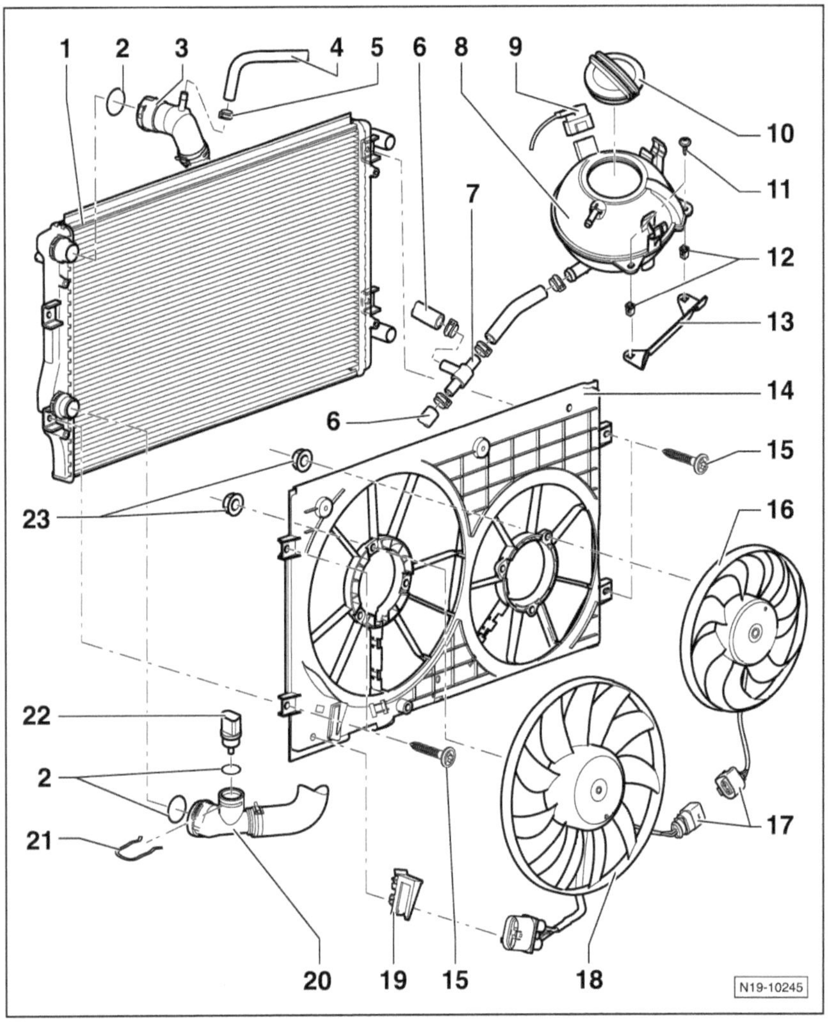

1 – **Kühler**
Nach dem Ersetzen Kühlmittel vollständig erneuern.

2 – **O-Ring**
Bei Beschädigung erneuern.

3 – **Kühlmittelschlauch oben**
Zum Anschlussstutzen am Zylinderkopf.

4 – **Kühlmittelschlauch**
Zum Ausgleichbehälter.

5 – **Federbandschelle**

6 – **Kühlmittelschlauch**
Zum Kühlmittelrohr für Zusatzwasserkühler des Ladeluftsystems

7 – **Verbindungsrohr**

8 – **Ausgleichbehälter**

9 – **Stecker**
Für Kühlmittelstandgeber.

10 – **Verschlussdeckel**
Bei einem Druck von 1,4 bis 1,6 bar muss das Überdruckventil öffnen.

11 – **Schrauben, 5 Nm**

12 – **Kunststsoffeinsätze**
Für Befestigungsschrauben.

13 – **Halter**

14 – **Luftführungshutze**

15 – **Schrauben, 5 Nm**

16 – **Kühler-Lüfter 2**

17 – **Stecker**

18 – **Kühler-Lüfter 1**
Mit Steuergerät für Kühler-Lüfter.

19 – **Halter**
Für Steckverbindung.

20 – **Kühlmittelschlauch unten**
Zum Anschlussstutzen für Kühlmittelregler (Thermostat).

21 – **Halteklammer**

22 – **Kühlmittel-Temperaturgeber**
Am Kühlerausgang.

23 – **Muttern, 10 Nm**

Ausbau

Hinweis: Der Ausbau wird für den 1,4-l-TSI-Benzinmotor CAXA beschrieben. Für die anderen Motoren spezielle Hinweise beachten.

- Je nach Ausführung untere Motoraumabdeckung oder Unterfahrschutz ausbauen, siehe Seite 57.
- Kühlmittel ablassen, siehe Seite 61.

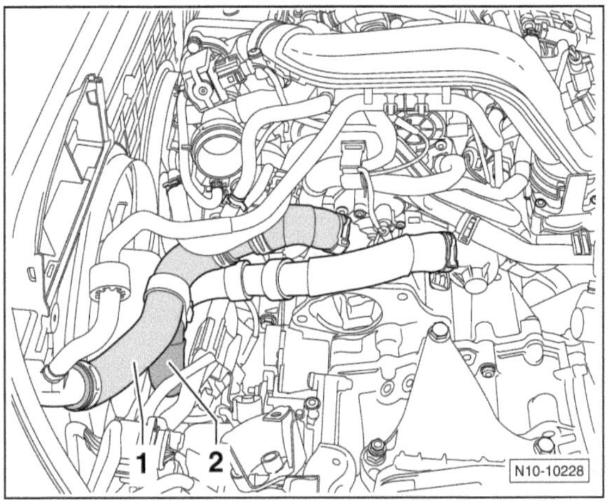

- Kühlmittelschläuche –1– und –2– vom Kühler abziehen. Vorher Schellen öffnen und ganz zurückschieben beziehungsweise Halteklammern seitlich herausziehen.
- Vordere Innenkotflügel ausbauen, siehe Seite 250.

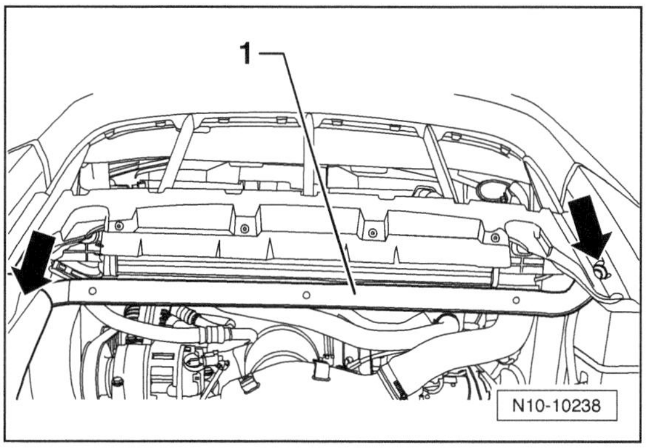

- Schrauben –Pfeile– herausdrehen und Querstrebe –1– abnehmen.

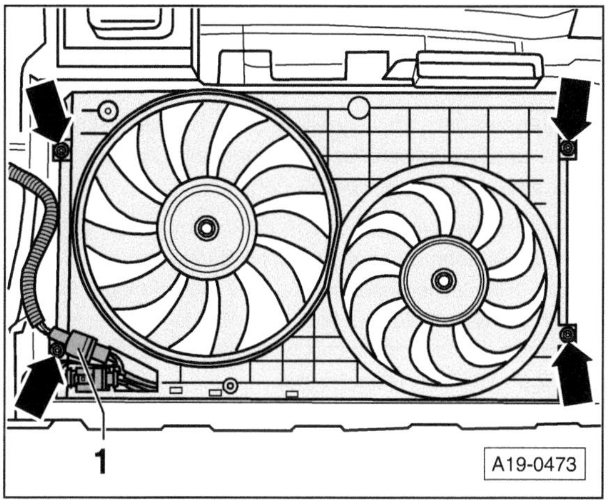

- Luftführungshutze abschrauben –Pfeile–.
- Steckverbindung –1– entriegeln und abziehen.
- Luftführungshutze nach unten abnehmen.

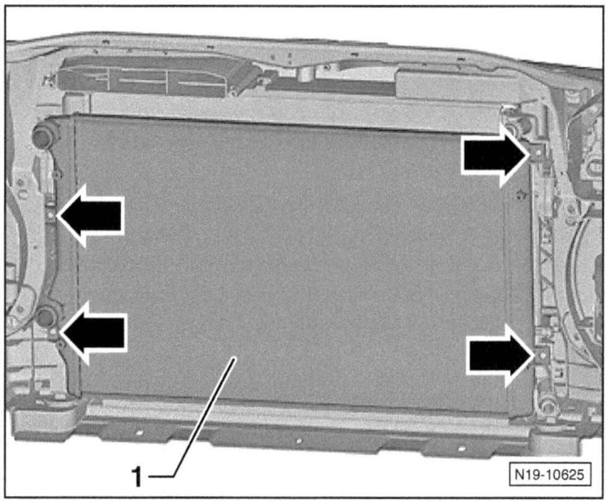

- Befestigungsschrauben –Pfeile– am Kühler –1– herausdrehen.
- Kühler –1– nach unten herausnehmen.

Einbau

- Der Einbau erfolgt in umgekehrter Ausbaureihenfolge. Schrauben mit **5 Nm** anziehen.

Speziell 1,4-l-TSI-Benzinmotor CAVA/CAVD

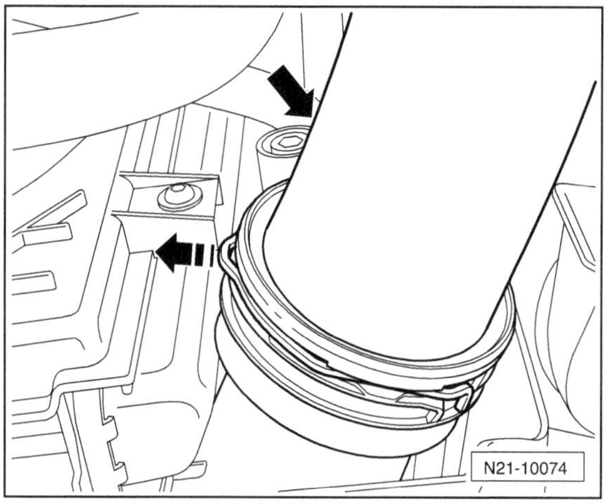

- Sicherungsklammer am Ladeluftkühler in Pfeilrichtung drücken und den Schlauch –Pfeil– abziehen. Anschließend 2. Schlauch vom Ladeluftkühler auf die gleiche Weise ausbauen.

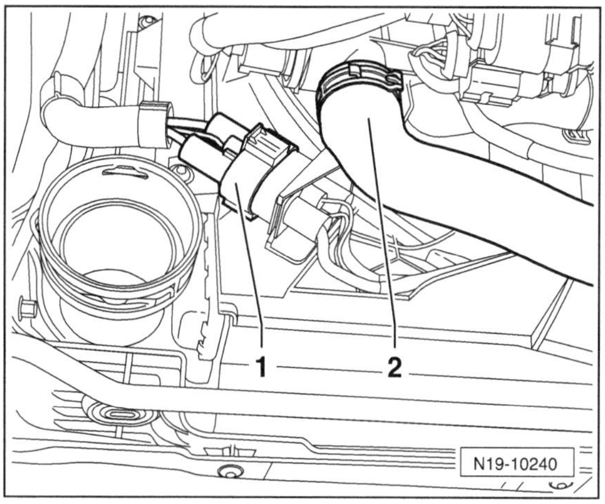

- Steckverbindung –1– trennen.
- Kühlmittelschlauch –2– abziehen und Kühlmittel in eine Auffangwanne ablaufen lassen.

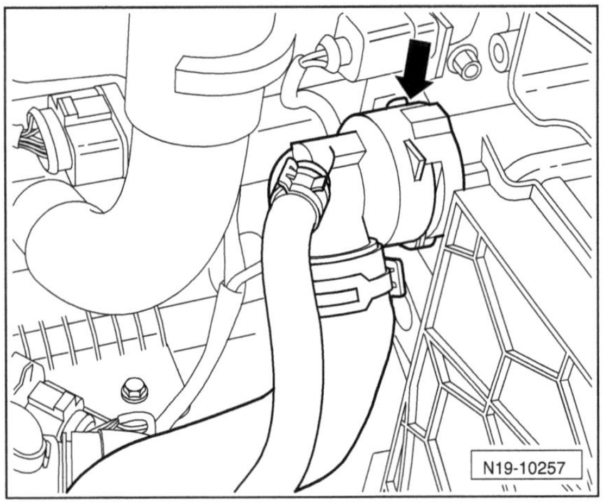

- Halteklammer entriegeln und oberen Anschlussstutzen –Pfeil– am Kühler abziehen.
- Unteren Anschlussstutzen am Kühler ebenfalls abziehen.
- Luftführungshutze abschrauben und zusammen mit Lüfter nach oben herausnehmen.
- Schlossträger in Servicestellung bringen, siehe Seite 245.

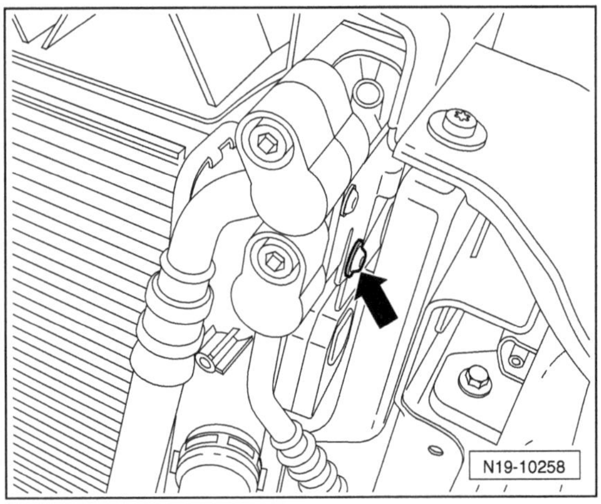

- Befestigungsschraube –Pfeil– herausdrehen.
- 4 Schrauben für Kühler herausdrehen und Kühler nach unten herausnehmen.

Speziell 2,0-l-TSI-Benzinmotor CAWA/CAWB/CCZA/CCZB

- Kühlerlüfter ausbauen, siehe entsprechendes Kapitel.

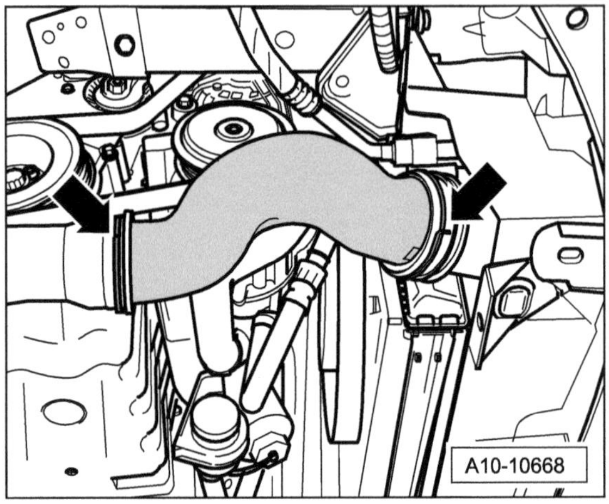

- Luftführungsschlauch ausbauen, dazu Schellen –Pfeile– öffnen und zurückschieben. Öffnung im Ladeluftkühler mit sauberem Lappen verschließen.
- Oberen und unteren Anschlussstutzen am Kühler entriegeln und abnehmen sowie seitliche Befestigungsschraube am Kühler herausdrehen, siehe Abbildungen N19-10257 und N19-10258 für Motor CAVA/CAVD.

Speziell 2,0-l-CR-TDI- Dieselmotor

- Kühlmittel ablassen, siehe Seite 61.
- Kühlmittelschläuche vom Kühler abziehen.
- Stecker für Kühlerlüfter abziehen.
- Luftführungshutze mit Lüftern ausbauen, siehe entsprechendes Kapitel.
- Kühler abschrauben und nach oben herausnehmen.

Hinweise zur Klimaanlage:

Sicherheitshinweis
Der **Kältemittelkreislauf der Klimaanlage darf nicht geöffnet** werden, da das Kältemittel bei Hautberührung Erfrierungen hervorrufen kann.
Bei versehentlichem Hautkontakt sofort mindestens 15 Minuten lang mit kaltem Wasser spülen. Kältemittel ist farb- und geruchlos sowie schwerer als Luft. Bei austretendem Kältemittel besteht am Boden beziehungsweise in unteren Räumen Erstickungsgefahr (nicht wahrnehmbar).

- Um Beschädigungen am Kondensator sowie an den Kältemittelleitungen/-schläuchen zu vermeiden, unbedingt darauf achten, dass die Leitungen und Schläuche nicht überdehnt, geknickt oder verbogen werden.
- Halteschellen der Kältemittelleitungen abschrauben.
- Kondensator vom Kühler abschrauben und am Schlossträger mit Draht befestigen.

Kühler-Lüfter aus- und einbauen

Ausbau

Hinweis: Der Ausbau wird für den 1,4-l-TSI-Benzinmotor CAXA beschrieben. Für die anderen Motoren spezielle Hinweise beachten.

- Motorabdeckung oben ausbauen, siehe Seite 56.

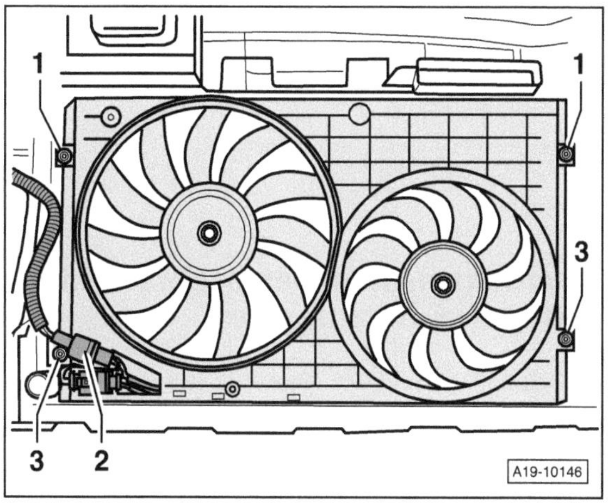

- Obere Schrauben –1– herausdrehen.
- Je nach Ausführung untere Motoraumabdeckung oder Unterfahrschutz ausbauen, siehe Seite 57.
- Steckverbindung –2– trennen.
- Untere Schrauben –3– herausdrehen.
- Lüftergehäuse (Luftführungshutze) mit den beiden Lüftern nach unten herausnehmen.

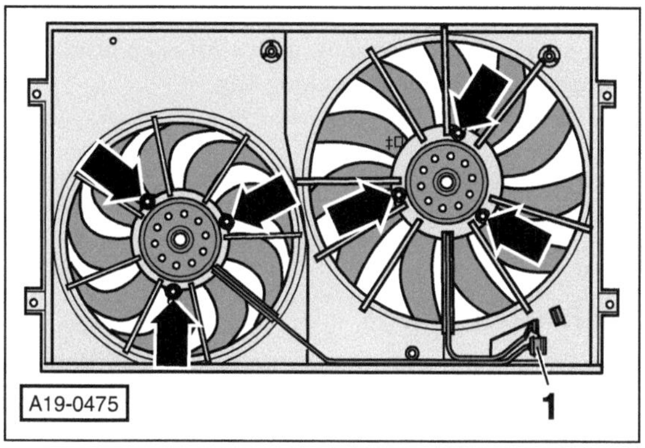

- Leitungen –1– freilegen.
- Muttern –Pfeile– herausdrehen und Lüfter vom Lüftergehäuse abnehmen.

Einbau

- Der Einbau erfolgt in umgekehrter Ausbaureihenfolge. Kühlerlüfter an Luftführungshutze mit **10 Nm**, Luftführungshutze an Kühler mit **5 Nm** anschrauben.

Speziell 1,4-l-TSI-Benzinmotor CAVA/CAVD

Der Ausbau des Kühlerlüfters wird im Kapitel Kühler aus- und einbauen beschrieben. Lüfter und Lüfterhutze nicht trennen, sondern zusammen ersetzen.

Speziell 2,0-l-TSI-Benzinmotor CAWA/CAWB/CCZA/CCZB

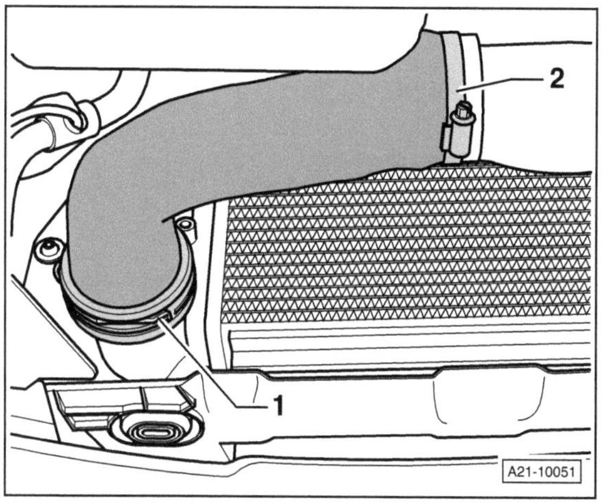

- Zusätzlich Luftführungsschlauch ausbauen, dazu Schellen –1– und –2– öffnen und zurückschieben. Öffnung im Ladeluftkühler mit sauberem Lappen verschließen. **Achtung:** Später den Lappen nicht in der Öffnung vergessen.

Speziell 81-/103-/125-kW-Dieselmotor

- Kühlmittel ablassen, siehe Seite 61.
- Kühlmittelschläuche vom Kühler abziehen.
- Stecker für Kühlerlüfter abziehen.
- Luftführungshutze mit Lüftern ausbauen, siehe entsprechendes Kapitel.
- Kühler abschrauben und nach oben herausnehmen.

Speziell 130-kW- Dieselmotor

- Obere Motorabdeckung ausbauen, siehe Seite 57.
- Luftfiltergehäuse mit Luftmassenmesser und Verbindungsrohr ausbauen, siehe Seite 60.
- Obere Schrauben –1–der Lüfterzarge abschrauben, siehe Abbildung A19-10146.
- Untere Motorraumabdeckung ausbauen, siehe Seite 57.
- Verbindungsschlauch »heiße Seite« zum Ladeluftrohr ausbauen, dazu Schlauchschellen lösen und zurückschieben, siehe Abbildung A21-10051.
- Der weitere Ausbau erfolgt wie beim Benzinmotor.

Motor-Management

Aus dem Inhalt:

- **Benzineinspritzanlage**
- **Dieseleinspritzanlage**
- **Kraftstoffanlage**
- **Luftfilter ausbauen**

Im Kapitel »Motor-Management« sind die Themen »Benzin-Einspritzanlage« und »Diesel-Einspritzanlage« zusammengefasst.

Benzin-Einspritz- und Zündanlage

Das elektronische Motor-Management regelt die Kraftstoffzuteilung und das Zündsystem. Die Vorteile des elektronischen Motormanagements sind:

- Genau dosierte Kraftstoffmenge in jedem Betriebszustand des Motors, dadurch geringer Verbrauch bei guten Fahrleistungen.
- Reduzierung der Abgas-Schadstoffe durch exakte Kraftstoffzumessung und den Einsatz eines geregelten Katalysators.
- Die Eigendiagnose des Motor-Managements ermöglicht ein schnelleres Auffinden von Defekten. Das System ist mit einem Fehlerspeicher ausgestattet. Treten während des Betriebs Defekte auf, werden diese im Speicher abgelegt. Sollte der Motor nicht einwandfrei arbeiten, kann die Fachwerkstatt gegen Kostenerstattung eine Fehlerliste ausdrucken, damit gegebenenfalls der Defekt dann selbst behoben werden kann.

Das Steuergerät entspricht einem kleinen sehr schnell arbeitenden Computer. Es bestimmt den optimalen Zündzeitpunkt, den Einspritzzeitpunkt und die Kraftstoff-Einspritzmenge. Dabei erfolgt eine Abstimmung des Steuergeräts mit anderen Fahrzeugsystemen, beispielsweise der Getriebesteuerung oder der Wegfahrsperre.

Die Bauteile des Zünd- und Einspritzsystems sind langzeitstabil und praktisch wartungsfrei. Nur der Luftfiltereinsatz sowie die Zündkerzen müssen im Rahmen der Wartung gewechselt werden. Wesentliche Einstell- und Reparaturarbeiten können nur mit Hilfe von teuren Prüfgeräten durchgeführt werden, so dass diese Arbeiten nur noch von entsprechend ausgerüsteten Fachwerkstätten ausgeführt werden können.

Sicherheitsmaßnahmen bei Arbeiten am Benzin-Einspritzsystem

Das Kraftstoffsystem steht unter Druck! Vor dem Lösen der Schlauchverbindungen einen dicken Putzlappen um die Verbindungsstelle legen. Dann durch vorsichtiges Abziehen des Schlauches den Druck abbauen. **Achtung:** Beim **Direkteinspritz-Motor kann auf diese Weise nur der Druck im Niederdruckteil (bis ca. 6 bar) abgebaut werden. Zum Druckabbau im Hochdruckteil (bis ca. 120 bar) werden spezielle Werkstattgeräte benötigt.** Der Hochdruckteil reicht von der am Zylinderkopf angeflanschten Hochdruckpumpe bis zu den Einspritzventilen.

- **Kein offenes Feuer, nicht rauchen, keine glühenden oder sehr heißen Teile in die Nähe des Arbeitsplatzes bringen. Unfallgefahr! Feuerlöscher bereitstellen.**
- **Unbedingt für gute Belüftung des Arbeitsplatzes sorgen. Kraftstoffdämpfe sind giftig.**

Achtung: Bei Arbeiten am Einspritzteil des Systems sind auch die allgemeinen Sicherheits- und Sauberkeitsregeln zu befolgen, siehe Kapitel »Kraftstoffanlage«.

Diesel-Einspritzanlage

Die Dieseleinspritzung wird vollelektronisch durch das Motor-Management geregelt. Die Vorteile sind:

- Die Eigendiagnose des Motor-Managements ermöglicht ein schnelleres Auffinden von Defekten.
- Genau dosierte Kraftstoffmenge. Dadurch Reduzierung der Abgas-Schadstoffe und geringer Verbrauch.
- Das Einstellen von Leerlaufdrehzahl und Abregeldrehzahl ist nicht erforderlich.

Die Bauteile des Diesel-Einspritzsystems sind langzeitstabil und praktisch wartungsfrei. Nur der Motor-Luftfiltereinsatz und der Kraftstofffilter müssen im Rahmen der Wartung gewechselt werden.

Benzin-Einspritzanlage – Einbauübersicht

2,0-l-Benzinmotor

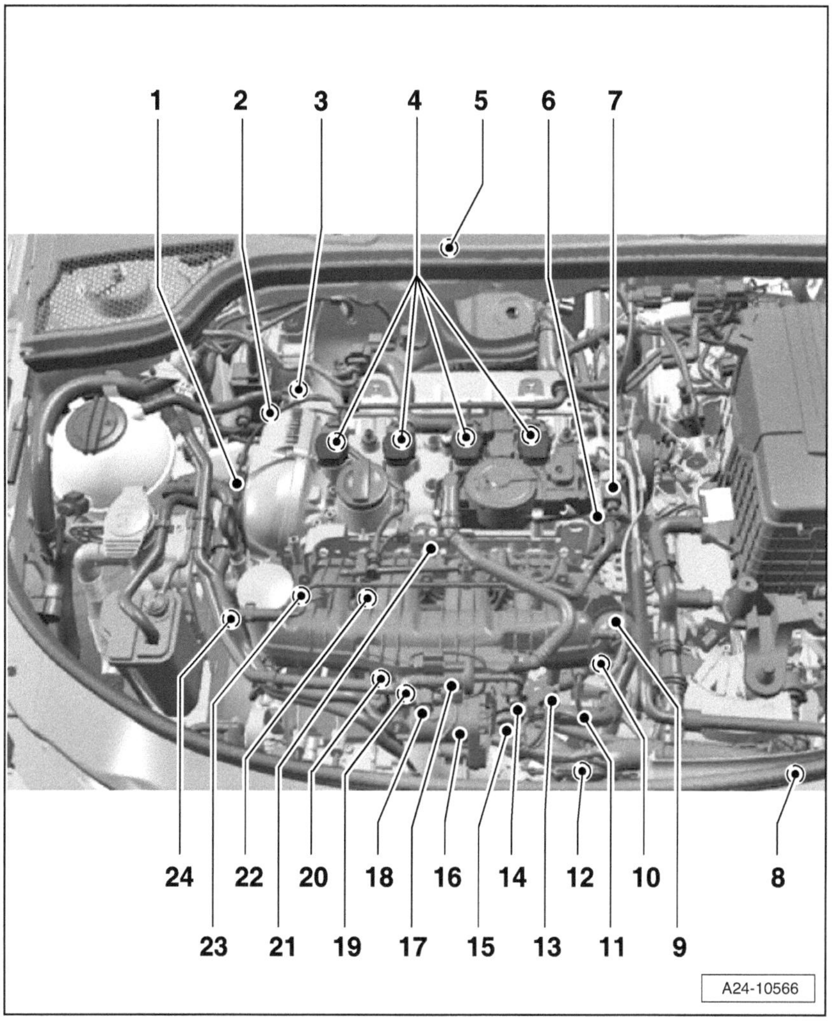

1 – **Ventil 1 für Nockenwellenverstellung**

2 – **Magnetventil für Ladedruckbegrenzung**
Sitzt direkt am Turbolader.

3 – **Umluftventil für Turbolader**
Sitzt direkt am Turbolader.

4 – **Zündspulen mit Leistungsendstufen**

5 – **Motorsteuergerät**

6 – **Hochdruckpumpe**
Mechanische Einkolbenpumpe mit Kraftstoffdruck-Regelventil.

7 – **Kraftstoffdruck-Regelventil**

8 – **Kühlmittel-Temperaturgeber**
Am Kühlmittelausgang.
Sitzt im Kühlmittelschlauch.

9 – **Unterdruckdose**
Für Saugrohrklappen.

10 – **Ventil für Saugrohrklappe**

11 – **Motordrehzahlgeber**

12 – **Ladedruckgeber**

13 – **Steckverbindung für Klopfsensor 1**
Befindet sich unterhalb vom Saugrohr. **Hinweis:** Die Steckverbindungen –13/14/15– sitzen in einem gemeinsamen Halter.
Anzugsdrehmoment für Klopfsensor: **20 Nm.**

14 – **Steckverbindung für Hallgeber**
Befindet sich unterhalb vom Saugrohr.

15 – **Steckverbindung für Einspritzventile**
Befindet sich unterhalb vom Saugrohr.

16 – **Drosselklappensteuereinheit**
Mit einem Stellmotor und 2 Winkelgebern.
Nach dem Erneuern an das Motorsteuergerät anpassen.

17 – **Magentventil 1 für Aktivkohlebehälter**

18 – **Ansaugluft-Temperaturgeber**
Vorn am Saugrohr angeschraubt.

19 – **Klopfsensor 1, 20 Nm**
Unterhalb vom Saugrohr in den Motorblock eingeschraubt.

20 – **Kühlmittel-Temperaturgeber**
Befindet sich im Gehäuse der Kühlmittelpumpe.

21 – **Hallgeber**
Vorn am Zylinderkopfdeckel in der Nähe des Öleinfülstutzens eingeschraubt.

22 – **Kraftstoff-Druckgeber**
Sitzt am Kraftstoffverteiler.

23 – **Potenziometer**
Für Saugrohrklappe.
Sitzt rechts im Saugrohr.

24 – **Öldruckschalter**
Sitzt im Halter für Negenaggregate, unterhalb vom Ölfilter.

Die folgenden Bauteile sind nicht abgebildet:

A – **Diagnosestecker**
Im Fußraum auf der Fahrerseite.

B – **Luftmassenmesser**
Sitzt zusammen mit dem Ansaugluft-Temperaturgeber 2 im Luftansaugschlauch in der Nähe des Luftfilters.

C – **Gaspedal-Stellungsgeber**
Sitzt am Gaspedal. Dabei sind 2 Geber in einem Gehäuse untergebracht.

D – **Steuergerät für Kühler-Lüfter**
Sitzt am Lüftergehäuse.

E – **Einspritzventile**
Sitzen im Kraftstoffverteilerrohr.

Saugrohr – Detailübersicht

2,0-l-Benzinmotor

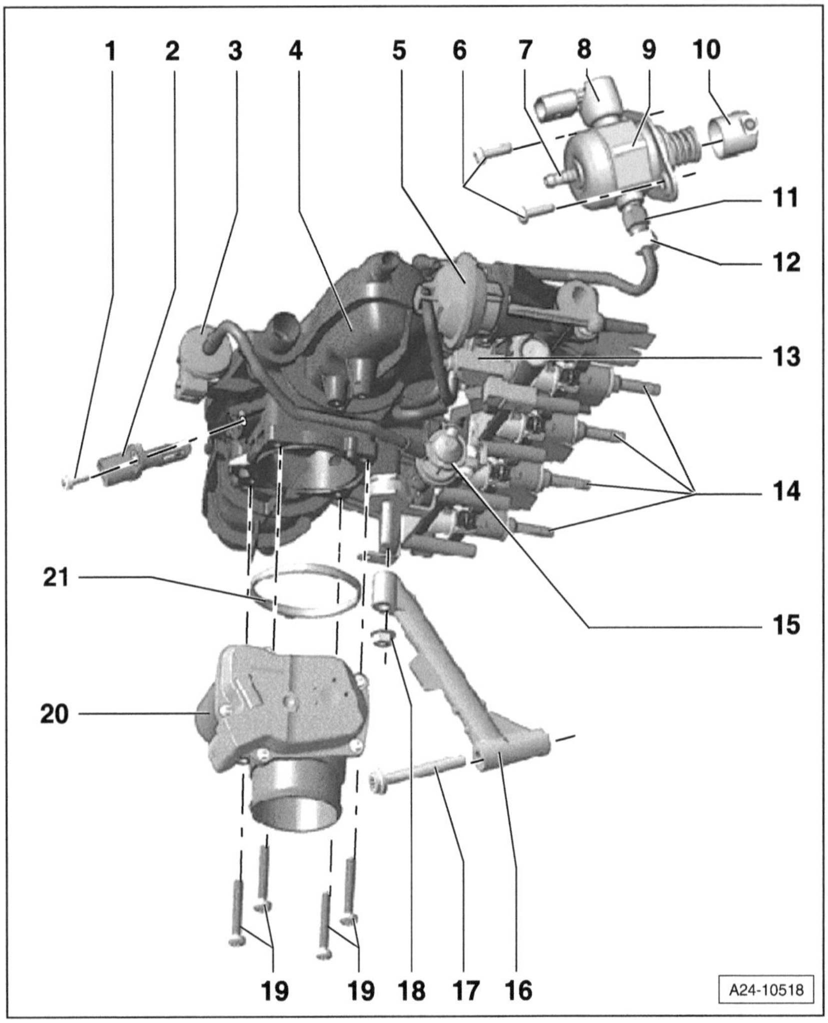

1 – Schraube, 5 Nm
Für Ansaugluft-Temperaturgeber.

2 – Ansaugluft-Temperaturgeber

3 – Magnetventil 1
Mit Doppelrückschlagventil.
Für Aktivkohlebehälter.

4 – Saugrohr

5 – Unterdruckdose
Für Saugrohrklappen.

6 – Schrauben [1)]
Für Hochdruckpumpe. M6-Gewinde: **8 Nm + 90°**; M8-Gew.: **20 Nm**.

7 – Anschlussstutzen
Für Kraftstoffvorlaufleitung.
Vom Tank kommend.

8 – Regelventil für Kraftstoffdruck

9 – Einkolben-Hochdruckpumpe

10 – Rollenstößel
Bleibt unter Umständen nach Abbau der Hochdruckpumpe im Zylinderkopf stecken, herausnehmbar.

11 – Anschlussstutzen [1)]**, 22 Nm**
Für Kraftstoffvorlaufleitung.

12 – Kraftstoff-Hochdruckleitung, 18 Nm
Nicht verspannt einbauen.

13 – Ventil für Saugrohrklappe

14 – Einspritzventile
O-Ring und Teflonring erneuern.
Auf richtige Einbaulage achten.

15 – Doppelrückschlagventil

16 – Saugrohrstütze

17 – Schraube [2)]**, 23 Nm**

18 – Mutter [2)]**, 10 Nm**

19 – Schrauben, 5 Nm

20 – Drosselklappensteuereinheit
Nach dem Erneuern an das Motor-Steuergerät anpassen.

21 – Dichtring [1)]
Fahne des Dichtrings muss in der Nut des Saugrohrs sitzen.

[1)] Nach jeder Demontage ersetzen.
[2)] Für Saugrohrstütze.

Leerlaufdrehzahl/Zündzeitpunkt/ CO-Gehalt prüfen und einstellen

Im Rahmen der Wartung ist es nicht erforderlich, Leerlaufdrehzahl, Zündzeitpunkt und CO-Gehalt einzustellen, da die Werte permanent elektronisch nachgeregelt werden.

Falls die tatsächlichen Betriebswerte von den Sollwerten abweichen, liegt die Ursache in defekten Bauteilen, die ersetzt werden müssen. Eine fachgerechte Prüfung des Motormanagements ist nur mit speziellen Diagnosegeräten möglich.

Allgemeine Prüfung der Benzin-Einspritzanlage

Für eine systematische Fehlersuche beziehungsweise Fehlerbehebung sind markenspezifische Messgeräte erforderlich. Diese Messgeräte sind sehr teuer und in der Regel nur in der Fachwerkstatt vorhanden. Deshalb wird hier nur eine Grundprüfung beschrieben.

- Batterie prüfen, siehe Seite 75.
- Sicherungen prüfen, siehe Seite 70.
- Sämtliche Stecker und Steckverbindungen des betroffenen elektronischen Systems abziehen und aufstecken. Festen Sitz der Steckverbindungen und Fixierung der Kabel im Motorraum prüfen.
- Alle Masseverbindungen auf festen Sitz und einwandfreien Kontakt prüfen.
- Schläuche und Leitungen auf Undichtigkeiten prüfen. Dabei auf Porosität und Risse achten. Lockere Anschlüsse befestigen.

Achtung: Keine silikonhaltigen Dichtmittel verwenden. Vom Motor angesaugte Silikonspuren werden nicht verbrannt und schädigen die Lambdasonde.

Diesel-Einspritzanlage

Diesel-Einspritzverfahren

Beim Dieselmotor wird reine Luft in die Zylinder angesaugt und dort sehr hoch verdichtet. Dadurch steigt die Temperatur in den Zylindern über die Zündtemperatur des Dieselöls an. Wenn der Kolben kurz vor dem Oberen Totpunkt steht, wird in die hoch verdichtete und etwa +600° C heiße Luft der Kraftstoff direkt in den Brennraum eingespritzt. Das Dieselöl zündet von selbst, Zündkerzen sind also nicht erforderlich.

Der Kraftstoff wird durch eine elektrische Kraftstoffpumpe aus dem Tank zur Hochdruckpumpe gefördert. Diese baut bereits bei niedrigen Motordrehzahlen einen sehr hohen Druck von ca. 1800 bar auf. Von der Hochdruckpumpe führt eine gemeinsame Kraftstoffleitung (Common Rail) zu den Einspritzventilen der einzelnen Zylinder. Die gemeinsame Kraftstoffleitung dient als Druckspeicher und verteilt den Kraftstoff mit konstantem Druck an die Einspritzventile. Die erforderliche Kraftstoff-Einspritzmenge wird vom Motor-Steuergerät über die Einspritzventile (Piezo-Injektoren) den einzelnen Zylindern exakt zugeteilt.

Bevor der Kraftstoff in die Hochdruckpumpe gelangt, durchfließt er den Kraftstofffilter. Dort werden Verunreinigungen und Wasser zurückgehalten. Es ist deshalb äußerst wichtig, den Kraftstofffilter entsprechend der Wartungsvorschrift auszuwechseln.

Achtung: Bei Arbeiten an der Kraftstoffanlage Sicherheits- und Sauberkeitsregeln beachten, siehe Seite 204.

Diesel-Vorglühanlage

Bei sehr kaltem Motor wird die Selbstzündungstemperatur für den Diesel-Kraftstoff durch die Verdichtung allein nicht erreicht, deshalb muss vorgeglüht werden. Dazu befindet sich in jedem Brennraum eine Glühkerze, die den Brennraum aufheizt. Die Glühkerze besteht im wesentlichen aus einem Gehäuse mit eingepresstem Heizstab. Die Dauer des Vorglühens ist abhängig von der Umgebungstemperatur und wird durch das Motor-Steuergerät über ein Vorglührelais gesteuert. **Hinweis:** Aufgrund der guten Kaltstarteigenschaften des Dieseldirekteinspritzmotors ist ein Vorglühen überwiegend erst bei Temperaturen unter ca. 0° C erforderlich.

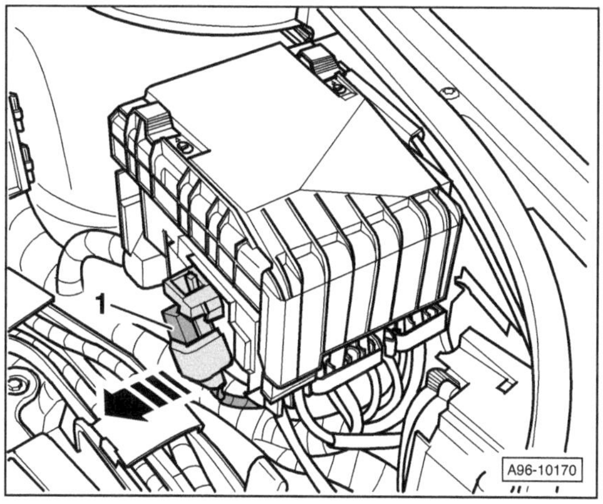

Die Vorglühanlage wird über ein Steuergerät für Glühzeitautomatik –1– angesteuert. Dieses Steuergerät befindet sich auf dem Zusatz-Relaisträger unter der E-Box im Motorraum, in Fahrtrichtung gesehen, links. Bei einem Fehler in der Vorglühanlage wird durch das Vorglüh-Steuergerät ein Fehler im Fehlerspeicher des Motorsteuergeräts abgelegt. Dabei wird jede Glühkerze einzeln angesteuert und überprüft.

Glühkerzen aus- und einbauen

Ausbau

- Zündung ausschalten.
- Obere Motorabdeckung ausbauen, siehe Seite 56.

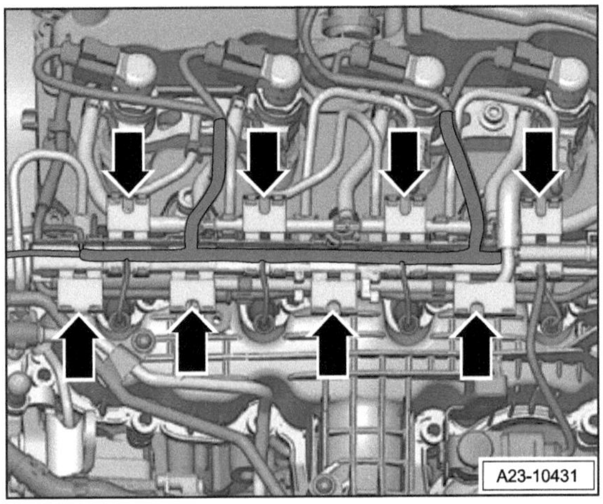

- Verrastungen –Pfeile– der Kabelführung für Glühkerzen öffnen und Leitungsstrang freilegen.

Achtung: Stecker für Glühkerzen mit geeigneter Zange abziehen. Darauf achten, dass keine Kabelverbindung beim Abziehen der Stecker beschädigt wird. Zange nicht zu fest zusammendrücken, sonst kann die Stützhülse des Steckers beschädigt werden. Wird dennoch ein Kabel oder ein Stecker beschädigt, muss der komplette Leitungsstrang erneuert werden.

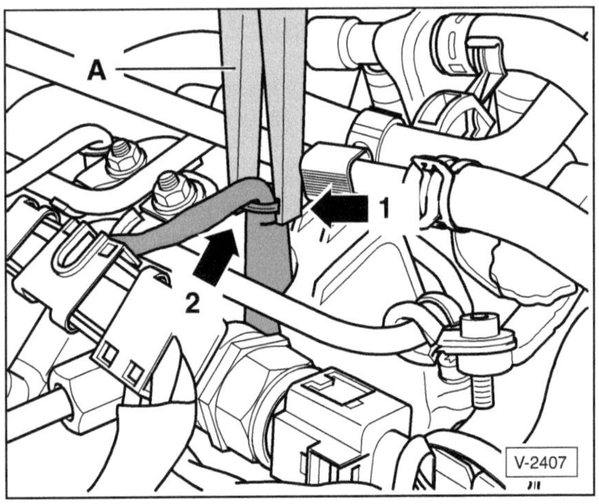

- Zange –A– mit der Zangennut –Pfeil 1– am Bund der Stützhülse –Pfeil 2– ansetzen. Zum Ausbau sind folgende Zangen geeignet: HAZET-666-1 oder 4760-5 beziehungsweise VW-3314.

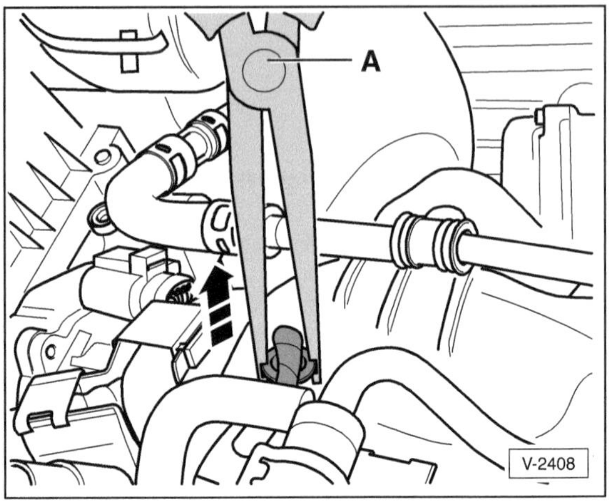

- Glühkerzenstecker mit Zange –A– vorsichtig in Pfeilrichtung abziehen.

Achtung: Beim Herausschrauben der Glühkerzen darf kein Schmutz in den Zylinder fallen. Daher unbedingt Glühkerzenkanal im Zylinderkopf sorgfältig reinigen.

- Dazu zuerst groben Schmutz aus dem Glühkerzenkanal mit einem Staubsauger aussaugen. Dann Bremsenreiniger oder geeigneten Reiniger in den Glühkerzenkanal sprühen und kurze Zeit einwirken lassen. Anschließend Glühkerzenkanal mit Pressluft ausblasen. Danach Glühkerzenkanal mit einem ölbenetzten Lappen reinigen.
- Glühkerzen mit Gelenkschlüssel SW-10, zum Beispiel HAZET 2530 oder VW/AUDI-3220, herausschrauben.

Einbau

- Glühkerzen mit Gelenkschlüssel einschrauben und mit **18 Nm** festziehen.
- Glühkerzenstecker an den Glühkerzen aufstecken. Durch leichtes Ziehen an den Kerzensteckern festen Sitz prüfen.
- Der weitere Einbau erfolgt in umgekehrter Ausbaureihenfolge.
- Falls erforderlich, Fehlerspeicher des Motorsteuergerätes löschen.

Diesel-Einspritzsystem

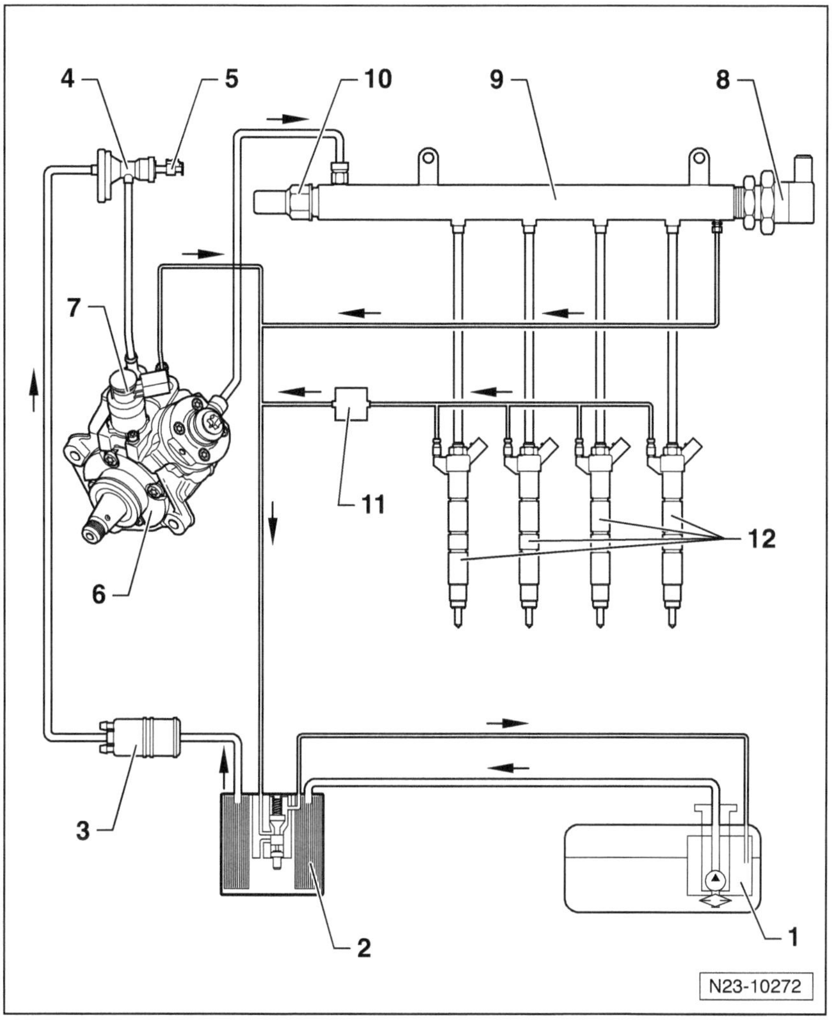

1 – **Kraftstofftank**
Mit elektrischer Kraftstoff-Vorförderpumpe.

2 – **Kraftstofffilter**
Mit Vorwärmmodul.

3 – **Zusatzkraftstoffpumpe**
Befindet sich im Motorraum unterhalb des Kühlmittel-Ausgleichbehälters.

4 – **Filtersieb**

5 – **Kraftstoff-Temperaturgeber**

6 – **Kraftstoff-Hochdruckpumpe**
Nach dem Erneuern muss eine Kraftstoff-Erstbefüllung vorgenommen werden. Durch »Trockenlauf« wird die Pumpe beschädigt.

7 – **Ventil für Kraftstoffdosierung**
Nicht öffnen, nicht ausbauen.

8 – **Regelventil, 80 Nm**
Für Kraftstoffdruck. Nicht wiederverwendbar.
Das Regelventil sorgt für konstanten Druck im Kraftstoffverteiler. Bei zu hohem Druck öffnet das Ventil und und ein Teil des Kraftstoffs gelangt über die Rücklaufleitung zurück in den Tank. Bei zu niedrigem Druck im Hochdruckkreis schließt das Ventil und dichtet die Kraftstoff-Hochdruckseite gegen die Niederdruckseite ab.

9 – **Rail-Element**
Hochdruckspeicher, Kraftstoffverteilerrohr.

10 – **Kraftstoff-Druckgeber, 100 Nm**

11 – **Druckhalteventil**
Das Druckhalteventil hat die Aufgabe, in den Kraftstoffrücklaufleitungen immer einen Restdruck (Steuermenge) von ca. 10 bar zu halten. Diese Steuermenge benötigen die Piezo-Injektoren (Einspritzventile) zur einwandfreien Funktion.
Das Druckhalteventil darf nur komplett mit den Krafstoffrücklaufleitungen erneuert werden.
Nach dem Austausch muss der Motor für ca. 2 Minuten im Leerlauf laufen, um das Kraftstoffsystem zu entlüften.

12 – **Piezo-Injektoren**
Einspritzventile.

Kraftstoffanlage

Zur Kraftstoffanlage zählen der Kraftstoffvorratsbehälter (Kraftstofftank), Kraftstoffpumpe, Saugstrahlpumpe und Kraftstoffleitungen sowie Kraftstoff- und Luftfilter.

Der Kraftstoffvorratsbehälter des TIGUAN ist vor der Hinterachse angeordnet und hat einen Inhalt von ca. 65 Litern. Der jeweilige Kraftstoffvorrat wird dem Fahrer im Kombiinstrument angezeigt. Über ein Entlüftungssystem wird der Tank belüftet. Die schädlichen Benzindämpfe der Tankentlüftung werden in einem Aktivkohlespeicher aufgefangen und dem Motor kontrolliert zur Verbrennung zugeführt.

Kraftstoff sparen beim Fahren

Wesentlichen Einfluss auf den Kraftstoffverbrauch hat die Fahrweise des Fahrzeuglenkers. Hier einige Tipps für den intelligenten Umgang mit dem Gaspedal:

- Nach dem Motorstart gleich losfahren, auch bei Frost.
- Motor abschalten bei voraussichtlichen Stopps über 40 Sekunden Dauer.
- Im höchstmöglichen Gang fahren.
- Möglichst gleichmäßige Geschwindigkeiten über längere Strecken fahren, hohe Geschwindigkeiten meiden. Vorausschauend fahren. Nicht unnötig bremsen.
- Keine unnötige Zuladung mitführen, Aufbauten am Fahrzeug, beispielsweise Dachgepäckträger, möglichst abbauen.
- Immer mit richtigem, nie mit zu niedrigem Reifendruck fahren.

Sicherheits- und Sauberkeitsregeln bei Arbeiten an der Kraftstoffversorgung

Bei Arbeiten an der Kraftstoffversorgung sind die folgenden Regeln zur Sicherheit und Sauberkeit sorgfältig zu beachten:

- Bei Arbeiten an der Kraftstoffanlage grundsätzlich die Fahrzeug-Batterie abklemmen. **Achtung:** Hinweise im Kapitel »Batterie aus- und einbauen« beachten.
- Verbindungsstellen und deren Umgebung vor dem Lösen gründlich reinigen.
- Ausgebaute Teile auf einer sauberen Unterlage ablegen und abdecken. Folie oder Papier verwenden. Keine fasernden Lappen benutzen!
- Geöffnete Bauteile sorgfältig abdecken beziehungsweise verschließen, wenn die Reparatur nicht umgehend ausgeführt wird.
- Ersatzteile erst unmittelbar vor dem Einbau aus der Verpackung nehmen. Nur saubere Teile einbauen.

Sicherheitsmaßnahmen bei Arbeiten am Kraftstoffsystem

Das Kraftstoffsystem steht unter Druck! Vor dem Lösen der Schlauchverbindungen den Druck abbauen. Dazu Tankdeckel kurz öffnen und wieder schließen. Einen dicken Putzlappen um die Verbindungsstelle legen. Schutzbrille aufsetzen und dann durch vorsichtiges Lösen der Verbindungsstelle den Druck abbauen. **Achtung:** Beim **Benzin-Direkteinspritz-Motor kann auf diese Weise nur der Druck im Niederdruckteil (bis ca. 4 – 6 bar) abgebaut werden. Zum Druckabbau im Hochdruckteil (bis ca. 120 bar) werden spezielle Werkstattgeräte benötigt.** Der Hochdruckteil reicht von der hinten am Zylinderkopf angeflanschten Hochdruckpumpe bis zu den Einspritzventilen. Beim **Dieselmotor** kann die Temperatur der Kraftstoffleitungen beziehungsweise des Kraftstoffes im Extremfall bis zu +100° C betragen. Vor dem Öffnen von Leitungsverbindungen Kraftstoff abkühlen lassen, da akute Verbrühungsgefahr besteht.

- **Kein offenes Feuer, nicht rauchen, keine glühenden oder sehr heißen Teile in die Nähe des Arbeitsplatzes bringen. Unfallgefahr! Feuerlöscher bereitstellen.**
- **Unbedingt für gute Belüftung des Arbeitsplatzes sorgen. Kraftstoffdämpfe sind giftig.**
- Schutzhandschuhe tragen.
- Schutzbrille tragen.

- Bei geöffneter Kraftstoffanlage möglichst nicht mit Druckluft arbeiten. Das Fahrzeug möglichst nicht bewegen.
- Keine silikonhaltigen Dichtmittel verwenden. Vom Motor angesaugte Spuren von Silikonbestandteilen werden im Motor nicht verbrannt und schädigen die Lambdasonden.
- Kraftstoffschläuche am Motor **nur** mit **Federbandschellen** sichern. **Klemm- oder Schraubschellen sind nicht zulässig.**
- Leitungen aller Art beim Einbau so verlegen, dass die ursprüngliche Leitungsführung wiederhergestellt ist. Auf ausreichenden Freigang zu beweglichen oder heißen Bauteilen achten.
- Darauf achten, dass kein Dieselkraftstoff auf die Kühlmittelschläuche läuft. Gegebenenfalls Schläuche sofort reinigen. Angegriffene Schläuche umgehend ersetzen.

Kraftstoffbehälter/Kraftstoffpumpe/Kraftstofffilter

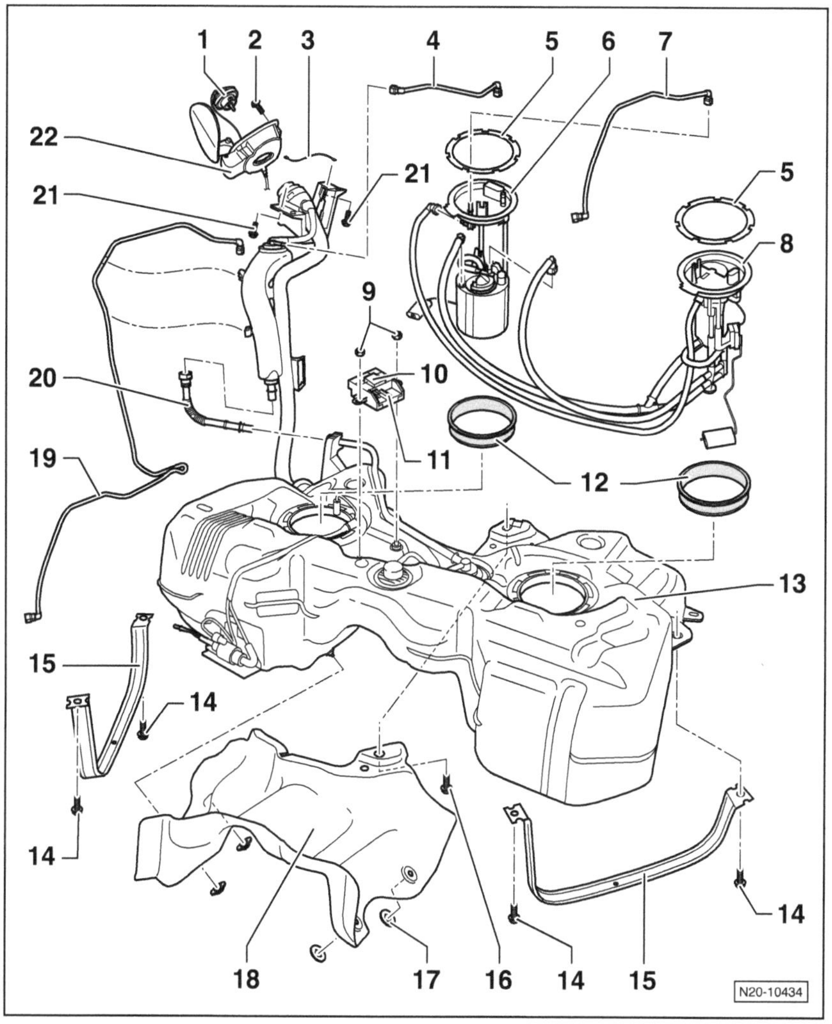

Hinweis: Die Abbildung zeigt den Kraftstoffbehälter (Tank) für den Benzinmotor.

1 – **Verschlussdeckel**
Dichtung bei Beschädigung ersetzen.

2 – **Schraube, 1,5 Nm**

3 – **Masseverbindung**
Auf festen Sitz prüfen.

4 – **Entlüftungsleitung**
Zum Aktivkohlebehälter. Auf festen Sitz achten.

5 – **Verschlussring, 110 Nm**

6 – **Kraftstoff-Fördereinheit**
Besteht aus Kraftstoffpumpe und Tankgeber. Sieb bei Verschmutzung reinigen. Einbaulage beachten, siehe Abbildung N20-104444..

7 – **Vorlaufleitung**
Zum Kraftstoffverteiler im Motorraum. Auf festen Sitz achten.

8 – **Tankgeber**
Mit Saugstrahlpumpe und integriertem Kraftstofffilter.

9 – **Muttern, 3,5 Nm**

10 – **Halter**
Für Steuergerät der Kraftstoffpumpe.

11 – **Steuergerät für Kraftstoffpumpe**

12 – **Dichtring***
Beim Einbau trocken in die Öffnung des Kraftstoffbehälters einsetzen.

13 – **Kraftstoffbehälter (Tank)**

14 – **Schrauben, 25 Nm**
Es dürfen nur Schrauben mit losen Unterlegscheiben verwendet werden. Dadurch wird ein Verdrehen der Spannbänder beim Festziehen vermieden.

15 – **Spannband**
Einbaulage beachten.
Achtung: Nur Schrauben mit losen Unterlegscheiben verwenden.

16 – **Schraube*, 20 Nm + 90°**

17 – **Klemmscheibe**

18 – **Wärmeschutzblech**

19 – **Entlüftungsleitung**
Seitlich am Kraftstoffbehälter eingeclipst. Auf festen Sitz achten.

20 – **Entlüftungsleitung**
Auf festen Sitz achten.

21 – **Schrauben*,8 Nm + 90°**

22 – **Tankklappen-Einheit**
Mit Gummitopf.

---

*) Immer ersetzen.

Einbaulage der Flansche von Kraftstofffördereinheit –3– und Kraftstoffvorratsgeber 2 (Tankgeber 2) –2–

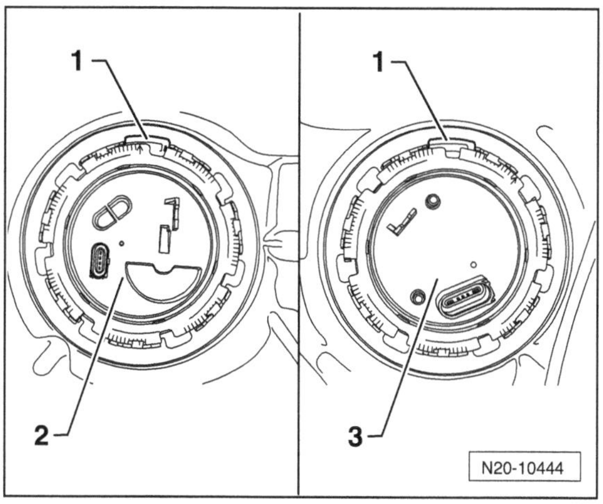

Die Lasche –1– zeigt jeweils in Fahrtrichtung. Die Pfeile auf den Verschlussringen brauchen nicht beachtet zu werden.

Kraftstoff-Fördereinheit aus- und einbauen

Die Kraftstoffpumpe befindet sich zusammen mit dem Tankgeber 1 in der rechten Hälfte des Kraftstofftanks.

Der Tankgeber besteht aus einem Schwimmer und einem Potentiometer. Mit sinkendem Kraftstoffspiegel sinkt auch der Schwimmer des Tankgebers ab. Ein mit dem Schwimmer verbundenes Potentiometer erhöht dabei den elektrischen Widerstand des Gebers. Dadurch sinkt die Spannung am Anzeigeinstrument, und der Zeiger der Kraftstoff-Vorratsanzeige geht in Richtung »leer« zurück.

Sicherheitshinweis
Das Kraftstoffsystem steht unter Druck. Daher Schutzbrille und Schutzhandschuhe tragen. Beim Ausbau der Kraftstoffpumpe kann etwas Kraftstoff austreten. Kraftstoffdämpfe sind giftig und feuergefährlich, deshalb auf besonders gute Belüftung des Arbeitsplatzes achten. Hautkontakt mit Kraftstoff vermeiden. Kein offenes Feuer, Brandgefahr! Feuerlöscher bereitstellen.

Vor Ausbau von Kraftstoffpumpe und Tankgeber denTank möglichst leer fahren. Der Tank darf maximal zur Hälfte gefüllt sein. Wenn mehr Krafttstoff im Tank ist, muss dieser vor Ausbau der Fördereinheit abgesaut werden. Zur Belüftung des Arbeitsplatzes kann ein Radiallüfter verwendet werden, **dessen Motor außerhalb des Luftstromes liegt und der über ein Mindest-Fördervolumen von 15 m³/h verfügt.**

Ausbau

- Batterie-Massekabel (–) bei ausgeschalteter Zündung abklemmen. **Achtung:** Hinweise im Kapitel »Batterie aus- und einbauen« durchlesen.
- Rücksitzbank ausbauen, siehe Seite 241.
- Abdeckung der Kraftstoff-Fördereinheit ausbauen.
- Steckverbindung auf festen Sitz prüfen. Dazu am Stecker ziehen ohne die Verriegelung zu drücken. War der Stecker nicht richtig gesteckt, kann dadurch ein Fehler verursacht worden sein.

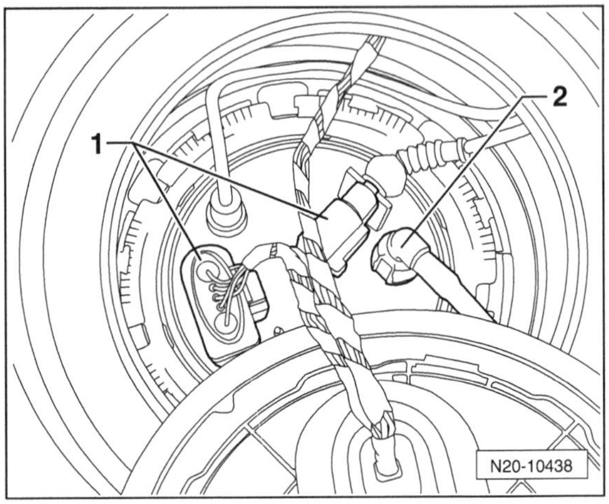

- Anschlussstecker –1– für Kraftstoffleitung –2– vom rechten Flansch, in Fahrtrichtung gesehen, vorsichtig von Hand oder mit Hilfe eines kleinen Schraubendrehers entriegeln und abziehen.

Sicherheitshinweis
Die Kraftstoffvorlaufleitung steht unter Druck! Vor dem Lösen der Schlauchverbindungen dicken Putzlappen um die Verbindungsstelle legen. Dann durch vorsichtiges Abziehen des Schlauches den Druck abbauen. **Schutzbrille tragen.**

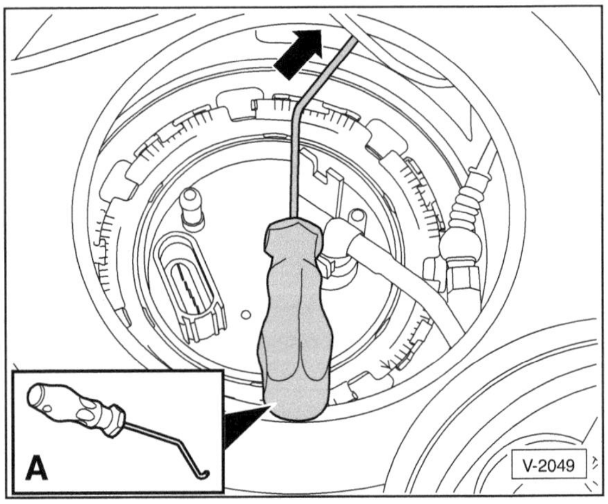

- Stecker –Pfeil– am Steuergerät der Kraftstoffpumpe entriegeln und mit dem Haken –A– abziehen. Die Fachwerkstatt verwendet dazu den Haken VW-T10118.

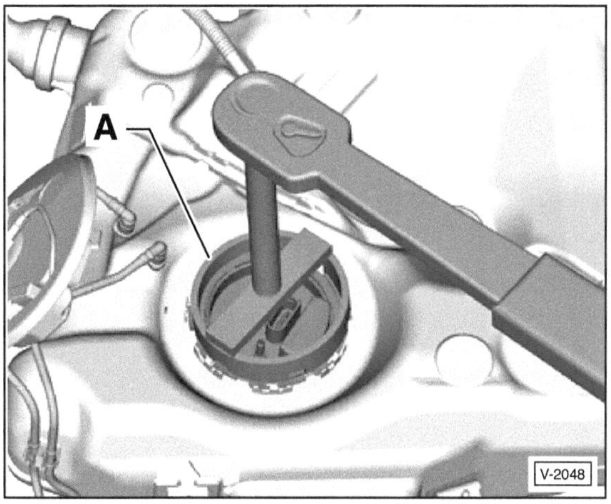

- Verschlussring mit dem Spezialwerkzeug –A–, zum Beispiel VW-T10202, lösen und abschrauben.
- Fördereinheit etwas anheben und den Dichtring aus der Öffnung des Kraftstoffbehälters herausnehmen.

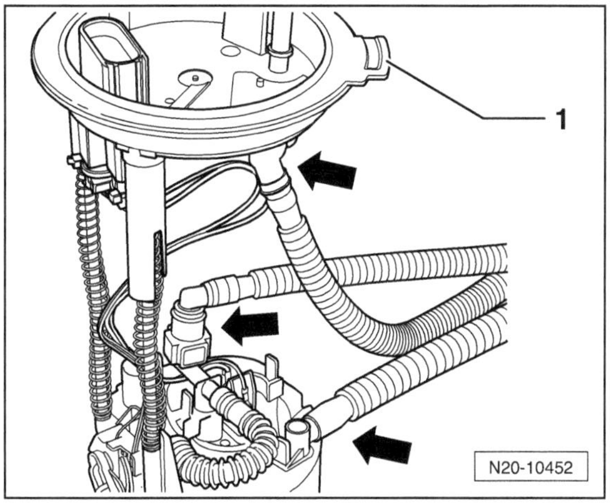

- Kraftstoffschläuche der Fördereinheit –Pfeile– entriegeln und Fördereinheit aus dem Tank herausziehen. **Achtung:** Dabei kann Kraftstoff heruntertropfen, deshalb dicken Lappen unterlegen.
- Fördereinheit in geeignetem Auffanggefäß ablegen. **Hinweis:** Falls die Fördereinheit ersetzt wird, alte Fördereinheit vollständig entleeren und entsorgen.

Einbau

- Kraftstoff-Fördereinheit in den Kraftstoffbehälter einsetzen, dabei darauf achten, dass der Arm des Tankgebers nicht verbogen wird.
- Dichtring für Verschlussflansch trocken in die Öffnung des Kraftstoffbehälters einsetzen und nur zur Montage der Kraftstoff-Fördereinheit mit Kraftstoff benetzen.
- Einbaulage der Kraftstoff-Fördereinheit prüfen: Die Lasche –1– auf dem Verschlussflansch muss in Fahrtrichtung zeigen. Der Flansch kann nur in dieser Stellung eingebaut werden.
- Er weitere Einbau erfolgt in umgekehrter Ausbaureihenfolge. Verschlussring mit **110 Nm** festziehen.

Achtung: Festen Sitz der Steckkupplungen immer durch Gegenziehen prüfen.

Saugstrahlpumpe aus- und einbauen

Aufgrund der Platzbedürfnisse des Allradantriebs ist der Kraftstoffbehälter des TIGUAN zweigeteilt. In der rechten Tankhälfte befindet sich die Kraftstoff-Fördereinheit, die den Kraftstoff vom Tank zum Motor beziehungsweise zur Einspritzanlage pumpt. Die Saugstrahlpumpe in der linken Tankhälfte hat die Aufgabe, den Kraftstoff zur rechten Tankhälfte und somit zur Kraftstoff-Fördereinheit zu pumpen.

Geprüft werden muss die Saugstrahlpumpe, wenn der Motor durch Kraftstoffmangel ausgeht, obwohl die Tankanzeige noch einen ¼ gefüllten Kraftstoffbehälter anzeigt.

Ausbau

- Rücksitzbank ausbauen, siehe Seite 241.
- Kraftstoff-Fördereinheit ausbauen, siehe entsprechendes Kapitel.
- Steckverbindung auf festen Sitz prüfen. Dazu am Stecker ziehen ohne die Verriegelung zu drücken. War der Stecker nicht richtig gesteckt, kann dadurch ein Fehler verursacht worden sein.

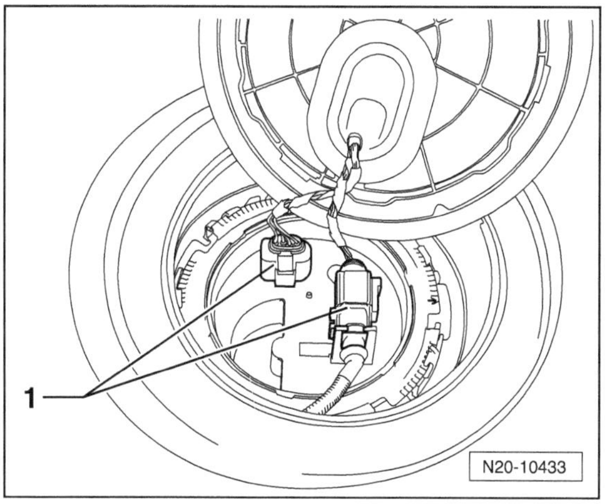

- Stecker –1– vom linken Flansch abziehen.
- Verschlussring öffnen, siehe Abbildung V-2048.
- Flansch zusammen mit dem Tankgeber aus dem Tank herausziehen.
- Prüfen, ob die Kraftstoffleitungen an der Saugstrahlpumpe fest aufgesteckt und nicht beschädigt sind.
- Saugstrahlpumpe zusätzlich auf eventuelle Verunreinigungen prüfen.

Einbau

- Flansch mit Saugstrahlpumpe und Tankgeber in den Kraftstoffbehälter einsetzen, dabei darauf achten, dass der Arm des Tankgebers nicht verbogen wird.
- Dichtring für Verschlussflansch trocken in die Öffnung des Kraftstoffbehälters einsetzen und nur die Innenseite (Anlage an Flansch) mit Kraftstoff benetzen.
- Einbaulage der Flansche prüfen: Die Lasche auf dem Verschlussflansch muss in Fahrtrichtung zeigen, siehe Abbildung N20-10444 auf Seite 204.
- Er weitere Einbau erfolgt in umgekehrter Ausbaureihenfolge. Verschlussring mit **110 Nm** festziehen.

Achtung: Festen Sitz der Steckkupplungen immer durch Gegenziehen prüfen.

Tankgeber aus- und einbauen

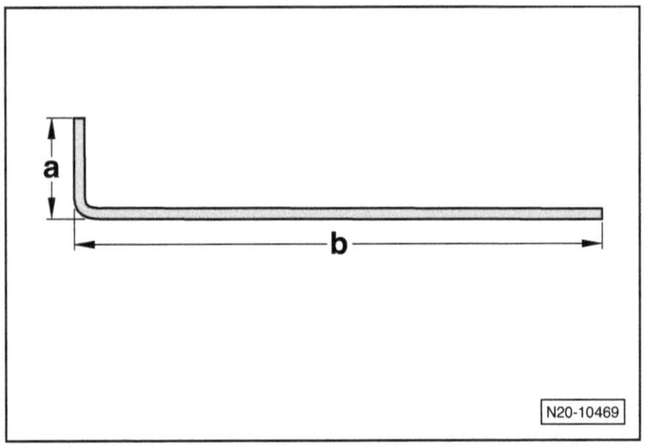

- Als Hilfswerkzeug wird ein Haken mit den Maßen a = 10 mm und b = 70 mm benötigt. Der Haken kann aus einem Schweißdraht mit einer Stärke von 2 mm angefertigt werden.

Tankgeber 1

Der Tankgeber 1 sitzt, in Fahrtrichtung gesehen, in der rechten Tankhälfte an der Kraftstoff-Fördereinheit.

Ausbau

- Kraftstoff-Fördereinheit ausbauen, siehe entsprechendes Kapitel.

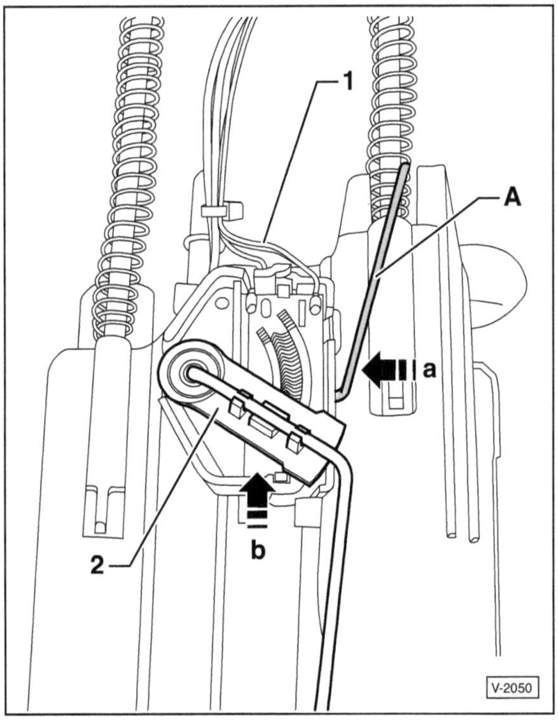

- Stecker der Leitungen –1– für den Tankgeber –2– entriegeln und abziehen.

- Haken –A– in Pfeilrichtung –a– in die Aussparung unter dem Geber –2– drücken.
- Tankgeber –2– gleichzeitig in Pfeilrichtung –b– von den Führungen herunterschieben.

Einbau

- Tankgeber in die Führungen an der Kraftstoff-Fördereinheit einsetzen und bis zum Einrasten nach unten drücken.
- Stecker anklemmen und einrasten.
- Kraftstoff-Fördereinheit einbauen, siehe entsprechendes Kapitel.

Tankgeber 2

Der Tankgeber 2 sitzt, in Fahrtrichtung gesehen, in der linken Tankhälfte an der Saugstrahlpumpe.

Ausbau

- Saugstrahlpumpe ausbauen, siehe entsprechendes Kapitel.

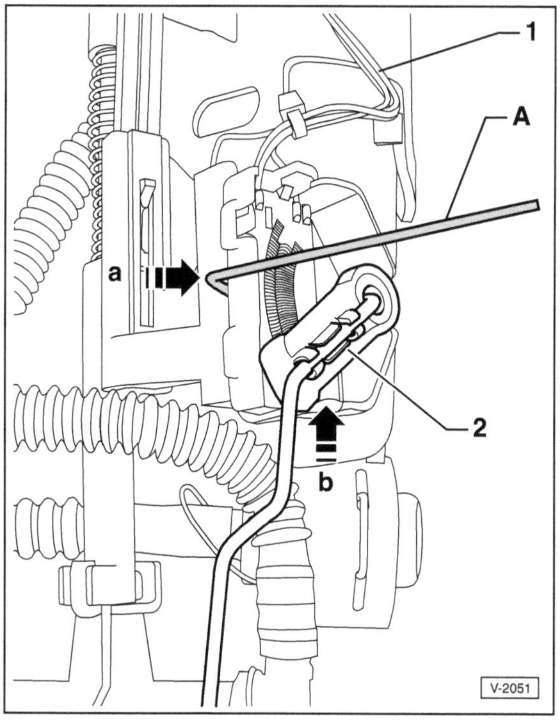

- Stecker der Leitungen –1– für den Tankgeber –2– entriegeln und abziehen.
- Haken –A– in Pfeilrichtung –a– in die Aussparung unter dem Geber –2– drücken.
- Tankgeber –2– gleichzeitig in Pfeilrichtung –b– von den Führungen herunterschieben.

Einbau

- Tankgeber in die Führungen an der Kraftstoff-Fördereinheit einsetzen und bis zum Einrasten nach unten drücken.
- Stecker anklemmen und einrasten.
- Saugstrahlpumpe einbauen, siehe entsprechendes Kapitel.

Abgasanlage

Aus dem Inhalt:

- Katalysator- und Filtersysteme
- Abgasturbolader
- Abgasanlagen-Übersicht
- Abgasanlage demontieren
- Abgasanlage prüfen

Die Abgasanlage besteht beim Benzinmotor aus Abgaskrümmer, Abgas-Turbolader, vorderem Abgasrohr mittlerem Abgasrohr mit Mittelschalldämpfer, Nachschalldämpfer und Endrohren. Jeweils zwei Lambdasonden, die direkt vor und hinter dem Katalysator eingeschraubt sind, dienen zur Abgasregelung. Die Abgasanlage des Dieselmotors ist zusätzlich mit einem Partikelfilter bestückt, der sich zusammen mit dem Katalysator in einem Gehäuse befindet.

Bei einer Reparatur lassen sich sämtliche Teile der Abgasanlage einzeln auswechseln.

Katalysatorschäden vermeiden

Um Beschädigungen am Katalysator zu vermeiden, sind folgende Hinweise unbedingt zu beachten:

Benzinmotor

- Grundsätzlich nur **bleifreies** Benzin tanken.
- Das Anlassen des Motors durch **Anschieben** oder Anschleppen darf nur in **einem** Versuch über eine Strecke von etwa 50 Metern erfolgen. Besser: Starthilfekabel verwenden. Unverbrannter Kraftstoff könnte bei einer Zündung zur Überhitzung des Katalysators und zu seiner Zerstörung führen. Ist der Motor **betriebswarm**, darf er **nicht** angeschoben oder angeschleppt werden.
- Treten Zündaussetzer auf, hohe Motordrehzahlen vermeiden und Fehler umgehend beheben.
- Nur die vorgeschriebenen Zündkerzen verwenden.
- Keine Funkenprüfung ohne ausreichende Masseverbindung durchführen.
- Es darf kein Zylindervergleich (Balancetest) durch Zündabschaltung eines Zylinders durchgeführt werden. Bei Zündabschaltung der einzelnen Zylinder – auch über Motortester – gelangt unverbrannter Kraftstoff in den Katalysator.

Benzin- und Dieselmotor

- Keinen Unterbodenschutz auf Abgasrohre auftragen.
- Die Hitzeschilde der Abgasanlage nicht verändern.
- Bei Startschwierigkeiten nicht unnötig lange den Anlasser betätigen. Während des Anlassens wird permanent Kraftstoff eingespritzt. Fehlerursache ermitteln und beseitigen.
- Kraftstofftank nie ganz leer fahren.
- Beim Ein- oder Nachfüllen von Motoröl besonders darauf achten, dass auf keinen Fall die Maximum-Markierung am Ölmessstab (obere Markierung) überschritten wird. Das überschüssige Öl gelangt sonst aufgrund unvollständiger Verbrennung in den Katalysator und kann das Edelmetall beschädigen oder den Katalysator vollständig zerstören.

Aufbau des Katalysators

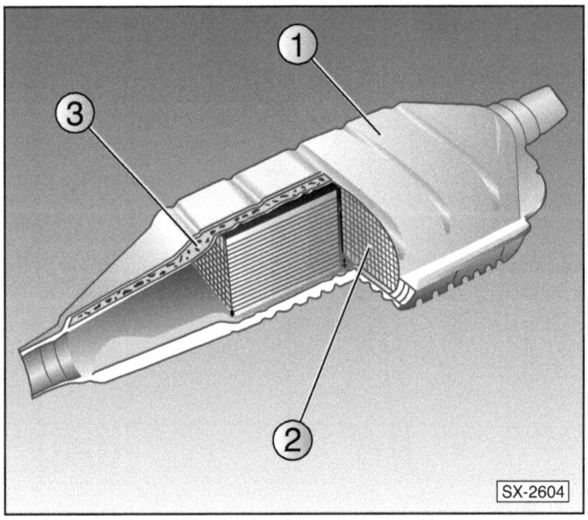

Der Katalysator dient zur Abgasumwandlung. Er besteht aus einem Keramik-Wabenkörper –2–, der mit einer Trägerschicht überzogen ist. Auf der Trägerschicht befinden sich Edelmetallsalze, die den Umwandlungsprozess bewirken. Im Gehäuse –1– wird der Katalysator durch eine Isolations-Stützmatte –3– fixiert, die außerdem Wärmeausdehnungen ausgleicht.

In Verbindung mit der elektronischen Benzin-Einspritzanlage und der oder den Lambdasonde(n) wird die Kraftstoffmenge für die Verbrennung so dosiert, dass der Katalysator die Schadstoffe optimal reduzieren kann.

Der Diesel-Katalysator wandelt die im Abgas befindlichen giftigen Kohlenmonoxide und Kohlenwasserstoffverbindungen in Kohlendioxid (CO_2) und Wasser (H_2O) um. Außerdem vermindert sich der dieseltypische Abgasgeruch.

Der höhere Anteil von Stickoxiden (NOX) im Abgas des Dieselmotors wird durch ein zusätzliches Abgas-Rückführungssystem (ARF) auf geringem Niveau gehalten.

Abgas-Turbolader

Alle Dieselmotoren wie auch die TSI-Benzinmotoren sind mit einem Abgas-Turbolader ausgerüstet.

Beim Turbolader sitzen zwei Turbinenräder auf einer Welle, die in zwei voneinander getrennten Gehäusen untergebracht sind. Für den Antrieb der Turbinenräder sorgen die Abgase. Sie bringen die Laderwelle auf bis zu 300.000 Umdrehungen in der Minute. Und da Abgas- und Frischluftrotor auf gleicher Welle sitzen, wird mit gleicher Drehzahl Frischluft in die Zylinder gedrückt. Zur Schmierung ist der Lader an den Ölkreislauf des Motors angeschlossen, beim Benziner wird er zusätzlich durch das Kühlmittel gekühlt.

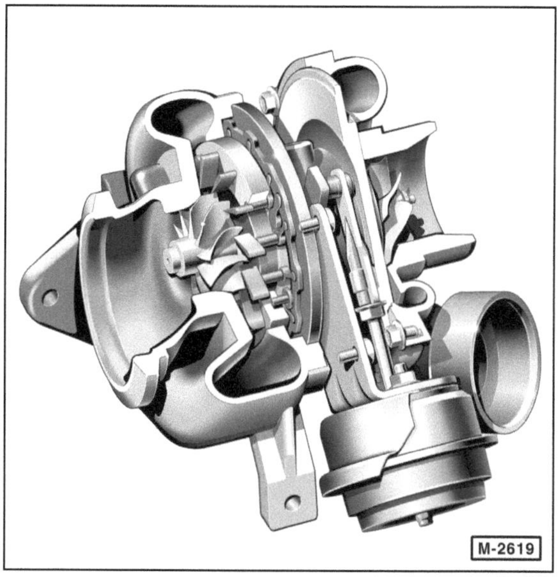

Der VTG-Turbolader (VTG = Variable Turbinen-Geometrie) besitzt verstellbare Leitschaufeln, die vom Motor-Steuergerät über ein Magnetventil und eine Unterdruckdose stufenlos geregelt werden. Dadurch kann bei allen Drehzahlen der optimale Ladedruck erzeugt werden, was zu einem höheren Drehmoment und auch zu mehr Leistung führt.

Zwischen Turbolader und Einlasskanal des Motors befindet sich ein Ladeluftkühler, der die vorverdichtete Luft abkühlt. Das erhöht die Motorleistung, weil kühle Luft durch die höhere Luftdichte einen höheren Sauerstoffanteil besitzt.

Der Lader ist ein äußerst präzise hergestelltes Bauteil. Daher wird er in der Regel bei einem Defekt komplett ausgetauscht.

Diesel-Partikelfilter

Der Diesel-Partikelfilter filtert die bei der Verbrennung im Motor entstehenden Rußpartikel aus dem Abgas heraus. Dabei werden die Rußpartikel zunächst im Wabensystem des Filters gesammelt und anschließend in einem separaten Vorgang rückstandslos verbrannt.

Achtung: Fahrzeuge mit Diesel-Partikelfilter dürfen nicht mit **Bio-Diesel** (RME nach DIN EN 14214) gefahren werden.

Für die TIGUAN-Motoren wird ein »katalytisches Filtersystem« verwendet, das ohne zusätzliche Kraftstoff-Additive auskommt. Damit der Diesel-Partikelfilter durch die angelagerten Rußpartikel mit der Zeit nicht verstopft und dadurch in seiner Funktion beeinträchtigt wird, muss er regelmäßig regeneriert werden. Dabei wird zwischen passiver und aktiver Regeneration unterschieden.

Passive Regeneration: Die Rußpartikel werden während des normalen Motorbetriebes kontinuierlich verbrannt. Bei Abgastemperaturen von +350° – +500° C, beispielsweise bei Autobahnfahrten, werden die Rußpartikel durch chemische Reaktion mit dem im Abgas enthaltenen Stickstoffoxid (NO_X) zu Kohlendioxid (CO_2) umgewandelt. Dieser Vorgang erfolgt langsam und kontinuierlich und wird über die innere Platin-Beschichtung des Filters in Gang gesetzt.

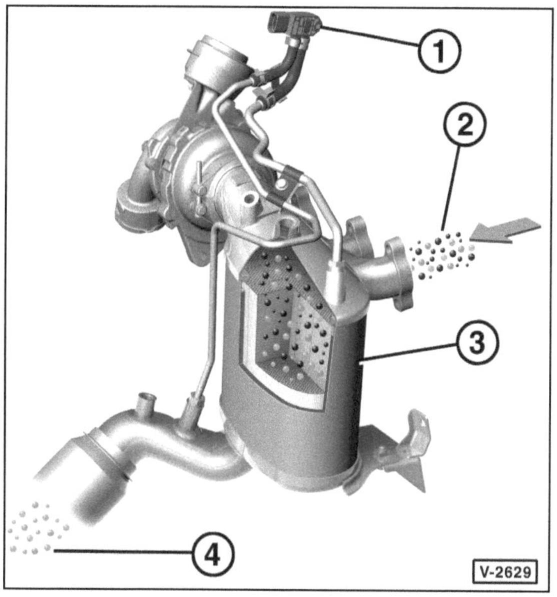

1 – Drucksensor
2 – Abgas mit Rußpartikeln
3 – Diesel-Partikelfilter
4 – Abgas ohne Rußpartikel

Aktive Regeneration: Der Drucksensor –1– vergleicht den Abgasdruck vor und nach dem Partikelfilter –3–. Hoher Druckunterschied deutet darauf hin, dass der Filter zum Verstopfen neigt. In diesem Fall wird die aktive Filter-Regeneration eingeleitet. In der Regel geschieht das dann, wenn die Abgastemperaturen für die passive Regeneration des Filters zu niedrig sind, zum Beispiel bei häufigem Stadtverkehr. Für die aktive Regeneration verändert das Motor-Steuergerät den Einspritzvorgang und erhöht dadurch die Abgastemperatur auf +600° – +650° C. Bei dieser Temperatur werden die Rußpartikel zu Kohlendioxid (CO_2) verbrannt. Der aktive Regenerationsvorgang dauert ca. 10 Minuten und wird vom Fahrer in der Regel nicht bemerkt.

SCR-System

Um bessere Abgaswerte zu erzielen, kommt beim 2,0-l-Dieselmotor »TDI-SCR« das SCR-System zum Einsatz. **SCR** = **s**elective **c**atalytic **r**eduction = selektive katalytische Reduktion. Selektiv bedeutet, es werden speziell die Stickoxide aus dem Abgas entfernt.

Das SCR-System besteht aus der AdBlue-Flüssigkeit, dem Vorratsbehälter, der Förderpumpe, dem Dosierventil und dem SCR-Katalysator. Der SCR-Katalysator befindet sich in der Abgasanlage hinter dem Diesel-Partikelfilter.

AdBlue ist eine wässrige Harnstofflösung, die entsprechend der Abgasmenge durch eine Dosierpumpe in das Abgasrohr vor den SCR-Katalysator eingespritzt wird. Dort wandelt sich die Flüssigkeit in Ammoniak und CO_2 um. Durch die Zugabe von Ammoniak (NH_3) werden im SCR-Katalysator bei entsprechender Temperatur die Stickoxide (NO_x) im Abgas zu Stickstoff (N_2) und Wasser (H_2O) reduziert.

Das SCR-System hat zusätzlich den Vorteil, dass der Kraftstoffverbrauch je nach Fahrweise zwischen 3 und 8 % sinkt. Andrerseits wird ein zusätzlicher Tank für die AdBlue-Flüssigkeit benötigt.

Reduktionsmitteltank

Der Vorratsbehälter für die AdBlue-Flüssigkeit (32,5-prozentige, wässrige Harnstofflösung) befindet sich unter der Reserveradmulde. Über eine Intank-Fördereinheit wird die AdBlue-Flüssigkeit zum Dosierventil am Abgasrohr gefördert.

Beim TIGUAN befindet sich der SCR-Katalysator im Abgasstrom hinter dem Dieselpartikelfilter. Je nach Betriebszustand des Motors wird durch das Dosierventil die entsprechende Menge AdBlue-Reduktionsmittel eingespritzt und im Mischer mit dem Abgasstrom vermischt. Die Einspritzmenge wird vom Motorsteuergerät bestimmt.

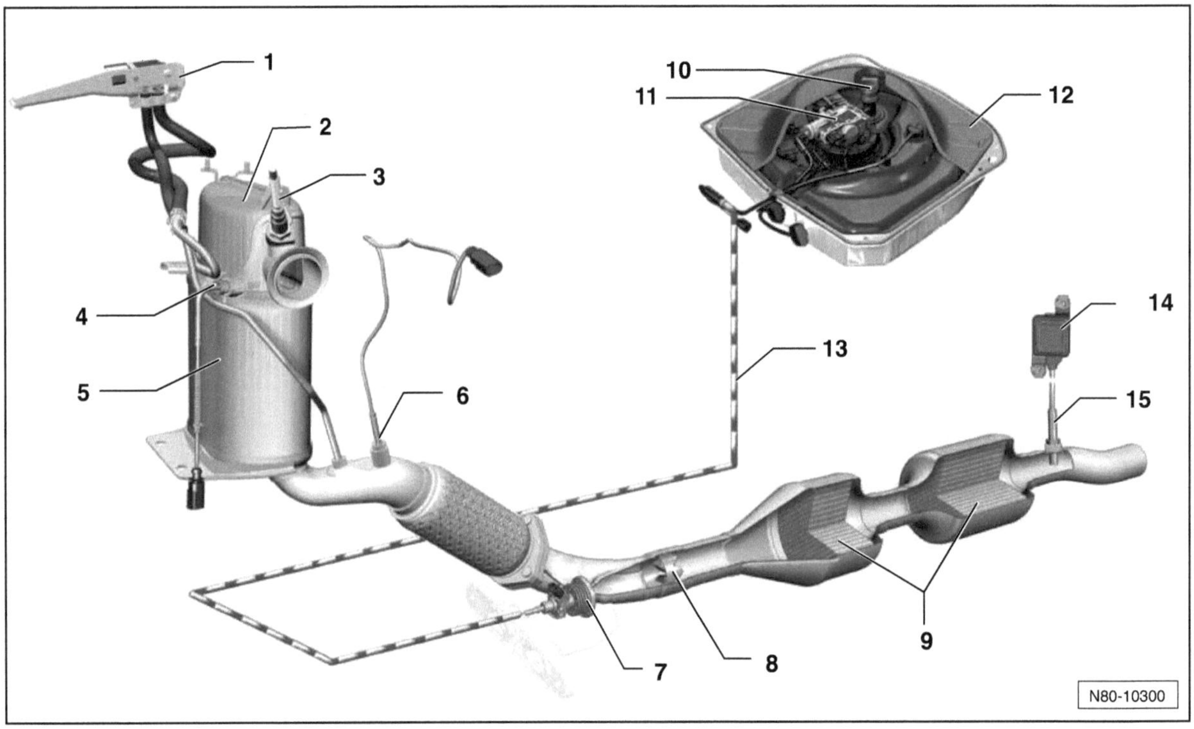

1 – Differenzdrucksensor
2 – Oxidationskatalysator
3 – Lambdasonde
4 – Abgas-Temperaturgeber 1
5 – Diesel-Partikelfilter
6 – Abgas-Temperaturgeber 2
7 – Dosierventil für Reduktionsmittel AdBlue
8 – Mischer
9 – SCR-Katalysator
10 – Einfülldeckel
11 – Fördereinheit für Reduktionsmittel AdBlue
12 – Reduktionsmittel-Tank
13 – Reduktionsmittelleitung
14 – Steuergerät für NO_X-Geber
15 – NO_X-Geber

Abgasanlagen-Übersicht

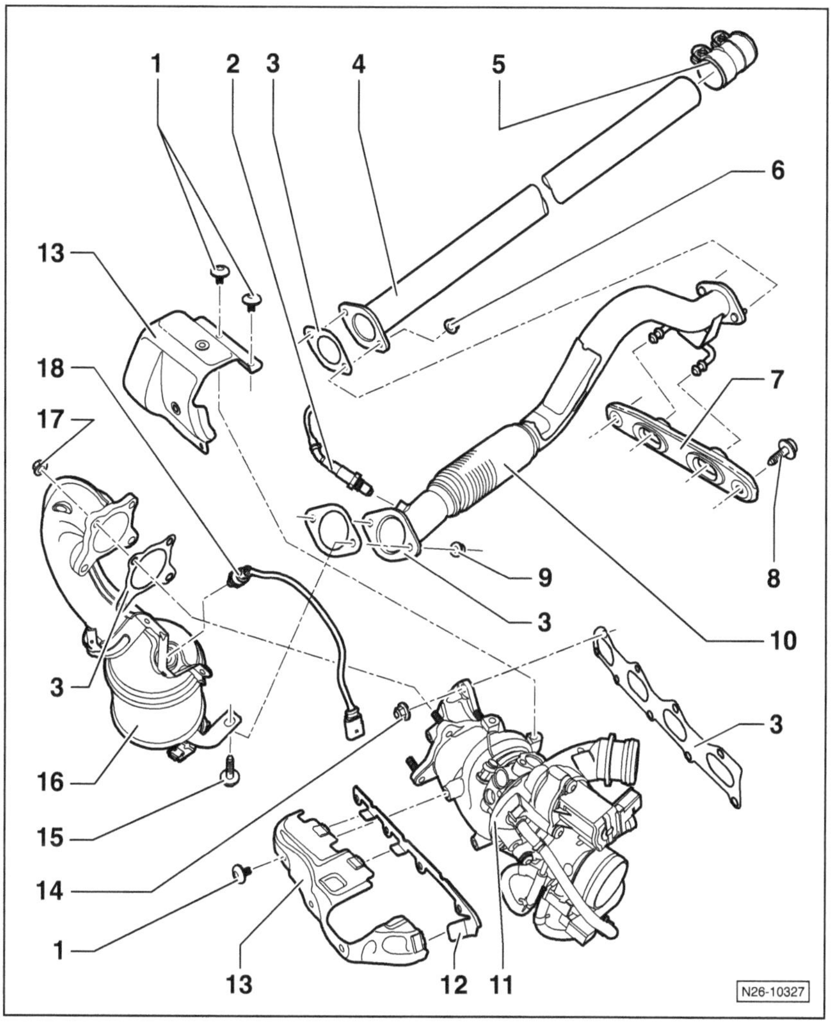

1,4-l-Benzinmotor 90 kW

1 – **Schrauben, 10 Nm**
Beim Einbau zunächst handfest anziehen.

2 – **Lambdasonde 2 [2], 50 Nm**
Nach dem Katalysator.

3 – **Dichtung [1]**

4 – **Mittleres Abgasrohr**

5 – **Klemmhülse, 25 Nm**

6 – **Mutter [1], 25 Nm**

7 – **Aufhängung**
Bei Beschädigung ersetzen.

8 – **Schraube, 25 Nm**

9 – **Mutter [1], 25 Nm**

10 – **Vorderes Abgasrohr**
Mit Entkoppelungselement.

11 – **Abgasturbolader**
Kann nur zusammen mit dem Abgaskrümmer ersetzt werden.

12 – **Halter**

13 – **Wärmeschutzblech**
Ohne Vorspannung einbauen.

14 – **Mutter [1], 20 Nm**
Vor dem Einbau die Stiftschrauben des Abgaskrümmers mit Heißschraubenpaste einstreichen.

15 – **Schraube [1][3], 25 Nm**

16 – **Katalysator [3]**

17 – **Mutter [1], 23 Nm**
Vor dem Einbau die Stiftschrauben des Turboladers mit Heißschraubenpaste einstreichen.

18 – **Lambdasonde 1 [2], 50 Nm**
Vor dem Katalysator.

---

[1]) Immer ersetzen.

[2]) Nur Gewinde mit VW-»G 052 112 A3« fetten. Das Fett darf nicht auf Schlitze kommen. Dichtring bei Undichtigkeiten aufkneifen und ersetzen.

[3]) Beim Einbau Clips verwenden, siehe Abbildung N26-10366 auf Seite 217.

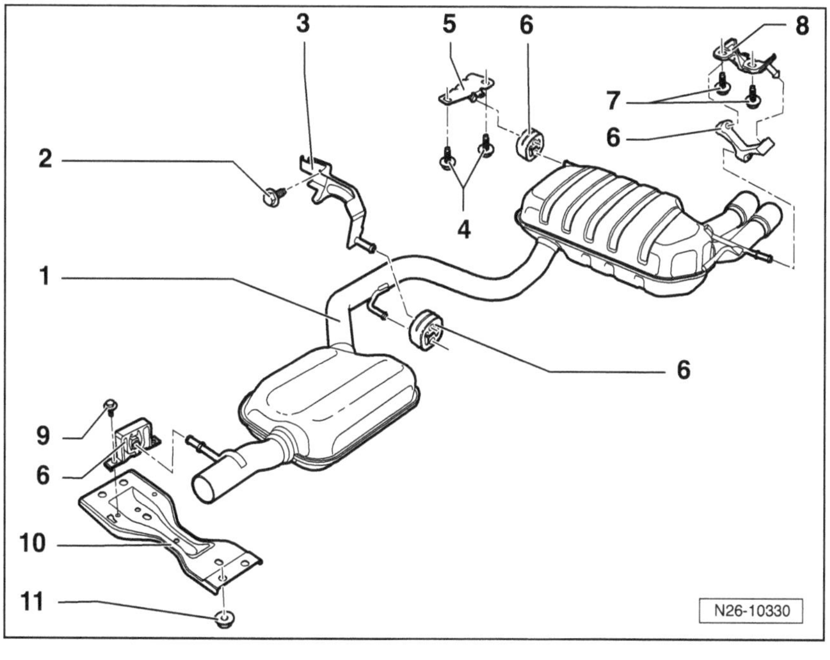

1,4-l-Benzinmotor 90/110/118 kW

1 – **Abgasrohr mit Mittel- und Nachschalldämpfer**

2 – **Schraube, 20 Nm**

3 – **Halter**

4 – **Schrauben, 25 Nm**

5 – **Halter**

6 – **Aufhängung**

7 – **Schrauben, 25 Nm**

8 – **Halter**

9 – **Schraube, 25 Nm**

10 – **Tunnelbrücke**

11 – **Mutter, 25 Nm**

2,0-l-Benzinmotor 125/147 kW

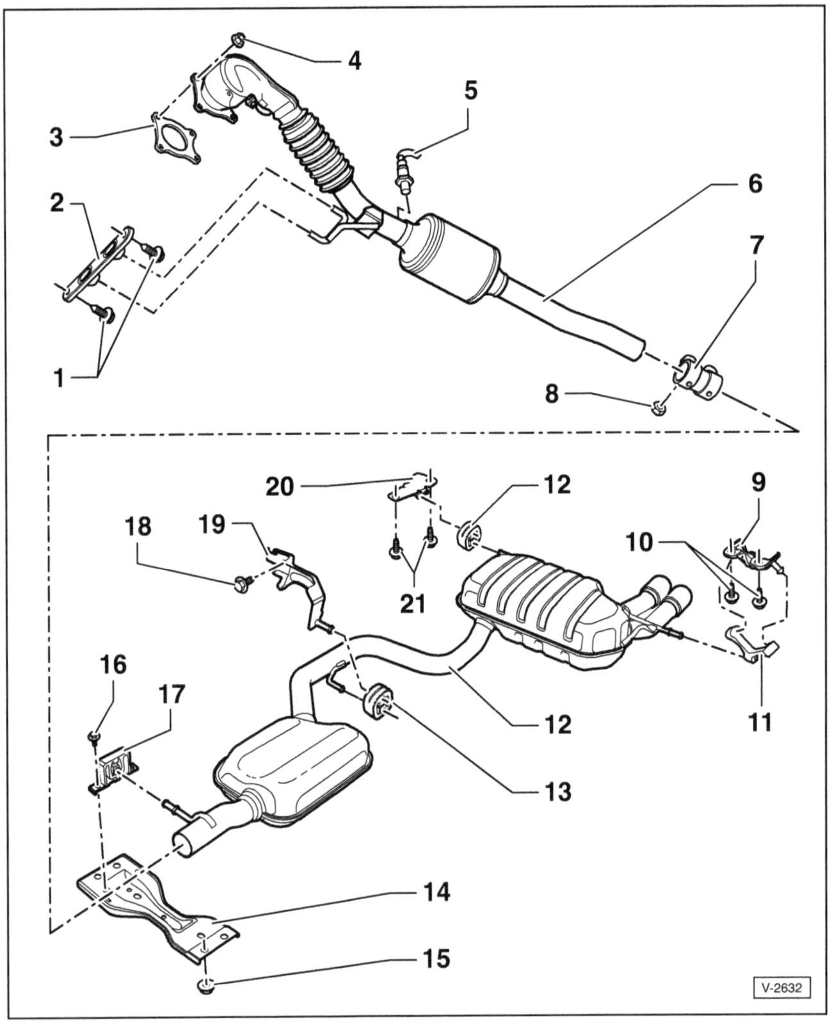

1 – **Schrauben, 25 Nm**

2 – **Aufhängung**
Bei Beschädigung ersetzen.

3 – **Dichtung**[1)]

4 – **Mutter** [1)], **40 Nm**
Vor dem Einbau die Stiftschrauben des Abgaskrümmers mit Heißschraubenpaste einstreichen.

5 – **Lambdasonde** [2)], **55 Nm**
Vor dem Katalysator.

6 – **Vorderes Abgasrohr**
Mit Katalysatoren und Entkopplungselement. **Achtung:** Entkopplungselement nicht mehr als 10° biegen oder knicken, nicht auf Zug beanspruchen – Beschädigungsgefahr. Drahtgeflecht nicht beschädigen. Katalysator vor Stoß- und Schlagbeanspruchung schützen.

7 – **Klemmhülse vorn**

8 – **Mutter**
Anzugsdrehmoment: **25 Nm**,
bei durchgehender Schelle **35 Nm**.

9 – **Halter**

10 – **Schrauben, 25 Nm**

11 – **Aufhängung**

12 – **Abgasrohr mit Mittel- und Nachschalldämpfer**

13 – **Aufhängung**

14 – **Tunnelbrücke**

15 – **Mutter, 25 Nm**

16 – **Schraube, 25 Nm**

17 – **Aufhängung**

18 – **Schraube, 20 Nm**

19 – **Halter**

20 – **Halter**

21 – **Schrauben, 25 Nm**

---

1) Immer ersetzen.

2) Nur Gewinde mit VW-»G 052 112 A3« fetten. Das Fett darf nicht auf Schlitze kommen. Dichtring bei Undichtigkeiten aufkneifen und ersetzen.

2,0-l-Dieselmotor

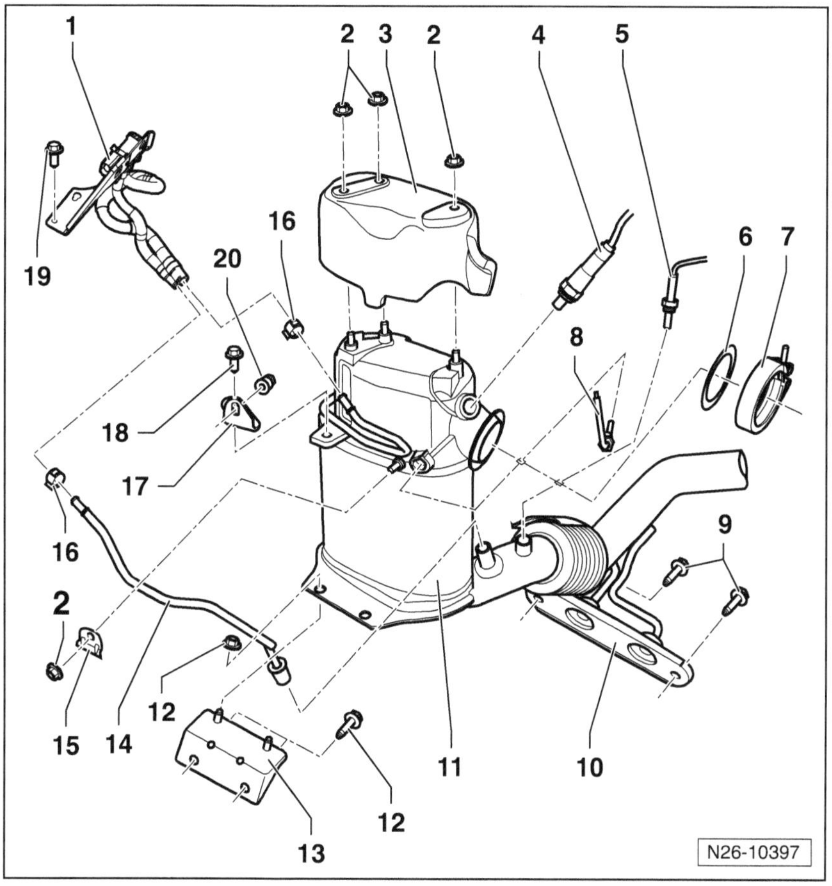

1 – **Differenzdruckgeber**

2 – **Muttern, 10 Nm**

3 – **Abschirmung**

4 – **Lambdasonde [1], 50 Nm**

5 – **Abgastemperaturgeber 4 [2], 60 Nm**

6 – **Dichtung [3]**
Einbaulage beachten.

7 – **Schelle, 7 Nm**

8 – **Abgastemperaturgeber 3 [2], 60 Nm**

9 – **Schrauben,25 Nm**

10 – **Aufhängung**
Bei Beschädigung ersetzen.

11 – **Partikelfilter**
Mit Oxidationskatalysator und Abgasvorrohr.
Muss nach dem Ersetzen mit dem Diagnosetester angepasst werden.

12 – **Muttern, 25 Nm**

13 – **Halter**
Am Motorblock festgeschraubt.

14 – **Steuerleitung, 45 Nm**
Bei Fahrzeugen ohne Steuerleitung ist die Öffnung mit einem Blindstopfen verschlossen.

15 – **Halter**
Am Partikelfilter festgeschraubt.

16 – **Klemmschelle [3]**

17 – **Halter**
Am Motorblock festgeschraubt.

18 – **Schraube, 25 Nm**

19 – **Schraube, 8 Nm**

20 – **Mutter, 25 Nm**

---

[1]) Nur Gewinde mit VW-»G 052 112 A3« fetten. Das Fett darf nicht auf Schlitze kommen. Dichtring bei Undichtigkeiten aufkneifen und ersetzen.

[2]) Das Gewinde eines neuen Gebers ist beschichtet. Nicht zusätzlich ölen oder fetten.

[3]) Immer ersetzen.

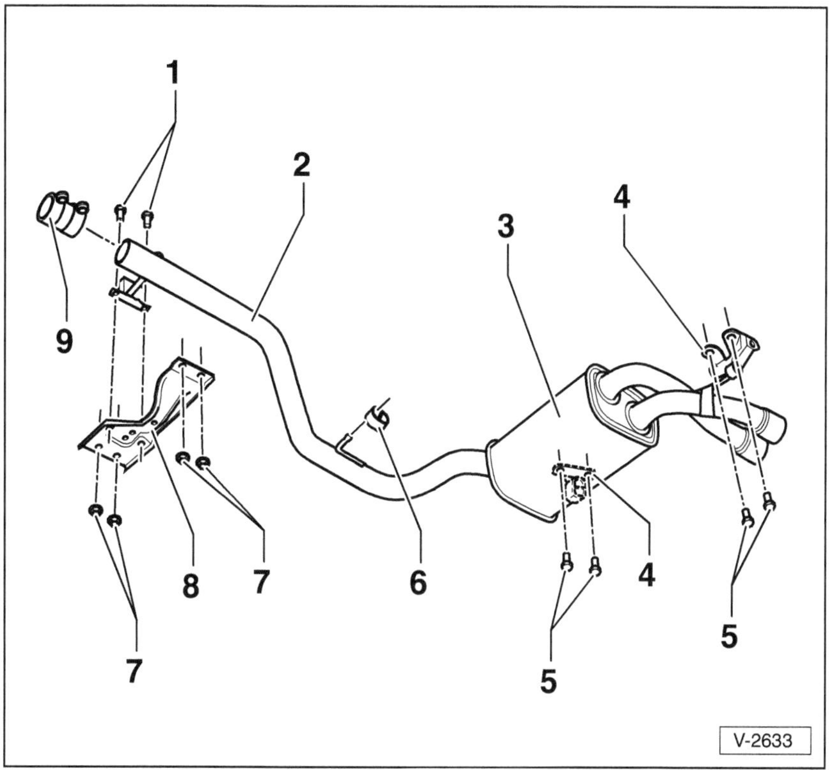

1 – **Schrauben, 25 Nm**

2 – **Abgasrohr**

3 – **Nachschalldämpfer**

4 – **Aufhängung**
Mit Haltering. Bei Beschädigung ersetzen.

5 – **Schrauben, 25 Nm**

6 – **Aufhängung**
Bei Beschädigung ersetzen.

7 – **Muttern, 25 Nm**

8 – **Tunnelbrücke**

9 – **Klemmhülse**

Abgasanlage aus- und einbauen

1,4-l-Benzinmotor mit Frontantrieb

Die Teile der Abgasanlage können auch einzeln ausgebaut werden. Falls der Vor- oder Nachschalldämpfer bei der serienmäßigen Anlage ersetzt werden soll, muss das Verbindungsrohr an der markierten Stelle durchgesägt werden, siehe auch Kapitel »Vorschalldämpfer/Nachschalldämpfer ersetzen«.

Hinweis: Bei Fahrzeugen mit Allradantrieb sind einige zusätzliche Arbeiten, wie beispielsweise Ausbau der rechten Gelenkwelle, erforderlich, die in diesem Band nicht beschrieben sind.

Ausbau

Sicherheitshinweis
Beim Aufbocken des Fahrzeugs besteht Unfallgefahr! Deshalb das Kapitel »Fahrzeug aufbocken« durchlesen.

- Fahrzeug aufbocken.
- Untere Motorraumabdeckung ausbauen, siehe Seite 57.
- Sämtliche Schrauben und Muttern der Abgasanlage mit Rost lösendem Mittel einsprühen. Rostlöser einige Zeit einwirken lassen.

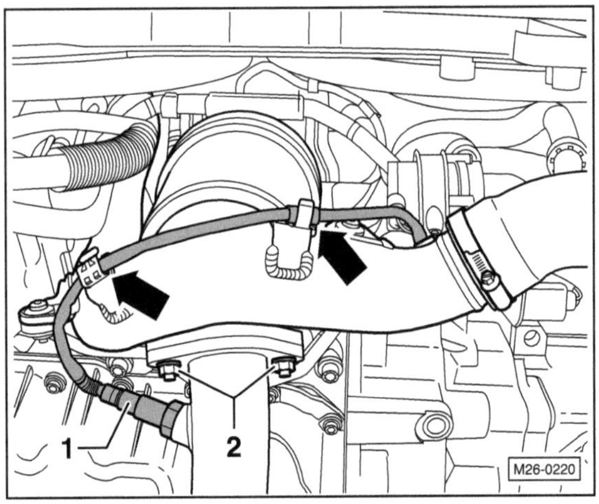

- Steckverbindung für Lambdasonde 2 –1– trennen. Leitung aus den Halterungen –Pfeile– herausziehen.
- Abgasanlage abstützen oder mit Draht am Unterboden aufhängen, damit sie nicht nach unten fällt.
- Vorderes Abgasrohr am Katalysator von unten abschrauben –2–.

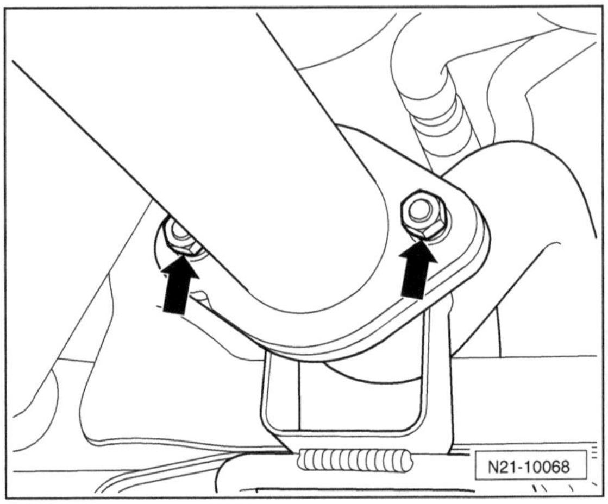

- Vorderes Abgasrohr mit Entkopplungselement vom mittleren Abgasrohr abschrauben –Pfeile– und mit Helfer abnehmen.

Achtung: Das flexible Abkoppelelement im vorderen Abgasrohr darf nicht über ca. 10° abgewinkelt werden, sonst wird es beschädigt.

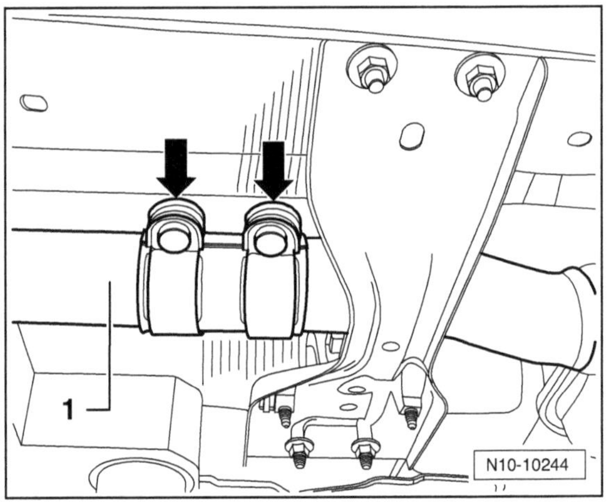

- Muttern –Pfeile– für Klemmhülse lösen und Schelle auf dem Abgasrohr nach vorn schieben.
- Abgasrohr –1– herausnehmen.
- Hinteres Abgasrohr mit Mittel- und Nachschalldämpfer abstützen aus den Halteschlaufen aushängen und mit Helfer abnehmen.

Hinweis: Die Teile der Abgasanlage können auch einzeln ausgebaut werden. Falls sich Verbindungsstücke oder Schrauben nicht lösen lassen, Abgasrohr an der Verbindungsstelle mit Schweißbrenner erhitzen. Aluminiumplatte zwischenlegen! **Achtung:** Brandgefahr!

Einbau

Achtung: Dichtungen, Muttern und Schrauben grundsätzlich erneuern. Um die Muttern und Schrauben der Abgasanlage später leichter lösen zu können, empfiehlt es sich, diese mit einer Hochtemperaturpaste (Kupferpaste), zum Beispiel Liqui Moly-3080, einzustreichen. Gummi-Halteschlaufen auf Beschädigungen sichtprüfen, gegebenenfalls erneuern.

- Werden Abgasrohre nicht erneuert, Dicht- und Klemmflächen vor dem Zusammenfügen mit Schmirgelleinen von Ruß und Dichtungsresten reinigen.
- Abgasanlage mit neuen Dichtungen in umgekehrter Ausbaureihenfolge einbauen und handfest anschrauben.

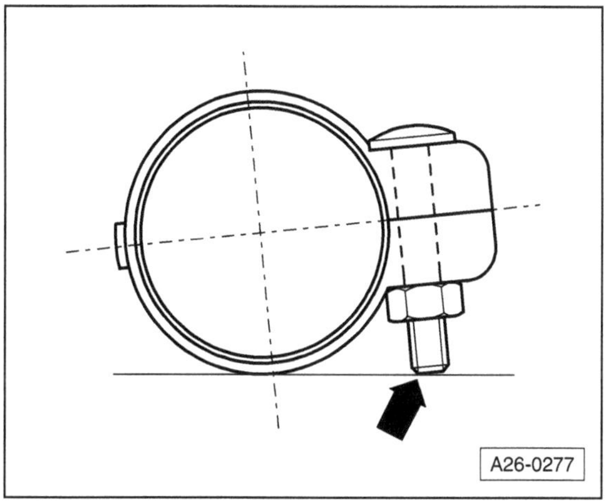

- Schrauben der Klemmhülsen lockern und Schelle(n), wie in der Abbildung gezeigt, ausrichten. Dabei darf das Schraubenende nicht über die Unterkante der Schelle hinausragen –Pfeil–.
  Bei der vorderen Klemmhülse zeigt die Verschraubung nach rechts, bei der hinteren Klemmhülse nach hinten.

- Abgasanlage so ausrichten, dass sie spannungsfrei in den Aufhängungen sitzt. Dabei auf ausreichenden Abstand von mindestens 25 mm zum Aufbau achten. Gegebenenfalls Anlage verdrehen oder in Längsrichtung verschieben. Die Halterungen müssen gleichmäßig belastet werden. Darauf achten, dass die Rohre weit genug in die Schellen geschoben werden. Dafür sind als Markierungen in den Rohren Eindrückungen angebracht. Nachschalldämpfer waagerecht ausrichten. **Achtung:** Ausrichthinweise für einzelne Motoren stehen am Ende des Kapitels.
- Schrauben und Muttern festziehen. Die **Anzugsdrehmomente** stehen in den Legenden zu den Übersichtsabbildungen und im Abschnitt »Einbaumaß der Klemmhülse«.
- Leitung für Lambdasonde in die Halterungen einsetzen. Stecker verbinden.
- Untere Motorraumabdeckung einbauen, siehe Seite 57.
- Fahrzeug ablassen.
- Abgasanlage auf Dichtheit prüfen, siehe entsprechendes Kapitel.

Hinweise zum spannungsfreien Ausrichten der Abgasanlage

- Nachschalldämpfer waagerecht ausrichten.

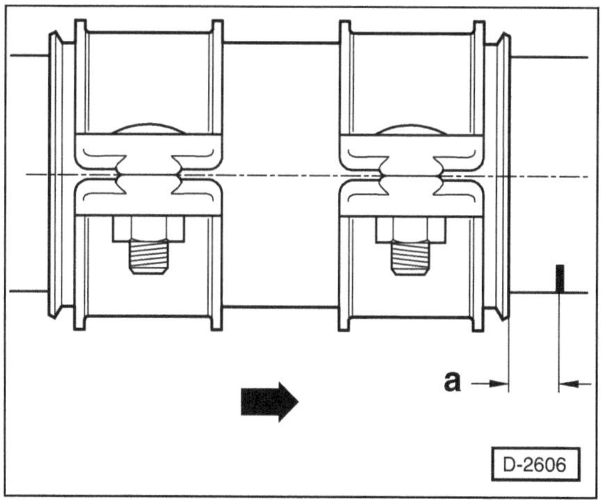

- Klemmhülse so ausrichten, dass der Abstand zur Markierung am vorderen Abgasrohr bei der 2-teiligen Schelle a = 5 mm, bei der durchgehenden Schelle a = 8,5 mm beträgt. Die Verschraubungen müssen nach rechts zeigen und dürfen nicht über die Unterkante der Klemhülse hinausragen. Der Pfeil zeigt in Fahrtrichtung.
- Vordere Schelle der Klemmhülse handfest anziehen.

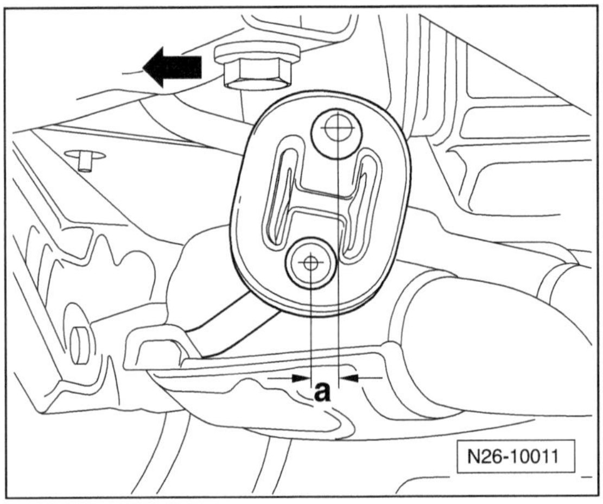

- **2,0-l-Benzinmotor/Dieselmotor:** Schalldämpfer so weit nach vorn in die Klemmhülse schieben, bis das Maß a ≈ 15 bis 17 mm beträgt. Der Pfeil zeigt in Fahrtrichtung.
- In dieser Stellung Klemmhülse festziehen.

Anzugsdrehmoment der Klemmhülse:
Klemmhülse mit einzelnen Schellen. . . . . **25 Nm**
Klemmhülse mit durchgehender Schelle . . . . **35 Nm**

- Nach dem Anziehen das Maß –a– in Abbildung D-2606 nochmals prüfen, gegebenenfalls korrigieren.

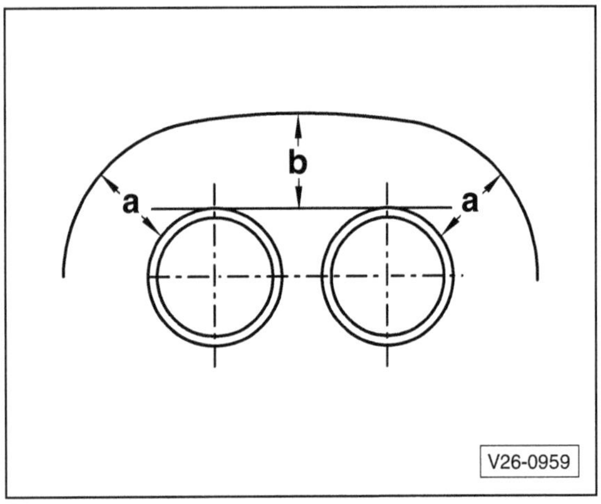

- Abgasanlage mit Doppelendrohr so ausrichten, dass der Abstand –a– rechts und links gleich groß ist und der Abstand –b– vom Stoßfängerausschnitt zu den Endrohren parallel verläuft.

Anordnung der Clips für den Katalysatoreinbau

1,4-l-Benzimotor

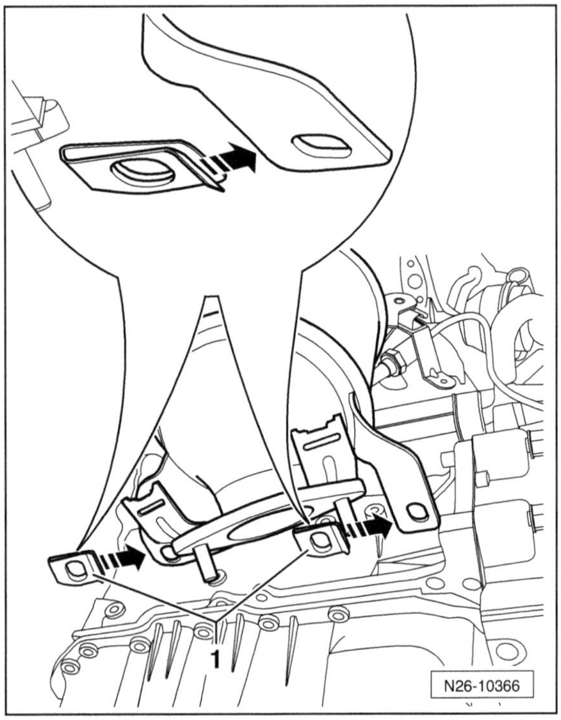

- Clips in Pfeilrichtung aufschieben. Darauf achten, dass die Lippen der Clips nach unten zeigen.

Vorschalldämpfer/Nachschalldämpfer ersetzen

Ab Werk sind Mittel- und Nachschalldämpfer als eine Einheit eingebaut; die Schalldämpfer können jedoch einzeln erneuert werden. Zum Trennen wird ein handelsüblicher Ketten-Abgasrohrschneider benötigt, zum Beispiel HAZET 4682. Steht das Werkzeug nicht zur Verfügung, Abgasanlage mit einer Eisensäge durchsägen.

Hinweis: Wenn sich ein Schalldämpfer nicht aus der Klemmschelle ziehen lässt, gibt es zum Lösen zwei Möglichkeiten: 1. Möglichkeit: Abgasrohr etwa 5 cm hinter der Schelle durchsägen. Anschließend das Restrohr längs aufsägen und mit Hammer und Meißel abschlagen. 2. Möglichkeit: Steht ein Autogen-Schweißgerät zur Verfügung, die Klemmschelle erwärmen, dadurch dehnt sie sich aus, und das Rohr lässt sich abziehen.

Sicherheitshinweis
Vor Einsatz des Schweißgerätes den Fahrzeugunterboden mit einer Aluminiumplatte schützen, Brandgefahr. Feuerlöscher bereitstellen.

Ausbau bei einteiliger Mittel-/Nachschalldämpfer-Anlage

Sicherheitshinweis
Beim Aufbocken des Fahrzeugs besteht Unfallgefahr! Deshalb das Kapitel »Fahrzeug aufbocken« durchlesen.

- Fahrzeug aufbocken.

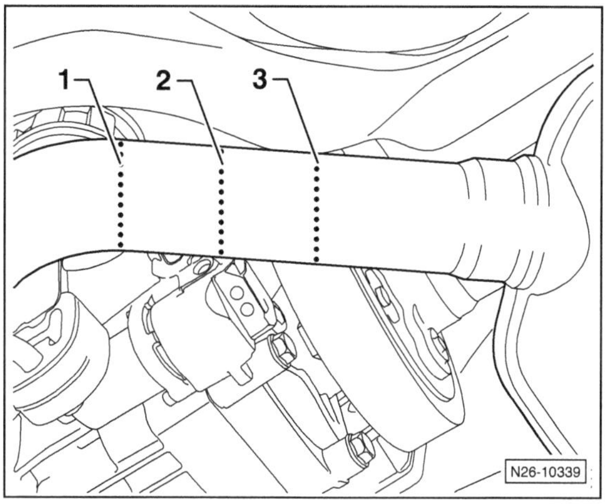

- Die Trennstelle ist durch Eindrückungen gekennzeichnet. An den mittleren Eindrückungen –2– wird das Abgasrohr getrennt. Die seitlichen Markierungen –1– und –3– dienen als Markierung, damit die Abgasrohre gleich weit in die Klemmschelle hineingeschoben werden.
- Kette des Abgasrohrschneiders an den mittleren Eindrückungen –2– um das Rohr herumlegen und spannen. Kette hin- und herrollen und dabei nachspannen, jedoch nicht zu stark, damit das Rohr beim Schneiden nicht verformt wird.
- Schalldämpfer aus den Gummihalterungen aushängen und herausnehmen.

Einbau

- Schalldämpfer in die Gummihalterungen einhängen.

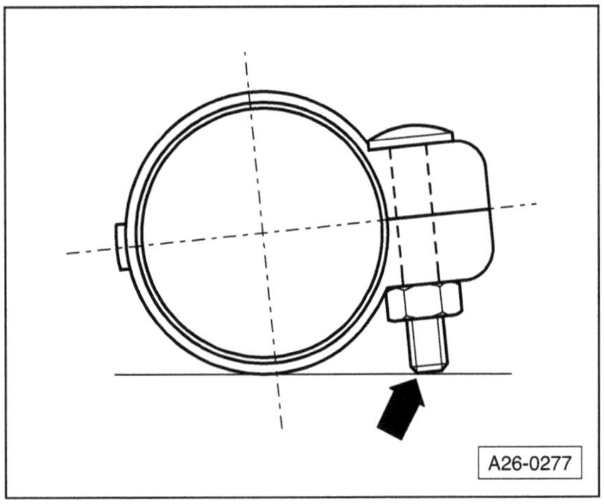

- Zum Verbinden der Abgasrohre wird eine Ersatzteil-Klemmschelle verwendet. **Achtung:** Bereits montierte Klemmschellen immer erneuern, nicht wieder verwenden. Da je nach Fahrzeugmodell unterschiedliche Rohrdurchmesser verwendet werden, auf richtige Ersatzteilzuordnung achten. Klemmschelle wie in der Abbildung gezeigt ausrichten. Dabei darf das Schraubenende nicht über die Unterkante der Schelle hinausragen –Pfeil–.
- **Ausrichtung der Klemmschelle:** Verschraubung zeigt nach hinten.
- Abgasanlage ausrichten, siehe Kapitel »Abgasanlage einbauen«.
- Klemmschelle festziehen.
  Anzugsdrehmoment:
  Klemmschelle mit 2 einzelnen Schellen:. . . . . . **25 Nm**
  Klemmschelle mit durchgehender Schelle: . . . . **35 Nm**

Abgasanlage auf Dichtigkeit prüfen

Prüfen

- Motor starten und bei laufendem Motor Abgasanlage mit einem Lappen oder Stöpsel verschließen.
- Abgasanlage auf Undichtigkeit abhören. Gegebenenfalls Verbindungsstellen Zylinderkopf/Krümmer und Krümmer/Abgasrohr vorn mit handelsüblichem »Lecksuch-Spray« einsprühen und auf Blasenbildung untersuchen.
- Undichtigkeit beseitigen.

Innenausstattung

Aus dem Inhalt:

- **Konsolen demontieren**
- **Innenspiegel ersetzen**
- **Ablagefächer ausbauen**
- **Türverkleidung erneuern**
- **Innenverkleidungen**
- **Sitze ausbauen**

Wichtige Arbeits- und Sicherheitshinweise

Werden Arbeiten an der Innenausstattung ausgeführt, sind folgende Hinweise unbedingt zu beachten:

- Zum Abhebeln von Kunststoffverkleidungen und -blenden einen Kunststoffkeil verwenden, zum Beispiel HAZET 1965-20, 1965-21 oder einen Lösehebel, zum Beispiel HAZET- 799-3 beziehungsweise eine Lösezange, zum Beispiel HAZET 799-4.
- Bereiche, an denen ein Kunststoffkeil oder ein Schraubendreher angesetzt wird, zum Schutz mit Klebeband abkleben.
- Clips, die beim Ausbau von Verkleidungen beschädigt werden, immer erneuern.
- Die Fenster- und Türsäulen der Karosserie werden von vorn nach hinten als A-, B-, C- und D-Säulen bezeichnet.
- Sitze, Sicherheitsgurte und Airbags sind sicherheitsrelevante Bauteile. **Aus Sicherheitsgründen nur die hier beschriebenen Arbeiten durchführen. Komplexere Arbeiten nicht in Eigenregie vornehmen, sondern von einer Fachwerkstatt durchführen lassen.**

Achtung: Airbag-Sicherheitshinweise unbedingt befolgen, insbesondere bei Arbeiten an der Armaturentafel, siehe Seite 158.

Um ein Auslösen des Airbags zu verhindern, vor dem Trennen von Kabeln des Airbag-Systems die Zündung ausschalten und dann die Batterie abklemmen. Außerdem muss aus Sicherheitsgründen der Minuspol (–) von der Batterie isoliert werden, siehe Seite 72.

> **Achtung:** Wenn im Rahmen von Arbeiten an der Karosserie auch Arbeiten an der elektrischen Anlage durchgeführt werden, **grundsätzlich** Zündung ausschalten und Zündschlüssel abziehen. Als Arbeit an der elektrischen Anlage ist dabei schon zu betrachten, wenn eine elektrische Leitung vom Anschluss abgezogen beziehungsweise abgeklemmt wird.

Halteclips/Halteklammern aus- und einbauen

Zahlreiche Abdeckungen und Verkleidungen sind mit Halteclips und Halteklammern an der Karosserie befestigt.

Ausbau

- **Halteclip an der Rückseite der Verkleidung:** Geeignetes Werkzeug, zum Beispiel HAZET-Lösehebel 799-3, unter die Verkleidung schieben und Halteclip –2– aus der Bohrung herausziehen. **Hinweis:** Die Clips werden dabei häufig beschädigt und müssen ersetzt werden.
- **Halteklammer an der Rückseite der Verkleidung:** Verkleidung im Bereich der Halteklammer –1/3– von der Karosserie abziehen und dadurch die Halteklammer aus der Bohrung herausziehen.

Einbau

- Vor dem Einbau Halteclips oder Halteklammern auf Beschädigungen überprüfen, wenn nötig ersetzen. Richtigen Sitz an der Verkleidung überprüfen.
- Halteklammer –1– gegebenenfalls in die Führung an der Rückseite der Verkleidung schieben.
- Verkleidung so ansetzen, dass sich die Halteclips oder Halteklammern über den Bohrungen befinden. Verkleidung im Bereich der Clips fest andrücken und einrasten.

Innenspiegel aus- und einbauen

Spiegel automatisch abblendend mit Regen- und Lichtsensor

Der automatisch abblendende Innenspiegel dunkelt stufenlos ab, wenn der Fahrer von hinten geblendet wird. Er besteht aus einem Spiegelelement und 2 Fotosensoren. Die Elektronik erkennt durch die Fotosensoren den Lichteinfall von vorn und hinten. Ist der Lichteinfall von hinten größer als von vorn wird durch die Elektronik eine Spannung an die leitfähige Beschichtung gelegt. Die angelegte Spannung verändert die Farbe des Elektrolyten. Je höher die Spannung ist desto dunkler wird der Elektrolyt. Das einfallende Licht wird nicht mehr so stark reflektiert. Beim Einlegen des Rückwärtsgangs wird die Abblendfunktion abgeschaltet. Dadurch kann mithilfe des Innenspiegels, zum Beispiel in einer dunklen Garage herausrangiert werden.

Ausbau

- Zündung ausschalten und Zündschlüssel abziehen.

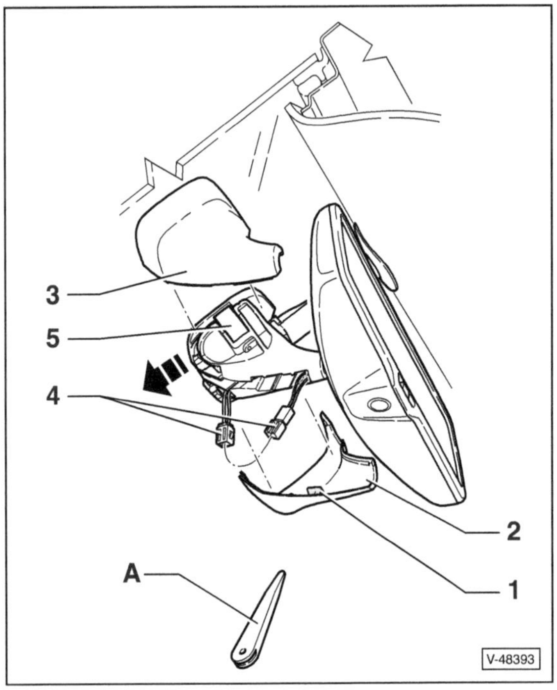

- Mit einem Kunststoffkeil –A– die Lasche –1– an der rechten Abdeckkappe –2– ausrasten.
- Abdeckkappen –2/3– auseinander drücken und vom Spiegelfuß abnehmen.
- Steckverbindung –4– aus dem Spiegelfuß herausziehen und trennen.
- Halteklammern –5– mit einem kleinen Schlitzschraubendreher auf beiden Seiten etwas lösen. **Hinweis:** In der Abbildung ist die gegenüberliegende Halteklammer verdeckt.
- Spiegelfuß mit Spiegel entlang der Frontscheibe in Pfeilrichtung nach unten aus der Halteplatte abziehen.

Einbau

- Der Einbau erfolgt in umgekehrter Ausbaureihenfolge.

Spiegel ohne Licht- und Regensensor

Ausbau

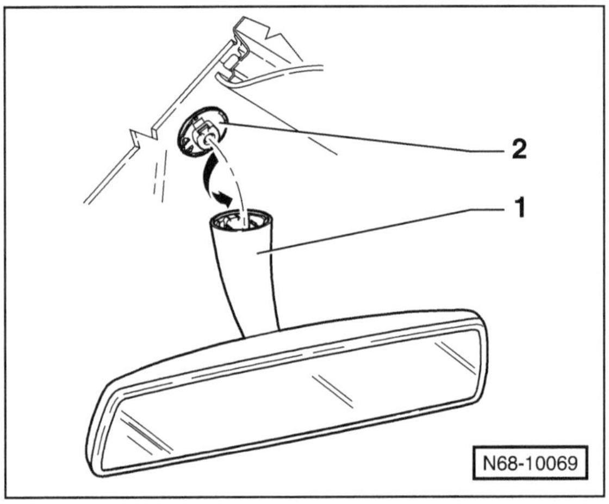

- Innenspiegel –1– um 90° gegen den Uhrzeigersinn drehen –Pfeil– und von der Halteplatte –2– abnehmen.

Einbau

- Der Einbau erfolgt in umgekehrter Ausbaureihenfolge.

Sonnenblende aus- und einbauen

Ausbau

Hinweis: Der Ausbau wird an der rechten Fahrzeugseite beschrieben; auf der linken Seite sinngemäß vorgehen. Soll nur die Sonnenblende ausgebaut werden, dann brauchen die Schraube –2– und das Sonnenblendenlager –3– nicht abgebaut werden.

- Zündung ausschalten.

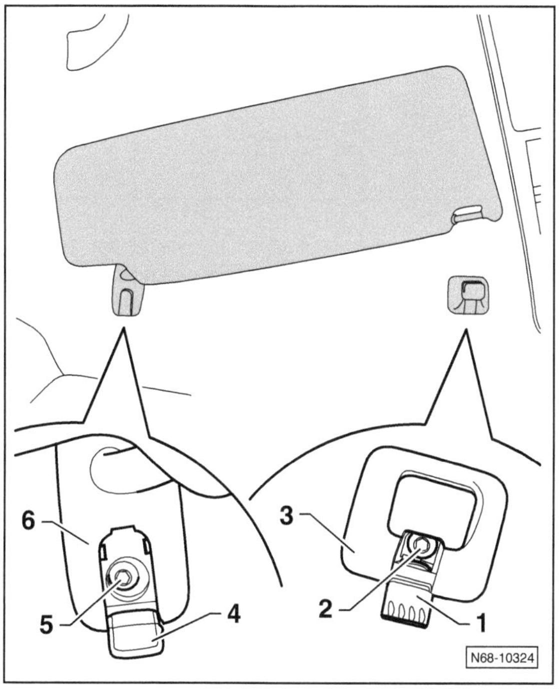

- Abdeckkappe –1– und –4– mit einem Schraubendreher ausclipsen.
- Schrauben –2– und –5– herausdrehen.
- Sonnenblendenlager –3– vorsichtig aus der Aufnahme herausziehen. **Achtung:** Dabei Sonnenblende festhalten. Sonnenblende nicht am Leitungsstrang hängen lassen, da dieser sonst beschädigt wird.
  6 – Äußeres Sonnenblendenlager.

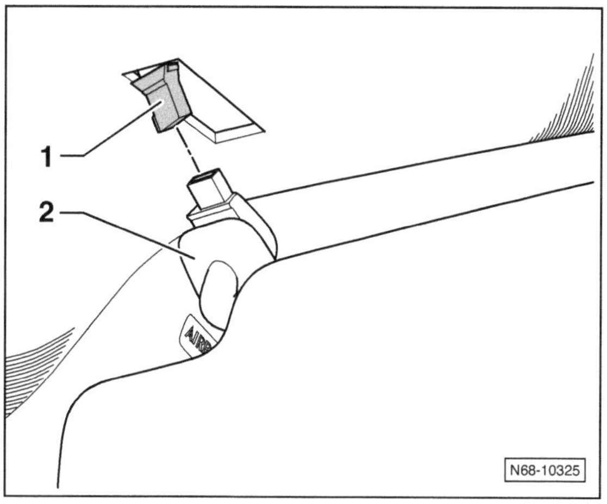

- Stecker –1– vorsichtig von der Sonnenblende –2– abziehen. **Achtung:** Dabei darf kein Zug auf die Flachleitung ausgeübt werden.

Einbau

- Der Einbau erfolgt in umgekehrter Ausbaureihenfolge.

Haltegriff am Dach aus- und einbauen

Ausbau

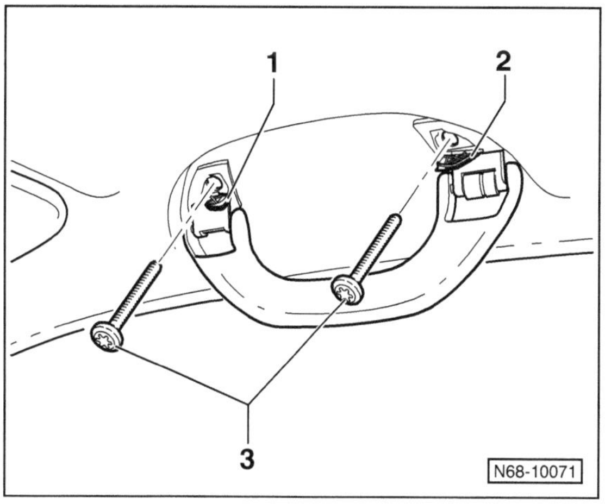

- Haltegriff nach unten klappen.
- Abdeckkappen –1– und –2– mit einem Schraubendreher aufhebeln und herunterklappen.
- Schrauben –3– herausdrehen und Haltegriff abnehmen.

Einbau

- Der Einbau erfolgt in umgekehrter Ausbaureihenfolge. Schrauben mit **2 Nm** festziehen.

Abdeckung für Schalt-/Wählhebel aus- und einbauen

Schaltgetriebe

Ausbau

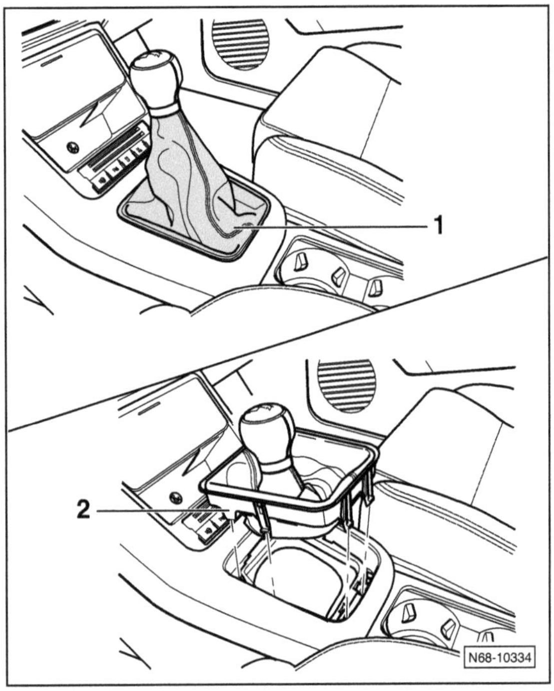

● Manschette –1– mit dem Rahmen –2– vorsichtig nach oben aus den Aufnahmen herausziehen und über den Schalthebel stülpen. Zum Ausclipsen gegebenenfalls einen Kunststoffkeil verwenden.

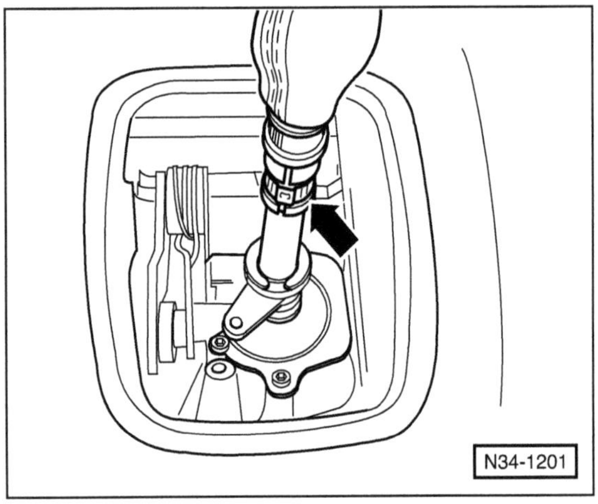

● Schelle –Pfeil– öffnen und Schaltknauf zusammen mit der Schalthebelmanschette vom Schalthebel abziehen.

● Falls erforderlich, Geräuschdämpfung über den Schalthebel herausziehen.

Einbau

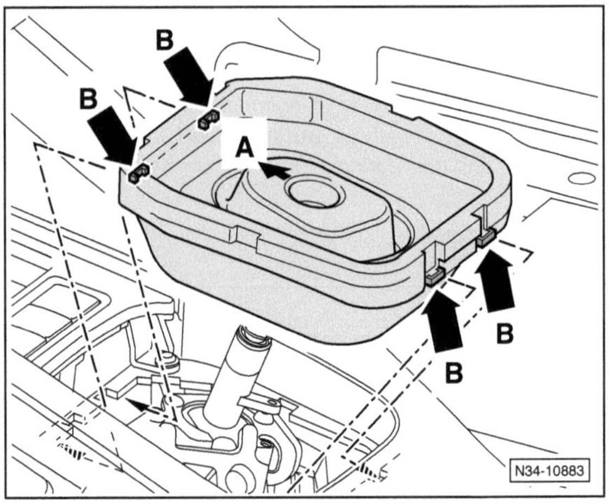

● Falls ausgebaut, Geräuschdämpfung wie in der Abbildung gezeigt, einsetzen. Der Pfeil –A– zeigt in Fahrtrichtung. Die Rasten –Pfeile B– in der Mittelkonsole arretieren.

● Schaltknauf mit umgestülpter Schalthebelmanschette und **neuer** Klemmschelle auf den Schalthebel aufstecken. Schaltknauf bis zum Anschlag aufdrücken.

● **Neue** Klemmschelle mit geeigneter Zange zusammendrücken.

● Faltenbalg nach unten stülpen und in der Mittelkonsole einclipsen.

DSG-Getriebe

Ausbau

● Wählhebel in Stellung »D« schalten.

Griff mit seitlicher Drucktaste

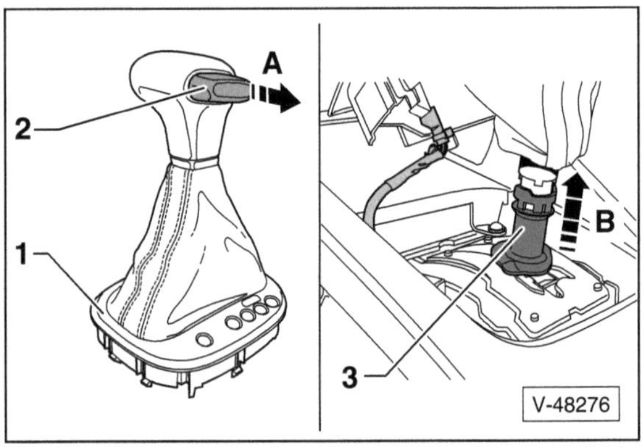

● Sperrtaste –2– über den Widerstand hinaus so weit aus dem Wählhebelgriff herausziehen –Pfeil A–, bis ein kleiner Spalt zwischen Griff und Taste sichtbar wird. Die Taste arretiert beim Loslassen.

● In dieser Stellung die Taste mit einem Kabelbinder gegen Eindrücken sichern. **Achtung:** Die Sperrtaste darf weder ganz herausgezogen noch in den Griff hineingedrückt werden.

Achtung: Ist beim Wählhebelgriff die **Drucktaste vorn** angeordnet, dann braucht die Taste nicht von Hand herausgezogen werden. Beim Abziehen des Griffs verrastet die Taste selbstständig in Einbaustellung. Die weiteren beiden Arbeitsschritte gelten für beide Drucktastenanordnungen.

- Mit einem Kunststoffkeil Abdeckung –1– für Wählhebel aus der Mittelkonsole ausclipsen und Faltenbalg nach oben über den Wählhebel stülpen.
- Falls vorhanden, Stecker unten von der Schaltabdeckung abzehen.
- Verriegelung –3– unter dem Knauf hochschieben –Pfeil B– und Knauf vom Wählhebel abziehen.

Einbau

- Knauf so auf den Wählhebel stecken, dass die Sperrtaste nach links zum Fahrer zeigt.
- Knauf einrasten und Verriegelung nach unten drücken. **Hinweis:** Die Sperrtaste muss wie beim Ausbau herausgezogen und gesichert sein.
- Kabelbinder entfernen und Sperrtaste in den Wählhebelknauf hineindrücken.
- Falls abgebaut, Stecker unten an der Schaltabdeckung aufstecken.
- Faltenbalg nach unten stülpen und Abdeckung für Wählhebel in die Mittelkonsole einclipsen.

Speziell Fahrzeuge mit Sperrtaste vorn im Griff

Darauf achten, dass die Sperrtaste beim Ab- und Anbau des Griffs nicht eingedrückt ist. Falls dies doch der Fall war, Griffblende mit der Aufschrift »DSG« nach oben ausclipsen. In der drunterliegenden Öffnung den kleinen Hebel für die Zugstange wieder in die Nut drücken. Anschließend kann der Griff eingebaut werden.

Abdeckung der Mittelkonsole aus- und einbauen

Ausbau

- Abdeckung für Schalt-/Wählhebel ausbauen, siehe entsprechendes Kapitel.

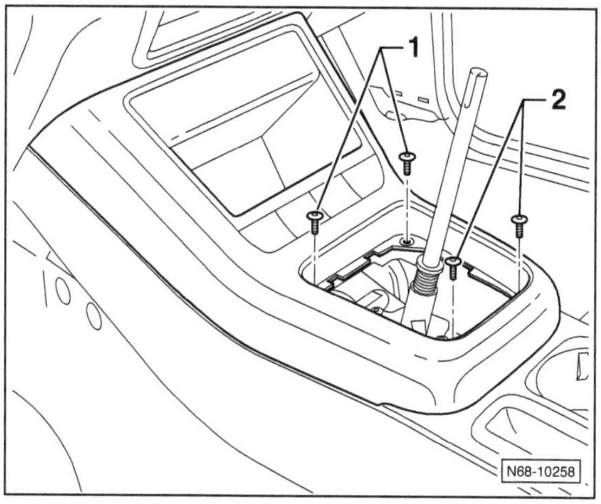

- Schrauben –1– und –2– herausdrehen.

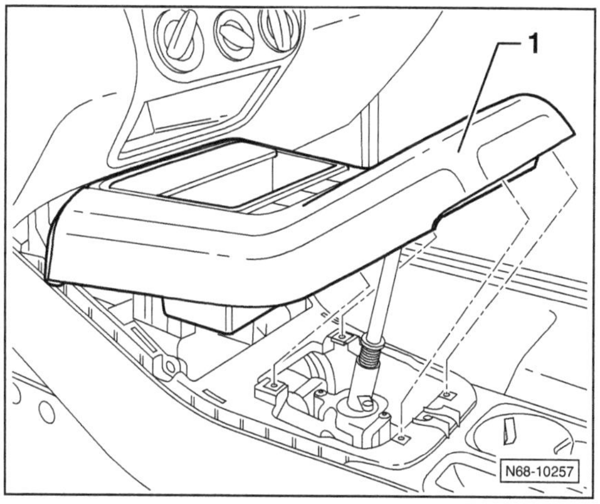

- Abdeckung –1– im hinteren Bereich nach oben schwenken und aus den Aufnahmen in der Mittelkonsole heausziehen.
- Je nach Fahrzeugausstattung an der Unterseite Stecker abziehen und Abdeckung herausnehmen.

Einbau

- Der Einbau erfolgt in umgekehrter Ausbaureihenfolge. Schrauben mit **1,5 Nm** festziehen.

Hintere Blende der Mittelkonsole aus- und einbauen

Ausbau

- Zündung ausschalten, Zündschlüssel abziehen.
- Falls vorhanden, Bedienungseinheit für Multimediasystem ausbauen, siehe Seite 135.
- Falls vorhanden, Wechselrichter mit Steckdose (12V - 230V) ausbauen, siehe Seite 132.

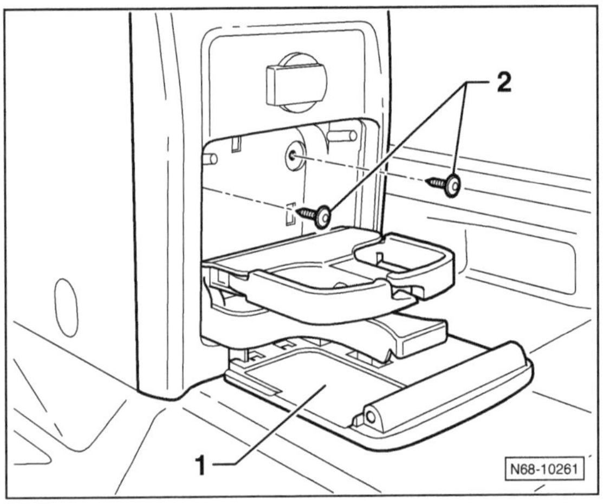

- Getränkehalter –1– öffnen und 2 Schrauben –2– herausdrehen.

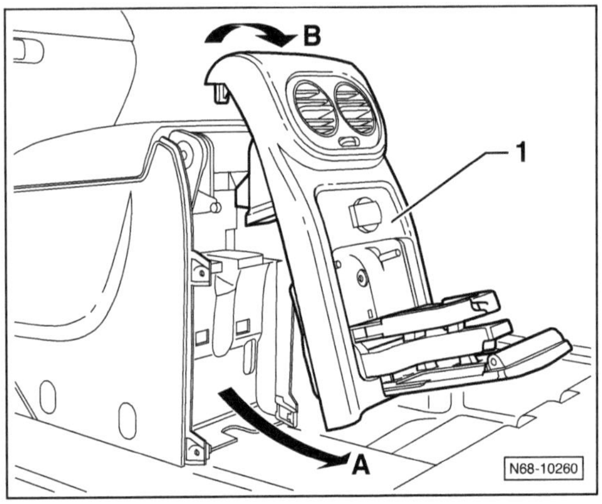

- Blende –1– im unteren Bereich aus den Aufnahmen herausziehen –Pfeil A–.
- Anschließend Blende –1– im oberen Bereich aus den Aufnahmen herausheben –Pfeil B–.
- Sämtliche Stecker an der Rückseite der Blende abziehen.

Einbau

- Der Einbau erfolgt um umgekehrter Ausbaureihenfolge. Schrauben mit **1,5 Nm** festziehen.

Mittelkonsole aus- und einbauen

Hinweis: Beschrieben wird der Ausbau der Mittelkonsole ohne Armlehne. Spezielle Hinweise für die Mittelkonsole mit Armlehne stehen am Ende des Kapitels.

Ausbau

- Zündung ausschalten und Zündschlüssel abziehen.
- Taster für elektromechanische Feststellbremse ausbauen, siehe Seite 127.
- Abdeckung der Mittelkonsolle ausbauen, siehe entspechendes Kapitel.
- Seitenverkleidung im Fußraum ausbauen, siehe entsprechendes Kapitel.

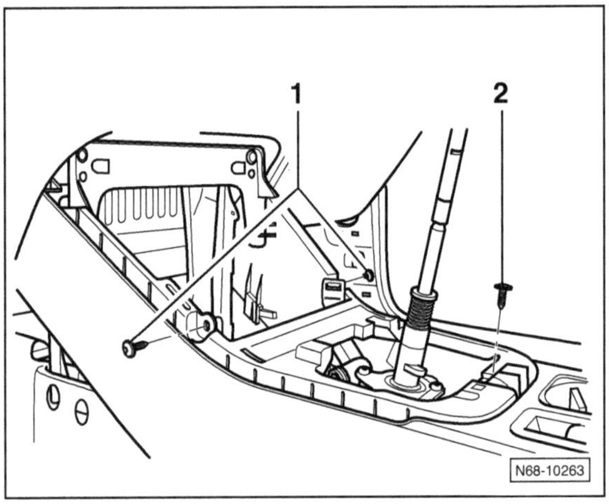

- Schrauben –1– herausdrehen.
- Schraube –2– herausdrehen.
- Vordersitze in die vorderste, höchste Sitzposition stellen.

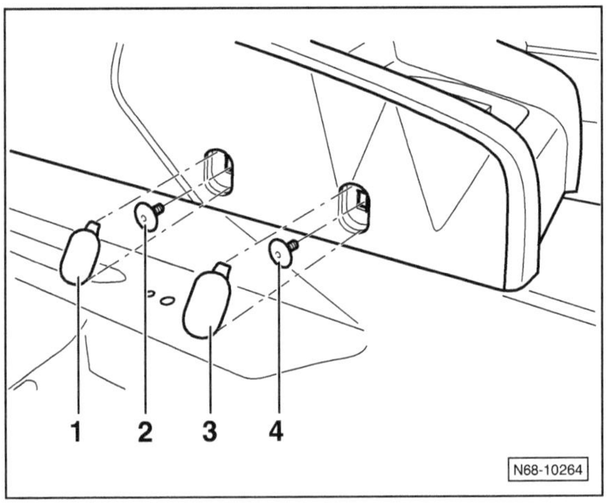

- Die Abdeckungen –1– und –3– mit einem kleinen Schraubendreher aus der Verkleidung ausclipsen.
- Darunterliegende Schrauben –2– und –4– herausdrehen.
- 2 Abdeckungen und Schrauben auf der gegenüberliegenden Seite ausbauen.

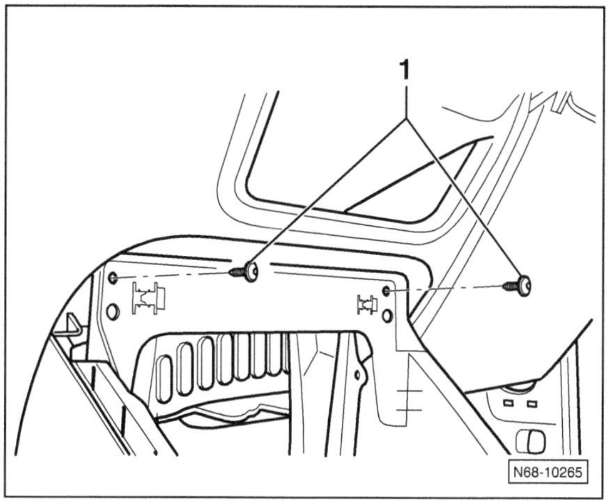

- 2 Schrauben –1– herausdrehen.

- Mittelkonsole im hinteren Bereich nach oben schwenken und herausnehmen.

Einbau

- Der Einbau erfolgt in umgekehrter Ausbaureihenfolge. Schrauben in Abbildung N68-10263 und N68-10265 mit **1,5 Nm**, in Abbildung N68-10264 mit **6 Nm** festziehen.

Speziell Mittelkonsole mit Armlehne

Der Aus- und Einbau erfolgt prinzipiell auf die gleiche Weise wie bei der Mittelkonsole ohne Armlehne. Hier werden nur die Unterschiede aufgeführt.

- Falls vorhanden, CD-Wechsler ausbauen, siehe Seite 136.
- Falls vorhanden, Mulditmedia-Interface« ausbauen, siehe Seite 136.
- Falls vorhanden, DVD-Player ausbauen.
- Falls vorhanden, Bedienungseinheit für Multimedia ausbauen.
- Falls vorhanden, Wechselrichter mit Steckdose »12 V - 230 V« ausbauen, siehe Seite 132.

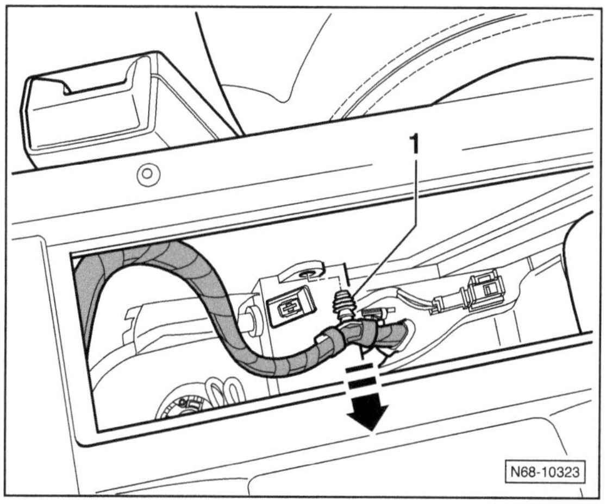

- Falls vorhanden, nach Abschrauben der Mittelkonsole den Clip vom Leitungsstrang –1– aus der Aufnahme lösen –Pfeil–.

Getränkehalter hinten aus- und einbauen

Ausbau

Hinweis: Der Getränkehalter hinten kann einmalig ersetzt werden, danach muss die hintere Blende der Mittelkonsole ersetzt werden.

- Zündung ausschalten, Zündschlüssel abziehen.
- Falls vorhanden, Wechselrichter mit 12-Volt-Steckdose ausbauen, siehe Seite 132.
- Hintere Blende der Mittelkonsole ausbauen, siehe entsprechendes Kapitel.

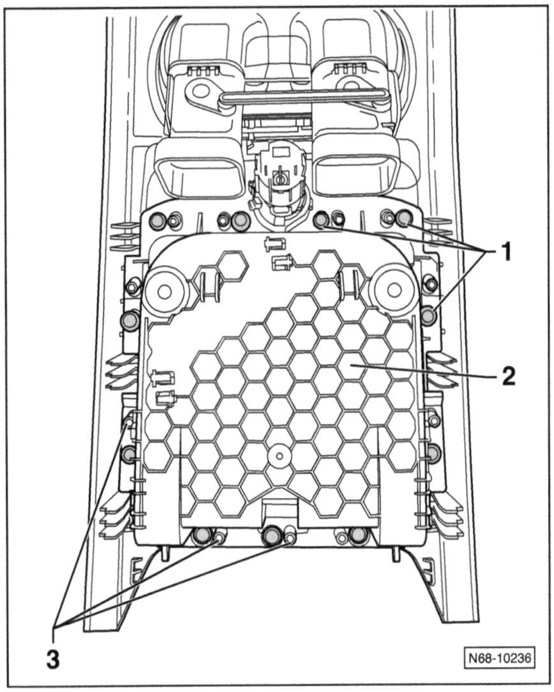

- Auf der Rückseite der Abdeckung die umlaufend vorhandenen Schweißunkte –1– mit einem 10 mm Stahlbohrer abbohren.
- Getränkehalter –2– aus der Blende herausnehmen.
- Sämtliche verbliebenen Schweißdome (Kunststoffstifte) –3– mit der erhitzten Spitze eines geeigneten Splinttreibers abschmelzen.

Einbau

- Neues Bauteil in die Abdeckung einsetzen und Kunststoffstifte verschmelzen.
- Der weitere Einbau erfolgt in umgekehrter Ausbaureihenfolge.

Mittlere Blende der Armaturentafel aus- und einbauen

Ausbau

- Zündung ausschalten, Zündschlüssel abziehen.
- Falls vorhanden, Telefonhalterung ausbauen, siehe Seite 134.

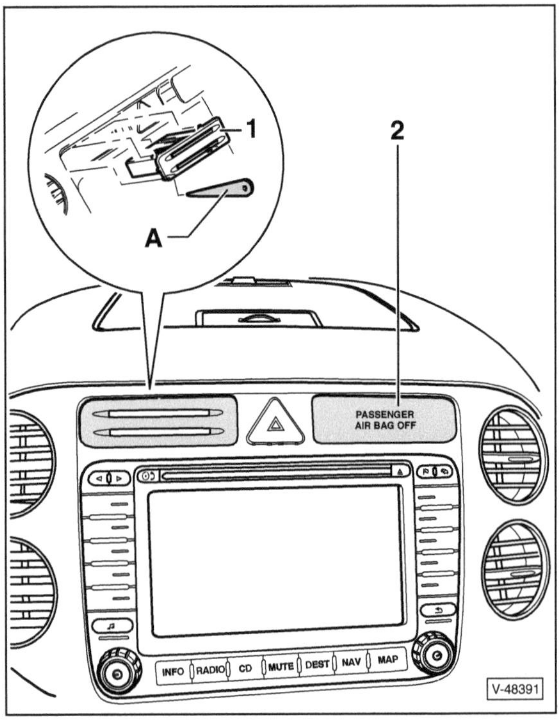

- Kartenfach –1– mit einem Kunststoffkeil –A– heraushebeln.
- Kontrollleuchte für Beifahrer-Airbag –2– mit einem Kunststoffkeil –A– heraushebeln, Stecker abziehen.

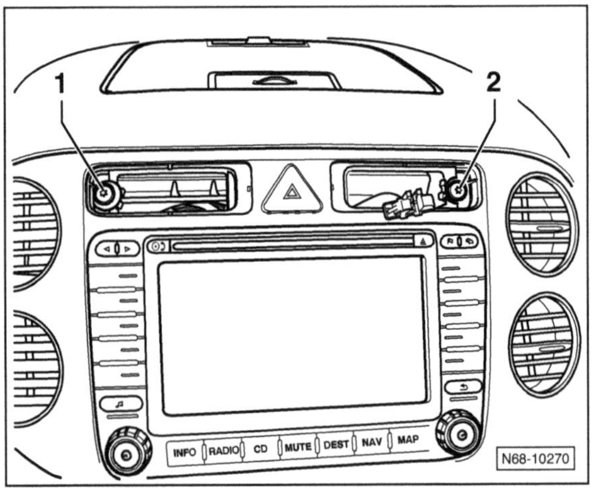

- Schrauben –1– und –2– herausdrehen.

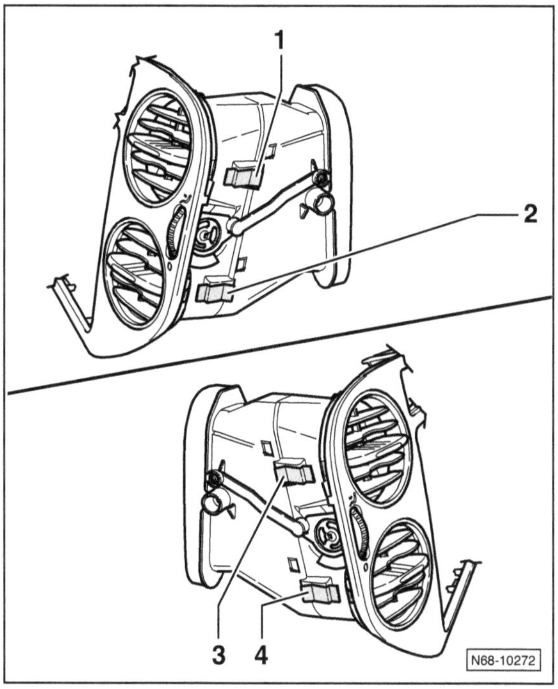

Hinweis: Zum Ausbau der Blende müssen an den Luftaustrittsdüsen jeweils die Klammern –1– bis –4– entriegelt werden. Zur Verdeutlichung sind die Bereiche mit den Düsen in ausgebautem Zustand dargestellt.

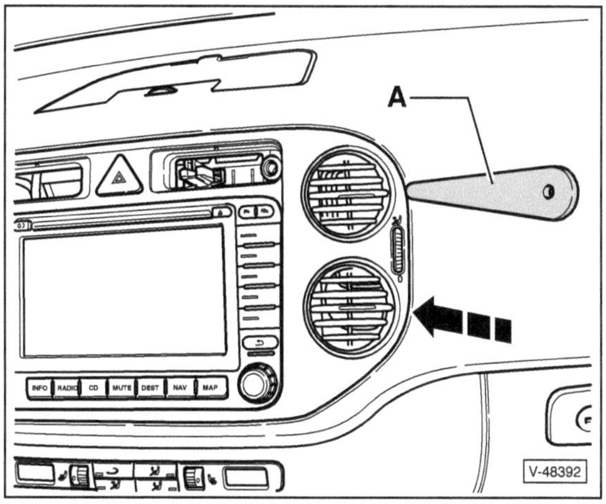

- Lamellen der Luftaustrittsdüsen (Ausströmer) in die waagerechte Position stellen.
- Mit 2 Fingern in die Öffnungen neben dem Warnlichtschalter greifen und die Blende etwas herausziehen.
- Kunststoffkeil –A– im Bereich der mittleren Lamelle in die Fuge zwischen Ausströmer und Armaturentafel schieben und dadurch die obere Klammer –1– (Abbildung N68-10272) entriegeln.
- Auf der anderen Seite die Blende in Richtung Beifahrerseite ziehen und die Klammern –3– und –4– (Abbildung N68-10272) entriegeln.

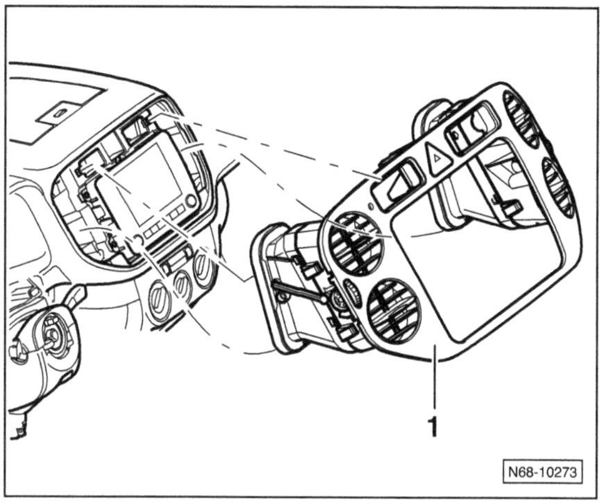

- Blende –1– gerade aus der Armaturentafel herausziehen. Dabei darauf achten, dass die Blende nicht verkantet wird.
- Stecker vom Warnlichtschalter abziehen.

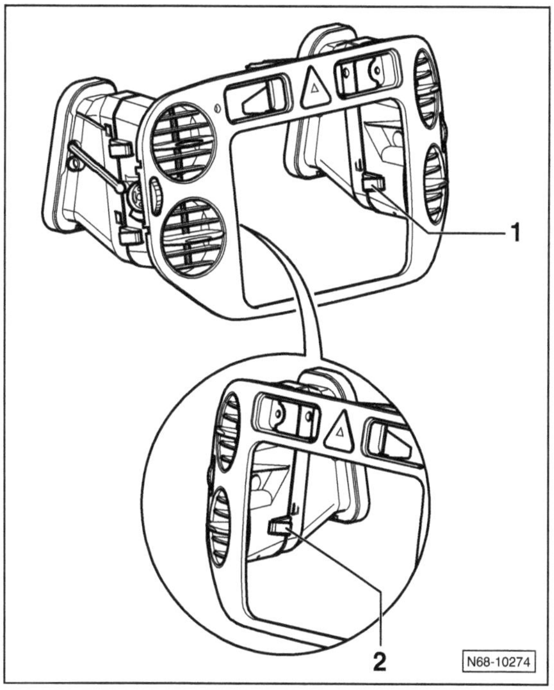

Hinweis: Die Blechklammern –1– und –2– können beim Ausbau der Blende abspringen. Um spätere Klappergeräusche zu vermeiden, fehlende Klammern aus der Mittelkonsole herausholen und wieder einsetzen. Gegebenenfalls Blechklammern ersetzen.

Einbau

- Der Einbau erfolgt in umgekehrter Ausbaureihenfolge.
- Sämtliche Schrauben ganz leicht, mit **1,5 Nm** anziehen.

Handschuhfach aus- und einbauen

Ausbau

- Zündung ausschalten und Zündschlüssel abziehen.
- Rechte Abdeckung an der Armaturentafel ausbauen, siehe entsprechendes Kapitel.
- Handschuhfachleuchte ausbauen, siehe Kapitel »Beleuchtungsanlage«.

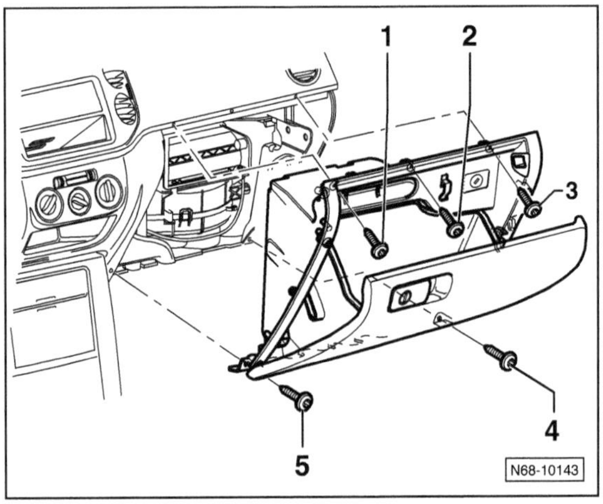

- Schrauben –1/2/3/4/5– herausdrehen.
- Handschufach etwas herausziehen und an der Rückseite die Stecker von Beifahrer-Airbag-Schlüsselschalter und Fußraumleuchte abziehen.
- Falls vorhanden, Klimakanal vom Handschufach abziehen.
- Handschuhfach herausnehmen.

Einbau

- Der Einbau erfolgt in umgekehrter Ausbaureihenfolge. Dabe die Schrauben in der Reihenfolge 5, 4, 3, 2, 1 einbauen und mit **1,5 Nm** festziehen.

Seitliche Abdeckungen an der Armaturentafel aus- und einbauen

Ausbau

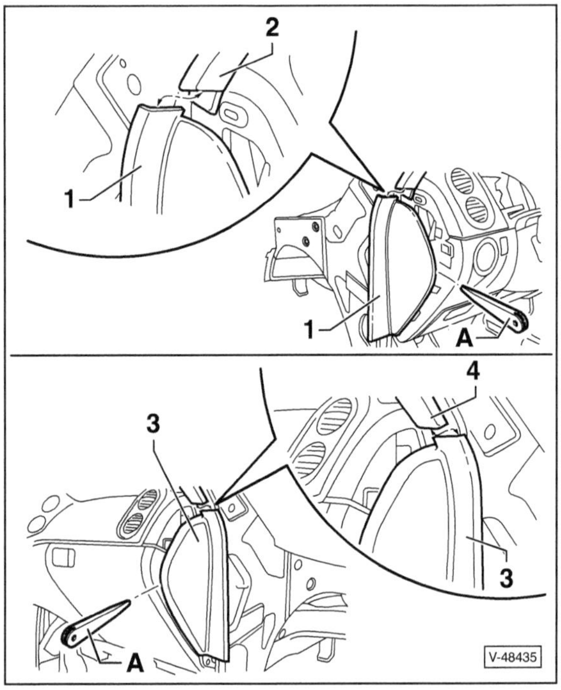

- Mit einem Kunststoffkeil –A–, zum Beispiel HAZET 1965-20, die Abdeckung –1– beziehungsweise –3– seitlich an der Armaturentafel abdrücken, im vorderen Bereich aus der A-Säulen-Verkleidung –2– nach hinten herausziehen und abnehmen.

Einbau

- Der Einbau erfolgt in umgekehrter Ausbaureihenfolge.

Lenksäulenverkleidung aus- und einbauen

Ausbau

- Lenkrad so weit wie möglich herausziehen und ganz nach unten stellen.
- Lenkrad ausbauen, siehe Seite 159.

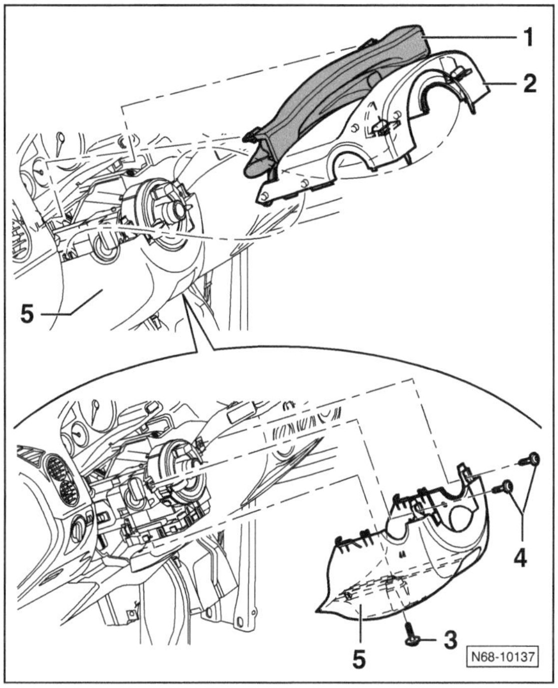

- Abdeckung –1– und obere Lenksäulenverkleidung mit einem Kunststoffkeil aus den Aufnahmen heraushebeln.
- Schraube –3– herausdrehen.
- 2 Schrauben –4– herausdrehen.
- Untere Lenksäulenverkleidung –5– aus den Aufnahmen ausclipsen und von der Lenksäule abnehmen.

Einbau

- Der Einbau erfolgt in umgekehrter Ausbaureihenfolge. Schrauben mit **1,5 Nm** festziehen.

Blende für Heizungs- und Klimabetätigung aus- und einbauen

Ausbau

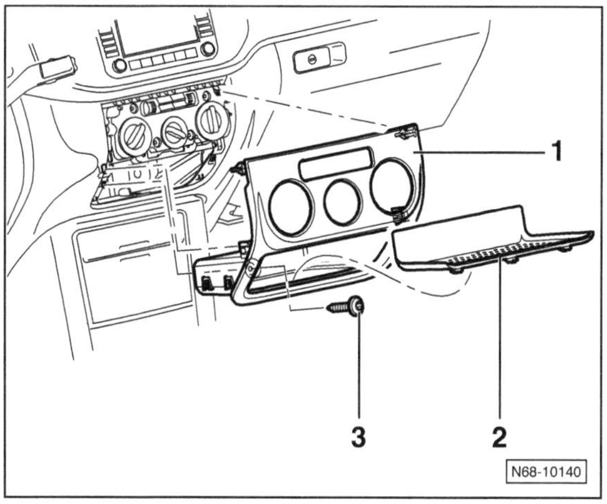

- Einlegmatte –2– aus der Ablage der Blende –1– herausnehmen.
- Schraube –3– herausdrehen.
- Blende –1– aus den Aufnahmen in der Armaturentafel herausziehen.

Einbau

- Der Einbau erfolgt in umgekehrter Ausbaureihenfolge. Schraube mit **1,5 Nm** anziehen.

Linke Verkleidung der Armaturentafel aus- und einbauen

Ausbau

- Zündung ausschalten und Zündschlüssel abziehen.
- Seitliche Abdeckung links an der Armaturentafel ausbauen, siehe entsprechendes Kapitel.
- Lichtschalter ausbauen, siehe Seite 126.
- Abdeckung über der Lenksäulenfuge aus den Aufnahmen ausclipsen, siehe Kapitel »Lenksäulenverkleidung aus- und einbauen«. **Hinweis:** Die komplette Lenksäulenverkleidung braucht nicht ausgebaut zu werden.

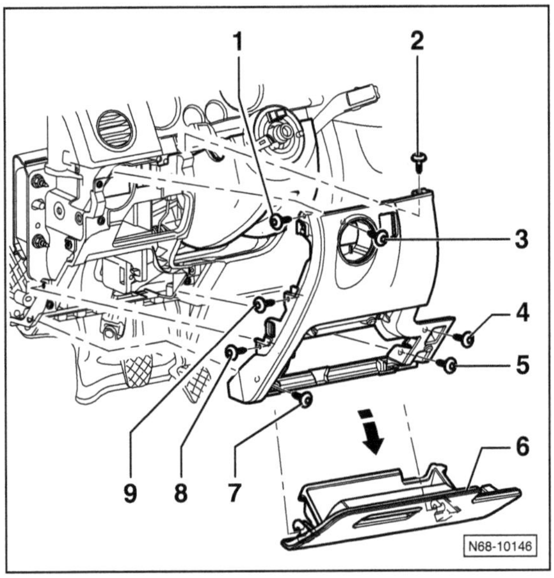

- Ablagefach –6– aus den Aufnahmen herausziehen –Pfeil–.

Hinweis: Das Lenkrad muss nicht, wie in der Abbildung gezeigt, ausgebaut werden.

- Schrauben –1/2/3/4/5/7/8/9– herausdrehen und Verkleidung von der Armaturentafel abnehmen.
- An der Rückseite der Verkleidung den Stecker vom Einsteller für Leuchtweitenregulierung und Regler für Instrumentenbeleuchtung abziehen.

Einbau

- Der Einbau erfolgt in umgekehrter Ausbaureihenfolge.
- Schrauben in der Reihenfolge –3–, –7, –5–, –4–, –2–, –1–, –9– und –8– anschrauben, siehe Abbildung N68-10146.
- Sämtliche Schrauben ganz leicht mit **1,5 Nm** anziehen.

Seitliche Verkleidung im Fußraum aus- und einbauen

Ausbau

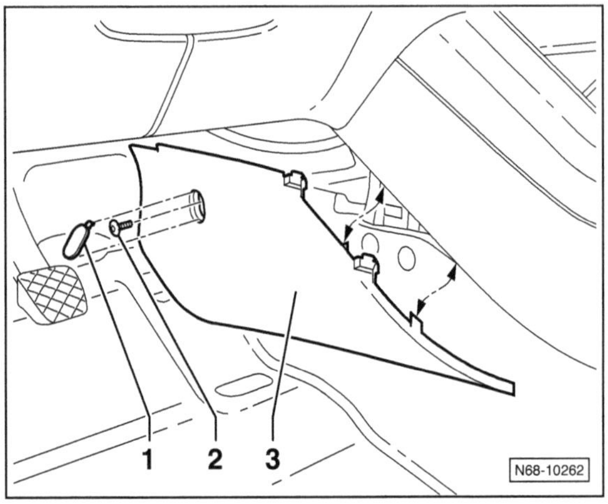

- Abdeckung –1– mit einem kleinen Schraubendreher aus der Verkleidung heraushebeln.
- Darunterliegende Schraube –2– herausdrehen.
- Verkleidung –3– aus den Aufnahmen herausziehen –Pfeile–.

Einbau

- Der Einbau erfolgt in umgekehrter Ausbaureihenfolge. Schraube mit **1,5 Nm** anziehen.

Untere Armaturentafelverkleidung aus- und einbauen

Ausbau

- Zündung ausschalten, Zündschlüssel abziehen.
- Seitliche Armaturentafelabdeckungen ausbauen, siehe entsprechendes Kapitel.
- Handschuhkasten ausbauen, siehe entsprechendes Kapitel.
- Spaltabdeckung der Lenksäulenverkleidung ausclipsen, siehe Lenksäulenverkleidung aus- und einbauen.
- Blende auf der Fahrerseite ausbauen, siehe entsprechendes Kapitel.
- Blende für Heiz- und Klimabetätigung ausbauen, siehe entsprechendes Kapitel.
- Mittelkonsole ausbauen, siehe entsprechendes Kapitel.

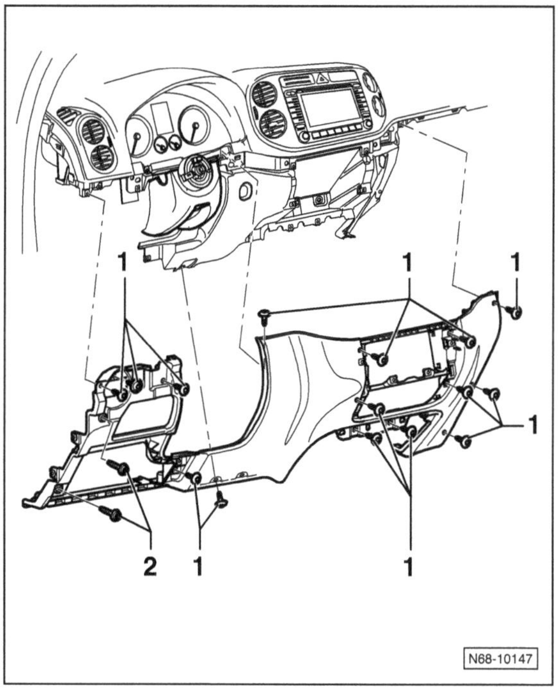

- Schrauben –2– herausdrehen.
- 15 Schrauben –1– herausdrehen.
- Verkleidung von der Armaturentafel abnehmen.

Einbau

- Der Einbau erfolgt in umgekehrter Ausbaureihenfolge. Dabei die Kabel vom Lichtschalter und Schalter für Leuchtweitenregulierung durch die jeweilige Öffnung durchfädeln.

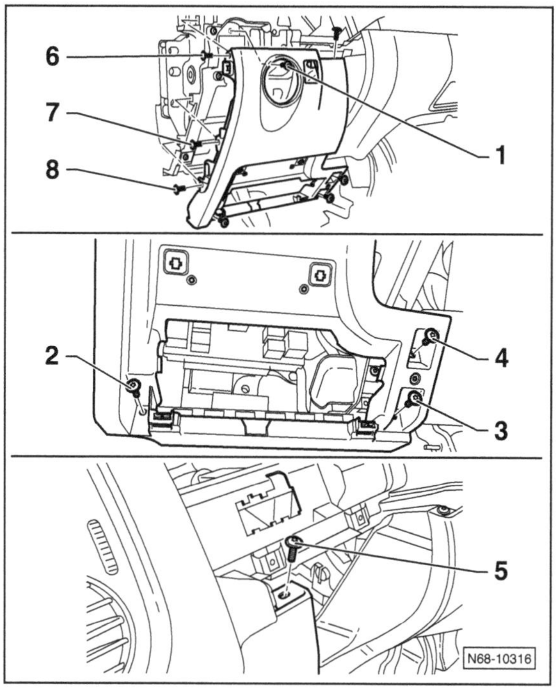

- Schrauben in der Reihenfolge von –1– bis –8– mit **1,5 Nm** festziehen.

Dachkonsole aus- und einbauen

Ausbau

- Zündung ausschalten, Zündschlüssel abziehen.

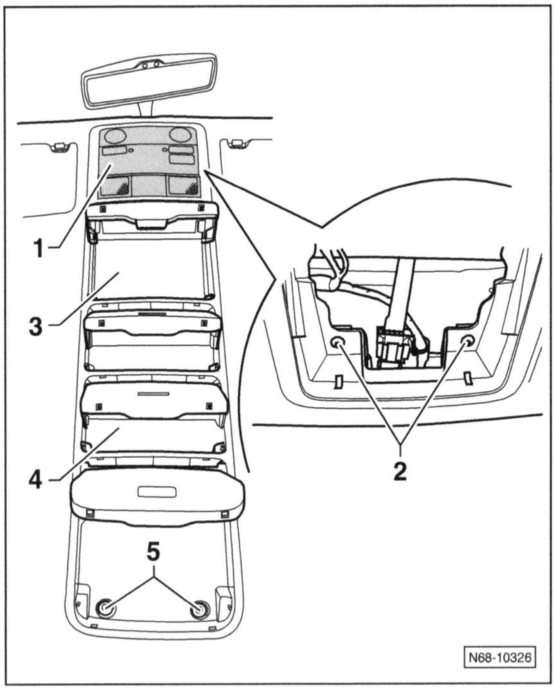

- Innen- und Leseleuchten vorn –1– ausbauen, siehe Seite 122.
- 2 Schrauben –2– herausdrehen.
- Im Ablagefach –3– 2 Schrauben herausdrehen.
- Im Ablagefach –4– eine Schraube herausdrehen.
- 2 Schrauben –5– herausdrehen.
- Dachkonsole senkrecht nach unten aus dem Dachhimmel herausziehen. Dabei im hinteren Bereich der Dachkonsole beginnen.
- Dachkonsole im Bereich der Innen- und Leseleuchten nach hinten aus den Aufnahmen herausziehen.

Einbau

- Der Einbau erfolgt in umgekehrter Ausbaureihenfolge. Schrauben mit **3 Nm** festziehen.

Einstiegleiste aus- und einbauen

Einstiegleiste vorn Fahrerseite

Ausbau

- Linke Seitenverkleidung der Armaturentafel ausbauen, siehe entsprechendes Kapitel.
- Betätigungshebel der Motorhaube ausbauen, siehe Seite 254.
- B-Säulen-Verkleidung oben aus den Aufnahmen lösen, siehe entsprechendes Kapitel.
- Untere B-Säulen-Verkleidung ausbauen, siehe entsprechendes Kapitel.

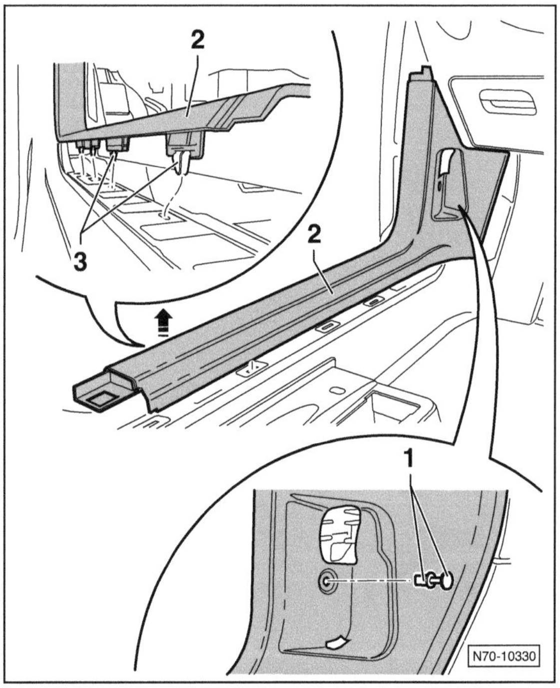

- Clip –1– heraushebeln.
- Einstiegleiste –2– (ein Bauteil mit der unteren A-Säulenverkleidung) aus der Karosserie heraushebeln –Pfeil–.

Einbau

- Clip –1– auf Beschädigung prüfen, gegebenenfalls ersetzen.
- Halteklammern –3– auf Beschädigungen prüfen, gegebenenfalls ersetzen.
- Der Einbau erfolgt in umgekehrter Ausbaureihenfolge. Dabei darauf achten, dass die Türdichtung über die Einstiegleiste greift.

Einstiegleiste hinten

Ausbau

- Radhausverkleidung hinten ausbauen, siehe entsprechendes Kapitel.

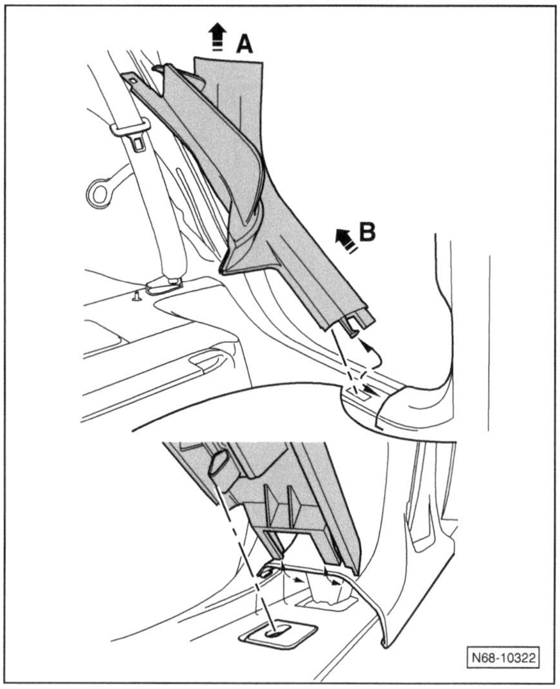

- Einstiegleiste im hinteren Beriech aus den Verrastungen herausziehen –Pfeil A–.
- Einstiegleiste unter der unteren B-Säulen-Verkleidung hervorziehen –Pfeil B–.

Einbau

- Der Einbau erfolgt in umgekehrter Ausbaureihenfolge.

B-Säulen-Verkleidung oben aus den Aufnahmen lösen

Lösen

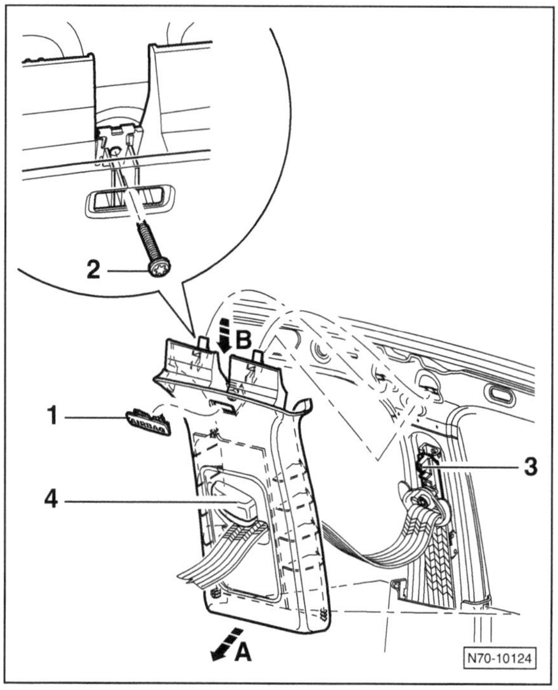

- Airbag-Emblem –1– mit einem Kunststoffkeil heraushebeln. **Achtung:** Für den Einbau muss das Airbag-Emblem erneuert werden.
- Schraube –2– herausdrehen.
- Verkleidung im unteren Bereich etwas seitlich auseinanderziehen und aus den Aufnahmen der unteren B-Säulen-Verkleidung herausziehen –Pfeil A–.
- Verkleidung aus der Türdichtung herausziehen.
- B-Säulen-Verkleidung aus den oberen Aufnahmen herausziehen –Pfeil B–.

Befestigen

- Gurthöhenverstellung –3– in die höchste Position schieben.
- Schieber –4– in der Verkleidung in die oberste Position bringen.
- Der weitere Einbau erfolgt in umgekehrter Ausbaureihenfolge.
- Nach dem Einbau Funktionsprüfung der Gurthöhenverstellung folgendermaßen durchführen.
- Schieber der Gurthöhenverstellung in die oberste Position bringen.
- Sicherheitsgurt nach unten ziehen. Dabei muss die Gurthöhenverstellung in der obersten Rastposition einrasten.

Untere B-Säulen-Verkleidung aus- und einbauen

Ausbau

- Zündung ausschalten, Zündschlüssel abziehen.
- B-Säulen-Verkleidung oben aus den Aufnahmen lösen.

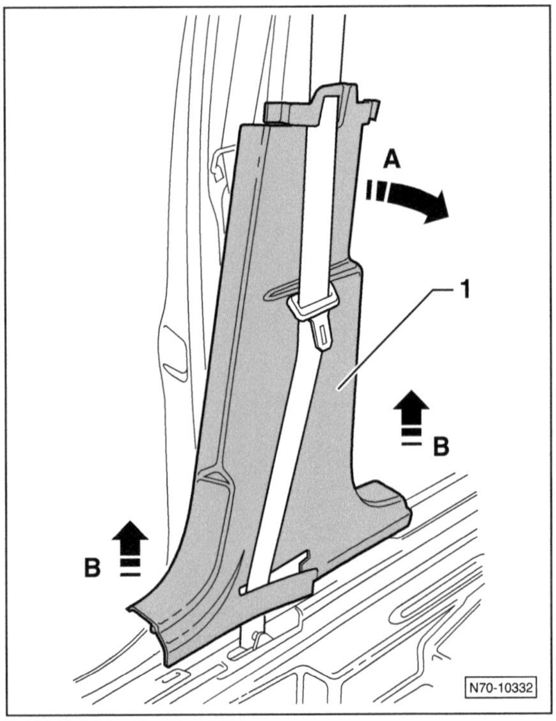

- Untere B-Säulen-Verkleidung –1– im oberen Bereich von der Karosserie abziehen –Pfeil A–
- Verkleidung nach oben aus den Aufnahmen im Schweller bereich herasziehen –Pfeile B–.
- Im unteren Bereich der Verkleidung den SIcherheitsgurt herausfädeln, dazu die Klappe in der Verkleidung öffnen.

Einbau

- Befestigungsklammern prüfen, gegebenenfalls erneuern.
- Der Einbau erfolgt in umgekehrter Ausbaureihenfolge.
- Darauf achten, dass die Türdichtung über die Verkleidung greift.

Radhausverkleidung hinten aus- und einbauen

Ausführung ohne Seitenairbag

Ausbau

- Linke Rücksitzbank in die vorderste Position bringen.

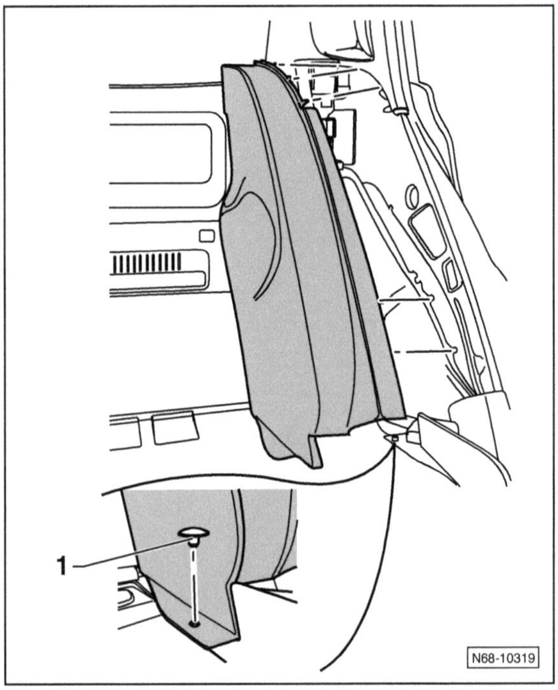

- Druckknopf –1– abschrauben.
- Verkleidung aus den Verrastungen im Radhaus herausziehen.

Einbau

- Der Einbau erfolgt in umgekehrter Ausbaureihenfolge. Beschädigte Befestigungselemente ersetzen.
- Darauf achten, dass die Türdichtung über die Verkleidung greift.

Ausführung mit Seitenairbag

Ausbau

- Sicherheitsmaßnahmen bei Arbeiten am Airbag beachten, siehe Seite 158.
- Batterie abklemmen, siehe Seite 72.
- Linke Rücksitzbank in die vorderste Position bringen.

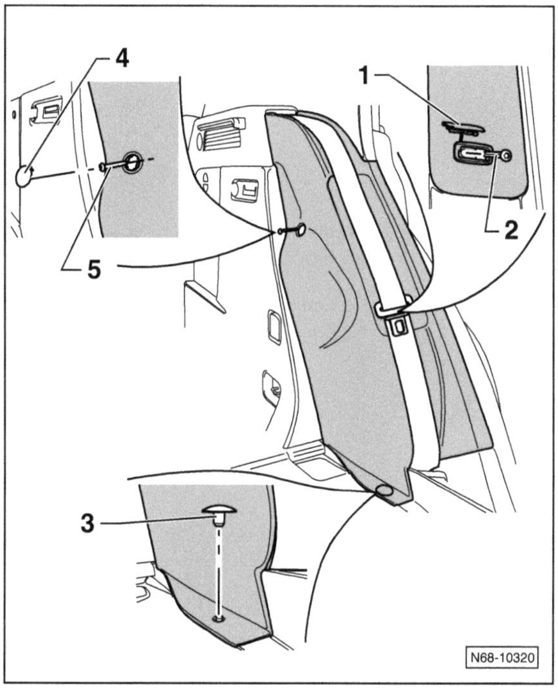

- Airbag-Emblem –1– heraushebeln. **Hinweis:** Das Emblem muss für den Einbau erneuert werden.
- Darunterliegende Schraube –2– herausdrehen.
- Druckknopf –3– abschrauben.
- Abdeckkappe –4– mit kleinem Schraubendreher herausheben.
- Darunterliegende Schraube –5– herausddrehen.

Einbau

- Der Einbau erfolgt in umgekehrter Ausbaureihenfolge. Schrauben mit **4,5 Nm** anziehen.
- Darauf achten, dass die Türdichtung über die Verkleidung greift.

Seitenverkleidung im Kofferraum aus- und einbauen

Ausbau

- Heckklappe öffnen.
- Ladebodenabdeckung, Reserverad und Einlegeteile herausnehmen.
- Verkleidung Heckabschluss ausbauen, siehe entsprechendes Kapitel.

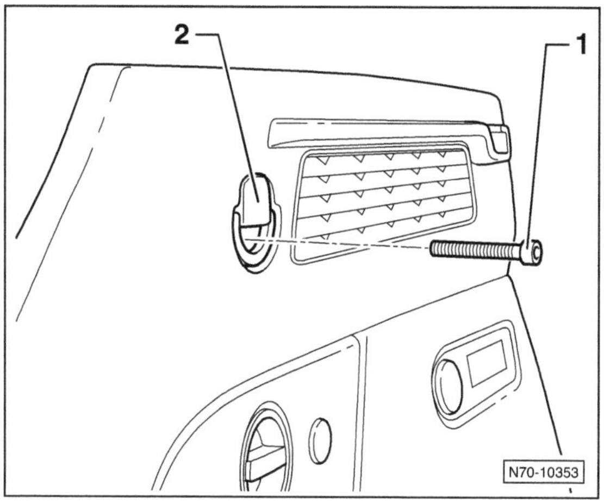

- Schraube –1– aus der Verkleidung herausdrehen.
- Halter –2– abnehmen. Falls stattdessen an dieser Stelle eine Blende eingebaut ist, diese abnehmen.

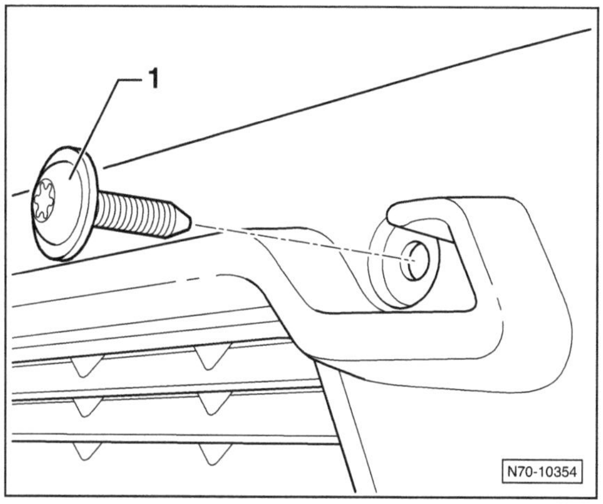

- Schraube –1– in der Deckelaufnahme herausdrehen.

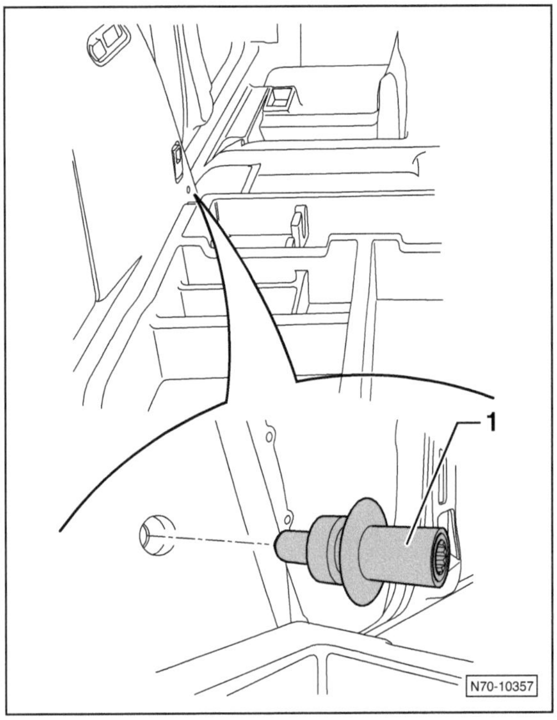

- Falls vorhanden, Befestigungsteil –1– herausdrehen.

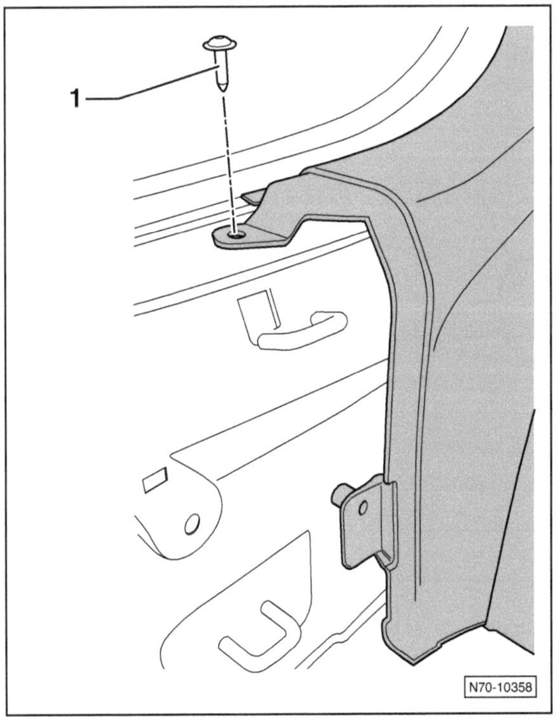

- Schraube –1– herausdrehen.

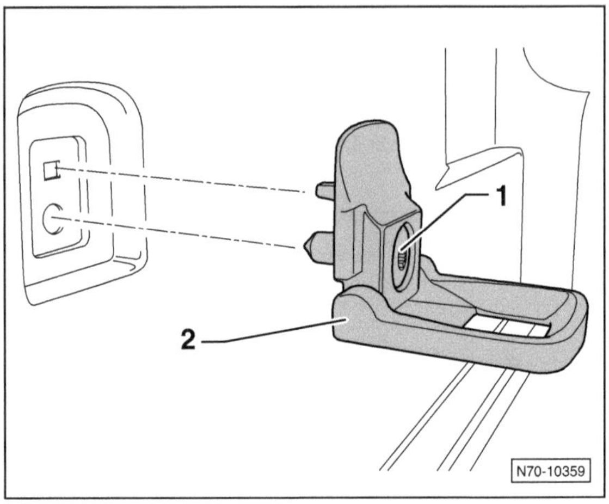

- Falls vorhanden, Schraube –1– herausdrehen und Verankerungsöse –2– abnehmen.

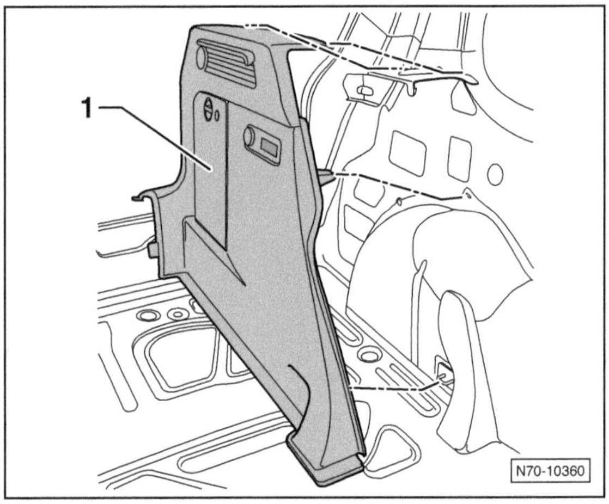

- Verkleidung –1– aus den Aufnahmen im Seitenteil herausziehen.
- Stecker von der Kofferraumleuchte und von der Steckdose abziehen.
- Verkleidung herausnehmen.

Einbau

- Der Einbau erfolgt in umgekehrter Ausbaureihenfolge. Schrauben mit **1,5 Nm**, Befestigungsteil mit **8 Nm** festziehen. Darauf achten, dass die Heckklappendichtung über die Verkleidung greift.

Verkleidung Heckabschluss aus- und einbauen

Ausbau

- Heckklappe öffnen.
- Ladebodenabdeckung, Reserverad und Einlegeteile herausnehmen.

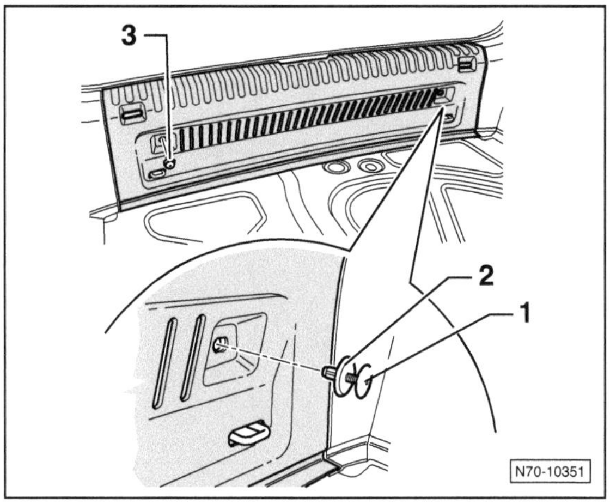

- Spreizstift –1– mit einem 3-mm-Innensechskant-Schraubendreher herausdrehen und Spreizniet –2– herausziehen.
- Zweiten Spreizniet –3– auf die gleiche Weise ausbauen.

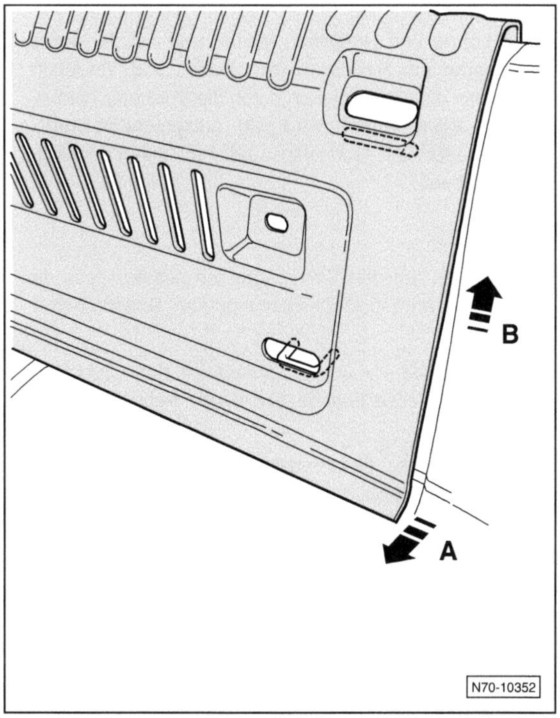

- Verkleidung in Pfeilrichtung –A– ziehen und über die Verzurrösen –gestrichelt– heben.
- Verkleidung nach oben aus den Aufnahmen im Abschlussblech herausziehen und abnehmen.

Einbau

- Der Einbau erfolgt in umgekehrter Ausbaureihenfolge. Darauf achten, dass die Heckklappendichtung über die Verkleidung greift.

Dachabschlussleiste aus-und einbauen

Ausbau

- Heckklappe öffnen.

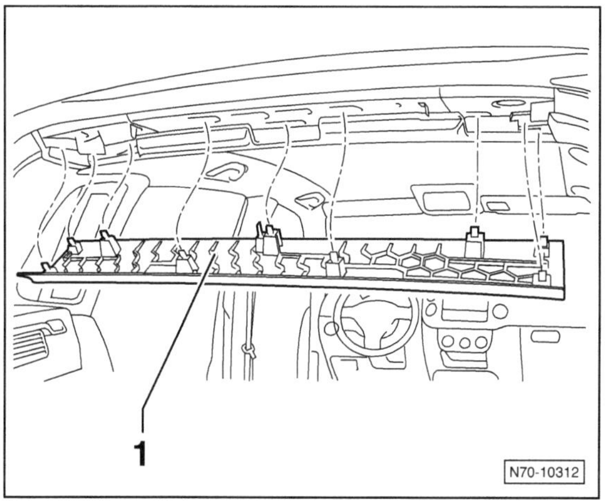

- Dachabschlussleiste –1– mit den Klammern nach unten aus den Aufnahmen im Dachquerträger ziehen. Dabei Dachabschlussleiste aus der Heckklappendichtung herausziehen.

Einbau

- Halteklammern auf Beschädigungen und auf richtigen Sitz an der Verkleidung überprüfen, wenn nötig ersetzen.
- Der Einbau erfolgt in umgekehrter Ausbaureihenfolge. Dabei darauf achten, dass die Heckklappendichtung über die Dachabschlussleiste greift.

Vordersitz aus- und einbauen

Ausbau

Hinweis: Zum Ausbau des Vordersitzes mit Seiten-Airbag wird der VW-Airbag-Adapter VAS 6281 benötigt. Der Adapter sorgt für eine zusätzliche Absicherung gegen elektrostatische Aufladungen.

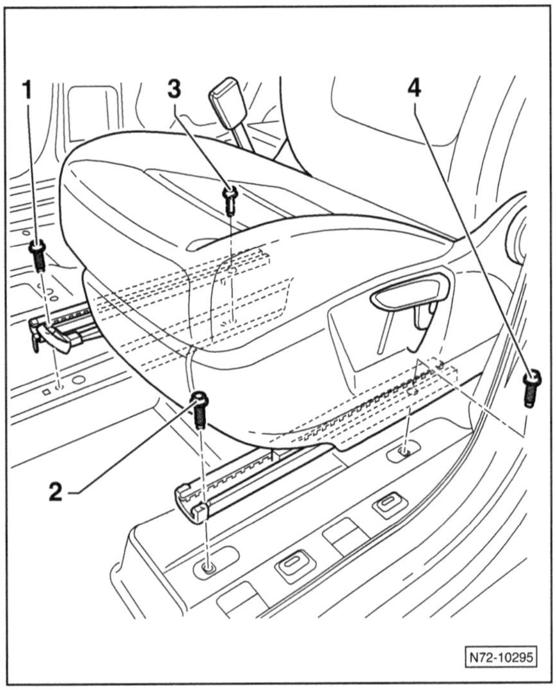

- Vordersitz nach vorn stellen und 2 Schrauben –3– und –4– hinten herausdrehen.
- 2 Schrauben –1– und –2– vorne herausdrehen.

Achtung. Unbedingt Airbag-Sicherheitshinweise befolgen, siehe Seite 158.

- Massekabel (–) bei **eingeschalteter Zündung** von der Batterie abklemmen. **Minuspol der Batterie mit Isolierband abkleben.** Hinweise im Kapitel »Batterie aus- und einbauen« beachten.

Achtung: Vor dem Trennen der Steckverbindung für Seiten-Airbag, eventuelle elektrostatische Aufladung abbauen. Dazu kurz den Schließbügel der Tür oder die Karosserie anfassen.

- Leitungsstrang zum Sitz aus der Aufnahme im Boden herausnehmen.
- Alle Stecker an der Steckerleiste unter dem Sitz abziehen.

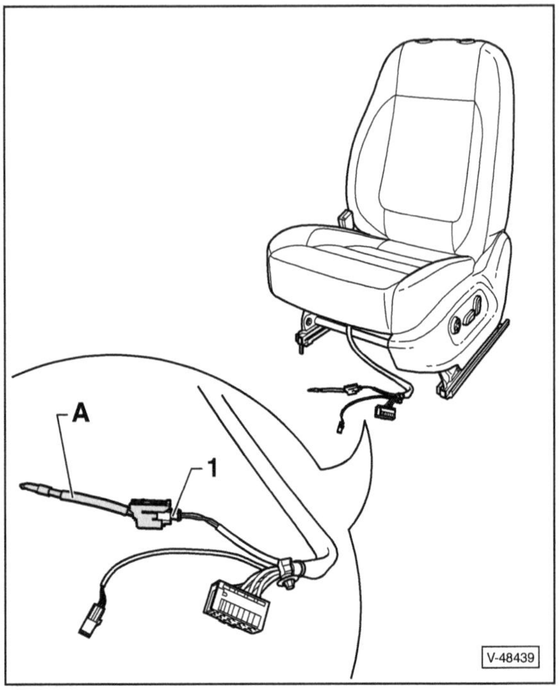

- Am Stecker für Seiten-Airbag –1– den Airbag-Adapter VAS 6281/6282 –A– am Anschluss für Seiten-Airbag aufstecken. Der Airbag-Adapter bleibt so lange angeschlossen, bis der Sitz wieder eingebaut wird. **Hinweis:** Da unterschiedliche Stecker für Seitenairbag verwendet werden, wird entweder der Adapter 6281 oder 6282 benötigt.
- Beim linken Vordersitz mit der rechten Hand hinten zwischen Lehne und Sitzkissen greifen und mit der linken Hand vorne am Sitzkissen untergreifen und Vordersitz zusammen mit Gleitschienen durch die Vordertür herausnehmen. Beim rechten Vordersitz entsprechend vorgehen. Sitz nicht am Gurtschloss oder an den Verstellhebeln anheben.

Einbau

- Vordersitz so auf den Fahrzeugboden setzen, dass die Zentrierstifte am Sitz in die Bohrungen am Boden eingreifen.
- Zuerst Schraube –1– an der Tunnelseite, dann Schraube –2– an der Schwellerseite einsetzen, siehe Abbildung N72-10295.

Achtung: Eventuelle elektrostatische Aufladung abbauen. Dazu kurz den Schließbügel der Tür oder die Karosserie anfassen.

- Airbag-Adapter abziehen.
- Stecker für Seiten-Airbag aufstecken und einrasten.
- Restliche Stecker aufstecken und einrasten.

- Zündung einschalten.

Achtung: Beim Anklemmen der Batterie darf sich keine Person im Innenraum des Fahrzeugs aufhalten.

- Isolierband vom Minuspol der Batterie entfernen und Massekabel (–) bei eingeschalteter Zündung an der Batterie anklemmen. **Achtung:** Hinweise im Kapitel »Batterie aus- und einbauen« beachten.
- Sitz ganz nach vorn stellen.
- Zuerst Schraube –3–, dann Schraube –4– einsetzen und mit **40 Nm** festziehen.
- Sitz ganz nach hinten schieben.
- Zuerst Schraube –1–, dann Schraube –2– mit **40 Nm** festziehen.

Hinweis: Wird das Gewinde im Aufnahmeblech des Sitzquerträgers beschädigt, dann ist eine Reparatur des Gewindes nicht zulässig. In diesem Fall muss das Aufnahmeblech erneuert werden (Werkstattarbeit).

- Falls die Airbag-Warnlampe im Kombiinstrument nach Einschalten der Zündung nicht erlischt, liegt eine Störung im Airbag-System vor. In diesem Fall muss eine Fachwerkstatt das Airbag-System überprüfen.

Rücksitz aus- und einbauen

Rücksitz komplett

Ausbau

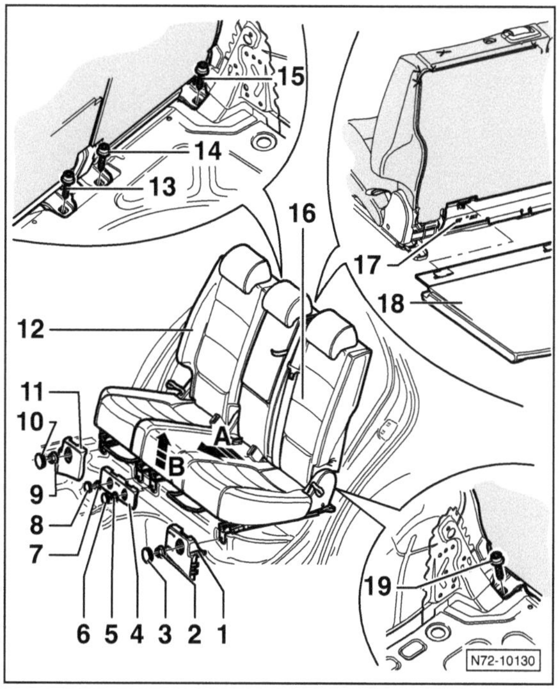

- Variablen Ladeboden –18– aus der Lehnenblende herausziehen und aus dem Fahrzeug herausnehmen.
- Schrauben –13–, –14–, –15– und –19– herausdrehen.
- Abdeckkappen –3–, –6–, –8– und –10– mit einem kleinen Schraubendreher abhebeln.
- Muttern –2–, –5–, –7– und –9– herausdrehen.
- Blenden –1–, –4– und –11– von den Sitzschienen abnehmen.
- Linke Rücksitzbank –16– in Pfeilrichtung –A– nach vorn ziehen und im vorderen Bereich anheben –Pfeil B–.
- Rückenlehne vollständig nach vorn klappen und linke Rücksitzbank mit einem Helfer aus dem Fahrzeug herausheben.
- Rechte Rücksitzbank auf die gleiche Weise ausbauen.

Einbau

- Der Einbau erfolgt in umgekehrter Ausbaureihenfolge.

Anzugsdrehmomente:
Schrauben –13–, –14–, –15–, –19– . . . . **60 Nm**
Muttern –2–, –5–, –7–, –9– . . . . **60 Nm**

Funktionsprüfung durchführen:

- Längsverstellung betätigen. Die Rücksitzbank muss sich gleichmäßig verschieben lassen.
- Beide Teile der Rücksitzbank in die hinterste Position bringen.
- Lehnenentrieglung betätigen, die Lehne muss selbständig nach vorn klappen.
- Andernfalls Befestigungsschrauben lockern und das jeweilige Teil der Rücksitzbank entsprechend ausrichten.

Rücksitzkissen

Ausbau

Hinweis: Es wird der Ausbau am linken Sitzkissen beschrieben, das rechte Sitzkissen wird entsprechend ausgebaut.

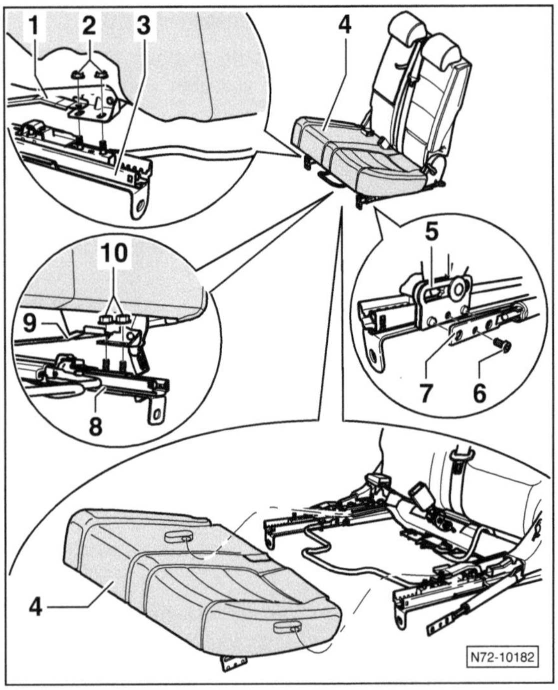

- Linke Rücksitzbank in die vorderste Position schieben.
- Lehne nach vorn klappen.

Achtung: Beim Lösen des Federelements –7– muss die Lehne nach vorn geklappt sein, da in dieser Position das Federelement entspannt ist.

- Schraube –6– herausdrehen und das Federelement –7– vom Gleitstück –5– abnehmen.
- Lehne nach hinten klappen.
- 2 Muttern –2– abschrauben.
- Bügel –1– mit einem Schraubendreher etwas nach oben drücken und dadurch das Sitzkissen von den Stehbolzen der rechten Sitzschiene –3– lösen. **Hinweis:** Am rechten Teil der Rücksitzbank ist der Bügel –1– nicht vorhanden.
- 2 Muttern –10– abschrauben.
- Bügel –9– mit einem Schraubendreher etwas nach oben drücken und dadurch das Sitzkissen von den Stehbolzen der linken Sitzschiene –8– lösen. **Hinweis:** Am rechten Teil der Rücksitzbank ist der Bügel –9– nicht vorhanden.
- Sitzkissen –4– nach vorn aus den Gleitschienen des Sitzgestells herausziehen.

Einbau

- Der Einbau erfolgt in umgekehrter Ausbaureihenfolge. Schraube –6– mit **6 Nm** anziehen.

Karosserie außen

Aus dem Inhalt:

- Kühlergrill
- Stoßfänger
- Schlossträger
- Kotflügel
- Motorhaube
- Heckklappe
- Tür zerlegen
- Außenspiegel

Bei der selbsttragenden Karosserie des TIGUAN sind Bodengruppe, Seitenteile, Dach und die hinteren Kotflügel miteinander verschweißt. Die Reparatur größerer Karosserieschäden sowie das Auswechseln von Front- und Heckscheibe sollten von einer Fachwerkstatt durchgeführt werden.

Motorhaube, Heckklappe, Türen und die vorderen Kotflügel sind angeschraubt und lassen sich leicht auswechseln. Beim Einbau ist dann unbedingt ein gleichmäßiger Luftspalt einzuhalten, sonst klappert beispielsweise die Tür, oder es können während der Fahrt erhöhte Windgeräusche auftreten. Der Luftspalt muss auf jeden Fall parallel verlaufen, das heißt, der Abstand zwischen den Karosserieteilen muss auf der gesamten Länge des Spaltes gleich groß sein. Abweichungen bis zu 1 mm sind zulässig.

Achtung: Wenn im Rahmen von Arbeiten an der Karosserie auch Arbeiten an der elektrischen Anlage durchgeführt werden, **grundsätzlich** die Zündung ausschalten und den Zündschlüssel abziehen. Als Arbeit an der elektrischen Anlage ist dabei schon zu betrachten, wenn eine elektrische Leitung vom Anschluss abgezogen beziehungsweise abgeklemmt wird.

Hinweis: Zum Lösen von Tür- und Heckklappenverkleidungen einen Kunststoffkeil verwenden, zum Beispiel HAZET 1965-20. Clips, die beim Ausbau von Verkleidungen beschädigt werden, immer erneuern.

Sicherheitshinweise bei Karosseriearbeiten

Sicherheitshinweis
Bei Karosseriearbeiten entstehen oft starke Erschütterungen, beispielsweise durch Hammerschläge. Deshalb immer Zündung ausschalten und beide Batteriekabel abklemmen, sonst kann der Airbag ausgelöst werden. Airbag-Sicherheitshinweise beachten, siehe Seite 158.

- Muss an der Karosserie geschweißt werden, soll dies grundsätzlich durch Widerstandspunktschweißen (RP) durchgeführt werden. Nur wenn sich die Schweißzange nicht ansetzen lässt, ist das Schutzgas-Schweißverfahren anzuwenden.
- So weit Schweißarbeiten oder andere funkenerzeugende Arbeiten durchgeführt werden, grundsätzlich die Batterie komplett abklemmen (Pluskabel und Massekabel) und beide Batteriepole (+) und (–) sorgfältig mit Klebeband isolieren. Bei Arbeiten in Batterienähe muss die Batterie ausgebaut werden. **Achtung:** Unbedingt Hinweise im Kapitel »Batterie aus- und einbauen« beachten.
- **Fahrzeuge mit Klimaanlage:** An Teilen der befüllten Klimaanlage darf weder geschweißt noch hart- oder weichgelötet werden. Das gilt auch für Schweiß- und Lötarbeiten am Fahrzeug, wenn die Gefahr besteht, dass sich Teile der Klimaanlage erwärmen.

Sicherheitshinweis
Der **Kältemittelkreislauf** der Klimaanlage darf **nicht geöffnet** werden, da das Kältemittel bei Hautberührung Erfrierungen hervorrufen kann.
Bei versehentlichem Hautkontakt, die Stelle sofort mindestens 15 Minuten lang mit kaltem Wasser spülen. Austretendes Kältemittel verdampft bei Umgebungstemperatur. Das Kältemittel ist farb- und geruchlos sowie schwerer als Luft. Da das Kältemittel nicht wahrnehmbar ist, besteht am Boden beziehungsweise in einer Montagegrube Erstickungsgefahr.

- **Lackierung trocknen:** Im Rahmen einer Reparatur-Lackierung darf das Fahrzeug im Trockenofen oder in der Vorwärmzone nicht über **+80° C** aufgeheizt werden. Sonst können elektronische Steuergeräte im Fahrzeug beschädigt werden. Außerdem kann dadurch in der Klimaanlage ein starker Überdruck entstehen, der möglicherweise zum Platzen der Anlage führt.

Steinschlagschäden an der Frontscheibe

Hinweis: Kleinere Schäden an der Frontscheibe, zum Beispiel durch Steinschlag verursacht oder Scheibenwischerstreifen, beeinträchtigen die Sicht und können zu Folgeschäden an der Scheibe (Risse) führen. Diese Schäden sollten so bald wie möglich behoben werden. Verschiedene Glas-Unternehmen sind auf Reparaturen an Auto-Scheiben spezialisiert. Der Austausch der Scheibe kann auf diese Weise vermieden werden. Überdies werden die Kosten für die Scheibenreparatur von der Kaskoversicherung übernommen.

Spreiznieten aus- und einbauen

Viele Abdeckungen und Verkleidungen sind mit Spreiznieten befestigt. Aus- und Einbau weiterer Halteclips, siehe Seite 221.

Ausbau

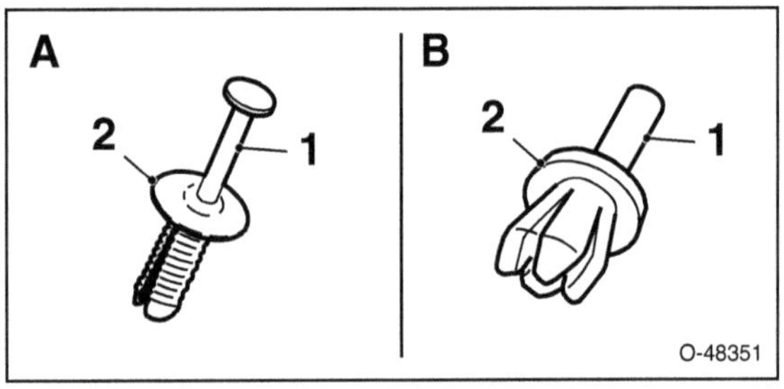

- A – Spreizniete mit Kappe: Bolzen –1– mit einem Schraubendreher herausziehen.
- B – Spreizniete ohne Kappe: Bolzen –1– mit einem geeigneten Dorn durchdrücken. **Hinweis:** Der Bolzen geht dabei unter Umständen verloren und muss ersetzt werden.
- Spreizniete –2– aus der Bohrung herausziehen.

Einbau

- Beschädigte oder fehlende Spreiznieten durch Neuteile ersetzen.
- Spreizniete –2– in die Bohrung setzen und Bolzen –1– eindrücken. **Hinweis:** Dadurch werden die Clipnasen gespreizt und die Spreizniete sitzt sicher in der Bohrung.

Blindnieten aus- und einbauen

Zum Entfernen von Blindnieten (Popnieten) zunächst nur den Nietkopf ausbohren und dann die Niete mit einem Dorn aus der Bohrung heraustreiben. Dadurch wird verhindert, dass die Bohrung ausgeweitet wird.

Neue Niete in die Bohrung einsetzen und mit einer Blindniet-Zange festquetschen, die Niethülse hat dabei denselben Durchmesser wie die Bohrung.

Häufig verwendete Nieten-Durchmesser: 2,4 mm, 3,2 mm, 4,0 mm und 4,8 mm.

Windlaufgrill aus- und einbauen

Ausbau

- Wischerarme ausbauen, siehe Seite 89.

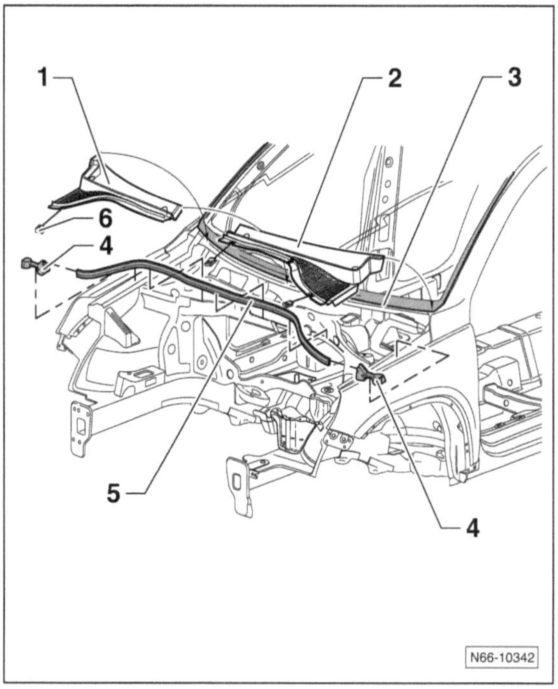

- Dichtung –5– auf der gesamten Länge vom Windlaufgrill –1– und –2– abziehen.
- Befestigungsklammern –6– vom Windlaufgrill abziehen.
- Windlaufgrill rechts –1– und links –2– vorsichtig nach oben aus dem Einfassprofil der Frontscheibe –3– herausziehen. Dabei in der Fahrzeugmitte beginnen und zwar mit der Hälfte, die an der Verbindungsstelle oben liegt.

Einbau

Hinweis: Bei einer neuen Frontscheibe –4– ist im Einfassprofil ein Einleger montiert. Vor Einbau des Windlaufgrills unbedingt den Einleger entfernen.

Achtung: Windlaufgrill nicht aufschlagen, sonst kann die Frontscheibe reißen.

- Einfassprofil –3– mit Seifenlauge einsprühen, damit sich der Windlaufgrill leichter aufdrücken lässt.
- Windlaufgrill rechts –1– und links –2– auf das Einfassprofil –3– mit leichtem Druck aufdrücken und einrasten. Dabei in der Mitte beginnen.
- Befestigungsklammern –6– aufschieben.
- Dichtung –5– aufdrücken.
- Schaumformteile –4– auf Beschädigungen sichtprüfen, gegebenenfalls ersetzen.

Schlossträger in Servicestellung bringen

Zum Ausbau des Motors oder des Kühlers muss das Fahrzeug-Vorderteil in die so genannte Servicestellung gebracht werden. Dabei wird der Schlossträger nach vorne geschoben.

- Stoßfängerabdeckung vorn ausbauen, siehe entsprechendes Kapitel.

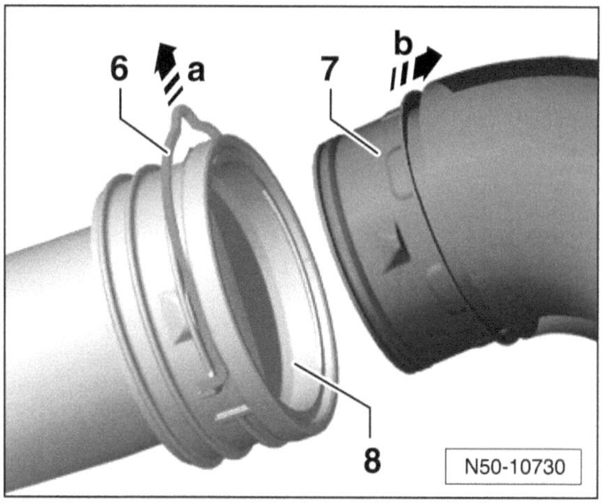

- Turbodiesel mit Ladeluftkühler: Druckschläuche abziehen. Dazu Halteklammer –6– in Pfeilrichtung –a– ziehen und Steckkupplung –8– entriegeln. Druckschlauch –7– in Pfeilrichtung –b– abziehen.

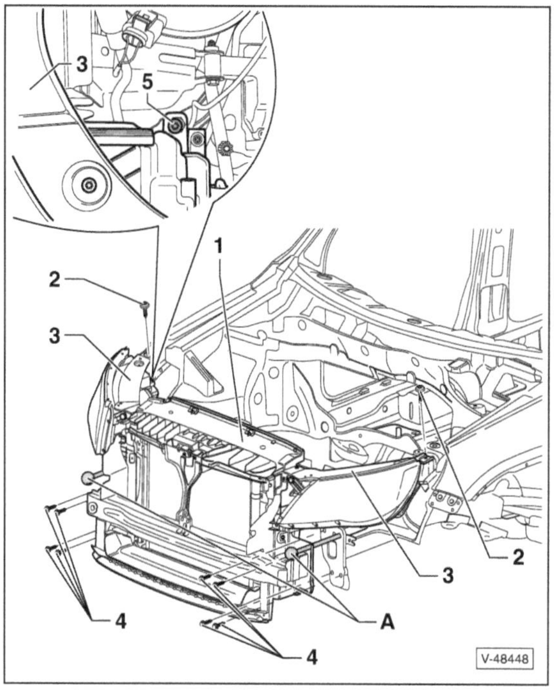

- 3 der 4 Schrauben –4– an den Längsträgern rechts und links herausdrehen.

- Jeweils eine Schraube –5– links und rechts hinten am Scheinwerfer herausdrehen.
- In die Bohrungen an den Längsträgern jeweils eine Führungsstange –A– einschrauben. Die Fachwerkstatt verwendet dazu die Führungsstangen VW-T10093. Steht das Spezialwerkzeug nicht zur Verfügung, entsprechende Bolzen mit ca. 150 mm Länge und einem Gewinde M10 x 35 verwenden.
- Restliche Schrauben –4– rechts und links an den Längsträgern herausdrehen.
- Schrauben –2– oben an den Haltewinkeln –3– herausdrehen.

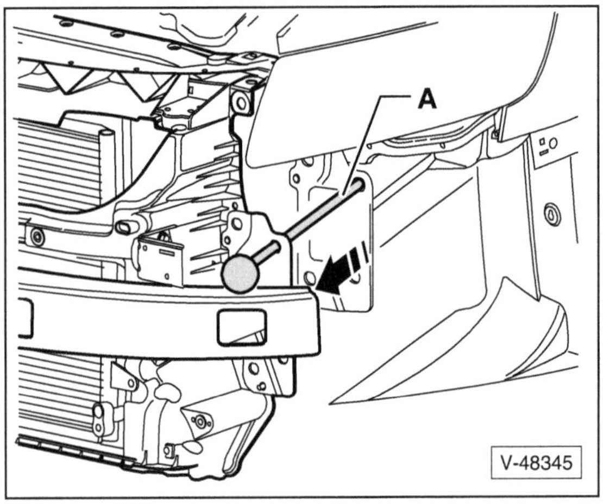

- Schlossträger mit den Haltewinkeln auf den Führungsstangen –A– etwa 10 cm nach vorne ziehen –Pfeil–.

Einbau

- Schlossträger auf den Führungsstangen an die Längsträger heranschieben und festschrauben. Dabei darauf achten, dass Schläuche und Leitungen nicht eingeklemmt werden.
- Schrauben –2– eindrehen und mit **8 Nm** festziehen.
- Schrauben –4– mit **60 Nm** anschrauben.
- Schrauben hinten an den Scheinwerfern festziehen
- Führungsstangen herausdrehen und restliche Schrauben –4– mit **60 Nm** festziehen.
- Turbodiesel mit Ladeluftkühler: Druckschläuche am Ladeluftkühler einrasten. Anschließend festen Sitz prüfen.
- Der weitere Einbau erfolgt in umgekehrter Ausbaureihenfolge.
- Nach dem Einbau Scheinwerfereinstellung überprüfen, gegebenenfalls einstellen (Werkstattarbeit).

Stoßfängerabdeckung/Stoßfängerträger vorn aus- und einbauen

Bis 5/11

Ausbau

- Beide Innenkotflügel im Bereich der Stoßfängerabdeckung abbauen, siehe entsprechendes Kapitel.

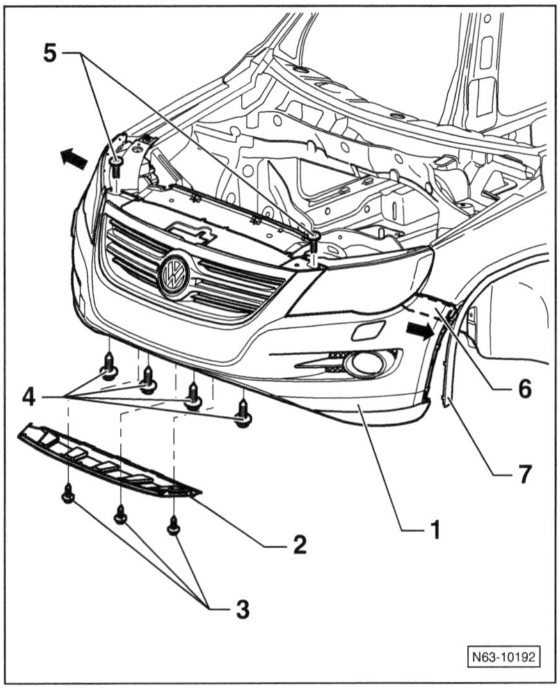

- Radabdeckungen –7– im Bereich der Stoßfängerabdeckung aus den Verrastungen ausclipsen.
- Schrauben –6– hinter den Radabdeckungen herausdrehen.
- **Geländeausführung:** Schrauben –3– herausdrehen und Abdeckung –2– abnehmen. **Hinweis:** Bei der Straßenausführung ist diese Abdeckung nicht vorhanden.
- Schrauben –4– von unten herausdrehen.
- Schrauben –5– herausdrehen.

Hinweis: Für den weiteren Ausbau ist ein Helfer erforderlich.

- Stoßfänger an den Ecken –Pfeile– nach außen aus den Verrastungen am Halter herausziehen.
- Zusammen mit einem Helfer die Stoßfängerabdeckung parallel aus den Aufnahmen an den Scheinwerfern herausziehen.
- Falls vorhanden, Stecker von den Gebern für Einparkhilfe/Park-Lenkassistent abziehen beziehungsweise Geber ausbauen. Grundsätzliche Geber/Stecker so markieren, dass sie an gleicher Stelle wieder eingebaut werden können. Geber ausbauen, siehe Seite 69.
- Alle weiteren Steckverbindungen trennen.
- Scheinwerferreinigungsanlage: Waschwasserleitungen trennen und verschließen.

Einbau

- Der Einbau erfolgt in umgekehrter Ausbaureihenfolge.
- Stoßfängerabdeckung zusammen mit einem Helfer parallel aufschieben und in die Aufnahmen an den Scheinwerfern einführen.
- Schrauben –3–, –4– und –6– mit **2 Nm** festziehen.
- Schrauben –5– bei der Straßenausführung mit **2 Nm**, bei der Geländeausführung mit **6 Nm** festziehen.

Stoßfängerabdeckung, Straßenausführung ab 6/11

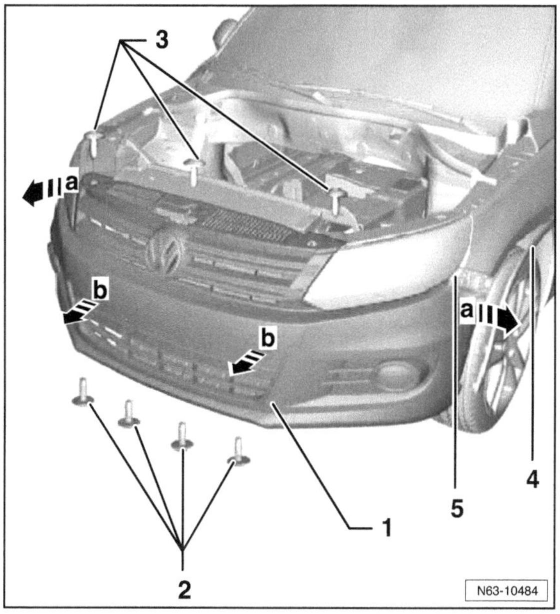

1 – Stoßfängerabdeckung

2 – Schrauben

3 – Schrauben

4 – Radabdeckung

5 – Halter

a – Stoßfänger an den Ecken nach außen ziehen.

b – Stoßfänger mit Helfer parallel aus den Aufnahmen an den Scheinwerfern herausziehen.

Stoßfängerträger vorn

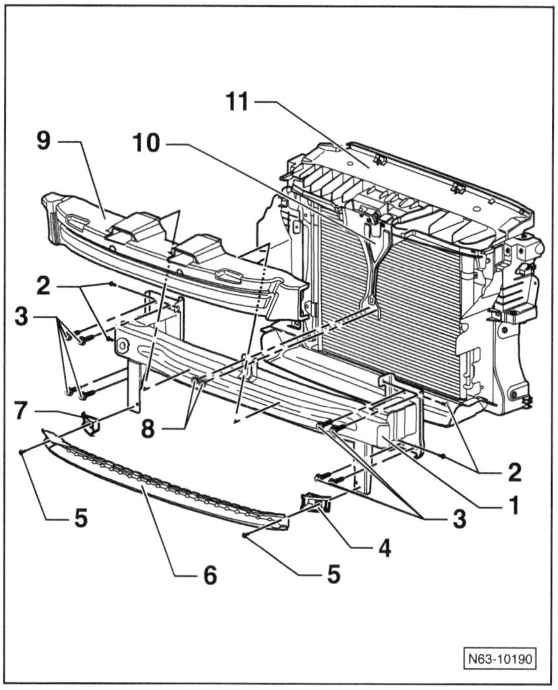

1 – Stoßfängerträger vorn

2 – Schraube, 8 Nm
Je 2 Stück links und rechts.

3 – Schraube, 60 Nm
8 Stück

4 – Haltewinkel

5 – Schrauben, 8 Nm

6 – Querträger
Ist mit dem Stoßfängerträger verschraubt.

7 – Haltewinkel

8 – Schrauben, 8 Nm

9 – Schaumteil, selbstklebend

10 – Schlossstütze

11 – Schlossträger

Hinweis: In der Abbildung ist der Stoßfängerträger der Straßenausführung dargestellt. **Achtung:** Stoßfängerträger von Straßenausführung und Geländeausführung können nicht getauscht werden.

Stoßfängerabdeckung/Stoßfängerträger hinten aus- und einbauen

Ausbau

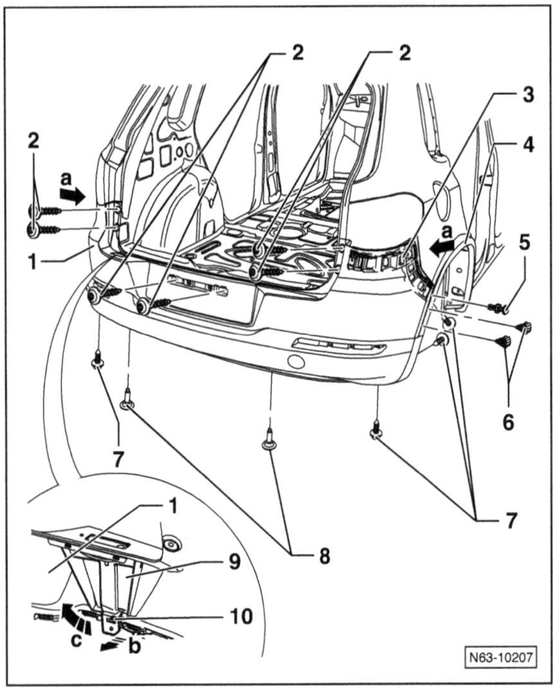

- Schrauben –7– im Bereich der Innenkotflügel links und rechts herausdrehen.
- Clips –6– der Radabdeckung –4– von innen aus dem Stoßfänger herausdrücken.
- Schrauben –8– von unten herausdrehen.
- Hinteres Kennzeichen beziehungsweise Kennzeichenhalter ausbauen.
- Schrauben –2– links und rechts und unter dem Kennzeichen beziehungsweise dem Kennzeichenhalter herausdrehen.

Hinweis: Für den weiteren Ausbau ist ein Helfer erforderlich.

- Stoßfängerabdeckung –1– links und rechts aus den Verrastungen in den Führungsprofilen –3– herausziehen.
- Stoßfängerabdeckung mit Helfer parallel nach hinten abziehen.
- Sämtliche Steckverbindungen trennen.
- Fahrzeuge mit Anhängerkupplung: Halter für den Auslöseknopf –9– aus der Verrastung der Stoßfängerabdeckung –1– herausziehen –Pfeil b–.
- Halter nach unten herausnehmen –Pfeil c–.
- Stoßfängerabdeckung abnehmen.

Einbau

- Der Einbau erfolgt in umgekehrter Ausbaureihenfolge.
- Stoßfängerabdeckung zusammen mit einem Helfer parallel aufschieben und einrasten. Dabei auf Parallelität der Fugen achten.
- Schrauben –2– mit **3,5 Nm** festziehen.
- Schrauben –7– mit **2 Nm** festziehen.
- Schrauben –8– mit **6 Nm** festziehen.

Stoßfängerträger hinten

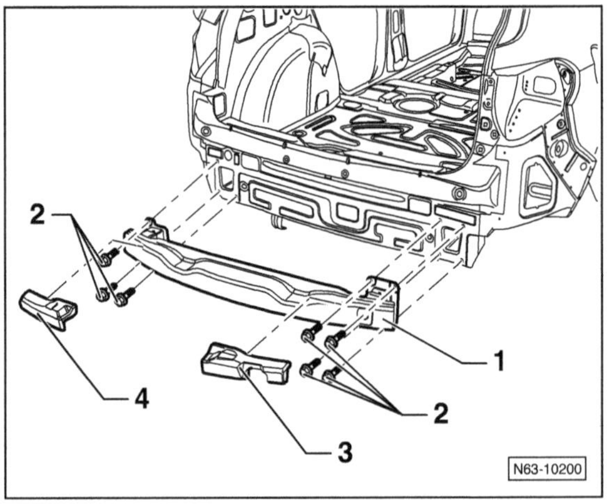

1 – Stoßfängerträger hinten

2 – Schraube, 20 Nm
3 Stück links.
4 Stück rechts.

3 – Schaumteil rechts
Mit doppelseitigem Klebeband am Stoßfängerträger befestigt.

4 – Schaumteil links
Mit doppelseitigem Klebeband am Stoßfängerträger befestigt.

Kühlergrill aus- und einbauen

Bis 5/2011

Ausbau

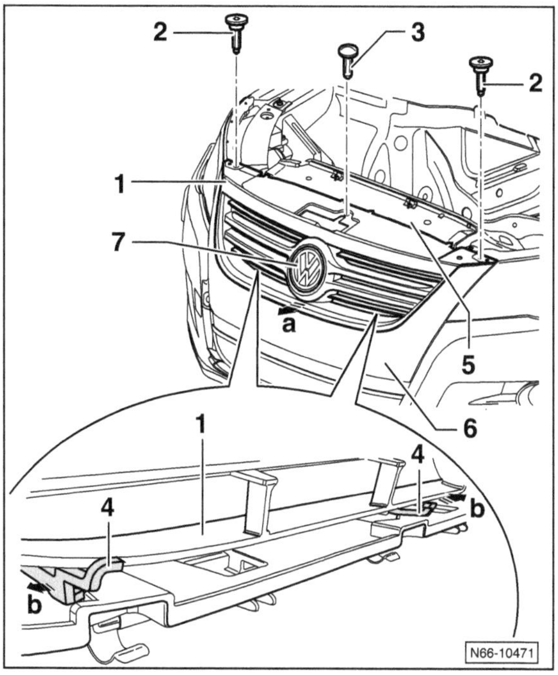

- Schrauben –2– und –3– herausdrehen.
- Kühlergrill –1– oben aus dem Schlossträger –5– herausziehen.
- Je 2 Verrastungen –4– links und rechts neben dem VW-Zeichen –7– entriegeln. Dazu einen Schraubendreher durch die unteren Lamellen des Kühlergrills stecken. Verrastungen nacheinander durch seitliches Drücken in Pfeilrichtung –b– lösen und Kühlergrill –1– etwas abziehen.
- Kühlergrill –1– in Pfeilrichtung –a– aus der Stoßfängerabdeckung –6– herausziehen.
- Um gegebenenfalls das VW-Zeichen abzubauen, Verrastungen an der Rückseite ausclipsen und VW-Zeichen in Pfeilrichtung –a– abnehmen.

Einbau

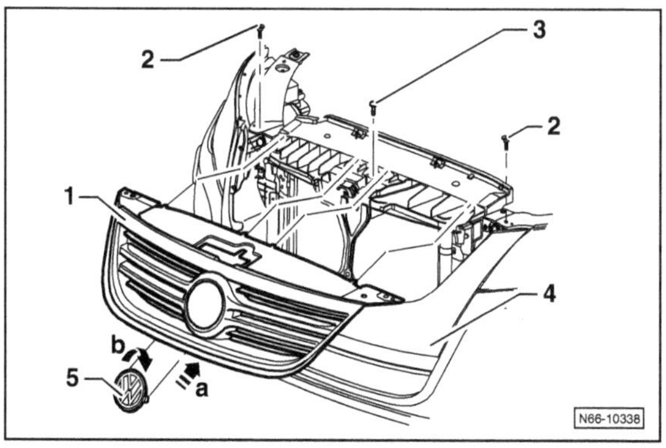

- Kühlergrill –1– in die Stoßfängerabdeckung –4– einsetzen.
- Schraube –3– mit **2 Nm** anschrauben.
- Schraube –2– mit **6 Nm** anschrauben.
- Falls ausgebaut, VW-Zeichen –5– in Pfeilrichtung –a– in den Kühlergrill einsetzen.
- VW-Zeichen in Pfeilrichtung –b– drehen, bis die Rasthaken verrasten.

Ab 6/2011

Ausbau

- Stoßfängerabdeckung ausbauen, siehe entsprechendes Kapitel.

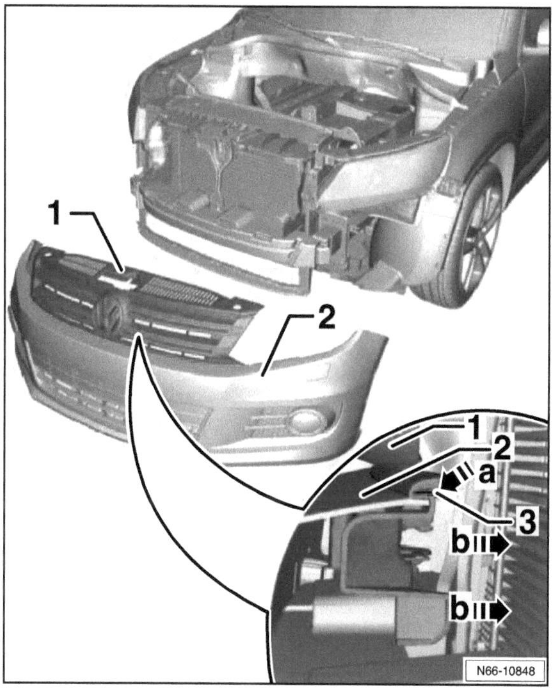

- Auf der Rückseite die Rasthaken –3– entriegeln –Pfeil a–.
- Kühlergrill –1– von der Stoßfängerabdeckung –2– abziehen –Pfeil b–.
- Falls erforderlich, VW-Emblem ausbauen. Dazu mit einer Zange das Emblem aus dem Kühlergrill herausziehen.

Einbau

- Kühlergrill auf die Stoßfängerabdeckung schieben und so ausrichten, dass die Rasthaken vor den Aufnahmen liegen.
- Kühlergrill andrücken und einrasten. Anschließend am Kühlergrill ziehen und dadurch richtige Verrastung prüfen.
- Falls ausgebaut, VW-Emblem am Kühlergrill ansetzen, aufdrücken und verrasten.

Kotflügel aus- und einbauen

Ausbau

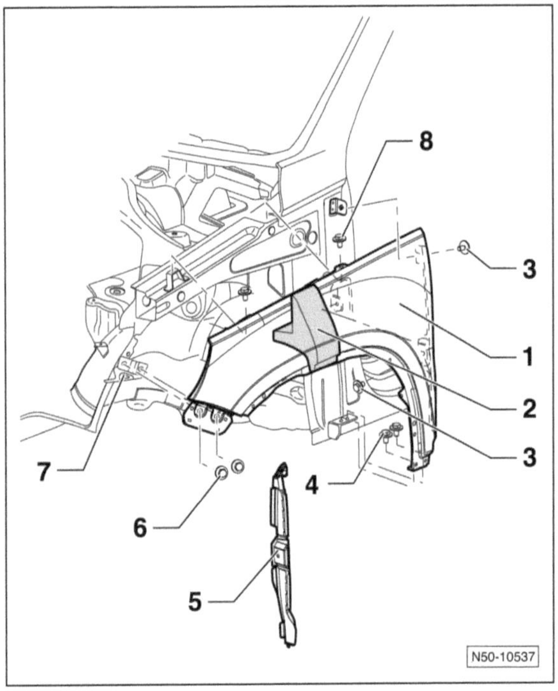

- Vordere Stoßfängerabdeckung ausbauen, siehe entsprechendes Kapitel.
- Innenkotflügel ausbauen, siehe entsprechendes Kapitel.
- Halter für Stoßfängerabdeckung ausbauen. Dazu 2 Schrauben herausdrehen.
- Schließteil –5– für Kotflügel ausbauen. Dazu Schließteil in Fahrtrichtung nach hinten drücken und aus der mittleren Verrastung ausrasten. Anschließend Schließteil zuerst nach oben, dann nach unten drücken und dadurch aus den jeweiligen Aufnahmen herausziehen.
- Schrauben –3–, –4– und –6– herausdrehen.
- Schaumteil –2– zwischen Kotflügel und Längsträger herausziehen.
- Schrauben –8– herausdrehen.
- Kotflügel –1– vorsichtig abnehmen.

Einbau

- Kotflügel ansetzen. Dabei zwischen Kotflügel und Unterholm unbedingt die Zink-Zwischenlage VW-AKL 381 035 50 einfügen.
- Schrauben leicht beiziehen, nicht festziehen.
- Dämpfungen und Formteile einsetzen.
- Kotflügel auf gleichmäßige **Spaltmaße** spannungsfrei ausrichten.
  Kotflügel – Motorhaube: . . . . $5^{\pm 1,0}$ mm
  Kotflügel – Tür vorn: . . . . $4^{\pm 1,0}$ mm
- Sämtliche Schrauben mit **7,5 Nm** festziehen.
- Der weitere Einbau erfolgt in umgekehrter Ausbaureihenfolge. Dabei Halter für Stoßfängerabdeckung mit **2 Nm** anschrauben.

Innenkotflügel aus- und einbauen

Innenkotflügel vorn

Ausbau

> **Sicherheitshinweis**
> Beim Aufbocken des Fahrzeugs besteht Unfallgefahr! Deshalb vorher das Kapitel »Fahrzeug aufbocken« durchlesen.

- Vorderrad ausbauen.

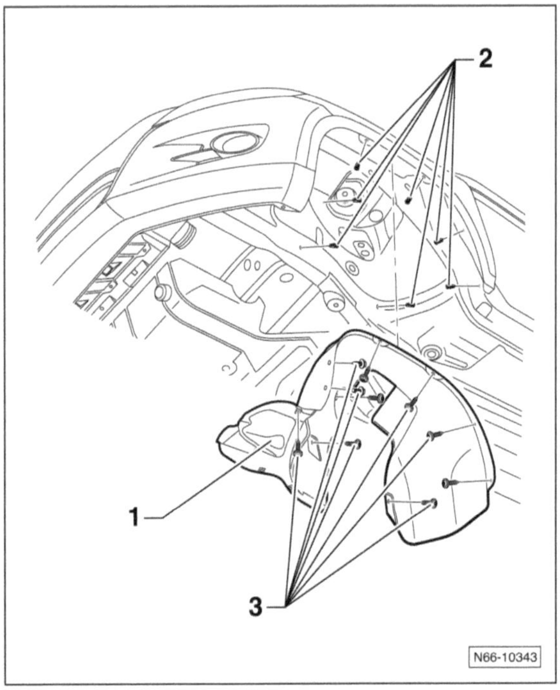

- 11 Schrauben –3– herausdrehen und Innenkotflügel –1– aus dem Radkasten herausziehen. 2 – Spreizmuttern.

Einbau

- Sitz und Beschaffenheit der Spreizmuttern –2– prüfen, beschädigte Spreizmutter ersetzen.
- Innenkotflügel in den Radkasten einsetzen und mit **2 Nm** festschrauben.
- Vorderrad einbauen.
- Reifen-Laufrichtung beachten, Vorderrad über Kreuz mit **30 Nm** anschrauben, Fahrzeug ablassen, anschließend Radschrauben über Kreuz festziehen; bei **Frontantrieb** mit **140 Nm,** bei **Allradantrieb** mit **120 Nm**. **Achtung:** Unbedingt Hinweise im Kapitel »Rad aus- und einbauen« beachten.

Innenkotflügel hinten

Ausbau

- Hinterrad ausbauen.

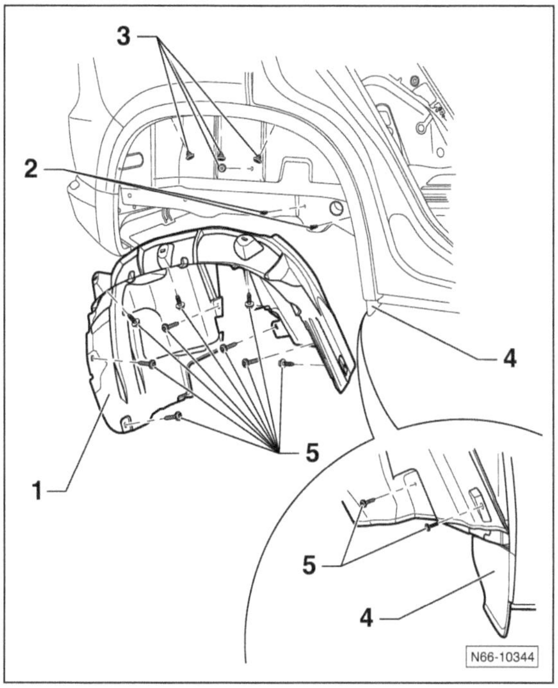

- 10 Schrauben –5– herausdrehen und Innenkotflügel –1– aus dem hinteren Radkasten herausziehen. 2 – Spreizmuttern.

Einbau

- Spreizmuttern auf Beschädigung prüfen, gegebenenfalls ersetzen. **Achtung:** Die **Einsteckmuttern –3–** dichten den Innenraum gegen Abgase ab und **müssen bei Beschädigung auf jeden Fall ersetzt werden.**
- Innenkotflügel –1– von oben in die Schwellerabdeckung –4– hineinstecken und anschließend in das Radhaus hineindrücken.
- Schrauben –5– einsetzen und mit **2 Nm** festschrauben.
- Reifen-Laufrichtung beachten, Hinterrad über Kreuz mit **30 Nm** anschrauben, Fahrzeug ablassen, anschließend Radschrauben über Kreuz festziehen; bei **Frontantrieb** mit **140 Nm,** bei **Allradantrieb** mit **120 Nm. Achtung:** Unbedingt Hinweise im Kapitel »Rad aus- und einbauen« beachten.

Motorhaube aus- und einbauen

Ausbau

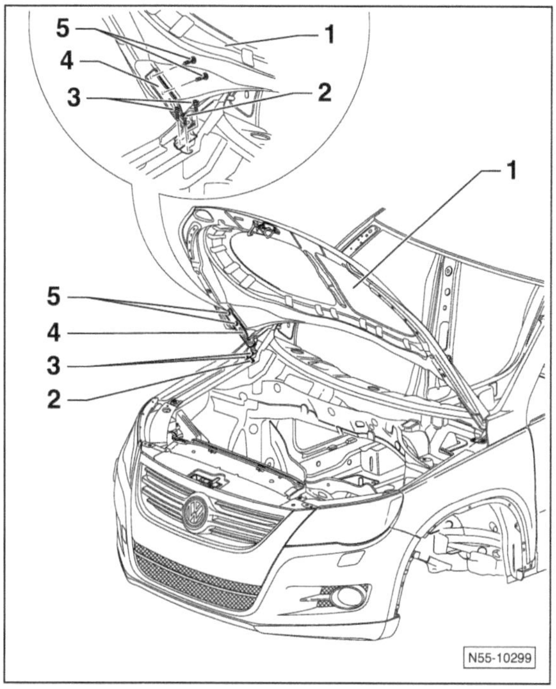

- Motorhaube –1– öffnen.
- Scheibenwaschdüsen ausbauen, siehe Seite 96.
- Wasserschlauch sowie Leitung für Düsenheizung an der Motorhaube und am Scharnier –4– ausclipsen und aus der Motorhaube herausziehen.

Hinweis: Soll die bisherige Motorhaube wieder eingebaut werden, an den Schlauchenden eine Schnur befestigen. Beim Herausziehen der Schläuche wird die Schnur eingezogen und bleibt anschließend in der Motorhaube.

- Für den Wiedereinbau Einbaulage der Scharniere –4– mit Filzstift an der Motorhaube markieren.
- Auf jeder Seite 2 Schrauben –5– lockern, aber nicht abschrauben. 2 – Einstellpuffer, 3 – Dämpfung.

Hinweis: Für den weiteren Ausbau ist ein Helfer erforderlich.

- Stützstange an der Motorhaube aushängen und herunterklappen.
- Muttern –5– herausdrehen, Motorhaube mit einem Helfer von den Scharnieren abnehmen und vorsichtig ablegen.

Einbau

- Motorhaube mit einem Helfer an den Scharnieren ansetzen und leicht anschrauben. Die alte Motorhaube nach den angebrachten Markierungen ausrichten und Scharnierschrauben –4– handfest anziehen.
- Motorhaube mit der Stützstange abstützen.
- Motorhaube schließen und auf korrekte Spaltmaße einstellen, siehe entsprechendes Kapitel.
- Scharnierschrauben mit **21 Nm** festziehen.

- Wasserschlauch für die Waschdüse sowie elektrische Leitung für die Düsenheizung mithilfe der Schnur einziehen beziehungsweise bei einer neuen Motorhaube verlegen. Waschwasserleitung für Scheibenwaschdüsen im Bereich des linken Scharniers in einem Bogen verlegen. Wird die Leitung verdreht eingebaut, knickt sie später ab.
- Scheibenwaschdüsen einbauen, siehe Seite 96.

Motorhaube einstellen

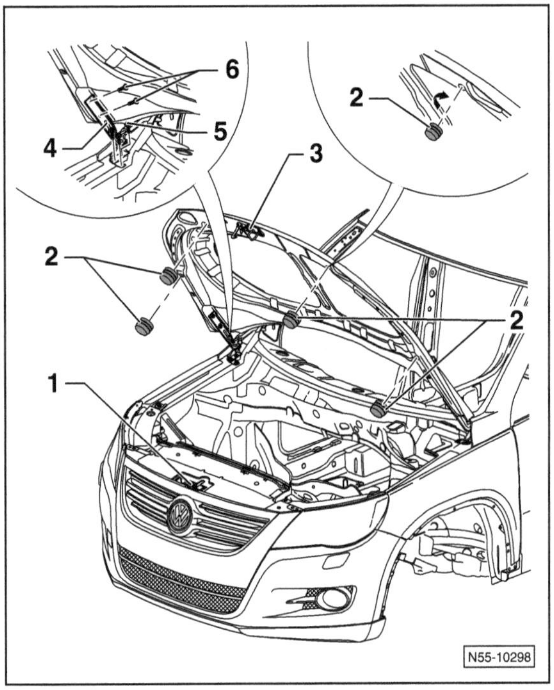

Einstellhinweise:

- Das Fahrzeug muss auf einer ebenen Fläche auf den Rädern stehen.

Hinweis: Die Puffer –2– links und rechts dienen nicht der Einstellung. Sie stabilisieren beziehungsweise dämpfen die Motorhaube.

- Die Motorhaube –5– ist richtig eingestellt, wenn sie im geschlossenen Zustand überall ein gleichmäßiges Spaltmaß hat. Sie darf nicht zu weit nach innen oder außen stehen, und die Konturen müssen mit den umliegenden Bauteilen fluchten.
- Die Motorhaube muss ohne größeren Kraftaufwand mit dem Schließbügel –3– im Haubenschloss –1– einrasten.

Einstellen

- Einbaulage des Schließbügels –3– mit Filzstift markieren. Schließbügel –3– abschrauben.
- Links und rechts die Schrauben –5– so weit lösen, dass die Motorhaube an den Scharnierbügeln gerade noch verschoben werden kann.
- Motorhaube schließen und zu den Kotflügeln so ausrichten, dass die Spaltmaße zum rechten und linken Kotflügel jeweils gleich breit sind und parallel verlaufen. Sollwerte siehe Abschnitt am Ende des Kapitels.
- Motorhaube vorsichtig öffnen und Scharnierschrauben –5– mit **21 Nm** festziehen.
- Links und rechts die Schrauben –6– so weit lösen, dass die Motorhaube an den Scharnierbügeln gerade noch verschoben werden kann.
- Motorhaube im hinteren Bereich in der Höhe zu den Kotflügeln einstellen. Anschließend Schrauben –6– mit **21 Nm** festziehen.
- Hintere Einstellpuffer –2– durch hinein- oder herausdrehen entsprechend der Lage der Motorhaube einstellen.
- Motorhaube nochmals auf gleichmäßige Spaltmaße kontrollieren, gegebenenfalls Einstellung wiederholen.
- Motorhaube im vorderen Bereich durch Einstellen des Haubeschlosses in der Höhe einstellen, siehe entsprechendes Kapitel.
- Vordere Einstellpuffer –2– durch hinein- oder herausdrehen zur Lage der Motorhaube einstellen.
- Falls erforderlich, Scharniere –4– sowie Schrauben –5/6– gegen Rost schützen.
- Schließbügel an der Motorhaube locker anschrauben, entsprechend der vor dem Ausbau angebrachten Markierungen einstellen und mit **10 Nm** festschrauben.

Spaltmaße

Motorhaube vorn – Schlossträger: . . . . $7{,}5^{\pm 1{,}0}$ mm
Motorhaube – Scheinwerfer: . . . . $5{,}5^{\pm 1{,}0}$ mm
Motorhaube – Kotflügel: . . . . $5{,}0^{\pm 1{,}0}$ mm
Motorhaube – A-Säule: . . . . $5{,}5^{\pm 1{,}0}$ mm

Schließbügel der Motorhaube aus- und einbauen/einstellen

Ausbau

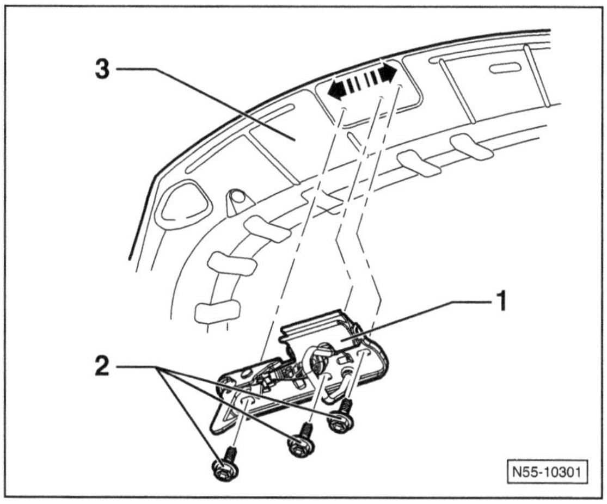

- Wenn der bisherige Schließbügel wieder eingebaut wird, vor dem Ausbau die Einbaulage markieren. Dazu mit einem Filzstift Platte des Schließbügels umkreisen.
- Schrauben –2– herausdrehen und Schließbügel von der Motorhaube –3– abnehmen.

Einbau

- Schließbügel an der Motorhaube ansetzen und locker anschrauben.
- Schließbügel entsprechend den Markierungen verschieben und Schrauben mit **10 Nm** festziehen.

Einstellen

- Schrauben –2– so weit lösen, dass der Schließbügel gerade noch verschoben werden kann.
- Schließbügel in den übergroßen Löchern so verschieben, dass er sich beim Schließen der Motorhaube direkt über der Aufnahme des Motorhaubenschlosses befindet und der Fanghaken beim Öffnen der Motorhaube in der Öffnung am Schlossträger einrastet.
- In dieser Stellung Schrauben mit **10 Nm** festziehen.

Motorhaubenschloss aus- und einbauen/einstellen

Ausbau

- Motorhaube öffnen.
- Kühlergrill ausbauen, siehe entsprechendes Kapitel.
- Motorhaubenzug trennen, siehe entsprechendes Kapitel.

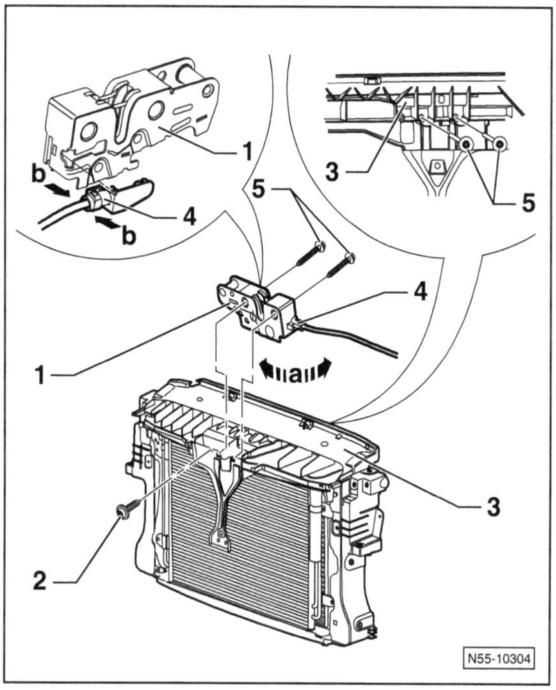

- Steckverbindung –4– für Motorhauben-Kontaktschalter trennen. Die Steckverbindung ist über dem Scheinwerfer auf der Fahrerseite befestigt.
- Schrauben –5– am Schlossträger –3– von hinten herausdrehen.
- Schraube –2– am Schlossträger –3– von vorn herausdrehen.
- Motorhaubenschloss –1– nach oben herausschwenken –Pfeile a–.
- Seilzug –4– ausclipsen. Dabei die Laschen zusammendrücken –Pfeile b–.
- Seilzug vom Motorhaubenschloss abnehmen.

Einbau

- Der Einbau erfolgt in umgekehrter Ausbaureihenfolge. Schrauben mit **12 Nm** festziehen.

Hinweis: Die Schrauben –5– werden durch das Haubenschloss –1– hindurchgesteckt und mit der Zugstrebe verschraubt.

Achtung: Vor Schließen der Motorhaube unbedingt eine Funktionsprüfung des Betätigungshebels und des Seilzuges durchführen.

Motorhaubenschloss einstellen

- Kühlergrill ausbauen, siehe entsprechendes Kapitel.
- Schrauben –2– und –5– so weit lockern, dass sich das Haubenschloss gerade noch verstellen lässt.
- Motorhaube schließen und Spaltmaße der Motorhaube prüfen.
- Motorhaube vorsichtig öffnen.
- Schrauben für Haubenschloss mit **12 Nm** anziehen.
- Kühlergrill einbauen, siehe entsprechendes Kapitel.
- Einstellung des Fanghakens prüfen, gegebenenfalls einstellen.

Betätigungshebel/Seilzug für Motorhaube aus- und einbauen

Ausbau

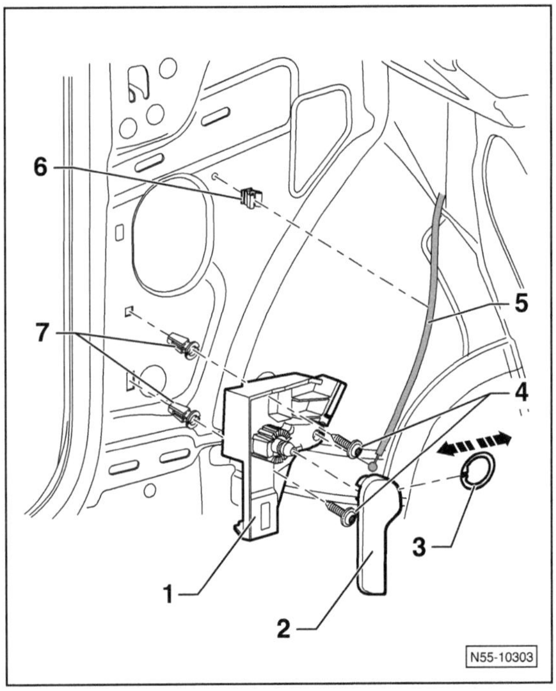

- Im Fahrerfußraum den Betätigungshebel –2– für die Motorhaube nach hinten ziehen und Motorhaube entriegeln.
- Motorhaube öffnen.
- Schraubendreher in den Spalt zwischen Betätigungshebel –2– und Halteklammer –3– stecken. Halteklammer mit dem Schraubendreher in Pfeilrichtung aus dem Betätigungshebel heraushebeln.
- Betätigungshebel –2– vom Lagerbock –1– abnehmen.
- Seilzug –5– aus dem Lagerbock –1– des Betätigungshebels aushängen. 4 – Befestigungsschrauben für Lagerbock, 6 – Halter, 7 – Einsteckmuttern.
- Seilzug am Motorhaubenschloss aushängen, siehe Kapitel »Motorhaubenschloss aus- und einbauen«.

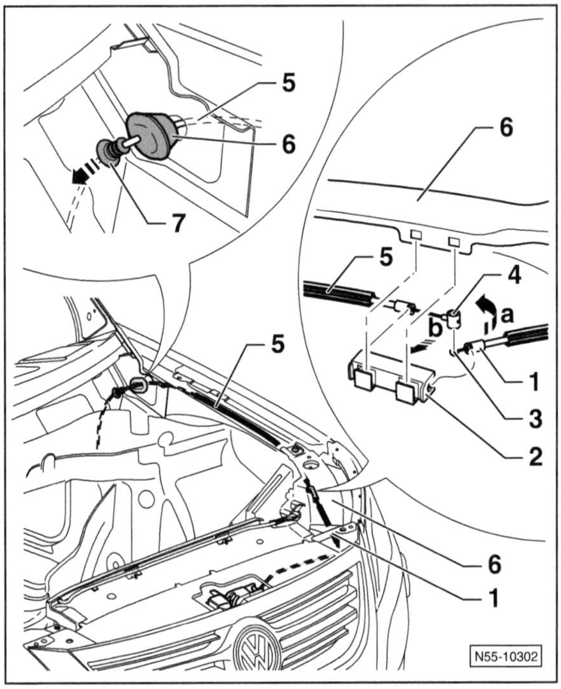

- Abdeckung der Seilzugkupplung –2– über dem linken Scheinwerfer am Schlossträger –6– in Pfeilrichtung –b– ausclipsen.
- Seilzüge –1– und –5– aus der Abdeckung –2– herausnehmen.
- Seilzug –3– in Pfeilrichtung –a– um 90° schwenken und die Kugel –3– des Seilzugs –1– aus der Aufnahme –4– des Seilzugs –5– herausziehen.
- Seilzug –1– gegebenenfalls aus den Halterungen am Schlossträger ausclipsen und herausnehmen.
- Tüllen –6– und –7– lösen.
- Am Seilzugnippel im Bereich des Betätigungshebels eine Schnur befestigen und Seilzug von der Motorraumseite aus dem Fahrzeuginnenraum herausziehen und ausbauen. **Hinweis:** Die Schnur dient beim Einbau als Einziehhilfe.

Einbau

- Der Einbau erfolgt in umgekehrter Ausbaureihenfolge. Dabei ist folgendes zu beachten.
- Beim Einbau des Seilzuges –1– darauf achten, dass die Tüllen –6– und –7– richtig eingesetzt sind, damit kein Wasser in den Innenraum eindringen kann.
- Seilzug in die Kupplung einlegen, dabei auf korrekten Sitz des Bowdenzugmantels achten. Kupplung schließen und einrasten.
- Der weitere Einbau erfolgt in umgekehrter Ausbaureihenfolge.
- Zuletzt Halteklammer in den Betätigungshebel schieben und Betätigungshebel auf den Lagerbock drücken.

Achtung: Vor Schließen der Motorhaube korrekte Funktion des Betätigungshebels und des Seilzuges prüfen.

Heckklappe aus- und einbauen

Ausbau

- Heckklappenverkleidung ausbauen, siehe entsprechendes Kapitel.
- Dachabschlussleiste ausbauen, siehe entsprechendes Kapitel.
- Elektrische Steckverbindungen für Heckscheibenheizung und -wischer sowie für Zusatzbremsleuchte und Zentralverriegelung trennen. Schlauch für Heckscheibenwaschanlage abziehen und mit einem geeigneten Stopfen verschließen.

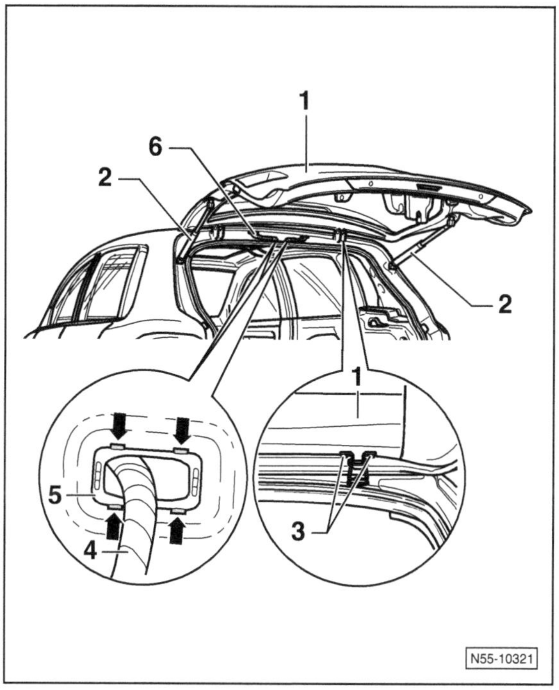

- Faltenbälge –6– für die Leitungen aus der Heckklappe lösen und herausziehen. Dabei die Rasthaken –Pfeile– der Rahmen –5– entriegeln.

Hinweis: Als Montagehilfe für den Wiedereinbau an den Leitungsenden eine Schnur befestigen, die nach dem Herausziehen der Leitungen in der Klappe bleibt.

- Leitungen –4– und Schlauch durch die Öffnungen in der Heckklappe herausziehen.
- Für den Wiedereinbau Einbaulage der Scharniere an der Heckklappe mit einem Filzschreiber markieren.
- Auf jeder Seite 2 Scharnierschrauben –3– an der Heckklappe lockern, aber nicht herausdrehen.
- Heckklappe von einem Helfer abstützen lassen. Beide Gasdruckfedern –2– vom oberen Kugelzapfen abziehen, siehe Kapitel »Gasdruckfeder aus- und einbauen«.
- Schrauben –3– herausdrehen, Heckklappe mit Helfer abnehmen und vorsichtig ablegen.

Einbau

- Heckklappe mit Helfer am Scharnier ansetzen. Die alte Heckklappe dabei nach den Markierungen ausrichten.
- Schrauben –3– links und rechts handfest eindrehen.
- Gasdruckfeder auf Kugelzapfen aufdrücken und einrasten. Zweite Gasdruckfeder einbauen. **Achtung:** Die Heckklappe muss abgestützt bleiben, bis die 2. Gasdruckfeder eingebaut ist. Eine Feder allein kann die Heckklappe nicht halten.

Achtung: Vor dem Schließen der Heckklappe korrekte Funktion der Schließ- und Öffnungsvorrichtung prüfen.

- Heckklappe schließen und auf korrekte Spaltmaße prüfen, gegebenenfalls einstellen, siehe entsprechendes Kapitel.
- Scharnierschrauben –3– mit **10 Nm** festziehen.
- Wasserschlauch sowie elektrische Leitungen mithilfe der Schnur einziehen beziehungsweise bei einer neuen Heckklappe verlegen. Wasserschlauch und elektrische Leitungen anschließen.
- Heckklappenverkleidung einbauen, siehe entsprechendes Kapitel.

Heckklappe einstellen

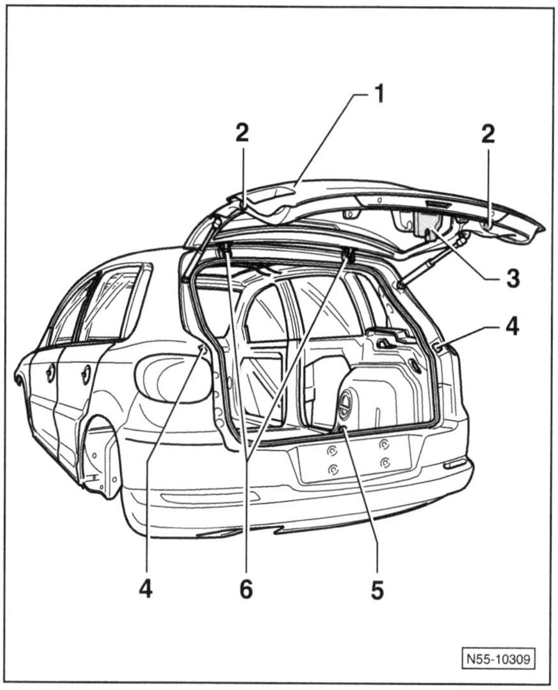

Einstellhinweise:

- Das Fahrzeug muss auf einer ebenen Fläche und auf den Rädern stehen.
- Das Heckklappenschloss –3– ist direkt an die Heckklappe –1– angeschraubt. Es hat keine Langlöcher und kann somit nicht eingestellt werden.

- Die Puffer –2– links und rechts dienen nicht der Einstellung. Sie stabilisieren beziehungsweise dämpfen die Heckklappe.
- Die Heckklappe ist richtig eingestellt, wenn sie im geschlossenen Zustand überall ein gleichmäßiges Spaltmaß hat. Sie darf nicht zu weit nach innen oder außen stehen und die Konturen müssen mit den umliegenden Bauteilen fluchten.
- Die Heckklappe muss ohne größeren Kraftaufwand im Schließbügel –5– einrasten.
- Schrauben/Muttern der Scharniere –6– werden nicht abgeschraubt, nur gelöst.

Einstellen

- Heckabschlussverkleidung ausbauen, siehe entsprechendes Kapitel.
- Schließbügel –5– ausbauen, siehe entsprechendes Kapitel.
- Gasdruckfeder ausbauen, siehe entsprechendes Kapitel.

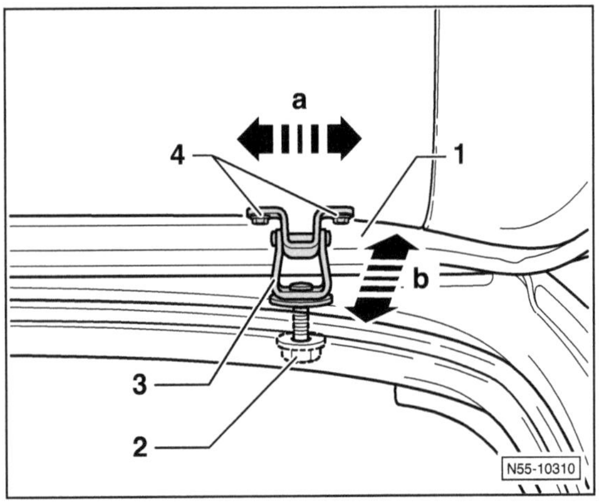

- Schrauben –4– so weit lösen, dass die Heckklappe an den Scharnierbügeln –3– in Pfeilrichtung –a/b– gerade noch verschoben werden kann. **Hinweis:** Falls dies nicht ausreicht, kann das Scharnier –3– nach Lösen der Muttern –2– geringfügig an den Gewinderbolzen eingestellt werden. Damit die Muttern –2– zugänglich werden, muss die Dachabschlussleiste ausgebaut werden.
- Heckklappe schließen und zu den umliegenden Bauteilen so ausrichten, dass die Spaltmaße jeweils gleichmäßig breit sind und parallel verlaufen.

  Spaltmaß-Sollwert:
  Heckklappe – hintere Seitenteile: . . . . $4{,}0^{\pm 0{,}5}$ mm
- Heckklappe vorsichtig öffnen und Scharnierschrauben –4– mit **10 Nm**, Muttern –2–, falls erforderlich, mit **24 Nm** festziehen.
- Gasdruckfedern einbauen, siehe entsprechendes Kapitel.

Spaltmaße

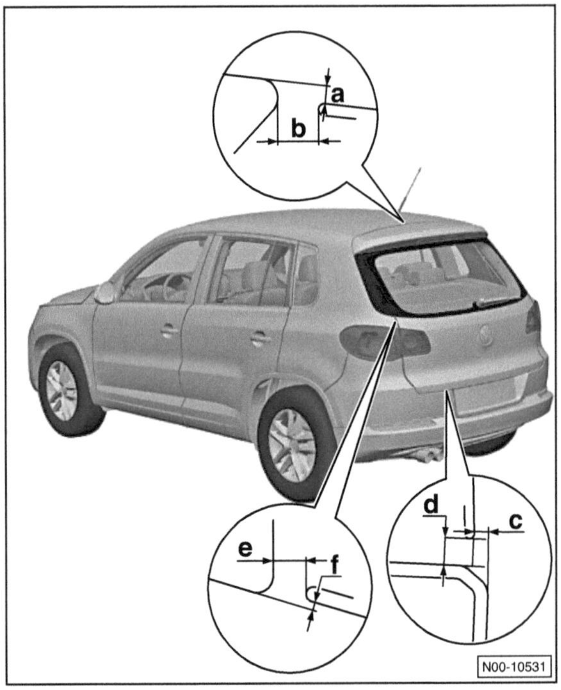

Spaltmaße:

Maß –a–: . . . $3{,}0^{\pm 1{,}0}$ mm
Maß –b–: . . . $6{,}0^{\pm 0{,}5}$ mm
Maß –c–: . . . $3{,}5^{\pm 0{,}5}$ mm
Maß –d–: . . . $6{,}0^{\pm 1{,}0}$ mm
Maß –e–: . . . $1{,}0^{\pm 1{,}0}$ mm
Maß –f–: . . . $5{,}0^{\pm 1{,}0}$ mm

Schließbügel einstellen

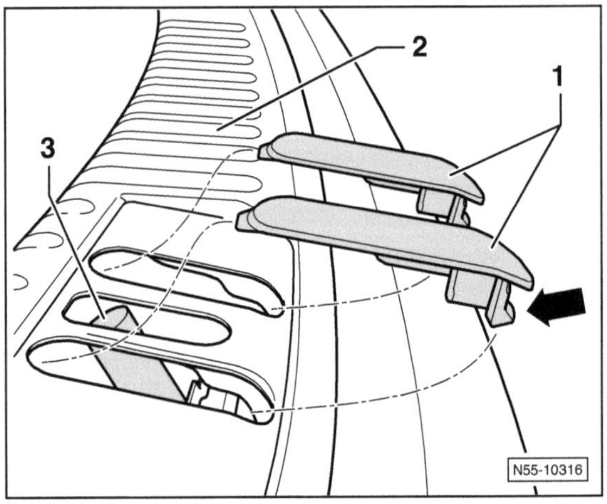

- Schließbügel –2– ansetzen Schrauben –1– eindrehen.
- 2 Blenden –1– ausbauen. Dabei die Rasthaken –Pfeil– mit einem kleinen Schraubendreher entriegeln und Blenden aus der Heckabschlussverkleidung –2– herausziehen.
- Einstellpuffer lösen, siehe folgenden Abschnitt.

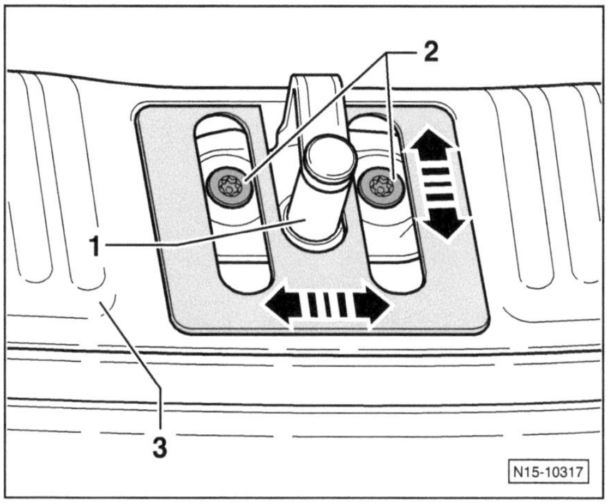

- Schrauben –2– am Schließbügel –1– lösen.
- Schließbügel ganz nach oben stellen und Schrauben so weit festziehen, dass sich der Schließbügel –1– gerade noch verschieben lässt. 3 – Heckabschlussverkleidung.
- Heckklappe schließen und Stellung der Heckklappe prüfen. Die Aussparung des Heckklappenschlosses soll mit der Drehfalle mittig zum Schließbügel einrasten. Gegebenenfalls Schließzapfen entsprechend verschieben –Pfeile–.
- Heckklappe vorsichtig öffnen.
- Schrauben für Schließbügel mit **18 Nm** festziehen.
- Einstellpuffer einstellen.

Einstellpuffer einstellen

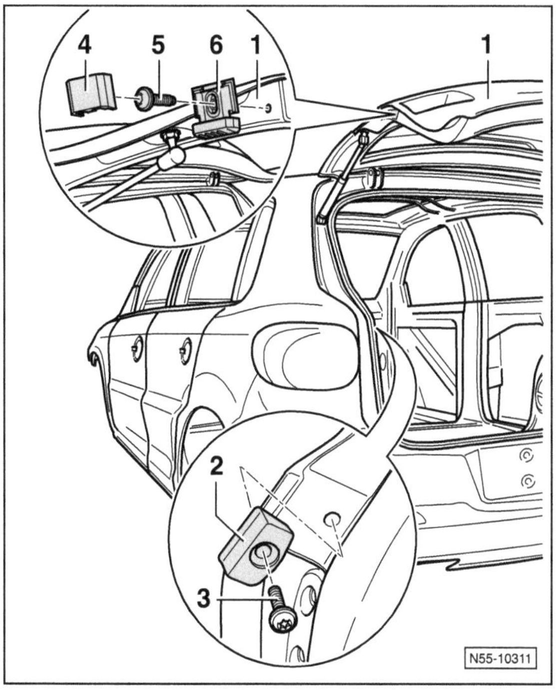

- Anschlag –2– mit Schraube –3– und **10 Nm** festschrauben. **Hinweis:** Der Anschlag läßt sich nicht einstellen.
- Abdeckung –4– vom Einstellpuffer abziehen.
- Schraube –5– am Einstellpuffer –6– etwas lösen, bis sich der Einstellpuffer gerade verschieben läßt. Einstellpuffer in die oberste Stellung schieben.
- Heckklappe –1– mit leichtem Druck über die Mitte in Vorraststellung schließen. Der Dämpfungspuffer wird bei diesem Vorgang auf die korrekte Länge eingeschoben.
- Heckklappe öffnen und Klemmschraube –5– mit **10 Nm** festziehen.
- Abdeckung –4– am Einstellpuffer aufdrücken.

Heckklappenschloss aus- und einbauen

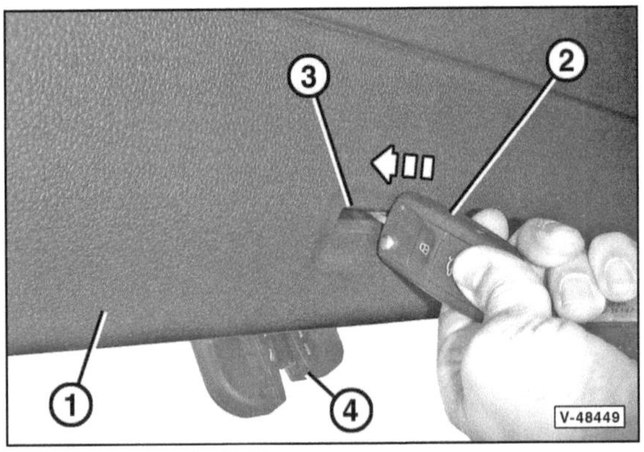

Hinweis: Lässt sich die Heckklappe aufgrund einer elektrischen Störung nicht öffnen, kann sie von Hand über die Notbetätigung durch die Verkleidung der Heckklappe –1– geöffnet werden. Dazu Fahrzeugschlüssel –2– ausklappen und in den Schlitz –3– der Heckklappenverkleidung einsetzen. Entriegelungshebel mit dem Schlüssel in Pfeilrichtung drücken. 4 – Heckklappenschloss.

Ausbau

- Heckklappenverkleidung ausbauen, siehe entsprechendes Kapitel.

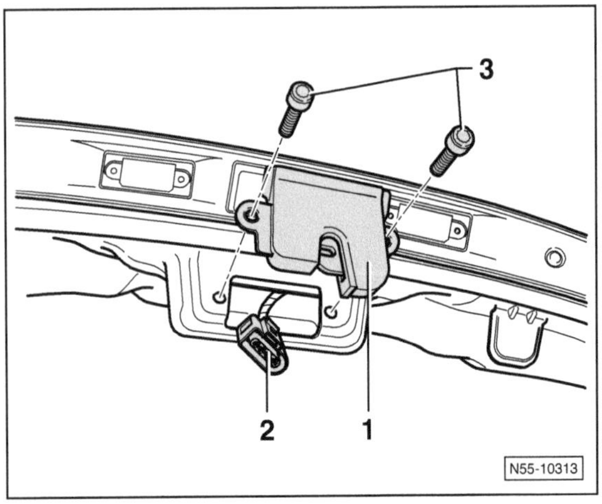

- 2 Schrauben –3– herausdrehen und Heckklappenschloss –1– von der Heckklappe abnehmen.
- Stecker –2– von der Rückseite des Heckklappenschlosses –1– entriegeln und abziehen.

Einbau

- Der Einbau erfolgt in umgekehrter Ausbaureihenfolge, Schrauben mit **22 Nm** festziehen.

Achtung: Vor Schließen der Heckklappe korrekte Funktion der Schließ- und Öffnungsvorrichtung prüfen.

Gasdruckfeder aus- und einbauen

Ausbau

- Heckklappe öffnen und durch einen Helfer abstützen lassen.

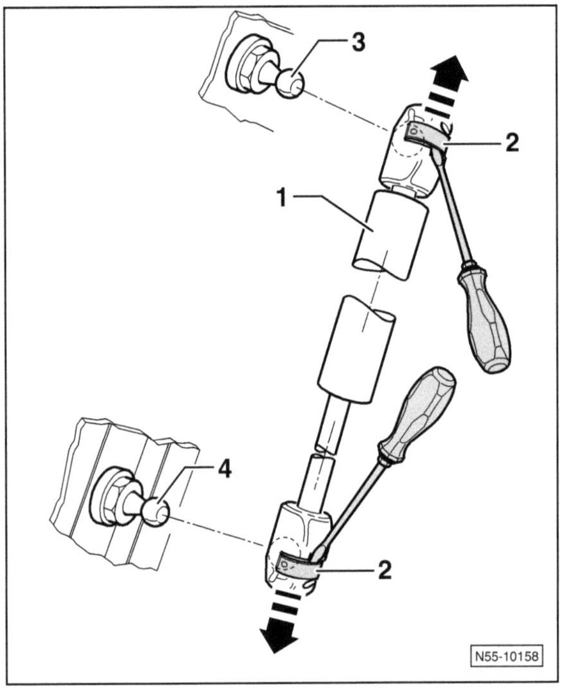

- Federklammer –2– mit einem kleinen Schraubendreher gerade so weit heraushebeln, dass sich die Federklammer über die Kugelpfanne in Pfeilrichtung verschieben lässt.
- Gasdruckfeder –1– vom Kugelzapfen –3– abziehen. Anschließend die Federklammer –2– sofort wieder zurückschieben.

Achtung: Die Federklammer –2– darf nicht ganz aus der Kugelpfanne herausgehebelt werden, sonst ist beim Einbau kein sicherer Sitz der Gasdruckfeder sichergestellt und es kann im späteren Betrieb durch unkontrolliertes Herausspringen der Gasdruckfeder zu Verletzungen und Beschädigungen kommen.

- Gasdruckfeder –1– vom unteren Kugelzapfen –4– auf die gleiche Weise abbauen.

Achtung: Wird nur eine Gasdruckfeder ausgebaut, muss die Heckklappe abgestützt bleiben oder geschlossen werden. Durch eine Gasdruckfeder allein kann die Heckklappe nicht in der geöffneten Stellung gehalten werden.

Einbau

- Heckklappe durch einen Helfer abstützen lassen.
- Gasdruckfeder auf den unteren Kugelzapfen aufdrücken und einrasten.
- Gasdruckfeder am oberen Kugelzapfen aufdrücken und einrasten.
- Heckklappe schließen.

Gasdruckfeder entsorgen

Achtung: Falls die Gasdruckfeder ersetzt wird, muss die alte Feder entgast werden, bevor sie entsorgt wird.

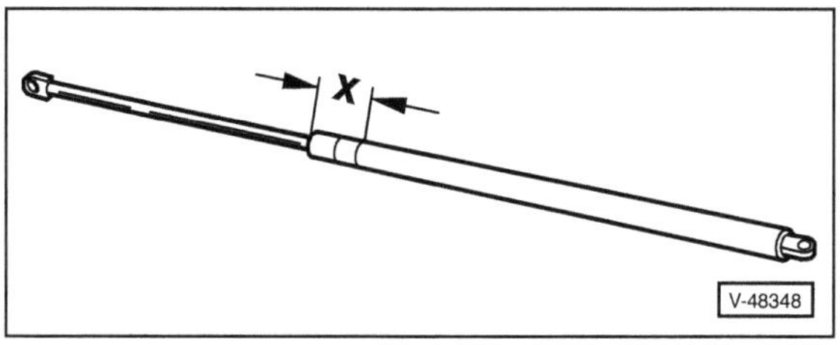

- Gasdruckfeder im **Bereich x = 50 mm** in den Schraubstock einspannen.

Achtung: Feder unbedingt **nur in diesem Bereich** einspannen, sonst besteht Unfallgefahr!

- Zylinder im ersten Drittel der Zylindergesamtlänge, ausgehend von der Bezugskante auf der Kolbenstangenseite, aufsägen. Um herausspritzendes Öl aufzufangen, Bereich des Sägetrennschnittes mit einem Lappen abdecken. **Achtung:** Während des Sägevorganges Schutzbrille tragen.

Heckklappenverkleidung aus- und einbauen

Ausbau

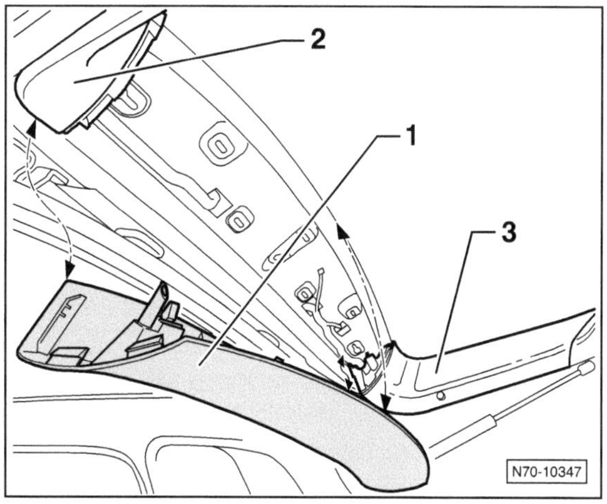

- Obere Verkleidung –1– in der Mitte aus den Aufnahmen in der Heckklappe herausziehen.
- Verkleidung an den Seiten aus den Aufnahmen der seitlichen Verkleidungen –2– und –3– herausziehen.

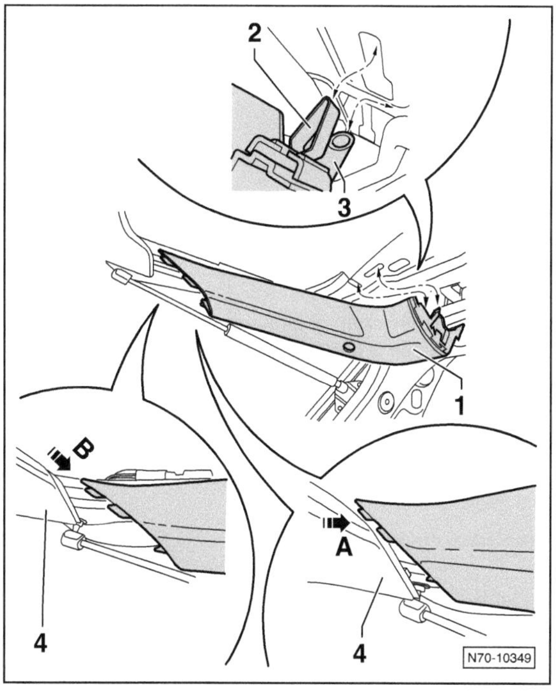

- Seitliche Verkleidung –1– am oberen Ende, im Bereich der Klammer –2– und der Führung –3–, ruckartig aus den Aufnahmen in der Heckklappe herausziehen.
- Verkleidung aus den Aufnahmen der unteren Verkleidung –4– herausziehen –Pfeile A– und –Pfeil B–.
- Seitliche Verkleidung auf der anderen Seite auf die gleiche Weise ausbauen.

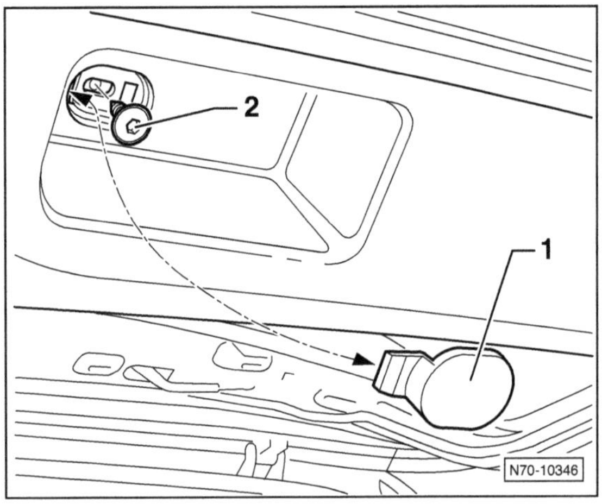

- In beiden Griffmulden jeweils die Kappe –1– mit einem kleinen Schraubendreher vorsichtig herausheben.
- Die darunterliegenden Schrauben –2– herausdrehen.

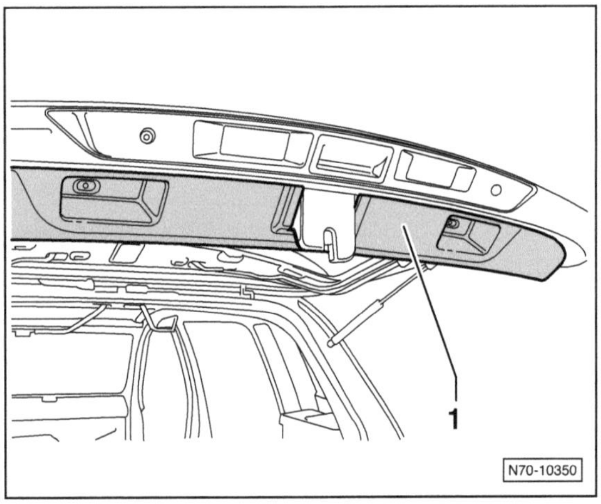

- In eine der Griffmulden greifen und die Verkleidung –1– ruckartig aus den Aufnahmen in der Heckklappe herausziehen.

Einbau

- Sämtliche Befestigungsklammern auf Beschädigung prüfen, gegebenenfalls erneuern.
- Der Einbau erfolgt in umgekehrter Ausbaureihenfolge.

Tür aus- und einbauen

Ausbau

- Tür öffnen.

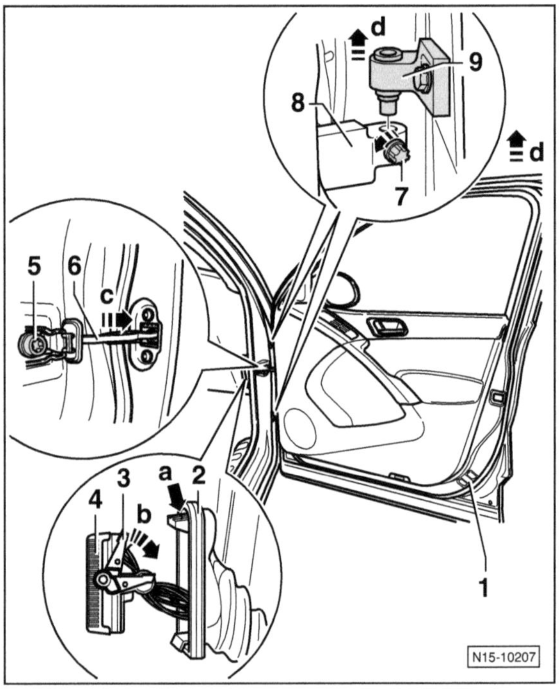

- Mit einem Kunststoffkeil auf den Rasthaken –Pfeil a– drücken und Faltenbalg –2– von der A-Säule abziehen.
- Verriegelungshebel –3– nach unten schwenken –Pfeil b– und Stecker –4– von der Kupplung an der A-Säule abziehen.
- Schraube –5– herausdrehen und Türhalteband –6– nach innen schieben –Pfeil c–.
- Schraube –7– an beiden Scharnierunterteilen lösen –Pfeil–.
- Tür –1– mit den Scharnieroberteilen –9– nach oben herausheben –Pfeil d–.

Einbau

- Der Einbau erfolgt in umgekehrter Ausbaureihenfolge.
  Anzugsdrehmomente:
  Schraube –5– . . . . **32 Nm**
  Schraube –7– . . . . **30 Nm**
- Tür schließen und Spaltmaße prüfen. Gegebenenfalls Tür einstellen, siehe entsprechendes Kapitel.

Tür einstellen

Spaltmaße prüfen

- Zum Einstellen der Tür muss das Fahrzeug auf einer ebenen Fläche und auf den Rädern stehen.

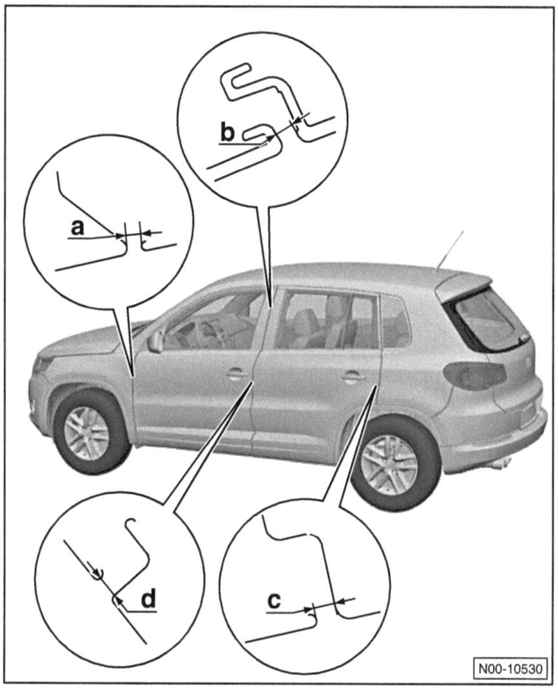

Maß –a–: . . . $4{,}0^{\pm 1{,}0}$ mm
Maß –b–: . . . $4{,}5^{\pm 1{,}0}$ mm
Maß –c–: . . . $4{,}0^{\pm 1{,}0}$ mm
Maß –d–: . . . $4{,}5^{\pm 1{,}0}$ mm

- Spaltmaße der Tür prüfen. Die Tür ist richtig eingestellt, wenn sie im geschlossenen Zustand überall ein gleichmäßiges Spaltmaß hat, nicht zu weit nach innen oder außen steht und die Konturen mit den umliegenden Karosserieteilen fluchten. Die hintere Tür darf maximal 1 mm weiter innen stehen als die Vordertür.
- Schließbügel ausbauen, siehe entsprechendes Kapitel.

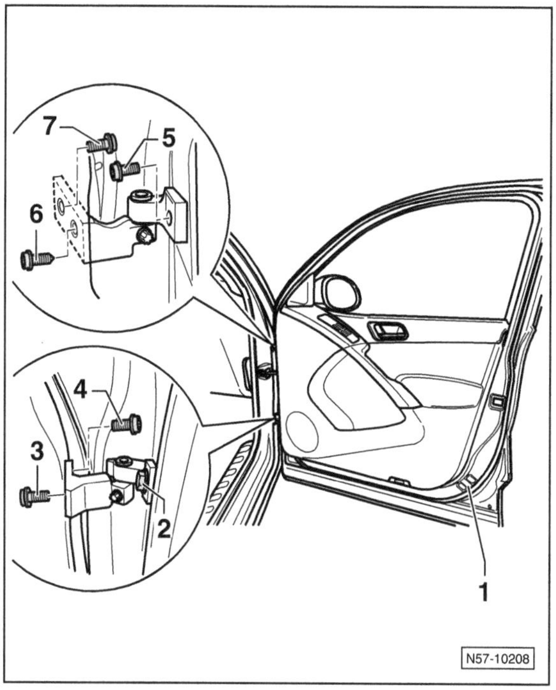

- Spaltmaße einstellen. Dazu Schrauben –3–, –4–, –6– und –7– an der A-Säule einzeln herausdrehen und ersetzen. Neue Schrauben so weit beiziehen, nicht festziehen, dass sich die Tür gerade noch verschieben läßt.
- Untere A-Säulen-Verkleidung ausbauen, siehe entsprechendes Kapitel.
- Tür verschieben, bis die Spaltmaße den Sollwerten entsprechen. Anschließend Schrauben mit **32 Nm** festziehen.

Hinweis: Andere Einstellmaßnahmen, wie zum Beispiel das Richten der Tür nach oben, sind wirkungslos, weil die Tür danach wieder absackt.

- Zum Einstellen der Konturbündigkeit werden die Werkzeuge HAZET 2597 mit Vielzahn-Bit HAZET 2597-03 oder VW-3320 mit Einsatz 3320/3 benötigt.

- Bündigkeit der Tür einstellen. Dazu die Schrauben –2– und –5– herausdrehen und ersetzen. **Neue** Schrauben so weit beiziehen, nicht festziehen, dass sich die Tür gerade noch verschieben läßt.
- Tür so Einstellen, dass die Konturen mit den umliegenden Karosserieteilen fluchten. Die hintere Tür darf maximal 1 mm weiter innen stehen als die Vordertür.

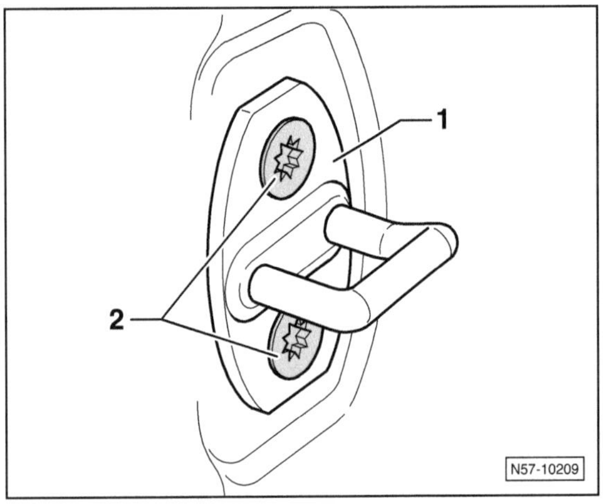

- Schließbügel –1– anschrauben und Schrauben –2– handfest anziehen, so dass der Schließbügel leicht verschoben werden kann.
- Tür schließen und so ausrichten, dass die Tür vorn im geschlossenen Zustand zur Tür hinten fluchtet. Dadurch wird der Schließbügel ausgerichtet. Anschließend Tür vorsichtig öffnen und Schließbügel mit **20 Nm** festschrauben.

Hinweis: Wenn die vordere Tür zur hinteren nicht fluchtet können im späteren Fahrbetrieb zusätzliche Windgeräusche auftreten.

Achtung: Bei richtig eingestelltem Schließbügel muss die Tür beim Schließen ohne zusätzlichen Kraftaufwand vollständig verriegeln und darf kein Spiel haben. Durch die Einstellung des Schließbügels darf die Tür nicht nach oben oder nach unten gedrückt werden.

Türverkleidung aus- und einbauen

Ausbau

- Zündung ausschalten, Zündschlüssel abziehen.

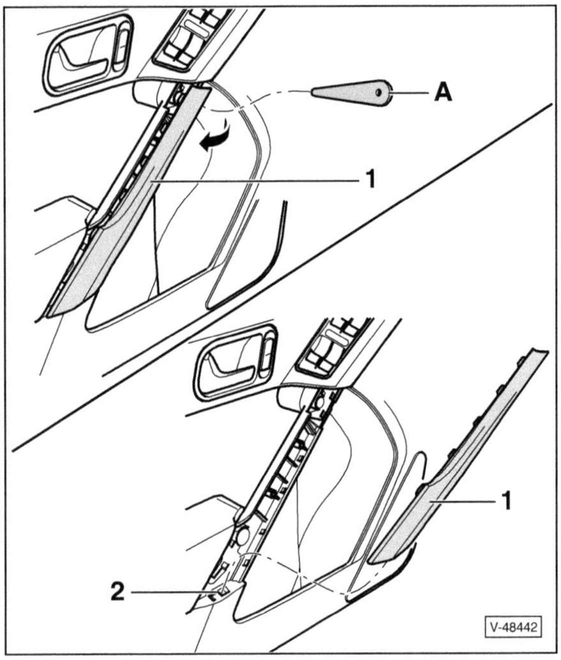

- Mit einem Kunststoffkeil –A– das Oberteil der Griffschale –1– am oberen Ende aus den Aufnahmen der Verkleidung heraushebeln.
- Oberteil –1– von oben nach unten aus den Verrastungen der unteren Aufnahme –2– herausziehen.

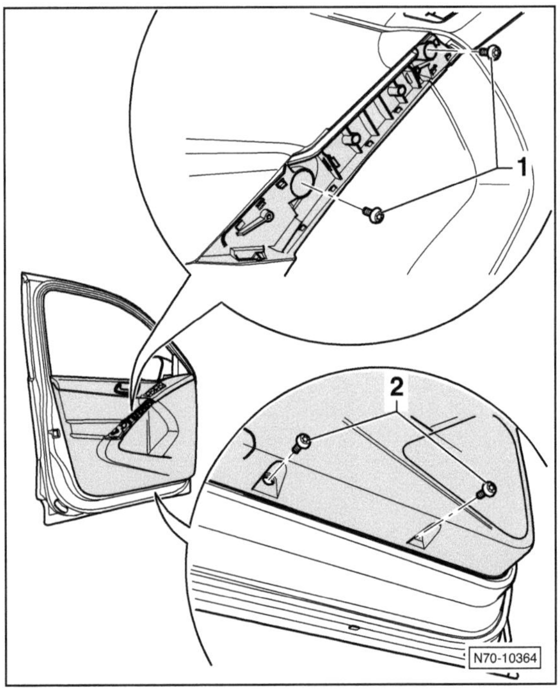

- Schrauben –1– und –2– herausdrehen.

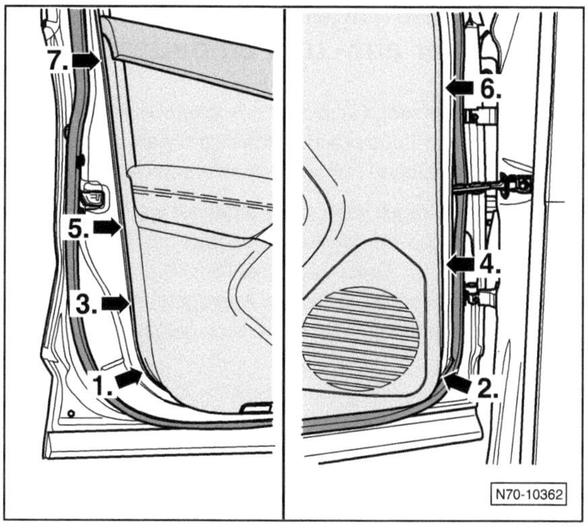

- Mit einer Lösezange oder einem Kunststoffkeil die Verkleidung an den Halteclips ablösen. **Achtung:** Dabei Zange oder Keil in der Reihhenfolge von –1– bis –7– an den Clips ansetzen.

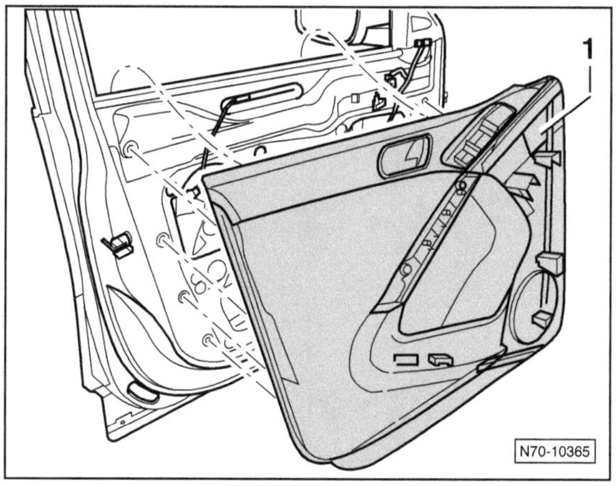

- Türverkleidung –1– nach oben aus dem Fensterschacht ziehen.

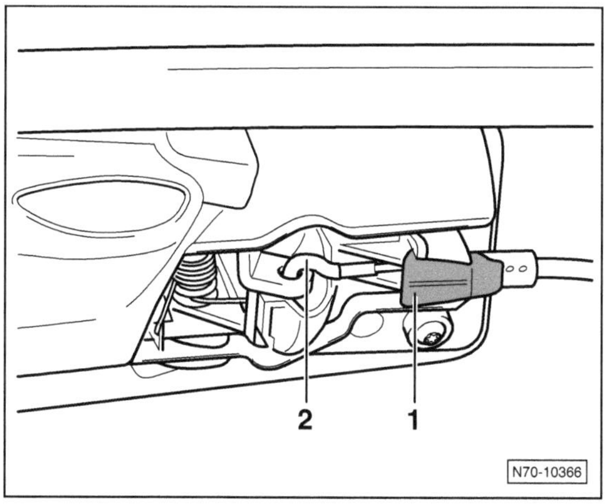

- An der Innenseite der Türverkleidung die Sicherungslasche –1– nach außen ziehen.
- Seilzug nach hinten aus der Führung herausziehen.
- Seilzug –2– aus dem Hebel der Türinnenbetätigung aushängen.
- Leitungsstränge an der Rückseite der Verkleidung aushängen und Steckverbindungen trennen.

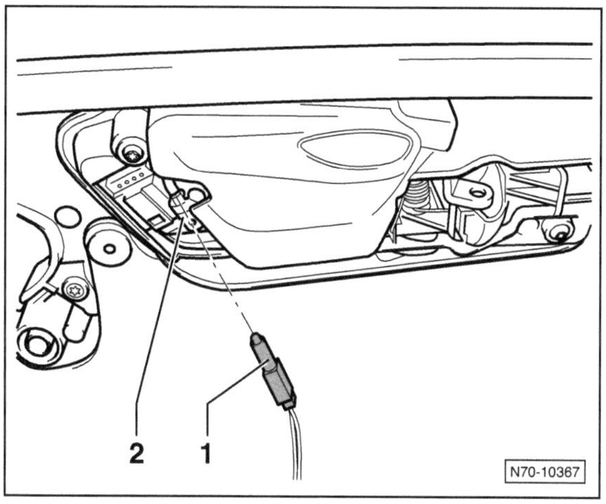

- Lampe für Türinnengriffbeleuchtung –1– um ca. 90° nach links drehen und aus der Aufnahme herausnehmen.

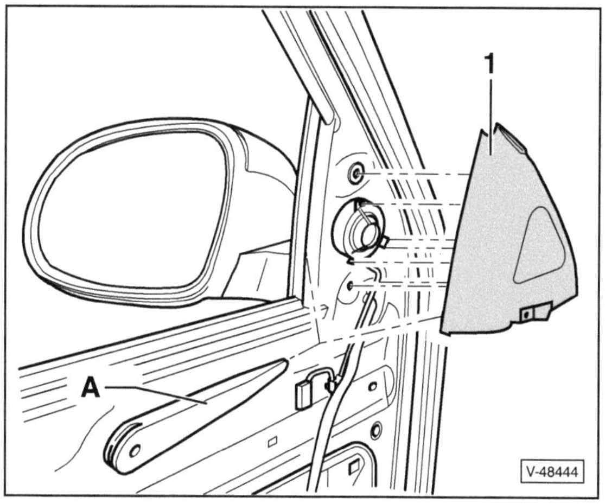

Achtung: Die Dreieckblende kann je nach Ausführung angeclipst oder angeschraubt sein.

- Falls erforderlich, Dreieckblende –1– ausbauen. Dazu Blende, je nach Ausführung, mit einem Kunststoffkeil –A– von den Aufnahmen im Türblech abhebeln.

Einbau

- Halteclips für Türinnenverkleidung prüfen, gegebenenfalls ersetzen.

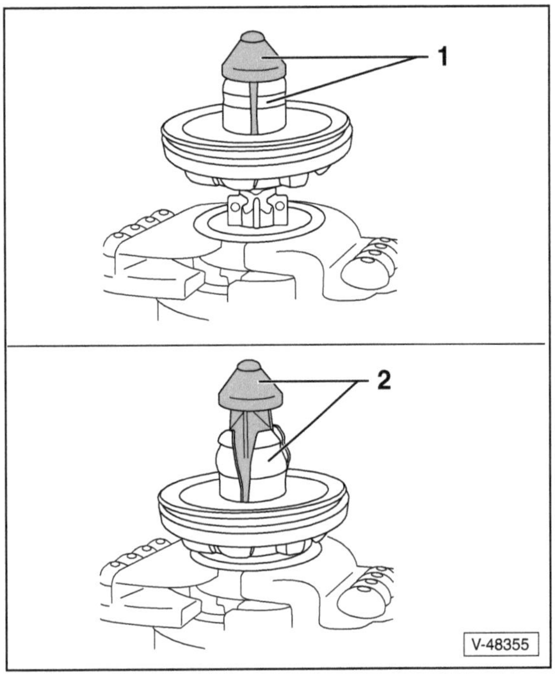

- Stellung der Halteclips prüfen, gegebenenfalls Clips in Stellung –1– bringen. **Hinweis:** Mit Clips in Stellung –2– kann die Türverkleidung nicht sicher befestigt werden.
- Der Einbau erfolgt in umgekehrter Ausbaureihenfolge.

Tür-Aggregateträger vorn mit Fensterheber aus- und einbauen

Am Aggregateträger der Tür sind die Anbauteile Fensterheber, Türschloss und Lautsprecher befestigt. Aggregateträger und Fensterheber können nur zusammen ersetzt werden.

Der Tür-Aggregateträger kann nur ausgebaut werden, wenn die Türfensterscheibe an den Klemmbacken des Fensterhebers abgeschraubt ist. Dazu muss die Türfensterscheibe bis auf die Höhe der Montagelöcher im Aggregateträger heruntergefahren und die Klemmbacken müssen gelöst werden.

Ausbau

- Türverkleidung ausbauen, siehe entsprechendes Kapitel.
- Türgriff ausbauen, siehe entsprechendes Kapitel.

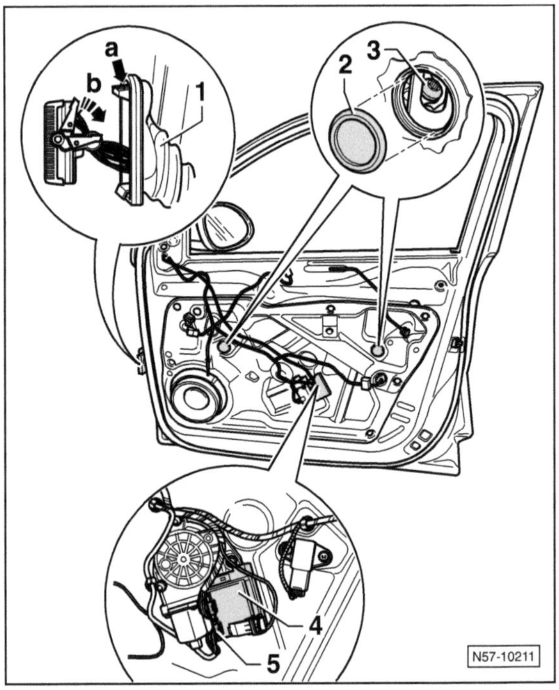

- Abdeckkappen –2– heraushebeln.
- Türfensterscheibe absenken bis die Befestigungsschrauben –3– der Türfensterscheibe in den Montageöffnungen zugänglich sind.

Achtung: Lässt sich die Fensterscheibe nicht absenken, zum Beispiel wegen einer Störung des elektrischen Fensterhebers, Fensterhebermotor abschrauben und Fensterscheibe von Hand herunterdrücken.

- Schrauben –3– für Fensterklemmbacken lösen, nicht abschrauben. **Achtung:** Die Schrauben –3– haben Linksgewinde, also im Uhrzeigersinn lösen.
- Klemmbacken des Fensterhebers auseinanderdrücken.
- Türfensterscheibe nach oben schieben und festsetzen, beispielsweise mit Klebeband oder Kunststoffkeil.

- Gummitülle –1– ausrasten. Dazu mit einem Kunststoffkeil auf den Rasthaken –Pfeil a– drücken und Faltenbalg –1– von der A-Säule abziehen.
- Steckerverriegelung herunterklappen –Pfeil b– und Tür-Steckverbindung trennen.
- Stecker für Außenspiegel –5– am Fensterhebermotor –4– abziehen.

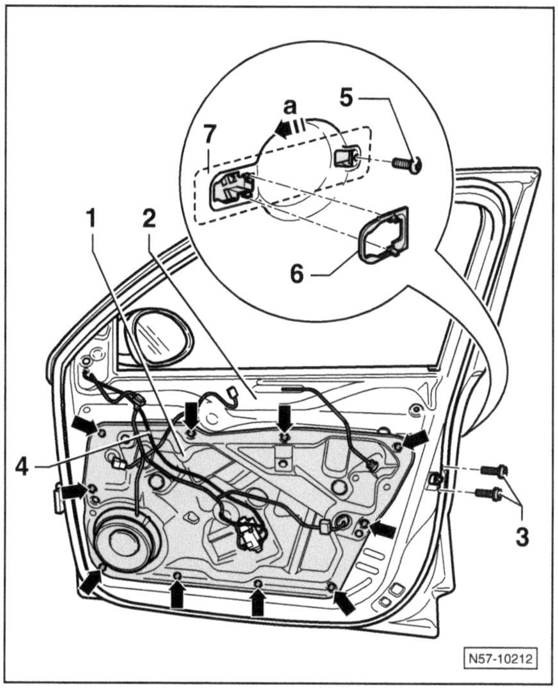

- Leitungsstrang zum Außenspiegel –4– aus den Leitungshaltern herausnehmen.
- Leitungsstrang von der A-Säule in die Tür führen und den Leitungshalter lösen.
- Schraube –5– für den Lagerbügel herausdrehen.
- 2 Schrauben –3– für das Türschloss herausdrehen.
- Aggregateträger von der Tür –2– abschrauben –Pfeile–.

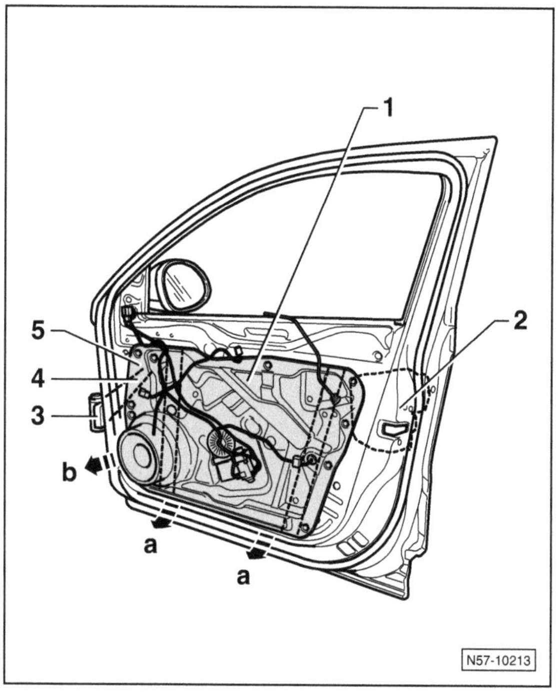

- Aggregateträger –1– im unteren Bereich von der Tür abziehen –Pfeile a–.
- Anschließend Aggregateträger schräg nach unten –Pfeil b– zur A-Säule hin aus der Tür herausnehmen. **Hinweis:** Zuerst muss der obere Teil des Fensterhebers –5– aus der Tür herausgeführt werden, danach das Türschloss –2–. **Achtung:** Beim Herausziehen des Aggregateträgers –1– die Steckverbindung –3– und den Leitungsstrang –4– nachführen.

Einbau

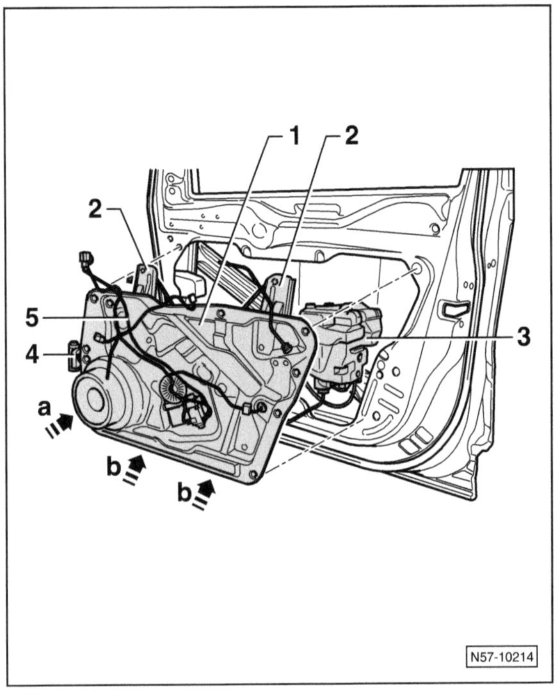

- Aggregateträger –1– von unten schräg nach oben –Pfeil a– in die Tür einsetzen. Dabei Türschloss –3–, Fensterheber –2– und Steckverbindung –4– in der Tür an die entsprechenden Einbauorte führen.
- Aggregateträger –1– im unteren Bereich an die Tür andrücken –Pfeile b–.
- Leitungen –5– am Aggregateträger verlegen und an den Leitungenhaltern fixieren.

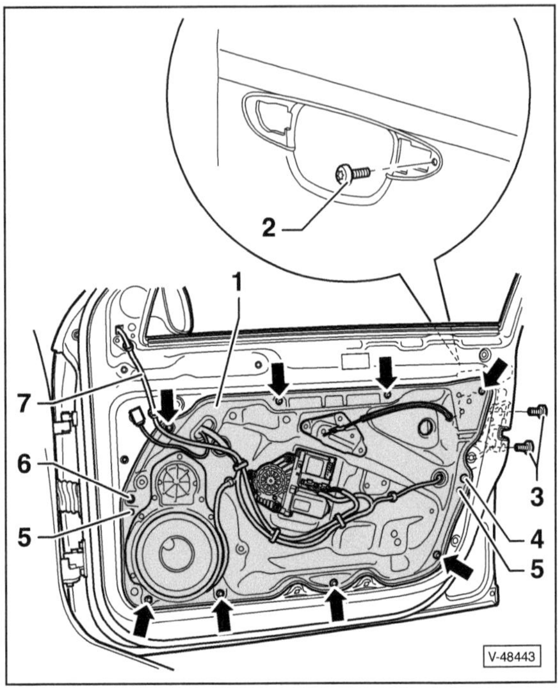

- Aggregateträger –1– mit den Zentrierzapfen –5– im Ausschnitt der Tür zentrieren.
- Alle Schrauben für Aggregateträger einsetzen und leicht beiziehen.
- Zuerst die Schrauben –6– mit **8 Nm** festziehen. Anschließen die restlichen Schrauben –Pfeile– und –4– in beliebiger Reihenfolge mit **8 Nm** festziehen.
- Türfensterscheibe einstellen. Dazu Klemmbacken lösen, Türfensterscheibe nach unten zwischen die Klemmbacken schieben und Türfensterscheibe in die hintere Fensterführung drücken. Klemmbacken in dieser Position mit **8 Nm** festziehen. **Achtung:** Die Schrauben haben Linksgewinde, also entgegen dem Uhrzeigersinn festziehen.
- Abdeckkappen einsetzen.
- Schrauben für das Türschloss –3– mit **20 Nm** festziehen.
- Schraube –2– für den Lagerbügel mit **4,5 Nm** festziehen.
- Leitungsstrang zum Außenspiegel –7– in die Leitungshalter einhängen. Stecker am Fensterhebermotor aufstecken.
- Verbindungsstecker zur A-Säule aufstecken und sichern. Gummitülle einclipsen
- Fensterheber auf Funktion prüfen.
- Automatiklauf der elektrischen Fensterheber aktivieren, siehe Kapitel »Batterie aus- und einbauen«.
- Türverkleidung einbauen, siehe entsprechendes Kapitel.

Achtung: Bevor die Tür geschlossen wird, Funktionsprüfung vom Schließmechanismus vornehmen.

Türfensterscheibe aus- und einbauen

Ausbau

- Türverkleidung ausbauen, siehe entsprechendes Kapitel.

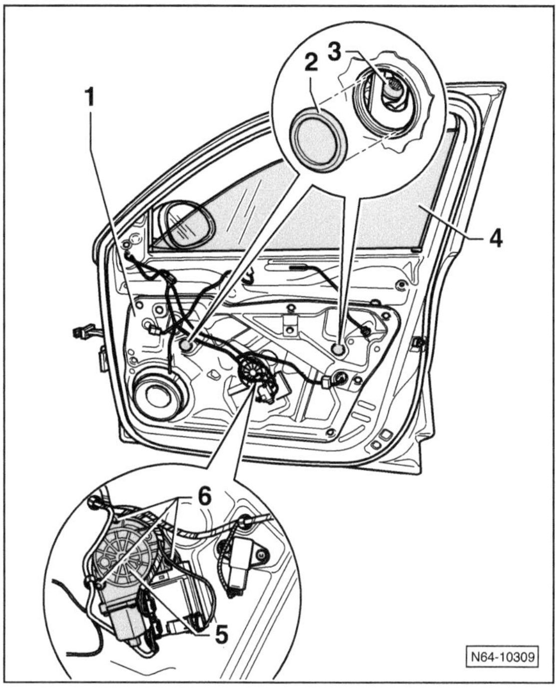

- Abdeckkappen –2– mit einem kleinen Schraubendreher abhebeln.
- Türscheibe –4– hoch- beziehungsweise runterfahren, bis die Klemmschrauben –3– in den Öffnungen im Türblech zugänglich sind.

Hinweis: Läßt sich die Fensterscheibe aufgrund einer Störung im Fensterheber/-motor –5– nicht bewegen, Fensterhebermotor abschrauben und Türscheibe von Hand herunterschieben.

- Klemmschraube –3– lösen, nicht abschrauben. Dazu die Schraube (Linksgewinde) **nach rechts drehen**.
- Klemmbacken auseinanderdrücken und dadurch Türscheibe lösen.

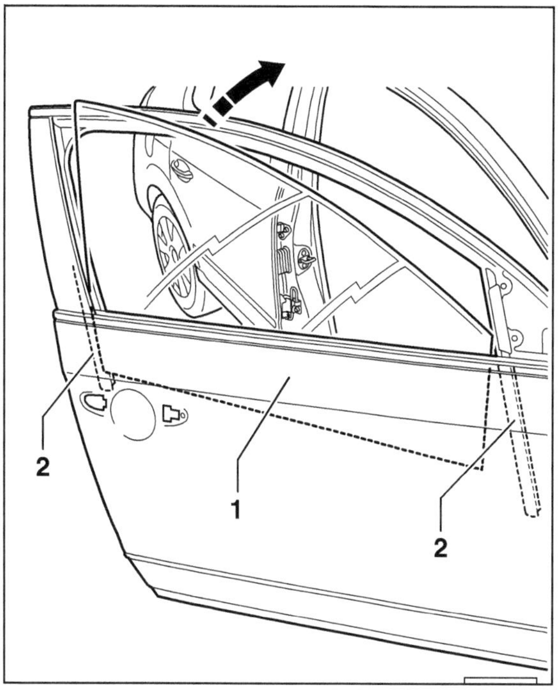

- Türscheibe –1– hinten anheben und in Pfeilrichtung nach vorn aus den Fensterführungen –2– herausschwenken.

Einbau

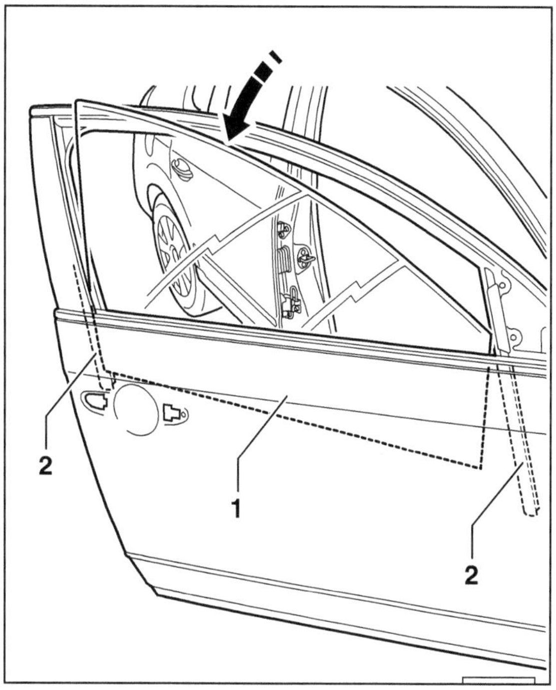

- Türscheibe –1– schräg nach vorn gekippt in die Fensterführungen –2– einsetzen.
- Türscheibe in Pfeilrichtung schwenken. Dabei darauf achten, dass sie in den Fensterführungen bleibt.

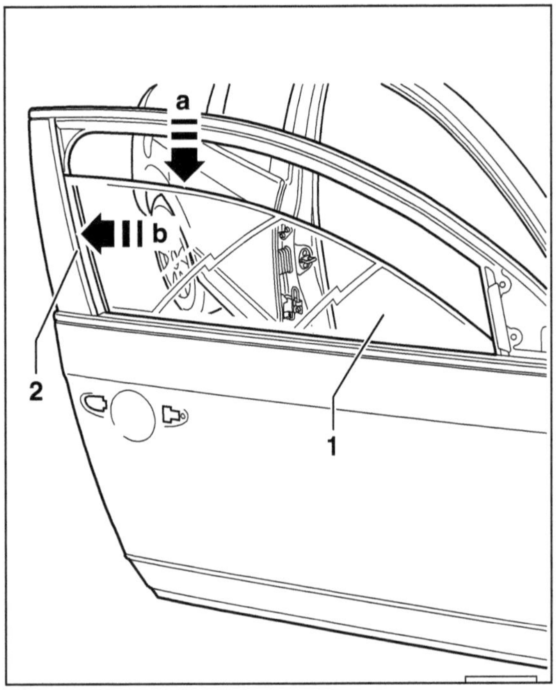

- Türscheibe –1– ohne Druck in die Klemmbacken einsetzen –Pfeil a–.
- Türscheibe –1– in Pfeilrichtung –b– an den Fensterrahmen –2– andrücken und in dieser Stellung die Schrauben für die Klemmbacken mit **8 Nm** festziehen. **Achtung:** Die Schrauben haben Linksgewinde, zum Anziehen also nach links, im Gegenuhrzeigersinn, drehen.
- Der weitere Einbau erfolgt in umgekehrter Ausbaureihenfolge.

Fensterhebermotor aus- und einbauen

Ausbau

- Zündung ausschalten, Zündschlüssel abziehen.
- Türverkleidung ausbauen, siehe entsprechendes Kapitel.
- Türscheibe mit Klebeband fixieren, damit sie bei ausgebautem Motor nicht herunterrutscht.

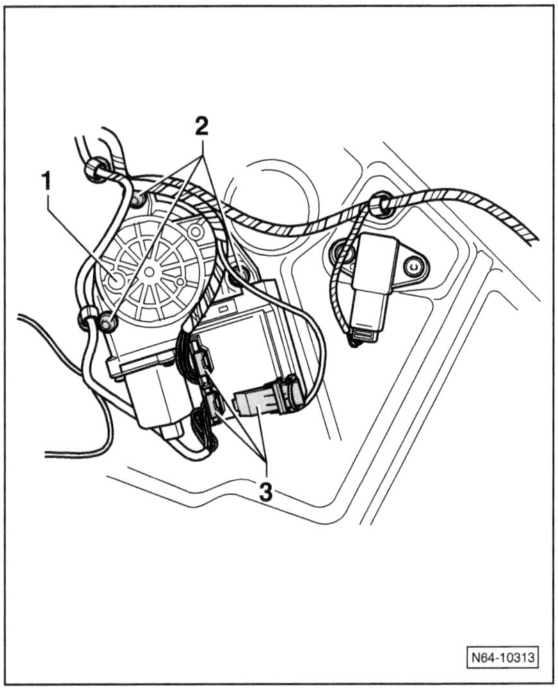

- Stecker –3– vom Fensterhebermotor –1– abziehen. Dazu einen Schraubendreher in die Aussparungen der Stecker einführen und die Stecker vorsichtig abdrücken.
- 3 Schrauben –2– herausdrehen und Fensterhebermotor mit Steuergerät etwas abnehmen.
- Fensterhebermotor mit Steuergerät vom Aggregateträger abnehmen.

Einbau

- Fensterhebermotor ansetzen und Fensterscheibe leicht nach oben und unten bewegen, damit die Verzahnung zwischen Motor und Seiltrommel ineinander greifen kann.
- Fensterhebermotor mit **3,5 Nm** anschrauben.
- Stecker aufschieben.
- Fensterheberschalter anschließen und Zündung einschalten.
- Türfenster durch Betätigen des Fensterheberschalters 2-mal bis zum Anschlag nach oben und nach unten fahren. Dadurch erkennt das Steuergerät den oberen Anschlag und der Einklemmschutz ist aktiviert.
- Zündung ausschalten.
- Türverkleidung einbauen, siehe entsprechendes Kapitel.

Türschloss aus- und einbauen

Ausbau

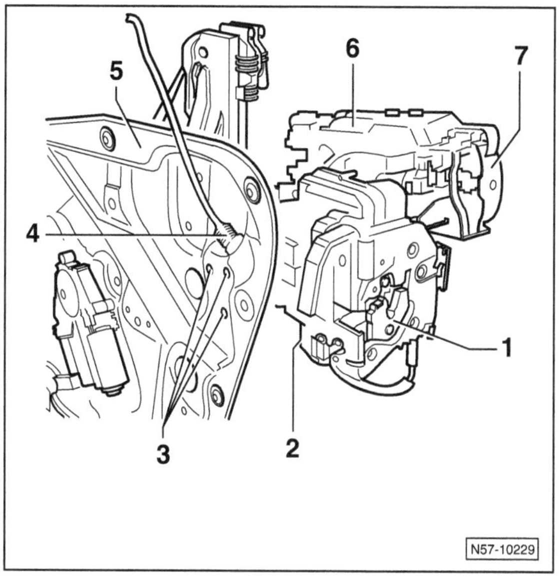

- Aggregateträger –5– ausbauen, siehe entsprechendes Kapitel.
- Aggregateträger herumdrehen und Steckverbindung –2– vom Türschloss –1– abziehen.
- 3 Clips –3– mit einem geeigneten Dorn heraustreiben.
- Türschloss –1– zusammen mit dem Haltewinkel –6– und dem Lagerbügel –7– mit einem Schraubendreher vom Aggregateträger abhebeln. 4 – Seilzug für Türinnenbetätigung.
- Lagerbügel ausbauen, siehe entsprechendes Kapitel.
- Haltewinkel ausbauen, siehe entsprechendes Kapitel.

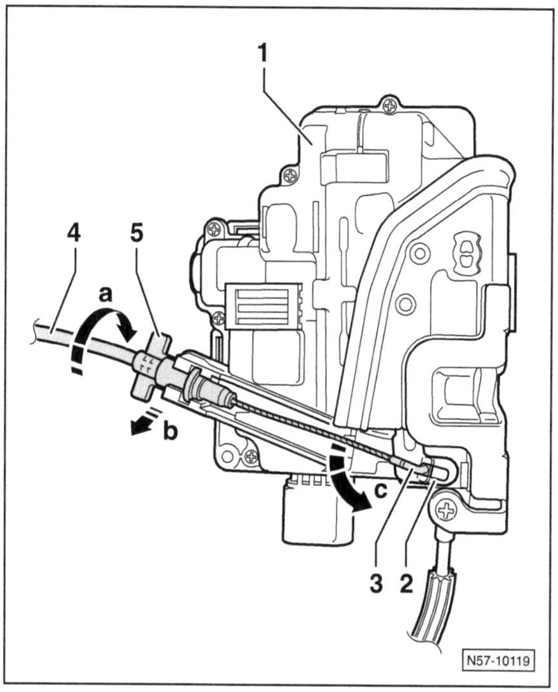

- Halterung –5– in Pfeilrichtung –a– und aus der Aufnahme herausziehen –Pfeil b–.
- Seilzug –4– um 90° (¼ Umdrehung) in Pfeilrichtung –c– schwenken und den Nippel –3– aus der Öse –2– herausnehmen.

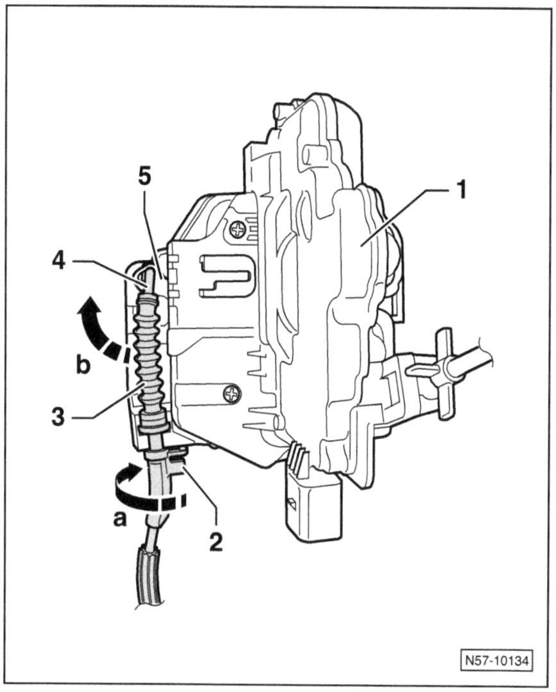

- Schloss –1– heraumdrehen.
- Halterung –2– in Pfeilrichtung –a– drehen und aus der Aufnahme herausnehmen.

- Seilzug in Pfeilrichtung –b– schwenken und den Nippel –4– aus der Öse –5– herausnehmen.

Einbau

- Der Einbau erfolgt in umgekehrter Ausbaureihenfolge.
- Türschloss mit **20 Nm** festschrauben.

Achtung: Bei geöffneter Tür Schließmechanismus auf Funktion prüfen.

Lagerbügel aus- und einbauen

Lagerbügel und Haltewinkel halten Türschloss und Schließzylinder in der Tür.

Ausbau

- Aggregateträger ausbauen, siehe entsprechendes Kapitel.

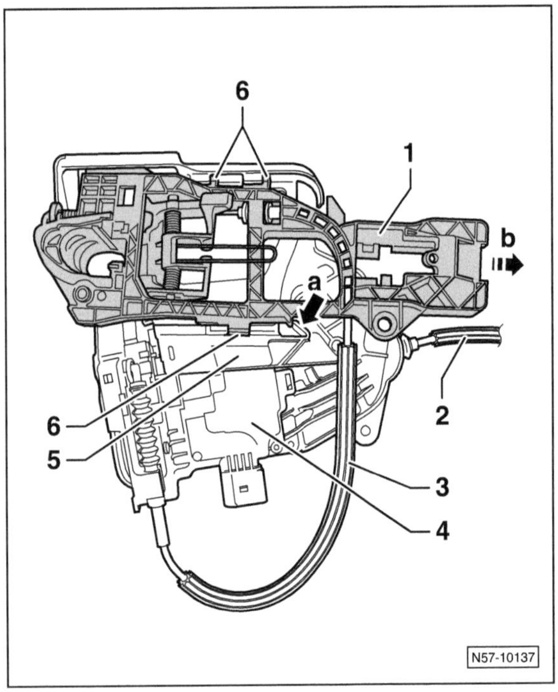

- Verriegelung –Pfeil A– am Lagerbügel –1– herunterdrücken.
- Lagerbügel –1– in Pfeilrichtung –b– verschieben, bis die Befestigungen –6– in der Führung des Haltewinkels –5– vollständig zu sehen sind.
- Lagerbügel vom Haltewinkel abnehmen.

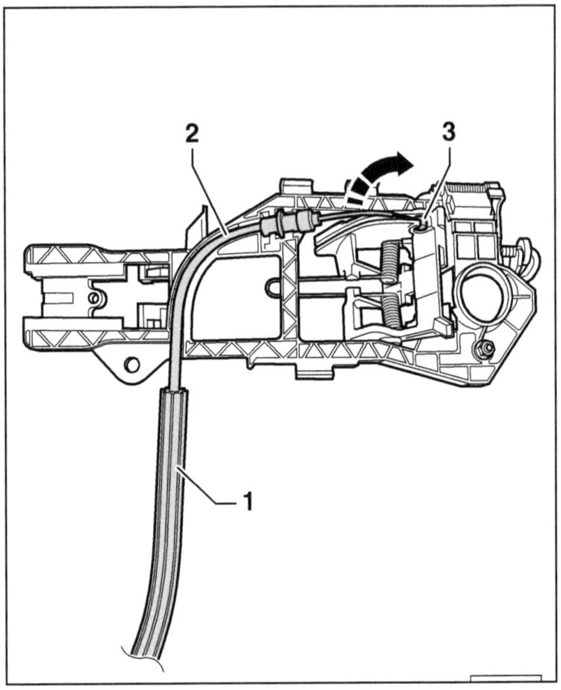

- Seilzug –1– aus der Führung im Lagerbügel –2– herausnehmen.
- Seilzug –1– in Pfeilrichtung schwenken und Nippel –3– aus der Aufnahme herausnehmen.

Einbau

- Nippel des Seilzuges in die Aufnahme einsetzen und Seilzug entgegen der Pfeilrichtung schwenken.
- Seilzug in die Führung am Lagerbügel einsetzen.
- Lagerbügel am Haltewinkel ansetzen, dabei die Befestigungen in die Führungen am Haltewinkel einsetzen.
- Lagerbügel im Haltewinkel verschieben bis die Verriegelung –Pfeil a– (Abbildung N57-10137) einrastet.
- Aggregateträger einbauen, siehe entsprechendes Kapitel.

Haltewinkel aus- und einbauen

Haltewinkel und Lagerbügel halten Türschloss und Schließzylinder in der Tür.

Ausbau

- Aggregateträger ausbauen, siehe entsprechendes Kapitel.

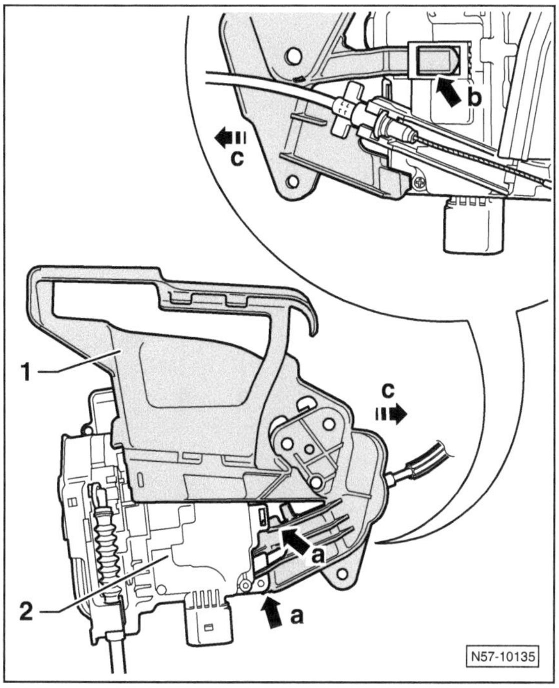

- 2 Rasthaken –Pfeile A– entriegeln und Haltewinkel –1– vom Türschloss –2– abziehen –Pfeil c–.

Einbau

- Haltewinkel in die Aufnahme des Türschlosses –Pfeil b– einschieben.
- Haltewinkel am Türschloss einclipsen –Pfeile a–.
- Aggregateträger einbauen, siehe entsprechendes Kapitel.

Lagerbügel und Haltewinkel halten Türschloss und Schließzylinder in der Tür.

Schließzylinder/Abdeckkappe aus- und einbauen

Auf der Beifahrerseite ist anstelle des Schließzylinders lediglich ein Gehäuse eingebaut. Der Aus- und Einbau erfolgt auf beiden Seiten auf die gleiche Weise.

Ausbau

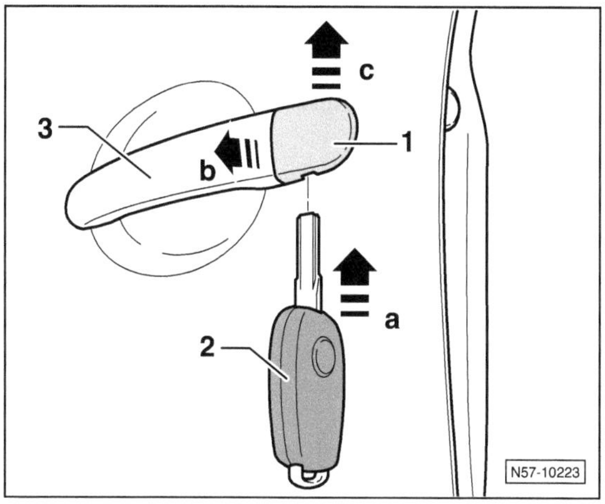

- Zündschlüssel –2– oder entsprechenden Schraubendreher leicht von unten in die Öffnung an der Unterseite der Abdeckkappe –1– drücken –Pfeil a–.
- Türgriff –3– etwas vom Türblech in Pfeilrichtung –2– ziehen und Abdeckkappe –1– zusammen mit dem Schlüssel an der Unterseite leicht von der Tür abziehen –Pfeil b–. **Achtung:** Mit dem Schlüssel nicht drehen oder hebeln.
- In dieser Position die Abdeckkappe –1– nach oben in Pfeilrichtung –c– vom Schließzylinder herunterschieben.

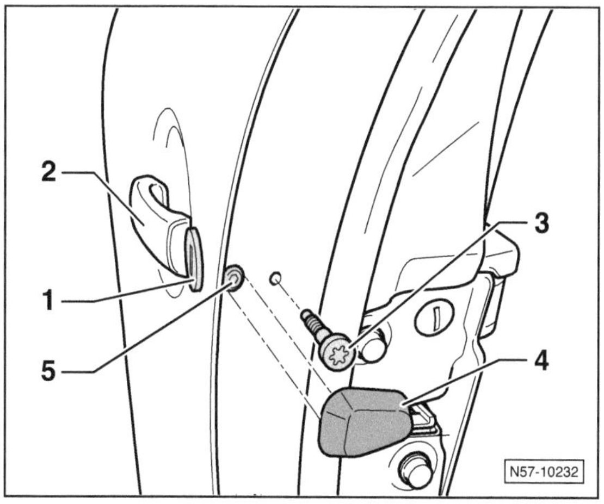

- Abdeckung –4– mit einem kleinen Schraubendreher von der Sicherungsschraube –3– abhebeln.
- Sicherungsschraube –3– für Schließzylinder –1– herausdrehen.
- Schraube –5– bis zum Anschlag herausdrehen. **Achtung:** Schraube **nicht ganz** herausdrehen.

- Schraube –5– bis zum Anschlag hineindrücken. Dabei wird der Sicherungsbügel vom Schließzylinder geschoben.
- Türgriff –2– leicht anheben. **Hinweis:** Dabei liegt der Türgriff am Türblech an.
- In dieser Stellung den Schließzylinder –1– herausziehen.

Einbau

- Schließzylinder im rechten Winkel durch das Türblech in den Lagerbügel einstecken.
- Schließzylinder an das Türblech andrücken und gleichzeitig die Schrauben –3– und –5– in den Lagerbügel hineinschrauben.
- Abdeckung –4– aufdrücken.

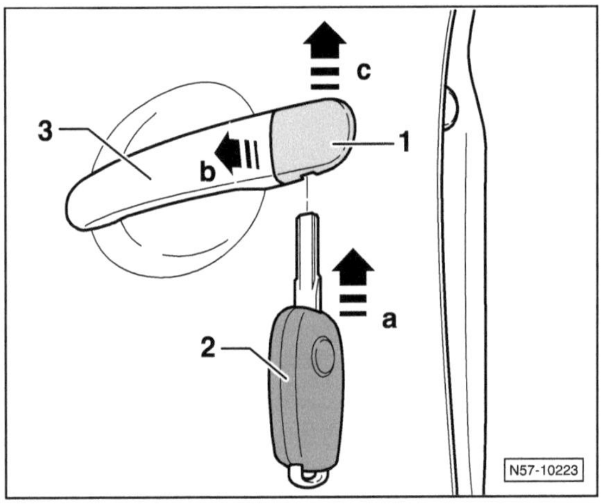

- Türgriff –2– leicht vom Türblech abziehen und halten.
- Abdeckkappe –1– leicht abgewinkelt von oben in Pfeilrichtung –a– auf den Schließzylinder schieben.
- Abdeckkappe in Pfeilrichtung –b– an die Tür andrücken, bis sie am Schließzylinder einrastet.

Achtung: Vor Schließen der Tür unbedingt Funktionsprüfung von Türgriff, Schließzylinder und Türschloss durchführen.

Abdeckkappe an der Beifahrertür aus- und einbauen

Ausbau

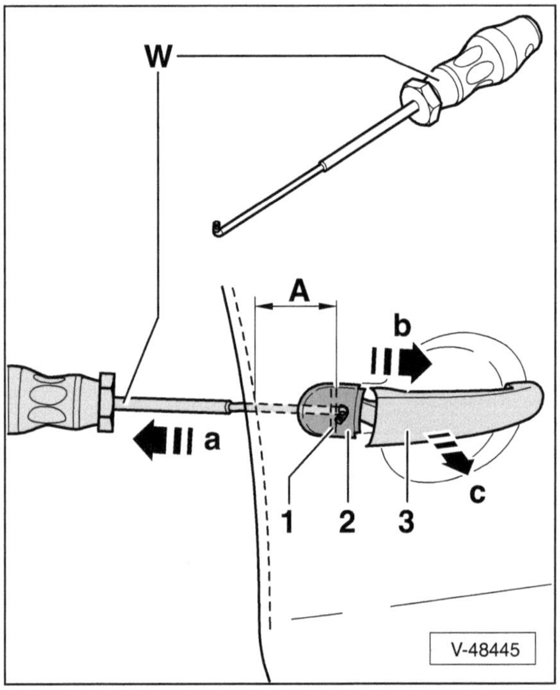

- Geeigneten Drahthaken –W–, zum Beispiel VW-T10389, auf eine Länge von A = 40 mm in die Tür einführen und hinter den Verriegelungsbügel –1– bringen.
- Haken –W– um 5 mm in Pfeilrichtung –a– ziehen.
- Türgriff –3– leicht vom Türblech in Pfeilrichtung –c– ziehen.
- Abdeckkappe –2– im rechten Winkel zur Tür aus dem Lagerbügel des Türgriffs herausnehmen –Pfeil b–.

Einbau

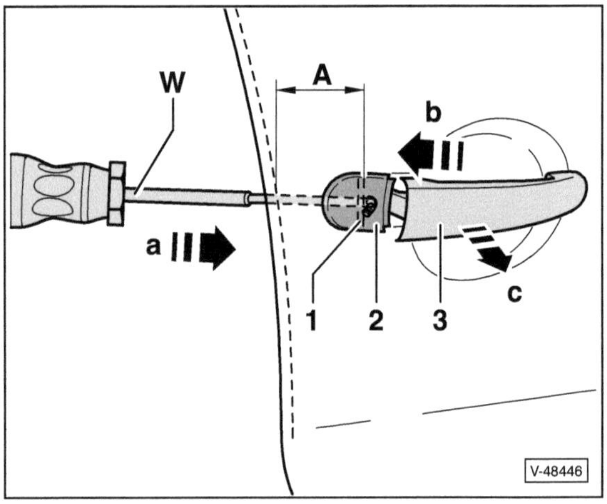

- Türgriff –3– leicht vom Türblech abziehen –Pfeil c–.

- Abdeckkappe –2– im rechten Winkel zur Tür in den Lagerbügel des Türgriffs hinenschieben.
- Türgriff loslassen.
- Haken –W– um A = 30 mm in die Tür einführen und an den Verriegelungsbügel anlegen.
- Abdeckkappe ansetzen, gegen das Türblech drücken und Verriegelungsbügel um 5 mm in Pfeilrichtung –b– drücken.

Türaußengriff aus- und einbauen

Ausbau

- **Beifahrertür:** Abdeckkappe ausbauen, siehe entsprechendes Kapitel.
- **Fahrertür:** Schließzylinder ausbauen, siehe entsprechendes Kapitel.

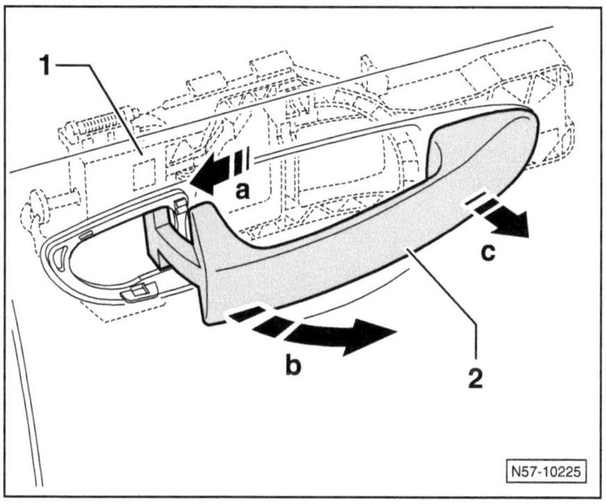

- Türgriff –2– etwas nach hinten aus der Aufnahme des Lagerbügels –1– ziehen –Pfeil a–.
- Türgriff in Pfeilrichtung –b– herausschwenken.
- Türgriff im rechten Winkel –Pfeil c– aus dem Lagerbügel –1– herausnehmen.

Einbau

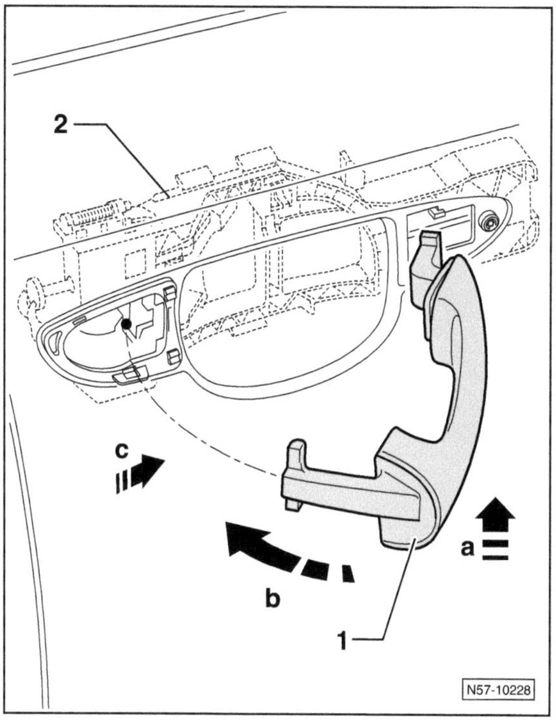

- Türgriff –1– im rechten Winkel –Pfeil a– in den Lagerbügel –2– einsetzen.
- Türgriff in die Tür einschwenken –Pfeil b–.
- Türgriff nach vorn in die Aufnahme im Lagerbügel einschieben –Pfeil c–. **Hinweis:** Beim Ausbau ist die Aufnahme des Lagerbügels nach innen geklappt. Durch die Schräge des Türgriffs gelangt der Türgriff automatisch in die Aufnahme des Lagerbügels.
- Der weitere Einbau erfolgt in umgekehrter Ausbaureihenfolge.

Spiegelglas aus- und einbauen

Ausbau

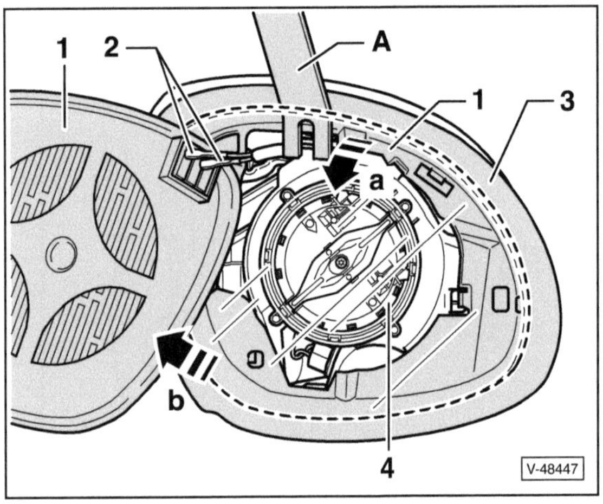

- Gehäusekante –3– mit textilverstärktem Klebeband abkleben und dadurch vor Beschädigungen schützen.
- Spiegelglas –1– unten in das Spiegelgehäuse –3– drücken.
- Kunststoffkeil –A–, zum Beispiel HAZET 1965-21, oben einführen, Spiegelglas vorsichtig vom Halter –4– abhebeln –Pfeil a– und zur Seite schwenken –Pfeil b–.
- Beide Anschlusskabel –2– von der Spiegelglas-Rückseite abziehen. Dabei die angenieteten Kontaktzungen festhalten, um Beschädigungen zu vermeiden.

Einbau

- Anschlusskabel am Spiegelglas aufstecken.

Sicherheitshinweis
Beim Aufdrücken des Spiegelglases unbedingt Handschuhe anziehen oder sauberen Lappen unterlegen. Bruch- und Verletzungsgefahr!

- Spiegelglas mittig auf den Halter setzen, aufdrücken und einrasten. Durch Hin- und Herbewegen des Spiegelglases festen Sitz in der Halterung prüfen.
- Außenspiegel einstellen.

Spiegelgehäuse aus- und einbauen

Ausbau

- Spiegelglas ausbauen, siehe entsprechendes Kapitel.

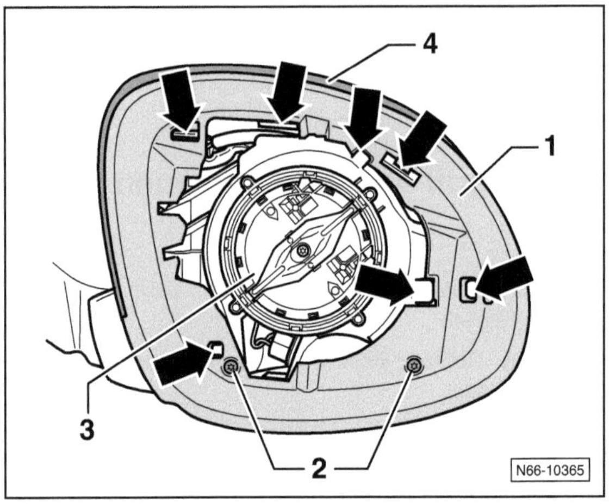

- Schrauben –2– herausdrehen.
- Rasthaken –Pfeile– mit einem Schraubendreher entriegeln.
- Gehäuserahmen –1– vom Spiegelgehäuse –4– abziehen.

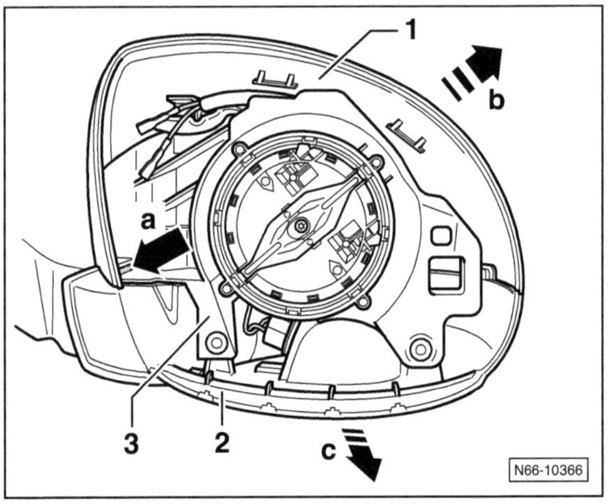

- Spiegel nach vorn klappen.
- Mit einem Schraubendreher die Rasthaken zur Seite drücken –Pfeil a–.
- Montageteil –2– festhalten und Spiegelgehäuse –1– nach hinten und nach oben vom Spiegelträger –3– abziehen –Pfeil b–.
- Montageteil –2– mit Blinkleuchte nach unten abnehmen –Pfeil c–.

Einbau

- Spiegelgehäuse und Montageteil mit Blinkleuchte am Spiegelgrundträger zusammensetzen.
- Spiegelgeäuse und Montageteil in die Verrastung –Pfeil a– am Spiegelgrundträger drücken.
- Gehäuserahmen in die Verrastungen des Spiegelgehäuses drücken. Dabei rasten die Rasthaken hörbar ein.
- Gehäuserahmen mit 2 Schrauben anschrauben.
- Spiegelglas einbauen, siehe entsprechendes Kapitel.

Außenspiegel aus- und einbauen

Ausbau

- Türverkleidung vorn ausbauen, siehe entsprechendes Kapitel.

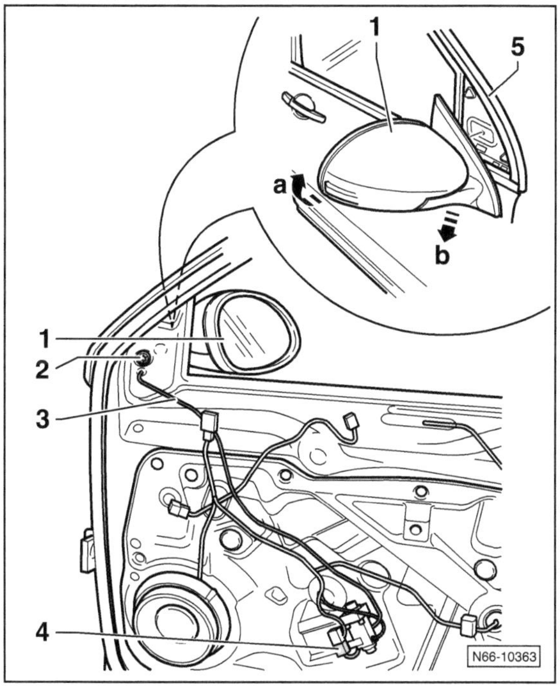

- Steckverbindung –4– für Außenspiegel abziehen.
- Außenspiegel –1– festhalten und Schraube –2– herausdrehen.
- Außenspiegel leicht anheben –Pfeil a– und dann aus der Fensterführung –5– herausziehen –Pfeil b–
- Außenspiegel abnehmen. Dabei die Leitung –3– durch die Türöffnung führen.

Einbau

- Der Einbau erfolgt in umgekehrter Ausbaureihenfolge. Außenspiegel dabei mit **8 Nm** festschrauben.

Achtung: Bevor die Türverkleidung montiert wird, Funktionsprüfung des Außenspiegels durchführen.

Stromlaufpläne

Aus dem Inhalt:

- **Umgang mit den Stromlaufplänen**
- **Zeichenerklärung**
- **Einzelpläne**

Der Umgang mit dem Stromlaufplan

In einem Personenwagen werden je nach Ausstattung bis über 1.000 Meter Leitungen verlegt, um alle elektrischen Verbraucher (Scheinwerfer, Radio usw.) mit Strom zu versorgen. Will man einen Fehler in der elektrischen Anlage aufspüren oder nachträglich ein elektrisches Zubehör montieren, kommt man nicht ohne Stromlaufplan aus; anhand dessen der Stromverlauf und damit die Kabelverbindungen aufgezeigt werden.

Die Kennbuchstaben der wichtigsten Bauteile sind:

Kenn-buchstabe	Bauteil
A	Batterie
B	Anlasser
C	Drehstromgenerator
D	Zündanlassschalter
E	Schalter für Handbedienung
F	Mechanische Schalter
G	Geber, Kontrollgeräte
H	Horn, Doppeltonhorn, Fanfare
J	Relais, Steuergerät
K, L, M, W, X	Kontrolllampen, Lampen, Leuchten
N	Elektroventile, Widerstände, Schaltgeräte
O	Zündverteiler
P, Q	Zündkerzenstecker, Zündkerzen
R	Radio
S	Sicherungen
T	Steckverbindungen
V	Elektromotoren

Zur genaueren Unterscheidung werden den Kennbuchstaben noch Zahlen angefügt.

Relais und elektronische Steuergeräte sind in der Regel grau unterlegt. Die darin eingezeichneten Linien sind interne Verdrahtungen. Sie zeigen, wie Relais und andere elektrische/elektronische Bauteile sowohl zueinander als auch auf der Relaisplatte verschaltet sind.

Die Bezeichnung der Klemmen ist nach DIN genormt. **Die wichtigsten Klemmenbezeichnungen sind:**

Klemme 30. An dieser Klemme liegt immer die Batteriespannung an. Die Kabel sind meist rot oder rot mit Farbstreifen.

Klemme 31 führt zur Masse. Die Masse-Leitungen sind in der Regel braun.

Klemme 15 wird über das Zündschloss gespeist. Die Leitungen führen nur bei eingeschalteter Zündung Strom. Die Kabel sind meist grün oder grün mit farbigem Streifen.

Klemme X führt ebenfalls nur bei eingeschalteter Zündung Strom, dieser wird jedoch unterbrochen, wenn der Anlasser betätigt wird. Dadurch ist sichergestellt, dass während des Startvorganges der Zündanlage die volle Batterieleistung zur Verfügung steht. Alle größeren Stromaufnehmer liegen in diesem Stromkreis. Das Fernlicht wird ebenfalls über diese Klemme mit Strom versorgt. So wird bei eingeschaltetem Fernlicht und ausgeschalteter Zündung automatisch auf Standlicht umgeschaltet.

Im Stromlaufplan sind in den einzelnen Leitungen Ziffern und darunter Buchstabenkombinationen eingefügt.

Beispiel: **1,5**
ws/ge

Die Ziffern geben den Leitungsquerschnitt an; hier: 1,5 mm^2. Die Buchstaben weisen auf die Leitungsfarben hin. Besteht die Kennzeichnung aus zwei Buchstabengruppen, die durch einen Schrägstrich getrennt sind, dann wird zuerst die Leitungsgrundfarbe genannt; hier: ws = weiß. Die zweite Buchstabenfolge gibt die Zusatzfarbe an; hier: ge = gelb.

Zuordnung der Stromlaufpläne

TIGUAN ab Mai 2011

Wegen des großen Umfangs können nicht alle Stromlaufpläne aus jedem Modelljahr berücksichtigt werden. Jedoch kann man sich auch an den vorliegenden Stromlaufplänen orientieren, wenn das eigene Fahrzeug einem anderen Modelljahr angehört, da die Änderungen in der Regel nur Teilbereiche betreffen.

Gebrauchsanleitung für Stromlaufpläne

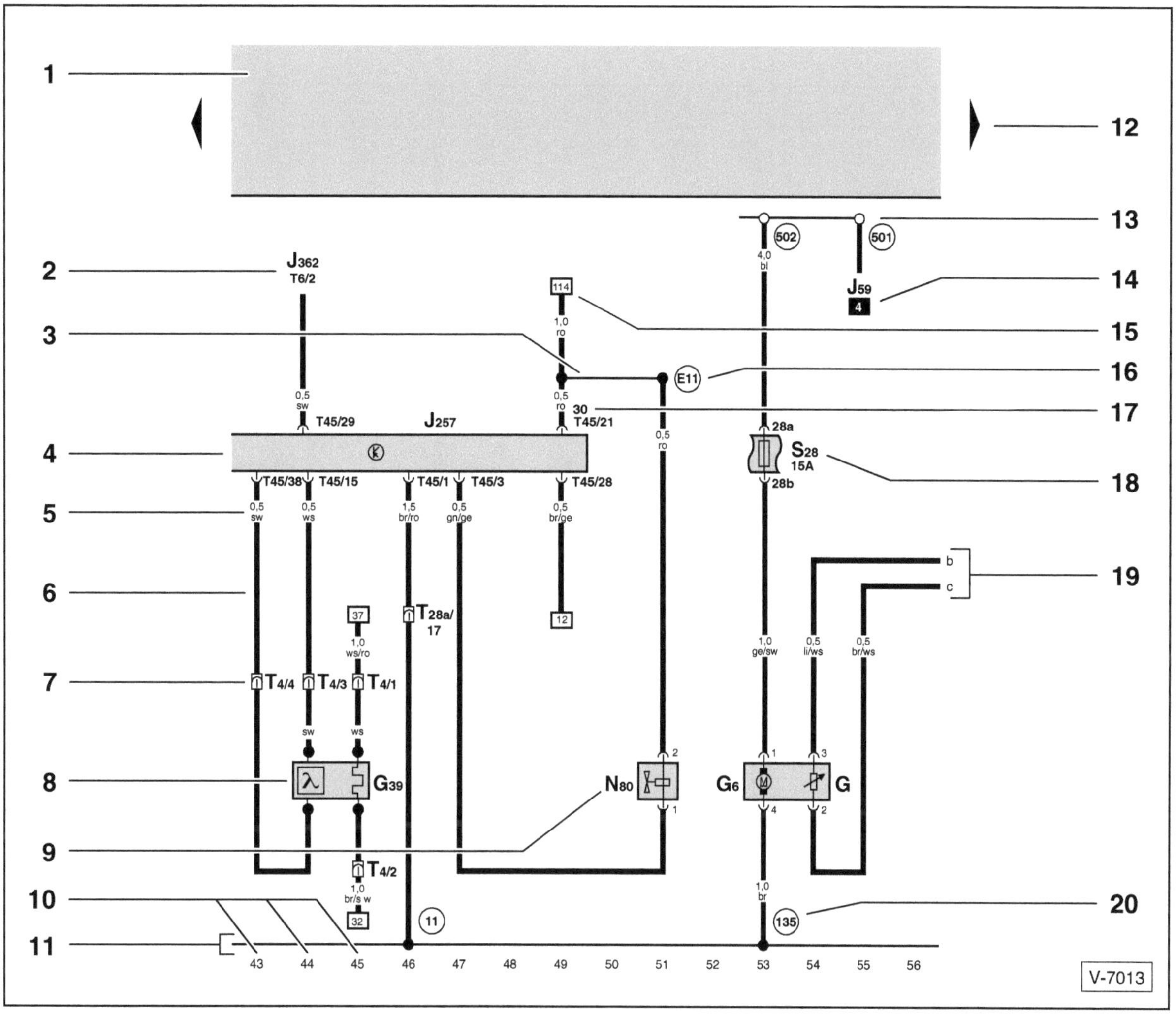

1 – Relaisplatte
Durch ein graues Feld gekennzeichnet. Stellt die plusseitigen Anschlüsse dar.

2 – Verweis auf Weiterführung der Leitung zu einem anderen Bauteil
J362 = Steuergerät für Wegfahrsicherung, T6/2 = 6-fach-Steckerverbindung, Kontakt 2.

3 – Interne Verbindung (dünner Strich)
Diese Verbindung ist nicht als Leitung vorhanden.

4 – Schaltzeichen
Die offen gezeichnete Seite des Schaltzeichens weist auf die Fortsetzung des Bauteils in einem anderen Stromlaufplan hin.

5 – Leitungsquerschnitt in mm² und Leitungsfarbe
0,5 = 0,5 mm², sw = schwarz. Abkürzungen für die Leitungsfarben stehen im Kapitel »Umgang mit dem Stromlaufplan«.

6 – Stromkreis mit Leitungsführung
Alle Schalter und Kontakte sind in mechanischer Ruhestellung dargestellt.

7 – Steckverbindung T4/4
T4 = 4-fach-Steckverbindung, »/4« = Kontakt 4.

8 – Schaltzeichen für Bauteil
G39 = Lambdasonde mit Heizung.

9 – Teile-Bezeichnung
N80 = Magnetventil 1. In der Legende unterhalb des Stromlaufplans steht, wie das Teil heißt.

10 – Strompfad-Nummer

11 – Fahrzeugmasse

12 – Pfeil
Weist auf die Fortsetzung des Stromlaufplans auf der anschließenden Seite hin.

13 – Gewindebolzen an der Relaisplatte
Der weiße Kreis zeigt an, dass es sich hier um eine lösbare Verbindung handelt.

14 – Relaisplatz-Nummer
Kennzeichnet den Relaisplatz auf oder an der Relaisplatte.

15 – Verweis auf Weiterführung der Leitung zu einem anderen Bauteil
Die Zahl im Rechteck kennzeichnet, in welchem Strompfad die Leitung weitergeführt wird; hier in Strompfad 114.

16 – Verbindung im Leitungsstrang
Nicht lösbare Verbindung.

17 – Anschlussklemme
Hier: Klemme 30, 45-fach-Steckverbindung, Kontakt 21.

18 – Sicherung
S28 = Sicherung Nr. 28, 15 Ampere.

19 – Verweis auf Weiterführung der Leitung im anschließenden Stromlaufplanteil
Der Buchstabe kennzeichnet, wo im nächsten Stromlaufplanteil die Leitung weitergeführt wird.

20 – Massepunkt oder Masseverbindung im Leitungsstrang
In der Legende stehen Angaben zur Lage des Massepunktes im Fahrzeug.

Entlastungsrelais für X-Kontakt, Bordnetzsteuergerät, Relais 2 für Spannungsversorgung, Kl. 15

134/2

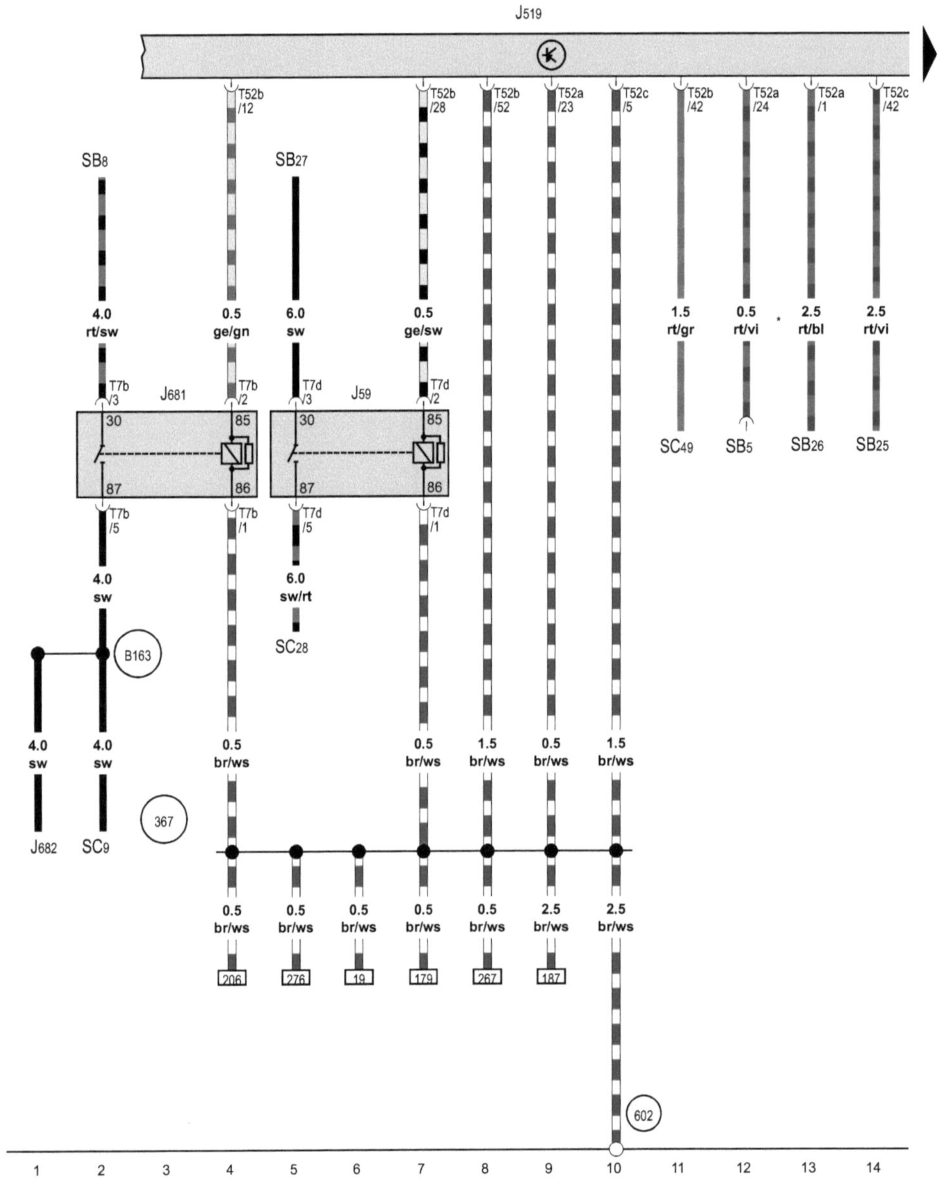

ws = weiss
sw = schwarz
ro =rot
rt = rot
br = braun
gn = grün
bl = blau
gr = grau
li = lila
ge = gelb
or = orange
rs = rosa

J59 - Entlastungsrelais für X-Kontakt
J519 - Bordnetzsteuergerät
J681 - Relais 2 für Spannungsversorgung, Kl. 15
J682 - Relais für Spannungsversorgung, Kl. 50
SB5 - Sicherung 5 auf Sicherungshalter B
SB8 - Sicherung 8 auf Sicherungshalter B
SC9 - Sicherung 9 auf Sicherungshalter C
SB25 - Sicherung 25 auf Sicherungshalter B
SB26 - Sicherung 26 auf Sicherungshalter B
SB27 - Sicherung 27 auf Sicherungshalter B
SC28 - Sicherung 28 auf Sicherungshalter C
SC49 - Sicherung 49 auf Sicherungshalter C
T7b - Steckverbindung, 7fach
T7d - Steckverbindung, 7fach
T52a - Steckverbindung, 52fach
T52b - Steckverbindung, 52fach

T52c - Steckverbindung, 52fach
367 - Masseverbindung 2 im Hauptleitungsstrang
602 - Massepunkt im Fußraum vorn links
B163 - Plusverbindung 1 (15) im Leitungsstrang Innenraum

* - nur für Fahrzeuge ohne Start-Stopp-System

Zündanlassschalter, Scheibenwischerschalter für Intervallbetrieb, Lenkwinkelgeber, Bordnetzsteuergerät, Steuergerät für Lenksäulenelektronik, Magnet für Zündschlüsselabzugsperre

134/3

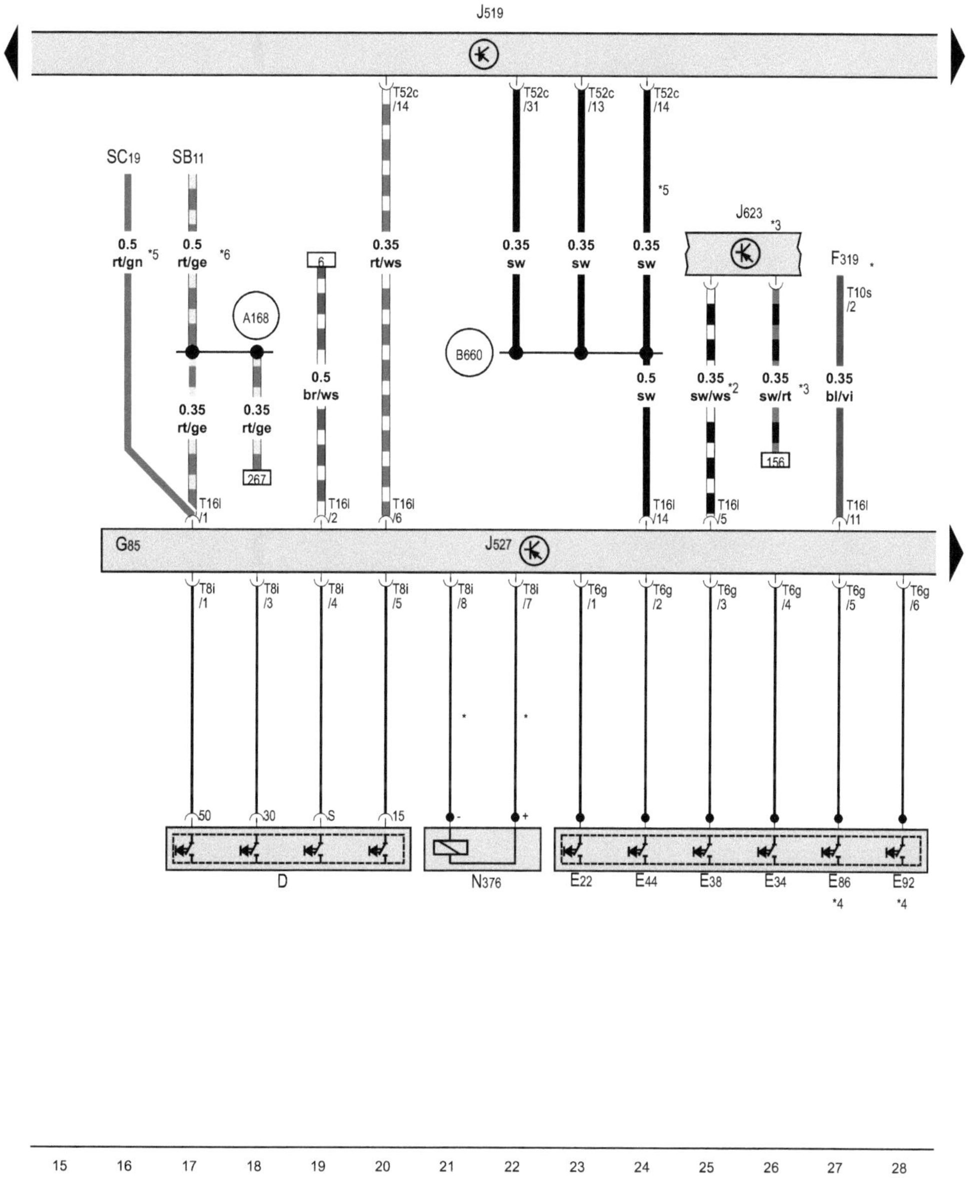

ws = weiss
sw = schwarz
ro =rot
rt = rot
br = braun
gn = grün
bl = blau
gr = grau
li = lila
ge = gelb
or = orange
rs = rosa

D - Zündanlassschalter
E22 - Scheibenwischerschalter für Intervallbetrieb
E34 - Schalter für Heckscheibenwischer
E38 - Regler für Scheibenwischer-Intervallschaltung
E44 - Schalter für Scheibenwaschpumpe (Wisch-Wasch-Automatik und Scheinwerferreinigungsanlage)
E86 - Abruftaste für Multifunktionsanzeige
E92 - Resettaste
F319 - Schalter für Wählhebel in P gesperrt
G85 - Lenkwinkelgeber
J519 - Bordnetzsteuergerät
J527 - Steuergerät für Lenksäulenelektronik
J623 - Motorsteuergerät
N376 - Magnet für Zündschlüsselabzugsperre
SB11 - Sicherung 11 auf Sicherungshalter B
SC19 - Sicherung 19 auf Sicherungshalter C
T6g - Steckverbindung, 6fach
T8i - Steckverbindung, 8fach
T10s - Steckverbindung, 10fach
T16l - Steckverbindung, 16fach
T52c - Steckverbindung, 52fach
A168 - Plusverbindung 4 (30a) im Schalttafelleitungsstrang
B660 - Verbindung (Diagnose Kl. 50) im Hauptleitungsstrang

* - nur für Fahrzeuge mit automatischem Getriebe
*2 - nur bei Fahrzeugen mit Geschwindigkeitsregelanlage
*3 - siehe gültigen Stromlaufplan für Motor
*4 - nur für Fahrzeuge mit Multifunktionsanzeige
*5 - nur für Fahrzeuge mit Start-Stopp-System
*6 - nur für Fahrzeuge ohne Start-Stopp-System

Blinklichtschalter, Schalter für GRA (Geschwindigkeitsregelanlage), Bordnetzsteuergerät, Steuergerät für Lenksäulenelektronik

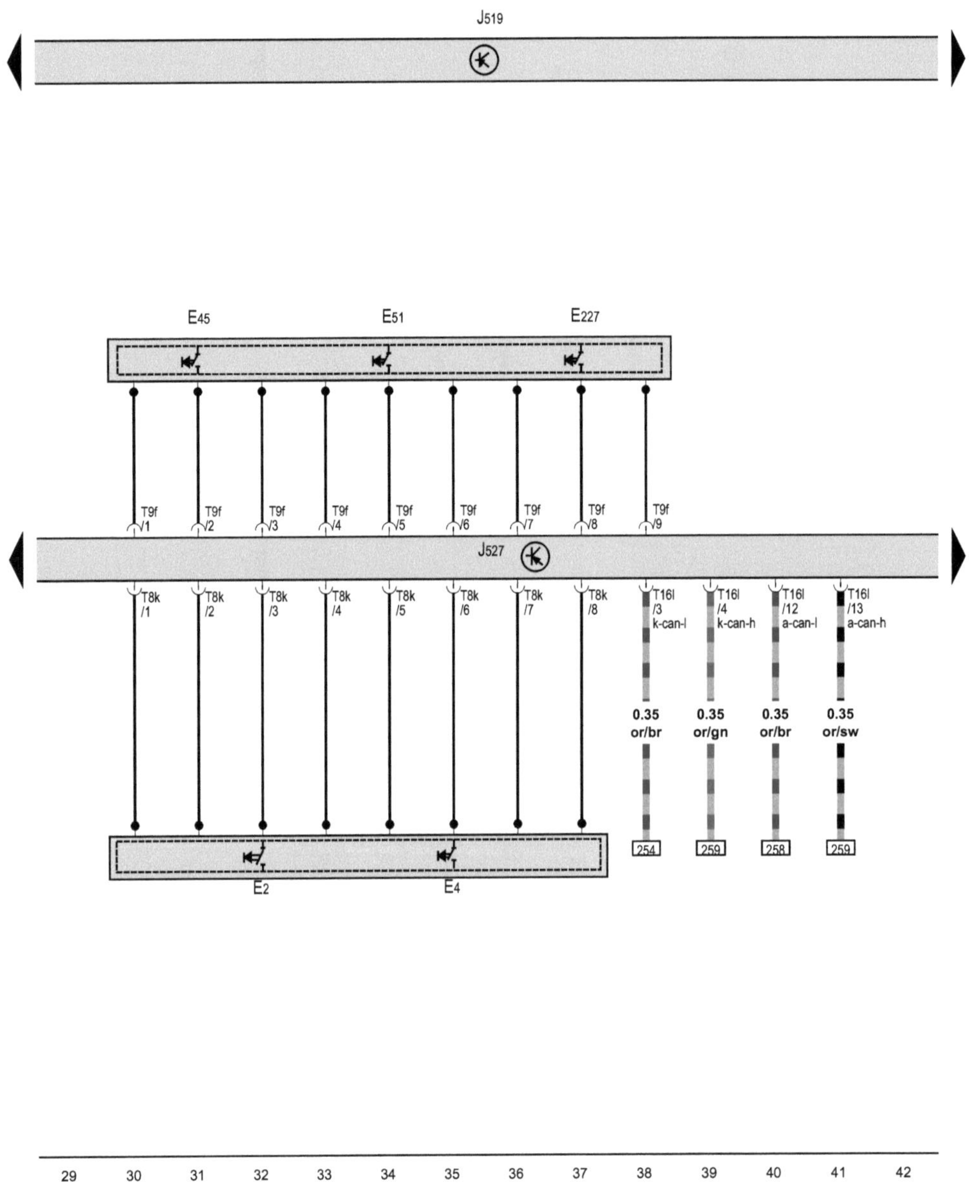

ws = weiss
sw = schwarz
ro =rot
rt = rot
br = braun
gn = grün
bl = blau
gr = grau
li = lila
ge = gelb
or = orange
rs = rosa

E2 - Blinklichtschalter
E4 - Schalter für Handabblendung und Lichthupe
E45 - Schalter für GRA
E51 - Hauptschalter für GRA
E227 - SET-Taster für GRA
J519 - Bordnetzsteuergerät
J527 - Steuergerät für Lenksäulenelektronik
T8k - Steckverbindung, 8fach
T9f - Steckverbindung, 9fach
T16l - Steckverbindung, 16fach

Wickelfeder für Airbag und Rückstellring mit Schleifring, Signalhornbetätigung, Airbag-Steuergerät, Bordnetzsteuergerät, Steuergerät für Lenksäulenelektronik, Zünder für Airbag Fahrerseite

134/5

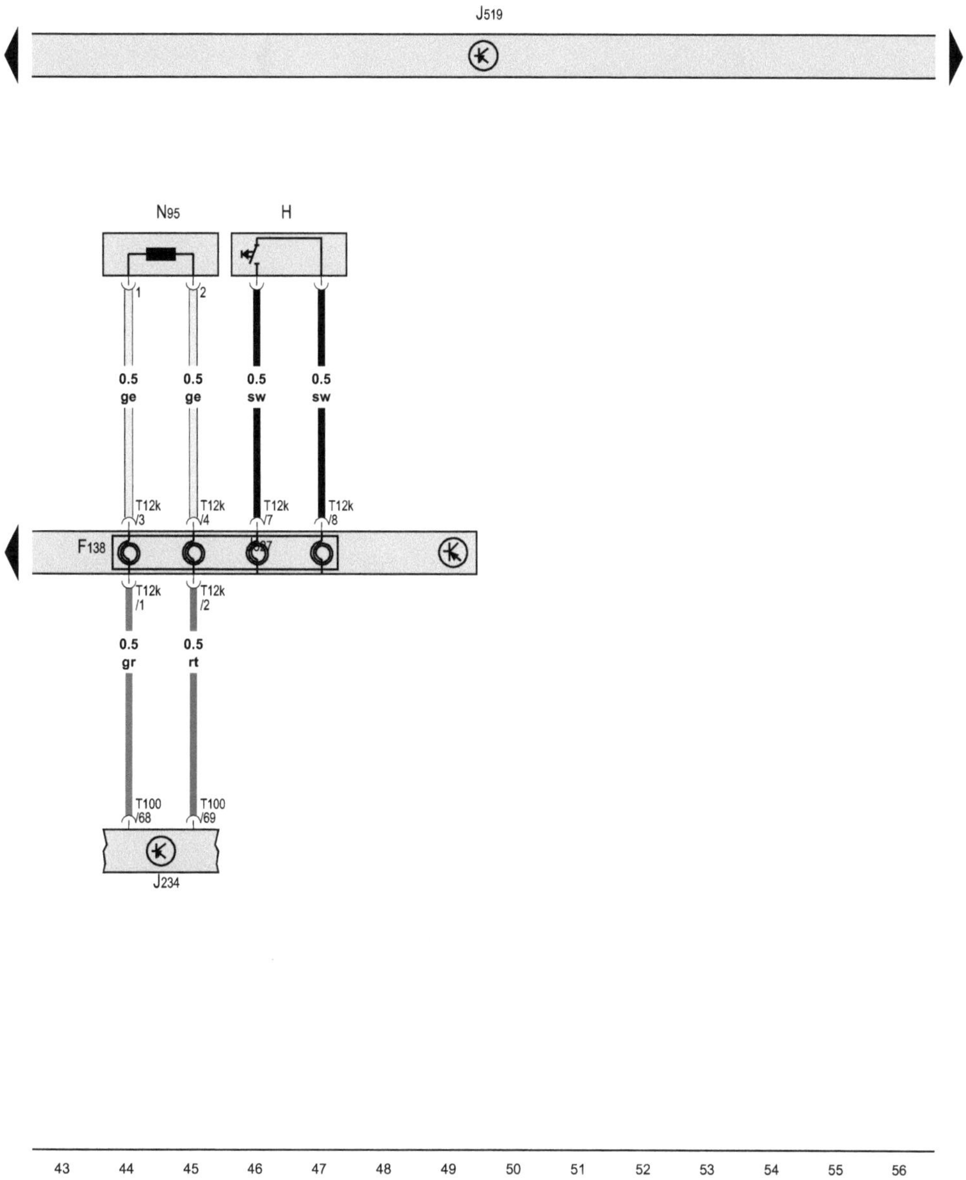

ws = weiss
sw = schwarz
ro =rot
rt = rot
br = braun
gn = grün
bl = blau
gr = grau
li = lila
ge = gelb
or = orange
rs = rosa

F138 - Wickelfeder für Airbag und Rückstellring mit Schleifring
H - Signalhornbetätigung
J234 - Steuergerät für Airbag
J519 - Bordnetzsteuergerät
J527 - Steuergerät für Lenksäulenelektronik
N95 - Zünder für Airbag Fahrerseite
T12k - Steckverbindung, 12fach
T100 - Steckverbindung, 100fach

Bordnetzsteuergerät, Lampe für Nebelscheinwerfer links, Scheinwerfer vorn links

134/6

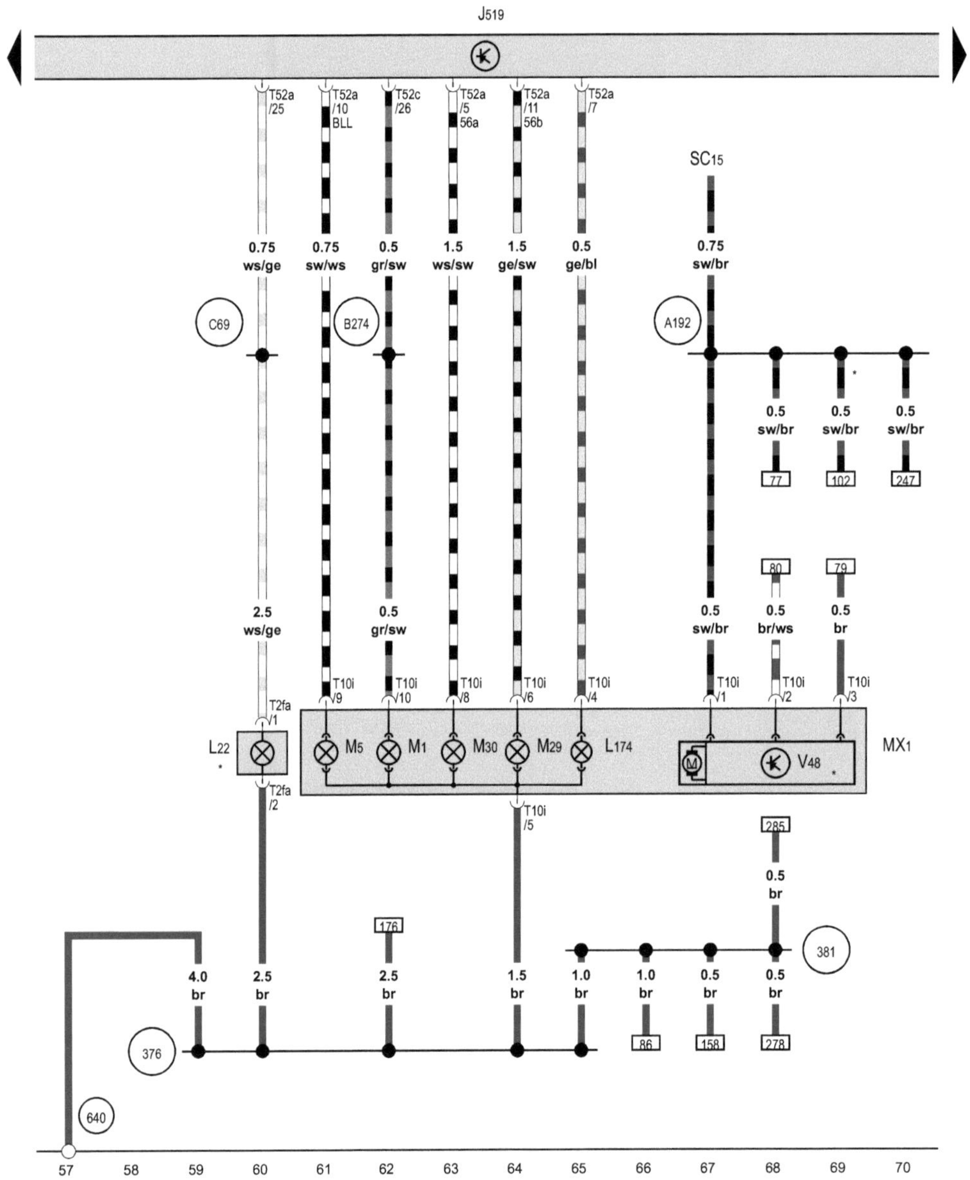

ws = weiss
sw = schwarz
ro =rot
rt = rot
br = braun
gn = grün
bl = blau
gr = grau
li = lila
ge = gelb
or = orange
rs = rosa

J519 - Bordnetzsteuergerät
L22 - Lampe für Nebelscheinwerfer links
L174 - Lampe für Tagesfahrlicht links
M1 - Lampe für Standlicht links
MX1 - Scheinwerfer vorn links
M5 - Lampe für Blinklicht vorn links
M29 - Lampe für Abblendlichtscheinwerfer links
M30 - Lampe für Fernlichtscheinwerfer links
SC15 - Sicherung 15 auf Sicherungshalter C
T2fa - Steckverbindung, 2fach
T10i - Steckverbindung, 10fach
T52a - Steckverbindung, 52fach
T52c - Steckverbindung, 52fach
V48 - Stellmotor links für Leuchtweitenregelung
(376) - Masseverbindung 11 im Hauptleitungsstrang

(381) - Masseverbindung 16 im Hauptleitungsstrang
(640) - Massepunkt 2 im Motorraum links
(A192) - Plusverbindung 3 (15a) im Schalttafelleitungsstrang
(B274) - Plusverbindung (58L) im Hauptleitungsstrang
(C69) - Verbindung (Nebelscheinwerfer) im Leitungsstrang vorn links
* - je nach Ausstattung

Regler für Schalter- und Instrumentenbeleuchtung, Bordnetzsteuergerät

134/7

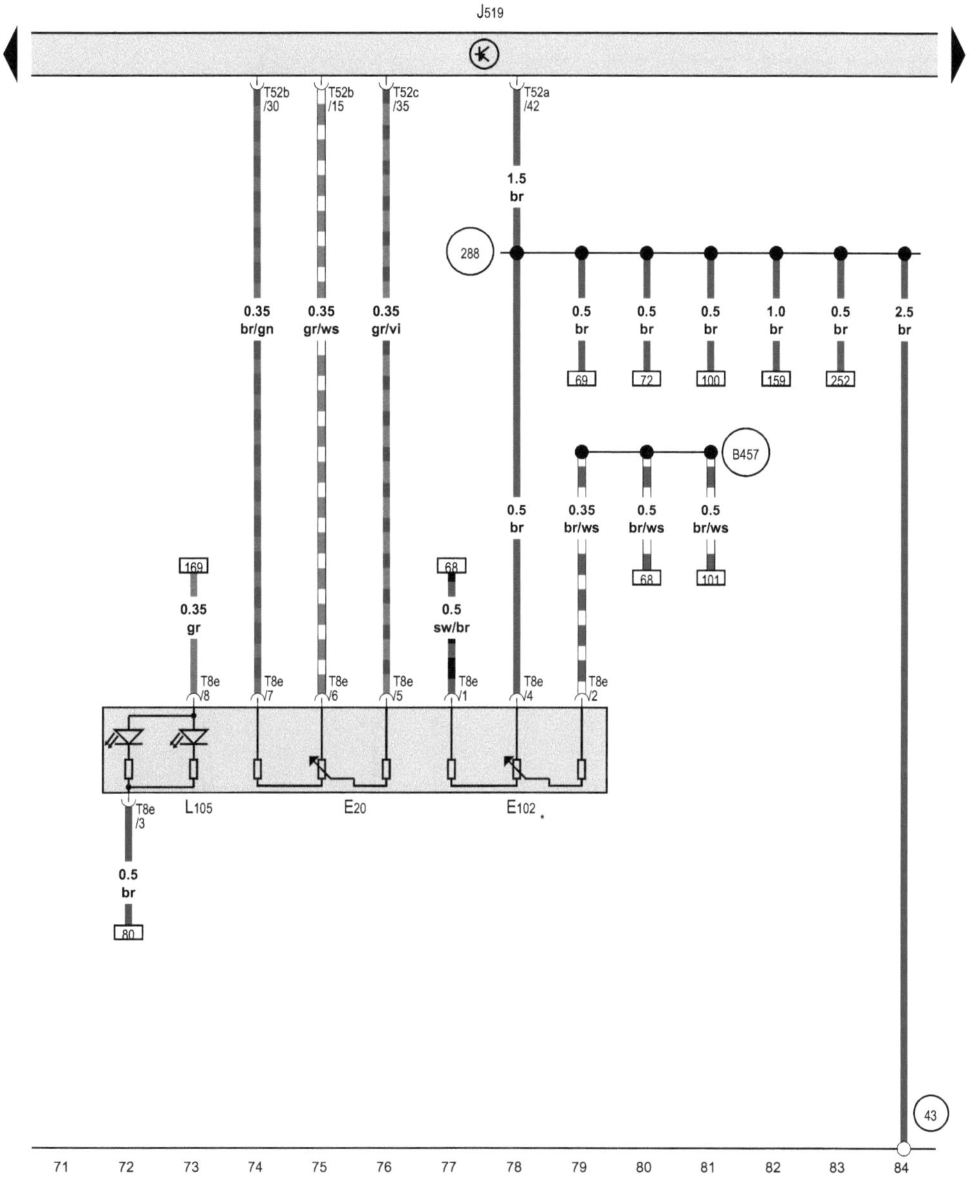

ws = weiss
sw = schwarz
ro =rot
rt = rot
br = braun
gn = grün
bl = blau
gr = grau
li = lila
ge = gelb
or = orange
rs = rosa

E20 - Regler für Schalter- und Instrumentenbeleuchtung
E102 - Einsteller für Leuchtweitenregelung
J519 - Bordnetzsteuergerät
L105 - Lampe für Beleuchtung des Beleuchtungsreglers
T8e - Steckverbindung, 8fach
T52a - Steckverbindung, 52fach
T52b - Steckverbindung, 52fach
T52c - Steckverbindung, 52fach
(43) - Massepunkt Säule A rechts unten
(288) - Masseverbindung (LWR) im Schalttafelleitungsstrang
(B457) - Verbindung 1 (Potenziometer) im Hauptleitungsstrang
* - je nach Ausstattung

Relais für Doppeltonhorn, Türsteuergerät Fahrerseite, Türsteuergerät Beifahrerseite, Bordnetzsteuergerät, Lampe für Blinkleuchte im Außenspiegel Fahrerseite, Lampe für Blinkleuchte im Außenspiegel Beifahrerseite

134/8

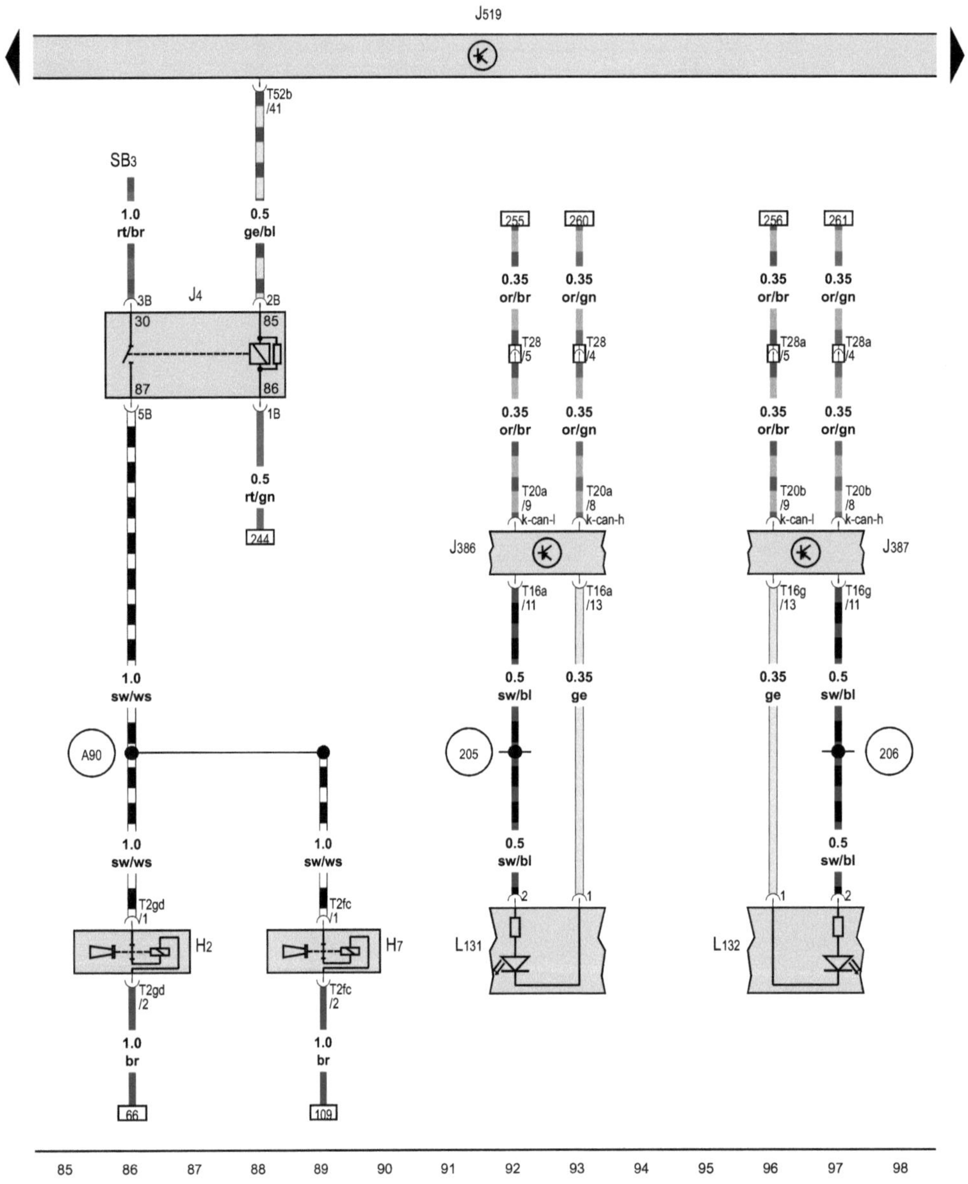

ws = weiss
sw = schwarz
ro =rot
rt = rot
br = braun
gn = grün
bl = blau
gr = grau
li = lila
ge = gelb
or = orange
rs = rosa

H2 - Hochtonhorn
H7 - Tieftonhorn
J4 - Relais für Doppeltonhorn
J386 - Türsteuergerät Fahrerseite
J387 - Türsteuergerät Beifahrerseite
J519 - Bordnetzsteuergerät
L131 - Lampe für Blinkleuchte im Außenspiegel Fahrerseite
L132 - Lampe für Blinkleuchte im Außenspiegel Beifahrerseite
SB3 - Sicherung 3 auf Sicherungshalter B
T2fc - Steckverbindung, 2fach
T2gd - Steckverbindung, 2fach
T16a - Steckverbindung, 16fach
T16g - Steckverbindung, 16fach
T20a - Steckverbindung, 20fach
T20b - Steckverbindung, 20fach
T28 - Steckverbindung, 28fach
T28a - Steckverbindung, 28fach
T52b - Steckverbindung, 52fach
(205) - Masseverbindung im Leitungsstrang Türverkabelung Fahrerseite
(206) - Masseverbindung im Leitungsstrang Türverkabelung Beifahrerseite
(A90) - Verbindung (Doppeltonhorn) im Schalttafelleitungsstrang

Bordnetzsteuergerät, Lampe für Nebelscheinwerfer rechts, Scheinwerfer vorn rechts

134/9

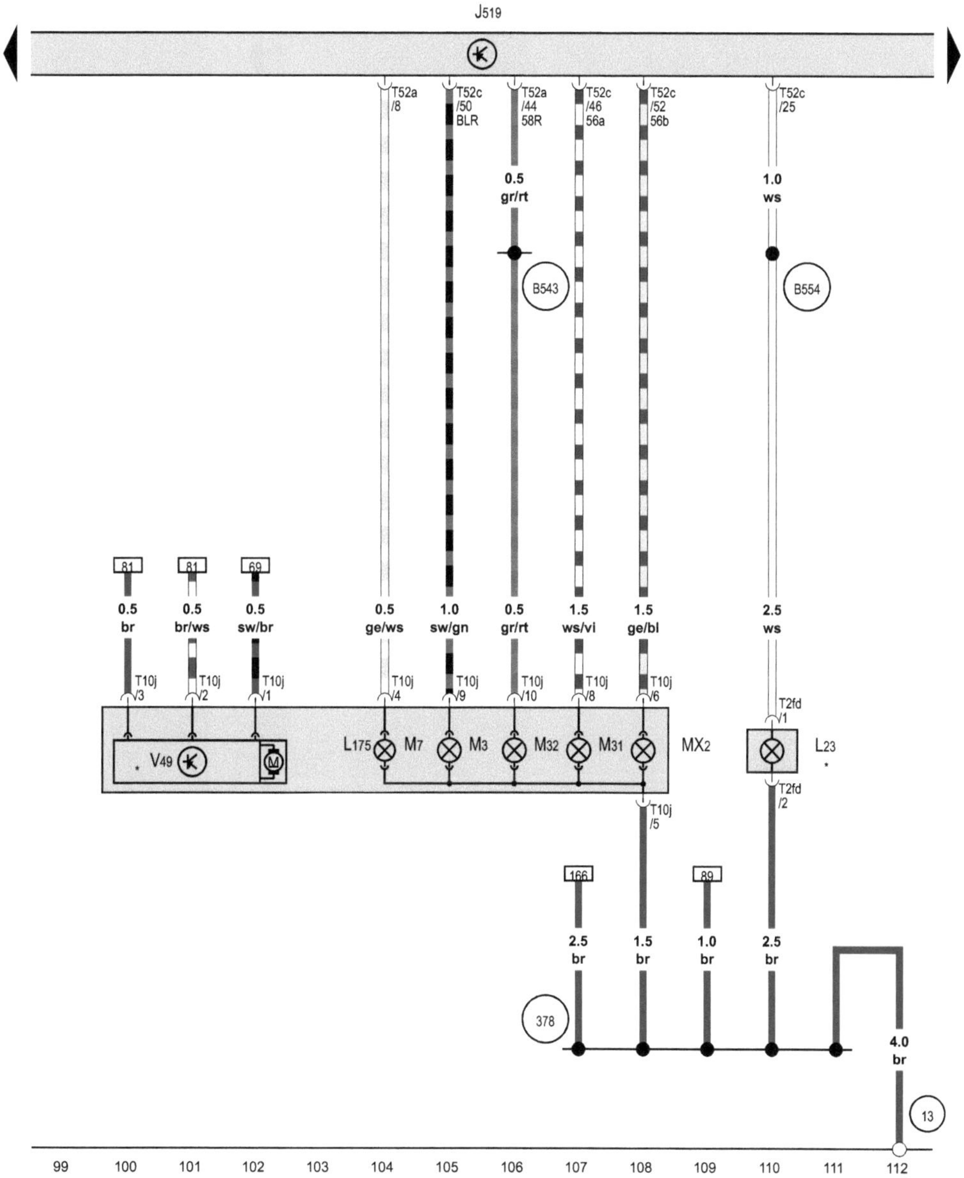

ws = weiss
sw = schwarz
ro =rot
rt = rot
br = braun
gn = grün
bl = blau
gr = grau
li = lila
ge = gelb
or = orange
rs = rosa

J519 - Bordnetzsteuergerät
L23 - Lampe für Nebelscheinwerfer rechts
L175 - Lampe für Tagesfahrlicht rechts
MX2 - Scheinwerfer vorn rechts
M3 - Lampe für Standlicht rechts
M7 - Lampe für Blinklicht vorn rechts
M31 - Lampe für Abblendlichtscheinwerfer rechts
M32 - Lampe für Fernlichtscheinwerfer rechts
T2fd - Steckverbindung, 2fach
T10j - Steckverbindung, 10fach
T52a - Steckverbindung, 52fach
T52c - Steckverbindung, 52fach
V49 - Stellmotor rechts für Leuchtweitenregelung
(13) - Massepunkt im Motorraum rechts
(378) - Masseverbindung 13 im Hauptleitungsstrang

(B543) - Plusverbindung (58R) im Hauptleitungsstrang
(B554) - Verbindung (Nebelscheinwerfer) im Hauptleitungsstrang
* - je nach Ausstattung

Lichtschalter, Bordnetzsteuergerät

134/10

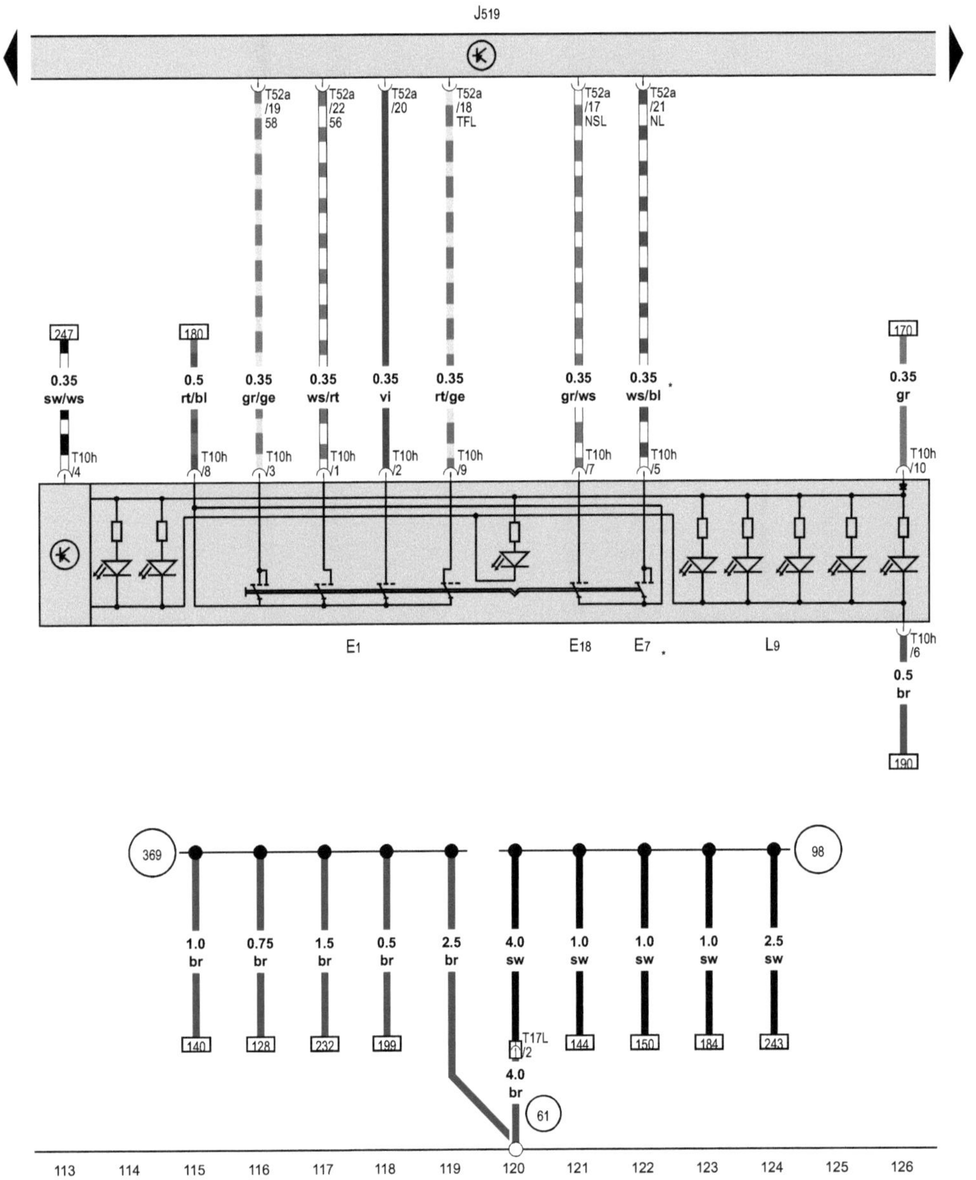

ws = weiss
sw = schwarz
ro =rot
rt = rot
br = braun
gn = grün
bl = blau
gr = grau
li = lila
ge = gelb
or = orange
rs = rosa

E1 - Lichtschalter
E7 - Schalter für Nebelscheinwerfer
E18 - Schalter für Nebelschlussleuchte
J519 - Bordnetzsteuergerät
L9 - Lampe für Lichtschalterbeleuchtung
T10h - Steckverbindung, 10fach
T17L - Steckverbindung, 17fach
T52a - Steckverbindung, 52fach
(61) - Massepunkt an der C-Säule links
(98) - Masseverbindung im Leitungsstrang Heckklappe
(369) - Masseverbindung 4 im Hauptleitungsstrang
* - je nach Ausstattung

Bordnetzsteuergerät, Schlussleuchte links, Schlussleuchte rechts, Lampe für hochgesetzte Bremsleuchte, Kennzeichenleuchte links, Kennzeichenleuchte rechts

134/11

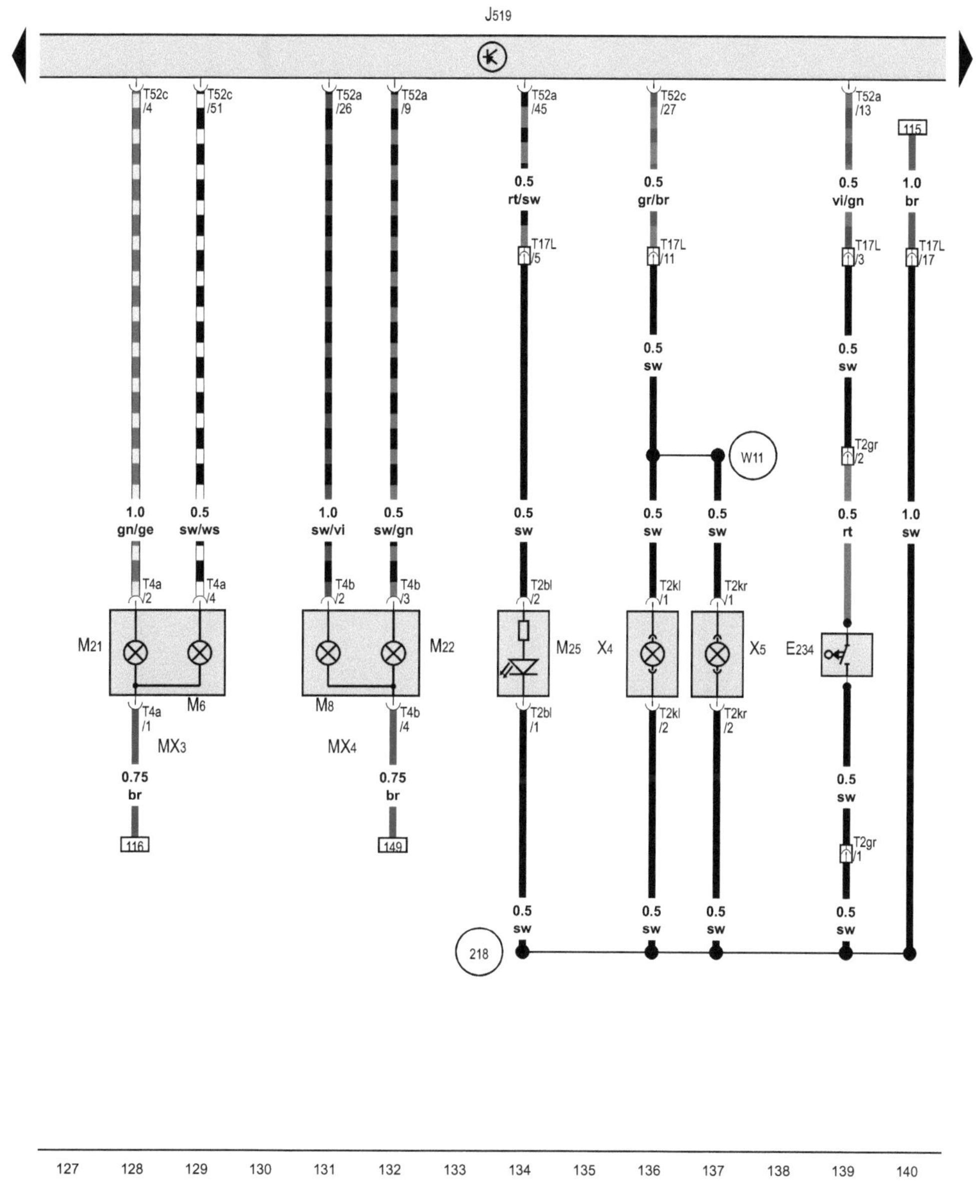

ws = weiss
sw = schwarz
ro =rot
rt = rot
br = braun
gn = grün
bl = blau
gr = grau
li = lila
ge = gelb
or = orange
rs = rosa

- E234 - Taster für Entriegelung in Heckklappengriff
- J519 - Bordnetzsteuergerät
- MX3 - Schlussleuchte links
- MX4 - Schlussleuchte rechts
- M6 - Lampe für Blinklicht hinten links
- M8 - Lampe für Blinklicht hinten rechts
- M21 - Lampe für Brems- und Schlusslicht links
- M22 - Lampe für Brems- und Schlusslicht rechts
- M25 - Lampe für hochgesetzte Bremsleuchte
- T2bl - Steckverbindung, 2fach
- T2gr - Steckverbindung, 2fach
- T2kl - Steckverbindung, 2fach
- T2kr - Steckverbindung, 2fach
- T4a - Steckverbindung, 4fach
- T4b - Steckverbindung, 4fach
- T17L - Steckverbindung, 17fach
- T52a - Steckverbindung, 52fach
- T52c - Steckverbindung, 52fach
- X4 - Kennzeichenleuchte links
- X5 - Kennzeichenleuchte rechts
- (218) - Masseverbindung 1 im Leitungsstrang Heckklappe
- (W11) - Verbindung (58) im Leitungsstrang Heckklappe

Bordnetzsteuergerät, Schlussleuchte 2 links, Schlussleuchte 2 rechts, Lampe für Rückfahrlicht links, Lampe für Rückfahrlicht rechts

134/12

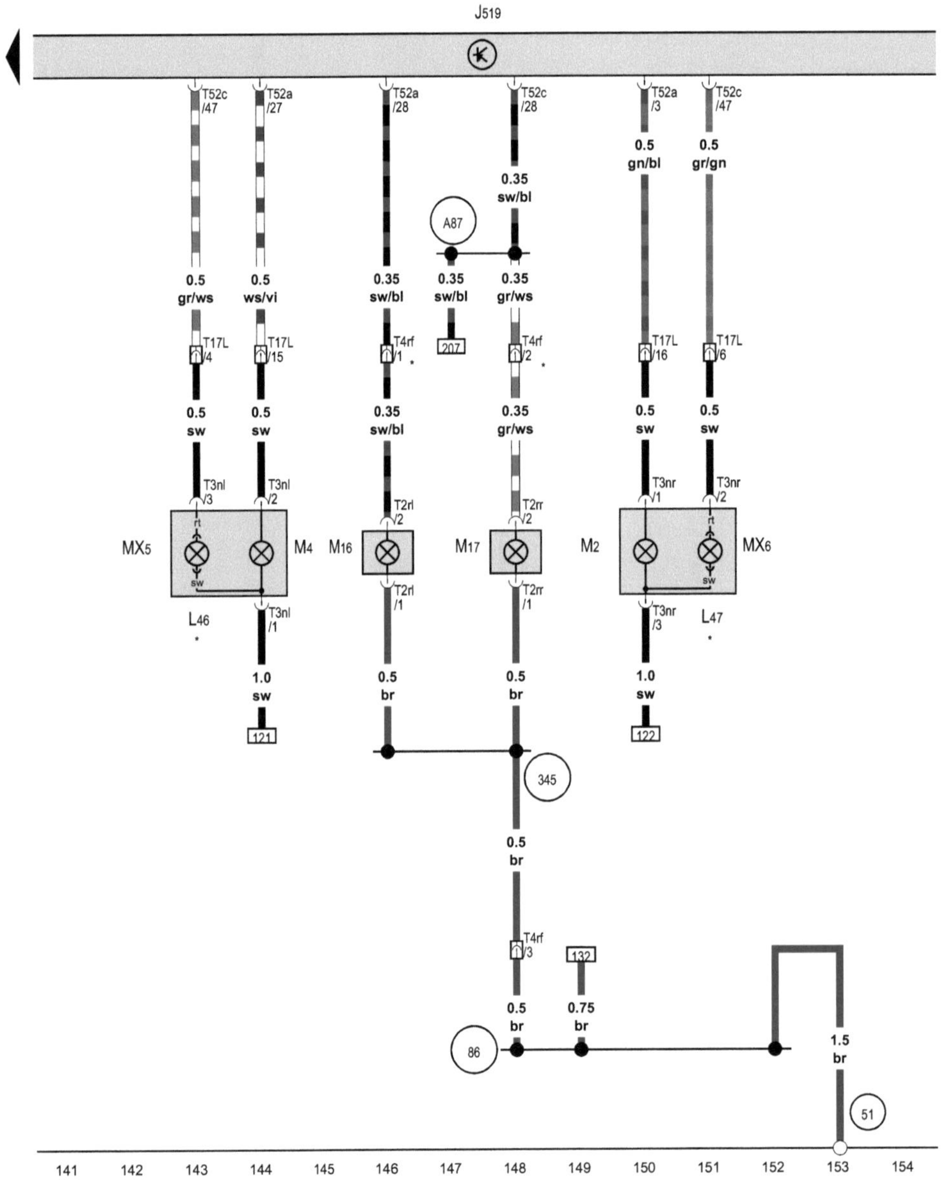

ws = weiss
sw = schwarz
ro =rot
rt = rot
br = braun
gn = grün
bl = blau
gr = grau
li = lila
ge = gelb
or = orange
rs = rosa

J519 - Bordnetzsteuergerät
L46 - Lampe für Nebelschlussleuchte links
L47 - Lampe für Nebelschlussleuchte rechts
M2 - Lampe für Schlusslicht rechts
M4 - Lampe für Schlusslicht links
MX5 - Schlussleuchte 2 links
MX6 - Schlussleuchte 2 rechts
M16 - Lampe für Rückfahrlicht links
M17 - Lampe für Rückfahrlicht rechts
T2rl - Steckverbindung, 2fach
T2rr - Steckverbindung, 2fach
T3nl - Steckverbindung, 3fach
T3nr - Steckverbindung, 3fach
T4rf - Steckverbindung, 4fach
T17L - Steckverbindung, 17fach
T52a - Steckverbindung, 52fach
T52c - Steckverbindung, 52fach

(51) - Massepunkt im Kofferraum rechts
(86) - Masseverbindung 1 im Leitungsstrang hinten
(345) - Masseverbindung im Leitungsstrang Stoßfänger
(A87) - Verbindung (RF) im Schalttafelleitungsstrang
* - je nach Ausstattung

Taster für Warnlicht, Bremslichtschalter, Schalter für Rückfahrleuchten, Kontaktschalter für Motorhaube, Bordnetzsteuergerät, Heizwiderstand für Spritzdüse links, Heizwiderstand für Spritzdüse rechts

134/13

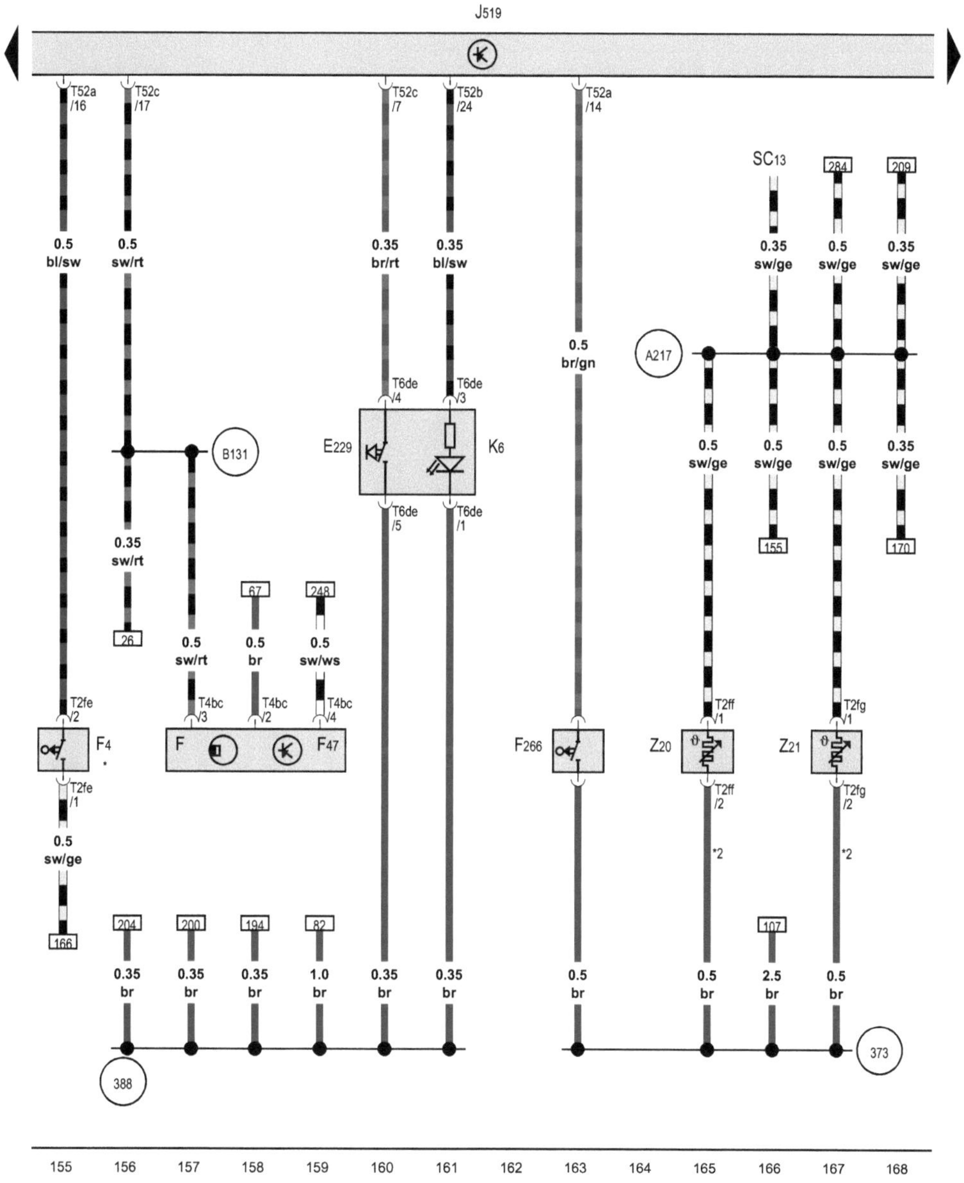

ws = weiss
sw = schwarz
ro =rot
rt = rot
br = braun
gn = grün
bl = blau
gr = grau
li = lila
ge = gelb
or = orange
rs = rosa

E229 - Taster für Warnlicht
F - Bremslichtschalter
F4 - Schalter für Rückfahrleuchten
F47 - Bremspedalschalter
F266 - Kontaktschalter für Motorhaube
J519 - Bordnetzsteuergerät
K6 - Kontrollleuchte für Warnblinkanlage
SC13 - Sicherung 13 auf Sicherungshalter C
T2fe - Steckverbindung, 2fach
T2ff - Steckverbindung, 2fach
T2fg - Steckverbindung, 2fach
T4bc - Steckverbindung, 4fach
T6de - Steckverbindung, 6fach
T52a - Steckverbindung, 52fach
T52b - Steckverbindung, 52fach
T52c - Steckverbindung, 52fach

Z20 - Heizwiderstand für Spritzdüse links
Z21 - Heizwiderstand für Spritzdüse rechts
(373) - Masseverbindung 8 im Hauptleitungsstrang
(388) - Masseverbindung 23 im Hauptleitungsstrang
(A217) - Plusverbindung 8 (15a) im Schalttafelleitungsstrang
(B131) - Verbindung (54) im Leitungsstrang Innenraum
* - nur für Fahrzeuge mit automatischem Getriebe
*2 - je nach Ausstattung

Bordnetzsteuergerät, Leseleuchte hinten links, beleuchteter Make-up-Spiegel für Fahrgastraum links, beleuchteter Make-up-Spiegel für Fahrgastraum rechts

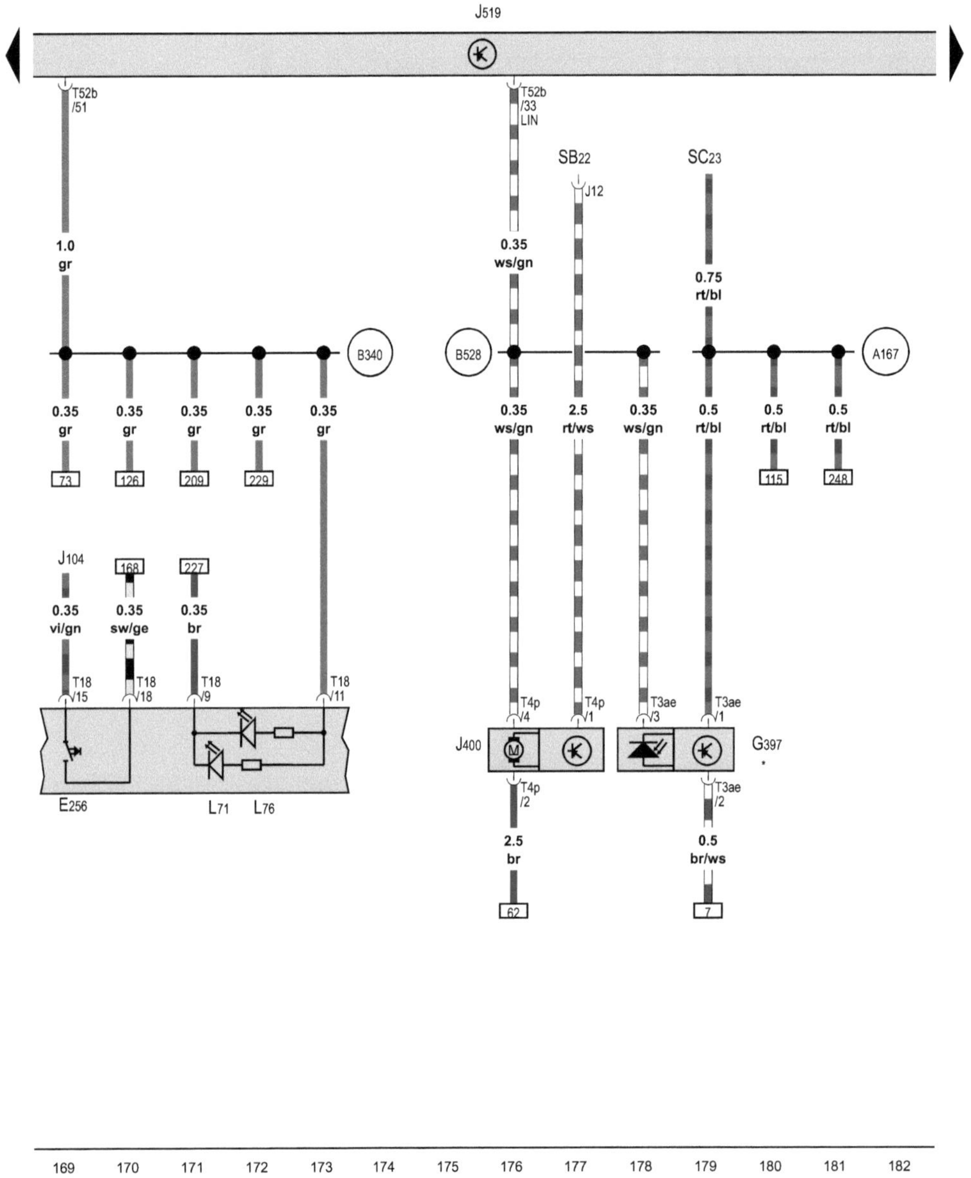

ws = weiss
sw = schwarz
ro =rot
rt = rot
br = braun
gn = grün
bl = blau
gr = grau
li = lila
ge = gelb
or = orange
rs = rosa

E256 - Taster für ASR und ESP
G397 - Sensor für Regen- und Lichterkennung
J104 - Steuergerät für ABS
J400 - Steuergerät für Wischermotor
J519 - Bordnetzsteuergerät
L71 - Lampe für Beleuchtung des Antriebsschlupfregelungsschalters
L76 - Lampe für Tasterbeleuchtung
SB22 - Sicherung 22 auf Sicherungshalter B
SC23 - Sicherung 23 auf Sicherungshalter C
T3ae - Steckverbindung, 3fach
T4p - Steckverbindung, 4fach
T18 - Steckverbindung, 18fach
T52b - Steckverbindung, 52fach
(A167) - Plusverbindung 3 (30a) im Schalttafelleitungsstrang

(B340) - Verbindung 1 (58d) im Hauptleitungsstrang
(B528) - Verbindung 1 (LIN-Bus) im Hauptleitungsstrang
* - je nach Ausstattung

Bordnetzsteuergerät, Motor für Heckscheibenwischer, Frontscheibenwasch- und Heckscheibenwaschpumpe, Fußraumleuchte links, Fußraumleuchte rechts Blinkleuchte im Außenspiegel Fahrerseite, Lampe für Blinkleuchte im Außenspiegel Beifahrerseite

134/15

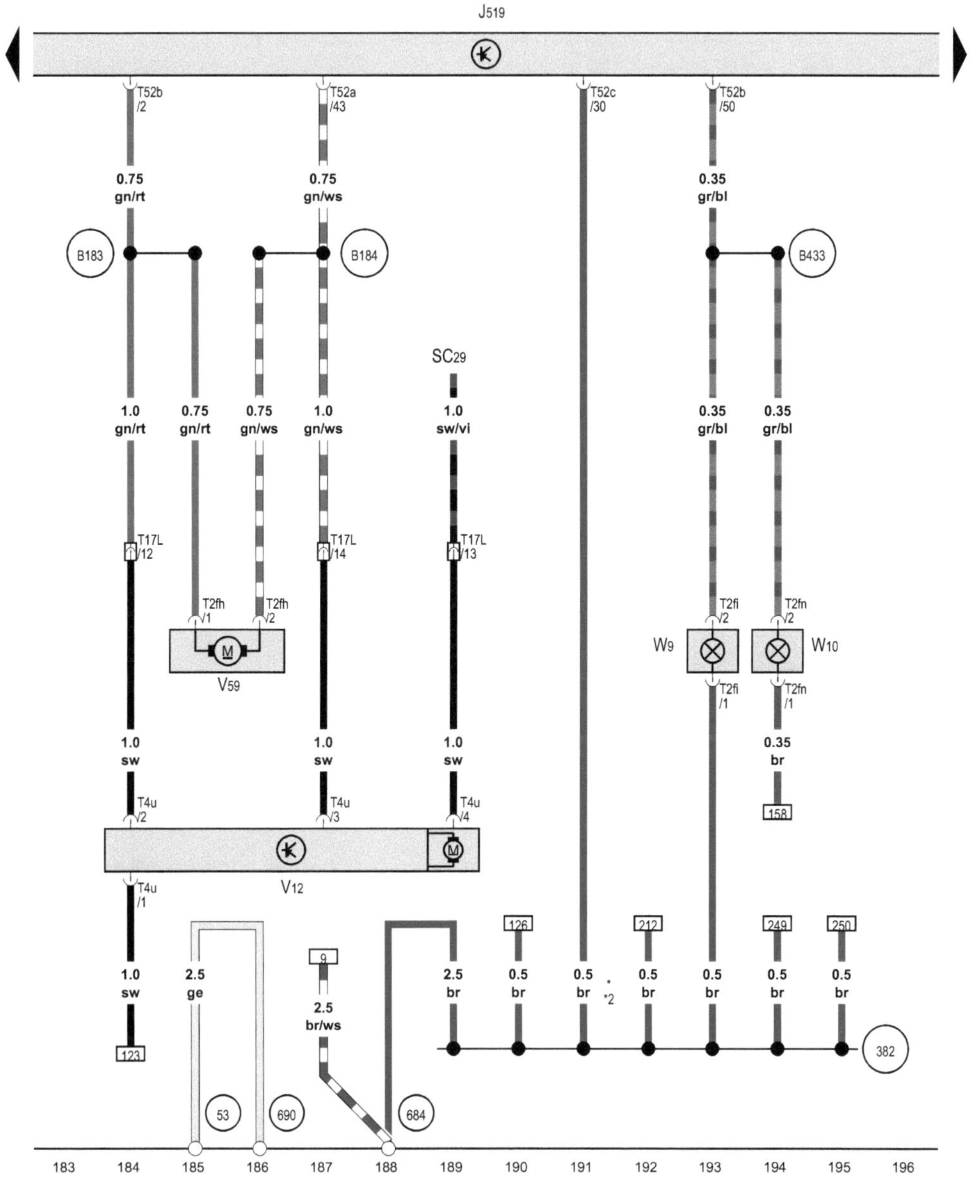

ws = weiss
sw = schwarz
ro =rot
rt = rot
br = braun
gn = grün
bl = blau
gr = grau
li = lila
ge = gelb
or = orange
rs = rosa

J519 - Bordnetzsteuergerät
SC29 - Sicherung 29 auf Sicherungshalter C
T2fh - Steckverbindung, 2fach
T2fi - Steckverbindung, 2fach
T2fn - Steckverbindung, 2fach
T4u - Steckverbindung, 4fach
T17L - Steckverbindung, 17fach
T52a - Steckverbindung, 52fach
T52b - Steckverbindung, 52fach
T52c - Steckverbindung, 52fach
V12 - Motor für Heckscheibenwischer
V59 - Frontscheibenwasch- und Heckscheibenwaschpumpe
W9 - Fußraumleuchte links
W10 - Fußraumleuchte rechts
(53) - Massepunkt in der Heckklappe rechts

(382) - Masseverbindung 17 im Hauptleitungsstrang
(684) - Massepunkt am Unterholm vorn links
(690) - Massepunkt am Dachrahmen hinten Mitte
(B183) - Verbindung 1 (Scheibenwaschpumpe) im Leitungsstrang Innenraum
(B184) - Verbindung 2 (Scheibenwaschpumpe) im Leitungsstrang Innenraum
(B433) - Verbindung (Fußraumleuchte) im Hauptleitungsstrang
* - je nach Ausstattung
*2 - siehe gültigen Stromlaufplan für Getriebe

134/16

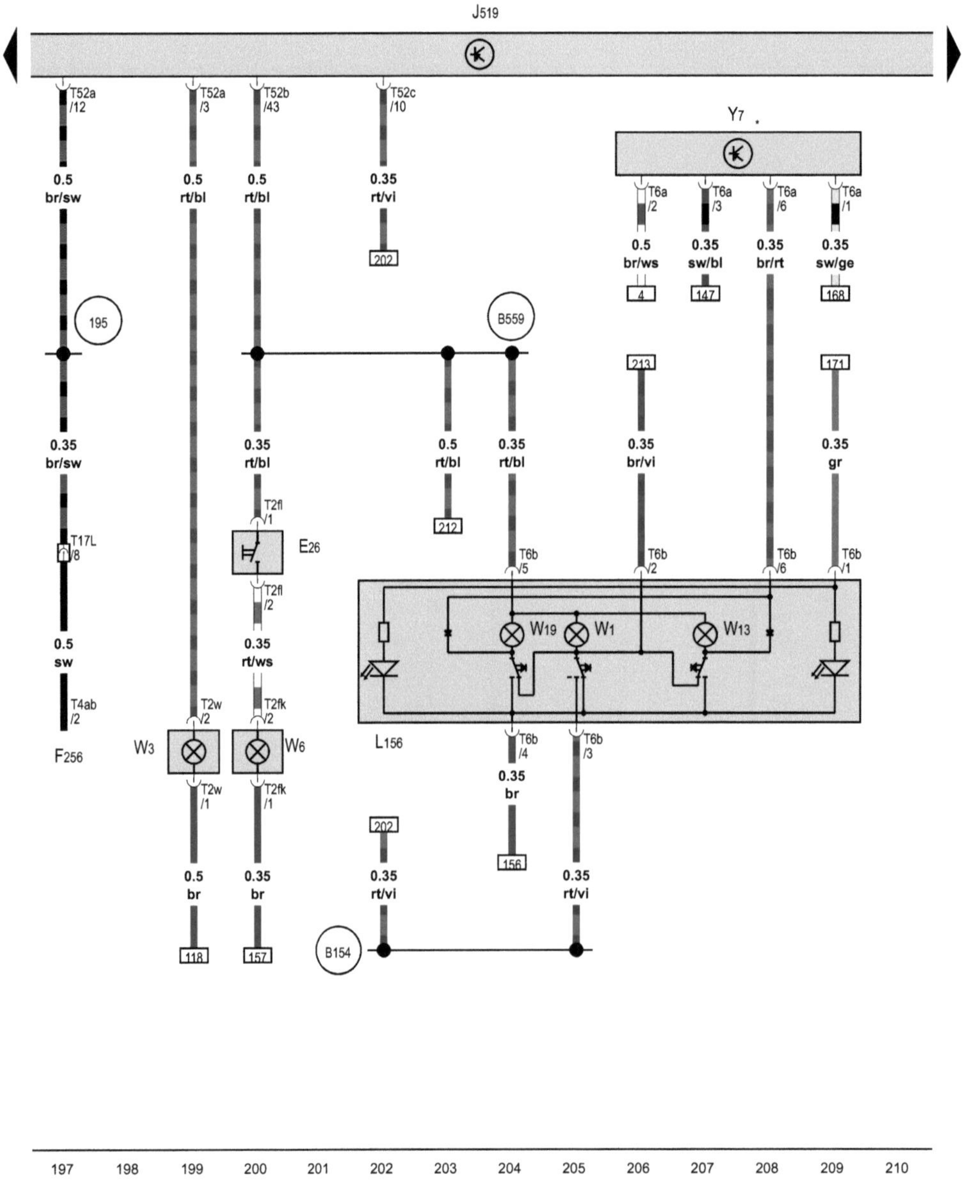

ws = weiss
sw = schwarz
ro =rot
rt = rot
br = braun
gn = grün
bl = blau
gr = grau
li = lila
ge = gelb
or = orange
rs = rosa

E26 - Schalter für Handschuhfachleuchte
F256 - Schließeinheit für Heckklappe
J519 - Bordnetzsteuergerät
L156 - Lampe für Schalterbeleuchtung
T2fk - Steckverbindung, 2fach
T2fl - Steckverbindung, 2fach
T2w - Steckverbindung, 2fach
T4ab - Steckverbindung, 4fach
T6a - Steckverbindung, 6fach
T6b - Steckverbindung, 6fach
T17L - Steckverbindung, 17fach
T52a - Steckverbindung, 52fach
T52b - Steckverbindung, 52fach
T52c - Steckverbindung, 52fach
W1 - Innenleuchte vorn
W3 - Kofferraumleuchte
W6 - Handschuhfachleuchte
W13 - Leseleuchte Beifahrerseite
W19 - Leseleuchte Fahrerseite
Y7 - automatisch abblendbarer Innenspiegel
(195) - Masseverbindung im Leitungsstrang Türkontaktschalter hinten
(B154) - Verbindung 1 (TK) im Leitungsstrang Innenraum
(B559) - Plusverbindung 1 (30g) im Hauptleitungsstrang
* - je nach Ausstattung

Bordnetzsteuergerät, Diagnose-Interface für Datenbus

134/17

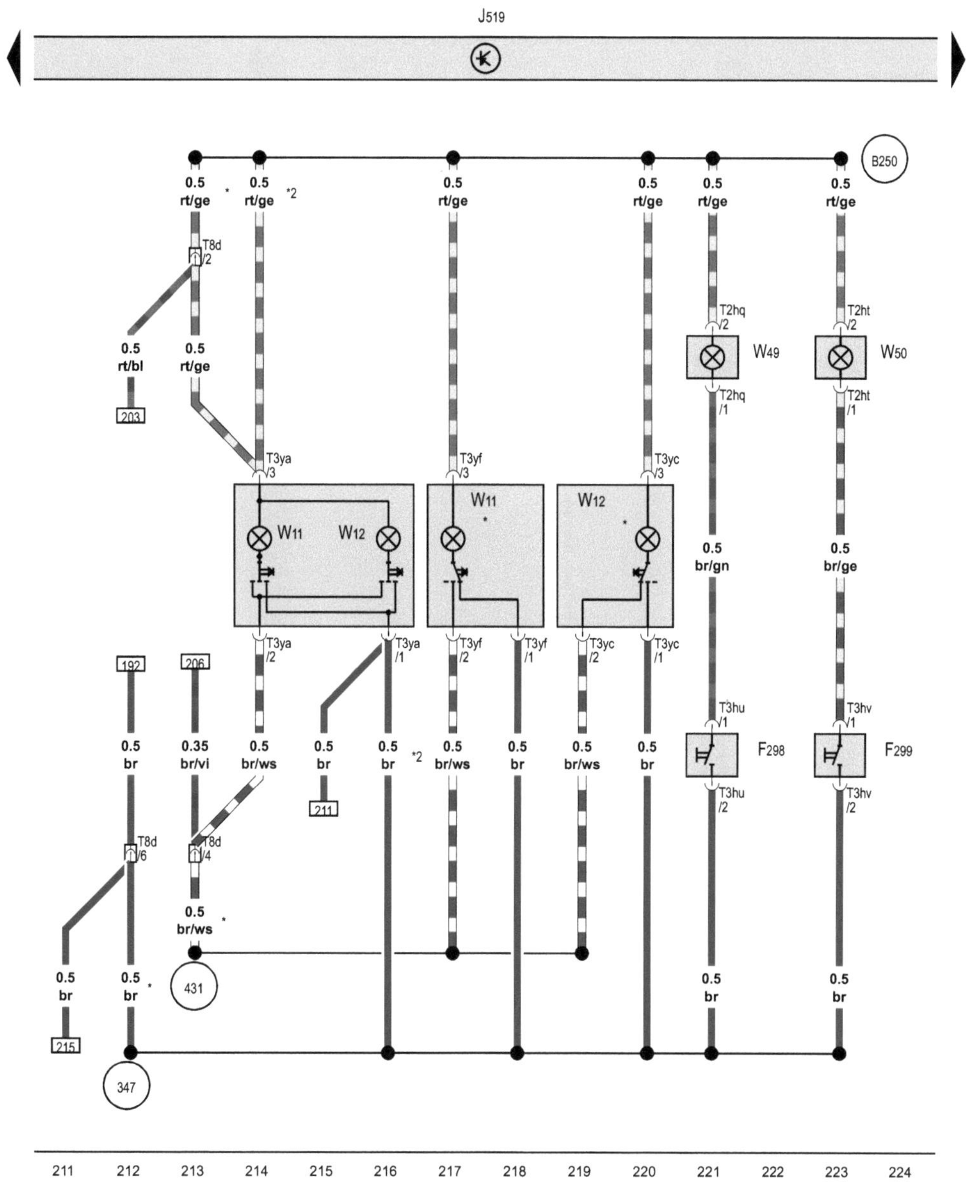

ws = weiss
sw = schwarz
ro =rot
rt = rot
br = braun
gn = grün
bl = blau
gr = grau
li = lila
ge = gelb
or = orange
rs = rosa

F298 - Kontaktschalter für Make-up-Spiegel im Fahrgastraum links
F299 - Kontaktschalter für Make-up-Spiegel im Fahrgastraum rechts
J519 - Bordnetzsteuergerät
T2hq - Steckverbindung, 2fach
T2ht - Steckverbindung, 2fach
T3hu - Steckverbindung, 3fach
T3hv - Steckverbindung, 3fach
T3ya - Steckverbindung, 3fach
T3yc - Steckverbindung, 3fach
T3yf - Steckverbindung, 3fach
T8d - Steckverbindung, 8fach
W11 - Leseleuchte hinten links
W12 - Leseleuchte hinten rechts
W49 - beleuchteter Make-up-Spiegel für Fahrgastraum links
W50 - beleuchteter Make-up-Spiegel für Fahrgastraum rechts

(347) - Masseverbindung im Leitungsstrang Dach
(431) - Masseverbindung 2 im Leitungsstrang Dach
(B250) - Plusverbindung im Leitungsstrang Dach

* - nur für Fahrzeuge mit Panorama-Schiebedach
*2 - nur für Fahrzeuge mit beleuchtetem Make-up-Spiegel

Relais für beheizbare Heckscheibe, Bordnetzsteuergerät, Diagnose-Interface für Datenbus, Anschluss für Diagnose, beheizbare Heckscheibe

134/18

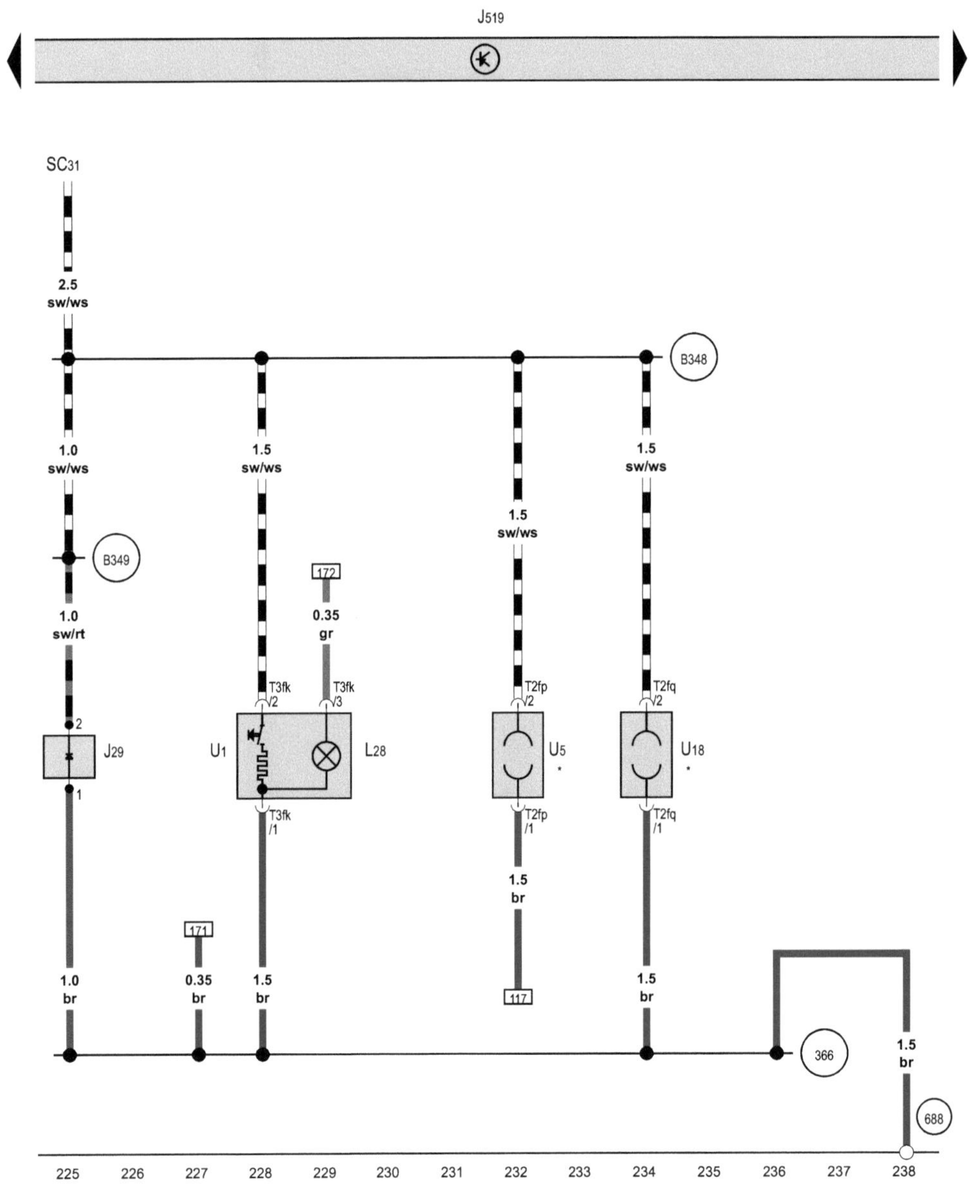

ws = weiss
sw = schwarz
ro =rot
rt = rot
br = braun
gn = grün
bl = blau
gr = grau
li = lila
ge = gelb
or = orange
rs = rosa

J29 - Sperrdiode
J519 - Bordnetzsteuergerät
L28 - Lampe für Zigarettenanzünderbeleuchtung
SC31 - Sicherung 31 auf Sicherungshalter C
T2fp - Steckverbindung, 2fach
T2fq - Steckverbindung, 2fach
T3fk - Steckverbindung, 3fach
U1 - Zigarettenanzünder, in der Mittelkonsole vorn
U5 - 12-V-Steckdose, im Kofferraum
U18 - 12-V-Steckdose 2, in der Mittelkonsole hinten
366 - Masseverbindung 1 im Hauptleitungsstrang
688 - Massepunkt 2 auf dem Mitteltunnel
B348 - Verbindung 1 (75a) im Hauptleitungsstrang
B349 - Verbindung 2 (75a) im Hauptleitungsstrang
* - je nach Ausstattung

Taster für ASR und ESP, Sensor für Regen-und Lichterkennung, Steuergerät für Wischermotor, Bordnetzsteuergerät

134/19

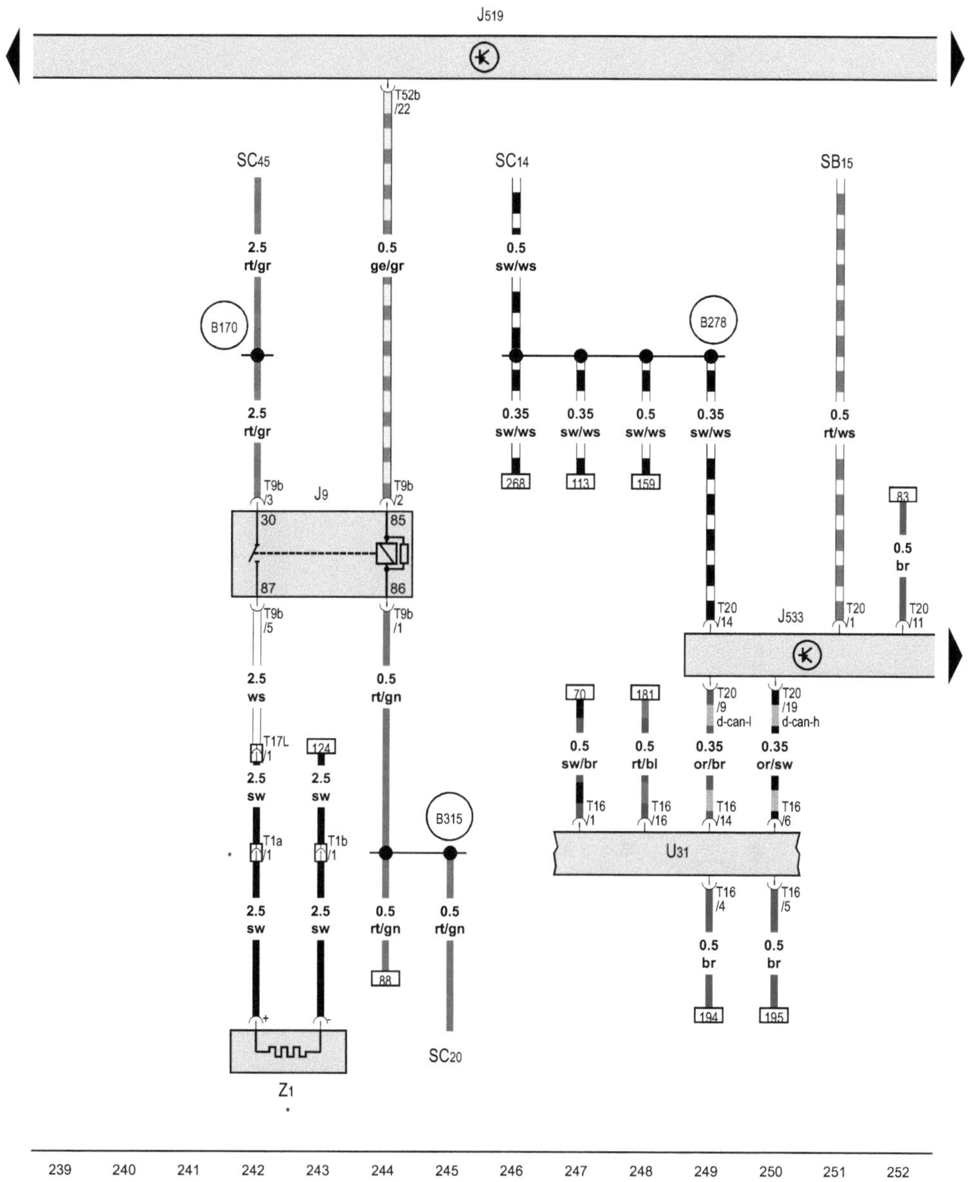

ws = weiss
sw = schwarz
ro =rot
rt = rot
br = braun
gn = grün
bl = blau
gr = grau
li = lila
ge = gelb
or = orange
rs = rosa

- J9 - Relais für beheizbare Heckscheibe
- J519 - Bordnetzsteuergerät
- J533 - Diagnose-Interface für Datenbus
- SC14 - Sicherung 14 auf Sicherungshalter C
- SB15 - Sicherung 15 auf Sicherungshalter B
- SC20 - Sicherung 20 auf Sicherungshalter C
- SC45 - Sicherung 45 auf Sicherungshalter C
- T1a - Steckverbindung, 1fach
- T1b - Steckverbindung, 1fach
- T9b - Steckverbindung, 9fach
- T16 - Steckverbindung, 16fach
- T17L - Steckverbindung, 17fach
- T20 - Steckverbindung, 20fach
- T52b - Steckverbindung, 52fach
- U31 - Anschluss für Diagnose
- Z1 - beheizbare Heckscheibe

- (B278) - Plusverbindung 2 (15a) im Hauptleitungsstrang
- (B315) - Plusverbindung 1 (30a) im Hauptleitungsstrang
- * - siehe gültigen Stromlaufplan für Radio/Radio-Navigationssystem

Steuergerät im Kombiinstrument (Schalttafeleinsatz), Kombiinstrument (Schalttafeleinsatz)

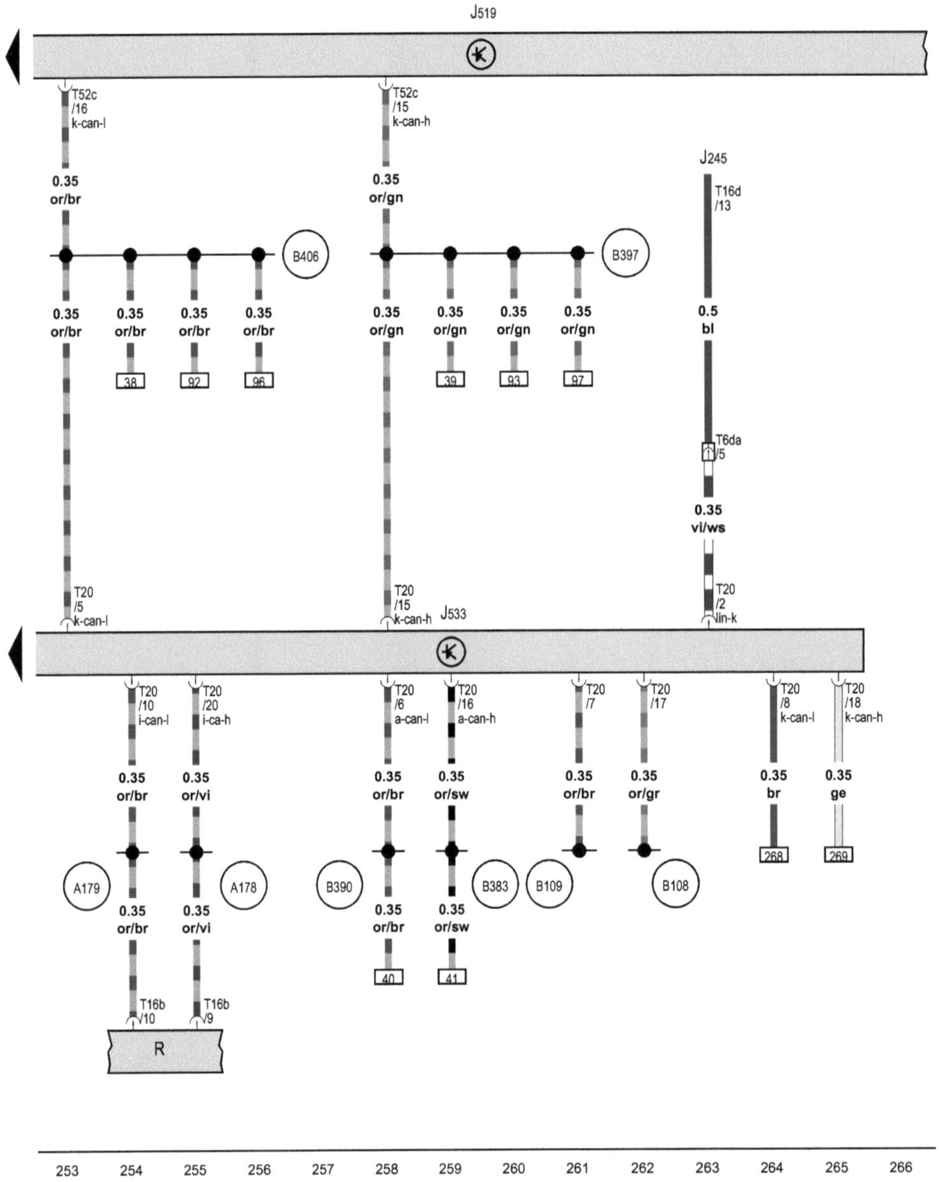

ws = weiss
sw = schwarz
ro =rot
rt = rot
br = braun
gn = grün
bl = blau
gr = grau
li = lila
ge = gelb
or = orange
rs = rosa

J245 - Steuergerät für Schiebedach
J519 - Bordnetzsteuergerät
J533 - Diagnose-Interface für Datenbus
R - Radio
T6da - Steckverbindung, 6fach
T16b - Steckverbindung, 16fach
T16d - Steckverbindung, 16fach
T20 - Steckverbindung, 20fach
T52c - Steckverbindung, 52fach
A178 - Verbindung (CAN-Bus Infotainment, High) im Schalttafelleitungsstrang
A179 - Verbindung (CAN-Bus Infotainment, Low) im Schalttafelleitungsstrang
B108 - Verbindung 1 (CAN-Bus Extended High) im Hauptleitungsstrang
B109 - Verbindung 1 (CAN-Bus Extended Low) im Hauptleitungsstrang
B383 - Verbindung 1 (CAN-Bus Antrieb High) im Hauptleitungsstrang
B390 - Verbindung 1 (CAN-Bus Antrieb Low) im Hauptleitungsstrang
B397 - Verbindung 1 (CAN-Bus Komfort High) im Hauptleitungsstrang
B406 - Verbindung 1 (CAN-Bus Komfort Low) im Hauptleitungsstrang

Lesespule für Wegfahrsicherung, Geber für Kraftstoffvorratsanzeige, Geber für Bremsbelagverschleiß vorn links, Steuergerät im Kombiinstrument (Schalttafeleinsatz), Kombiinstrument (Schalttafeleinsatz

134/21

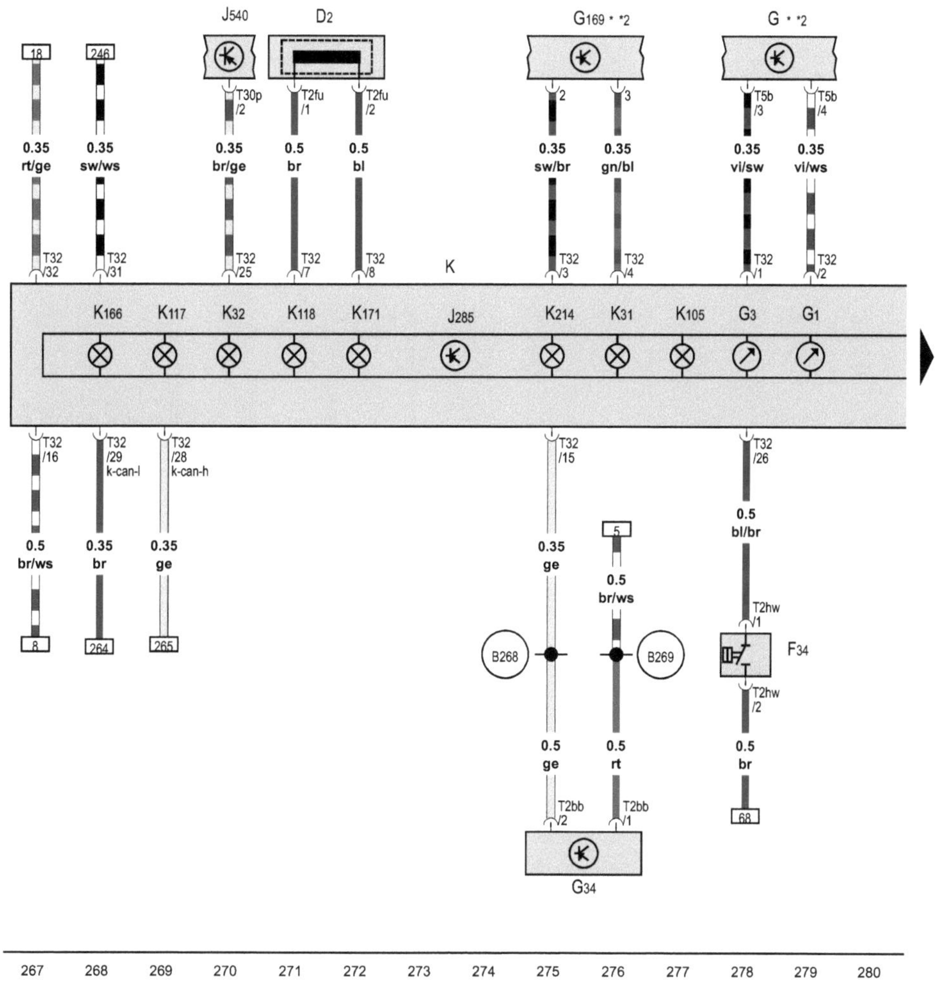

ws = weiss
sw = schwarz
ro =rot
rt = rot
br = braun
gn = grün
bl = blau
gr = grau
li = lila
ge = gelb
or = orange
rs = rosa

D2 - Lesespule für Wegfahrsicherung
F34 - Warnkontakt für Bremsflüssigkeitsstand
G - Geber für Kraftstoffvorratsanzeige
G1 - Kraftstoffvorratsanzeige
G3 - Kühlmitteltemperaturanzeige
G34 - Geber für Bremsbelagverschleiß vorn links
G169 - Kraftstoffvorratsgeber 2
J285 - Steuergerät im Schalttafeleinsatz
J540 - Steuergerät für elektromechanische Feststellbremse
K - Schalttafeleinsatz
K31 - Kontrollleuchte für GRA
K32 - Kontrollleuchte für Bremsbelag
K105 - Kontrollleuchte für Kraftstoffreserve
K117 - Kontrollleuchte für Wegfahrsicherung
K118 - Kontrollleuchte für Bremsanlage
K166 - Kontrollleuchte für offene Türen
K171 - Kontrollleuchte für offene Motorhaube
K214 - Fehlerlampe für elektrische Park- und Handbremse
T2bb - Steckverbindung, 2fach
T2fu - Steckverbindung, 2fach
T2hw - Steckverbindung, 2fach
T5b - Steckverbindung, 5fach
T30p - Steckverbindung, 30fach
T32 - Steckverbindung, 32fach
(B268) - Verbindung 1 (Bremsbelagverschleißanzeige) im Leitungsstrang Innenraum
(B269) - Verbindung 2 (Bremsbelagverschleißanzeige) im Leitungsstrang Innenraum
* - je nach Ausstattung
*2 - siehe gültigen Stromlaufplan für Motor

Öldruckschalter, Temperaturfühler für Außentemperatur, Geber für Kühlmittelmangelanzeige, Scheiben- Waschwasserstandsgeber, Steuergerät im Kombiinstrument (Schalttafeleinsatz), Kombiinstrument (Schalttafeleinsatz)

134/22

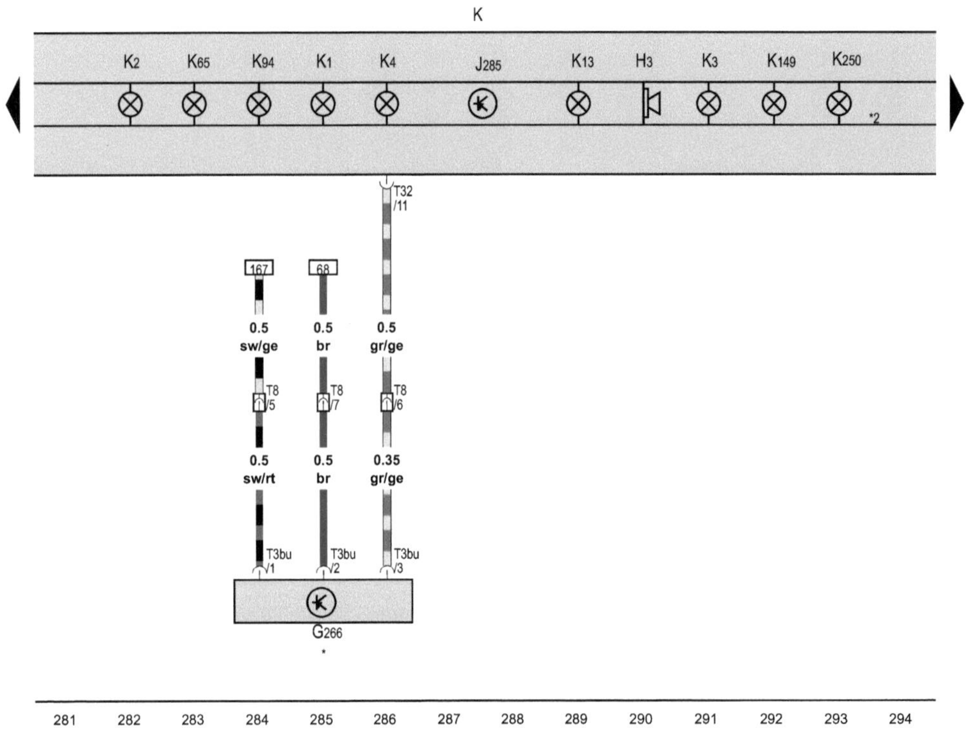

ws = weiss
sw = schwarz
ro =rot
rt = rot
br = braun
gn = grün
bl = blau
gr = grau
li = lila
ge = gelb
or = orange
rs = rosa

G266	-	Ölstands- und Öltemperaturgeber
H3	-	Summer und Gong
J285	-	Steuergerät im Schalttafeleinsatz
K	-	Schalttafeleinsatz
K1	-	Kontrollleuchte für Fernlicht
K2	-	Kontrollleuchte für Generator
K3	-	Kontrollleuchte für Öldruck
K4	-	Kontrollleuchte für Standlicht
K13	-	Kontrollleuchte für Nebelschlussleuchte
K65	-	Kontrollleuchte für Blinklicht links
K94	-	Kontrollleuchte für Blinklicht rechts
K149	-	Kontrollleuchte für Motorelektronik
K250	-	Kontrollleuchte für Bergabfahrassistent
T3bu	-	Steckverbindung, 3fach
T8	-	Steckverbindung, 8fach
T32	-	Steckverbindung, 32fach
*	-	siehe gültigen Stromlaufplan für Motor
*2	-	je nach Ausstattung

Bordnetzsteuergerät, Innenleuchte vorn, Kofferraumleuchte, Handschuhfachleuchte, automatisch abblendbarer Innenspiege

134/23

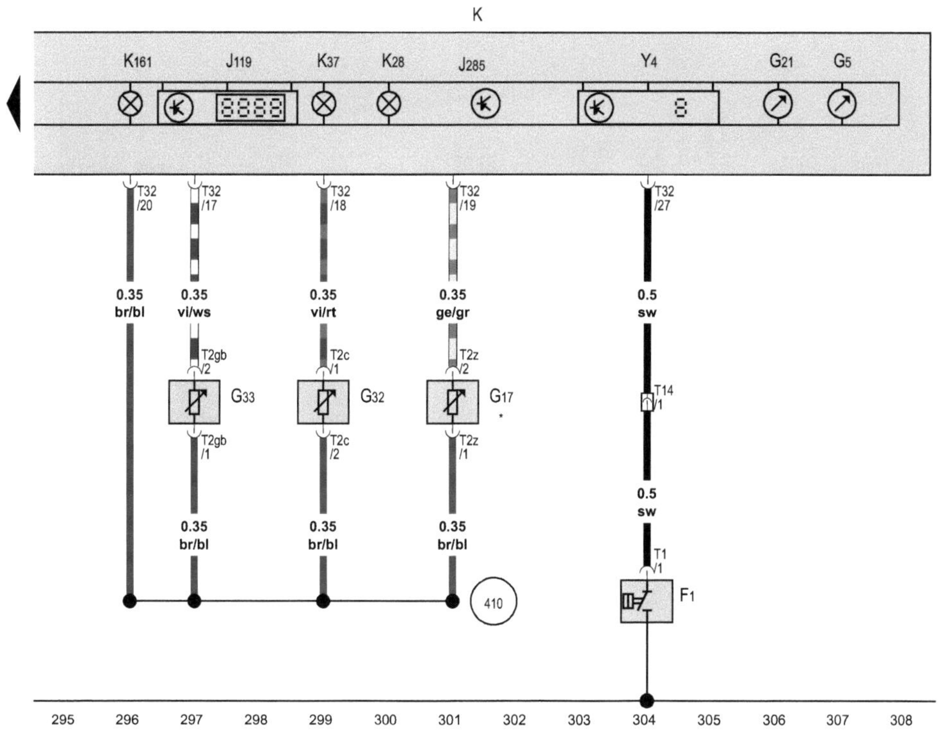

ws = weiss
sw = schwarz
ro =rot
rt = rot
br = braun
gn = grün
bl = blau
gr = grau
li = lila
ge = gelb
or = orange
rs = rosa

F1 - Öldruckschalter
G5 - Drehzahlmesser
G17 - Temperaturfühler für Außentemperatur
G21 - Geschwindigkeitsmesser
G32 - Geber für Kühlmittelmangelanzeige
G33 - Scheiben-Waschwasserstandsgeber
J119 - Multifunktionsanzeige
J285 - Steuergerät im Kombiinstrument (Schalttafeleinsatz)
K - Kombiinstrument (Schalttafeleinsatz)
K28 - Kontrollleuchte für Kühlmitteltemperatur und Kühlmittelmangelanzeige
K37 - Kontrollleuchte für Scheibenwaschwasserstand
K161 - Kontrollleuchte für elektromechanische Servolenkung
T1 - Steckverbindung, 1fach
T2c - Steckverbindung, 2fach
T2gb - Steckverbindung, 2fach
T2z - Steckverbindung, 2fach
T14 - Steckverbindung, 14fach
T32 - Steckverbindung, 32fach
Y4 - Wegstreckenanzeige
(410) - Masseverbindung 1 (Gebermasse) im Hauptleitungsstrang
* - je nach Ausstattung

Volkswagen | Audi | Porsche | Skoda | Seat
GUTE FAHRT
und noch mehr Fahrspaß.
GUTE FAHRT – das spezielle Magazin für VW-, Audi-, Porsche-, Skoda- und Seat-Fahrer erscheint 12 x im Jahr. Mit brandaktuellen Informationen über die neusten Modelle, ausführlichen Test- und Fahrberichten, allen Neuigkeiten aus den Werken sowie großem Technik- und Service-Teil.
AUCH DIGITAL ERHÄLTLICH!
9 2018
gute Fahrt
Volkswagen
Audi
Porsche
Skoda
Seat
3,90 €
Überarbeitet Porsche Macan
Schon gefahren! Frischer Skoda Fabia
Familien-Freunde im Vergleich VW Tiguan Allspace vs. VW Touran
3.0 TDI im Test
VW Touareg
So gut wie nie dank Technologie-Schub
Tests
Seat Arona 1.6 TDI
Audi A6 50 TDI
Preview
Audi E-Tron mit Mega-Rekuperation
Reports
Cymotive
Park-Apps
Premiere
VW Grand California auf Crafter-Basis
Bauplan
Handy-Halterung nachrüsten
Neuer Audi TT
Roadster & Coupé
Ein kostenloses Probeheft anfordern unter der Hotline
0521 . 55 99 55